AF499989

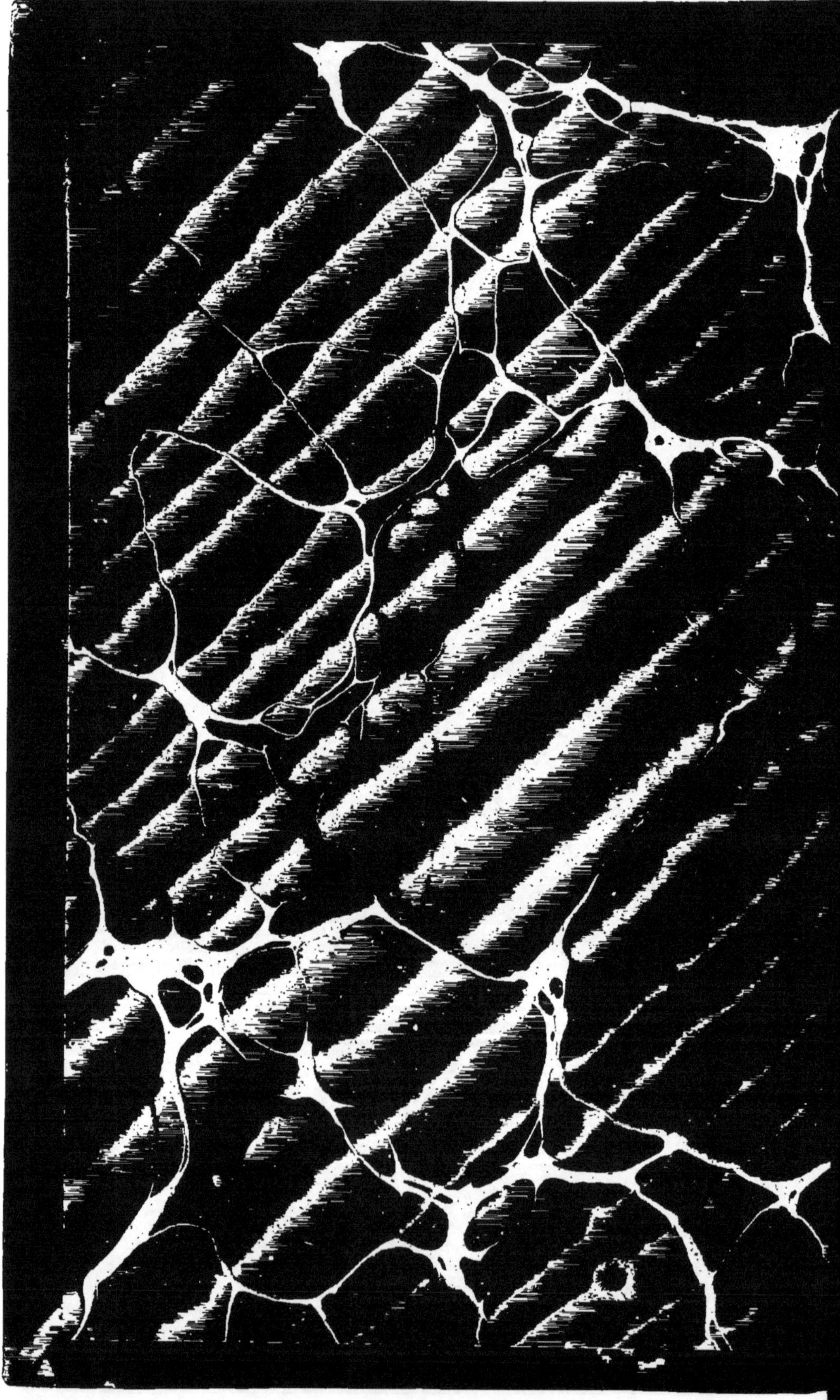

MANUEL

DE

L'AMATEUR DES JARDINS

Typographie Firmin Didot. — Mesnil (Eure).

MANUEL

DE

L'AMATEUR DES JARDINS

TRAITÉ GÉNÉRAL D'HORTICULTURE

TOME QUATRIÈME

CONTENANT LA CULTURE DES LÉGUMES ET DES ARBRES FRUITIERS DE PLEINE TERRE AINSI QUE CELLE DES PLANTES ALIMENTAIRES DE SERRE CHAUDE

PAR MM.

J^{ne} DECAISNE
Membre de l'Institut,
professeur de culture au Muséum, etc., etc.

CH. NAUDIN
Membre de l'Institut,
aide-naturaliste au Muséum d'hist. naturelle

OUVRAGE ACCOMPAGNÉ DE FIGURES

Dessinées par A. RIOCREUX, gravées par F. LEBLANC

PARIS
LIBRAIRIE DE FIRMIN DIDOT FRÈRES, FILS ET Cie
IMPRIMEURS DE L'INSTITUT, RUE JACOB, 56.

1871

INTRODUCTION.

Le jardinage d'utilité est cette branche de la culture du sol qui a spécialement pour objet la production des légumes et des fruits destinés à la nourriture de l'homme. Par quelques points il touche à l'agriculture proprement dite, car il y a des légumes et des fruits qui se cultivent en grand et par les procédés ordinaires de l'agriculture, et parce que certains légumes habituellement employés à l'alimentation de l'homme le sont aussi à celle des animaux domestiques. Néanmoins le jardin d'utilité se distinguera toujours du champ agricole par des caractères qui lui sont propres, et dont les plus saillants sont une étendue comparativement restreinte, l'exclusion des céréales, une culture plus intensive et le travail de l'homme substitué à celui des animaux, toutes circonstances qui nécessitent un autre outillage que celui de la véritable agriculture.

A cette dernière est réservé de produire ce qu'il y a de plus important pour la vie matérielle des hommes réunis en société, le pain, le vin, la viande, le laitage, les huiles, les matières textiles, le bois, etc.; elle produit aussi, par les plantes fourragères, la force des animaux domestiques, si nécessaire et utilisée de tant de manières. Le rôle du jardinage est moins grand : la vie humaine n'en dépend pas, mais il ajoute une large part à son bien-être; aussi le degré de développement auquel il arrive dans un pays quelconque donne-t-il généralement la mesure de la richesse de la population. A ce point de vue le jardinage d'utilité est à la fois le luxe et le complément de l'agriculture.

Du but qu'il poursuit, comme des conditions qui lui sont faites par la nature des choses, il résulte que le jardinage d'utilité ne s'éloigne jamais des lieux habités, et même le plus souvent qu'il se concentre aux alentours des villes, se développant et se perfectionnant à mesure que ces dernières elles-mêmes s'agrandissent et que l'aisance y devient plus générale. Toutes nos villes sont entourées de jardins potagers et de jardins fruitiers, et il est telle capitale, en Europe ou ailleurs, du voisinage de laquelle la grande culture a totalement disparu pour faire place à la petite. Ce résultat s'explique par une double cause : d'une part l'écoulement rapide assuré aux produits des jardins, d'autre part la facilité de se procurer en toute saison les engrais nécessaires à l'entretien du sol, qui sans eux serait bientôt épuisé par une incessante production. L'établissement des voies ferrées a sensiblement modifié, et sans doute modifiera encore, les conditions du jardinage urbain; mais il ne le fera point disparaître, parce que la culture des légumes les plus usuels et les plus nécessaires est entièrement subordonnée à l'abondance et au bon marché des engrais, qui regorgent dans les villes; et comme ces derniers, à cause de leur volume encombrant, ne peuvent être transportés bien loin sans que leur prix soit grévé de frais onéreux, force sera toujours d'en utiliser la plus grande partie à proximité des lieux où ils se produisent.

A Paris, et dans un rayon de plusieurs lieues autour de la ville, la culture d'utilité est arrivée à un degré de perfection qui semble ne plus pouvoir être dépassé. Il en est à peu près de même dans tous les grands centres de population, partout, en un mot, où le jardinage devient une industrie lucrative; mais dans les villes secondaires, et surtout dans les campagnes, cette branche de la culture est encore fort arriérée. Il est des provinces entières où les bons légumes et les bons fruits sont encore presque inconnus, malgré les efforts des sociétés d'horticulture pour remédier à cette infériorité du jardinage. C'est pour y aider, autant que nos moyens nous le permettent, que nous entreprenons la tâche difficile, téméraire peut-être, de traiter de la culture des légumes et des arbres fruitiers sous toutes les latitudes de la France. Beaucoup de bons ouvrages existent déjà sur la matière, mais la plupart ou trop partiels, ou trop particuliers à des régions circonscrites, pour s'appliquer à l'ensemble. Quoi que nous fassions nous n'épuiserons pas le sujet, et il restera encore beaucoup à faire à ceux qui nous succéderont; nous aimons à croire cependant que quelque bien résultera de cette entreprise.

La matière de ce quatrième volume se divisera naturellement en deux parties : les *légumes* et les *fruits*, deux spécialités assez vastes pour que chacune d'elles occupe toute la vie d'un homme.

MANUEL

DE

L'AMATEUR DES JARDINS

PREMIÈRE PARTIE

LES LÉGUMES ET LE JARDIN POTAGER.

CHAPITRE Ier.

ÉTABLISSEMENT ET PRINCIPES DE CULTURE DU JARDIN POTAGER.

§ Ier. — CONSIDÉRATIONS GÉNÉRALES.

On désigne sous l'appellation commune de *légumes* tous les végétaux herbacés, annuels ou bisannuels, plus rarement vivaces, dont quelques parties servent à notre alimentation. La plupart se mangent cuits; un plus petit nombre se consomment à l'état cru; quelques-uns sont de simples condiments.

Les parties utilisées de ces végétaux sont, relativement à leur composition organique, de diverses natures, suivant les espèces et quelquefois suivant les variétés d'une même espèce. Ce sont des racines ou des rhizomes, des tiges, des feuilles, des inflorescences, des fruits et des graines. Leur composition chimique et leur valeur nutritive ne varient pas moins que leur structure organique : certains légumes sont presque aussi nourrissants que la viande et pourraient jusqu'à un certain point la suppléer; certains autres, qui ne contiennent guère que des sucs aqueux plus ou moins sucrés, peuvent à peine compter comme aliments, quoiqu'ils aient leur utilité au point de vue de l'hygiène. Il y a des légumes qui se mangent pour ainsi dire tout entiers ; il y en a d'autres dont un seul organe est comestible (1). Ces particularités nous permettront de répartir la totalité de ces végétaux en trois groupes assez naturels : les *légumes-racines*, les *légumes herbacés* et les *légumes-fruits*, comprenant sous cette dernière dénomination aussi bien ceux dont on ne recueille que les graines que ceux dont le péricarpe entier et son contenu sont également utilisés.

La culture des légumes constitue ce que l'on nomme le *jardinage potager* proprement dit (2) ; c'est la plus intensive de toutes les cultures et celle qui tire du sol les revenus les plus élevés, mais c'est celle aussi qui exige, eu égard à l'étendue du terrain, la mise de fonds la plus considérable, la plus forte proportion d'engrais et les arrosages les plus abondants. Dans un jardin potager bien conduit, comme le sont ceux des maraîchers parisiens, aucune place n'est jamais vacante : les cultures s'y succèdent sans interruption, pendant les douze mois de l'année; souvent même deux espèces de légumes croissent simultanément sur la même planche de terrain, et donnent leurs produits, c'est-à-dire deux récoltes différentes, à quelques jours d'intervalle. Cette culture si productive, et qui demande un labeur incessant, s'explique par le peu d'étendue des jardins, par le loyer très-élevé de la terre, par l'outillage coûteux dont il a fallu faire les avances, enfin par la concurrence entre les jardiniers, concurrence qui

(1) C'est ce qu'expriment les mots latins *olus* et *legumen*, qui ne sont point synonymes. Le mot *olus*, qu'on écrivait aussi *holus*, ce qui est plus conforme à l'étymologie, est tiré du grec ὅλος, entier, et s'appliquait exclusivement aux légumes herbacés; *legumen*, qui vient de *legere*, cueillir, ne s'appliquait qu'aux fruits et aux graines, qu'il fallait détacher de la plante pour en faire usage.

(2) A Paris on la nomme *culture maraîchère*, *jardinage maraîcher*, parce que les premiers jardins y ont été établis dans les marais qui entouraient la ville. Ces marais ont depuis longtemps disparu, mais le nom en est resté aux jardins et à la culture des légumes. Nous ne pouvons considérer ces appellations que comme des expressions locales, qui ne doivent point être généralisées.

est telle que le moindre relâchement de cette activité deviendrait une cause presque certaine de ruine pour ceux qui s'y laisseraient aller. Dans les jardins des particuliers qui ne visent point à produire pour le marché, surtout quand ces jardins ont une certaine étendue, la culture exige moins d'efforts; il suffit que le jardin fournisse les légumes et les fruits nécessaires à la consommation du ménage. Cependant un excédant de production n'est jamais sans utilité, et le propriétaire qui comprend son intérêt cherchera toujours à tirer le plus grand bénéfice possible de son potager.

A très-peu d'exceptions près, ce sont les mêmes espèces de légumes qui se cultivent dans toutes les parties de la France, et on pourrait dire dans toute l'Europe, mais, par le fait d'une culture très-ancienne, ces espèces se sont divisées en une multitude de races, souvent très-différentes de qualités, et ne convenant point toutes également aux mêmes sols et aux mêmes climats. De là un choix à faire parmi ces nombreuses variétés, pour reconnaître celles qui répondent le mieux aux conditions physiques ou économiques du lieu où l'on se trouve. Il y a des légumes communs et des légumes de luxe, entre lesquels il faut distinguer : les premiers, plus faciles à obtenir ou produisant plus abondamment, seront préférés dans le jardin de la ferme, dont la destination est principalement d'alimenter les employés de l'exploitation; les seconds, moins productifs ou de culture plus dispendieuse, doivent être réservés pour le maître. Il y a aussi des légumes de fantaisie, qui ne sont qu'une exception dans le jardinage potager. La connaissance de ces races et de ces variétés est un point des plus importants dans cette branche de culture, et si les livres suffisent pour en donner une première idée, on ne peut cependant l'acquérir complétement que par la pratique même.

Il n'est pas nécessaire d'insister pour faire comprendre l'avantage qu'il y a à posséder un jardin potager. Sans parler de l'économie qui en résulte, puisqu'on est par là dispensé d'acheter des légumes pour l'usage quotidien, on peut, avec quelque soin et quelque entente de la culture, être largement approvisionné en toute saison, non-seulement des légumes ordinaires du pays, mais de ceux aussi qui ne s'y rencontrent qu'exceptionnellement ou n'y sont point en usage. Si on est loin des villes, un jardin potager devient une nécessité; il peut arriver même que ce jardin soit momentanément la principale, et quelquefois l'unique ressource d'une famille. Ajoutons à ces considérations que le jardinage potager n'est pas dépourvu d'agrément, et que bien des personnes s'en font une distraction, au moins aussi attachante pour elles que pour d'autres la culture des fleurs.

§ II. — SITE ET CONDITIONS D'ÉTABLISSEMENT DU JARDIN POTAGER, EXPOSITIONS; CLÔTURES; TERRAINS; EAUX D'ARROSAGE.

Le livre que nous écrivons n'est point destiné aux industrieux jardiniers de nos grandes villes qui travaillent pour le marché. Fils de jardiniers pour la plupart, et familiarisés de bonne heure avec les procédés de la culture, la pratique n'a plus de secrets pour eux, et en fait de connaissances horticoles ils auraient plus à communiquer qu'à recevoir. Même en dehors de la culture potagère industrielle, il existe beaucoup de bons jardiniers, auxquels nous ne saurions avoir la prétention de rien apprendre. Ceux auxquels nous nous adressons ici sont spécialement les amateurs de jardinage, propriétaires ou simples rentiers, qui, étrangers à la culture, veulent cependant, par goût, par distraction, ou par une économie bien entendue, donner leurs soins à un jardin potager. Nous nous adressons aussi aux jeunes ouvriers qui débutent dans la carrière horticole, et auxquels il est utile que leur pratique s'éclaire d'un peu de théorie.

Avant d'aborder la culture des légumes examinons les conditions générales d'établissement d'un jardin potager.

1° Site et exposition d'un jardin potager. L'acquéreur d'une propriété y trouve très-souvent un jardin potager déjà établi, et dans des conditions assez convenables pour qu'il n'y ait pas intérêt à le changer de place. Si un tel jardin n'existait pas, ou si l'on jugeait utile d'établir les cultures potagères sur un autre point de la propriété, on devrait, autant que possible, se laisser guider par les conditions suivantes :

1° *Le voisinage de l'habitation.* Il est évident en effet que le jardin potager, ayant pour objet de fournir des légumes à la consommation journalière, doit être à proximité de la maison pour la commodité du service. Il en résulte d'autres avantages encore : le travail y est mieux surveillé par le maître ; les produits en sont moins exposés aux déprédations des maraudeurs, et le transport des engrais de toute nature moins coûteux et plus facile. On peut encore faire valoir en faveur de cette proximité que le jardin potager devient souvent un lieu de promenade ou un moyen de distraction pour le propriétaire et sa famille, et qu'il est rare, surtout si l'on habite la campagne, que la culture de quelques fleurs ne s'ajoute pas à celle des légumes ; ce qui suppose qu'on doit être à portée du jardin pour jouir de ces avantages à toute heure du jour.

2° *L'exposition.* On n'est pas toujours maître de la choisir ; mais si la disposition des lieux s'y prête, on doit préférer l'exposition du sud ou celle de l'est à toutes les autres. La plus mauvaise est celle du nord, du moins sous nos climats, déjà septentrionaux, car elle a déjà moins d'inconvénients dans le midi de la France qu'à la latitude de Paris, quoique on y préfère encore l'exposition du sud. Cette prescription, d'ailleurs, se combine avec celle d'abriter le jardin contre les vents les plus violents dans le pays qu'on habite. Dans tous les cas on ne perdra pas de vue que le jardin potager donnera d'autant plus de produits et des produits d'autant meilleurs qu'il recevra une plus grande somme de lumière solaire.

Le cas le plus favorable pour l'établissement d'un jardin potager, toutes les autres conditions étant supposées bonnes, est celui où le terrain est parfaitement horizontal et partout au même niveau. Cette condition est de rigueur dans les jardins du midi où l'on arrose par irrigation, à moins que l'on ne puisse faire économiquement monter l'eau sur les points les plus élevés du terrain, ce qui n'arrive guère. En dehors de la région méridionale, l'arrosage se faisant à bras d'hommes, l'inconvénient d'un sol en pente est moins sensible, pourvu cependant que cette pente soit faible. Si elle arrivait au point que le jardin dût être divisé en terrasses soutenues par des murs, l'arrosage en deviendrait très-pénible ou très-coûteux, à moins qu'une source ou un cours d'eau situés à la partie supérieure du terrain ne fournissent la quantité d'eau nécessaire. Ces jardins à pentes rapides sont à peu près inconnus dans nos grandes plaines du nord, où il est facile de trouver des sols de niveau; ils sont communs au contraire dans nos pays de montagnes, et cette fâcheuse disposition n'est pas une des moindres causes qui y arrêtent le proprès horticole.

3° *La nature du sol.* Ceci est un point fort important, eu égard à l'active production que l'on doit demander au terrain. Aux alentours des villes on trouve généralement beaucoup de bonnes terres propres à être mises en jardin; il en est de même dans toutes les régions de riche agriculture; mais dans beaucoup d'autres lieux la terre est si médiocre, que la création d'un jardin potager y devient très-dispendieuse, à moins qu'on ne lui donne qu'une faible étendue. Dans ce cas, il convient de sacrifier toutes les autres considérations à celle-ci : choisir la parcelle de terrain la moins pauvre ou la moins rebelle au travail pour y établir le jardin, pourvu toutefois qu'elle ne soit pas trop éloignée de la maison d'habitation. Les travaux préliminaires à y effectuer varient d'ailleurs avec la composition du terrain.

Si le sol est imbibé d'eau, s'il est marécageux surtout, la première indication est de le drainer, soit par les procédés connus de drainage, à l'aide de tuyaux enfouis dans le sol à la profondeur d'environ un mètre, soit au moyen de tranchées à ciel ouvert, et qui conduisent l'eau à un déversoir général. Cette préparation du sol n'est du reste possible que lorsque le terrain est à un niveau plus élevé que les parties voisines; s'il occupait le point le plus déclive de la propriété, il pourrait devenir fort difficile et, dans tous les cas, très-coûteux de l'assainir, et alors il vaudrait souvent mieux renoncer à y établir le jardin, ou le réserver exclusivement à certaines cultures, celle du cresson ou du céleri par exemple, qui ne craignent point les fonds marécageux.

Plus ordinairement les vices du sol tiennent à sa composition minéralogique. S'il était très-rocailleux, ainsi que cela arrive souvent en pays de montagnes, et que la couche de terre végétale n'eût que quelques centimètres d'épaisseur, il n'y aurait qu'un moyen d'y remédier : ce serait d'y apporter la terre qui y manque (1), et de l'incorporer à celle de la surface ameublie par un défoncement et débarrassée des pierres les plus volumineuses. Une telle opération n'est possible que dans des cas particuliers, celui, entre autres, où la terre destinée à servir d'amendement serait à proximité et d'un prix modique. On pourrait toutefois y employer les vases que les rivières déposent sur leurs bords à l'époque des crues, si ces vases n'étaient pas trop sableuses et que le prix de transport ne fût pas hors de proportion avec le but à atteindre. On ne doit pas oublier d'ailleurs qu'il ne peut être question ici que de jardins fort resserrés, et sur lesquels une culture très-intensive et très-productive est appelée à compenser le peu d'étendue de la surface et à dédommager des avances qu'ils ont nécessitées.

Nous avons cité un cas extrême ; ce qui est beaucoup plus fréquent, c'est la prédominance d'un des éléments constitutifs des sols normaux. Ces éléments, ainsi que nous l'avons déjà exposé dans le premier volume de ce traité (p. 420 et suivantes), sont l'*argile*, la *chaux* et la *silice*, dont le mélange en proportions convenables donne lieu à ce que l'on nomme en agriculture la *bonne terre* ou *terre franche*. Cette terre contient de 40 à 60 pour cent de chaux, le reste se composant par parties à peu près égales de silice et d'argile, sans compter l'*humus* ou résidu de matières organiques, qui en augmente la fertilité dans la proportion où il s'y trouve. Si le sol pèche

(1) C'est ainsi qu'ont été créés, pour ainsi dire de toutes pièces, la plupart des jardins de l'île de Malte. Déjà lorsqu'elle était au pouvoir des Chevaliers on y apportait, par mer, de la terre végétale prise en Afrique. Les Anglais ont continué ce système ; aussi voit-on aujourd'hui beaucoup de grands et beaux jardins dans cette île, qui pendant des siècles n'avait guère été qu'un rocher brûlé par le soleil.

par l'absence ou la trop faible quantité de l'un de ces éléments, c'est au cultivateur de le lui fournir dans la proportion convenable. On sait trop aujourd'hui quelles améliorations ont été réalisées en agriculture par l'emploi des amendements pour que nous ayons besoin de les faire valoir quand il s'agit de jardinage. Le but à atteindre est le même, et c'est par les mêmes moyens qu'on l'atteint. Il y a toutefois cette différence que dans le jardinage l'opération se fait toujours sur une beaucoup plus petite échelle qu'en agriculture, et que la dépense en est bien plus rapidement couverte par les produits.

4° *L'eau pour les arrosages.* Voici encore une des conditions premières de l'établissement de tout jardin potager, du moins sous nos climats. Dans la région très-pluvieuse du nord-ouest, surtout au voisinage de la mer, les arrosages sont moins de rigueur que dans les autres régions, et on pourrait, année commune, y récolter beaucoup de légumes qui n'auraient eu d'autre arrosage que l'eau du ciel. Même dans le reste de la France, il est des légumes qui se cultivent en plein champ et qu'on n'arrose jamais. A part ces exceptions, l'eau est de toute nécessité dans les jardins, et sans elle on pourrait dire que les potagers n'existeraient pas.

Celui donc qui veut créer un jardin potager doit, au préalable, s'assurer qu'il y trouvera de l'eau en abondance et en toute saison, et cette condition se montre d'autant plus impérieuse qu'on s'avance davantage vers le midi, aussi la terre renchérit-elle en proportion de la facilité qu'on trouve à l'irriguer (1). Le cas le plus favorable, mais aussi le plus rare, est celui où la propriété peut être arrosée par un cours d'eau qui ne tarit jamais, et qui est à un niveau relatif tel, qu'il suffit d'y faire des saignées pour obtenir l'eau nécessaire. Si,

(1) Rien ne fait mieux sentir l'importance de la présence de l'eau dans les jardins potagers que les prix élevés des terres arrosables dans le midi de la France. Suivant la qualité du sol et la distance des centres de population, le prix des terres non arrosables se tient habituellement entre 1200 et 3000 fr. l'hectare ; s'il y existe un puits capable de fournir l'eau en quantité suffisante, ces prix s'élèvent facilement au double ou au triple ; ils peuvent être décuplés quand l'eau est fournie par une rivière dont il suffit de détourner l'eau pour les irrigations. A Hyères, par exemple, la terre arrosable à l'aide d'un cours d'eau atteint les prix, en apparence exorbitants, de 15 à 25,000 fr. l'hectare.

comme il arrive plus fréquemment, le cours d'eau est à un niveau plus bas, on emploie des machines pour l'élever à la hauteur convenable, telles que roues à auges, mises en mouvement par le cours d'eau lui-même, ou norias mues par la force animale. Les pompes à main, quoique préférables à l'ancien système qui consistait à tirer l'eau d'un puits à force de bras, ne peuvent suffire, dans le midi surtout, qu'à des jardins d'une faible étendue (5 à 6 ares au plus). Pendant des siècles, les jardins maraîchers de Paris ont été réduits à ces moyens primitifs, mais déjà vers la fin du siècle dernier on commença à les remplacer par des manivelles à seaux attelées d'un cheval, ce qui était un progrès notable sur l'ancien système. Il existe encore de ces manivelles dans les jardins de Paris, mais elles sont petit à petit remplacées par des *pompes à manége*, pareillement mises en activité par un cheval, et qui offrent de grands avantages sur les manivelles.

L'arrosage des jardins potagers se fait de deux manières : par *irrigation*, comme dans la majeure partie du midi, ce qui économise beaucoup de travail aux ouvriers ; et par *transport de l'eau*, à l'aide d'arrosoirs, ce qui est la méthode à peu près universelle dans le reste de la France. Dès que les jardins ont une certaine étendue (de 50 à 100 ares par exemple), il devient nécessaire d'y établir des réservoirs d'eau sur plusieurs points, tout à la fois pour alléger le travail et l'activer, car il est des moments de l'année où toute la journée des ouvriers suffit à peine à distribuer l'eau aux plantes. Ces réservoirs sont ordinairement des tonneaux défoncés d'un côté et enterrés jusqu'aux cinq sixièmes de leur hauteur, dans lesquels l'eau, partant d'un niveau plus élevé, se rend d'elle-même par des rigoles ou des conduits souterrains, en grès ou en plomb, qui circulent le long des sentiers. Ces tonneaux, plus ou moins nombreux suivant l'étendue du jardin et les besoins de l'arrosage, sont tous au même niveau et en communication les uns avec les autres, ce qui fait qu'ils se remplissent tous en même temps. C'est là que les ouvriers remplissent leurs arrosoirs pour distribuer l'eau sur les planches voisines. Le peu de durée des tonneaux fait que quelques jardiniers les remplacent aujourd'hui par des cuves en maçonnerie bétonnée.

5° *Les engrais.* L'engrais est le nerf de la culture intensive, et quand il s'agit d'un jardin potager, il est, pourrait-on dire, la matière première avec laquelle se fabriquent les légumes. Dans l'établissement d'un tel jardin il convient donc d'avoir égard à la facilité avec laquelle on pourra se procurer les engrais nécessaires.

Ainsi que nous l'avons dit plus haut, nulle situation n'est plus favorable sous ce rapport que le voisinage des villes, surtout des villes populeuses et riches, qui sont des foyers incessants de production d'engrais, et c'est en grande partie à cette cause que les jardins maraîchers de Paris doivent leur fertilité et leur renommée. Les engrais produits dans les villes ne sont pas seulement abondants, ils sont en outre très-variés de composition, et par là encore ils répondent à la variété des cultures potagères.

Le premier de tous au point de vue du jardin potager, le plus précieux, le plus indispensable en un mot, est le fumier de cheval. C'est lui effectivement qui sert à faire les couches chaudes nécessaires pour la culture des primeurs; c'est lui qui fournit le meilleur terreau, et qui seul peut être employé à la culture du champignon de couche, culture qui est aujourd'hui une véritable industrie au voisinage de Paris. Le fumier d'étable vient en seconde ligne, et s'il n'a pas les qualités de celui d'écurie, il n'en a pas moins encore une grande valeur. Après lui viennent le guano, la poudrette, la colombine, les résidus des distilleries, le noir animal et enfin les boues des villes, désignées à Paris par le terme impropre de *gadoue*. Tous ces engrais ont leur utilité spéciale, que nous ferons connaître un peu plus loin.

6° *Les clôtures.* Un jardin potager ne saurait sans les plus graves inconvénients être accessible à d'autres que le propriétaire et le personnel de sa maison. Ses produits sont de ceux que les maraudeurs peuvent mettre au pillage; ils sont de plus exposés à être broutés par les animaux domestiques, qui en s'y introduisant peuvent y causer de grands dégâts. Enfin, l'outillage horticole lui-même, qui ici consiste principalement en cloches et en châssis vitrés, demande à être mis à l'abri des mille accidents qui peuvent arriver du dehors. Le moyen d'écarter ces différentes causes de perte est d'entourer le jardin de clôtures.

Trois sortes de clôtures, les *fossés*, les *haies* et les *murs*, peuvent être employées ici, et c'est au propriétaire à juger, d'après la disposition des lieux et ses propres ressources, lequel de ces trois modes de défense il doit préférer. Les meilleures clôtures sont incontestablement les murs maçonnés; ils n'ont qu'un inconvénient, celui de coûter cher, mais cet inconvénient est amplement racheté par les avantages qu'ils offrent comme abris et comme soutiens des arbres d'espalier. Par ces deux caractères, qui leur sont propres, on peut dire qu'ils font partie de l'outillage horticole lui-même. Toutefois, pour en tirer ce service, ils doivent avoir une certaine hauteur, qui ne doit pas être inférieure à 2m. Nous étant déjà expliqués sur la construction des murs d'espaliers (tome I, p. 398 et suivantes), nous pouvons nous dispenser d'y revenir ici.

Les haies, particulièrement les haies vives, font encore de bonnes clôtures pour les jardins potagers, à la condition qu'elles aient au moins 1m,20 de hauteur, sur 0m,80 à 1m d'épaisseur, et qu'elles soient partout bien garnies. Les arbrisseaux épineux conviennent particulièrement ici, mais celui qui justifie le mieux l'emploi qu'on en fait pour la composition de haies défensives est l'aubépine, recépée et taillée aux ciseaux. D'autres arbustes épineux peuvent y servir également, mais la plupart avec moins d'avantage, soit parce qu'ils sont plus difficiles sur le terrain, soit parce qu'ils se dégarnissent du bas, soit surtout parce qu'ils drageonnent du pied, et qu'ils empiètent insensiblement sur la terre destinée aux cultures potagères. Un inconvénient inhérent à toutes les haies vives est que leurs racines épuisent la terre à une distance plus ou moins grande de leur pied, et que par elles-mêmes elles occupent une bande assez considérable de terrain, inconvénient qui a son importance dans les jardins d'une faible étendue. Pour ce qui concerne la composition et l'entretien des haies défensives, nous renverrons le lecteur au tome IIIe de cet ouvrage (p. 194 et suivantes), où le sujet a été traité avec des détails suffisants.

Les fossés, secs ou remplis d'eau, servent assez souvent à enclore les propriétés, mais ils ne sont guère d'usage que dans les pays de plaines, et surtout dans les plaines où l'eau est à une faible distance de la surface. C'est de tous les genres de clôture celui qui coûte le moins à établir et à entretenir. La terre retirée du fossé est amoncelée en remblai continu du côté de la propriété à défendre, et souvent couronnée d'une petite haie, qui ajoute encore à la difficulté de franchir l'obstacle. On ne peut guère donner moins de 1^m de largeur à un fossé de clôture; mais sa profondeur peut ne pas dépasser 0^m,60, surtout s'il doit être rempli d'eau.

Sites à éviter dans l'établissement d'un jardin potager. Après avoir indiqué les sites les plus favorables à l'établissement d'un jardin potager, il convient de dire quelques mots de ceux qu'il faut éviter, si l'on tient à ne pas aboutir à des mécomptes, même quand toutes les conditions énumérées ci-dessus seraient remplies. Il n'est guère de situation, si bien choisie qu'elle soit, qui n'ait aussi quelques inconvénients; mais parmi ces derniers il en est deux surtout contre lesquels il importe de se prémunir.

Le premier est celui des inondations, accident toujours grave et qui n'est que trop fréquent au voisinage des rivières. Si le terrain exploité en culture potagère est à portée des crues d'un cours d'eau, il faudra s'attendre à le voir ravagé un jour ou l'autre, et il pourra en résulter les pertes les plus sérieuses. Non-seulement les produits du sol, non-seulement l'outillage, tel que cloches, châssis et autres ustensiles, pourront être entraînés par les eaux, mais le sol lui-même pourra disparaître ou être enseveli sous une épaisse couche de gravier. On devra donc, avant toute entreprise de culture à proximité d'un cours d'eau, s'assurer de la limite qu'atteignent ses plus grandes crues, et s'établir sur un point où on n'ait rien à en craindre.

On peut être inondé même fort loin des rivières; c'est, par

exemple, si on occupe la partie la plus déclive de la contrée, et que les eaux s'y accumulent à la suite des orages ou des pluies persistantes. Dans de telles conditions, un jardin pourra se transformer momentanément en une sorte de bourbier, au grand détriment des plantes. Ainsi donc sur ce point encore le propriétaire devra prendre ses mesures pour éviter l'accident que nous venons de signaler.

Un second inconvénient d'un site mal choisi, qui a aussi sa gravité, mais d'une tout autre nature que le premier, est celui du voisinage des fours à chaux ou à plâtre, des hauts-fourneaux, des fonderies, des fours à coke, des fabriques de produits chimiques, etc., toutes industries dont les cheminées versent dans l'atmosphère des fumées âcres ou corrosives, des gaz délétères ou des particules métalliques vénéneuses, dont les plantes souffrent autant que les hommes et les animaux. Ces sortes d'usines sont communes aujourd'hui autour de la plupart de nos grandes villes, et malgré la hauteur de leurs cheminées, les fumées et les gaz qui s'en échappent vont toujours s'abattre sur quelque point. Le sol à la longue s'en imprègne et se stérilise; les plantes potagères, si elles n'en périssent pas, en contractent des saveurs repoussantes; les herbes fourragères elles-mêmes, lorsqu'elles ont reçu ces fumées, sont rebutées par le bétail. On ne saurait trop conseiller à l'amateur qui songe à créer un jardin potager de s'éloigner de ces établissements, ou, s'il est contraint de rester dans leur voisinage, de s'orienter autant que possible pour éviter le courant de leurs fumées; c'est ce que lui indiqueront les vents dominants dans le pays (1).

§ III. — TRAVAUX PRÉLIMINAIRES DE LA CULTURE D'UN JARDIN POTAGER.

Nous supposons que le propriétaire a déterminé l'endroit où il se propose de créer un jardin potager; que cet endroit

(1) Ces fâcheux effets de l'industrie sur les produits du sol sont surtout graves aux alentours de quelques villes d'Angleterre et de Belgique, où ils ne cessent d'exciter les plaintes des agriculteurs.

réunit les conditions énumérées ci-dessus, qu'il possède de l'eau et qu'il est entouré de clôtures. Si le fond est déjà depuis longtemps cultivé en jardin, les travaux préparatoires pourront s'y réduire à peu de chose ou même à rien; mais si le sol est encore en friche ou à l'état de culture extensive et négligée, il deviendra indispensable de le remanier en totalité pour l'approprier à sa nouvelle destination. Le premier travail à y exécuter est le *défoncement* et l'*épierrage*.

Défoncement et épierrage du terrain. Défoncer un terrain c'est l'ameublir sur une profondeur plus grande que celle qu'atteignent les labours ordinaires. Cette profondeur varie suivant les circonstances. Si le sous-sol est occupé par une roche plus ou moins dure et continue, il y aura là un obstacle qu'il ne sera point possible de dépasser, mais l'épaisseur de la terre végétale devra être d'au moins $0^m,40$ pour que la culture des légumes y soit possible. Si elle était moindre, il faudrait y apporter de la terre en proportion du déficit qu'on y constaterait.

Quand le sous-sol n'est point rocailleux et qu'il peut être facilement entamé par les outils, la profondeur du défoncement doit être portée à $0^m,60$ ou $0^m,80$, même à 1^m là où l'on se propose de planter des arbres. Généralement le sol est d'autant plus pauvre qu'il est plus éloigné de la surface, aussi ne doit-on pas rejeter au fond de la tranchée la couche supérieure de la terre, qui est la meilleure, pour la remplacer par celle du fond. Le but qu'on cherche à atteindre ici est un simple ameublissement du terrain, pour y faciliter la pénétration des racines, qui descendent souvent fort bas, ainsi que celle de l'eau et des engrais. Le défoncement se fait par tranchées successives, la terre retirée de l'une servant à combler l'autre, mais avec la précaution que nous venons d'indiquer de conserver à la surface la couche supérieure. En même temps qu'on ameublit le sol on en retire les pierres d'un certain volume, qu'il suffit, du reste, d'enfouir au fond des tranchées si ces dernières ont plus de $0^m,50$ de profondeur; dans le cas contraire on les enlève du terrain. Ces pierres enfouies ne sont pas inutiles; elles constituent une sorte de drainage, qui facilite l'écoulement de l'eau dans le sol sous-jacent.

Nivellement du terrain. Il est toujours avantageux que le terrain destiné à être mis en jardin potager soit parfaitement de niveau, et cela surtout pour en faciliter l'arrosage. Cette condition, nous l'avons déjà dit, est de rigueur dans la région méridionale, où l'arrosage se fait par irrigation. On pourrait cependant y admettre une légère pente dans le cas où l'eau arrivant au niveau du point le plus élevé pourrait être déversée sur les autres parties du jardin. Dans le centre et le nord de la France, où l'arrosage se fait à la main, il est encore avantageux que le terrain soit horizontal, d'abord parce que les tonneaux qui tiennent l'eau en réserve peuvent par là être en communication perpétuelle les uns avec les autres, ensuite parce que le transport des arrosoirs est moins pénible sur un sol horizontal que sur un sol incliné dont il faut alternativement gravir ou descendre la pente. Toutes les fois donc que le terrain n'aura que de faibles inégalités de niveau on devra, pendant l'opération du défoncement, s'attacher à les faire disparaître en nivelant soigneusement la surface. Si la pente était trop forte, il pourrait devenir trop dispendieux de niveler le terrain tout d'une pièce, mais alors on devrait le diviser en gradins ou compartiments étagés, dont la surface serait horizontale. Ce serait au propriétaire de juger si le sol se prête à ce travail, et si le bénéfice qu'on pourrait s'en promettre suffirait pour en couvrir les frais.

Amélioration du sol, amendements. L'amélioration du terrain par des apports de terre ou de matières minérales se range naturellement dans la classe des travaux préliminaires de l'établissement d'un jardin potager. Toutes les fois qu'il s'agit de culture intensive, la terre ne saurait être trop fertile ; aussi doit-on s'efforcer d'améliorer celle qu'on destine à la culture des légumes, si elle est médiocre ou mauvaise. Nous avons dit un peu plus haut ce qu'il convient de faire pour amender les sols où certains éléments sont en excès, et comment on corrige la légèreté des terrains sableux par l'addition d'argile et de calcaire, ou la ténacité de l'argile par le sable siliceux. Une des meilleures préparations qu'on puisse faire subir à une terre médiocre serait de la mélanger avec de la bonne terre rapportée, par exemple celle d'un fond de prairie, à raison d'un mètre cube de cette dernière pour 10 à 15 mètres de superficie, mais c'est une opération qui n'est pas toujours possible, et qui deviendrait souvent dispendieuse. Les boues des fossés et celles que les rivières laissent sur leurs bords après les crues, les vases qui s'accumulent au fond des mares, peuvent être de même utilisées pour amender le terrain. Il en est de même de la terre végétale des bois et des forêts, si elle a assez d'épaisseur pour qu'on puisse s'en procurer une quantité suffisante sans trop de frais. En fait d'amendements, chaque pays produit les siens, et on ne saurait ici fixer d'autre règle générale que celle-ci : tendre à obtenir un sol de bonne composition, ni trop léger, ni trop compacte, et dont le sous-sol laisse écouler l'eau.

Division du terrain en compartiments. Cette division du terrain a son importance pour les assolements à établir et pour la commodité du travail, mais elle est relative à l'étendue de la pièce de terre, à sa configuration et à son orientation. Si le terrain a une certaine étendue, de 30 à 50 ares par exemple, il peut être souvent utile de le diviser en deux parties à peu près égales par une allée charretière, c'est-à-dire assez large pour laisser passer une voiture, et dont la direction doit être dans le sens de la porte d'entrée du jardin faisant face à l'extérieur. Des allées transversales, moins larges que la première, et perpendiculaires sur elle, découpent chacune des deux moitiés en nouveaux compartiments, de forme carrée ou rectangulaire suivant les cas, et ceux-ci à leur tour sont divisés en planches de $1^m,30$ à $1^m,40$ de large. On n'a pas de peine à comprendre que ces arrangements intérieurs sont entièrement relatifs aux circonstances dans lesquelles on se trouve placé, et que c'est en définitive au propriétaire ou à son jardinier de décider ce qu'il convient de faire. L'essentiel est qu'une fois une disposition adoptée, il n'y soit rien changé pendant une certaine période d'années, et cela pour les raisons que nous exposerons plus loin.

Quel que soit le mode de distribution auquel on s'arrête, un coin de terrain doit être réservé pour la préparation des engrais. On choisit pour cela un endroit un peu éloigné de la maison d'habitation, précaution recommandée par l'hygiène. S'il y a des écuries ou des étables attenant à la propriété, une basse-cour, un colombier, etc., c'est naturellement dans leur voisinage que le tas de fumier doit être établi. C'est là aussi que l'on creusera la fosse à purin destinée à recevoir les urines qui s'écoulent des étables, et que seront placés les récipients dans lesquels on fabriquera les engrais liquides. Nous ne saurions trop faire ressortir la nécessité d'un bon aménagement de ce coin du jardin, et trop répéter que les détritus et déchets de toutes natures qu'on y accumule peuvent perdre presque toute leur valeur si on ne leur donne pas les soins nécessaires, ou si on ne sait pas les employer à propos.

§ IV. — OUTILS, USTENSILES ET APPAREILS NÉCESSAIRES A LA CULTURE D'UN JARDIN POTAGER.

Nous excluons de cet appareillage les machines qui servent à puiser l'eau, et qui ne sont après tout que le complément des puits, des citernes ou des rivières ; nous n'avons à parler ici que des ustensiles qui sont journellement entre les mains du jardinier, en d'autres termes de l'outillage *mobilier,* qu'on transporte partout où on a besoin de s'en servir.

Quoique nous ayons déjà traité ce sujet dans notre premier volume (p. 442 et suivantes), nous croyons utile d'y revenir ici, mais en considérant l'outillage spécialement au point de vue de la culture potagère.

Les ustensiles nécessaires à cette culture appartiennent à trois catégories différentes, savoir : ceux dont on se sert pour fouir ou ameublir le terrain ; ceux qui servent au transport de l'eau et des autres matériaux du jardin ; et ceux avec lesquels on abrite les plantes contre le froid ou contre les rayons du soleil.

Instruments servant à travailler la terre. Ce sont :

1° Les *pics*, sortes de pioches à fer long et étroit, pouvant entrer profondément dans le sol, et assez résistant pour ne point se casser ou plier sous les efforts de l'ouvrier. Les pics, dont les formes et les dimensions varient suivant les lieux, ne servent d'ordinaire que dans les défoncements ou les défrichements de terrain. C'est par leur moyen qu'on perce les sols les plus durs, qu'on extrait les pierres d'un certain volume, les racines d'arbre, etc. Le fer d'un pic doit avoir au moins 0m,50 de longueur, sur une largeur qui varie de 0m,06 à 0m,08 ; quant à sa force, ou son épaisseur, elle doit être proportionnée à la difficulté du terrain qu'il s'agit de défoncer. Le manche de l'outil ne doit pas dépasser 0m,80 ; ce manche représentant un levier à l'extrémité duquel le poids du fer agit comme résistance, il est évident que plus il sera long, plus l'ouvrier éprouvera de fatigue à le soulever.

2° La *pioche piémontaise*, principalement usitée dans le sud-est de la France, et qui tient en quelque sorte le milieu entre le pic et la pioche commune. Son fer, long de 0m,40 environ, est en forme de triangle allongé, et c'est par son angle le plus aigu qu'il entre dans le sol. Elle sert aux défoncements peu profonds et aux labours ordinaires dans les terrains rocailleux ou sujets à se durcir. Son manche, long de 0m,70 à 0m,80, fait avec l'axe du fer un angle aigu de 60 à 70 degrés.

3° La *pioche à deux dents*, qui tient encore du pic, et qui rend dans le midi de la France et en Espagne les mêmes services que la pioche piémontaise en Provence et en Italie. Son fer se divise dès la base en deux dents parallèles, aplaties, aiguës, séparées par un intervalle de 0m,12, et dont la longueur moyenne est de 0m,40. Le manche, toujours court à cause du poids du fer, fait avec ce dernier un angle de 50 à 60 degrés, ce qui oblige l'ouvrier à travailler courbé en deux. L'emploi de cet instrument est pénible, mais aucun autre ne saurait le remplacer sur les terres argileuses durcies par le soleil. Malgré ses inconvénients, c'est encore le principal instrument de labour dans les jardins potagers, toutes les fois du moins qu'ils ont une certaine étendue.

4° La *houe commune*, à fer carré, plus ou moins large et longue suivant les localités. C'est un des instruments les plus répandus et aussi un de ceux dont les formes et les proportions varient le plus. On le trouve dans toutes nos provinces, et il y sert à la grande aussi bien qu'à la petite culture; mais on ne s'en sert avec avantage que dans les terres déjà ameublies, et pour les labours superficiels. Le travail exécuté à la houe est toujours moins parfait que celui qui se fait à la bêche, mais il est plus expéditif. La houe a encore un autre usage dans les jardins arrosés par irrigation : c'est avec elle que l'ouvrier ouvre et ferme les rigoles qui conduisent l'eau dans les carrés de légumes; aussi lui donne-t-on, en vue de ce service, un fer moins large et plus allongé qu'à celles qui sont exclusivement destinées à travailler le sol. Les manches des houes sont ordinairement plus courts que ceux des instruments qui précèdent; leur longueur varie suivant les habitudes des divers pays, la taille et la force des ouvriers, la consistance de la terre, etc. Un diminutif de la houe assez commun partout est le *piochon* (fig. 1), à fer étroit et tranchant, qui sert aux usages les plus variés. La *binette* (fig. 2), instrument léger, à fer court et large, et à manche long, est un autre diminutif de la houe, dont on se sert pour *biner*, c'est-à-dire ameublir la couche la plus superficielle du sol, dans les intervalles des plantes qui l'occupent, et en détruire les mauvaises herbes. Le *sarcloir*, qui est encore une sorte de petite houe, ne diffère de la binette, qu'il remplace d'ailleurs souvent, qu'en ce que son fer se termine en pointe. Il sert alors à deux fins : biner ou sarcler les plantes et tracer des sillons pour les semis en ligne ou pour la plantation des légumes.

Fig. 1. — Piochon.

Fig. 2. — Binette.

5° La *bêche* (fig. 3), dont la forme varie à l'infini, est le plus parfait des instruments de labour pour les jardins, mais il suppose un sol d'une faible ténacité et déjà rendu meuble par le défoncement ou la culture. Le fer des bêches varie de longueur et de largeur, en raison de la nature des terrains ou du genre particulier de travail qu'on veut exécuter; sa surface totale varie aussi en raison de la force très-inégale des ouvriers; mais dans la culture potagère, où la terre doit être remuée profondément, il y a des dimensions moyennes dont il convient de ne pas trop s'écarter. On peut les fixer comme il suit : 30 à 33 centimètres pour la longueur de la lame, la douille non comprise; 22 à 24 centimètres de largeur dans le haut, et 19 à 20 dans le bas. Le fer de la bêche doit être légèrement courbe dans le sens de sa largeur, pour mieux retenir la motte de terre qu'il soulève; sa douille, longue de 10 à 12 centimètres, fait suite à son axe, et il en est de même du manche qui y est implanté. La longueur de ce dernier, variable comme les autres parties de l'instrument, est en moyenne de 1 mètre, en y comprenant la longueur de la douille. Il est essentiel que la bêche soit solidement fixée à son manche, ce qui s'obtient en l'emmanchant à chaud (1). Pour se procurer de bonnes bêches, bien trempées, il faut les commander à des taillandiers connus; il est rare que celles qu'on achète toutes faites fassent un bon usage.

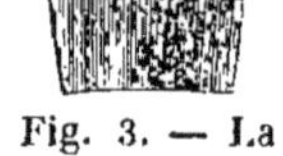

Fig. 3. — La bêche.

L'emploi de la bêche est de la plus grande simplicité; il suffit de voir un homme s'en servir pour qu'on en comprenne la manœuvre. Rappelons seulement que pour que le bêchage

(1) On chauffe la douille au rouge sombre et on y introduit le manche de force, en le frappant à son extrémité. On plonge ensuite le fer entier dans l'eau froide; la douille en se contractant, serre si énergiquement le bois du manche qu'il devient superflu de la retenir par des clous. A Paris ce sont les taillandiers eux-mêmes qui emmanchent les bêches.

soit bien exécuté, il faut que la terre du fond de la tranchée soit ramenée à la surface (1) et cette dernière bien égalisée. En bêchant on enfouit successivement l'engrais étalé préalablement à la surface du terrain ; on enfouit de même les herbes qui ne sont pas susceptibles de se propager par drageons, et on retire au contraire de la terre celles qui s'y reproduiraient, même étant coupées en fragments, comme les liserons, le chiendent, etc. En un mot, ce à quoi on doit viser est un ameublissement profond et parfait du terrain, le mélange des différentes couches superficielles de la terre, l'enfouissement des engrais et l'extirpation de tout ce qui pourrait porter préjudice aux plantes que l'on veut y cultiver.

6° La *fourche à dents plates* est une sorte de bêche dont le fer se réduit à deux grandes dents aplaties, analogues du reste à celles de la houe à deux dents, mais moins longues. Elle est emmanchée comme la bêche, et elle rend des services analogues dans les terres très-fortes, quoiqu'elle ne pulvérise pas les mottes aussi bien que la bêche proprement dite. Il y a des cas où celle-ci ne pourrait pas la remplacer, comme, par exemple, lorsqu'il s'agit de remuer la terre au voisinage des arbres, dont la bêche à fer plein couperait trop de racines. Pour la même raison, la fourche ou la houe à dents plates est préférable à cette dernière pour l'arrachage des pommes de terre et généralement de toutes les racines ou tubercules qu'il faut endommager le moins possible.

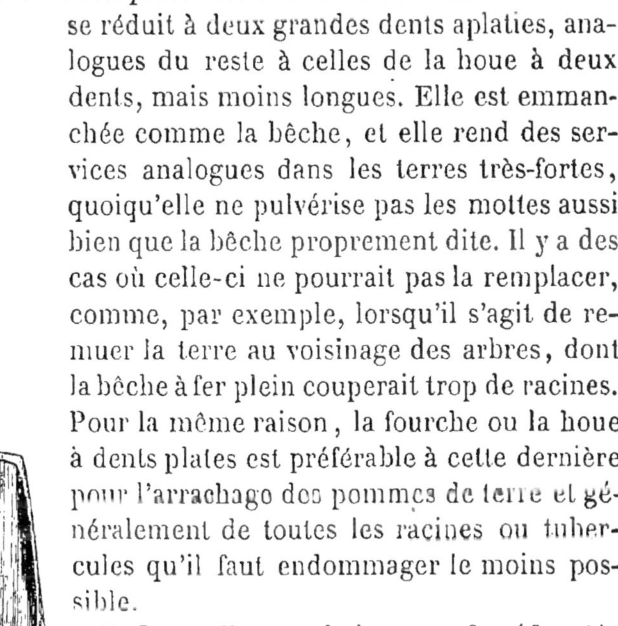

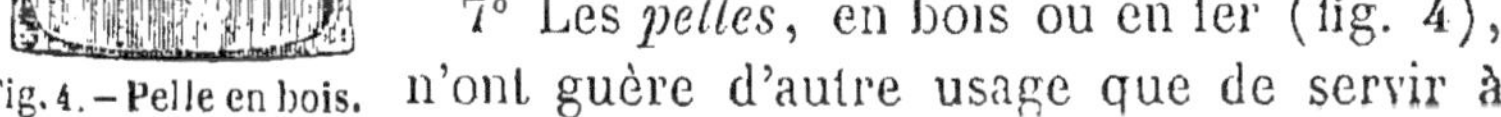

Fig. 4. – Pelle en bois.

7° Les *pelles*, en bois ou en fer (fig. 4), n'ont guère d'autre usage que de servir à

(1) Dans un simple labour à la bêche, c'est ce qui doit avoir lieu, parce que le sol est homogène dans toute l'épaisseur parcourue par l'instrument ; mais il n'en est plus de même dans l'opération du défoncement, où les outils, pénétrant à une profondeur beaucoup plus grande, atteignent des couches de terre très-inférieures en qualité à celle de la surface. C'est, du reste, ce que nous avons expliqué plus haut.

charger ou décharger des terres ou autres matériaux qu'on veut changer de place. Elles ont peu d'importance comme ustensiles horticoles dans un jardin de médiocre étendue, parce qu'on peut les remplacer par les bêches; mais elles sont de première nécessité dans un grand jardin où il y a des mouvements considérables de terre. Par leur emploi on économise les bêches et on expédie plus de besogne, deux points qui sont à considérer. Ajoutons que les pelles en fer peuvent suppléer aux ratissoires pour nettoyer des mauvaises herbes les allées d'un jardin potager, où la propreté et l'élégance sont moins de mise que dans un jardin d'agrément.

Fig. 4. – Pelle en fer.

8° On doit encore ranger dans l'outillage indispensable d'un jardin potager les *crochets à fumier*, sortes de pioches à deux dents étroites et aiguës, un peu écartées l'une de l'autre, qui servent à décharger les voitures de fumier et à démolir les couches; les *fourches à fumier*, à deux ou à trois dents aiguës, un peu coudées ou courbées en dessus, dont on se sert pour charger les pailles et fumiers sur les voitures et pour monter les couches; les *râteaux* à dents de fer, droites ou courbes, avec lesquels on nivelle et pulvérise la surface de la terre, on recouvre les semis à la volée et on enlève les mauvaises herbes restées à la surface du terrain ou rejetées dans les allées; les *plantoirs*, morceaux de bois coniques, garnis d'une douille de fer pointue à leur extrémité, qui servent à planter les légumes à racines nues : le *cordeau*, dont l'usage principal est de diriger l'ouvrier qui trace des sillons avec la binette ou le sarcloir, les *déplantoirs*, sortes de truelles à fer courbe, qui sont souvent commodes pour enlever des plantes isolées avec leur motte et les replanter ailleurs; enfin les *pots* ou *godets* de terre, dans lesquels on sème les plantes qu'il est plus avantageux d'élever sur couche et de transplanter en motte qu'à racines nues. Nous pourrions ajouter à cette liste beaucoup d'autres ustensiles dont on s'est plu à compliquer la manœuvre horticole, mais qui causent plus d'embarras qu'ils ne rendent de services. Ces ustensiles sont de plus en plus abandonnés par les praticiens sérieux.

Appareils servant au transport des matériaux et de l'eau des arrosages. Ces appareils ont aussi été décrits dans notre premier volume (p. 452 et suivantes), mais il est utile de les rappeler ici. Ce sont :

1° Les *brouettes,* petites voitures à bras roulant sur une seule roue. Les plus indispensables sont les *brouettes à coffre* (fig. 5),

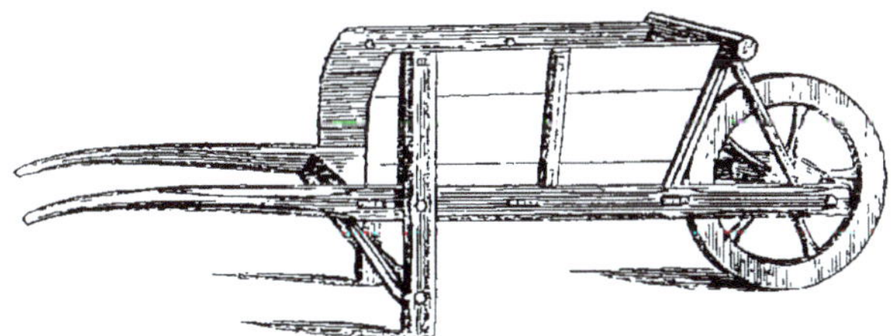

Fig. 5. — Brouette à coffre.

que tout le monde connaît, et qui servent à charrier la terre, les pierres et tous les menus débris d'un jardin. On les fait plus grandes ou plus petites, suivant la taille et la force des hommes qui doivent les manœuvrer. Les *brouettes-civières,* nommées aussi quelquefois *barreaux* (fig. 6), sont d'un usage beaucoup

Fig. 6. — Brouette-civière

moins général. Elles n'ont pas de coffre, et par là se prêtent mieux que les précédentes au transport des objets encombrants ou d'un grand volume, tels que de la ramée, du fumier pailleux, etc. Un service qu'elles peuvent rendre encore est le transport d'arrosoirs pleins d'eau, plus faciles et moins fatigants à charrier qu'à porter avec les bras.

2° Les *civières* proprement dites, sortes de claies soutenues par deux brancards parallèles, dont les extrémités servent de poignées. Il faut deux hommes pour les manœuvrer et en cela elles sont inférieures aux brouettes ; en revanche elles servent à transporter des fardeaux dans des endroits qui ne seraient pas praticables à ces dernières, par exemple sur des talus très-escarpés ou dans des sentiers encombrés de pierres. Elles peuvent dans quelques cas être avantageusement remplacées par des hottes ou des paniers de diverses formes.

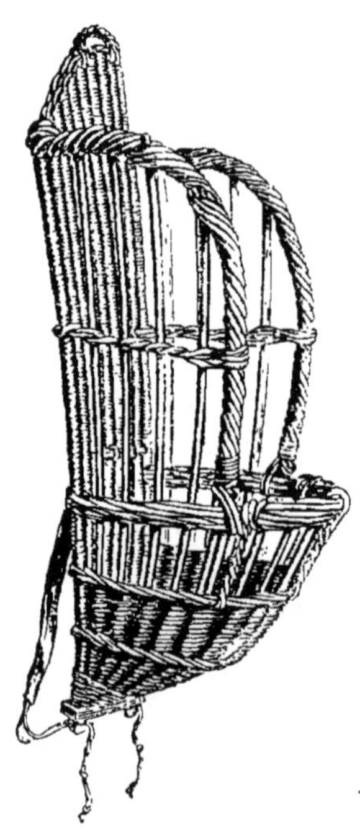

Fig. 7. — Hotte.

3° Les *hottes* (fig. 7), ou paniers à dossier, qui se portent suspendues aux épaules par des bretelles. On en construit de diverses formes et de diverses grandeurs. Celles dont se servent les jardiniers maraîchers pour porter leurs légumes au marché sont à claire-voie, mais on les fait d'un tissu plus serré quand elles sont destinées au transport de la terre ; on peut même remplacer ici le panier de la hotte par une caisse en bois léger. La hotte est surtout utile pour circuler dans les passages étroits ou escarpés, qui ne seraient accessibles ni aux brouettes ni aux civières.

4° Les *paniers* et les *corbeilles*, ustensiles très-variables de forme et de grandeur, et qui se portent à la main ou suspendus au bras. Communément ils sont munis d'une anse, quelquefois de deux lorsqu'ils sont très-grands, et alors ils exigent le concours de deux personnes. Il y a aussi des paniers sans anse, et qui se portent sur la tête. Dans les jardins des maraîchers de Paris on fait un grand usage de corbeilles plates, peu profondes, pour contenir et transporter les plants élevés sur couche ou sur côtière aux endroits où ils doivent être replantés. On peut encore ranger parmi les paniers les *bourriches* qui servent à emballer les plantes qu'on veut faire voyager, mais elles ne sont guère usitées que dans la culture d'agrément ou dans l'arboriculture fruitière.

5° Enfin les *arrosoirs,* ou vases à transporter l'eau et à la répandre sur les plantes. On en construit de toutes formes et de toutes grandeurs, suivant les usages particuliers auxquels on les destine et suivant la force des bras qui doivent s'en servir. Toutefois, dans le jardinage potager, on n'emploie guère aujourd'hui que les arrosoirs de cuivre, à large goulot et à pomme percée de trous très-fins. Ce sont les *arrosoirs maraîchers* proprement dits (fig. 8), les plus solides, les plus durables et ceux qui, tout compte fait, rendent les meilleurs services dans ce genre de culture.

Fig. 8. — Arrosoir maraicher.

Appareils servant à abriter les plantes. Dans le jardinage potager on ne se borne plus aujourd'hui à la *culture naturelle;* par une nécessité qui découle des besoins d'une civilisation raffinée, on y a ajouté ce qu'on appelle la *culture de primeurs* et la *culture forcée*, dont le but est d'obtenir des légumes quelques jours ou quelques semaines plus tôt que ne le comporteraient les saisons, ou même de faire venir des légumes exotiques, qui ne trouveraient point assez de chaleur sous nos climats pour donner leurs produits.

Dans le midi de l'Europe, et même dans bien des parties du midi de la France, on s'en tient encore à la culture naturelle, favorisée d'ailleurs par la température élevée du pays; mais, à mesure qu'on s'avance vers le nord, on voit les appareils qui produisent de la chaleur artificielle ou qui conservent la chaleur solaire se multiplier dans les jardins potagers et y acquérir une importance qui croît avec la latitude. A Paris,

2.

et à plus forte raison au nord de Paris, il est tel jardin potager dont la moitié de la surface est couverte de cloches ou de panneaux vitrés. Cet outillage est dispendieux, mais il permet de tripler les produits d'un jardin et de récolter encore des légumes dans les plus mauvais mois de l'hiver. Il est du reste peu compliqué et se réduit à peu près aux *cloches* et aux *châssis* ou *coffres vitrés*.

Ainsi que nous l'avons déjà dit (tom. I, p. 473), les cloches sont de deux sortes : les *verrines* ou *cloches à facettes* et les *cloches maraîchères* (fig. 9) qui sont d'une seule pièce. Ces

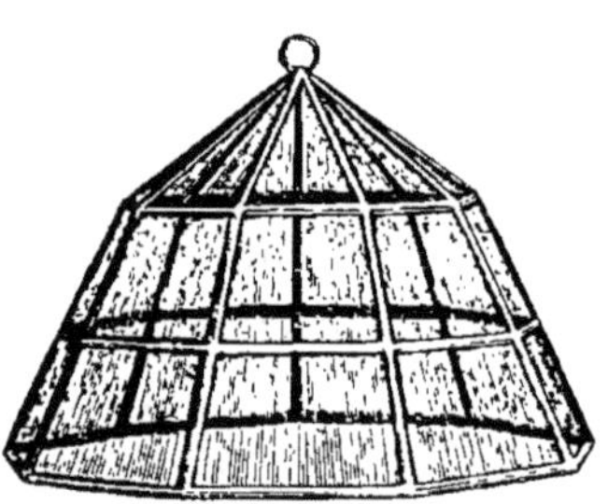

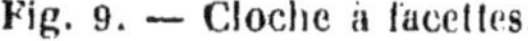

Fig. 9. — Cloche à facettes.

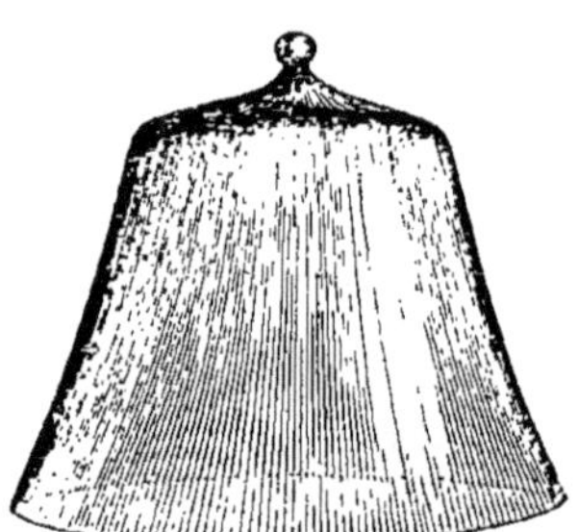

Fig. 9. — Cloche maraîchère.

dernières, incomparablement moins chères que les autres (1), sont les seules dont se serve la culture potagère. Peu usitées en Angleterre, presque inconnues dans une notable partie du midi de la France, elles sont en nombre immense dans les jardins potagers du nord. Il est tel jardinier maraîcher de Paris qui occupe deux à trois mille cloches sur moins d'un hectare de terrain, sans compter les châssis qui couvrent souvent plus d'espace que les cloches elles-mêmes. Il y a des cloches de plusieurs grandeurs, mais celles dont on fait le plus d'usage ont en moyenne $0^{m}\,40$ de hauteur, sur une pareille largeur à la base. Les meilleures sont en verre tout à fait incolore et bien transparent, et on doit les préférer à celles dont la teinte est verdâtre, et qui, par suite, laissent arriver sur les plantes moins de lumière et de chaleur.

(1) Leur prix, à Paris, est aujourd'hui de 80 fr. le cent. Ce prix, du reste, subit de légères variations ; il est de 1 fr. par cloche, si l'on n'en prend qu'un petit nombre à la fois.

Les châssis ou coffres vitrés (fig. 10) sont des sortes de caisses sans fond, plus hautes d'un côté que de l'autre, qu'on

Fig. 10. — Coffre vitré.

couvre de châssis vitrés, en bois et plus ordinairement en fer. Ces châssis portent le nom de *panneaux*. A Paris on donne aux coffres ordinaires 4^{m} de longueur, sur $1^{m}\,33$ de largeur. On les construit en planches de chêne, assujetties aux quatre coins par des montants de même bois, qu'on appelle les *pieds* du coffre, parce qu'ils forment une légère saillie inférieurement. Un des côtés du coffre est plus élevé que l'autre, afin qu'étant posé à plat les panneaux qui le couvrent inclinent du côté du soleil. Sa hauteur du côté le plus élevé est ordinairement de $0^{m}32$, celle du côté opposé de $0^{m}26$; on comprend toutefois que l'inclinaison qui en résulte devrait varier avec la latitude, et même avec les saisons dans un même pays, puisque le soleil n'est ni partout ni toujours à la même hauteur sur l'horizon. Plus les rayons du soleil qui tomberont sur le vitrage des châssis fermés se rapprocheront de la perpendiculaire, plus grande y sera la somme de lumière et de chaleur qu'ils apporteront avec eux.

Un coffre de la grandeur que nous venons d'indiquer est divisé en trois compartiments égaux par deux barres de bois qui les traversent dans le sens de leur largeur. Ces barres, larges de $0^{m}07$ à $0^{m}08$, servent tout à la fois à maintenir les planches opposées des deux longs côtés du coffre à la distance convenable et à soutenir les trois panneaux vitrés qui le recouvrent. Ceux-ci sont retenus du côté le plus bas par des pattes en fer, sur lesquelles ils s'appuient. Du côté opposé ils sont munis d'une poignée en fer qui sert à les soulever; on les maintient à divers degrés de soulèvement, quand on veut ouvrir le coffre ou donner de l'air aux plantes, au moyen de crémaillères de bois, sortes de planchettes entaillées de crans d'un côté, et qui se placent verticalement entre le bord supérieur du coffre et celui du châssis qu'elles doivent soutenir. On trouve à Paris, chez les fabricants d'outillage horticole, des coffres et des panneaux tout préparés; les coffres coûtent de 5 à 6 francs, ce qui est aussi le prix des panneaux, sans le verre.

Les autres ustensiles destinés à abriter les plantes se réduisent aux paillassons et à quelques perches. Les paillassons sont des couvertures en paille de seigle, de 2^{m} à $2^{m}50$ de longueur sur $1^{m}33$ de largeur. On peut les acheter tout faits; mais il est souvent plus avantageux de les faire soi-même, au moyen d'un métier à paillasson; toutefois on n'en comprend bien la fabrication qu'après avoir vu les ouvriers à l'œuvre. Lorsqu'on les fait soi-même, les paillassons reviennent, tout compte fait, à 0 f. 60 au plus. Nous n'apprendrons rien à personne en ajoutant que ces appareils si légers, si simples et si peu coûteux, sont de la plus grande utilité. Non-seulement ils servent à couvrir les châssis vitrés pendant les nuits d'hiver pour y conserver la chaleur intérieure, dont une notable partie se dissiperait sans eux, mais ils sont souvent employés directement, sans autre appareil, pour abriter des plantes contre la gelée. Dans ce cas on les soutient au moyen de perches étendues sur les planches et appuyées sur des fourchettes fichées de distance en distance dans le sol. Les paillassons appliqués sur un espalier en floraison sont aussi un excellent abri pendant les nuits de gelées si compromettantes alors pour la récolte des arbres fruitiers.

§ V. — APPLICATION DES PRINCIPES GÉNÉRAUX DE LA CULTURE A L'EXPLOITATION DU JARDIN POTAGER. ASSOLEMENTS. CONSERVATION DES RACES, etc.

Toute terre et toute exposition ne sont pas également propres à la culture de tous les légumes, et c'est au jardinier praticien de reconnaître, par l'observation et l'expérience, quelles espèces et quelles races de légumes réussissent le mieux dans les conditions présentées par son terrain. Lorsqu'il a fait ce choix, il lui reste encore à combiner ses cultures de manière à en obtenir les produits les plus élevés, et surtout à conserver au sol sa fertilité.

Alternance des cultures ; assolements. Il est un principe qu'il ne faut pas plus méconnaître en jardinage qu'en agriculture : c'est celui de l'*alternance*, qui veut que les cultures changent de place après un temps plus ou moins long, plus ou moins rapproché, suivant la rapidité avec laquelle elles épuisent le terrain. Les plantes annuelles, qui dominent dans la culture potagère, ne devraient jamais revenir deux années de suite sur les mêmes planches; car, quoi qu'on fasse pour restituer au terrain, par les engrais, ce qu'une première récolte lui a enlevé, la seconde ne vaudra jamais la première, et la troisième sera plus faible encore. Cependant, ici la terre ne doit jamais se reposer. On atteint le double but d'une production continue et d'une fertilité moyenne toujours égale par l'assolement du terrain, c'est-à-dire par l'*alternance* des cultures combinée avec l'emploi judicieux des amendements et des engrais.

Le meilleur assolement d'un jardin est celui de quatre ans, ce qui veut dire que les mêmes plantes, au moins celles qui épuisent le plus le terrain, ne doivent revenir à la place qu'elles ont déjà occupée qu'après un intervalle de trois ans, pendant lequel la terre est livrée à d'autres plantes. Mais, pour assoler à quatre ans, il faut que le jardin ait une certaine étendue; s'il n'était que de 8 à 10 ares, ou moins encore, il faudrait s'en tenir à l'assolement triennal, ou même à l'assolement de deux ans. Dans ce cas on suppléerait à l'inconvénient d'une alternance trop rapprochée par des fumures plus abondantes, et il est en général plus avantageux de concentrer beaucoup d'engrais sur une surface restreinte que de l'éparpiller sur une vaste étendue, qui serait insuffisamment fumée. Dans le jardin, comme dans la ferme, ce sont les fortes fumures qui amènent les fortes récoltes, on peut même dire les meilleures récoltes, car les qualités des légumes ainsi obtenus sont toujours supérieures à celles des légumes venus sur une terre pauvre ou mal cultivée.

Séparation des légumes et des arbres fruitiers. Un autre principe sur lequel nous devons appeler l'attention du lecteur est celui-ci : ne pas entremêler la culture des légumes à celle des arbres. Cependant c'est ce qui se fait très-habituellement, et rien n'est plus commun que des potagers entrecoupés de lignes d'arbres fruitiers, poiriers et pommiers surtout. Cette réunion d'arbres et de légumes sur les mêmes planches, ou dans les mêmes carrés d'un jardin, se comprend comme affaire de fantaisie chez un propriétaire qui, n'ayant qu'un très-petit espace de terrain, cherche plutôt un délassement dans la culture qu'une source de produits ; mais il n'en reste pas moins que ces cultures simultanées se nuisent réciproquement, que les arbres affament les légumes, sans produire eux-mêmes de bonnes récoltes de fruits. Pour qui ne vise qu'à l'utilité, les arbres et les légumes d'un jardin doivent être entièrement séparés ; il n'y a d'exception à faire que pour les arbres d'espalier, et encore doivent-ils occuper seuls la planche de terrain, dans laquelle s'enfoncent leurs racines, et à laquelle il faut réserver au moins 1m33 de largeur.

Les conditions de la culture potagère sont un peu différentes dans la région méditerranéenne. Là il est assez ordinaire que les jardins de légumes soient entrecoupés, sur toute leur surface, de lignes d'arbres fruitiers, distantes les unes des autres de 5 à 8 mètres, quelquefois plus rapprochées, suivant que les arbres sont plus ou moins élevés, plus ou moins touffus, comme aussi suivant l'exposition du jardin. Cet usage se justifie par deux raisons : d'abord par l'excès de la lumière et de la chaleur solaire, dont l'effet est de rendre les légumes coriaces, et qu'on tempère par l'ombrage des arbres; puis par la nécessité, sous ce climat, d'arroser les arbres fruitiers. Plantés entre les carrés de légumes, ces arbres bénéficient des irrigations. Il leur serait sans doute avantageux d'être cultivés isolément, mais, comme ils n'en devraient pas moins être arrosés et que l'eau d'irrigation est rare et chère, il y a en définitive plus de profit pour le cultivateur à les réunir aux légumes dans les mêmes compartiments du jardin.

Saisons maraîchères. Dans la langue du jardinage parisien le mot de *saison* est synonyme de *récolte,* et les opérations auxquelles il se rapporte ne sont que des cas particuliers de l'assolement, mais d'un assolement à court terme, nécessité ici par l'impérieuse nécessité de produire vite et beaucoup, et justifié d'ailleurs par l'énorme quantité d'engrais dont on y fait usage. Un jardinier habile fait de quatre à six saisons ou récoltes dans l'année, sur la même terre, en s'aidant des couches, des châssis et des cloches, c'est-à-dire en combinant la culture de primeur avec la culture ordinaire ou de pleine terre. Le lecteur prendra une idée de ces successions de récoltes par le tableau suivant que nous empruntons à M. Courtois-Gérard (1) :

Dans un jardin de Paris où l'on cultive à la fois les primeurs et les produits de pleine terre, c'est vers le 15 décembre que commence la série des opérations. On sème alors des carottes courtes hâtives sur couche et sous panneaux, et l'on plante des laitues petite noire. La récolte des carottes étant terminée dans les premiers jours d'avril, on retourne la couche et l'on plante des melons à cloches. En août, sur la même couche, on plante deux rangs de choux-fleurs, ou un seul, et dans ce cas on ajoute un rang d'escaroles de chaque côté. En septembre on sème du cerfeuil, des épinards ou des mâches, mais déjà, deux mois auparavant, on a utilisé les sentiers qui séparent les couches en plantant dans chacun d'eux un rang de choux de Vaugirard.

(1) Manuel pratique de culture maraîchère. 4e édition.

Dans la seconde quinzaine de mars on plante des melons, sur lesquels on rapporte les panneaux qui étaient sur les carottes, et trois choux-fleurs par panneau, sur le milieu de la couche. Les melons ayant été récoltés à la fin de juin, on les remplace par de la chicorée ou de la scarole; après la récolte des chicorées, qui a lieu à la fin de septembre, on sème des mâches à leur place.

Aux premiers jours de janvier, on plante de la laitue petite noire, et, vers le milieu du mois, six choux-fleurs sous chaque panneau. A la laitue petite noire, qui se récolte au commencement de mars, succède de la laitue gotte. Enfin, dans le courant de mai, après la récolte des choux-fleurs, on retourne la couche et l'on plante des melons de cloches.

En juin ou juillet, nouvelle plantation de choux-fleurs; en septembre nouveau semis de mâches et d'épinards; mais, dès la fin de mars, on a planté des melons, sur lesquels on rapporte les panneaux qui étaient sur les choux-fleurs.

Vers le 15 juin on plante un rang de choux-fleurs, et après la récolte des melons, qui a lieu dans la seconde quinzaine de juin, on plante des chicorées ou des scaroles, auxquelles succède de la mâche après la récolte dans les premiers jours d'octobre. En décembre on plante de l'oseille. En février on retourne la couche et on y plante de la chicorée. Celle-ci ayant été récoltée dans la seconde quinzaine d'avril, la couche est encore retournée et reçoit des melons à cloches. Enfin, en juin ou juillet, on plante un rang de choux-fleurs et, en septembre, des épinards ou des mâches, qui remplacent les melons.

L'année suivante, dès les premiers jours de février, on plante une laitue romaine et quatre chicorées sous chaque cloche, et une romaine entre deux cloches voisines. Vers la fin d'avril, après la récolte de ces deux salades, on retourne la couche, et l'on y plante des melons à cloches, puis des choux-fleurs, et on termine l'année par un semis d'épinards ou de mâches, dont la récolte se fait en hiver. En mars on plante quatre laitues petite noire et une romaine sous chaque cloche; vers la fin d'avril, quand cette dernière récolte est enlevée, on retourne la couche, et on recommence un nouveau cycle d'opérations, en plantant successivement des melons à cloches, des choux-fleurs et des épinards ou des mâches.

On voit, par cet exposé, qu'une même couche, de temps en temps remaniée et additionnée d'une certaine quantité de fumier neuf, donne une série pour ainsi dire indéfinie de récoltes qui s'y succèdent sans interruption. Mais, en même temps que la couche fonctionne, le maraîcher n'oublie pas les cultures de pleine terre. Il y procède de la manière suivante :

En février on plante, sur une côtière orientée au sud, de la romaine verte, et on sème des poireaux et des carottes, qu'on remplace, en août, par de la chicorée ou de la scarole.

Sur une seconde côtière, moins favorable que la précédente, mais tournée à l'est ou au sud-est, on plante, en mars, de la romaine verte et on sème des radis. Après la récolte des romaines qui se fait en mai, on sème du cerfeuil, et, dans les premiers jours de juillet, des radis noirs.

Sur une planche du jardin on repique, en octobre, de l'oignon blanc, qui a été semé en août à ce dessein ; puis on sème de la mâche entre les oignons. Après la récolte, qui est achevée aux premiers jours de juin de l'année suivante, on plante de la romaine blonde, puis, au commencement de juillet, de la scarole dans les intervalles des romaines, et, de chaque côté de la planche, un rang de choux de Vaugirard, qu'on a dû semer en juin. Après l'enlèvement de la romaine, on sème de la mâche entre les plants de scarole.

Sur une seconde planche on sème, en février, des carottes demi-longues, et l'on repique de la romaine, puis, vers le 20 avril, on contreplante trois rangs de choux-fleurs. Dans le courant d'août, après la récolte des choux-fleurs, on plante de la chicorée, et vers le 15 septembre on sème des mâches entre les pieds de cette dernière.

Une troisième planche reçoit d'autres cultures qui se succèdent de la même manière, mais pour donner leurs produits dans d'autres moments de l'année que celles qui précèdent. Ainsi, en février ou mars, on y repique du poireau, qui a été semé sur couche en janvier ; à la fin de juin on plante de la chicorée ; dans la seconde quinzaine de juillet on contreplante trois rangs de choux-fleurs, et en octobre on sème des épinards.

Nous ne pousserons pas plus loin ces détails, qui iraient se compliquant sans utilité pour le lecteur ; nous avons seulement voulu lui montrer, par ces citations d'un des auteurs les plus versés dans le jardinage, comment, sur des espaces de terre très-restreints, les maraîchers parisiens font succéder les récoltes aux récoltes, et comment la terre conserve indéfiniment sa fertilité par l'alternance des cultures et par l'emploi des engrais à haute dose. Nous ne saurions trop le répéter : il est plus avantageux de cultiver intensivement une parcelle de terre que d'éparpiller ses moyens d'action sur une vaste étendue. Ce qu'on perd en espace on le regagne largement par la rapidité de la production et par la quantité des objets produits. Quant au choix des plantes qui doivent se succéder dans l'assolement d'un jardin, il est déterminé par les besoins de l'approvisionnement, par le climat, et aussi par les habitudes du lieu où l'on se trouve. Pour le faire, il faut une certaine expérience de la culture, et la meilleure école où on puisse l'acquérir est un de ces nombreux jardins maraîchers de Paris, qui resteront toujours les modèles du genre.

Légumes porte-graines ; conservation des races et variétés. Voici encore un point qui mérite toute l'attention du cultivateur d'un jardin. Ainsi que nous le verrons plus loin, la plupart de nos légumes ont produit une multitude de variétés, très-inégales de valeur, et dont les qualités sont quelquefois toutes locales. Parmi ces variétés, il est naturel que l'on choisisse les meilleures, les plus productives, celles en un mot qui, par une qualité quelconque, répondent le mieux au but que l'on se propose. Tous les légumes se propagent de graines, mais il en est quelques-uns que, dans la pratique, on ne reproduit guère que par œilletons, marcottes, boutures et tubercules ; dans tous les cas on doit viser à conserver les races franches, sous peine d'aboutir souvent à de graves mécomptes.

Les plantes qui ne se propagent que par des fragments d'elles-mêmes (œilletons, tubercules, etc.) sont peu sujettes à dégénérer; cependant cela arrive quelquefois, soit par suite d'une culture mal entendue, soit par le fait d'un climat nouveau sous lequel on les a transportées; mais la dégénérescence est fréquente pour celles qui se reproduisent de graines, si on ne veille pas attentivement à empêcher tout croisement entre les races diverses d'une même espèce. C'est au moment de la floraison que se font ces croisements, par les échanges de pollen d'une race à une autre, et on sait que les insectes qui butinent sur des fleurs en sont l'intermédiaire le plus habituel. On s'arrangera donc de manière à tenir très-écartées les unes des autres les variétés d'une même espèce de plante, pour faire disparaître ou tout au moins pour diminuer les chances d'adultération. Ce moyen ne réussit pas toujours, surtout quand on se trouve au voisinage d'autres jardins où les mêmes espèces de plantes fleurissent en même temps, parce que les abeilles franchissent toutes les clôtures et disséminent fort loin le pollen qu'elles ont récolté de çà et de là. On arrive plus sûrement à ses fins quand on peut obtenir que la floraison des plantes porte-graines de diverses variétés n'ait pas lieu simultanément, ce qui se fait en avançant les unes et retardant les autres. Si ces plantes sont peu nombreuses, on peut en écarter les insectes en abritant leurs fleurs sous des canevas à claire-voie dès avant qu'elles ne s'ouvrent, et en les tenant couvertes jusqu'à ce que la floraison soit achevée. Certains légumes sont plus que d'autres exposés à cet accident : c'est en particulier le cas des nombreuses races de choux et de navets, des melons et des autres cucurbitacées, quand elles fleurissent simultanément et à proximité les unes des autres.

Dans un jardin bien tenu on récolte toutes les graines dont on peut avoir besoin, car on est plus sûr par là de les avoir franches et de bonne qualité qu'en les demandant aux marchands grainiers, qui, la plupart du temps, ne peuvent pas en répondre. Mais pour obtenir de bonnes graines il y a un choix à faire entre les individus, et on ne doit réserver pour porte-graines que les plus vigoureux et ceux surtout qui réunissent au plus haut degré les caractères de la race. En prenant ces précautions, et en évitant les croisements, on parvient ordinairement à conserver les races pures. N'oublions pas cependant que des variétés nouvelles se produisent de loin en loin sans qu'on puisse leur assigner aucune cause, et que bien des dégénérescences tiennent aux conditions du milieu dans lequel les plantes sont cultivées. C'est au praticien de juger de la valeur des nouvelles races, et de décider si elles méritent d'être conservées.

§ VI. — ENGRAIS. FUMIERS ET TERREAUX. ENGRAIS MINÉRAUX ET ENGRAIS CHIMIQUES.

Nous avons déjà fait ressortir dans un paragraphe précédent l'importance qu'il y a pour celui qui veut créer un jardin potager à s'établir dans des conditions telles qu'il puisse se procurer abondamment l'engrais nécessaire à son exploitation. Nous allons maintenant passer en revue les diverses espèces d'engrais, et indiquer à quels usages particuliers ils sont propres.

1° **Fumiers.** Le fumier est le nerf de la culture, et on ne doit pas hésiter à le mettre au premier rang parmi lés engrais, dans le cas spécial de la culture potagère; mais tous les fumiers n'ont pas la même origine, et ils n'ont pas non plus la même valeur.

Au point de vue qui nous occupe, le fumier d'écurie, c'est-à-dire celui de cheval, d'âne ou de mulet, est incontestablement le meilleur. Il est le plus complet, parce qu'il est le plus riche en substances azotées et en phosphates, et qu'il contient en outre la matière végétale (pailles et litières de toute nature) qui se convertit en terreau et agit chimiquement et physiquement sur le sol. Il a de plus la qualité, précieuse pour le jardinier, de s'échauffer fortement et rapidement par la fermentation et de devenir par là une source de chaleur : aussi l'emploie-t-on de préférence à tous les autres pour la confection des couches. Il a donc une double fin dans le jardinage potager : celle d'être un agent de calorification d'abord, puis celle de réparer les pertes incessantes de la terre. Les meilleurs fumiers d'écurie sont ceux qui proviennent des chevaux de travail fortement nourris, et sous lesquels les litières ne sont renouvelées que lorsqu'elles sont entièrement imbibées de leurs urines.

Les fumiers d'étables et de porcheries (bœufs, vaches, moutons, porcs, etc.) viennent en seconde ligne. Relativement aux fumiers d'écurie, qui sont les *fumiers chauds*, on les qualifie du nom de *fumiers froids*, parce qu'ils sont plus aqueux, moins riches en matières fermentescibles, et qu'ils s'échauffent moins et moins vite que les premiers; mais, par une sorte de compensation, leur chaleur plus douce a plus de durée. Ce fumier onctueux convient mieux que celui de cheval à l'amendement des terres légères, mais il est moins propre à la confection des couches; on l'y fait entrer cependant en le mélangeant à ce dernier dans des proportions qui varient suivant le degré de chaleur que l'on veut obtenir, et suivant que la saison dans laquelle on opère est elle-même plus ou moins chaude ou froide. A défaut de fumier d'écurie on pourrait employer le fumier d'étable seul, quoique moins avantageusement; on peut aussi, dans l'établissement d'une couche, le mélanger aux engrais d'origine toute végétale.

Ceux-ci sont exclusivement composés de plantes ou de débris de plantes dans lesquelles les tissus herbacés dominent. Ce sont les mauvaises herbes et les débris de légumes du jardin, les feuilles des arbres, les mousses et les lichens ramassés dans les bois, les pailles inutiles, les fourrages avariés, les plantes cultivées spécialement en qualité d'*engrais verts* (trèfles, lupins, féverolles, moutardes, diverses graminées, etc.), tous les détritus de la végétation, en un mot, auxquels s'ajoutent occasionnellement des matières d'origine animale, telles que cadavres de petits animaux, plumes, poils, cornes, vieilles laines, et autres résidus organiques. Toutes ces substances mélangées et amoncelées sont suceptibles de fermenter et de s'échauffer, et, quoique sous ce rapport elles soient très-loin de valoir le fumier d'écurie ou d'étable, elles n'en sont pas moins employées dans bien des lieux à la confection des couches, ordinairement mélangées au fumier proprement dit. En se décomposant, elles se transforment en un terreau sensiblement différent de celui qui provient du fumier, mais qui n'a pas moins de valeur comme engrais et comme agent modificateur du sol.

Les fumiers, quelle qu'en soit la nature, lorsqu'on les emploie simplement en qualité d'engrais, doivent être enterrés vers la fin de l'automne ou au commencement de l'hiver. La proportion ordinaire dans les jardins maraîchers de Paris est de 100 mètres cubes par hectare, mais il s'agit ici de terres rendues déjà très-fertiles par une longue culture et par des fumures répétées, auxquelles on ajoute encore, indépendamment du fumier lui-même, des masses plus ou moins considérables de boues de ville, connues sous le nom de *gadoue*, engrais fort riche en substances azotées et en phosphates. Sur des terres moins enrichies, la fumure devrait être plus forte ; elle pourrait même être doublée avec avantage; disons toutefois que la juste mesure dans laquelle le fumier doit être employé est relative à des circonstances complexes et qu'elle ne peut être déterminée avec quelque exactitude que par le cultivateur qui a déjà acquis par expérience une certaine connaissance de son terrain.

Les trois groupes d'engrais dont nous venons de parler sont les seuls dont on se serve pour produire de la chaleur artificielle; ceux qu'il nous reste à faire connaître n'agissent plus que par les principes de fertilité qu'ils contiennent ou par les modifications toutes physiques ou même mécaniques qu'ils impriment à la terre. Les uns sont d'origine animale, les autres sont purement minéraux, et, dans les deux cas, ils sont souvent le produit de préparations artificielles. Au nombre de ces engrais nous rangeons :

Les **terreaux** et les **paillis** qui sont le résidu des couches ordinaires et des vieilles meules de champignons. Le fumier entièrement décomposé se convertit en une terre noire, légère, douce au toucher, qui conserve longtemps encore une faible chaleur quand elle est réunie en grande masse. C'est le terreau proprement dit, dont on fait un si grand usage pour charger les nouvelles couches ou recouvrir les planches du jardin préparées pour recevoir des semis. A Paris on emploie à cet usage environ un mètre cube de terreau par are, ce qui revient à 100 mètres cubes à l'hectare.

Les paillis ne sont autre chose que le terreau de couches à un état de décomposition moins avancé. C'est un fumier court, plus ou moins friable, qu'on peut encore faire servir à de nouvelles couches en le mêlant à une forte proportion de fumier neuf. Toutefois, l'usage que l'on en fait le plus habituellement dans les potagers de Paris consiste à l'étendre, à l'épaisseur moyenne de 2 centimètres, sur les planches occupées par les légumes, pour empêcher la terre de se durcir et l'eau des arrosages de s'évaporer. Les paillis se font de la fin du printemps au commencement de l'automne, c'est-à-dire aussi longtemps que les rayons du soleil ont de la force. La proportion est d'environ 200 mètres cubes de paillis par hectare, ou 2 mètres cubes par are de terrain.

Engrais humain, engrais flamand. C'est le nom sous lequel on désigne ordinairement en agriculture le produit des vidanges lorsqu'il n'a pas été dénaturé par des préparations artificielles. Il peut être employé de plusieurs manières et à tous les degrés de décomposition ou de fermentation. C'est un engrais des plus riches en matières fertilisantes, et, dans certaines contrées, il est le seul que l'on emploie pour fumer les jardins; dans d'autres, au contraire, où les fumiers ordinaires sont abondants, on le réserve à l'agriculture seule, à cause de la répugnance qu'il inspire. On l'accuse d'ailleurs de communiquer un mauvais goût aux légumes, mais cette opinion n'est pas universellement acceptée. On peut le désinfecter, et c'est ce qu'on devrait toujours faire quand on veut s'en servir dans un jardin, en y mêlant des cendres de bois ou de charbon animal, des vieilles tannées, de la sciure de bois, de la terre tamisée, du vitriol vert, etc. Toutefois, le moyen le plus simple de le répandre sur la terre consiste à le délayer dans une certaine quantité d'eau et à l'employer sous forme d'arrosage, après l'avoir laissé fermenter quelque temps à l'air.

Une objection grave a été élevée dernièrement par un habile chimiste agriculteur, M. Péligot, contre l'emploi de l'engrais humain, non-seulement dans la culture potagère, mais même dans celle de toutes les plantes agricoles, les betteraves exceptées. Son objection se fonde sur ce que cet engrais contient la majeure partie du sel marin (chlorure de sodium) qui entre dans l'alimentation humaine, et que ce sel, introduit dans la terre, y devient à la longue une cause de stérilité, dont les effets sont d'autant plus marqués qu'on a plus longtemps fait usage de l'engrais qui le contient. Cette théorie semble fondée, et, si des expériences parviennent à la démontrer, ce sera une nouvelle raison pour bannir de la culture une matière contre laquelle, ainsi que nous avons vu un peu plus haut, on formule encore d'autres accusations.

Poudrette. C'est encore l'engrais humain, mais sous une forme artificielle qui en masque l'origine et fait presque disparaître toutes les objections à son emploi. Par de longues préparations, cet engrais a été converti en une matière sèche, pulvérulente, d'une odeur supportable, et duquel la presque totalité du chlorure de sodium a été éliminée. La poudrette est d'un emploi facile dans la culture, et elle agit énergiquement comme engrais, mais son action n'est pas de longue durée, et il faut souvent l'associer à d'autres matières fertilisantes pour amener les plantes à parfaire leur végétation.

Guano, colombine, poulinée. Le guano est aujourd'hui connu de tout le monde, et nous avons à peine besoin de rappeler ici ce que nous avons dit dans notre Ier volume (p. 430), que cette denrée est le résultat de l'accumulation, pendant des siècles, des déjections d'oiseaux marins de l'hémisphère austral. Les bancs de guano sont déjà fort diminués par l'énorme exploitation qu'on en a faite, aussi est-ce un engrais coûteux et sur lequel on ne doit guère compter dans le jardinage potager. Les rares jardiniers qui en font usage ne l'emploient guère que délayé dans l'eau, sous forme d'engrais liquide, ainsi que nous le dirons plus loin.

La colombine, qui est le fumier des pigeons, approche du guano par sa composition et par sa vertu fertilisante, mais, de même que ce dernier, elle ne doit être employée qu'à petites doses, ou délayée dans beaucoup d'eau, pour ne pas brûler les plantes. La poulinée, ou colombine des poulaillers, est aussi un engrais énergique, mais moins brûlant que la colombine proprement dite. Le meilleur usage qu'à notre avis on pourrait faire de ces deux engrais serait de les mélanger à la terre, dans la fabrication des composts dont il sera question un peu plus bas.

Boues de villes, gadoue. Il y a encore quelque analogie entre cet engrais et les deux précédents, parce que les boues ramassées dans les villes, outre qu'elles contiennent des résidus de toute nature, sont toujours plus ou moins imprégnées d'urines et autres déjections. A Paris on leur donne le nom de *gadoue*, qui ailleurs est réservé au produit des vidanges. Les boues de ville ont été longtemps proscrites du jardinage pour les mêmes raisons que ces dernières, et même à plusieurs reprises des édits royaux en avaient interdit l'usage. Aujourd'hui que la valeur des engrais est mieux appréciée, elles sont universellement recherchées par les cultivateurs, qui même les achètent aux municipalités. Elles rendent de grands services dans la banlieue de Paris, non-seulement pour la culture des légumes, mais aussi pour celles des céréales, des fourrages et même de la vigne. Le principal et presque le seul reproche qu'on puisse adresser à cet engrais, c'est d'être encombrant par la grande proportion de terre qu'il contient, et de devenir par là d'un transport difficile et coûteux, aussi l'emploie-t-on pour ainsi dire sur place, c'est-à-dire au voisinage même des lieux de production.

Composts; engrais Jauffret. Les boues de ville sont de véritables composts, qu'on se procure tout faits, et qu'on peut employer immédiatement; mais là où elles n'existent pas, on peut y suppléer par des composts fabriqués artificiellement et à bas prix, dont la terre végétale est le premier ingrédient.

On accumule dans une fosse, par couches successives, de la terre de jardin, des débris de plantes, des tourteaux, du paillis, de la litière, des résidus de cuisine, des fumiers de poule, de pigeons, de lapins, etc., qu'on arrose, au fur et mesure de leur entassement, avec des eaux grasses, des urines ou du purin d'écurie ou d'étable. Ces matières fermentent et leurs gaz se fixent dans la terre dont elles sont entremêlées. De loin en loin on remue le tas à la fourche, pour rendre le mélange plus parfait, et quand les matières organiques sont décomposées on transporte le tout sur les planches du jardin et on l'y enfouit immédiatement. Autant que possible on ne doit faire cette opération qu'au moment des semis ou des plantations. L'engrais Jauffret, dont on s'est tant occupé il y a quelques années, n'était autre chose qu'un compost de ce genre, moins la terre végétale. Il se composait surtout de pailles et de débris végétaux, qu'on arrosait de purin, jusqu'à ce que ces matériaux entrassent en décomposition. De toutes manières, on voit que ces sortes d'engrais ne peuvent se fabriquer qu'à condition qu'on ait en abondance les matières végétales et animales qui en sont l'ingrédient le plus essentiel.

Engrais verts ; plantes à enfouir. Une manière plus simple d'employer les matières végétales est de les enfouir directement dans le sol, à l'état vert, avant qu'elles aient mûri leurs graines. Toutes les plantes accumulent des matières azotées et des phosphates dans leurs tissus, principalement dans leurs parties les plus jeunes ; aussi les herbes et les sommités encore herbacées des arbres sont-elles considérées partout comme des engrais d'une valeur incontestable, et qui peuvent même dans une certaine mesure remplacer les fumiers d'écurie et d'étable. Nous avons déjà vu, un peu plus haut, qu'on les emploie même à la confection des couches. En tout pays l'agriculture cultive ce qu'elle appelle des *plantes améliorantes*, c'est-à-dire qui laissent au sol, par leurs débris et leurs racines, ou par les mains-d'œuvre qu'elles nécessitent, plus qu'elles ne lui prennent ; mais elle cultive aussi des *plantes-engrais*, ou *plantes à enfouir*, qu'on ne récolte pas et qui retournent tout entières à la terre. L'amélioration qui en résulte ne peut s'expliquer que par le fait qu'elles tirent directement de l'atmosphère une partie des éléments qui entrent dans leur composition, et les analyses des chimistes démontrent en effet qu'elles y puisent du carbone et de l'azote, indépendamment de ce qu'elles en trouvent dans le sol lui-même. Ce qu'elles ajoutent à la terre par leur enfouissement est donc un bénéfice pour cette dernière, mais ce bénéfice ne peut pas être considéré comme gratuit pour le cultivateur, puisque sa terre, pendant un certain temps, n'a travaillé qu'à réparer ses propres pertes.

Toutes les plantes n'ont pas la même valeur comme engrais verts, et la diversité des substances qu'elles contiennent dans leurs tissus fait supposer *à priori* que chaque espèce doit fournir un engrais particulier, plus favorable à certaines cultures qu'à certaines autres; mais sur ce point on manque d'observations. Jusqu'ici on s'en est tenu aux espèces qui accumulent la plus forte dose d'azote, eu égard à leur volume et au temps qu'elles emploient à parfaire leur végétation, et des expériences mille fois répétées ont mis en évidence la supériorité des légumineuses sur toutes les autres plantes sous ce rapport. De là l'usage qui s'est établi, depuis l'antiquité, dans les contrées méridionales surtout, de fumer les terres en y enfouissant des fèves, des lupins ou du sainfoin, semés tout exprès dans ce but. Ailleurs on se contente de ramasser dans les lieux incultes ou le long des chemins les sommités des genêts, des ajoncs et autres arbustes de même famille. Dans ces derniers temps on a préconisé, comme plante à enfouir, le galéga officinal, plante vivace du midi de l'Europe, à tiges annuelles, dans laquelle l'analyse chimique a fait reconnaître, dit-on, une plus forte proportion d'azote que dans aucune autre légumineuse. A quelque espèce de plante qu'on s'adresse pour en faire un engrais vert, on doit l'enfouir au moment de sa floraison, car c'est alors qu'elle a tiré de l'atmosphère tout ce qu'elle pouvait y prendre, et que les principes de fertilité qu'elle contient sont encore disséminés dans ses tissus. Passé cette époque, l'azote et le phosphore tendent à s'accumuler, à se localiser dans les graines, ce qui rendrait leur absorption par le sol plus difficile et plus inégale. Il y aurait d'ailleurs un grave inconvénient à introduire dans le sol des graines autres que celles des plantes qu'on veut y cultiver, parce qu'elles y germeraient et qu'elles deviendraient très-nuisibles à ces dernières.

Engrais liquides. Les engrais n'agissent qu'à la condition que leurs principes fertilisants puissent se dissoudre dans l'eau et être absorbés avec elles par les spongioles des racines; c'est donc aller au-devant des procédés de la nature que de délayer les engrais dans l'eau avant de les administrer aux plantes. De là la fabrication d'engrais liquides, très-usités dans le jardinage, et même employés dans l'agriculture de quelques provinces.

Tous les engrais pourraient être soumis à ce mode de préparation, mais à cause des appareils compliqués et de la grande quantité d'eau qui deviendraient nécessaires pour le préparer en grand, à cause de l'encombrement qui en résulterait dans l'outillage d'un jardin, et aussi à cause des difficultés de l'épandage, on se borne, dans la pratique, à opérer sur une petite échelle, et seulement avec des engrais choisis ayant beaucoup d'énergie sous un petit volume. Ainsi simplifié, l'épandage de ces engrais se confond avec l'arrosage, ce qui réunit deux opérations en une seule.

Dans un jardin potager de moyenne étendue, de 15 à 20 ares par exemple, il suffit pour se procurer la quantité d'engrais liquide nécessaire, de quelques tonneaux défoncés comme ceux qui servent à contenir l'eau des arrosages ordinaires. Ces tonneaux étant remplis d'eau aux cinq sixièmes, on y délaie une quantité d'autant plus faible d'engrais qu'il est plus fort ou plus concentré. Beaucoup de jardiniers se contentent d'y mettre du crottin de cheval et de mouton, ou des bouses de vache suffisamment triturées pour que leurs particules soient tenues en suspension dans le liquide qu'elles troublent légèrement. On y emploie de même la suie, l'urine qui a déjà subi un commencement de décomposition à l'air, le purin d'étable, les matières fécales, etc., mais toujours en assez petite quantité pour que l'eau reste, sinon limpide, du moins peu colorée. La poudrette, le guano, la colombine, les tourteaux de graines oléagineuses dont on a extrait l'huile se délaient de même dans de grandes quantités d'eau, et c'est peut-être de toutes les manières de s'en servir la meilleure.

On peut aussi préparer des engrais liquides par la macération prolongée de substances dont les principes fertilisants demandent beaucoup plus de temps pour se dissoudre dans l'eau. C'est le cas de la poudre d'os calcinée, des rognures de peaux, de la râpure de cornes, du vieux cuir, des chiffons de laine, des plumes et des poils, et de beaucoup d'autres résidus d'origine animale rejetés par diverses industries. L'eau de lessive elle-même, qui s'est chargée de potasse en traversant les cendres, est un véritable engrais liquide, mais il faut l'allonger d'eau pure avant de l'employer. Toutes ces préparations sont d'une exécution facile ; le seul point par lequel elles pourraient être en défaut serait la trop forte proportion d'engrais, ce qui nuirait souvent aux plantes. L'emploi des engrais liquides ne doit pas être journalier ; il ne doit revenir qu'alterné par plusieurs arrosages à l'eau pure, c'est-à-dire une ou deux fois par semaine. Ajoutons enfin que l'engrais liquide ne doit jamais mouiller le feuillage des plantes, mais être simplement versé à leur pied.

Engrais minéraux. La plupart des engrais minéraux auraient de l'importance dans la culture potagère si on savait s'en servir à propos, mais leur usage exige une certaine connaissance de la composition chimique du terrain sur lequel on opère, et cette connaissance est le plus souvent étrangère au jardinier praticien.

Celui de ces engrais sur lequel on est le moins exposé à se tromper est la *cendre de bois,* qui est fort riche en potasse. Si le terrain manque de cette substance, ou s'il en contient une proportion trop faible, il aura tout à gagner à être amendé avec de la cendre. Une expérience assez simple fournit le moyen de se renseigner sur l'état du sol relativement à la potasse : elle consiste à saupoudrer d'une certaine quantité de cendre une petite parcelle de terrain, un mètre carré par exemple, et à y cultiver cinq ou six plantes d'espèce différente, d'autres plantes, des mêmes espèces, étant cultivées à côté sur une autre parcelle de même étendue, mais non cendrée. Si, dans les deux lots, les plantes poussent avec la même vigueur, on en conclura que les cendres n'ont produit aucun effet sur le sol, et que celui-ci est pourvu de toute la quantité de potasse nécessaire. Si au contraire les plantes de la partie non cendrée sont manifestement plus faibles que celles qui ont crû dans la terre additionnée de cendre, quoiqu'elles aient reçu les mêmes soins, on en conclura que la terre ne possède pas toute la potasse qu'elle devrait contenir, et que l'emploi de la cendre est indiqué. Il resterait d'autres expériences à faire pour reconnaître approximativement le degré du déficit et par suite la quantité de cendre qu'il conviendrait d'y ajouter.

La cendre est partout employée au lessivage du linge, opération par laquelle elle est dépouillée de la majeure partie ou même de la totalité de la potasse qu'elle contenait. Elle prend alors le nom de *charrée*. Quoiqu'elle n'ait plus la même composition qu'avant le lessivage, elle a encore de la valeur comme engrais, par les carbonates et les phosphates calcaires qui lui restent. A cet état elle est surtout avantageuse sur les sols siliceux et argilo-siliceux; elle y agit à la fois comme engrais et comme amendement.

Ce que nous venons de dire de la cendre de bois s'applique dans une certaine mesure à la cendre de tourbe, qui est encore un engrais passable, quoiqu'elle renferme comparativement peu de potasse. Il n'en est plus de même de la cendre de houille ou de coke, qui ne peut à aucun titre passer pour un engrais ni pour un amendement. Cette cendre est principalement formée d'argile, d'oxyde et de sulfure de fer, auxquels s'ajoutent une faible dose de chaux et de magnésie, et elle ne contient que des traces de potasse et manque de phosphates calcaires. Les jardiniers de Paris l'accusent de stériliser la terre, et ils ont soin de la retirer, autant qu'ils le peuvent, des boues de la ville qu'ils emploient, et dont, suivant eux, elle diminue les qualités. On a prétendu, dans ces dernières années, que l'aversion des maraîchers parisiens pour les cendres de houille était sans fondement, et que ces cendres, même sans aucune addition de terre ou d'un engrais quelconque, pouvaient alimenter une végétation vigoureuse; mais des expériences faites au muséum d'histoire naturelle ont donné raison aux jardiniers, en démontrant que par elles-mêmes, non-seulement elles ne peuvent rien fournir aux plantes, mais qu'elles diminuent encore la fertilité de la terre dans la proportion où elles y ont été mélangées. Combinées avec certains engrais, peut-être rendraient-elles quelques services à la culture, mais c'est ce que n'établit encore aucune expérience.

Les bons effets du *plâtre* et des *plâtras* sur les plantes légumineuses, et particulièrement sur le trèfle, sont depuis longtemps connus en agriculture. Dans le jardinage potager le plâtre peut être employé utilement pour la culture des pois, des haricots et probablement aussi des choux et des autres crucifères. Les plâtras qui proviennent de la démolition des maisons ou des murs sont surtout composés de chaux et de sable siliceux, qui n'ont qu'une valeur très-relative comme engrais; mais il arrive assez souvent qu'ils contiennent aussi du nitre, substance qui imprime une grande activité à la végétation. Leurs effets sont particulièrement remarquables sur les plantes de la famille des crucifères.

Engrais chimiques. Ils rentrent dans la classe des engrais minéraux, mais nous les en séparons ici parce qu'ils sont préparés artificiellement et que c'est au commerce qu'il faut les demander. Il importe de ne pas les confondre avec ces denrées de composition diverse qui se vendent sous le nom d'*engrais artificiels*, si fréquemment et si habilement exploités par le charlatanisme; les engrais chimiques sont simplement les matières minérales dont les principes constituants entrent dans la composition des tissus des plantes, et on peut en régler les doses suivant les besoins de la végétation. Mais les fumiers ne contiennent pas tout ce qui a été prélevé sur la terre par les récoltes, puisque ces dernières étant livrées au commerce qui les exporte hors des lieux de production, c'est autant de pris sur la puissance productrice de la terre. Les fumiers ne sont jamais qu'une partie aliquote, même assez faible, de ce que le sol a produit, et ils ne peuvent lui restituer que ce qu'ils possèdent. Le surplus doit donc être cherché ailleurs, sous peine de voir la terre s'épuiser graduellement, malgré les fumures, par les récoltes successives. Ce surplus, on l'a demandé aux engrais chimiques.

Un engrais, même lorsqu'il agit physiquement sur le sol en le divisant, en le rendant perméable à l'air et à l'eau, etc., choses qui ont leur utilité, n'est cependant qu'une matière première qui doit se transformer en produits consommables; et, la terre étant l'instrument de cette transformation, il est de toute évidence qu'elle ne peut agir qu'à la condition de contenir la matière première des produits. Une partie de cette matière première existe toujours dans le sol, et l'agriculteur n'a pas à s'en préoccuper, mais une autre partie, plus essentielle, et qui comprend spécialement l'azote, le phosphore, la potasse et la chaux, c'est-à-dire ce qu'il y a de plus nécessaire à la composition chimique des plantes, y est presque toujours en déficit sur quelques points, et c'est au cultivateur qu'incombe le soin de la compléter. Suivant certains chimistes il n'y a d'engrais complet que celui qui contient ces quatre substances; mais, comme les plantes n'ont pas toutes les mêmes exigences et ne se développent pas avec la même rapidité, il y a lieu par cela même de varier la composition des engrais.

§ VII. — TRAVAUX COURANTS DU JARDIN POTAGER. LABOURS, SEMIS, ARROSAGES ET IRRIGATIONS, MONTAGES DE COUCHES.

La manœuvre de l'outillage horticole s'apprend par la pratique, et, toute simple qu'elle est, la connaissance en est plus vite acquise par l'exemple que par le précepte. Quiconque aspire à devenir jardinier doit faire son éducation dans un jardin, et il n'en est pas qui soit une meilleure école que celui d'un maraîcher expérimenté. Ce n'est donc point la manœuvre proprement dite des ustensiles du jardin potager qui doit nous occuper ici, c'est plutôt l'opportunité de leur emploi et surtout la raison qui les fait employer.

Ameublissement du sol. Labours. L'ameublissement du sol, son labour à la bêche ou à la houe, est la condition préalable de toute la série des opérations de la culture. La terre abandonnée à elle-même se tasse et se durcit insensiblement au point que les racines des plantes, surtout des plantes annuelles et tendres comme celles de la culture potagère, ne peuvent plus la pénétrer. De plus, par l'effet des pluies et des arrosages, les principes de fertilité qu'elle contient sont sans cesse entraînés dans les couches inférieures et par là soustraits à l'action des racines superficielles. Un bon labour obvie à ces deux effets, et il a d'autant plus d'utilité qu'il a pénétré plus bas et qu'il a mieux ramené à la surface la terre de la couche inférieure avec les principes fertilisants qu'elle contient.

Il y a cependant un point passé lequel un trop grand ameublissement de la terre serait nuisible. Tout en étant perméable aux racines, le sol doit avoir une certaine fermeté. Lorsque la terre est de bonne nature, qu'elle contient dans les proportions convenables la chaux, l'argile et la silice, elle se met d'elle-même au degré de consistance le plus favorable à la végétation. Trop siliceuse et trop légère, elle se dessèche rapidement sous les rayons du soleil, et son contact avec les radicelles des plantes est trop imparfait pour que ces dernières y remplissent convenablement leurs fonctions d'organes absorbants. Nous avons déjà dit qu'on remédie à cet état du sol par des additions de terre argileuse ou argilo-calcaire. Mais même dans les terres les mieux composées on doit aider au tassement par le plombage, à la suite d'un semis, pour mettre les graines en contact avec la terre. Le moyen le plus simple et le meilleur de plomber la terre est de la fouler avec les pieds, chaussés de souliers à semelles plates, ou mieux de sabots usés et sans talons. Au besoin on peut clouer sous les sabots une planchette qui les déborde un peu du côté extérieur, et qui comprime une surface de terrain un peu plus grande que celle que couvrirait la chaussure elle-même ; on emploie encore avec avantage un petit rouleau de bois.

Semis. Les semis en horticulture potagère se font de diverses manières, suivant la nature des plantes et la grosseur des graines. Lorsque les graines sont fines, comme celles de la plupart des légumes herbacés (choux, salades, oignons, etc.), elles se sèment soit *à la volée*, soit *en rayons*. Le semis à la volée se fait sur une planche ou un carré fraîchement labouré, ou tout au moins suffisamment meuble, purgé de mauvaises herbes et bien uni par le ratelage. Cette manière de semer exige une certaine adresse de main qui s'acquiert par l'habitude, tant pour ne pas semer trop dru que pour ne pas laisser d'espace vacant sur le terrain. Après le semis on plombe la terre comme nous l'avons dit ci-dessus, et on nivelle par un nouveau coup de rateau. Si le temps est sec, on donne un bassinage à la pomme de l'arrosoir, pour faire adhérer les graines à la terre.

Les semis en rayons se font dans les rigoles tracées avec le sarcloir ou la binette, ordinairement en s'aidant du cordeau, pour faire ces rayons bien droits, quoiqu'on puisse avec un peu d'habitude se passer de cet accessoire. Ces rayons ne doivent pas avoir plus de 2 à 3 centimètres de profondeur, attendu que les graines doivent y être à peine enterrées. Le semis ici se fait en lignes continues, et, de même que dans le cas précédent, il ne doit pas être trop serré. Si la terre de la planche est fine et légère, on peut le recouvrir par un ratelage fait avec assez de précaution pour que les dents de l'instrument ne touchent point au fond des rigoles, ce qui dérangerait les graines ; il est mieux toutefois et plus sûr de recouvrir les graines en saupoudrant un peu de terreau ou de terre fine dans les rigoles. On plombe la terre et on bassine comme il a été dit ci-dessus.

Les graines d'un certain volume, par exemple celles des melons, des courges, des haricots, etc., se sèment soit une à une, soit en poquets, et dans ce dernier cas les poquets sont ordinairement alignés, c'est-à-dire faits dans une rigole. C'est entre autres le cas des haricots, des fèves, des pois, etc., dont on sème de 2 à 4 graines ensemble dans le même poquet, mais on peut aussi les semer une à une, à des distances plus rapprochées, ce qui d'ailleurs vaut mieux, parce que les plantes plus écartées se gênent moins. La distance à mettre entre les poquets ou les graines est déterminée par l'ampleur des plantes lorsqu'elles sont développées. La règle est qu'elles ne doivent point se gêner mutuellement, ni par leurs racines ni par leurs fanes. Une plante devient toujours d'autant plus belle et plus productive qu'elle est plus maîtresse de la parcelle du sol qui lui est dévolue. Ici aussi le sol doit être plombé après que les graines ont été recouvertes, et si la terre est sèche, un arrosage à la pomme devient nécessaire pour activer la germination des graines.

Éclaircissage, repiquage, sarclage. Un semis doit toujours être surveillé pour parer aux accidents qui peuvent l'atteindre, et ces accidents sont assez nombreux. Le plus fréquent, et peut-être le plus dangereux, est la sécheresse, surtout si elle s'accompagne de coups de soleil. Les jeunes plantes, dont les racines n'occupent encore que la couche la plus superficielle de la terre, sont en grand danger de périr si cette couche se dessèche; aussi voit-on souvent des semis anéantis en entier par le seul fait de l'oubli d'un arrosage. On doit donc veiller à ce que la surface de la terre soit toujours un peu humide, et si le soleil devenait trop ardent on abriterait le semis au moyen d'une claie soutenue par des piquets, pendant les heures les plus chaudes du jour. On peut se dispenser de ce soin si la planche ensemencée est abritée contre le soleil de midi par un mur ou par un rideau d'arbres.

Les semis à la volée ou en lignes continues demandent bientôt d'autres soins. Quelque expurgé que soit le terrain, il s'y développe toujours de mauvaises herbes, souvent si nombreuses qu'elles étouffent les plantes du semis, et dans tous les cas elles s'approprient, en pure perte pour le jardinier, une partie des sucs de la terre. Dès qu'elles se montrent, il faut les extirper avec les doigts, en ayant soin de ne pas déraciner le plant du semis, et l'opération doit être répétée aussi souvent qu'elle peut devenir nécessaire. Tout en la faisant, on éclaircit le plant lui-même là où il est trop serré, et s'il y a des vides ou des places mal garnies on y repique le plant qu'on a retranché des places où il était en excès. Le sarclage étant toujours difficile lorsque la terre est sèche, on la ramollit par un arrosage donné une heure ou deux avant de commencer l'opération.

Il y a des plantes qu'on sème en place une fois pour toutes, et qui ne sont jamais transplantées, mais il y en a beaucoup d'autres qui n'occupent que provisoirement le terrain où elles ont été semées. Les choux, la plupart des laitues, la chicorée et bien d'autres plantes sont particulièrement dans ce cas, soit qu'elles aient été semées sur couche, soit qu'elles l'aient été sur une planche préparée à ce dessein. Un peu plus tôt ou un peu plus tard, mais généralement lorsqu'elles ont de 4 à 6 feuilles, on les enlève de la couche ou de la pépinière, tantôt pour les mettre en place immédiatement, tantôt pour les repiquer en pépinière, en leur donnant plus d'espace qu'elles n'en ont eu jusque-là. La plupart des légumes sont de facile reprise dans ce premier âge, et on ne les repique guère qu'à racines nues, mais la déplantation doit avoir été faite avec assez de soin pour que la majeure partie des racines ait été conservée. Le repiquage se fait au plantoir, qui sert à la fois à ouvrir le sol pour y insérer la partie inférieure de la plante, et à tasser la terre sur les racines. Un arrosage au goulot de l'arrosoir, et donné successivement à chaque plante, doit toujours suivre ce mode de transplantation.

Dans la région méridionale, là où l'arrosage se fait par irrigation, la transplantation des légumes se fait d'une manière plus simple et plus expéditive. L'ouvrier ayant ouvert à la houe un premier sillon, on y dépose les plants, aux distances voulues, en les appuyant sur un des talus du sillon, par conséquent dans une situation un peu oblique. En traçant un nouveau sillon, l'ouvrier couvre leurs racines de terre, qu'il tasse d'ailleurs avec le fer de son instrument, et quand la plantation est achevée, il fait circuler l'eau dans les rigoles. Même en suivant cette méthode d'irrigation, on peut se servir des plantoirs si on le juge utile.

Certaines plantes reprennent plus difficilement ou plus lentement par la plantation à racines nues; ce sont les plantes très-aqueuses, telles, par exemple, que les courges, les melons, les concombres et autres cucurbitacées. On évite les inconvénients qui résulteraient de ce mode de plantation en conservant une motte de terre autour de leurs racines, et la reprise sera d'autant mieux assurée que cette motte sera plus volumineuse et que les racines auront été moins dérangées dans la déplantation et dans la replantation. Pour les enlever de dessus la couche on se sert de divers ustensiles, de truelles ou de déplantoirs, dont la forme courbe est calculée pour retenir la terre de la motte. Toutefois le meilleur moyen de transplantation, quand il s'agit de plantes difficiles à la reprise, est de semer les graines dans des godets ou petits pots de 6 à 10 centimètres d'ouverture, dont on retire avec la plus grande facilité la plante avec toute sa motte, sans qu'une radicelle soit endommagée. Ce procédé toutefois n'est usité que dans les cas où la culture de ces plantes est restreinte.

Binage. Le binage est un sarclage qui se fait, non plus directement avec la main, mais avec le sarcloir ou la binette, ce qui rend le travail plus facile et plus rapide, mais il faut alors que les plantes soient assez espacées pour laisser un libre passage à l'instrument. Cette manière de désherber a encore pour effet d'ameublir la surface de la terre, c'est-à-dire de la biner, ce qui y facilite la pénétration de l'air. Même quand il n'y aurait pas de mauvaises herbes à extirper, le binage serait encore utile, et on doit en faire au moins un dans chaque culture. Le plus souvent un seul sarclage ne suffit pas pour tenir les planches nettes de mauvaises herbes, et on doit en faire un second quelques jours après le premier, quelquefois même un troisième. Pour raffermir la terre autour des plantes que l'opération a ébranlées, on donne un coup d'arrosoir à la pomme sur le terrain fraîchement remué.

Arrosages, bassinages. L'arrosage est une des opérations les plus importantes de la culture potagère, et on ne saurait lui donner trop d'attention, car il influe considérablement sur la quantité des produits du jardin et aussi sur leur qualité.

En thèse générale les légumes auxquels on ne demande que des feuilles doivent être fréquemment arrosés; c'est le moyen de les obtenir bien développés et tendres. Si la température est élevée et l'air sec, on arrose copieusement au goulot de l'arrosoir pour imbiber la terre profondément, mais il faut aussi mouiller les feuilles en arrosant à la pomme, et nous répétons que cette pomme doit être large et percée de trous fins et nombreux. Si le jardin est petit, ou si on dispose d'un personnel suffisant pour exécuter les travaux, et qu'on puisse choisir les heures pour distribuer l'eau aux plantes, on doit donner la préférence à celles du soir ou de la tombée de la nuit, parce que l'évaporation étant beaucoup moins grande que dans le jour, la terre s'imbibe mieux et que les plantes peuvent se gorger d'eau; mais souvent il arrive dans les chaleurs de l'été que les arrosages sont si urgents et qu'il y a un si grand nombre de planches à arroser, que le jardinier et ses aides ont à peine le temps d'y suffire en y employant la journée entière. Dans ces moments de grande presse, il vaut mieux négliger les autres travaux que l'arrosage, sous peine de perdre des produits qui ont coûté beaucoup de main-d'œuvre et de temps. Dans les jardins qu'on peut arroser par irrigation on est moins exposé à cet accident, si toutefois l'eau est assez abondante pour suffire à tous les besoins. Ce mode d'arrosage convient surtout aux plantes dont les racines descendent profondément dans la terre ou à celles qui pomment, comme les laitues, les choux, les choux-fleurs, etc., dont le cœur est exposé à pourrir quand l'eau y séjourne après les arrosages sur les feuilles. Dans le nord, où l'irrigation n'est pas en usage, on les arrose au goulot. Il n'est pas possible d'indiquer, même approximativement, la quantité d'eau qui doit être donnée aux plantes. Cette quantité, ainsi que la fréquence des arrosages, est toute relative aux vicissitudes du temps, aux climats, aux espèces de plantes, à leur degré de développement, à la nature du terrain, etc. Ce qu'il convient de faire dans tel ou tel cas est laissé à la discrétion et au jugement du cultivateur, et c'est par la pratique et l'observation des résultats obtenus par les autres dans le pays où il se trouve qu'il en acquiert la connaissance. Ajoutons qu'il y a des légumes qui ne s'arrosent point, et auxquels l'eau de la pluie suffit, du moins dans le nord de la France. Les asperges sont dans ce cas, ainsi que d'autres légumes cultivés en plein champ; sous le ciel méridional la plupart de ces légumes, dans de telles conditions, ne donneraient aucun produit.

Culture ordinaire; culture forcée; primeurs. Les principes que nous venons d'exposer relativement aux opérations horticoles trouvent surtout leur application dans la culture commune, où les plantes donnent leurs produits dans leur saison naturelle, mais les jardiniers sont plus exigeants aujourd'hui, et par divers moyens, qui ont pour but d'activer la végétation, ils obtiennent des légumes bien avant le temps où ils devraient venir. C'est ce qu'on nomme la *culture forcée* ou la *culture de primeurs*. Il y a d'ailleurs des plantes qui, dans le nord de la France du moins, ne peuvent être obtenues qu'à l'aide de la chaleur artificielle, temporaire ou continue. La culture de primeurs est plus difficile et plus dispendieuse que la culture naturelle, mais elle donne aussi des bénéfices plus élevés, quand la vente de ses produits est assurée, ainsi que cela arrive dans toutes les villes populeuses et riches. Cette culture est très-développée à Paris, où il arrive souvent que le même maraîcher mène de front les deux cultures à la fois.

Ainsi que nous l'avons dit plus haut, le fumier de cheval est l'agent calorifique de tous ces jardins. Sous forme de couches, d'accots ou de réchauds, il donne en toute saison la chaleur nécessaire; plus tard il fournit les paillis et le terreau. Toutefois il n'est pas le seul moyen par lequel on puisse obtenir de la chaleur artificielle, et le thermosiphon le remplacerait avantageusement dans quelques cas, ainsi que le démontre le succès avec lequel un des plus habiles primeuristes de Paris, M. Gonthier, s'en est servi au potager de Versailles. C'est à l'aide du thermosiphon que se fait presque partout aujourd'hui la culture si perfectionnée de l'ananas, et il est de toute évidence que ce qui réussit pour cette plante exotique doit à plus forte raison réussir pour des végétaux moins exigeants.

Il est vraisemblable cependant que le fumier de cheval conservera toujours sa prééminence sur le thermosiphon dans les jardins maraîchers de Paris, car il a aussi ses avantages particuliers, auxquels rien ne saurait suppléer. Voyons de quelle manière on l'emploie :

Couches chaudes; couches sourdes; accots et réchauds. On peut relire dans le premier volume de ce traité (pp. 403 et suivantes) ce que nous avons dit des couches et de la manière de les faire; mais il n'est pas inutile que nous y revenions ici en les considérant au point de vue spécial de la culture potagère.

Répétons sommairement que les couches sont des amas de fumier de cheval, de la forme d'un parallélipipède, plus ou moins bombé sur sa face supérieure et bien tassé, dans lequel on excite la fermentation en y répandant quelques arrosoirs d'eau, quand le fumier est sec et déjà un peu vieux. Les jardiniers de Paris l'emploient à différents degrés de décomposition, ce qui influe sur la manière de procéder à la construction de la couche. Ils tiennent compte aussi de sa qualité, car il varie considérablement sous ce rapport. Le meilleur est celui des chevaux de charretiers (à Paris des chevaux d'omnibus), parce que leur litière n'est renouvelée que lorsqu'elle est très-imbibée d'urines; celui de seconde qualité est fourni par les chevaux de luxe, sous lesquels la paille est fréquemment renouvelée, et par suite beaucoup plus sèche et plus pauvre en matières des déjections que le premier.

Le fumier neuf et sortant de l'écurie est rarement employé seul, parce qu'il donnerait une chaleur qui va quelquefois à 70 degrés centigrades, beaucoup trop forte par conséquent. Habituellement on le mêle avec du fumier qui a été conservé quelque temps en tas, et qui ayant déjà subi un commencement de fermentation n'est plus susceptible de s'échauffer autant. Le fumier des vieilles couches, quand il n'est pas trop consommé, est souvent aussi réintroduit dans des couches nouvelles, mélangé à du fumier neuf. Les proportions de fumier vieux et de fumier neuf varient suivant le degré de chaleur que l'on veut obtenir, et c'est par l'habitude seulement qu'on parvient à les bien connaître. Le fumier d'étable sert aussi quelquefois à la construction des couches, mais alors il faut le mêler à du fumier de cheval pour lui donner du feu. Quels que soient les fumiers qu'on associe, pour en faire des couches, et quelles qu'en soient les proportions, ces fumiers doivent être au préalable parfaitement mélangés. Ayant déjà décrit (tome Ier, p. 404 et suivantes) la manœuvre de la construction d'une couche, il serait superflu d'y revenir ici; rappelons seulement que la couche doit être fortement tassée sous les pieds de l'ouvrier à mesure qu'il la construit, et parfaitement égalisée.

Les jardiniers maraîchers de Paris font différentes sortes de couches, sous les noms de *couches en plancher*, de *couches montées*, de *couches en tranchées* et de *couches sourdes*. Les couches en plancher sont, comme leur nom le fait entendre, des carrés plus ou moins longs et larges, couverts d'un lit épais de fumier. Ce sont pour ainsi dire des jardins établis sur un fond de fumier. L'étendue de ces planchers varie naturellement suivant le nombre de cloches et de châssis que l'on veut y établir. Leur épaisseur ordinaire est de 0^{m},50, mais généralement ils sont enterrés dans une tranchée de 0^{m},30 de profondeur, ce qui fait que leur saillie au-dessus du niveau du sol n'est que de 0^{m},20. On les construit de moitié de fumier neuf et de moitié de fumier vieux, qu'on retourne à la fourche et qu'on arrose huit jours avant de s'en servir (1). On conçoit que des couches si étendues conservent longtemps leur chaleur, et qu'elles ne sont pas susceptibles de recevoir des réchauts, comme les couches, plus étroites, dont il nous reste à parler.

Les couches montées sont des parallélipipèdes de 1^{m},30 à 1^{m},80 de large, sur une épaisseur variable de 0^{m},60 à 1^{m}. Leur longueur est indéterminée. Elles sont entièrement hors

(1) Certains jardins maraîchers de Paris et de ses environs ne sont presque qu'un plancher continu de fumier. On cite comme un des plus remarquables sous ce rapport celui de M. Durchon, à Saint-Mandé. Ce jardin, dont la contenance est de 66 ares, est en grande partie couvert d'un plancher de fumier, qui est assez vaste pour recevoir 680 châssis et 3000 cloches.

du sol, et c'est là ce qui leur a valu leur nom. Dans la culture potagère, elles sont ordinairement remplacées par les couches enterrées, ou en tranchées, qui n'en diffèrent qu'en ce qu'elles sont enterrées jusqu'à la moitié ou aux deux tiers de leur hauteur, disposition plus favorable pour que la chaleur s'y conserve. Les couches sourdes n'en diffèrent que par une moindre largeur (0m,66 environ); elles se composent, comme celles-ci, de fumier neuf mêlé par moitié de vieux fumier; mais, par suite de leurs dimensions plus faibles, elles donnent moins de chaleur : aussi ne sont-elles guère d'usage qu'au printemps, quand déjà la température est fort adoucie. Toutes les couches se couvrent, suivant le cas, de terre ou de terreau, sur une épaisseur de 0m,10 à 0m,20. Si elles doivent recevoir des châssis, on pose ces derniers directement sur le fumier, et c'est dans le châssis lui-même qu'on étend la terre dont la couche doit être chargée.

Les couches montées ou enterrées perdent d'autant plus vite leur chaleur qu'elles sont plus étroites et que le temps est plus froid : aussi devient-il nécessaire, en hiver, de les mettre à l'abri du refroidissement. On y parvient à l'aide d'accots et de réchauds, qui sont des entassements de fumier en contact avec les couches. Dans les jardins parisiens les couches, en nombre plus ou moins grand, sont séparées les unes des autres par des sentiers de 0m,60 à 0m,70 de largeur. C'est dans ces sentiers qu'on accumule le fumier en le tassant, pour lui faire prendre corps avec les couches. Les réchauds se font avec du fumier neuf, les accots avec du vieux fumier. Ce sont les circonstances qui déterminent le choix à faire entre les accots et les réchauds, et parmi ces circonstances il faut surtout ranger le climat et la rigueur plus ou moins grande de l'hiver.

Dans la plupart des jardins potagers de la région méditerranéenne, les couches se réduisent à de petits planchers de fumier de 0m,30 à 0m,40 d'épaisseur, qui n'ont d'autre objet que de hâter la germination de quelques graines, celles des melons, des aubergines et des tomates par exemple, et on se borne à les couvrir de paillassons pendant les nuits froides. Ajoutons que ces couches, réduites à leur plus simple expression, ne sont même pas d'un usage général dans ces jardins.

Côtières et ados. Ce sont encore des moyens d'activer la végétation des légumes, mais beaucoup moins puissants que les couches, parce qu'ici il ne s'agit que de tirer parti de la chaleur du soleil, renforcée par des abris ou par l'inclinaison du sol.

Les côtières sont des planches de terre adossées à un mur ou à un abri quelconque, fût-ce un simple rideau d'arbres, tournées au midi, et dont la largeur est plus ou moins grande suivant que l'abri est plus ou moins élevé. Le sol de la côtière peut être horizontal, mais il est avantageux qu'il incline vers le midi, parce que la pente corrige dans une certaine mesure l'obliquité des rayons du soleil. Cultivés dans cette condition, les légumes sont de plusieurs jours, et quelquefois de plusieurs semaines en avance sur ceux des endroits non abrités du jardin (1).

Les ados sont de petites côtières qui ne jouissent pas du bénéfice d'un abri comme les précédentes. Ils consistent en planches relevées d'un côté, et présentant aux rayons du soleil de midi une surface inclinée. Leur largeur varie suivant les besoins de la culture, mais en les supposant larges de 1^m, le côté qui regarde le nord est de $0^m,30$ à $0^m,40$ plus élevé que le côté opposé. On conçoit que sous un ciel plus septentrional la pente devrait être plus forte, puisque les rayons du soleil tombent plus obliquement. Dans la région du midi, les

(1) On comprendra mieux les avantages des côtières par l'exemple suivant. Dans le jardin de M. Durchon, dont il a été question ci-dessus, un comité nommé par la Société impériale d'horticulture constata, en 1865, qu'outre la grande étendue de terrain couverte de châssis et de cloches, ce jardin renfermait encore une immense côtière tournée au midi, large de $2^m,60$ sur 100^m de longueur, qui avait déjà produit 18,000 laitues avant le 20 avril. Ces laitues étaient à peine enlevées qu'on les remplaçait par des épinards de Hollande, dans lesquels on entrepiquait de la chicorée frisée, puis des tomates, qui, au bout de quelques semaines occupaient seules le terrain. Nous citons cet exemple pour montrer une fois de plus comment les cultures se succèdent dans les jardins maraichers de Paris, où tout est calculé pour que le sol ne se repose jamais. Cet exemple fait voir aussi que pour atteindre ce but tous les moyens d'augmenter la chaleur sont employés.

ados et les côtières sont fort en usage pour les cultures d'hiver, et cela avec d'autant plus de raison que les journées lumineuses y sont plus fréquentes que dans le nord.

§ VIII. ANIMAUX NUISIBLES AUX JARDINS POTAGERS. MALADIES ET ACCIDENTS.

Nous avons déjà traité d'une manière générale (tome Ier, p. 651 et suivantes) la question des animaux nuisibles à la culture des jardins, mais il n'est pas hors de propos de revenir d'une manière toute spéciale sur ceux qui commettent le plus de dégâts dans les jardins potagers. Ce sont les *taupes*, les *souris* et les *mulots*, les *moineaux*, les *chenilles*, le *ver blanc*, les *pucerons*, les *tiquets*, les *courtilières*, les *escargots* et les *limaces*.

Mammifères et oiseaux. Les taupes ne nuisent dans un jardin qu'en déracinant les plantes, lorsqu'elles fouillent le sol ou qu'elles creusent leurs galeries souterraines, car elles ne touchent pas aux plantes elles-mêmes; mais les dégâts qu'elles occasionnent dans les semis ou les pépinières de plantes repiquées n'en sont pas moins considérables, et quoiqu'elles détruisent quelques vers et peut-être encore d'autres larves, ce faible service est loin de compenser leurs méfaits. Il se peut que la taupe soit utile dans certains cas particuliers, au voisinage des arborétums et des vergers par exemple, mais sa présence est toujours fâcheuse dans un jardin. Le meilleur moyen de la détruire est de tendre des piéges dans ses galeries, ou, si le jardin est grand et infesté de taupes, de faire venir un taupier. On trouve des piéges à taupes chez les quincailliers et chez tous les fabricants d'ustensiles de jardinage (1). On y trouve aussi les souricières avec

(1) Malgré le bien qu'on a dit de la taupe considérée comme l'adversaire du ver blanc, quelques agriculteurs restent convaincus qu'elle est plus nuisible qu'utile, et une expérience faite récemment à l'Institut agricole de Grignon semble confirmer leur opinion. Sur un hectare de prairie non étaupé et sur un autre hectare de la même prairie soigneusement étaupé, le nombre des vers blancs a été à très-peu près le même, mais l'hectare étaupé a donné une récolte de fourrage sensiblement plus élevée, ce qui à la vérité peut dépendre des sortes de binages auxquels l'opération a donné lieu et qui auront ainsi favorisé la végétation.

lesquelles on se débarrasse des souris et des mulots, qui du reste n'exercent guère leurs ravages que dans les greniers où on conserve les graines.

Les moineaux et les autres oiseaux granivores, pinsons, chardonnerets, tarins, etc., sont peut-être plus nuisibles encore. S'ils dévorent des chenilles et d'autres insectes, ils causent de véritables ravages en s'abattant sur les plantes porte-graines, même bien avant que les graines soient assez mûres pour être récoltées. Les choux, les radis, les laitues, les chicorées et toutes les salades en général sont particulièrement recherchées par eux, et ils n'y laissent pas une graine. Il est assez difficile d'écarter ces oiseaux des jardins, parce qu'ils s'habituent vite aux épouvantails (mannequins, miroirs suspendus, etc.), dont on a coutume de se servir en pareil cas; mais comme ils ne sont vraiment à craindre que pendant les quelques jours que dure la maturation des graines, le plus simple est de faire garder les plantes porte-graines par une femme ou un enfant, et au besoin de tirer quelques coups de fusil pour les effrayer.

Insectes. Toutefois les ennemis les plus redoutables du jardin potager sont les insectes que nous avons nommés plus haut. Leurs dégâts peuvent être énormes, et il est souvent très-difficile de les arrêter.

Les *chenilles*, et nous ne parlons ici que de celles qui attaquent les légumes, sont de plusieurs espèces. Quelques-unes sont nocturnes et s'enfouissent en terre pendant le jour, ce qui les met hors des atteintes du cultivateur; mais les plus à craindre sont les piérides du chou (fig. 11), qui sont diurnes et extrêmement communes. Ces chenilles, lisses et d'une couleur verdâtre, sont les larves de ces papillons blancs connus de tout le monde, qu'on voit voltiger au printemps et en été. Attirés par les choux, les papillons pondent sur leurs feuilles, un à un et isolément, des œufs qui éclosent en deux ou trois jours. Dès que les larves sorties de ces œufs ont pris quelque force, en rongeant les sommités des feuilles, elles

Fig. 11. — Piéride ou chenille du chou.

descendent dans le cœur de la plante, qu'elles transforment bientôt en un amas de détritus mêlé de leurs déjections. Il n'est pas rare que des planches entières ou de vastes carrés de choux soient ainsi détruits par elles. Perdus pour la consommation, ces choux ne peuvent même pas être donnés aux vaches. Le seul parti à prendre est de les enfouir et de les convertir par là en engrais. On est encore à chercher le moyen de détruire ces chenilles. Quelques jardiniers recommandent de mouiller les choux avec une infusion de tabac, dont les bons effets ont été constatés sur d'autres insectes (1), mais encore faudrait-il être sûr que ces infusions atteindront les chenilles. Peut-être réussirait-on à prévenir l'invasion de ces insectes en éloignant les papillons au moment de la ponte, à l'aide de chiffons imbibés de térébenthine ou de coaltar qu'on suspendrait à des piquets, fichés de distance en distance dans les planches de choux, mais l'efficacité de ce moyen est encore bien problématique.

Fig. 12. — Larve du hanneton ou ver blanc.

Le *ver blanc* ou *man* (fig. 12), la larve du hanneton, exerce ses ravages sous la terre, en dévorant les racines des plantes et en les coupant au-dessous du collet. Cet insecte a des plantes de prédilection, les fraisiers et les laitues par exemple, et on met cette particularité de ses mœurs à profit pour le détruire, en entrepiquant des laitues au milieu des plantes que l'on veut préserver de ses atteintes. Les vers blancs se portent de préférence sur ces laitues, et dès qu'on les voit jaunir et se flétrir on les enlève avec la bêche et l'on écrase les vers, quelquefois au nombre de cinq ou six, que l'on trouve attachés

(1) Cette infusion se prépare de la manière suivante : on fait infuser une heure ou deux, dans 10 litres d'eau exposés au soleil, 500 grammes de déchets de tabac (côtes, poussier de tabac, bouts de cigare, tabacs avariés, etc.), tels que les délivrent les manufactures de l'État. On pourrait obtenir presque instantanément cette infusion en se servant d'eau bouillante, mais l'infusion à froid vaut mieux. On arrose le feuillage des plantes avec cette infusion par un temps sec, et, quarante-huit heures après on lave les plantes par un arrosage à l'eau pure et à la pomme de l'arrosoir.

à leur pied. Il va de soi que l'on doit détruire les hannetons que l'on rencontre au printemps, mais le hannetonnage ne peut être considéré comme une opération du jardinage potager; il est au contraire directement du ressort de l'agriculture ou de la culture des arbres fruitiers.

Les *pucerons*, si nombreux en espèces, n'attaquent cependant avec quelque gravité qu'un petit nombre de plantes potagères. Celles qui y sont le plus exposées sont les fèves (fig. 13 et 14). les choux et les choux-fleurs. On ne s'occupe

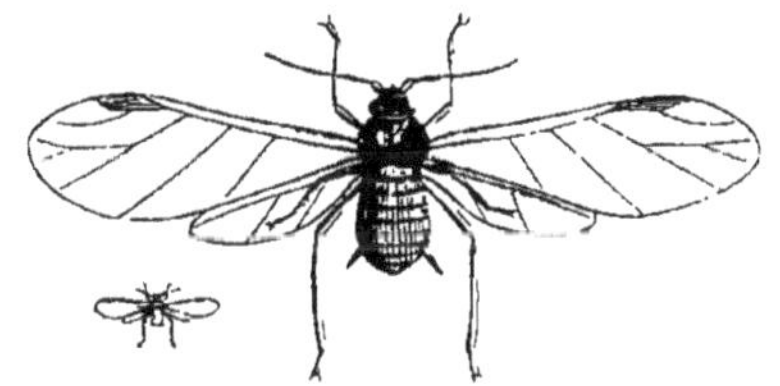

Fig. 13. — Puceron mâle de la fève.

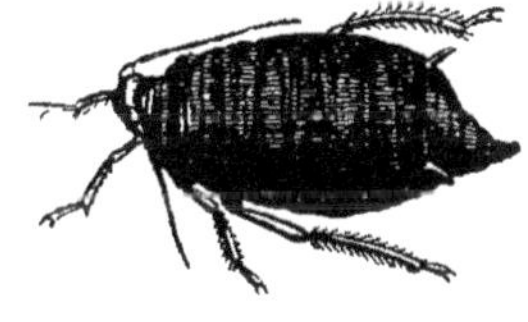

Fig. 14. — Puceron femelle.

guère de mettre les fèves à l'abri de leurs atteintes, mais on doit détruire ceux des choux, parce que la récolte a ici une certaine importance. On y réussit assez bien en lavant les plantes avec de l'eau dans laquelle on a fait dissoudre un peu de savon noir. Ce moyen pourrait sans doute être employé avec le même succès contre le puceron du melon et des courges. Si les melons sont sous cloches ou sous châssis, les fumigations de tabac réussiraient de même, et peut-être mieux encore, les insectes ayant moins de chance d'échapper à la fumée qu'aux arrosages à l'eau de savon, qui peut ne pas atteindre le dessous des feuilles.

Fig. 15. — Altise ou puce de terre.

Les *tiquets* ou *altises* (fig. 15), connus aussi sous le nom de *puces de terre*, sont de petits insectes sauteurs, qui s'attaquent à peu près exclusivement aux plantes de la famille des crucifères, choux, choux-fleurs, raves, radis et navets; mais ce n'est guère que sur les se mis et les plantes encore jeunes qu'ils peuvent causer de sérieux dommages. En criblant de trous les feuilles des plantes, ils les affaiblissent au point de les faire périr, ou tout au moins de les retarder pour longtemps. Les jardiniers de Paris emploient contre eux avec quelque succès les arrosages de décoctions de tabac et autres plantes âcres. On a conseillé dans ces derniers temps d'imprégner l'air de vapeur de benzine ou de coaltar, en suspendant au-dessus des planches des morceaux d'étoffe imbibés de ces substances éminemment insecticides; mais, ainsi que nous l'avons dit plus haut, ce moyen de destruction n'est pas encore assez éprouvé pour qu'on puisse le donner comme certain. On obtiendrait probablement un meilleur résultat de l'emploi de sciure de bois imbibée d'eau de distillation de la benzine, et qu'on répandrait sur les planches infestées (1).

Les *arachnides* comptent aussi quelques espèces nuisibles aux plantes potagères. Les seules dont on ait à se plaindre sont une petite araignée coureuse qui attaque les semis, particulièrement ceux de carottes, qu'elle fait périr en suçant la tige des jeunes plantes, et quelques acarus désignés à Paris sous le nom de *grise*, qui sucent de même la séve de diverses plantes du potager, en se fixant, le plus souvent en très-grand nombre, à la face inférieure de leurs feuilles. Les melons et les haricots sont celles qui en souffrent le plus, et l'on voit quelquefois des planches entières de haricots, épuisées par eux, ne pas donner une seule graine. On fait disparaître l'araignée en répandant sur le sol de la suie ou de la chaux vive réduite en poudre; d'autres fois encore on y réussit par de copieux et fréquents arrosages à la pomme de l'arrosoir. Quant à la *grise*, on

(1) Ce moyen a été particulièrement recommandé par M. Belhomme, jardinier à Paris, qui dit s'en être servi avec tout le succès désirable. L'eau dans laquelle il fait macérer la sciure de bois est l'eau de lavage qui résulte de la distillation de la benzine, et qu'on se procure dans les fabriques où cette substance est préparée. Cette eau, dont l'odeur est infecte, n'a par elle-même aucune valeur, mais c'est un insecticide énergique, et on ne doit l'employer qu'avec circonspection et étendue d'une quantité d'eau pure, au moins égale à la sienne, et dans laquelle on l'a laissée se diffuser pendant quelques jours. A cet état, tout en conservant sa propriété insecticide, elle n'exerce pas de mauvaise action sur les plantes. Pour préparer la sciure de bois, on la laisse tremper quelques heures dans l'eau des premières distillations, et dès qu'elle est assez ressuyée pour ne plus s'agglutiner on en saupoudre les plantes.

ne connaît encore aucun moyen de s'en débarrasser, mais peut-être obtiendrait-on quelque résultat de l'emploi du coaltar ou de la benzine, comme nous l'avons indiqué ci-dessus.

Les *courtilières*, ou *taupes-grillons* (fig. 16), passent à bon

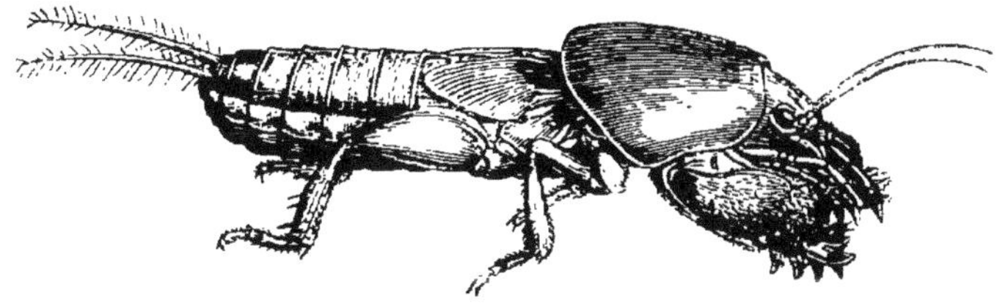

Fig. 16. — Courtilière.

droit pour un des plus sérieux ennemis du jardin potager. Elles attaquent toutes les plantes, mais surtout celles autour desquelles on élève la température par des moyens artificiels, comme les plantes cultivées sur couches ou sur côtières. On a imaginé, pour s'en défaire, les moyens les plus variés, et nous en avons déjà indiqué quelques-uns dans notre premier volume (tom. I, p. 665 et suivantes). Le plus recommandé est la destruction des nids et des œufs qu'ils contiennent, et on les trouve en remuant le sol ou en démontant les couches vers le milieu du printemps (1). Dans les endroits où le terrain est particulièrement infesté par ces insectes, on peut les détruire en arrosant, mais très-copieusement, avec une eau

(1) M. Desprez, jardinier du duc de Rohan, a communiqué, dans ces dernières années, à la Société impériale d'horticulture, un procédé qui, affirme-t-il, lui a complétement réussi pour détruire les courtilières. D'après ses observations, les mois de mai et de juin sont les plus favorables à l'opération, parce que c'est l'époque d'abord de la ponte, puis de l'incubation des œufs par la chaleur du soleil. On reconnaît la présence des nids dans le sol à la mortification des plantes qui sont à la surface, et qui ne se dessèchent ainsi que parce que les courtilières les ont coupées entre deux terres, afin qu'elles n'ombragent plus le sol et y laissent pénétrer la chaleur du soleil, nécessaire à l'éclosion des œufs. Les nids sont à quelques centimètres seulement de la surface, et il est facile de les enlever avec une houlette. Au-dessous de ces nids se trouve une galerie verticale au fond de laquelle la courtilière s'est réfugiée. Si on tasse la terre, à la place que le nid occupait, la courtilière, que le bruit a éloignée, ne tarde pas à remonter, et lorsqu'elle a ainsi découvert sa galerie, on en élargit l'entrée avec le doigt, et on y verse un ou deux verres d'eau mêlée d'un peu d'huile ; la courtilière remonte à l'instant, et périt asphyxiée par la petite couche d'huile qu'elle est obligée de traverser.

chargée de savon noir ou d'huile. On recommande encore, comme très-efficace, l'arrosage à l'eau de benzine, mêlée de son poids d'eau (voir ci-dessus), et devenue par là innocente pour les plantes. Toutefois. comme on ne pourrait pas arroser ainsi de très-grands espaces, il faut au préalable attirer les courtilières sur des points circonscrits, par les moyens dont on dispose, et dont le plus efficace est du fumier chaud enfoui dans le sol. Les courtilières, très-sensibles à la chaleur, s'y rassemblent, et on peut alors en détruire un grand nombre à la fois. Il est encore assez d'usage, dans beaucoup de jardins, d'enterrer sur le passage des courtilières des vases à moitié pleins d'eau dans lesquels elles tombent et se noient, mais nous avons appris par notre propre expérience qu'on en détruit très-peu par ce moyen.

Limaces et *colimaçons* ou *escargots*. Tous les jardins ne sont pas au même degré ravagés par ces animaux, mais il en est dans lesquels ils commettent plus de dégâts que les chenilles, les courtilières et les vers blancs réunis; ce sont ceux qui occupent les bas fonds et les lieux humides, principalement quand le sol y est riche en matière calcaire. Ils sont moins communs dans les sites élevés et secs, et ils deviennent même rares sur les terres très-siliceuses, ou du moins sur celles où le calcaire n'est qu'en très-faible proportion. C'est dire que ces mollusques se multiplient surtout dans les bonnes terres, là où la végétation est succulente et abondante.

Les limaces proprement dites se distinguent des escargots en ce qu'elles n'ont point de coquille. On en connaît plusieurs espèces, parmi lesquelles nous devons citer la *limace rouge* ou *arion*, la *grande limace grise* et la *petite limace grise* ou *limace agreste*. Cette dernière est la plus commune et celle aussi qui cause le plus de dommage à l'agriculture et aux jardins potagers. De même que les précédentes, elle commet ses déprédations la nuit et dans les journées sombres ou pluvieuses, et se terre pendant les jours secs sous les pierres, les morceaux de bois ou les mottes. Partout où elle passe elle laisse un mucus filant qui se concrète à l'air et trahit ses déprédations. Les escargots sont aussi de plusieurs espèces :

sans parler du *grand escargot des bois*, à coquille roussâtre, qui n'habite que certaines contrées de la France, et qu'on vend à Paris sur le marché, nous signalerons l'*escargot brun*, assez gros encore, quoique moindre que le précédent, et beaucoup plus commun dans les jardins ; c'est lui qui y commet le plus de ravages; puis l'*escargot némoral*, à coquille jaunâtre, ordinairement ornée d'une ou de plusieurs bandes brunes qui suivent les tours de la coquille. D'autres espèces sont également communes dans le midi, et non moins malfaisantes. Aussi bien que les limaces, ces animaux sont plus nocturnes que diurnes.

Nous avons déjà indiqué (tome I, pp. 676-677) le moyen le plus habituel pour débarrasser les jardins des limaces et des escargots, moyen qui consiste à leur faire la chasse le matin avant le lever du soleil et quand les plantes sont encore humides de rosée, ou pendant les journées pluvieuses; mais quelquefois ces animaux sont à la fois si petits et si multipliés qu'il deviendrait presque impossible de les détruire par ce moyen. On procède d'une manière plus expéditive en répandant de la chaux vive pulvérisée sur les plantes ou dans les sentiers qu'ils sont obligés de traverser. On dit aussi que la sciure de bois ou le machefer imbibés dans l'eau de lavage de benzine produisent de bons effets. L'emploi de ces substances ne doit pas toutefois dispenser de la recherche des escargots et des limaces adultes, car en les tuant on empêche les pontes nouvelles, et on limite la multiplication de ces animaux.

Beaucoup d'autres insectes que ceux que nous avons nommés peuvent nuire aux potagers, mais ordinairement les dommages qu'ils causent sont insignifiants. S'ils venaient, comme cela arrive quelquefois, à se multiplier outre mesure, ce serait au jardinier d'aviser. Les recettes indiquées plus haut pourraient trouver là encore un nouvel emploi.

Maladies des plantes potagères. De même que toutes les autres plantes réduites en domesticité, les légumes peuvent être atteints de maladies plus ou moins graves, mais ces maladies résultent toujours ou d'un vice de la culture ou des attaques d'animalcules et plus souvent de végétations parasites. La mauvaise qualité du terrain en est une cause fréquente, comme aussi l'abus d'engrais trop azotés ou le défaut d'humus végétal dans la terre. La négligence du cultivateur, le défaut d'arrosage ou des arrosages exagérés, le froid, les chaleurs excessives, la grêle, et en un mot toutes les influences météorologiques excessives, amènent aussi des altérations qui varient de caractère suivant les circonstances de climats, de saisons ou de lieux. C'est par l'habitude et par une pratique réfléchie que le jardinier peut faire face à ces accidents.

Il est moins armé contre les invasions cryptogamiques, qui, du reste, sont souvent elles-mêmes la conséquence des altérations nées des causes plus visibles que nous venons d'énumérer. Dans ce cas c'est souvent par les racines que le mal commence, et quand les feuilles en indiquent l'existence, il est ordinairement trop tard pour y porter remède. Ce qu'il y a de mieux à faire en pareil cas est de détruire les plantes malades et de les remplacer par d'autres espèces. Les plantes ayant pour ainsi dire chacune leurs maladies propres, nous en parlerons en traitant de leur culture, qui va faire l'objet des chapitres suivants.

CHAPITRE II.

LES LÉGUMES-RACINES.

§ Ier. — CONSIDÉRATIONS GÉNÉRALES.

Les légumes-racines sont ceux dont les parties souterraines, ou du moins placées à la partie inférieure de la tige, entrent seules ou presque seules dans la consommation. Tantôt ce sont de véritables racines, tantôt ce sont des rhizomes, c'est-à-dire des tiges ou des rameaux qui restent cachés sous le sol, tantôt enfin c'est la base de la tige ou la tige elle-même dépouillée de ses feuilles. Les légumes qui appartiennent à cette dernière catégorie font le passage aux légumes herbacés proprement dits, et pourraient presque être classés parmi eux.

Un caractère général à tous les légumes de cette section est d'être moins riches que ceux des autres en substances azotées, et, par suite, de constituer un aliment plus faible. Par une sorte de compensation, ils contiennent une plus forte dose de fécule et quelquefois de sucre ; mais il en est aussi qui sont très-aqueux et dont la valeur alibile est presque nulle. Ces derniers ont toutefois leur utilité, comme moyen de varier le régime, et quelques uns sont doués de propriétés qui en font des sortes de condiments. Pris en bloc, les légumes-racines s'avancent un peu plus loin vers le nord que les légumes herbacés, et surtout que les légumes-fruits ; il y en a cependant qui sont exclusivement propres aux régions du midi. Plusieurs de ces légumes, par suite de la facilité de leur culture et de l'abondance de leurs produits, sont devenus de véritables plantes agricoles, mais c'est surtout comme plantes potagères que nous avons à les considérer ici. Cette section comprendra la *pomme de terre*, la *patate*, l'*igname*, le *topinambour*, la *carotte* et autres ombellifères à racine charnue, les *raves*, les *choux-raves* et les *navets*, les *salsifis* et les *scorsonères*, la *raiponce*, la *betterave* et enfin l'*oignon*, le *poireau* et les autres liliacées bulbifères.

§ II. — LA POMME DE TERRE.

La pomme de terre (*Solanum tuberosum* des botanistes) (fig. 17), nommée aussi quelquefois *parmentière* (1) et *solanée*

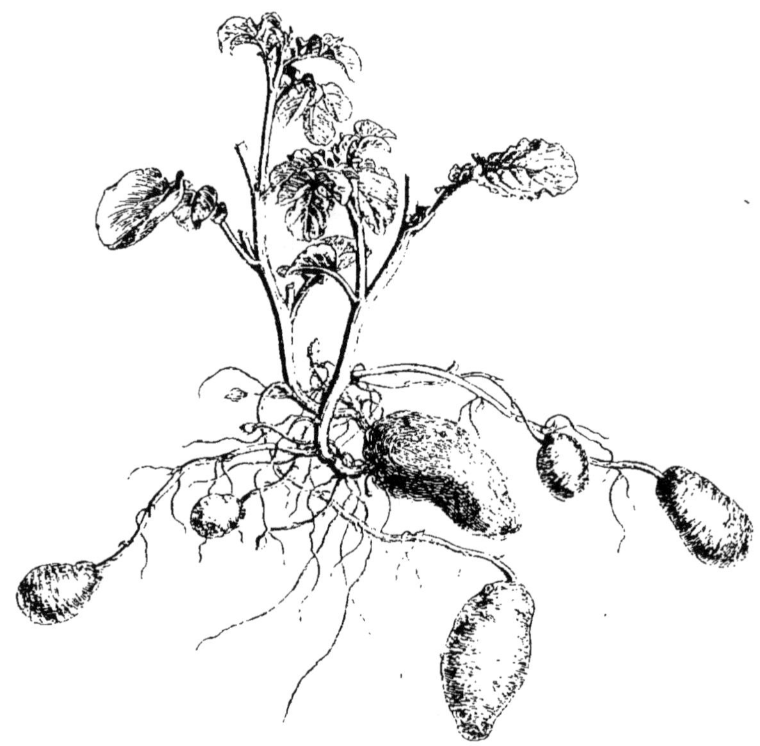

Fig. 17. — Pomme de terre.

(1) Ce nom lui a été donné pour rappeler celui de l'agriculteur Parmentier, qui a le plus contribué à faire connaître et accepter la pomme de terre en France. Il y a beaucoup à rabattre dans les anecdotes qu'on a racontees au sujet des luttes qu'il eut à soutenir contre l'ignorance ou le mauvais vouloir de ses contemporains,

tubéreuse, est originaire du Chili, d'où elle a été apportée dès le seizième siècle en Europe, quoiqu'elle n'ait pris rang parmi les plantes agricoles que sur la fin du dix-huitième. Ainsi que son nom l'indique, elle appartient à la grande famille des solanées, plantes la plupart vireuses, quelques-unes même très-vénéneuses. Elle est à la fois vivace et annuelle, en ce sens que ses tiges herbacées périssent dans l'année qui les a vues naître, mais après avoir produit des tubercules souterrains d'où sortiront de nouvelles plantes l'année d'après. Ces tubercules eux-mêmes ne durent pas plus d'un an; ils s'épuisent et se vident au profit des tiges qu'ils ont produites. Quoique cachés sous terre, ils n'appartiennent point au système des racines : ce sont de véritables rameaux souterrains, munis de bourgeons, qui se renflent et se gorgent de fécule. On a vu quelquefois les rameaux aériens et axillaires de la pomme de terre prendre la forme de tubercules, mais en restant verts et en portant des rudiments de feuilles. Les fleurs se montrent au sommet des tiges, en petites grappes ombelliformes; leur corolle est monopétale, rotacée, d'un blanc violâtre, quelquefois tout à fait blanche ou tout à fait violette. Les fruits sont de grosses baies rondes et verdâtres, contenant des graines assez nombreuses. Il y a des variétés de pommes de terre qui ne fleurissent pour ainsi dire plus que par exception, ce qu'on croit être la conséquence de la propagation faite presque exclusivement, et pendant des siècles, par tubercules. La pomme de terre est en effet cultivée depuis fort longtemps par les populations des Andes de l'Amérique du Sud, et c'est vraisemblablement à l'antiquité de cette culture qu'elle doit d'avoir produit un si grand nombre de variétés, tant en Amérique qu'en Europe.

Cette solanée est sans contredit le plus riche présent que le Nouveau-Monde ait fait à l'Ancien. Elle réunit à un haut degré les qualités qu'on demande à une plante agricole : la

et des moyens dont il se servit pour les convaincre ; mais il n'en reste pas moins certain que c'est surtout à son initiative qu'a été due chez nous la rapide extension de la culture de la pomme de terre, devenue aujourd'hui un des produits les plus importants du sol.

rusticité, la rapidité de la végétation, l'abondance du produit, la facilité de la récolte. Elle vient dans toutes les terres qui conservent quelque humidité, et c'est surtout dans les terres légères et siliceuses que ses tubercules prennent la plus forte proportion de fécule, sans cependant devenir aussi volumineux que dans des sols plus riches. La pomme de terre n'a sans doute pas le pouvoir de faire disparaître les disettes, mais elle en atténue considérablement la rigueur; elle n'est pas non plus un pain tout fait, comme on s'est plu quelquefois à le dire, parce qu'elle ne contient qu'une faible dose de substances azotées et qu'elle ne possède rien d'analogue au gluten des céréales, mais si par elle seule, elle ne constitue pas un aliment complet, elle peut encore suppléer au pain lorsqu'elle est associée à la viande ou à d'autres aliments d'origine animale.

Tout le monde sait quelle large place la pomme de terre tient dans l'agriculture de l'Europe, et on pourrait presque dire du monde entier, car elle est aujourd'hui répandue dans toutes les contrées où sa culture est possible, et partout elle est également employée à la nourriture de l'homme et à celle des animaux domestiques. Il était naturel qu'une plante d'une si haute valeur, et dont les produits sont du goût de tout le monde, passât dans la culture jardinière; aussi est-elle devenue un légume important. Comme d'autres légumes, elle a été soumise à la culture forcée, et c'est presque seulement à titre de primeur qu'elle est cultivée dans les jardins potagers de nos grandes villes.

Nous avons dit ci-dessus que la pomme de terre a produit un très-grand nombre de variétés. Ces variétés sont peu différentes les unes des autres par les tiges et le feuillage, mais elles se distinguent souvent avec une grande facilité par la forme, le volume et la couleur des tubercules, comme aussi par leurs qualités. Il n'est personne qui ne sache qu'il y a des pommes de terre rondes et des pommes de terre longues, avec toutes les formes intermédiaires; qu'il y en a de jaunes, ou plutôt d'un blanc jaunâtre, de roses, de rouges, de violettes et de noires. Il est de ces variétés dont la pulpe est très-blanche, d'autres où elle est jaune pâle, rose ou violette, tantôt farineuse et ferme, tantôt molle et aqueuse. Il en est enfin qui sont très-productives, tandis que d'autres le sont peu, de même qu'il en est de précoces et de tardives. C'est dire que ces variétés n'ont pas la même valeur et qu'entre elles il y a un choix à faire. Ce choix est déterminé par le but particulier qu'on se propose; il l'est aussi par la nature du terrain et par les climats, l'expérience ayant fait reconnaître que telle pomme de terre qui est excellente dans tel sol et dans telle région perd ses qualités dans une région et dans un sol différents.

En 1815 on comptait déjà en France, une soixantaine de variétés de pommes de terre; en 1855 ce nombre s'élevait à 493; en 1862, la Société impériale d'horticulture en cultivait 528 dans son jardin d'expériences, dans le but de juger le mérite de ces variétés et de faire connaître au public celles qui pouvaient être recommandées. Nous ne pouvons mieux faire que de reproduire ici, dans ce qu'il a de plus essentiel, le rapport qui lui a été fait par le comité de culture maraîchère (1). Les variétes y sont réparties en sections ou séries faciles à reconnaître, et l'époque de leur maturité soigneusement enregistrée.

1re Série. — Pommes de terre jaunes rondes.

1° *Pomme de terre Blanchard;* moyenne, précoce et productive; seconde quinzaine de juillet.

2. *Pomme de terre Caillaud* ou *du Chili*, maturité du 1er au 15 septembre.

3. *P. Chardon* ou *P. de Saxe;* du 1er au 15 octobre. Variété très-productive, mais très-médiocre, propre seulement à l'alimentation du bétail.

4. *Comice d'Amiens;* précoce; mûrit du 15 au 30 juillet.

5. *Des Élies;* du 15 au 30 août.

6. *De Horworst;* du 15 au 30 août.

(1) Journal de la Soc. imp. d'horticulture, tom. VIII, p. 148, année 1862.

7. *Flour-Ball* ou *Boule de farine;* du 1er au 15 septembre.
8. *Grise arrondie;* du 1er au 15 août.
9. *Irish pink eyed* ou *Œil rouge;* du 1er au 15 septembre.
10. *Jeuxi;* du 15 au 30 septembre. Propre à la grande culture.
11. *Naine hâtive* ou *Fine hâtive;* du 15 au 30 juillet; précoce.
12. *Œil violet;* à peine différente de la Blanchard, mais moins hâtive; du 1er au 15 août.
13. *Peruvian;* du 15 au 30 août.
14. *Précoce de Harvey;* du 1er au 15 août.
15. *Régent;* du 1er au 15 septembre. Elle est cultivée en grand pour l'approvisionnement de Londres.
16. *Roscovite;* du 1er au 15 septembre.
17. *Shaw* ou *Chave;* du 1er au 15 août; cultivée pour l'approvisionnement de Paris.
18. *Segonzac* ou *de la Saint-Jean;* du 1er au 15 août; cultivée pour l'approvisionnement de Paris.
19. *Tardive d'Irlande;* du 1er au 15 septembre.
20. *A fleurs jaunes;* du 1er au 15 août; curieuse par la couleur de ses fleurs; assez productive et de bonne qualité.
21. *Mahonnaise;* cultivée en Algérie, d'où on en expédie sur les marchés de Paris; vigoureuse, bonne et précoce.

2e Série. — Pommes de terre jaunes longues.

1. *Achille-Lémond;* du 15 au 30 août.
2. *Alstone Kidney;* du 1er au 15 août.
3. *Eugénie Kidney;* du 1er au 15 août.
4. *Fluke Kidney;* du 1er au 15 août. Cultivée pour l'approvisionnement de Londres.
5. *Hardy;* du 1er au 15 août. Variété de premier mérite.
6. *Impériale Kidney;* du 1er au 15 août.
7. *Jaune longue de Hollande, cornichon jaune, parmentière;* du 15 au 30 août; bonne mais peu productive.
8. *La coquette;* du 15 au 30 août.
9. *Lapstone Kidney;* du 15 au 30 juillet; de bonne conservation.
10. *Marjolin Kidney, Quarantaine;* du 1er au 15 juillet. Très-cultivée pour l'approvisionnement de Paris.

11. *Marjolin de 2e saison* ou *La Brie;* du 1er au 15 août; elle a remplacé la jaune longue de Hollande sur le marché de Paris.
12. *Napoléon Kidney;* du 15 au 30 août.
13. *René Lottin;* du 15 au 30 août. Plus productive que la jaune longue de Hollande, avec laquelle elle a beaucoup de rapport.
14. *Vitelotte blanche, Vitelotte jaune, Blanche à fleurs violettes, Pois de terre, Champion, Hôtel de Bristol;* du 15 au 30 août; très-cultivée aux alentours de Paris.
15. *White blossom* ou *à fleurs blanches;* du 15 au 30 juillet.
16. *De New York;* peut-être la plus productive de toutes les variétés de pommes de terre, mais propre seulement à la grande culture. On en a obtenu, en France, jusqu'à 24,000 kilogrammes de tubercules par hectare. Elle ne diffère de la *Mangel Wurzel,* autre variété agricole, que par la couleur de ses tubercules. Du 1er au 15 septembre.
17. *D'Amérique;* du 1er au 15 août; très-productive et ayant tous ses tubercules ramassés autour du pied, ce qui facilite la récolte, et amène une grande économie de temps et de main d'œuvre.
18. *Gondoin;* du 1er au 15 août; peu productive, mais de bonne qualité et d'une belle teinte.

3e Série. — Pommes de terre rouges rondes ou obrondes.

1. *Claire bonne;* du 1er au 15 août.
2. *Forty-Fold,* ou *Quarante-pour-un;* du 1er au 15 septembre; cultivée pour l'approvisionnement de Londres.
3. *Le Bienfaiteur;* du 1er au 15 septembre; de bonne conservation.
4. *Pola;* du 1er au 15 août.
5. *Printanière de Sarreguemines;* du 15 au 30 août; cultivée dans la Moselle.
6. *Rouge ronde de Bogota;* du 15 au 30 août.
7. *Rouge ronde de la Flandre;* du 1er au 15 août.
8. *Rouge ronde de Strasbourg;* du 1er au 15 septembre.

9. *Rouge ronde des Vosges;* du 1er au 15 septembre.
10. *Saint-Louis précoce;* du 1er au 15 août.
11. *Sainte-Marthe;* du 15 au 30 septembre.
12. *Toute bonne* ou *Saucisse;* du 15 au 30 septembre; cultivée dans la Somme.
13. *Truffe d'août, Madeleine, Rouge ronde d'été, Rouge ronde hâtive;* du 1er au 15 août; cultivée pour l'approvisionnement de Paris.
14. *White pink* ou *Rouge et blanche;* du 1er au 15 septembre; cultivée pour l'approvisionnement de Londres.
15. *Bodéja;* du 1er au 15 août; assez productive et de bonne qualité.

4e Série. — Pommes de terre rouges longues.

1. *Briffaut;* du 1er au 15 septembre; plus productive que la rouge longue de Hollande, avec laquelle elle a quelques rapports.
2. *De Vrigny;* du 1er au 15 août.
3. *Kidney rouge;* du 1er au 15 septembre.
4. *Kidney d'Albany;* du 15 au 30 août.
5. *Mangel Wurzel* ou *Pomme de terre betterave;* du 1er au 15 septembre; grande culture.
6. *Ogilvie red;* du 1er au 15 septembre.
7. *Pale red* ou *Rouge pâle;* du 15 au 30 septembre.
8. *Pousse-debout* ou *Cueilleuse;* du 1er au 15 septembre; de bonne conservation. Elle a remplacé la rouge de Hollande sur le marché de Paris.
9. *Rouge longue de Hollande, Cornichon rouge;* du 15 au 30 août. Bonne mais peu productive.
10. *Rosate, Rosée de Conflans, Rosée de Villiers-le-Bel, Boru;* du 1er au 15 août. Cultivée pour l'approvisionnement de Paris.
11. *Rose Martin* ou *de Sainte-Marie;* du 1er au 15 août.
12. *Vitelotte rouge;* du 1er au 15 septembre. Cultivée pour l'approvisionement de Paris.
13. *Xavier;* du 1er au 15 août; de bonne conservation.

14. *Yam, Igname, Constance Perrault;* du 15 au 30 septembre. Cultivée pour l'approvisionnement de Paris.

5e Série. — Pommes de terre violettes.

1. *Bleue hâtive;* du 15 au 30 août.
2. *Bleue plate hâtive;* du 15 au 30 août.
3. *Bourbon-Lancy;* du 1er au 15 septembre.
4. *Delaville;* du 1er au 15 septembre.
5. *Hundred-fold* ou *Cent-pour-un;* du 15 au 30 septembre. Pour la grande culture seulement.
6. *Violette ronde;* du 1er au 15 septembre.
7. *Violette tardive;* du 15 au 30 septembre; de bonne conservation. Cultivée en Bretagne.

C'est donc un total de 75 variétés qui sont recommandées, après expérimentation, par le comité de culture potagère, et ce choix a été fait sur plusieurs centaines. Les autres variétés ont été éliminées, et il serait tout-à-fait superflu d'en donner la liste.

En tout pays il n'y a jamais qu'un petit nombre de variétés cultivées dans chaque espèce de légumes, et la pomme de terre subit comme les autres cette loi générale. A Paris et dans les environs on n'en cultive guère qu'une demi-douzaine pour le marché; nous allons faire connaître les qualités qui les recommandent particulièrement à ce point de vue.

Celle qui a le plus de vogue dans la culture maraîchère est

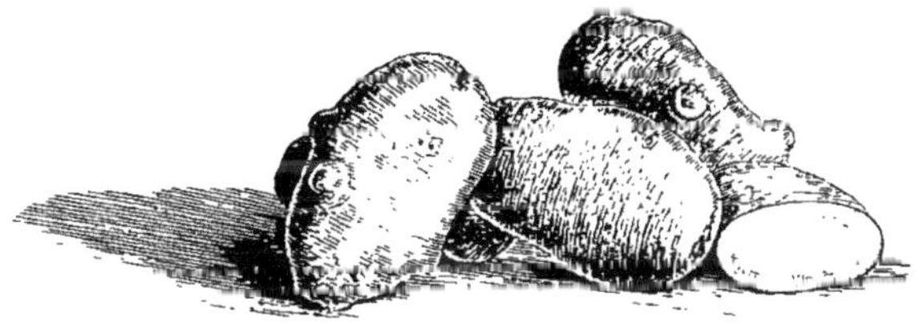

Fig. 18. — Pomme de terre Marjolin ou Quarantaine.

la pomme de terre Marjolin, désignée aussi sous les noms de *Kidney* et de *Quarantaine* (fig. 18), l'un qui fait allusion à sa forme (1), l'autre à sa précocité. Elle nous a été apportée d'Angleterre en 1815, mais ce n'est qu'en 1840 qu'elle a commencé à prendre faveur, quand on eut reconnu que le faible développement de ses tiges et la promptitude avec laquelle elle donne ses produits la rendaient éminemment propre à la culture sous châssis. Depuis lors aucune variété plus nouvelle n'a pu la remplacer dans la culture de primeur. Cette petite race ne fleurit presque jamais, et sa culture offre quelques difficultés qu'on ne rencontre pas dans les autres variétés.

Lorsqu'elle est bien franche on la reconnaît aux caractères suivants : tubercules ovoïdes ou allongés, souvent amincis à un bout; peau lisse, d'un jaune blond rosé; yeux très-peu nombreux (4 à 5 au plus), placés pour la plupart sur la partie antérieure, c'est-à-dire opposée à l'extrémité du point d'attache. Chaque œil ou germe est peu saillant. Le feuillage est petit, luisant, d'un vert foncé; la plante toute entière est naine.

Les yeux ou germes étant peu nombreux et presque superficiels, il en résulte qu'ils sont mal défendus contre les accidents, et que les pousses, surtout les premières, qui sont les plus fertiles, sont facilement détachées du tubercule ; de là des vides dans la plantation quand on n'a pas pris les précautions nécessaires. Il est évident en effet que si les germes ont été cassés, ou que s'ils ont péri par toute autre cause, la plantation du tubercule ne peut avoir aucun résultat. La première chose à faire, lorsqu'on veut planter des pommes de terre de cette variété (et on pourrait le dire de toutes les autres), est donc de s'assurer que leurs germes sont en bon état.

Il faut quelques soins pour obtenir ici des tubercules-semences dans les conditions convenables. Les tubercules qu'on réserve pour la plantation doivent être conservés, autant que faire se peut, dans une pièce aérée, sèche, où la température, en hiver s'élève peu au-dessus de zéro, sans descendre au-dessous. Si les tubercules ont été mis en tas,

(1) En anglais, *kidney*, un rein.

on les remue de temps en temps pour leur donner de l'air et favoriser l'évaporation de l'eau qui s'exhale de leur tissu, mais il faut faire attention à ne pas casser les germes, qui commencent à se gonfler. Un moyen plus sûr est de placer ces tubercules à côté les uns des autres, debout, la pointe en l'air, sur des claies ou des tablettes, parce qu'alors, si les germes viennent à se développer, ils poussent verticalement sans s'entremêler les uns aux autres, et qu'il devient facile de planter les tubercules sans briser leurs pousses. Ces soins, qu'on trouvera peut-être minutieux, sont amplement payés par le produit supérieur de la culture, et on serait mal inspiré de les négliger, surtout si on voulait cultiver sur couche, où il importe qu'aucun espace ne reste improductif. La pomme de terre Marjolin veut être buttée de bonne heure, parce qu'elle donne tous ses tubercules autour du pied. C'est en automne, au moment de la récolte, qu'on doit faire sa provision de tubercules-semences, et non point au printemps et au moment de planter. Il est essentiel aussi de ne pas faire sa provision au marché, parce que presque tous les tubercules qu'on y trouve, en passant de main en main, ont été éborgnés. Une plantation faite avec ces tubercules pourrait donner jusqu'à 90 pour 100 de perte.

De toutes les variétés connues de pommes de terre, la Marjolin est celle qui se prête le mieux à la culture forcée ; aussi est-elle la seule que les jardiniers de Paris soumettent à ce régime. Presque tous font avec elle deux ou trois saisons, c'est-à-dire deux ou trois cultures successives. La première saison commence vers la mi-janvier, sur une couche chaude, mais dont la chaleur cependant est modérée. Les tubercules sont plantés un à un, dans des pots de 18 à 20 centimètres, qu'on enterre dans le terreau de la couche, et qu'on couvre de châssis. On a soin de choisir de beaux tubercules et munis d'un germe vigoureux, qui doit être tourné en haut, dans la plantation. On couvre le tubercule de terreau, et les pots étant enterrés les uns à côté des autres sur la couche, on étend encore sur le tout une couche de terreau peu épaisse, mais sous laquelle disparaissent les rebords des pots.

La couche étant au degré de chaleur convenable, la végétation ne tarde pas à se montrer. Si le temps est doux on soulève les châssis pour donner de l'air et empêcher l'étiolement, ce qui est capital ici, mais il faut faire attention à ne pas laisser pénétrer la gelée dans les coffres, et au besoin les couvrir de paillassons. A mesure que les plantes grandissent, les coffres sont exhaussés afin qu'elles ne touchent point le verre; on arrose et on aère suivant le besoin.

Dès que les feuilles inférieures commencent à jaunir, on dépote les plantes en renversant le pot sur la main, et on enlève les plus gros tubercules; on remet ensuite la plante dans son pot. Les tubercules jeunes continuent à grossir; on les enlève à leur tour quelques jours plus tard, et ces récoltes partielles se continuent ainsi jusqu'aux premiers jours d'avril.

La deuxième saison commence dans la première quinzaine de février. De même que dans la première, la plantation se fait sur couche et sous châssis, mais sur le terreau même de la couche et non plus dans des pots. Les soins sont les mêmes que dans le cas précédent : on donne de l'air quand le temps le permet, on arrose, et on couvre de paillassons quand la gelée menace. Ici on attend pour faire la récolte que tous les tubercules soient arrivés à leur grosseur définitive.

La troisième saison se fait en pleine terre à la fin de février ou au commencement de mars, sur une côtière, le long d'un mur à l'exposition du midi. On répand une bonne couche de terreau à la surface de la terre et on plante les tubercules en rigole. A cette époque de l'année les gelées sont encore fréquentes; aussi doit-on couvrir le sol d'un lit de fumier de quelques centimètres d'épaisseur, pour empêcher le froid d'y pénétrer. Quand les plantes ont levé, on remplace le fumier par un paillis long, qu'on enlève dès qu'il ne gèle plus. Par cette méthode de culture on récolte en mai, c'est-à-dire quinze jours ou trois semaines plus tôt que par la culture ordinaire.

Cette dernière se fait au printemps, ordinairement en avril, plus tôt ou plus tard suivant les lieux et l'orientation du terrain. On peut encore planter en juin pour récolter en août, de telle sorte, en un mot, que, même par la culture ordinaire, on peut faire deux récoltes successives la même année et sur le même terrain. On a même vu des horticulteurs obtenir une troisième récolte en plantant des tubercules en août, mais c'est là une culture très-aventurée et qui n'est guère qu'un tour de force, plus curieux que profitable au cultivateur. Dans tous les cas, les plantations tardives n'ont de succès qu'à condition que les tubercules employés soient bien mûrs et qu'on les ait en outre fait faner quelque temps au soleil pour diminuer l'eau dont ils sont gorgés. Le plus sûr serait de n'employer à ces plantations tardives que des tubercules de l'année précédente, mais ici encore on se heurte à une nouvelle difficulté : un grand nombre de ces tubercules longtemps conservés perdent la faculté de germer, ce qui occasionne des vides considérables dans la plantation. On la voit assez souvent se réduire par cette cause à la moitié, au quart, ou moins encore, de ce qu'elle devrait être.

Nous avons dit un peu plus haut que la pomme de terre Marjolin fleurit rarement; elle le fait cependant quelquefois ; mais, suivant les jardiniers de Paris, cette floraison est un signe de dégénérescence : aussi se hâtent-ils d'arracher les pieds qui portent des fleurs. Tous sont d'avis que cette race ne se conserve qu'à la condition d'être sans cesse épurée.

Malgré les avantages qui la recommandent aux horticulteurs qui travaillent pour le marché, la pomme de terre Marjolin n'est pas la meilleure de toutes au point de vue du consommateur; aussi a-t-on cherché plus d'une fois à lui substituer, dans la culture de primeur, des variétés plus farineuses. On n'y a point réussi, parce qu'aucune autre n'est aussi précoce et ne se prête aussi bien à la culture sous châssis; mais cela n'empêche pas que d'autres variétés ne soient cultivées en grand pour le marché en saison ordinaire, ou en demi-primeur sur côtière. Celles auxquelles on s'en tient ordinairement, du moins à Paris, sont la pomme de terre Shaw, la jaune longue de Hollande, la pomme de terre Pousse-Debout et les Vitelottes blanche et rouge. Toutefois, des jardiniers très-autorisés recommandent encore, parmi les jaunes rondes, les pommes de terre Caillaud, de Horworst, Œil violet, et Régent; parmi les rouges rondes, les pommes de terre Pola, Forty-fold et de Strasbourg; parmi les jaunes longues, les pommes de terre Lapstone Kidney, White blossomed et Hardy; dans les rouges longues la Xavier, qui est peut-être la meilleure de ce groupe, et qui se conserve facilement jusqu'en mai; la Kidney rouge et la Pale-red ou Rouge pâle; enfin, parmi les violettes, les pommes de terre Bleue plate hâtive, Bourbon-Lancy et Hundred-fold.

Dans ces dernières années on avait recommandé la pomme de terre Blanchard (fig. 19) comme pouvant remplacer la

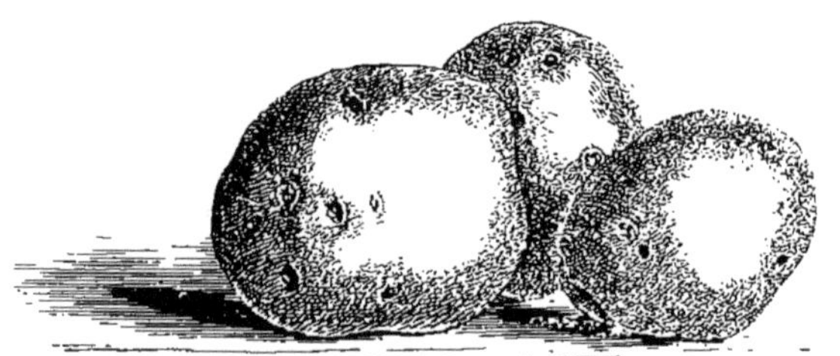

Fig. 19. — Pomme de terre Blanchard.

Marjolin dans les cultures de primeur; mais des expériences répétées ont mis hors de contestation qu'elle est, sous divers rapports, inférieure à la pomme de terre Marjolin, quoiqu'elle produise le double. Ses tiges, d'ailleurs, prennent trop de développement pour être contenues sous les châssis. Cette variété cependant se recommande par sa grande précocité, sa rusticité et la bonne qualité de ses tubercules; mais elle a le grave défaut de donner beaucoup de tubercules trop petits pour la consommation, aussi quelques jardiniers commencent-ils à l'abandonner. On l'a souvent confondue avec l'Œil violet, dont elle diffère peu, il est vrai, mais qui s'en distingue cependant par une moindre précocité et par une production plus abondante. Beaucoup d'autres variétés peuvent être cultivées avantageusement dans le jardin potager, mais il est inutile que nous les citions nominativement ici après la liste que nous avons donnée un peu plus haut. On remarquera que les variétés qui se distinguent par des tubercules très-volumineux sont généralement médiocres : aussi les réserve-t-on pour la grande culture, où la quantité du produit a plus d'importance que sa qualité.

La culture des pommes de terre est des plus simples. On les reproduit par la plantation des tubercules en rigoles, à 15 ou 16 centimètres de profondeur, dans une terre ameublie, légèrement fumée avant la plantation ou après une fumure d'un an qui a déjà alimenté une récolte de légumes. Si on fume au moment de la plantation, on doit poser le fumier, par poignées, sur les tubercules et non au-dessous. La distance à mettre entre les plantes est en moyenne de 50 centimètres; elle varie cependant suivant que les races employées donnent des touffes plus fortes ou plus faibles. Lorsque les pousses ont 18 à 20 centimètres, on sarcle et on butte en accumulant la terre autour de leur pied, pour favoriser le développement des jets souterrains sur lesquels naissent les tubercules. Cet usage n'est cependant pas général. La récolte se fait quand les fanes ont jauni, et nous avons vu plus haut que l'époque de la maturité diffère considérablement d'une race à l'autre.

Presque partout, au moins dans la culture en grand, on réserve les tubercules moyens ou petits pour la plantation, et on les plante entiers; on coupe en deux et quelquefois en trois ou en quatre les gros tubercules, en ayant soin cependant que chaque fragment porte au moins un œil. Cette manière de faire a pour but d'économiser la semence; mais il est admis aujourd'hui que c'est une économie fallacieuse, et que la récolte est d'autant plus faible que les tubercules ou fragments de tubercule employés pour la propagation étaient plus petits. Beaucoup d'expériences horticoles, qui ont été faites dans ces dernières années, mettent le fait hors de doute (1) : aussi les jardiniers ont-ils soin habituellement de

(1) Parmi ces expériences nous nous bornerons à citer celles de M. Vuitry, faites en 1859, et communiquées à la Société impériale d'horticulture, au journal de laquelle (tom. VIII, p. 567) nous empruntons le résumé suivant :

Sur un are de terre médiocre furent plantées 330 pommes de terre, d'égale grosseur, pesant ensemble 20 kilogrammes (en moyenne 60 grammes par tubercule); le produit total fut 130 kilogr. de tubercules, ou 393 grammes par pied.

A côté, sur la même superficie et dans la même qualité de terrain, on planta 330

réserver pour semence les plus beaux tubercules; quelques-uns y ajoutent l'éborgnage, qui consiste à enlever tous les yeux sauf le plus vigoureux, qui est ordinairement situé au sommet ou près du sommet du tubercule.

Après la récolte des pommes de terre on doit mettre tout de suite en réserve les tubercules qu'on destine à servir de semence pour l'année suivante, et on choisit pour cela, sinon les plus gros, du moins ceux d'une belle grosseur moyenne. Si on tenait à ne pas les planter entiers, il faudrait les couper trois semaines ou un mois après la récolte, en long plutôt qu'en travers, afin de conserver des yeux aux deux fragments, qui doivent être à peu près égaux. La plaie se sèche assez promptement, et les tubercules se conservent bien si on les tient au sec, dans des caisses à claire-voie ou dans des paniers suspendus. Il faut éviter de les mettre à la cave, à cause de la chaleur qui les fait germer en hiver et par là les épuise. On a remarqué que les tubercules coupés en deux au moment où on va les planter donnent toujours des récoltes plus faibles que ceux qui l'ont été avant l'hiver. L'époque de la plantation est, en moyenne, le milieu d'avril pour le nord de la France; cette époque avance de quinze jours à un mois ou même plus pour les diverses régions du midi. En général on la fait presque partout trop tardivement, et avec des tubercules déjà en partie épuisés par les pousses étiolées qu'ils ont faites dans les caves. La récolte non plus ne doit pas être tardive; il faut arracher les pommes de terre dès que les fanes ont jauni.

tubercules d'un poids double des précédents, soit 40 kilogrammes, ou 120 grammes de poids par tubercule. La récolte fut de 190 kilogr. (575 grammes par pied), ce qui revient à dire qu'en doublant la semence on a obtenu un bénéfice de 36 pour 100.

En 1860 de nouvelles expériences donnèrent des résultats analogues. Elles portèrent sur trois lots de 200 tubercules chacun, et dont les poids relatifs étaient comme les nombres 1, 2 et 3. Les poids des tubercules-semences ayant été déduits de ceux des récoltes, on trouva qu'en doublant le poids de la semence on avait bénéficié de 27 p. 100, et en le triplant, de 45 p. 100. Avec la pomme de terre Marjolin l'avantage fut plus notable encore: le poids de la semence ayant été triplé, le bénéfice s'éleva à 50 p. 100. De ces faits M. Vuitry conclut avec raison qu'il en doit être de même de toutes les plantes qui se propagent par tubercules ou par racines.

Il y a une vingtaine d'années, alors que la maladie des pommes de terre exerçait ses plus grands ravages, beaucoup d'agriculteurs, surtout en Angleterre, ont préconisé la plantation hivernale des tubercules, comme un sûr moyen d'éviter la maladie. Les essais nombreux qu'on a faits de cette nouvelle méthode n'ont pas donné les résultats qu'on s'en était promis : les pommes de terre plantées en automne et en hiver ont été atteintes comme les autres ; mais à côté de cet insuccès on a cru voir certains avantages, entre autres celui d'une plus grande vigueur chez les plantes dont la semence avait passé l'hiver abritée sous la terre. Assez récemment, un agriculteur a de nouveau recommandé la plantation d'automne (en octobre) ; mais, à cause de la gelée qui peut atteindre les tubercules, il a conseillé de planter à 25 ou 30 centimètres de profondeur. L'expérience n'a pas encore prononcé sur ce mode de culture, mais on peut supposer qu'il conviendrait mieux au midi qu'au nord, parce que la gelée s'y arrêtant à la surface du sol, il ne serait pas nécessaire de dépasser, dans la plantation des tubercules, la profondeur normale de 15 à 16 centimètres, que nous avons indiquée plus haut.

La pomme de terre peut se reproduire de graines, et c'est le moyen qu'on emploie quand on veut obtenir des variétés nouvelles. Ces graines, récoltées mûres à la fin de l'été, se sèment au printemps sur une planche préparée à ce dessein. Le jeune plant, lorsqu'il a deux ou trois feuilles, est repiqué en pépinière à 15 ou 20 centimètres de distance, mais on pourrait tout aussi bien se borner à éclaircir le semis, sans transplanter. Les tubercules obtenus la première année arrivent à la grosseur d'une bille d'enfant ; ils servent de semence pour l'année suivante, mais ce n'est qu'à la troisième année qu'on obtient des tubercules de grosseur normale. Quoique un peu longue et incertaine dans ses résultats, cette expérience n'est pas sans intérêt.

La maladie des pommes de terre, qui a causé tant de désastres en France et en Angleterre depuis une vingtaine d'années, et qui n'a pas entièrement disparu, a été particulièrement l'objet des recherches de deux botanistes allemands, MM. Sperschneider et de Bary, recherches qui ont mis en évidence la futilité de la plupart des moyens successivement recommandés comme préservatifs. Ces deux savants investigateurs attribuent la cause unique de la maladie à une mucédinée (champignon), à laquelle ils ont donné le nom de *Peronospora infestans*, apportée probablement d'Amérique avec des tubercules de pommes de terre, et qui végète sur les fanes vertes de la plante. Son mycélium (1), d'après eux, s'introduirait dans le tissu des feuilles, de là dans celui des tiges et de proche en proche arriverait aux tubercules, dans lesquels il pénétrerait et se conserverait jusqu'à l'année suivante. Il n'y végéterait que fort lentement, ou même resterait tout à fait stationnaire si la température est basse, mais après la plantation des tubercules, et quand la chaleur a commencé à échauffer la terre, il se réveillerait de sa torpeur, se développerait, entrerait dans les pousses nouvelles et irait s'effleurir à la surface de leurs feuillles, où il fructifierait. Les spores, ou séminules, qu'il produit en quantités innombrables, seraient d'après MM. Sperschneider et de Bary, disséminées par le vent, et celles qui atteindraient des plantes de pommes de terre encore saines leur inoculeraient la maladie. Tout en fructifiant à la surface des feuilles, le champignon se propagerait dans l'intérieur de la plante et descendrait aux tubercules nouvellement formés, ainsi que nous l'avons dit tout à l'heure. C'est donc par ses spores que le parasite s'étendrait à distance ; mais ce serait uniquement par son mycélium hivernant dans les tubercules de la pomme de terre qu'il se conserverait d'une année à l'autre. Il suit de là que pour diminuer le mal une fois qu'il s'est déclaré il faudrait enlever les fanes dès qu'on y reconnaîtrait la présence du champignon, aux tâches noirâtres dont elles sont parsemées. Quelques cultivateurs affirment avoir aussi obtenu de bons effets de l'emploi de la fleur de soufre. Toutefois le moyen le plus radical et le plus sûr est de

(1) Le mycélium des champignons est cet amas de filaments ténus qui forment comme un feutre gris ou blanc, et sur lequel naissent les organes de la propagation. On peut relire, tome I, p. 172, ce que nous avons dit du mycélium des champignons.

ne planter que des tubercules parfaitement sains, et d'éliminer tous ceux sur lesquels existent même de simples vestiges de la maladie. Plusieurs autres mucédinées peuvent se développer sur la pomme de terre ; mais il n'y a, semble-t-il, que le *Peronospora infestans*, ou *P. Solani*, qui occasionne la maladie proprement dite. Suivant quelques horticulteurs cette mucédinée attaquerait aussi les tomates, et y exercerait les mêmes ravages que sur la pomme de terre.

§ III. — PATATES, IGNAMES, OXALIDES ET TOPINAMBOURS.

La **patate** ou **batate** (*Convolvulus batatas*) (fig. 20), de la famille des convolvulacées, est une plante originaire de l'Inde, mais aujourd'hui propagée dans tous les pays où le climat en permet la culture. Elle est herbacée et annuelle par ses tiges longues et traînantes, vivace par ses pousses souterraines, qui se renflent çà et là en rhizomes volumineux, tendres, charnus et gorgés de fécule, à laquelle s'ajoute une quantité très-appréciable de matière sucrée. De même que toutes les plantes depuis longtemps soumises à la culture, elle a fourni un grand nombre de variétés. Elle fleurit rarement sous nos climats, et ne s'y conserve que par la plantation de ses tubercules et le bouturage de ses tiges.

Fig. 20. — Patate.

La patate est pour ainsi dire la pomme de terre des

climats intratropicaux, et elle y donne, à égalité de surface de terrain, des produits beaucoup plus considérables que ceux de la pomme de terre en Europe. Introduite en France au commencement du dix-septième siècle, elle n'a été longtemps qu'un objet de curiosité, et ne sortait pas de la serre chaude; mais vers le milieu du dix-huitième siècle, sous Louis XV, quelques jardiniers essayèrent de la cultiver sur couche, et comme ils y réussirent, la patate fut bientôt à la mode. Aujourd'hui elle est presque abandonnée par les maraîchers parisiens, mais on la trouve dans tous les jardins particuliers de quelque importance. Ses tubercules cuits dans leur peau, au four ou sous la cendre, sont un manger agréable, que quelques personnes cependant trouvent trop sucré.

Les variétés de patates cultivées en France ne sont pas très-nombreuses; les plus communes sont la *patate rose de Malaga* ou *patate rouge d'Alger*, la *patate igname d'Argenteuil* et la *patate jaune*, qui toutes trois se distinguent par la grosseur de leurs tubercules. Il existe aussi des *patates blanches*, mais qui sont moins recherchées que les rouges, les roses et les jaunes (1). Si on ne tenait compte que de la saveur, la patate rouge d'Alger devrait être mise au premier rang, mais elle est beaucoup moins productive que la patate jaune, qui est en définitive à préférer. Il ne faut pas oublier cependant que les qualités des patates, quelle qu'en soit la couleur, se modifient notablement suivant les terrains et aussi suivant les années; c'est ce qui explique les divergences d'opinions des jardiniers relativement aux diverses variétés.

La culture de la patate ne saurait être partout la même.

(1) Elles sont en effet moins nutritives que ces dernières, ainsi que l'ont démontré les analyses de M. Payen. On en jugera par les chiffres suivants. La patate jaune contient, sur 100 parties :

Fécule, sucre, matières azotées, grasses, salines, etc. . .	24,37	100
Cellulose, acide pectique, pectine.	3,63	
Eau	72,00	

La patate blanche, sur 100 parties, contient :

Fécule, sucre, matières azotées, grasses, etc.	20,00	100
Cellulose, acide pectique, pectine.	2,52	
Eau.	77,48	

Dans le midi de la France elle n'est guère plus compliquée que celle des pommes de terre. On l'y plante à l'air libre, au printemps, dans une terre bien ameublie et divisée en billons, dont les plantes occupent le sommet et qu'elles recouvrent bientôt de leurs fanes. Les arrosages se font par irrigation, dans les intervalles qui séparent les billons. A Paris, et dans tout le nord de la France, la patate ne réussit qu'à l'aide de couches, surtout dans les années froides ; mais on la cultive en primeur aussi bien qu'en saison naturelle. On y procède de la manière suivante :

La culture de primeur commence en janvier. A cette époque on choisit des tubercules bien conservés et sains, et on les dépose sur une couche chaude, en les abritant sous des châssis, recouverts eux-mêmes de paillassons pendant la nuit. Au bout de quelques jours ces tubercules entrent en végétation. Lorsque leurs pousses ont atteint 7 à 8 centimètres de longueur, on les enlève en y laissant adhérer une petite portion du tubercule et on les repique isolément dans des pots de 6 à 8 centim. de diamètre, qu'on enfonce dans le terreau de la couche et qu'on recouvre d'une cloche. Quand ces boutures sont enracinées, ou soulève graduellement la cloche afin de les habituer au contact de l'air, sans cependant les exposer à souffrir du froid. On les plante à demeure, dans la première quinzaine de février, sur une couche composée par moitiés de fumier et de feuilles, que l'on charge de $0^m,25$ de bonne terre de jardin mêlée de terreau, et on recouvre de châssis. Si la couche se refroidissait on réveillerait sa chaleur par des réchauds, remaniés de temps en temps. A mesure que les plantes grandissent et que la température extérieure s'adoucit, on donne de plus en plus d'air, et on découvre même entièrement dès que le temps est devenu tout à fait chaud. La plantation ayant été bien conduite, on pourra dès la fin de mai ou le commencement de juin récolter des tubercules d'une grosseur suffisante sans déraciner les plantes ; il faudra alors recouvrir de terre les racines et les jeunes tubercules qui auraient été mis au jour, car la végétation se continuera jusqu'aux gelées.

Pour les patates de seconde saison la plantation se fait en avril, sur des couches sourdes, comme celles qu'on destine aux melons. Les boutures sont couvertes de cloches, qu'on abrite dans le jour contre les rayons du soleil et qu'on soulève graduellement après la reprise. Un peu plus tard ces cloches sont enlevées, quand elles ne peuvent plus contenir les fanes de la plante. On peut encore planter des patates en mai et en juin, mais alors il faut prendre des boutures sur des plantes déjà développées, parce que les tubercules de l'année précédente ne se conservent pas jusqu'à cette époque avancée de l'année. Les tiges et les branches des patates reprennent d'ailleurs très-facilement par couchage et sans les détacher du pied mère, et on peut par ce moyen multiplier presque indéfiniment les individus. On récolte quelquefois de 15 à 20 kilogrammes de tubercules sur l'ensemble des pieds secondaires obtenus d'un seul premier pied, dont les branches ont été successivement couchées dans le sol. Plus ce sol aura été engraissé de terreau de feuilles, plus le produit sera considérable.

La méthode de culture que nous venons de décrire est la plus habituelle, mais elle a été modifiée de diverses manières, et souvent avec profit. Sans entrer ici dans le détail de ces modifications, nous croyons devoir en faire connaître une qui a été recommandée par la Société impériale d'horticulture, après expérience faite par deux de ses membres, MM. Penault et Pissot (1). Elle est plus simple que la méthode ordinaire, et donne un produit plus considérable, mais elle n'est pas praticable partout.

Ici aussi on place les tubercules sur une couche chaude et sous châssis, mais au lieu d'enlever les pousses au bout de quelques jours pour les bouturer, on les laisse s'allonger sur la couche. Lorsqu'elles sont bien développées, on choisit les plus grosses, et on les coupe par tronçons, ayant au moins trois à quatre feuilles chacun. Des ados composés de terreau de couches usées ayant été préparés d'avance, on y creuse, à

(1) Journal de la Soc. imp. d'horticulture, tom. IV, p. 173.

1^{m} de distance les uns des autres, des trous de $0^{m},30$ de profondeur, sur $0^{m},40$ de largeur; ces trous sont remplis de vieille terre de bruyère provenant des dépotages, et on plante dans chacun d'eux un des tronçons dont nous venons de parler. On arrose et on recouvre d'une cloche, qu'on abrite contre les rayons du soleil jusqu'à la reprise de la bouture. Au bout d'un mois on peut enlever les cloches, et déjà quelques tubercules commencent à se former au pied des jeunes plantes.

Les tiges étalées sur le sol ne tardent pas à s'y enraciner d'elles-mêmes, et de leurs racines naissent de nouveaux tubercules; mais comme ces tubercules se sont déjà formés trop tardivement pour pouvoir mûrir, au moins sous le climat de Paris, et qu'en s'accroissant ils appauvrissent ceux qui se sont formés autour du pied, il faut les empêcher de se développer, ce qui se fait en soulevant de temps en temps les tiges et en rompant leurs racines. On arrive par là à obtenir des tubercules énormes et réunis dans un espace très-restreint. Il n'est pas rare d'en récolter jusqu'à 10 kilogrammes par pied.

On s'étonne quelquefois qu'une plante si productive ne soit pas plus généralement cultivée; cela tient à une seule cause : la difficulté d'en conserver les tubercules, très-sujets à pourrir dans nos climats du nord, où ils n'arrivent qu'à une demi-maturité. Il faut beaucoup de soins pour les faire durer jusqu'à la fin de l'hiver, c'est-à-dire jusqu'au moment de la plantation nouvelle. On y parvient, d'abord en arrachant les tubercules sans les meurtrir et avant l'arrivée des gelées; il suffit en effet que les tiges aient été atteintes, même par la simple gelée blanche, pour que le tubercule pourrisse sans que rien puisse y mettre obstacle; ensuite en tenant les tubercules dans une cave un peu fraîche, mais non froide, et où la lumière ne pénètre pas. Dans ces conditions les tubercules se conservent sains jusqu'à la fin de janvier. On peut les mener un peu plus loin encore en les stratifiant dans des caisses, par lits alternants de sable fin ou de terre de bruyère très-sèche. Cette dernière vaut mieux que le sable. Les caisses remplies et fermées sont placées dans une serre à légumes bien sèche ou dans une chambre pareillement sèche et où la température ne descende jamais plus bas que 5 à 6 degrés centigrades au-dessus de zéro.

L'igname de Chine, ou **igname patate** (*Dioscorea batatas*), appartient à la famille des dioscoréacées, et elle fait partie d'un genre dont plusieurs autres espèces donnent, comme elle, des tubercules comestibles, mais qui ne viennent qu'entre les tropiques. Celle dont nous avons à nous occuper ici est une des plus septentrionales, et elle est cultivée sur une grande échelle dans différentes parties de la Chine et du Japon où les températures sont analogues à celles du centre et du midi de l'Europe. En somme, elle est rustique dans toutes les parties de la France. Son introduction en Europe remonte à une vingtaine d'années; elle est due à M. de Montigny, alors consul de France à Chang-Haï.

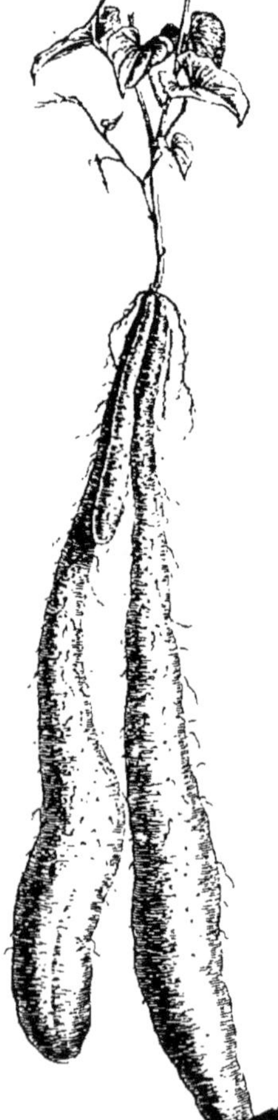

Fig. 21. — Igname de Chine.

C'est, comme la plupart de ses congénères, une plante à tiges annuelles, sarmenteuses et volubiles, pouvant s'élever sur des tuteurs à 4 ou 5 mètres, moins développées quand on les laisse traîner à terre. Ses feuilles sont alternes ou opposées, largement cordiformes, très-semblables du reste à celles d'une autre dioscoréacée de nos climats, le *Tamus communis*, qui croît çà et là dans les haies, et que quelques personnes ont plus d'une fois confondue avec l'igname de Chine. Elle est dioïque, et, dans les deux sexes, les fleurs sont en petites grappes axillaires à la partie supérieure des tiges. Il se développe en outre, aux aisselles des feuilles, de petits bulbilles sphériques ou ovoïdes, qui sont pour la plante un rapide moyen de propagation.

La partie utile de cette dioscoréacée est un rhizome (fig. 21) qui se développe à la partie souterraine de la tige, très-long, en forme de massue, et qui s'enfonce verticalement dans le sol. Dans son tiers supérieur, c'est-à-dire au voisinage de son point d'attache, il est grêle, à peine de la grosseur du petit doigt; mais il se renfle insensiblement au point d'acquérir la grosseur du bras vers le milieu de sa longueur et à son extrémité, qui reste toujours obtuse. Il est couvert d'une pellicule brunâtre, de laquelle sortent quantité de courtes radicelles. La pulpe dont ce rhizome est composé est très-blanche, tendre et imprégnée d'un suc mucilagineux; elle est riche en fécule, et par la cuisson, qui en concrète le suc, elle prend la consistance de celle de la pomme de terre, étant farineuse comme elle mais beaucoup plus blanche. Comme substance alibile, elle se classe au niveau de la pomme de terre, et peut être employée aux mêmes usages économiques que cette dernière.

A peine arrivée en Europe, l'igname de Chine a excité un vif intérêt dans le monde agronomique. On était alors dans la plus mauvaise phase de la maladie de la pomme de terre, que bien des personnes considéraient comme perdue, et il semblait assez naturellement que la nouvelle plante à tubercules allait combler le vide que la disparition de cette précieuse solanée devait laisser. Cependant, après l'enthousiasme du premier moment, on ne tarda pas à reconnaître qu'elle était loin de valoir la pomme de terre, en tant que plante agricole : ses longues tiges sarmenteuses demandaient des tuteurs, première complication pour la culture; ses rhizomes, longs de 0^{m}60 à 1^{m}, et plongeant verticalement dans le sol, ne pouvaient en être retirés que par un travail difficile et dispendieux; enfin ces rhizomes n'étaient pas d'aussi bonne garde que les pommes de terre, et ils pourrissaient à la cave après quelques mois de séjour. En peu d'années il fut démontré que l'agriculture devait renoncer à la nouvelle plante, mais on conserva l'espoir d'y trouver un légume pour le jardin potager. Elle y est restée en effet, mais comme simple légume de fantaisie, car quelques efforts qui aient été faits par ses partisans elle n'a jamais payé les frais de sa culture.

Son grand vice, et on pourrait presque dire son seul vice, c'est la longueur exagérée et la forme de ses rhizomes, dont la partie charnue, et la seule utile, est enterrée à une telle profondeur que les outils servant à l'arrachage des autres racines ont peine à les atteindre ; et comme ils sont fragiles, il arrive souvent qu'ils se cassent par le milieu, ce qui, en les exposant à pourrir en très-peu de jours, enlève toute chance de les conserver. On s'était bercé de l'espoir d'obtenir par la voie du semis des variétés à tubercules raccourcis et placés près de la surface du sol, mais cet espoir a toujours été déçu. Enfin, il faut aussi porter au compte de ses défauts cette circonstance que les tubercules n'atteignent tout leur développement qu'après avoir occupé le sol pendant deux ans, ce qui est incompatible avec la rapidité forcée de la culture potagère commerciale, et que ses longues tiges sarmenteuses s'opposent à ce qu'on la cultive en primeur sous châssis, comme on le fait pour des plantes moins encombrantes. Pour toutes ces raisons, l'igname de Chine est restée, et restera vraisemblablement un légume d'amateur, et qui ne sortira guère des jardins particuliers, à moins, ce qui semble peu à espérer aujourd'hui, qu'il ne se forme une variété à tubercules courts, superficiels et cependant assez volumineux pour payer les frais de culture et la rente du terrain.

Ce qu'on fait encore quelquefois valoir en sa faveur, c'est l'abondance de son produit, qui pourrait dépasser, à égalité de superficie cultivée, celui de la pomme de terre, et il faudrait, pour obtenir ce résultat, que la plantation fût très serrée, c'est-à-dire qu'il y eût de huit à dix plantes par mètre carré, mais l'extraction des tubercules équivaudrait toujours à un défoncement du sol, opération qui coûterait probablement plus que ne vaudrait la récolte. On a préconisé la culture sur billons élevés (de 0m,50 à 0m,60), et ici encore l'expérience a fait voir que si l'arrachage est facilité par cette disposition du terrain, le produit est moindre que sur un sol plat ; elle a fait pareillement reconnaître que les plantes ne donnent des tubercules volumineux qu'à la condition d'être soutenues par des tuteurs.

L'igname de Chine, rejetée par l'agriculture comme plante à tubercules, y rentrera peut-être comme plante fourragère dans certaines catégories de terrains. Elle vient partout, mais elle s'accommode particulièrement des terrains sablonneux et légers, lorsqu'ils sont profonds et conservent de l'humidité. Ses fanes, très-abondantes, sont un assez bon fourrage vert pour les vaches et les autres animaux de la ferme ; d'un autre côté, les bulbilles qui s'en détachent et tombent à terre peuvent être ramassés par les porcs après l'enlèvement des fanes, et comme les tubercules sont placés trop bas dans le sol pour que ces animaux puissent les en extraire, ils serviraient à reproduire la récolte fourragère pendant une série indéfinie d'années. On conçoit que dans certaines localités, les Landes de Bordeaux par exemple (1), où il y a de si vastes étendues de terrain en friche, l'igname de Chine puisse rendre des services, et que sa culture y soit le commencement d'une exploitation qui se perfectionnerait avec le temps, et dans laquelle elle finirait par céder la place à des plantes de plus haute valeur. Même quand cet espoir ne devrait pas se réaliser, l'igname ne doit point être bannie des jardins ; il peut venir un moment où on lui trouve un emploi utile, suffisant du moins pour indemniser des frais de sa culture.

Toutes les terres lui conviennent, sauf les terres froides, humides et très-argileuses. Elle se plaît aux expositions chaudes, et c'est là que ses tubercules mûrissent le mieux. On la propage avec la plus grande facilité, par boutures de fragments de tige, par bulbilles et par tronçons du rhizome. Ici aussi, comme pour les pommes de terre, la quantité du

(1) L'expérience en a été faite par un horticulteur de Versailles, M. Rémond, qui s'est signalé par les efforts les plus louables et les plus persévérants pour faire passer l'igname de Chine dans la grande culture. De vastes champs en ont été plantés dans les Landes de Bordeaux, où on a finalement renoncé à extraire les tubercules pour ne viser qu'à la production du fourrage. La quantité en a été très-considérable, et il y a eu de plus une énorme production de bulbilles, évaluée à au moins 2,000 kilogrammes par hectare. Ces bulbilles tombés à terre ont été livrés en pâture aux cochons, qui s'en sont montrés avides. Il semblerait donc, d'après ces essais, que le véritable rôle de l'igname de Chine doit être chez nous celui de plante fourragère. Cependant beaucoup de personnes doutent encore que même sous ce rapport elle puisse être d'une véritable utilité.

produit est en proportion de la quantité de semence. La plantation des bulbilles ne donne que de très-petits tubercules la première année; mais ces tubercules, employés eux-mêmes pour semence, donnent de beaux produits l'année suivante. Le plus ordinairement on emploie pour semence la partie supérieure et rétrécie des tubercules, qui n'est propre à aucun autre usage; mais la récolte est plus considérable si on emploie de forts tronçons de la partie la plus développée des tubercules. Il n'est pas rare alors de voir deux, et quelquefois trois tubercules se développer sur un seul pied, et atteindre le poids de 2 à 3 kilogrammes (1). Avec des tronçons de la partie rétrécie, il ne se produit guère qu'un seul tubercule assez developpé pour être livré à la consommation. La plantation se fait en mars ou avril, suivant les lieux et les années; la récolte en octobre, quand les feuilles jaunies annoncent la maturité de la plante. L'extraction des rhizomes doit se faire avec beaucoup de précaution, pour éviter de les casser ou de les meurtrir. Exposés quelques jours à l'air, dans un lieu sec ou même au soleil, ces tubercules perdent un peu de leur eau de végétation et peuvent se rentrer à la cave. Néanmoins ils se conservent beaucoup mieux en terre, et peut-être serait-il avantageux de les y laisser en partie jusqu'au printemps de l'année suivante, sauf à en retirer de terre, pendant l'hiver, au fur et mesure des besoins de la consommation.

Igname de Decaisne (*Dioscorea Decaisneana*) (fig. 22).

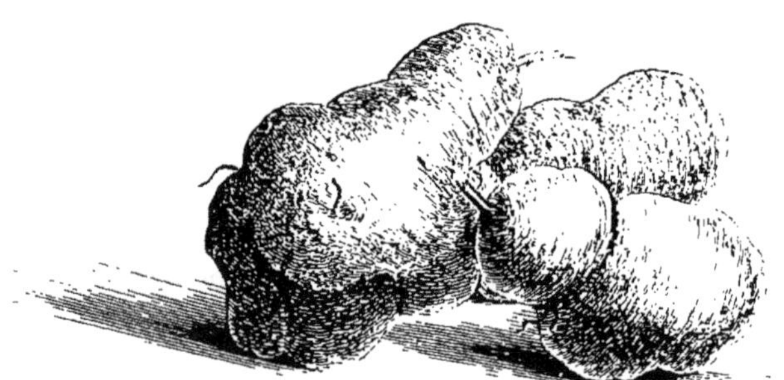

Fig. 22. — Igname de Decaisne.

(1) Les gros tubercules sont souvent le résultat de deux années de culture. En laissant pendant deux ans une plante dans le sol, un propriétaire de Paris,

Cette seconde igname nous est aussi arrivée de la Chine, mais à une date beaucoup plus récente que la première, dont elle pourrait n'être qu'une variété. Elle en a le port, le feuillage et les inflorescences, mais avec une taille un peu moindre. La grande différence qu'elle présente avec elle est dans la forme de ses tubercules, qui sont arrondis, plus ou moins irréguliers, et tout à fait à fleur de terre, ce qui en rend l'extraction très-facile; mais ces tubercules n'ont guère que la grosseur d'une pomme de terre moyenne, et, pour la qualité, ils sont inférieurs à ceux de l'igname patate. En revanche ils sont plus nombreux. Malgré ces avantages apparents, la plante a eu encore moins de succès que cette dernière. Comme elle, elle produit sur ses tiges une multitude de bulbilles, dont le volume ne dépasse pas beaucoup celui d'un gros pois.

En tant que plante tubérifère, l'igname de Decaine ne saurait rivaliser avec la pomme de terre, et elle ne peut être non plus qu'un légume de curiosité; mais peut-être se relèvera-t-elle comme plante agricole fourragère, cultivée dans les mêmes sols et dans les mêmes conditions que l'igname patate. Ses bulbilles peuvent se semer à la volée, sur un terrain même superficiellement ameubli. Ses fanes feraient aussi un bon fourrage vert, et ses tubercules, soit ramassés et emmagasinés, soit laissés sur place, pourraient servir très-utilement à l'engraissement des porcs. Nous ignorons si elle a été mise à l'essai à ce point de vue, mais il nous paraît probable qu'il y aurait de cette manière quelque parti à en tirer.

Fig. 23. — Oxalide crénelée ou Oca.

Oxalide crénelée ou **Oca** (*Oxalis crenata*) (fig. 23). Plante

M. Bourgeois, a obtenu un tubercule d'igname de 7 kilogrammes. Des tubercules âgés de trois ans dépassaient un mètre en longueur, mais l'arrachage en avait été très-difficile. On ne sait pas encore exactement combien de temps les tubercules devraient rester dans la terre pour acquérir les plus belles proportions sans perdre de leurs qualités, mais les expérimentateurs les plus autorisés pensent que ce temps devrait être d'au moins dix-huit mois. Ces longues périodes, il faut en convenir, ne recommandent guère la culture de l'igname.

du Pérou, de la famille des oxalidées, à tiges herbacées, hautes de 0m,25 à 0m,30, à feuilles trifoliolées et à fleurs jaunes. De sa souche naissent des ramifications souterraines, qui se renflent en tubercules pyriformes, de la grosseur d'une noix ordinaire, blancs, roses, rouges ou jaunâtres, assez semblables à de petites pommes de terre et féculents comme elles, mais légèrement acides. La variété rouge passe pour la meilleure de toutes, du moins au Pérou, où on en fait une certaine consommation. Les tiges et les feuilles de la plante sont très-acides, et sont quelquefois utilisées en guise d'oseille.

C'est à peine si on peut considérer l'oxalide crénelée comme un légume. Ses tubercules, toujours petits mais très-nombreux, contiennent 10 à 12 pour 100 de fécule, et, quoique acidules, ils fournissent un mets assez agréable. On la multiplie du reste très-aisément de boutures de tige et de tubercules, en avril ou mai, sur un terrain bien ameubli et qu'on a recouvert d'une couche de terreau. La plantation se fait à 0m,50 ou 0m,60 de distance; on butte et on marcotte les tiges pour multiplier l'émission des rhizomes et la formation des tubercules. Sous le climat du nord les tubercules mûrissent un peu tardivement; aussi la récolte ne doit-elle se faire que dans les derniers jours de l'automne. Si on craignait la gelée, on couvrirait la plantation de paillis ou de feuilles sèches. Les tubercules retirés de terre, et un peu desséchés par leur exposition à l'air, se rentrent dans la serre aux légumes, où ils se conservent tout l'hiver.

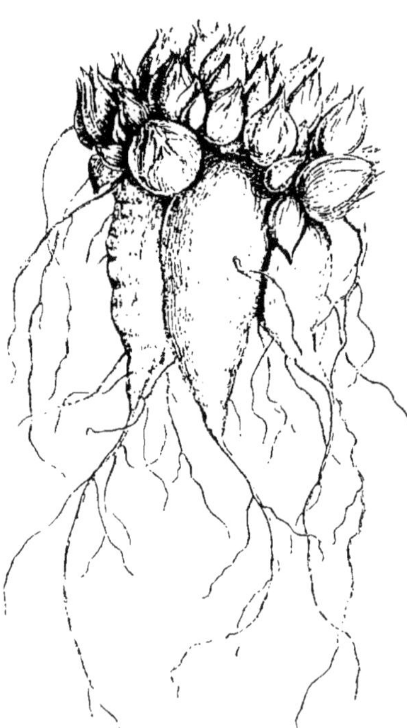

Fig. 24. — Oxalide de Deppe.

Une autre espèce du même genre, l'*oxalide de Deppe* (*O. Deppei*) (fig. 24), qu'on dit originaire du Brésil, a aussi été introduite dans les potagers de l'Europe. Ses tubercules, presque semblables à de petits navets, ne sont pas des rhizomes comme ceux de la précédente, mais de véritables racines renflées, charnues et comme transparentes. On les mange cuits, mais ils ont peu de saveur, et, à tout prendre, ils valent moins que ceux de l'oxalide crénelée. Les conditions de la culture sont les mêmes pour les deux plantes, avec cette différence que l'oxalide de Deppe se multiplie seulement par les œilletons en forme de caïeux qu'elle produit en grande quantité au collet de ses racines.

Topinambour (*Helianthus tuberosus*) (fig. 25). Plante de l'Amérique du Nord, très-analogue au soleil des jardins dont

Fig. 25. — Topinambour.

elle est congénère, mais de moitié moins haute et moins grande dans toutes ses parties, vivace par les tubercules pyriformes qui naissent de ses rhizomes souterrains, et dont la grosseur est celle d'une pomme de terre moyenne. Ces tubercules sont comestibles, quoique peu riches en matière alibile (1), si on les compare à ceux de la pomme de terre. Leur saveur, qui est assez prononcée, se rapproche beaucoup de celle des fonds d'artichaut.

Le topinambour est peu cultivé comme plante potagère, parce qu'il occupe trop longtemps le terrain, et par là devient gênant pour les autres cultures. En revanche, il tient une certaine place dans l'agriculture (2), où il sert à utiliser les plus

(1) Ils contiennent surtout de l'inuline, dont la composition chimique est fort différente de celle de la fécule.

(2) Comme plante agricole, et même comme plante potagère, le topinambour a été rarement apprécié à sa juste valeur. Il est très-rustique, exige très-peu de

mauvais sols, sans réclamer aucun soin. Ses tubercules sont recherchés des porcs et peuvent servir de même, cuits ou crus, à la nourriture des vaches; on fait de la litière et du fumier avec ses fanes.

Une plante si peu exigeante et si rustique ne demande d'autre culture que d'être plantée une fois pour toutes, et si l'on tient à en élever quelques pieds on lui réservera la partie la plus aride du jardin. On la multiplie de tubercules qu'on met en terre au printemps. La récolte se fait en automne après le jaunissement ou la dessiccation des tiges.

Autres plantes tubérifères. Les plantes à tubercules que nous venons de passer en revue ne sont pas les seules qui aient trouvé place dans le jardin potager. Depuis une trentaine d'années on a essayé d'y en introduire quelques autres, mais qui se sont toutes trouvées si inférieures à celles qu'on possédait déjà, qu'il a été impossible à leurs introducteurs de les faire accepter à d'autres titres qu'à celui de légumes de curiosité. Il nous suffira de les nommer pour les faire connaître au lecteur, ce sont :

La *capucine tubéreuse* (*Tropæolum tuberosum*), du Pérou,

main d'œuvre et de soins et donne des rendements élevés, surtout dans les bonnes terres. Ses tiges et ses feuilles servent quelquefois de fourrage, mais on ne doit les cueillir qu'à une époque assez avancée pour que les tubercules, qui ont une bien autre valeur, n'aient pas à souffrir de cette ablation.

On a prétendu qu'il y avait avantage à laisser les plantes deux ans en terre avant d'en faire la récolte; mais une expérience de M. Joigneaux démontre que cette opinion est erronée. Voici comment cet habile agronome a procédé :

Le 21 mars 1860, il fit arracher 14 touffes de topinambours âgés de deux ans, et qui occupaient 5 mètres carrés de terrain. Ces 14 touffes ont donné 35 kilog. 500 de tubercules, soit 7 kil. 10 par touffe, ou 71,000 kilogr. par hectare.

Il a ensuite fait arracher des touffes d'un an, et il en fallut 20 pour produire 35 kilogr. 500 de tubercules, c'est-à-dire que 20 touffes d'un an ont donné le même rendement que 14 touffes de deux ans. A ce compte le rendement par hectare, au bout d'un an, serait de 57,000 kil. ou de 114,000 en deux ans, par deux cultures annuelles successives. La culture annuelle est donc, en définitive, beaucoup plus profitable que la culture bisannuelle.

On voit aussi par cette expérience combien est considérable le produit du topinambour; il surpasse celui de la pomme de terre, et, s'il est inférieur à celle-ci comme substance alimentaire, il a le grand avantage de pouvoir passer l'hiver en terre sans redouter les plus fortes gelées. L'industrie s'est emparée de ses tubercules; elle les distille et en extrait de l'alcool de bonne qualité. Les résidus de la distillerie n'ont plus d'autre utilité que de pouvoir être ajoutés aux engrais.

qui rassemble par le port et les fleurs à la capucine commune des fleuristes ; elle s'en distingue en ce qu'elle est vivace par des tubercules souterrains, qui ne sont autre chose que des rhizomes transformés. Leur forme approche de celle d'une pomme de terre longue, mais rétrécie en pointe à une extrémité. Ces tubercules, qui sont d'une belle grosseur, sont agréablement bariolés de pourpre sur fond jaunâtre. Au Pérou on les mange après les avoir fait geler; en Europe, où ce mode de préparation des aliments n'entre pas dans les habitudes, on a vainement essayé d'en tirer parti, la cuisson ne leur enlevant pas le principe âcre dont leur pulpe est imprégnée et qui les rend immangeables.

L'*apios tubéreux* (*Apios tuberosa*), légumineuse arbustive et grimpante des États-Unis méridionaux, dont les racines donnent naissance à des renflements de la grosseur d'une belle noix ou même d'un œuf de poule. Quoique très-féculents, ces tubercules laissent dans la bouche un arrière-goût désagréable. D'un autre côté, la quantité en est trop faible pour payer le travail d'extraction, et la plante tient trop de place pour pouvoir être admise dans une culture potagère. L'apios tubéreux est à plus juste titre considéré comme une plante d'agrément, et c'est le seul rôle qu'il soit appelé à remplir parmi nous.

La *gesse tubéreuse* (*Lathyrus tuberosus*), légumineuse indigène, est dans le même cas. Elle produit de petits tubercules souterrains qui pouraient être comestibles, mais que les enfants de la campagne s'amusent seuls à déterrer. Il ne saurait être question de soumettre à la culture régulière une plante dont les produits sont si insignifiants.

La *picquotiane* (*Psoralea esculenta*), autre légumineuse de l'Amérique du Nord, sur laquelle son importateur en Europe, M. Lamare-Picquot, avait fondé de grandes espérances, et dont les journaux du temps se sont beaucoup occupés. C'est une plante dressée, haute de $0^{m},50$ environ, à tige annuelle, dont la racine se renfle en une sorte de tubercule qui croît pendant plusieurs années, sans pour cela devenir très-gros. Ce tubercule, dur et filandreux, est sans valeur comme substance alimentaire pour des Européens.

L'*ulluco* ou *olluco* (*Ullucus tuberosus*), qui a fait plus de bruit encore, sans valoir beaucoup mieux. C'est une portulacée du Chili, introduite en 1848, par les soins du ministère de l'agriculture, et qui produit des tubercules semblables à ceux de la pomme de terre, mais plus petits et moins nombreux. De plus, ces tubercules ne mûrissent pas sous nos climats et ne contiennent, à la fin de l'automne, qu'un tissu presque dépourvu de fécule et imbibé d'un mucilage visqueux. Repoussé des jardins après quelques années d'essai, l'ulluco n'a pas même pu trouver place dans l'agriculture comme plante fourragère.

Enfin le *Dahlia* (*Dahlia variabilis*), cette belle composée ornementale, dont on a sérieusement proposé de faire entrer les tubercules dans l'alimentation. On n'y a fait qu'une seule objection, mais plus que suffisante pour les faire rejeter : c'est leur saveur, à la fois âcre et aromatique, qui ne saurait être du goût de personne.

§ IV. — RAVES ET NAVETS; RADIS, RAIFORTS, RUTABAGAS ET AUTRES CRUCIFÈRES A RACINE CHARNUE.

Les légumes de cette section constituent un groupe très-homogène, c'est-à-dire dont les espèces ont entre elles d'étroites affinités d'organisation et de tempérament. La culture est presque la même pour toutes, et on peut diré aussi que presque toutes ont les mêmes usages culinaires. Les plus importantes du groupe sont congénères des choux, plantes dont il sera question plus loin.

Toutes ces crucifères se distinguent par un caractère commun : celui du renflement de la racine (1) en une masse charnue, plus ou moins volumineuse, cylindrique, fusiforme, ronde ou déprimée, dans laquelle s'accumulent diverses substances, tenues là en réserve pour les besoins ultérieurs de la végétation. La plupart de ces plantes sont en effet bisannuelles, en ce sens qu'elles fleurissent seulement la se-

(1) Il faut entendre ici par racine tout ce qui est au-dessous des premières euilles, quoique la vraie racine puisse commencer plus bas.

conde année, et alors la racine fournit les matériaux nécessaires pour que la fructification s'accomplisse.

Les **raves** et les **navets** appartiennent à la même espèce botanique, le *Brassica rapa* de Linné. On croit cette espèce indigène de l'Europe; mais comme elle y est cultivée depuis la plus haute antiquité et qu'elle a prodigieusement varié dans le cours des siècles, il est difficile de décider si les rares individus que l'on trouve çà et là hors des cultures descendent directement de l'espèce primitive ou de plantes seulement échappées des jardins et des champs à une époque plus ou moins reculée. Le caractère le plus saillant de l'espèce se tire de ses feuilles, qui sont d'un vert clair, jamais glaucescentes et toujours hispidules au toucher, par suite des poils courts et roides dont elles sont parsemées. Dans certaines races la racine devient à peine plus grosse que la tige; dans la grande majorité elle se tuméfie à divers degrés en prenant, suivant les variétés, la forme d'un cône allongé, d'un cylindre, d'une toupie, d'une sphère, qui peut se déprimer au point de se changer en un large disque. Certaines raves restent petites et grêles, ayant à peine la grosseur du doigt; certaines autres dépassent en volume la tête d'un homme (1). Elles varient de même pour la couleur : il y a des raves blanches, jaunes, fauves, roses, violettes ou noires à l'extérieur; la chair est ordinairement blanche, quelquefois jaunâtre, tantôt douce et sucrée, tantôt plus ou moins imprégnée de l'acreté que l'on retrouve dans la plupart des crucifères. Les grosses raves sont principalement cultivées pour l'alimentation du bétail; mais il en est, ordinairement d'un moindre volume, qui sont exclusivement potagères. Disons tout de suite que si dans le langage ordinaire on met quelque différence entre les *raves* et les *navets*, le mot rave s'applique plus particulièrement aux races dont les racines sont courtes, sphériques, déprimées ou en forme de toupie, et celui de navet à celles qui les ont plus ou moins allongées.

(1) Plusieurs auteurs, tant anciens que modernes, affirment avoir vu des raves dont le poids était de 40, 50 et même de 60 livres, ce qui est probablement exagéré.

Nous l'avons dit tout à l'heure : les races et les variétés de raves et de navets sont prodigieusement multipliées ; chaque pays à les siennes, qui se sont en quelque sorte formées par le concours de toutes les circonstances locales, et qui y sont souvent les meilleures, et cela avec d'autant plus de raison qu'ici les variétés dégénèrent la plupart promptement quand elles sont dépaysées. Ce serait donc déjà un conseil à donner aux horticulteurs et aux amateurs de conserver les variétés du pays qu'ils habitent, et quelquefois de s'en tenir à elles seules.

Classer toutes ces variétés en groupes horticoles définis serait une tâche à peu près impossible, et pour l'entreprendre il faudrait pouvoir comparer entre elles ces innombrables variétés, ce qui, croyons-nous, n'a encore été donné à personne. En ne considérant cependant qu'une région circonscrite, comme par exemple le nord de la France, de la Loire à la Manche et au Rhin, on peut faire un tableau assez exact des variétés de raves et de navets qui s'y montrent dans les jardins. Ce tableau a été fait par un agronome éminent, M. Joigneaux (1) ; il est à la fois d'une grande clarté et conforme aux besoins de la pratique, et nous ne pouvons mieux faire que de le lui emprunter.

Fig. 26 — Navet des Vertus, var. marteau.

M. Joigneaux divise les variétés de navets en trois groupes, savoir : 1° les *navets tendres*, qui comprennent le *navet long des Vertus* et sa sous-variété, épaissie et arrondie à l'extrémité, ou *navet des Vertus marteau* (fig. 26), l'un et l'autre très-abondants à la halle de Paris ; ils sont blancs avec le collet verdâtre ; le *na-*

(1) Le livre de la Ferme, II, 717.

vet des sablons, demi-rond, blanc et de bonne qualité; le *navet de Croissy* ou *rond des Vertus*, blanc et estimé; le *navet blanc plat hâtif* (fig. 27), et le *navet rouge plat hâtif*, précoces tous deux, mais peu sucrés; le *navet blanc hâtif des Anglais* ou *Snow-ball*

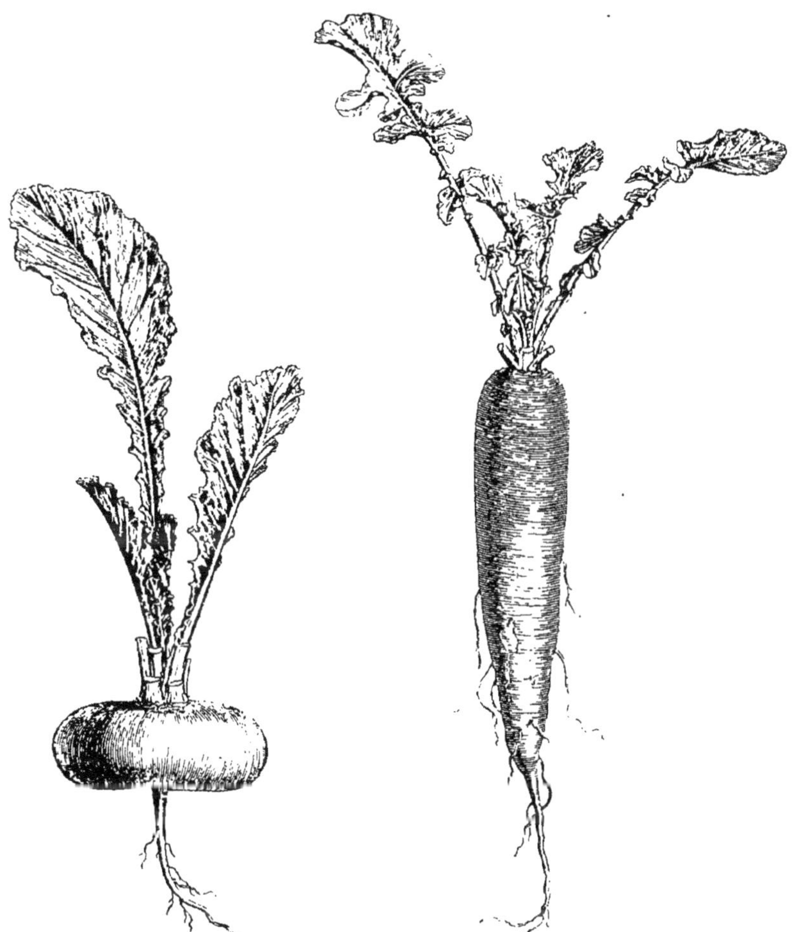

Fig. 27. — Navet blanc plat hâtif. Fig. 28. — Navet rose du Palatinat.

(boule de neige), plus précoce encore que les précédents, mais de qualité inférieure; le *navet de Clairfontaine*, d'un blanc verdâtre ou violacé à la partie supérieure, se rapprochant beaucoup par sa forme du navet long des Vertus; enfin, le *navet rose du Palatinat* (fig. 28), qui est très-aqueux et médiocre.

2° Les *navets demi-tendres*. Nous trouvons dans cette section le *navet jaune de Malte* (fig. 29), raccourci en forme de toupie; le *navet boule d'or*, de même couleur, mais assez régulièrement sphérique; le *navet jaune de Finlande*, aplati et fortement déprimé en dessous; le *navet de Pétrosowodsk*, jaune violacé, médiocre et dégénérant facilement; le *navet noir plat hâtif*, qui est excellent; le *navet gris de Morigny*, de forme obronde et également très-estimé; enfin, le *navet long noir d'Alsace* (fig. 30), qui ressemble souvent aux gros raiforts noirs d'hiver, et qui est délicieux; son poids dépasse quelquefois 2 kilogrammes. D'une manière générale, les navets jaunes de cette section sont inférieurs aux noirs, bien qu'ils aient aussi leurs partisans.

Fig. 29. — Navet jaune de Malte.

3° Les *navets secs* ou *navets à ragoût*. Ce sont les plus estimés des connaisseurs, et ils méritent de l'être, surtout lorsqu'on les prend jeunes. Cette catégorie renferme : le *navet de Freneuse* (fig. 31), ainsi nommé d'un village du département de Seine-et-Oise où on le cultive en grand; il est petit, allongé, de couleur rousse; le *navet de Meaux*, en forme de carotte longue, blanc et estimé; le *navet de Jersey*, ressemblant beaucoup par sa forme au navet de Meaux, mais qui est plus lisse, plus luisant et a la chair moins compacte; le *navet de Maltot*, cultivé surtout dans le Calvados, où il jouit d'une grande réputation; il est allongé, d'un blanc sale, sillonné, plus ou moins couvert de radicelles, à chair sèche et sucrée; le *navet d'Orret,* voisin du navet de Maltot, et délicieux comme lui; il est très-cultivé dans le Châtillonnais (Côte-d'Or); le

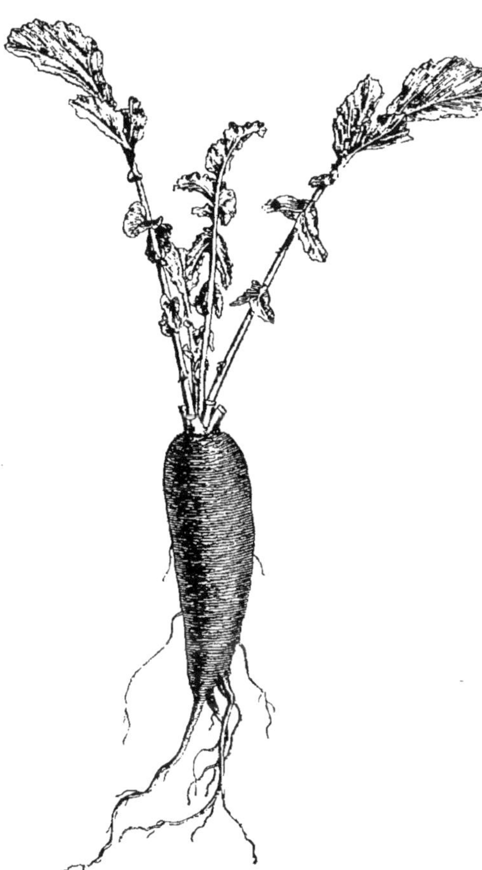

Fig. 30. — Navet long noir d'Alsace.

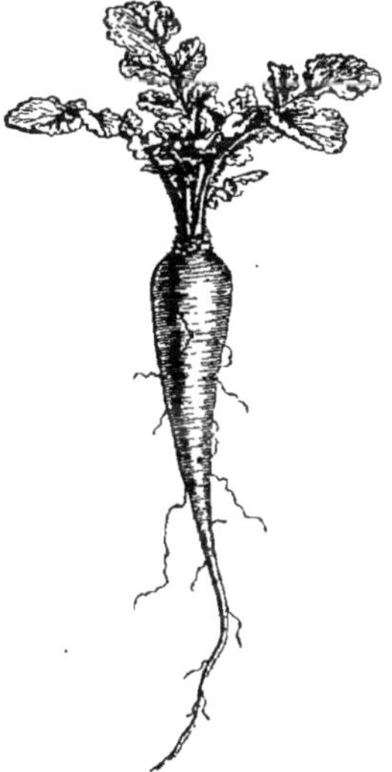

Fig. 31. — Navet de Freneuse

navet de Saulieu (fig. 32), recherché dans tout le Morvan, surtout sa sous-variété noirâtre; enfin, le *navet de Berlin* ou *Teltau,* qui est de première qualité quand le terrain lui convient.

Ainsi que nous l'avons dit plus haut, toutes ces variétés sont locales, et les noms qu'elles portent l'indiquent le plus souvent. Le choix à faire entre elles est avant tout une affaire de tâtonnement et d'essai. Pour Paris et ses environs, le comité de culture maraîchère (1) recommande spécialement le

(1) *Journal de la Société impériale d'horticulture,* tom. VIII, p. 219.

navet long de Croissy ou des Vertus, celui de tous peut-être qui réussit le mieux dans les terres fortes; le navet de Freneuse et le navet de Meaux, qui ne sont excellents que dans les terres sablonneuses; le navet noir sucré et le jaune de Malte, qui se recommandent par leur qualité, et le blanc plat hâtif par sa précocité. Le navet rouge plat hâtif est aussi très-précoce, mais sa racine a le défaut de se creuser promptement.

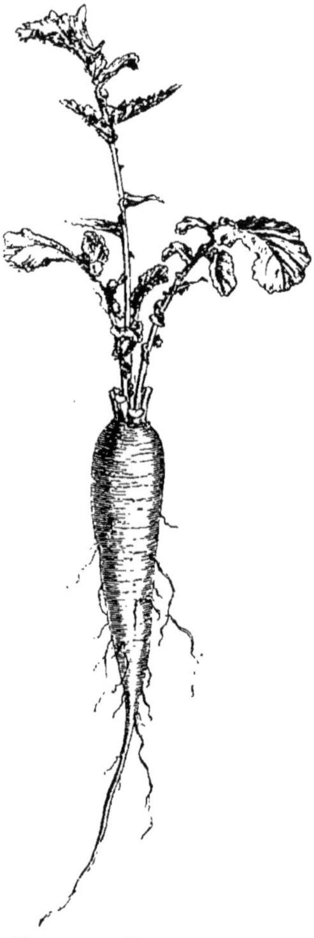

Fig. 32. — Navet de Saulieu.

De même que les choux, les raves et les navets se plaisent dans les climats humides et un peu froids, ce qui explique le succès de leur culture en grand dans les pays septentrionaux de l'Europe occidentale, en Angleterre particulièrement. Ils viennent bien encore dans tout le nord de la France, ainsi que dans l'ouest, mais leur culture s'appauvrit à mesure qu'on se rapproche du midi méditerranéen. Les terres fortes sont celles qui leur conviennent le mieux; toutefois on récolte encore de très-bons navets sur les terres légères, quand les années sont humides et qu'on a eu soin de fumer convenablement avec le fumier d'étable.

Les navets de toute race, aussi bien ceux de table que ceux de la culture fourragère, se sèment à la volée, et cela du 15 mars au 1er septembre dans le nord de la France. On estime qu'il faut 30 grammes de graine par are. Les navets semés en mars sont déjà bons à récolter en mai; en échelonnant les semis on peut en avoir toute l'année, mais les navets d'été étant très-sujets à monter à graine, ce qui fait perdre à la racine toute sa valeur, il faut les arroser souvent et copieusement pour arrêter cette végétation intempestive. Les navets destinés à être consommés en hiver se sèment plus tardivement, en juillet, août et septembre, même en octobre dans le midi, et, si le temps est sec, il leur faut aussi des arrosages pour qu'ils puissent former de belles racines. Quand la culture marche bien, ils ont parfait leur grosseur en deux mois; les retardataires peuvent être laissés en terre jusqu'au printemps, car ils grossissent encore en hiver quand les froids ne sont pas rigoureux. Faisons observer que les navets se sèment toujours en place et à demeure, parce qu'ils ne supportent pas la transplantation. Si le semis a été trop dru, on l'éclaircit à la main tout en le désherbant. A la récolte on conserve quelques pieds de navets, les plus vigoureux et les plus francs, pour en faire des porte-graines. On peut les laisser en place, mais comme la terre peut être utilisée autrement en attendant l'époque de la floraison, il est mieux de les transplanter sur un autre point.

Les navets ne sont pas cultivés dans les jardins maraîchers de Paris, mais il y a quelques communes des alentours qui en ont fait une spécialité, par exemple Aubervilliers, Noisy-le-Sec, Croissy, Meaux et quelques autres. Les navets de ces diverses localités sont apportés en grande quantité à la halle, et presque dans toutes les saisons de l'année; on est même parvenu à en conserver de la dernière récolte jusqu'à la fin d'avril, quand les navets de l'année sont déjà sur le point de paraître au marché. On les arrache avant les gelées, et, après leur avoir retranché la tête, on les dépose par lits dans une fosse d'environ $0^m,80$ de profondeur, qu'on couvre de paille lorsqu'il gèle. C'est à Meaux principalement que se pratique cette industrie.

Choux-navets et **rutabagas**. Ce sont deux sous-variétés d'une même espèce botanique, le *Brassica campestris*, auquel on rattache le colza, plante oléifère de la grande culture. Les choux-navets et les rutabagas diffèrent toutefois très-notablement du colza par leur racine, qui devient napiforme et même très-volumineuse, celle du colza ne prenant aucun accroissement particulier qui puisse la faire comparer à celle d'un navet. Ils se distinguent de même au premier coup d'œil des navets proprement dits (*Brassica rapa*) à leur feuillage glabre, lisse et plus ou moins couvert de la fine poussière glauque qui se retrouve dans la plupart des races de choux. Au surplus, quand on sait combien les races et variétés du chou commun sont nombreuses et différentes les unes des autres, on est autorisé à se demander si les choux-navets, le rutabaga et le colza ne sont pas eux-mêmes des formes particulières du chou.

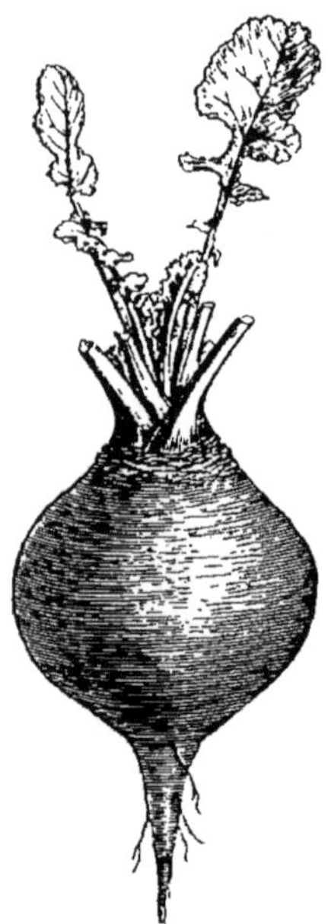

Fig. 33. — Chou-navet de Suède ou rutabaga.

Le chou-navet et le rutabaga, souvent confondus sous le nom de *turneps* (fig. 33), ont tous deux la racine très-volumineuse, mais elle est plus allongée dans le premier que dans le second, qui l'a presque sphérique. Tous deux sont cultivés en grande culture, mais le rutabaga plus que le chou-navet, parce qu'il paraît un peu plus rustique, et surtout parce que sa racine étant plus courte l'arrachage en est moins laborieux et plus rapide. Tous deux aussi appartiennent à la culture jardinière, mais ici c'est le chou-navet qui l'emporte. Dans certaines provinces à climat froid et humide, on le considère comme un des principaux légumes de la cuisine populaire. Il a produit un petit nombre de sous-variétés peu tranchées, qui se distinguent à la teinte plus verte des feuilles dans quelques-unes, ou plus rougeâtre dans quelques autres; mais toutes ces variétés peuvent être tenues pour équivalentes.

Dans la culture jardinière les choux-navets se sèment en juin et juillet, soit en pépinière pour les transplanter un mois plus tard, soit immédiatement en place et en ligne, et alors il suffit d'éclaircir le semis, en laissant $0^m,50$ à 0,60 d'intervalle entre les plants. Les racines sont formées et bonnes à manger dès le milieu de l'automne et pendant tout l'hiver. Quoiqu'il puisse résister aux plus grands froids; beaucoup de cultivateurs l'arrachent avant les gelées pour le rentrer dans les caves, ce qui en facilite d'ailleurs l'emploi journalier pour la consommation. Pour faire des porte-graines, il suffit d'en laisser quelques-uns en place; ils fleurissent au printemps, et quelques semaines plus tard les graines sont bonnes à récolter. Les racines conservées à la cave, pourvu qu'elles soient saines et que le collet en ait été conservé avec le cœur, peuvent aussi être replantées sur la fin de l'hiver et servir de porte-graines.

Fig. 34. — Chou-rave ou chou de Siam; Kohlrabi.

Le **chou-rave** ou **chou de Siam** (fig. 34), connu aussi sous son nom allemand de *Kohlrabi*, qu'on a francisé en *colrave*, tient de près au chou-navet et au rutabaga, et se rattache vraisemblablement à la même espèce botanique. Il s'en distingue toutefois au premier coup d'œil en ce que chez lui ce n'est point la racine qui se renfle, mais la tige elle-même, au-dessus du sol. Ce renflement, de forme sphérique, et qui dépasse quelquefois la grosseur des deux poings, porte des feuilles comme le reste de la tige; sa consistance intérieure est celle de la racine du chou-navet, dont il a aussi à peu près le goût; il est cependant un peu plus délicat, à condition qu'on ne le laisse pas vieillir.

Sa culture diffère peu de celle du chou-navet. A Paris on le sème en mai et juin. Lorsque le plant a trois ou quatre feuilles on le repique sur planche à $0^m,10$ de distance en tous sens. Pendant les chaleurs on arrose copieusement, chose nécessaire pour obtenir des raves tendres et d'une belle venue. En Alsace, où il est plus répandu que dans la plupart de nos autres provinces, on butte la tige, ce qui contribue encore à l'attendrir. Ce chou passe facilement les hivers doux en plein air; il est toutefois moins rustique que le chou-navet, aussi là où les hivers sont rigoureux est-on dans l'habitude de le rentrer à la cave avant les gelées, après en avoir abattu les feuilles. Les plantes porte-graines se traitent comme celles du chou-navet.

Le chou-navet et le chou-rave se plaisent dans les bonnes terres un peu fraîches; mais pour qu'ils y prennent tout leur développement, il faut qu'elles soient engraissées de fumier d'étable ou de bergerie. Les engrais liquides très-délayés, les boues de ville, les vases retirées des étangs, et en général les résidus qui contiennent des phosphates de chaux et des nitrates alcalins sont particulièrement recommandés pour toutes les espèces de choux, et on pourrait dire pour toutes les crucifères cultivées.

Radis et raiforts. Les radis et les raiforts (1), qu'on nomme souvent encore, mais improprement, des raves, appartiennent à la même espèce botanique, le *Raphanus sativus;* mais, par le fait d'une culture déjà très-ancienne et de la diversité des lieux et des climats, il en est sorti une multitude de variétés, dont il serait facile de faire des espèces différentes si l'on n'en jugeait que par les racines, sans tenir compte des organes aériens. Dans l'espèce les feuilles sont roncinées, d'un vert un peu gris, hispides ou rudes au toucher; les tiges s'élèvent de $0^m,50$ à $0^m,80$; les fleurs sont d'un blanc violacé, quelquefois presque violettes; les siliques sont grosses, comme renflées, subéreuses à l'intérieur lorsqu'elles ont atteint leur maturité et indéhiscentes. Les graines, plus grosses et moins foncées en couleur que celles des navets et des choux, sont enchâssées dans le tissu des siliques, ce qui les rend assez difficiles à extraire.

(1) Il importe de ne pas confondre les raiforts dont nous parlons ici avec le *raifort sauvage* ou *cran*, dont il sera question plus loin.

Tous les jardiniers sont à peu près d'accord pour répartir en deux groupes ou catégories les variétés du radis; l'un de ces groupes, qu'on pourrait appeler la *petite race,* renferme les radis proprement dits, qui se mangent au printemps et en été; l'autre, ou la *grosse race*, contient quelques variétés estivales, mais elle est surtout caractérisée par le gros radis d'hiver, ou radis noir, dont le volume approche de celui des navets. Cette section devrait s'appeler celle des *raiforts*, par opposition à la première. Admettant ces deux groupes, nous trouvons comme variétés principales :

Fig. 35. — Radis rond rose hâtif.

1° Dans le groupe des radis; le *rond rose hâtif* (fig. 35), le *rond blanc hâtif*, le *demi-long rose*, le *demi-long blanc*, le *demi-long rouge* ou *écarlate*, le *rond violet*, et le *jaune hâtif*. Les radis très-allongés, ayant par exemple de 0m,10 à 0m,20 ou plus de longueur, et qui portent à Paris le nom de *raves* ou *petites raves* (fig. 36), ont aussi quelques variétés, parmi lesquelles il suffira de citer la *blanche*, la *violette hâtive*, la *rose* ou *saumonée*. Ces radis longs sont presque abandonnés à Paris, où on leur préfère les ronds et les demi longs, mais ils sont presque les seuls qu'on cultive dans le midi, où on assure d'ailleurs que les radis ronds du nord dégénèrent en deux ou trois ans et se changent en radis longs.

Fig. 36. — Radis rouge long.

2° Dans le groupe des raiforts ou gros radis : le *raifort noir* ou *gros radis d'hiver*, à racine tantôt longue (fig. 37), tantôt raccourcie (fig. 38), toujours très-grosse et à peau noire; la chair en est très-blanche, ferme et piquante; le *radis d'hiver rose de Chine*, très-beau de forme et de couleur, à chair très-blanche, recommandé par la Société impériale d'horticulture comme le meilleur radis d'automne, mais à condition qu'il soit semé tardivement, au plus tôt dans la 2e quinzaine d'août, et souvent arrosé; le *radis gris d'Autriche* et le *radis à chair jaune* ou *rave d'eau*, tous deux très-tardifs et déclarés excellents par la Société d'horticulture. On peut encore classer dans ce groupe le *gros blanc d'Augsbourg*, le *violet d'hiver*, le *gris d'été* et le *jaune d'été*, ces deux derniers assez voisins des radis de la section précédente.

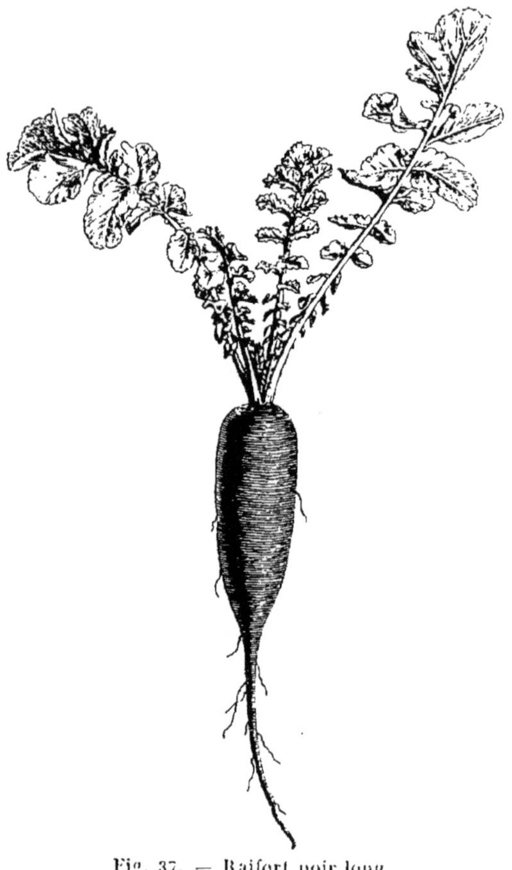

Fig. 37. — Raifort noir long.

Tout le monde sait que les radis se mangent crus, ordinairement en hors-d'œuvre et assaisonnés de sel. Les gros radis, ou raiforts, se mangent coupés en rondelles minces et salées; on en fait surtout usage dans le nord de la France et en Belgique; ils sont peu connus dans le midi.

La culture des radis et des raiforts est des plus simples. On les sème à la volée sur une bonne terre de jardin, à laquelle, s'il le faut, on ajoute un peu de terreau. On plombe, on nivelle la terre au rateau et on arrose immédiatement. Les radis de la petite race se sèment dès la fin de l'hiver, et on peut continuer à en semer de quinzaine en quinzaine jusqu'aux premiers jours d'août. On arrose copieusement et souvent, et on éclaircit s'il y a lieu. La croissance des radis est si rapide qu'on peut en récolter au bout de 25 à 30 jours. Les maraîchers de Paris forcent les radis de la petite race en en semant sur couche et sous châssis en décembre et en janvier; en février ils en sèment encore sur couche; mais à l'air libre en les couvrant toutefois de paillassons dans les temps de gelée. Les radis de la grosse race se sèment plus tard, et généralement pas avant la fin de mai. On peut commencer par le gros blanc d'Augsbourg, continuer par les radis gris et jaune d'été, et finir par le rose de Chine, le violet d'hiver, le gris d'Autriche, la rave d'eau et le gros raifort d'hiver. Semées trop tôt, ces diverses races montent à fleur et leur racine devient spongieuse; il leur faut, comme aux autres, de fréquents arrosages en été.

Fig. 38. — Raifort noir court ou rond.

Les radis, de même que les navets, les choux et toutes les crucifères cultivées, sont sujets à être attaqués par l'altise dans les premiers jours qui suivent la levée du plant. On peut répandre des cendres vives sur le semis pour en écarter ces insectes, mais le meilleur moyen consiste dans des bassinages répétés. Les porte-graines de radis s'obtiennent par les moyens que nous avons indiqués plus haut pour les navets.

A la suite des radis de la culture commune nous pouvons citer, à titre de curiosité horticole bien plus qu'à celui de plante utile, le *radis queue de rat* ou *radis de Madras*, désigné aussi par le nom de *Mougri*. Les botanistes, à l'exemple de Decandolle, en ont fait une espèce distincte du radis commun, sous le nom de *Raphanus caudatus*. Il ressemble entièrement aux radis de la grosse race, n'en différant que par un seul point : l'extrême allongement de ses siliques, qui atteignent à $0^m,50$, $0^m,60$, quelquefois presque à 1^m de longueur, et ressemblent à des serpents suspendus ou traînant sur le sol, mais la racine se réduit en proportion de cet allongement. En Chine et dans l'Inde, où cette race est répandue, on en mange les siliques crues, assaisonnées de sel comme chez nous les radis communs, dont elles ont la saveur piquante. Ce légume exotique, qui a fait quelque sensation à son arrivée en Europe à cause de son étrangeté, et dont la graine s'est vendue à des prix exorbitants, n'a point trouvé place dans la culture potagère. Il semble d'ailleurs que le climat de l'Europe ne lui convient pas, car ses siliques s'y sont graduellement raccourcies, au point de ne différer presque plus de celles des radis communs. La culture en est tout aussi facile que celle des radis de la grosse race ; il faut le semer comme eux tardivement, c'est-à-dire pas avant le commencement de juin, et lui donner aussi de copieux et fréquents arrosages.

Raifort sauvage, cran ou **cranson**. Pour terminer l'histoire horticole des crucifères à racines charnues, il ne nous reste plus qu'à dire quelques mots d'une plante peu cultivée et d'un médiocre intérêt, celle qu'on connaît à Paris sous le nom de *raifort sauvage*, quoiqu'elle soit fort différente des radis à grosses racines qui portent plus justement le nom de raifort. En province on la nomme plus habituellement *cranson*, *cran de Bretagne*, *moutarde des Allemands*, suivant les lieux. Pour les botanistes c'est le *Cochlearia armoracia*, qui appartient à une autre tribu que les choux, les navets et les radis, dans la famille des crucifères.

C'est une forte plante indigène et vivace, à grandes feuilles oblongues et dressées, un peu drageonnante du pied, et dont la racine conserve en grossissant une forme à peu près cylindrique (fig. 39). Cette racine a une saveur âcre et très-piquante, qui rappelle celle de la moutarde; aussi n'est-elle employée que comme condiment et en guise de moutarde, après avoir été râpée. Elle jouit de propriétés antiscorbutiques très-prononcées.

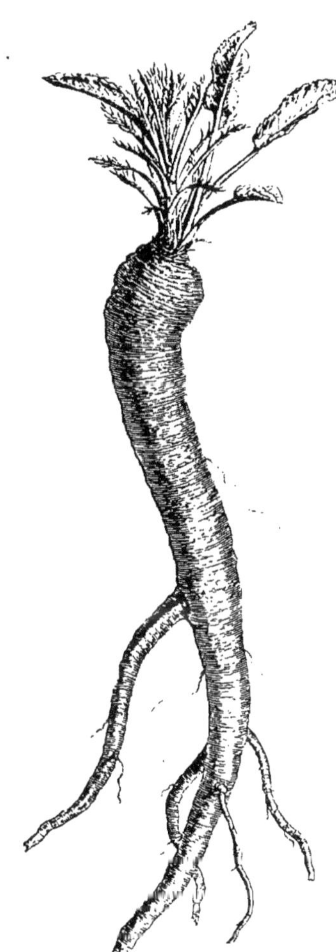

Fig. 39. — Cran de Bretagne ou cranson.

La plante une fois établie dans un jardin y vient pour ainsi dire sans culture. A Paris elle est exclue des jardins maraîchers, sauf dans la plaine de Saint-Denis, où quelques cultivateurs en font une petite exploitation. Ils la multiplient de tronçons de racines, qu'ils plantent en automne. Quelques binages donnés de loin en loin suffisent aux plantes, dont on ne récolte les racines qu'à la troisième année.

Nous reviendrons sur les plantes de la famille des crucifères quand nous aurons à traiter de celles qu'on cultive pour leurs feuilles et leurs graines.

§ V. — BETTERAVE, CAROTTE, PANAIS, CHERVIS ET AUTRES OMBELLIFÈRES A RACINES TUBÉRIFORMES.

La **Betterave** (*Beta vulgaris* des botanistes), chénopodée indigène dans les régions maritimes de la France, est une plante de première importance en agriculture, parce qu'elle fournit une notable partie du sucre qui se consomme en Europe, et qu'elle joue encore un rôle considérable dans l'alimentation des bestiaux ; mais elle n'est pas pour cela bannie des jardins potagers, quoiqu'elle n'y occupe plus autant de place qu'autrefois. Les seules de ses nombreuses variétés qui y soient encore cultivées sont la *betterave globe jaune* (fig. 40), la *rouge longue*, la *jaune longue* (fig. 41), la *rouge écorce* ou *crapaudine*, la *jaune des Barres* et la *rouge plate de Bassano*, qu'on dit être la meilleure pour la table. Ce sont les moins aqueuses et les plus sucrées. Leur seul emploi culinaire est de se manger cuites en salade. Nous pouvons ajouter qu'elles ne sont pas du goût de tout le monde, et qu'en somme elles constituent un médiocre légume.

Fig. 40. — Betterave globe jaune.

Les betteraves se sèment à la fin d'avril ou dans les premiers jours de mai, en lignes ou à la volée, sur une terre bien ameublie et fumée de l'année précédente. Quand les plants ont cinq à six feuilles on les éclaircit, en laissant de $0^m,30$ à $0^m,40$ de distance entre eux ; on bine à plusieurs reprises dans le courant de l'été, et dans les premiers jours d'automne on enlève les racines. Après en avoir coupé les feuilles on les porte à la cave, où elles se conservent jusqu'en avril ou mai, pourvu que cette cave ne soit pas trop humide. On peut les garder aussi dans des fosses couvertes de feuilles ou de paille. Pour obtenir des graines on replante au printemps quelques-unes des racines les plus belles et les mieux conservées. Les graines mûrissent et se récoltent en août et septembre.

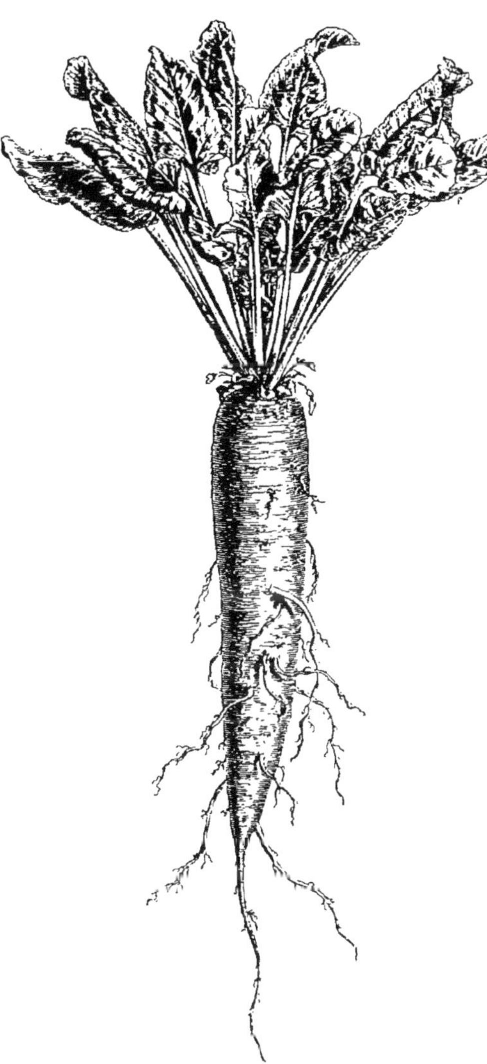

Fig. 41. — Betterave jaune longue.

Carotte. Plante annuelle ou bisannuelle de la famille des ombellifères, que l'on rapporte avec quelque vraisemblance à la carotte sauvage, ou *Daucus Carota* des botanistes, plante commune le long des chemins, mais qui se distingue des variétés cultivées en ce que sa racine reste fibreuse et ne se tuméfie pas. Une expérience du célèbre agriculteur Vilmorin tendrait à démontrer que cette carotte sauvage, soumise à certains procédés de culture, dont la sélection est le principal, prend en trois ou quatre ans tous les caractères essentiels de la carotte cultivée, entre autres celui d'une racine volumineuse. D'autres expérimentateurs sont arrivés à des résultats différents, et considèrent l'opinion de Vilmorin comme erronée.

De même que beaucoup d'autres légumes, la carotte appartient à la grande autant qu'à la petite culture. Elle a donné de nombreuses variétés, qui diffèrent par la couleur, la forme et les proportions de la racine. Cette racine est ordinairement de forme conique allongée, plus rarement raccourcie en toupie. Les variétés à longues racines sont habituellement réservées à l'agriculture comme plantes fourragères, les moyennes et surtout les courtes appartiennent presque exclusivement à la culture potagère. Ces variétés se classent très-naturellement en trois groupes, d'après leur couleur; ce sont les *carottes blanches*, parmi lesquelles on distingue : la *blanche à collet vert*, très-longue et dont le collet placé hors de terre verdit plus ou moins; la *blanche de Breteuil*, qui est tout à fait enterrée; la *blanche courte des Vosges*, qui diffère de

Fig. 42. — Carotte rouge longue de Vilmorin.

la précédente en ce qu'elle est plus courte ; elle a donné une sous-variété, qui est la *carotte translucide.*

Les *carottes jaunes,* dont les principales sont : la *jaune d'Achicourt,* dont la racine est longue et volumineuse ; la *jaune à collet vert,* un peu moins grosse que la précédente et avec le collet hors de terre ; la *jaune courte* et la *jaune longue* d'Alsace, qui déjà font le passage des jaunes aux rouges.

Enfin, les *carottes rouges,* parmi lesquelles nous citerons : la *grosse rouge à collet vert de Flandre,* qu'on peut comparer pour le volume à la carotte jaune d'Achicourt ; la *carotte d'Altringham,* variété anglaise, un peu moins grosse que la précédente et plus cylindrique ; la *rouge longue de Vilmorin* (fig. 42), qui est une bonne race potagère ; la *rouge courte hâtive de Hollande* (fig. 43), à racine en forme de toupie, et la *carotte demi-longue,* qui n'en est qu'une sous-variété, toutes deux très cultivées dans les jardins maraîchers de Paris. On pourrait y ajouter la *carotte violette,* qu'on dit originaire d'Espagne, mais qu'on voit rarement dans le nord de la France.

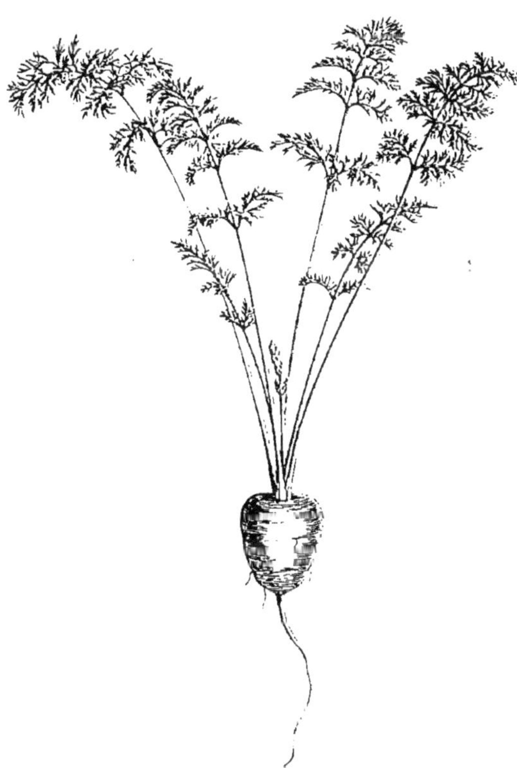

Fig. 43. — Carotte rouge courte de Hollande.

Les meilleurs carottes sont les rouges ; les blanches viennent au dernier rang; mais parmi les rouges et les jaunes il y a encore un choix à faire quand il s'agit de culture potagère. Les maraîchers de Paris ne cultivent guère que la carotte courte de Hollande et la demi-longue, les seules qui puissent entrer dans leurs assolements; dans les jardins particuliers on cultive des carottes d'un rendement plus considérable et qui, en somme, font plus de profit, telles que les carottes rouge longue et jaune longue. On peut aussi recommander la carotte d'Altringham, qui, avec un grand volume, est cependant de bonne qualité; la carotte de Worobieff, variété russe, recommandée par la Société d'horticulture, et même la carotte violette, qui est très-sucrée, mais que beaucoup de personnes repoussent à cause de sa couleur déplaisante lorsqu'elle est cuite.

La carotte réussit partout en France, mieux cependant dans le nord que dans le midi, où elle souffre des longues chaleurs et de la sécheresse. Elle s'accommode de toutes les terres de bonne qualité, profondes, meubles, un peu fraîches, et surtout bien fumées.

En culture ordinaire, c'est-à-dire en pleine terre, on sème les carottes dès les derniers jours de mars, plus tôt ou plus tard suivant les lieux et les années. Le semis se fait à la volée ou en lignes, sur une terre bien ameublie et fumée avant l'hiver. Après le semis on piétine le sol, on le nivelle, on donne même un bassinage si le temps est sec; dans le cas où la gelée menacerait on couvrirait la terre d'un paillis léger, qu'on enlèverait dès que le froid ne serait plus à craindre.

Au bout de six semaines à deux mois on commence à éclaircir le semis, en laissant les plants à $0^m,10$ ou $0^m,12$ de distance l'un de l'autre. Cet éclaircissement peut être graduel et se continuer pendant un mois ou plus en augmentant les distances entre les plants de carottes, à mesure que les racines grossissent. On bine et désherbe suivant le besoin et à plusieurs reprises; surtout on ne néglige pas les arrosages, qui doivent être copieux et fréquents. Dans les fortes chaleurs il est mieux d'arroser chaque jour et plutôt deux fois qu'une. On peut faire plusieurs semis successifs échelonnés à quinze jours ou trois semaines d'intervalle, jusque vers la mi-mai ou plus tard encore dans le nord. Aux alentours de Paris les jardiniers qui travaillent pour le marché font de nouveaux semis en septembre, mais les planches doivent être couvertes de litière pendant les jours de gelée de l'hiver. Si les carottes ont traversé cette saison sans éprouver de dommage, elles sont bonnes à récolter et à vendre au mois de mai suivant. Les carottes courtes et demi-longues semées au printemps se récoltent habituellement au bout de trois mois, c'est-à-dire en juin; celles des derniers semis donnent leur produit en novembre. On les arrache alors et, après avoir coupé leurs feuilles au collet, on les rentre à la cave pour les usages quotidiens. Les jardiniers des environs de Paris trouvent plus commode et plus avantageux de les mettre en jauge, et de les couvrir de fumier long pendant les gelées. Dans les terres sèches et légères on peut même se dispenser de les arracher; il suffit de couvrir les planches avec des feuilles sèches ou du paillis.

La culture forcée des carottes ne se pratique guère que dans les jardins maraîchers de Paris et chez quelques amateurs. Elle se fait sur couche chaude et sous châssis. On sème alors dans le courant de décembre et on entreplante dans le semis des laitues petites noires, pour faire deux récoltes successives. Ces laitues sont enlevées un mois après, et les carottes occupent alors seules la couche. Bientôt on fait une seconde saison de carottes, dans laquelle on entrepique des choux-fleurs. Ainsi que nous l'avons dit plus haut, la rouge courte hâtive de Hollande, et quelquefois la demi-longue, sont les seules carottes qu'on soumette à la culture forcée, mais il y a des jardiniers qui en font des semis considérables. Les récoltes des premiers semis se font ordinairement dans la première quinzaine d'avril.

Les carottes destinées à donner de la graine se sèment, à Paris, vers la fin de juin, quand il s'agit des variétés hâtives; on pourrait même les semer quinze jours ou trois semaines plus tard sans inconvénient. En novembre on les arrache et on les met en jauge pour leur faire passer l'hiver sous un paillis, et on les replante au printemps, à 0m,50 ou 0m,60 l'une de l'autre en tous sens. Comme il importe de conserver les races pures, on les éloigne les unes des autres afin d'éviter les croisements, qui les feraient dégénérer. S'il existe des carottes sauvages dans le voisinage, il est bon d'en enlever toutes les tiges pendant la floraison des porte-graines.

Divers insectes attaquent les carottes, les uns lorsqu'elles sont jeunes, les autres aux différents stages de leur développement. Un seul cause de véritables dégâts lorsqu'il est très-multiplié : c'est l'araignée rouge, qui détruit les semis à leur sortie de terre. Le meilleur moyen de l'éloigner est de donner de fréquents bassinages.

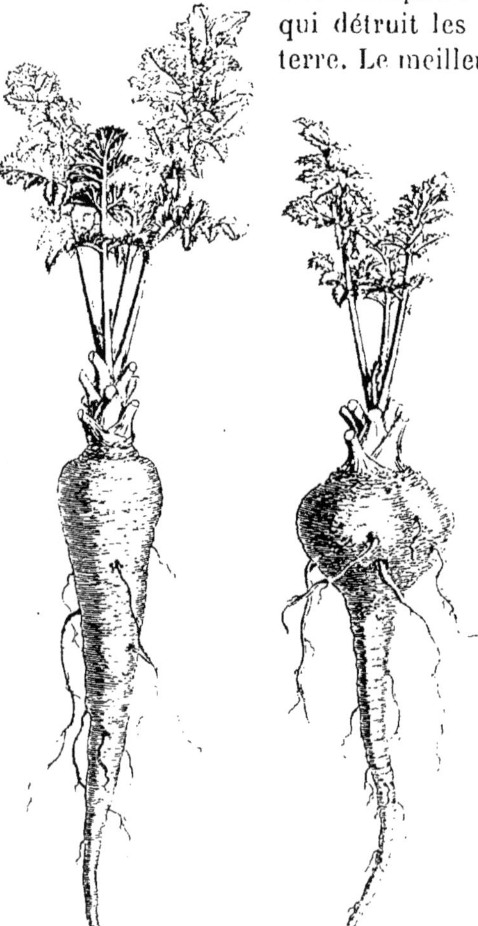

Fig. 44. — Panais long. Fig. 45. — Panais rond.

Panais. De même que la carotte, le panais (*Pastinaca sativa*) est une ombellifère indigène, qu'on trouve çà et là dans les prés humides et au voisinage de l'eau, dans le centre et le nord de l'Europe. Il est cultivé de temps immémorial, mais plus comme plante fourragère que comme légume, si ce n'est dans le nord-ouest de l'Europe, où on en consomme beaucoup lorsqu'il est jeune et très-tendre. Sa racine a beaucoup d'analogie avec celle de la carotte, surtout de la carotte blanche, mais elle a une saveur toute différente. On ne connaît guère dans le panais que deux variétés, le *panais long* (fig. 44) et le *panais rond* (fig. 45), ce dernier préféré à l'autre dans la culture potagère.

Le panais est bisannuel, en ce sens qu'il ne fleurit et donne des graines que la seconde année, mais dans la culture potagère on le cultive à la fois comme annuel et bisannuel. On le sème à la volée, de la fin de février au mois de juillet, sur une bonne terre meuble engraissée de fumier bien décomposé. On peut aussi le semer en automne. Les récoltes des premiers semis se font en automne et en hiver; celles des derniers au printemps. Au surplus, les époques de semer et de récolter varient suivant les lieux et les climats.

Dans ces dernières années on a préconisé, sous le nom de *panais amélioré,* une variété à racines longues, cultivée depuis longtemps à Jersey, et qui diffère de la variété commune par une racine beaucoup plus grosse (de 25 à 35 centimètres de tour), et qu'on dit néanmoins d'excellente qualité. Peut-être n'est-ce qu'une variété locale due au climat de cette île et sujette à dégénérer ailleurs; c'est ce sur quoi les renseignements nous manquent.

Le choix de la graine est fort essentiel pour le panais comme pour la carotte. On choisit pour porte-graines les pieds les plus beaux et surtout les plus francs de la variété que l'on veut conserver, et on les laisse en place pendant l'hiver, saison dont ils n'ont rien à craindre.

Le panais, en culture potagère, ne sert guère qu'à aromatiser le bouillon, mais on le mange dans quelques provinces accommodé de diverses manières. Sa véritable importance est en agriculture, où il balance la carotte, si même il ne donne plus de profits. Ajoutons que par la distillation du suc de ses racines on en retire une eau-de-vie d'assez bonne qualité.

Céleri-rave ou **Céleri-navet** (fig. 46). Nous parlerons plus loin du céleri considéré comme légume herbacé, mais sa variété à racine renflée et tuberculiforme rentre dans la catégorie de légumes dont nous nous occupons en ce moment. Cette variété est toute artificielle, puisqu'elle est le résultat de la domestication de la plante, mais elle se conserve assez franche de graines. La racine, qui en fait toute la valeur, est une sorte de tubercule court, irrégulièrement arrondi, dont le volume dépasse communément la grosseur du poing.

Fig. 46. — Celeri-rave.

Le céleri-rave se sème à Paris en février, sur couche, mais à l'air libre dans la seconde quinzaine d'avril ou quelques jours plus tard ; on repique le plant en pépinière, pour le mettre en place dans la seconde quinzaine de juin. La récolte des racines se fait en septembre, octobre et novembre, suivant leur degré d'avancement. Nous ferons observer que le céleri, de quelque variété qu'il soit, demande une terre profonde, fraîche et bien engraissée, et d'abondants arrosages, même dans les étés humides. Les jardiniers sont dans l'usage de retrancher quelques-unes des grandes feuilles de la plante, ainsi que les racines latérales, puis de la butter pour favoriser le développement du tubercule. Cette racine se mange cuite, quelquefois crue en salade et coupée par tranches. On signale deux ou trois variétés de céleri-rave, parmi lesquelles nous nous bornons à citer la variété commune de Paris, qui est la plus grosse, et celle d'Erfurt, dont la racine est plus petite, mais en même temps plus précoce et plus délicate.

Chervis (*Sium sisarum*). Le chervis (fig. 47), qu'on dit originaire de la Chine, est comme les légumes précédents une ombellifère à racines charnues et comestibles. Ces racines, à peu près de la grosseur du doigt sur 15 à 20 centimètres de longueur, sont cylindriques, roussâtres à l'extérieur, très-blanches en dedans, tendres et très-sucrées. La plante est vivace, mais elle fleurit la première année; elle se reproduit également de graines et d'éclats du pied.

Fig. 17. — Chervis.

La culture du chervis est des plus faciles lorsque la terre est meuble, fraîche et convenablement engraissée de vieux fumier, mais elle demande en outre de copieux et fréquents arrosages; c'est une des cultures les plus exigeantes sous ce rapport. Elle n'est d'ailleurs pratiquée régulièrement que dans le centre de la France, surtout en Auvergne.

On sème ou on plante le chervis dans les mois de mars et d'avril, sur lignes espacées à 0m,15 ou 0m,20, ce qui vaut mieux que de semer à la volée. On peut aussi semer en automne, immédiatement après la maturité des graines, et celles-ci, assure-t-on, doivent être récoltées de préférence sur des pieds âgés de deux ans. Suivant M. Forest, habile horticulteur parisien, un excellent moyen de multiplier le chervis consisterait à séparer le collet de la partie supérieure de la racine, et à le planter en guise de bouture. Les racines qu'on en obtient sont, dit-il, moins fibreuses que celles des plantes venues de graines. La récolte des racines se fait du milieu à la fin de l'hiver, c'est-à-dire à l'époque où elles ont atteint toute leur grosseur. Elles se mangent frites comme celles de la scorsonère.

Les goûts sont très-partagés sur la valeur de ce légume, qui n'est guère cultivé à Paris, et plus au nord, que dans quelques jardins particuliers. Beaucoup de personnes le repoussent à cause de sa saveur qu'elles trouvent trop sucrée; d'autres en font le plus grand cas et le maintiennent pour un excellent légume d'hiver. L'analyse chimique démontre en effet que cette racine est comparativement riche en principes alibiles, et sous ce rapport supérieure à beaucoup d'autres (1). Si elle était plus volumineuse, nul doute qu'elle ne fût exploitée par l'industrie comme racine saccharifère. Il serait possible qu'on arrivât à lui faire prendre plus de développement par le moyen de la sélection longtemps continuée. Ce qui semble autoriser cette conjecture c'est qu'un horticulteur d'Argenteuil, M. Lecomte-Delphin, a déjà obtenu par cette voie des racines à la fois plus grosses et plus courtes que celles de la plante ordinaire.

Cerfeuil bulbeux ou **tubéreux** (*Chærophyllum bulbosum*) (fig. 48). Ombellifère indigène, bisannuelle, dont la racine devient un tubercule en forme de toupie ou conique (fig. 49), d'un gris noir à l'extérieur, blanc jaunâtre en dedans, farineux et légèrement sucré. Ces tubercules, qui sont agréables à manger, ont un grave défaut : celui d'être trop petits; il est rare qu'ils atteignent au volume d'un œuf de poule; en moyenne ils ne sont guère plus gros que des châtaignes. Le cerfeuil bulbeux est depuis longtemps cultivé en Allemagne, et c'est de là qu'il a été introduit en France, à une époque assez récente, par M. Jacques, ancien jardinier du château de Neuilly.

De même que le chervis, le cerfeuil bulbeux est un légume dont la valeur est contestée, surtout à cause de son faible rendement, qui ne saurait indemniser des frais de la culture, mais on peut l'admettre comme légume de fantaisie dans les potagers particuliers, où l'intérêt du sol n'est pas une question. Même à ce point de vue, il mérite encore

(1) D'après M. Payen la racine du chervis contient, sur 100 parties :

Eau	72,510
Gomme, dextrine, mucilage	8,814
Sucre cristallisable	4,500
Fécule amylacée	4,060
Substances azotées	2,983
Substances grasses	0,343
Pectose, acide pectique	2,200
Cellulose	2,110
Matières minérales	2,480
	100,000

Fig. 48. — Cerfeuil bulbeux ; tige.

qu'on s'en occupe en vue de l'améliorer, et c'est ce qui a été fait avec quelques succès par divers horticulteurs, au nombre desquels il faut citer MM. Aubé, Vivet et Limet, qui en ont à plus d'une reprise présenté à la Société d'horticulture des tubercules du poids de 150 à 200 grammes, limite qui n'a été que rarement dépassée (1).

Le cerfeuil bulbeux est une plante très-rustique et qui paraît s'accommoder de tous les terrains. Cependant une bonne terre argileuse est celle où il réussit le mieux ; dans les terrains calcaires, sablonneux et légers, il

(1) En tenant les plantes un peu serrées il serait possible d'obtenir des produits assez abondants sur un espace restreint de terre. M. Limet a affirmé à la Société impériale d'horticulture avoir récolté 212 litres de tubercules sur 75 mètres carrés de terrain, ce qui reviendrait à 282 hectolitres par hectare.

pousse beaucoup en feuilles et ne donne que de petites racines. On le sème à la volée, en août et septembre, sur une terre fumée de l'année précédente, et qui cette année-là n'ait point été cultivée en carottes ou toute autre ombellifère. On plombe

Fig. 49. — Cerfeuil bulbeux racines.

le terrain, on le couvre de 2 centimètres de terreau et, si le temps est sec, on donne un léger bassinage. Lorsque le plant est en végétation on l'arrose toutes les fois qu'il en est besoin; on ne doit pas oublier que la plante aime l'eau et que le terrain où elle croît ne doit jamais se dessécher. Vers la fin de juillet ou dans les premiers jours d'août, les feuilles jaunissent, ce qui annonce que les tubercules peuvent être retirés de terre, mais il y a avantage à les y laisser jusqu'en septembre parce que c'est alors seulement qu'ils sont bien formés et bien mûrs. On peut les consommer immédiatement, mais on a remarqué qu'ils gagnent notablement en qualité si on attend, un mois ou six semaines après l'arrachage, qu'ils aient perdu leur eau de végétation. On peut du reste les conserver à la cave jusqu'en février ou mars, mais alors ils sont moins bons qu'au commencement de l'hiver. L'expérience a appris que les semis de printemps ne lèvent pas plus tôt que ceux d'août et de septembre; passé le mois d'octobre les graines semées pourraient ne lever que très-tardivement l'année suivante, ou même seulement l'année d'après, ce qui occasionnerait une perte de temps considérable. M. Louesse a reconnu qu'en stratifiant les graines dans de la terre, immédiatement après leur récolte, on s'en sert encore avantageusement aux mois de février et de mars; cependant le semis de fin d'été est celui qui offre le plus de garanties.

Pour obtenir de la graine de cerfeuil bulbeux on choisit, après la récolte, les plus belles racines, et on les plante à 1m de distance les unes des autres, en tous sens. Les fanes repoussent au printemps, et on récolte la graine mûre en juillet. Cette graine ne se conserve que pendant un an.

Cerfeuil-rave de Sibérie ou **cerfeuil de Prescott** (*Chœrophyllum Prescotti*). Cette espèce est exotique; elle nous est arrivée de Sibérie, dans ces dernières années, en passant par les jardins de Saint-Pétersbourg et d'Upsal. Quoique voisine du cerfeuil bulbeux, elle s'en distingue néanmoins très-aisément à son feuillage et surtout à ses racines fasciculées, beaucoup plus longues, fusiformes et assez semblables à celles du panais. Elles sont jaunes à l'extérieur, blanches en dedans, tendres et de bon goût quoiqu'elles ne contiennent point de sucre; quelques personnes les préfèrent même à celles du cerfeuil bulbeux. Comme elles sont plus volumineuses que ces dernières, la plante semble avoir plus de chance que le cerfeuil bulbeux d'entrer dans les assolements réguliers de la culture potagère. Quelques horticulteurs pensent même qu'elle y égalera en importance la carotte de Hollande. Toutefois on en est encore à la période des essais ; l'avenir dira si ces conjectures sont fondées.

L'époque qui paraît la plus favorable pour faire le semis est le mois de février, le semis d'automne donnant des plantes trop sujettes à monter au printemps suivant, ce qui nuit à la formation des racines. Ce semis se fait dans les mêmes conditions de terrain que celui du cerfeuil bulbeux. De copieux arrosages au printemps contribuent à faire grossir les racines, aussi doit-on ne pas les ménager. La maturité des tubercules arrive en juillet et en août, et, de même que ceux du cerfeuil bulbeux, ils sont meilleurs deux mois après la récolte. Ils se conservent à la cave jusqu'au mois de mars. On peut laisser en place pour porte-graines les plus beaux pieds, et on affirme que, même après avoir donné des graines, les racines grossissent encore et pourraient entrer dans la consommation. En coupant seulement les tiges au raz du sol, il se formera autour de la racine de nouvelles pousses qui, éclatées, fourniront un second moyen de multiplication.

Persil à grosse racine ou **persil de Varsovie.** C'est seulement pour mémoire que nous citons cette variété du persil, qui est estimée en Pologne et en Allemagne, mais qui n'a donné jusqu'ici que de médiocres résultats en France. Semblable de feuillage au persil commun, elle en diffère par sa racine, qui se renfle en une sorte de tubercule de 4 à 5 centimètres de diamètre, sur 30 à 35 de longueur, ce qui est le volume d'une belle carotte moyenne. Cette racine est d'un blanc jaunâtre à l'extérieur, plus blanche en dedans, tendre et très-sucrée. On en fait une grande consommation dans les pays du nord, où on la mange accommodée à la manière des salsifis. On s'en sert aussi pour aromatiser le bouillon.

Dans ces dernières années on a cherché à faire accepter le persil à grosse racine par les maraîchers parisiens; quelques-uns en ont essayé la culture et n'ont pas tardé à le repousser, le déclarant un mauvais légume, au moins à Paris, où il n'acquiert pas les qualités qu'on lui trouve ailleurs. Pour les amateurs qui voudraient en faire l'épreuve, nous dirons que sa culture ne diffère pas de celle du persil commun, qu'on le sème à la même époque, et qu'on a soin seulement d'éclaircir le semis à 12 ou 15 centimètres pour laisser aux racines l'espace nécessaire. On l'arrache aux approches de l'hiver et on rentre les racines dans un cellier. Ce persil étant beaucoup plus rustique que la variété commune, on peut sans inconvénient laisser en pleine terre, pendant l'hiver, les quelques pieds dont on voudrait faire des porte-graines. Ajoutons que ses feuilles peuvent servir aux mêmes usages que celles du persil ordinaire; seulement, il ne faut pas les lui enlever si l'on tient à ce que sa racine grossisse.

Les ombellifères dont il a été question ci-dessus ne sont pas les seules qui puissent donner des racines charnues ou tubériformes propres à l'alimentation de l'homme, mais ce sont les seules qui aient été jusqu'ici soumises à la culture potagère en Europe. A plus d'une reprise, cependant, on a conseillé de leur adjoindre la *châtaigne de terre* (*Bunium bulbocastanum*), plante indigène du centre et du midi de la France, dont la souche forme un tubercule de la grosseur d'une noix. Ce tubercule, auquel on trouve un goût de châtaigne, se prête à diverses préparations culinaires, ou même se mange simplement cuit sous la cendre ou cru en salade. Quelques personnes le tiennent pour bien supérieur en qualité au cerfeuil bulbeux; mais on lui reprochera toujours d'être trop petit et de ne pas payer les frais de culture. On peut supposer cependant qu'avec des soins on obtiendrait des races à tubercules plus développés; ce serait une expérience à faire.

Une autre ombellifère à racine charnue qui aurait beaucoup plus d'importance comme plante potagère, s'il était possible de la cultiver sous nos climats, est l'*arracacha des Andes* (*Arracacha esculenta*), des montagnes équatoriales de l'Amérique du Sud. Maintes fois déjà on l'a importée en Europe, et elle existe toujours dans les jardins botaniques, mais on n'a jamais réussi à lui faire produire une racine mangeable. Sous le climat de Paris on est obligé de l'abriter en serre tempérée pour lui faire traverser l'hiver, et la chaleur de l'été y est à peine suffisante pour lui faire pousser quelques feuilles; on l'y voit cependant quelquefois monter à fleurs. Dans le midi de l'Europe elle trouve un autre ennemi dans les longues sécheresses de l'été. Peut-être aurait-elle quelques chances de plus dans le sud-ouest de la France, où il faudrait encore l'abriter l'hiver. Dans tous les cas, et sans rien préjuger d'avance, on pourrait l'essayer en culture forcée, sur couche et sous châssis. La plante, dans son pays natal, est l'objet d'une très-ancienne culture, et on ne l'y multiplie que de boutures détachées du collet de la souche. A en juger par les conditions climatériques des lieux où elle est indigène, elle doit exiger une température moyenne constante de 16 à 18 degrés centigrades, et beaucoup d'eau.

§ VI. — SALSIFIS, SCORSONÈRE, SCOLYME, RAIPONCE.

Les plantes que nous réunissons dans ce paragraphe n'ont plus qu'une importance secondaire, comme plantes potagères, si on les compare à celles qui précèdent; néanmoins elles sont encore assez généralement cultivées dans les jardins d'amateurs. Les salsifis et les scorsonères appartiennent d'ailleurs à la culture maraîchère, et se vendent sur les marchés aux légumes; toutefois le salsifis blanc se montre assez rarement à la halle de Paris.

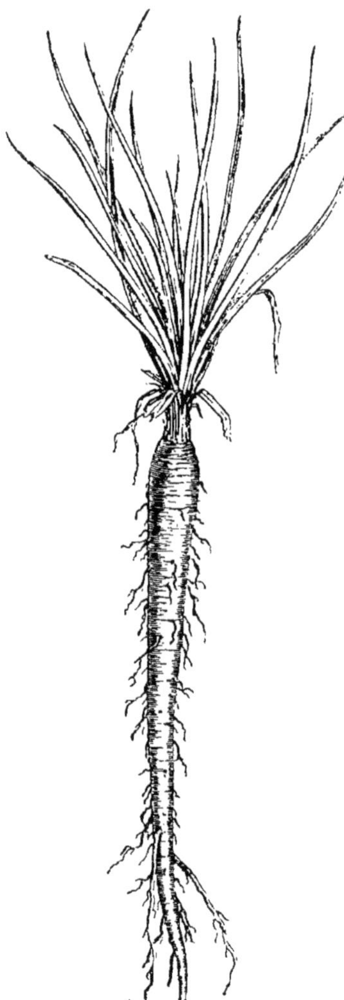

Fig. 50. — Salsifis blanc.

Le **salsifis** (*Tragopogon porrifolius*) (fig. 50) (1), est une plante de la famille des composées-chicoracées, indigène du midi de l'Europe et bisannuelle, à longues racines fusiformes, d'un blanc jaunâtre, à feuilles étroites et allongées, et à fleurs violettes. A cause de la couleur de sa racine on le nomme assez souvent *salsifis blanc*, par opposition au *salsifis noir*, qui est la scorsonère, dont nous parlerons tout à l'heure. Cette racine est la seule partie utile de la plante; elle se mange cuite, apprêtée de diverses manières; quelques personnes la trouvent un peu fade.

Le salsifis aime les terres meubles, fraîches, profondes, autant que possible fumées de l'année qui précède la culture. On le sème habituellement en mars ou avril, à la volée ou en lignes. Après le semis on piétine le sol, et s'il est sec on bassine à la pomme de l'arrosoir. Quand le plant a trois ou quatre feuilles on l'éclaircit, de manière à laisser de 18 à 22 centimètres de distance entre les pieds; on sarcle et on arrose suivant le besoin.

(1) En divers endroits ce nom a été corrompu en *sersifis*. Nous croyons inutile de conserver cette mauvaise appellation.

La récolte du salsifis commence en automne et se continue tout l'hiver. Si on craignait de fortes gelées on pourrait arracher les racines et les stratifier à la cave dans du sable ; il est rare cependant qu'elles soient détériorées par la gelée lorsqu'elles restent en terre ou qu'elles sont simplement en jauge, abritées sous un paillis.

La plupart des jardiniers se contentent de laisser monter à graines quelques-uns de leurs plants de salsifis; mais l'expérience prouve qu'on obtient de meilleures graines, et par suite des plantes plus fortes, quand, à la sortie de l'hiver, on transplante les porte-graines sur un terrain neuf, où on leur donne d'ailleurs les soins nécessaires. Il va de soi qu'on doit choisir pour cet usage les plantes qui ont les plus belles et les plus grosses racines.

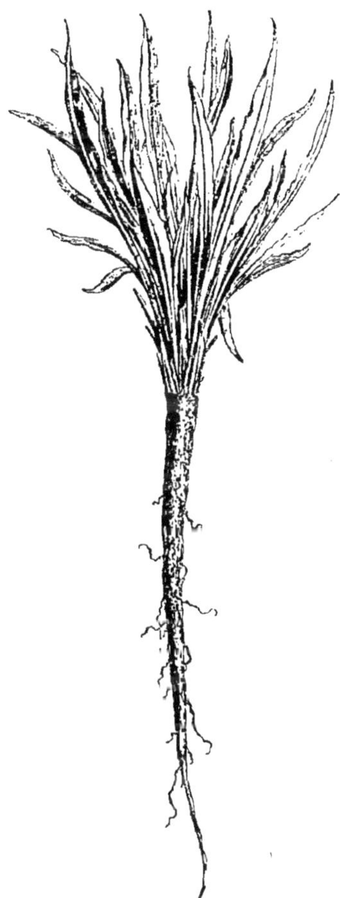

Fig. 51. — Scorsonère.

Scorsonère ou **salsifis noir** (*Scorsonera hispanica*) (fig. 51). De même que le salsifis blanc, le salsifis noir est une composée-chicoracée du midi de l'Europe, et qui a avec ce dernier la plus grande analogie de feuillage et de port. On l'en distingue néanmoins très-facilement à ses fleurs jaunes et à ses racines noires. De plus il est vivace, et, avec le temps, sa racine devient beaucoup plus grosse que celle du salsifis blanc. Un point à noter c'est qu'elle est encore comestible lorsque la plante est montée à fleur, quoiqu'elle soit moins tendre et moins bonne qu'avant, et c'est une des raisons qui font préférer par beaucoup de jardiniers le salsifis noir au salsifis blanc.

Sa culture est absolument la même que celle de ce dernier. On le sème comme lui au sortir de l'hiver, pour le récolter de la fin de l'automne au printemps; plus rarement on le sème en août, et alors la racine est bonne à consommer l'année suivante. Quand il arrive, et le cas est fréquent, qu'une partie du semis monte à fleurs la première année, on coupe les tiges au moment où elles apparaissent, ce qui fait prendre aux racines plus de développement. Si on voulait les obtenir très-grosses, il ne faudrait récolter que la deuxième année. Les soins à donner aux porte-graines sont exactement ceux que nous avons indiqués ci-dessus pour le salsifis blanc; il est donc inutile d'y revenir.

Scolyme d'Espagne (*Scolymus hispanicus*). Composée-chicoracée vivace, du midi de l'Europe, très-commune même dans le midi de la France, où elle est connue sous le nom de *cardouille*. Analogue aux scorsonères par sa racine, elle ressemble aux chardons par ses feuilles épineuses, lobées et décurrentes sur la tige. Ses fleurs sont d'un jaune vif, presque orangées.

Le scolyme n'est qu'à demi une plante potagère. En Languedoc et en Provence on se contente le plus souvent de le récolter le long des chemins et dans les terrains vagues où il croît spontanément. Dans le nord quelques amateurs le cultivent plutôt par curiosité qu'autrement. Sa racine est longue, cylindrique, jaunâtre à l'intérieur, tendre en dedans, à l'exception du cœur, qui est un faisceau de fibres coriaces, dont il faut la dépouiller pour la livrer à la consommation. On l'enlève après avoir fendu la racine dans toute sa longueur. Les semis de scolyme donnent presque toujours un certain nombre de pieds chez lesquels la racine est tendre dans toute son épaisseur. Ceux-là seuls devraient être conservés pour porte-graines, et il serait possible qu'en en continuant la culture pendant quelques générations, avec le soin d'éliminer sans relâche les pieds défectueux, on parvînt à obtenir une race de scolyme supérieure à celle qu'on possède aujourd'hui.

On sème le scolyme en avril ou mai, sur une terre préparée comme pour les salsifis et les scorsonères. Après la levée du plant on sarcle et on éclaircit à 20 ou 25 centimètres entre les pieds. Une partie des semis monte toujours à fleurs la première année, ce qui nuit au développement des racines, et en fait durcir l'intérieur; aussi conseille-t-on de pincer les tiges dès qu'elles se montrent, pour les empêcher de croître. Les racines sont bonnes à récolter dès le commencement de l'hiver, et on peut continuer ainsi jusqu'au printemps. Pour porte-graines on choisira après l'hiver les plus beaux pieds parmi ceux qui n'auront pas monté à fleur dans la première année, et on les transplantera sur une planche à part. Il serait utile alors de visiter leurs racines, dont on enlèverait un fragment à l'extrémité, pour reconnaître si elles contiennent ou non le faisceau de fibres coriaces qui les déprécie. Dans le cas où on en rencontrerait de tendres dans toute leur épaisseur, on devrait les réserver comme porte-graines spéciaux, en vue du perfectionnement de l'espèce. Les usages culinaires du scolyme sont à bien peu de chose près ceux des salsifis et des scorsonères.

Fig. 52. — Raiponce.

Raiponce (*Campanula Rapunculus*) (fig. 52). Campanulacée indigène, bisannuelle, à tige grêle et dressée, dont la racine se renfle en une sorte de petite rave cylindrique ou fusiforme, de la grosseur et de la longueur du doigt. Elle est tendre, d'une saveur douce, et se mange crue dans les salades de mâche.

La raiponce est un légume d'une faible importance et qui tend à disparaître, mais qui néanmoins se cultive encore dans les jardins maraîchers de Paris. On la sème à la volée, en juin et juillet, sur une planche de terre bien ameublie et bien nivelée, qui n'ait pas reçu de fumure récente. Comme la graine est très-fine, et qu'on est exposé à semer trop clair sur quelques points, trop épais sur d'autres, on la mêle à du sable fin ou à de la terre sèche pulvérisée, ce qui facilite le semis. On piétine le sol et on donne un bassinage. A Paris on est dans l'usage de mêler à la graine de raiponce un peu de graine d'épinards ou de radis, dont les feuilles protègent le jeune plant à sa sortie de terre. C'est en février que commence la récolte des racines, et elle peut se prolonger jusqu'à ce que les plantes montent à fleurs.

§ VII. — OIGNONS, POIREAUX, ÉCHALOTE, AIL, CIBOULE ET CIBOULETTE.

Les légumes de cette section font le passage des légumes-racines aux légumes herbacés, et, à ne tenir compte que de la nature organique de leurs parties comestibles, c'est parmi ces derniers qu'il faudrait les ranger, puisque leurs bulbes ne sont qu'un assemblage de feuilles emboîtées l'une dans l'autre par leurs bases plus ou moins épaissies et charnues; mais, au point de vue horticole, les bulbes sont considérés comme des racines. Il y aurait cependant une exception à faire pour la ciboule et la ciboulette, qui n'ont que des feuilles à fournir, mais leur analogie avec les oignons ne permet guère de les en séparer. Toutes ces plantes appartiennent à la même famille botanique, celle des liliacées.

L'oignon (*Allium cepa*), est cultivé depuis la plus haute antiquité, ainsi que l'atteste l'histoire du peuple Hébreu, et nous savons par d'autres sources qu'à cette époque reculée il était déjà un des principaux légumes de l'Égypte. Son origine est inconnue, mais on peut supposer avec quelque vraisemblance qu'il était indigène dans le nord de l'Afrique lorsque les hommes essayèrent pour la première fois de l'assujettir à la culture. Son introduction en Europe remonte aussi à une date qu'on ne saurait assigner, et, de même que toute les plantes depuis longtemps cultivées, il a produit un nombre considérable de variétés.

Sous nos climats l'oignon est bisannuel, mais certaines variétés qui produisent des bulbilles ou caïeux autour du pied pourraient être considérées comme vivaces. Ses feuilles sont fistuleuses et presque cylindriques; sa tige est simple, sans nœuds, plus ou moins renflée vers le milieu de sa longueur et toujours creuse; elle se termine par une inflorescence en tête arrondie, qui n'est qu'une ombelle très-dense. Chez quelques variétés, entre autres dans l'*oignon d'Égypte* ou *rocambole,* les fleurs sont remplacées par des bulbilles ou petits oignons de la grosseur d'un pois ou d'une petite noisette, qui servent à le multiplier. La partie utile de l'oignon est le bulbe d'où sortent les feuilles, et qui est tantôt enterré, tantôt presque entièrement hors de terre, et c'est sur lui particulièrement que portent les variations de la plante : chez certaines races ce bulbe atteint à la grosseur de la tête d'un enfant, chez d'autres il ne dépasse guère celle d'une cerise, et on trouve tous les intermédiaires entre ces deux extrêmes de volume. La forme et la couleur ne varient pas moins : il y a des oignons déprimés en disque et presque plats, il y en a de sphériques, de pyriformes et d'allongés en fuseau; on connaît de même des oignons verdâtres, blancs, jaunes, roses, rouge pâle, violets, etc., qui diffèrent encore par la saveur, tantôt âcre, tantôt douce et sucrée. Ajoutons à ceci que toutes les races d'oignons n'ont pas la même rusticité et qu'elles ne conviennent pas toutes également à tous les pays.

Plus de quarante variétés d'oignons sont cultivées en France, et on en trouverait bien davantage encore chez les marchands grainiers, mais, sur ce nombre, il n'y en a guère qu'une douzaine qui aient un intérêt général. Citons parmi eux : l'*oignon jaune des vertus*, le plus répandu aux environs de Paris, et qui se distingue par la grosseur de son bulbe un peu déprimé, sa couleur jaune roussâtre et sa qualité; l'*oignon blanc gros*, cultivé aussi à Paris, quoiqu'il y soit un peu trop tardif pour le climat et qu'il y mûrisse difficilement, mais estimé dans le midi à cause de sa douceur; son bulbe est blanc, assez gros et de forme presque sphérique; l'*oignon blanc hâtif de Paris* (fig. 53), à bulbe déprimé, blanc, de moyenne grosseur, très-précoce et de bonne qualité;

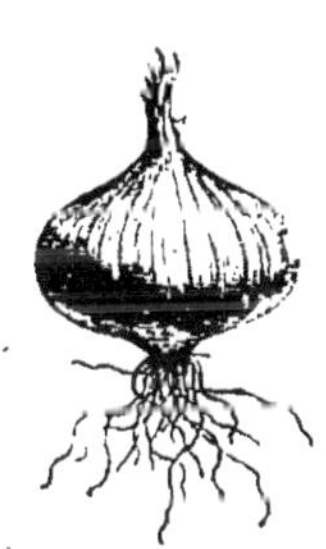

Fig. 53. — Oignon blanc hâtif de Paris.

c'est la race la plus cultivée dans les jardins maraîchers de la capitale; l'*oignon rouge pâle de Niort*, à bulbe déprimé, de grosseur moyenne, d'un rouge cuivreux, très-répandu dans l'ouest et une des meilleures variétés que nous possédions; c'est aussi une des plus rustiques et une des plus hâtives, sans l'être autant que la précédente; de plus, comme elle se conserve bien dans les greniers, elle donne lieu à un commerce considérable; l'*oignon rouge foncé* ou *rouge de Hollande*, de grosseur moyenne, un peu déprimé, rouge assez vif et demi-hâtif; cet oignon est surtout cultivé dans le nord, où on l'estime à cause de sa douceur et de sa bonne conservation en hiver; l'*oignon pyriforme* (fig. 54), dont le bulbe ovoïde-allongé, ou en forme de poire, est de grosseur moyenne, rouge cuivré, de bonne qualité et de bonne garde, mais qui arrive tardivement à maturité dans le nord; l'*oignon de Mulhouse* ou *jaune de Cambray*, désigné aussi, quoique improprement, sous le nom d'*oignon suisse*, à bulbe un peu déprimé, de grosseur moyenne et d'un jaune roussâtre; c'est une belle et excellente variété, qui convient au nord aussi bien qu'au midi de la France; l'*oignon jaune soufre d'Espagne*, de grosseur moyenne, déprimé, d'une belle teinte jaune de soufre; il est un peu tardif, mais de qualité excellente et de bonne garde; l'*oignon globe* (fig. 55), dont le bulbe presque sphérique, jaune cuivré, est de moyenne grosseur ou un peu au-dessus; cette belle variété n'a que l'inconvénient d'être un peu tardive; l'*oignon de James* (fig. 56), à bulbe un peu gros, de forme

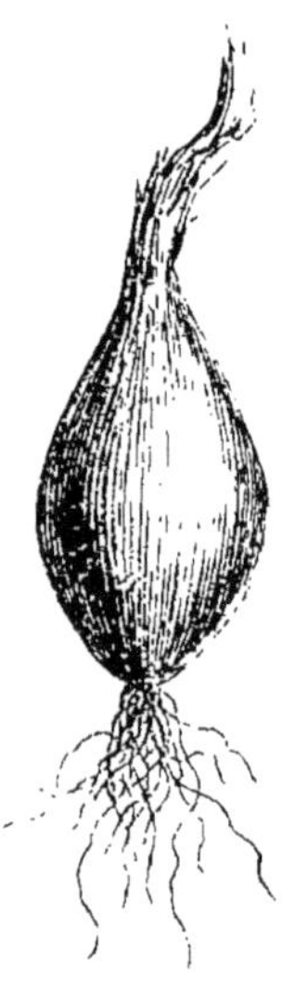

Fig. 54. — Oignon pyriforme.

Fig. 55. — Oignon globe. Fig. 56. — Oignon de James.

ovoïde, mais déprimé et comme aplati autour du collet, jaune cuivré : variété un peu tardive pour le nord; l'*oignon de Madère rond,* dont le bulbe presque sphérique, de couleur rougeâtre, devient énorme; sa saveur est très-douce et sucrée : aussi en fait-on grand cas dans le midi de l'Europe, où on le mange cru en salade : ce bel oignon est trop tardif pour le nord, et on en peut dire autant de l'*oignon plat de Madère,* qui n'en est qu'une sous-variété déprimée, presque aussi volumineuse que l'autre, et employée aux mêmes usages. Comme variétés d'intérêt secondaire ou très-local, on peut encore signaler l'*oignon de Roscoff,* qu'on dit un des plus rustiques, et dont les bulbes sont généralement doubles, c'est-à-dire accolés deux à deux; l'*oignon d'Égypte* ou *rocambole,* où les fleurs, ainsi que nous l'avons dit plus haut, se transforment en bulbilles; l'*oignon patate,* qui ne produit ni graines ni bulbilles, et se reproduit constamment par des caïeux qui naissent autour et à la base du bulbe principal; l'*oignon blanc de Nocera* ou *de Florence*, variété très-petite et plus précoce encore que le blanc hâtif de Paris : très-vantée lors de son introduction en France, il y a une vingtaine d'années, elle est presque abandonnée aujourd'hui, parce qu'elle dégénère promptement sous notre climat; l'*oignon rouge foncé de Brunswick* (fig. 57), qui n'a de remarquable que sa couleur rouge violet foncé; l'*oignon de Danvers*, très-belle race américaine et très-hâtive, à gros bulbes sphériques d'un jaune cuivré : elle est peu répandue, quoique recommandable; enfin, l'*oignon corne de bœuf,* que nous ne citons qu'à cause de la singularité de son bulbe fusiforme, qui atteint jusqu'à 20 et 25 centimètres de longueur. On ne le cultive guère que comme légume de curiosité.

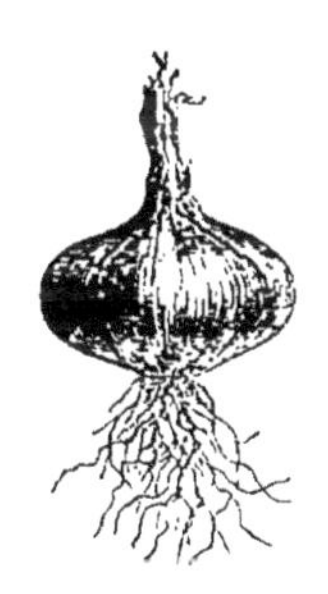
Fig. 57. — Oignon rouge foncé de Brunswick.

De même que celle de beaucoup d'autres légumes, la culture des oignons varie avec les lieux et les climats. Au total, les climats tempérés ou chauds sont ceux qui leur conviennent le mieux et où ils perdent le plus de leur âcreté naturelle;

c'est ce qui explique pourquoi dans le midi de la France et en Espagne le peuple mange des salades exclusivement composées d'oignons crus. Dans le nord de l'Europe de telles salades seraient à peine supportables.

L'oignon se plaît dans les terres meubles et riches, mais non dans celles qui auraient été récemment fumées; aussi le fait-on le plus souvent succéder à une culture peu épuisante, pendant laquelle les engrais auront été bien consommés. Il ne faut pas non plus que la terre ait été fraîchement remuée; sans être dure, elle doit être un peu tassée, et il suffit d'en gratter la surface au moment du semis. On sème à la volée, au printemps, plus tôt ou plus tard suivant les lieux et les années, du 15 février au 15 mars sous le climat de Paris, à raison de 100 grammes de graines par are. Après le semis on piétine le sol, on le ratisse, et si le temps est sec, on lui donne un léger bassinage. Quinze jours ou trois semaines après la levée on éclaircit le plant à $0^{m},08$ ou $0^{m},10$ de distance, et on bassine à la pomme de l'arrosoir pour raffermir la terre et rechausser les plantes qui auraient été à demi déracinées pendant l'opération. On peut avant de répandre l'eau saupoudrer la planche d'un peu de terreau de couche, de poudrette ou de quelque autre engrais pulvérulent. Hors de là on arrose peu les oignons dans le nord, ou même on ne les arrose pas du tout, quand ils sont sur un terrain déjà naturellement humide et frais; les bulbes en mûrissent mieux et sont de meilleure garde.

Quand les oignons ont atteint à peu près toute leur grosseur beaucoup de jardiniers sont dans l'usage d'en coucher les feuilles sur le sol, en promenant le dos du râteau sur la planche; ils croient en hâter par là la maturité. Dans le midi ce soin n'est pas nécessaire, ni même dans le nord quand les étés sont secs et chauds. La maturité des bulbes s'annonce par le jaunissement des feuilles, en août et septembre sous le climat de Paris. On arrache alors les oignons et on les laisse quelques jours étendus sur le terrain, où ils achèvent de mûrir en perdant l'eau en excès qu'ils contiennent, après quoi on les rentre au grenier. Si ce local est sec et aéré, et qu'on donne aux oignons les soins convenables pour éviter la pourriture, on peut en conserver jusqu'à la fin de mai. Dans les ménages campagnards on a l'habitude d'attacher les oignons en bottes ou en chaînes et de les suspendre au plafond des cuisines Ce mode de conservation est simple et des meilleurs.

L'oignon se sème aussi en été, ordinairement au mois d'août; on le repique en octobre, et en hiver on couvre la planche de litière ou de paillis long. On obtient par là des oignons bons à manger à la fin de l'hiver, quand la provision de l'année précédente est épuisée. C'est du reste le procédé suivi dans les jardins maraîchers de Paris pour l'oignon blanc hâtif. On le sème dans la première quinzaine d'août pour le repiquer en octobre, ou dans la deuxième quinzaine quand on ne veut repiquer qu'au mois de mars. On enlève le plant à la bèche, on en raccourcit les racines ainsi que l'extrémité des feuilles, et on le replante en lignes, à $0^m,10$ de distance en tous sens. Si l'hiver est rigoureux, on recouvre de litière comme nous l'avons dit plus haut. Quelques jardiniers sèment encore de l'oignon blanc hâtif sur couche et sous châssis en janvier et février; le plant est repiqué en mars et donne son produit seulement quelques jours plus tard que les semis de fin d'été.

Enfin, il est encore une autre méthode de culture qu'on a préconisée, il y a une trentaine d'années : c'est celle de MM. Lebrun et Nouvellon, méthode qui donne en effet d'assez bons résultats. Elle consiste à faire, en mars ou avril, des semis d'oignons excessivement épais, de manière à n'obtenir que des bulbes de la grosseur d'une noisette. On arrose peu ou point, car il importe que ces bulbes, tout en restant très petits, mûrissent. On les conserve en hiver en les étalant sur un plancher bien sec, et on les replante en février, à $0^m,10$ ou $0^m,12$ de distance en tous sens. On voit que les bulbes ici servent simplement de graines à la deuxième année.

Pour porte-graines on choisit les oignons les plus beaux et les mieux conservés, et on les plante en février ou mars, à $0^m,40$ ou $0^m,45$ les uns des autres. Au besoin, on soutient leurs tiges avec des tuteurs. Dans le courant d'août, quand les graines sont mûres ou à peu près, on coupe les tiges, on les réunit en bottes, et on les suspend dans un lieu sec et aéré, où les graines achèvent de mûrir. Ces graines peuvent se conserver deux ans; à trois ans une notable partie a déjà perdu sa faculté germinative.

Poireaux (*Allium porrum*). Le poireau est originaire du midi de l'Europe. Il est bisannuel dans la nature, mais on le cultive souvent dans nos jardins comme plante annuelle. Tandis que l'oignon se plaît dans les climats secs et chauds, le poireau préfère les climats doux et humides; il veut en outre une terre profonde, meuble, riche, mais qui n'ait point été récemment fumée.

Les variétés du poireau sont peu nombreuses si on les compare à celles qu'on a obtenues de l'oignon. En France elles se réduisent à peu près aux suivantes : le *poireau long*, le *poireau gros court* (fig. 58), le *poireau très-gros de Rouen*, qui devient énorme, et le *poireau jaune du Poitou* (fig. 59). Quelques

Fig. 58. — Poireau gros court. Fig. 59. — Poireau jaune du Poitou.

horticulteurs ont récemment introduit le *poireau vivace*, qui ne diffère du poireau long commun que par des bulbilles qui se forment autour du plateau de sa racine, et qui servent à le multiplier. Nous rappellerons que la partie utile du poireau est cette espèce de tige plus ou moins enterrée et blanche, qui est formée par les bases emboîtées des feuilles.

On sème le poireau en février ou mars, en pleine terre et à la volée. S'il y a lieu on éclaircit le plant, et on l'arrose copieusement dans les temps de sécheresse. En mai ou juin, quand il est arrivé à la grosseur d'un tuyau de plume ou un peu plus, on l'enlève avec la bêche, on rogne les racines un peu court ainsi que l'extrémité des feuilles, et on le repique en lignes, au plantoir, à $0^m,15$ ou $0^m,20$ de distance en tous sens. Il faut planter profondément, afin d'allonger la partie blanche de la tige; on tasse peu la terre autour du pied, mais on donne un bon arrosage au goulot pour y suppléer. Le poireau est plus avide d'eau que l'oignon, et on ne doit pas la lui ménager. On peut de loin en loin mêler un peu de colombine pulvérisée ou de poudrette à l'eau d'arrosage, ce qui accroît sensiblement la vigueur des plantes. On sarcle et on bine suivant le besoin. Enfin, un mois ou six semaines après le repiquage, on coupe à moitié de leur longueur les plus grandes feuilles, ou on les casse par le milieu sans les détacher; cette opération fait refluer la sève sur la tige et la fait grossir.

On pourrait se dispenser de repiquer les poireaux et les laisser sur la planche du semis. C'est ainsi du reste qu'on procède, en grande culture, aux environs de Paris. Il faut seulement, dans ce cas, éclaircir le semis, pour laisser aux plantes l'espace nécessaire. Les poireaux obtenus de cette manière sont moins gros que ceux qu'on a repiqués, mais ils n'en font pas moins un bon usage. Tous les poireaux semés au printemps, qu'ils aient été repiqués ou non, sont bons à consommer dès l'entrée de l'hiver. Si le climat du lieu est doux on les laisse en place, pour les arracher au fur et mesure du besoin; si on craint la gelée on les arrache pour les mettre en jauge, les racines couvertes d'une bonne épaisseur de terre et les feuilles en dehors, et on recouvre le tout d'un paillis.

A Paris, où les cultures doivent être hâtées par tous les moyens afin de satisfaire aux exigences du marché, on fait un dernier semis de poireaux dans la seconde quinzaine de septembre, mais on sème clair et on ne repique pas le plant, qui est bon à récolter en juin. Cependant on obtient aussi à la même époque des poireaux plus volumineux, hâtés sur couche chaude, qu'on sème en décembre et janvier. La variété préférée pour cet usage est le poireau gros court de Rouen, qui est plus précoce que les autres. Le plant se repique en pleine terre au commencement de mars, dans les mêmes conditions que nous avons indiquées pour les semis de pleine terre.

Le poireau destiné à porter graines se sème en juillet ; on le repique en septembre, et si l'hiver est rigoureux, on le couvre de litière. On peut aussi réserver pour porte-graines les plus beaux poireaux des semis de printemps, repiqués à part. En septembre les graines sont mûres ; on coupe alors les tiges, qu'on lie en bottes pour les porter au grenier. De même que la graine d'oignon, celle de poireau se conserve deux ans, difficilement trois.

Fig. 60. — Ail commun.

Ail (*Allium sativum*) (fig. 60). L'ail, de même que le poireau, est originaire du midi de l'Europe, et il y est employé comme condiment depuis les temps les plus anciens. On en consomme encore aujourd'hui beaucoup plus dans le midi que dans le nord, cru ou cuit. L'ail est banni des jardins maraîchers de Paris, mais on le cultive en grand dans quelques communes des environs, notamment à Aubervilliers (1). On le trouve dans tous les jardins potagers particuliers.

L'ail tient beaucoup du poireau par le port, mais avec une taille beaucoup moindre. Sa partie utile est ce qu'on nomme la *tête*, sorte de bulbe souterrain composé de 10 à 12 bulbes plus petits, ou *gousses*, réunis sous une

(1) A Aubervilliers, près de Saint-Denis, un hectare planté de 15 hectolitres de caïeux d'ail produit en moyenne 180 hectolitres.

enveloppe commune. Ces gousses ne sont en réalité que des caïeux, comme ceux de beaucoup d'autres plantes bulbeuses. Ces caïeux servent à peu près exclusivement à la reproduction de l'espèce.

On connaît plusieurs variétés d'ail, mais la seule que l'on cultive habituellement dans le nord et le centre de la France est l'*ail rose*, ou *hâtif*. L'ail aime les terres saines et légères, plutôt sèches qu'humides, et les expositions chaudes. A Paris on le plante en février et mars, à 15 centimètres environ de distance entre les gousses. La récolte se fait en juillet et août, alors que les feuilles jaunies annoncent la maturité des bulbes. Ceux-ci retirés de terre sont laissés quelques jours sur le terrain pour achever d'y mûrir, puis on les rentre au grenier, attachés en bottes par leurs tiges. Dans les campagnes on les suspend aux plafonds des cuisines pour les avoir sous la main au moment de s'en servir. Dans le midi, et quelquefois aussi dans le nord, on plante l'ail au mois d'octobre, pour le récolter quand la provision d'hiver est épuisée.

Outre l'ail ordinaire on trouve encore dans quelques jardins, surtout dans ceux du midi, deux autres espèces d'ail, savoir l'*ail rouge* (*Allium scorodoprasum*) et l'*ail d'Orient* (*Allium ampeloprasum*), dont les usages et la culture sont les mêmes que ceux de l'ail commun. On peut encore citer l'*ail rocambole*, dont l'inflorescence produit des bulbilles au lieu de fleurs.

Échalote (*Allium ascalonicum*). Originaire de Syrie, l'échalote est entrée depuis des siècles dans le jardinage potager de l'Europe au même titre que l'ail, c'est à dire comme condiment. Elle tient cependant plus de l'oignon que de l'ail, car elle a comme lui les feuilles fistuleuses, et sa saveur la rapproche aussi davantage de l'oignon. Ses bulbes, ou caïeux, naissent en grand nombre sur un même plateau ; ils sont coniques, plus ou moins comprimés par les côtés où ils touchent aux bulbes voisins ; ils sont couverts d'une enveloppe dont la couleur varie suivant les variétés. De même que l'ail, l'échalote se reproduit uniquement de caïeux. Aux environs de Paris, c'est le village d'Aubervilliers qui a le monopole de sa culture, et on l'y récolte surtout en vert, car on mange les feuilles de l'échalote aussi bien que ses bulbes, soit en assaisonnements, soit en fournitures de salades.

Les variétés cultivées de l'échalote sont : l'*échalote ordinaire*, dont les bulbes sont de la grosseur d'une noisettte, couverts d'une pellicule jaune rougeâtre; ses feuilles ne dépassent pas 0m,25 à 0m,30 ; la *grosse échalote*, dont les bulbes atteignent au volume d'une noix, et sont revêtus d'une enveloppe brunâtre ; ses feuilles s'élèvent à 0m,40 ou 0m,50 ; ainsi que la précédente elle est très-cultivée partout ; l'*échalote de Jersey*, à bulbes plus gros encore que ceux de la précédente et plus arrondis, presque semblables du reste à des bulbes d'oignon, qu'ils rappellent même par leur pellicule rougeâtre, et leur odeur ; les feuilles en sont glauques, courtes, mais bien fournies ; cette variété est la plus hâtive de toutes. mais ses bulbes sont tendres et se conservent difficilement ; enfin la *grosse échalote d'Alençon*, qui pourrait n'être qu'une sous-variété de la précédentte, dont elle diffère cependant par des bulbes encore plus gros, mais toujours tendres et sujets à pourrir. Elle a aussi les feuilles plus longues et plus glauques que l'échaloté de Jersey.

L'échalote participe du tempérament de l'ail, aimant comme celui-ci les terrains légers, secs et à exposition chaude. On la multiplie de caïeux plantés en février ou mars, à 0m,8 ou 0m,12 de distance suivant les variétés, et à fleur de terre, pour éviter l'humidité, qui lui est très-préjudiciable. En été on se borne à donner quelques binages et on fait la récolte en juillet, les feuilles étant encore vertes. Pour les pieds qui doivent fournir la semence, on attend que leurs feuilles soient desséchées; on les arrache alors et on les rentre en lieu sec, après les avoir laissés quelque temps sur la terre. L'échalote de Jersey et la grosse d'Alençon se plantent avec plus d'avantage en octobre qu'au printemps, parce qu'il leur faut plus de temps qu'aux deux autres pour mûrir leurs bulbes.

Ciboule et **ciboulette** ou **civette.** Ces deux plantes potagères, assez voisines l'une de l'autre, sont en quelque sorte des oignons en diminutif, ayant comme lui les feuilles fistuleuses ; mais leurs bulbes, très-petits, ne sont pas employés dans l'usage économique ; on se borne à récolter leurs feuilles, qui servent de condiments.

La *ciboule* (*Allium fistulosum*) ne date guère que de deux à trois siècles dans nos jardins potagers. Son origine n'est pas très-certaine, les uns la faisant venir de Sibérie, les autres de l'orient de l'Europe ; cette dernière opinion est la plus vraisemblable.

La ciboule se multiplie de graines comme l'oignon. Les premiers semis se font en février, en place et à la volée. On piétine le terrain et on le nivelle. On répète ce semis de mois en mois jusqu'en juillet, pour avoir des feuilles pendant toute la durée de l'été. Vers la fin de novembre, ou plus tard si les froids ne sont pas à craindre, on arrache ce qui reste de ciboule et on le met en jauge, qu'on recouvre de litière pendant les gelées, afin de cueillir encore des feuilles en hiver. Les graines de ciboule se récoltent sur des pieds tenus en réserve des semis de printemps, et auxquels on n'a point fait de coupes de feuilles. La récolte se fait en août, et on met au sec les ombelles qui contiennent la graine comme on le fait pour celles des oignons et des poireaux. Cette graine se conserve deux ans.

La *civette* ou *ciboulette* est indigène dans le midi de la France. Ses feuilles, frisées et denses, forment des touffes ou de petits gazons verdoyants de 0m,15 à 0m,20 de hauteur, qu'on prendrait de loin pour ceux d'une graminée. On la cultive plutôt en bordure qu'en planches, et on a remarqué qu'elle pousse d'autant mieux qu'elle est plus souvent coupée. Elle est surtout employée comme fourniture de salade.

La ciboulette se plante en février et mars, à l'aide des caïeux que l'on sépare sur des pieds de l'année précédente, et qu'on a couverts de terreau pour leur faire passer l'hiver. Nous devons faire observer que les bulbes ou caïeux sont d'autant meilleurs pour la reproduction qu'on a moins coupé de feuilles sur les pieds mis en réserve pour les fournir.

CHAPITRE III.

LES. LÉGUMES HERBACÉS.

---

§ Ier. — CONSIDÉRATIONS GÉNÉRALES.

Les légumes de cette section tiennent, dans le jardinage potager, une plus large place que ceux de la section précédente, qui, par compensation, empiètent davantage sur le domaine de l'agriculture. Considérés d'une manière générale, ils s'accommodent mieux des pays du nord que de ceux du midi, des climats frais et humides que des climats secs et chauds, et c'est en effet sous de certaines conditions de chaleur humide et tempérée qu'ils prennent leur plus grand développement et acquièrent toutes leurs qualités, parmi lesquelles on compte en première ligne le volume et la succulence. Presque tous les légumes demandent des terres profondes, fertiles et d'autant plus arrosées que leur végétation foliacée est plus considérable.

Malgré ces analogies, qui ne sont que générales, on trouve de grandes différences entre ces divers légumes quant à la nature des parties que nous utilisons dans chacun d'eux. Ici ce seront des tiges rudimentaires, parfois presque souterraines, comme dans l'asperge; là ce seront des feuilles, partiellement ou entièrement développées, ainsi que nous le montrent de nombreuses races de choux, les salades, les épinards, ou seulement une partie de la feuille comme chez les cardons, les cardes et la rhubarbe; ailleurs ce seront des inflorescences ou des fleurs, par exemple dans les choux-fleurs, l'artichaut, la capucine. Nous pourrons même y réunir certains légumes, d'une faible importance il est vrai, dont les fruits se consomment verts et à l'état herbacé. On voit par cette courte exposition que le groupe des légumes qui va nous occuper se relie, d'une part aux légumes-racines, d'autre part aux légumes-fruits ; c'est suffisamment indiquer la marche que nous avons à suivre pour en faire l'histoire horticole.

§ II. — ASPERGES.

L'asperge (*Asparagus officinalis*) (fig. 61) est une plante vivace, de la famille des liliacées, indigène en Europe dans quel-

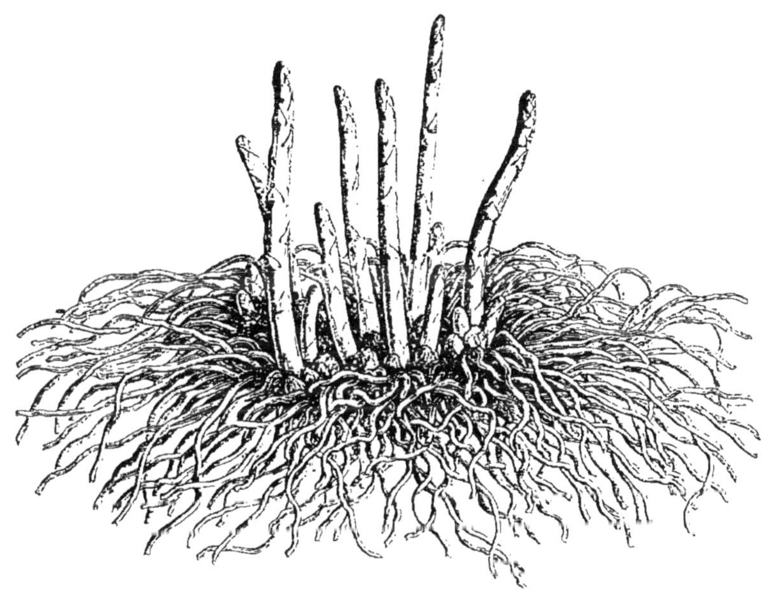

Fig. 61. — Plant d'asperge.

ques localités maritimes, et depuis plusieurs siècles introduite dans la culture potagère. Elle se compose d'un rhizome souterrain, appelé *griffe*, duquel sortent tous les ans des turions ou bourgeons, qui s'élèvent verticalement et deviennent les tiges aériennes de la plante. Ces turions sont la partie utile de la plante, mais il faut les cueillir à leur sortie de terre, quand ils sont tendres et succulents. Transformés en tiges, ils s'élèvent à

1^m, ou 1^m50, fleurissent et produisent des graines, dont on se sert pour renouveler le plant. L'asperge a peu varié; on en distingue néanmoins deux variétés principales, l'*asperge verte commune* ou d'*Aubervilliers*, et l'*asperge de Hollande*, toutes deux violacées au sommet du turion, mais la seconde plus que la première, qui est aussi plus verte. On a voulu trouver diverses sous-variétés dans l'asperge de Hollande, telles que les *asperges de Gand, de Flandre, de Marchiennes, d'Ulm, d'Allemage, d'Orléans, de Vendôme*, etc., qui ne sont rien de plus que l'asperge de Hollande proprement dite; toutefois, par une sélection sévère des porte-graines et par une bonne culture, on est parvenu à obtenir des asperges plus grosses, plus hâtives ou plus tardives que le type, mais ce ne sont là que des variations individuelles, et qui dégénèrent très-promptement par l'absence de soin.

L'asperge se multiplie de graines, et quand on veut créer une aspergerie on procède de la manière suivante : on sème en mars, à la volée et en pépinière, sur une terre fumée et préparée; on plombe le terrain et on donne un bassinage. La graine lève, et le plant est bon à mettre en place à la fin de l'année; il est même préférable au plant plus âgé; néanmoins beaucoup de jardiniers attendent à l'année suivante pour faire l'opération. On doit donner la préférence à celles des jeunes griffes dont les racines sont grosses, bien nourries et peu nombreuses.

Le terrain sur lequel on veut établir l'aspergerie est d'abord défoncé, puis divisé en planches de $1^m,30$ de largeur. De deux planches contiguës, l'une est creusée à $0^m,40$ de profondeur, et la terre est rejetée sur la planche d'à côté, à laquelle on ne touche pas. On forme ainsi alternativement une planche creuse, ou fosse, et une planche relevée en billon. Cette planche en saillie est utilisée par des cultures intercalaires d'une prompte venue.

En février on fume abondamment le fond des fosses, en y répandant, sur $0^m,15$ d'épaisseur, du fumier de couche à demi consommé, qu'on bat à la fourche et qu'on tasse avec les pieds. On remet sur ce fumier $0^m,10$ de la terre qu'on avait déposée sur la planche d'à côté, puis on plante les griffes, sur trois rangs, et en quinconce, dans chaque fosse, en commençant par la ligne du milieu. Les deux lignes latérales sont à 0m,45 de la ligne médiane, et par conséquent à 0m,20 des bords de la fosse. On laisse de même 0m,45 d'intervalle entre les griffes d'une même ligne. Ceci fait, on recouvre la plantation de 0m,10 de terre fine. Pendant la végétation on donne de légers binages, qui ne consistent guère qu'à gratter la surface du sol, afin de ne pas atteindre les griffes, et on arrose s'il en est besoin. Nous devons faire observer qu'en plantant les griffes il faut faire attention à ne pas les mettre sens dessus dessous, c'est-à-dire le côté supérieur en bas et réciproquement, parce qu'en croissant ces griffes s'enfonceraient de plus en plus profondément dans la terre.

En automne on coupe au raz du sol les tiges desséchées et on les enlève; on brise ou gratte la surface du terrain et on y répand un peu de fumier gras à demi consommé. En mars nouveau binage, dans lequel on mêle le fumier à la terre, puis on recharge les planches de 0m,05 de terre.

L'année d'après on pourrait déjà récolter quelques asperges, mais il vaut mieux attendre à l'année suivante, qui est la quatrième à partir de la plantation, afin de laisser les plantes prendre de la force. Au printemps et en automne on répète les binages indiqués ci-dessus, et on recouvre les fosses de 0m,15 à 0m,20 de terre, de telle sorte que les asperges se trouvent buttées. Cette opération peut se faire au commencement ou à la fin de l'hiver, mais toujours avant que les premiers turions sortent de terre. En avril, plus tôt ou plus tard, la récolte commence, et on coupe toutes les asperges, à mesure qu'elles paraissent, jusqu'à la fin de juin; on cesse alors pour ne pas fatiguer le plant, et on le laisse croître à volonté. En juillet on décharge la fosse, en ramenant la terre sur les planches vides ou billons, et en n'en conservant que 0m,07 à 0m,08 sur les griffes, jusqu'au commencement de l'hiver, époque où il faudra donner une nouvelle fumure. L'asperge, en effet, est avide d'engrais, et on doit la fumer tous les ans pendant les cinq ou six premières années, après quoi on ne fume que tous les deux ans. Une aspergerie conduite de cette manière peut durer dix ans ou plus. Faisons remarquer, avant d'aller plus loin, que dans les terres arides et légères il vaut mieux planter les griffes en août qu'en mars, parce que la griffe prend tout de suite et s'attache au terrain.

La méthode que nous venons de décrire, et dans laquelle l'asperge est cultivée en fosses, a été longtemps la seule suivie; mais elle a été considérablement modifiée, depuis quelques années, par un certain nombre d'habiles praticiens, notamment par ceux d'Argenteuil, qui ont fait une spécialité de la culture de l'asperge, et qui la déclarent fautive en ce que les asperges y sont plantées trop bas et le fumier placé trop loin de ses racines. Plusieurs sont d'avis que l'asperge doit être plantée superficiellement, et sur un sol partout de niveau; d'autres, sans être si explicites, reconnaissent que les asperges, ayant besoin de sentir les influences atmosphériques, doivent être alternativement déchaussées et rebutées tous les ans. C'est ce que font, entre autres, les jardiniers d'Argenteuil, qui, après la récolte, déchaussent leurs plantes, ne les laissant couvertes que de quelques centimètres de terre, mais les rebuttent au premier printemps, pour préserver de la gelée les turions qui s'apprêtent à sortir, et aussi pour les conserver blancs dans une plus grande partie de leur longueur. La profondeur la plus convenable, d'après eux, est de 0m,15 à 0m,20, suivant que le sol est plus ou moins compacte ou léger. Chaque année, à l'automne, ils déchaussent et enlèvent les petites buttes qu'ils ont faites au printemps; ils profitent de l'occasion pour visiter les racines, les nettoyer, enlever celles qui ont péri, et y déposer de l'engrais, qui se trouve par là directement en contact avec la plante. Ces mêmes jardiniers donnent la préférence aux plants d'une année de semis, n'ayant que sept à huit racines assez courtes, mais qui en revanche sont pourvus d'un œil très-développé, car ce sont ceux-là qui donnent les plus belles asperges, sans être cependant ceux qui en donnent le plus. Nous avons à peine besoin de rappeler que c'est à Argenteuil que se récoltent les plus grosses et les plus belles asperges du monde entier (1), mais peut-être ne sont-elles pas les meilleures.

Au surplus, les méthodes de culture de l'asperge ne sont pas identiques dans tous les pays, quoique les principes généraux restent les mêmes et soient de mise partout. Nous pouvons les résumer en quelques mots, d'après un des rédacteurs de la *Revue horticole* (2) : donner la préférence aux griffes les plus jeunes et les plus courtes possibles; planter en automne dans les terrains très-légers et très-sains, et même en hiver, surtout dans le midi; si on choisit l'époque du printemps, c'est-à-dire de février en avril, toujours planter avant l'entrée en végétation; ne faire des fosses et ne planter bas que quand on ne pourra pas faire autrement, et jamais, s'il se peut, dans les terres fortes et humides, si ce n'est après les avoir drainées et convenablement amendées; enfin se rappeler que c'est dans les terrains sableux qu'en général les asperges viennent le mieux et sont les meilleures, et qu'on peut même les cultiver avec succès jusque sur les dunes des bords de la mer, ce qui permet d'utiliser ces terrains, autrement improductifs.

On peut même intercaler les asperges à d'autres cultures, ainsi qu'on le fait à Argenteuil, où elles sont plantées dans les vignes. Toutefois, leur riche production ne se soutient, sans détriment pour les autres plantes, que par l'abondance des engrais. L'engrais le plus usité à Argenteuil est la gadoue, c'est-à-dire la boue des rues de Paris, qu'on s'y procure à très-bon compte.

La récolte de l'asperge se fait au moyen de couteaux à long manche et à lame courbe, dont la forme, du reste, varie suivant les habitudes locales. Pour s'en servir, on déchausse un peu l'asperge avec la pointe de l'instrument, et on la tranche entre deux terres, à 0^{m},08, 0^{m},10 ou 0^{m},12 au-dessous de la surface du terrain. Cette profondeur est naturellement en rapport avec l'épaisseur de terre qui recouvre les griffes, et on l'augmente ou la diminue suivant le cas, mais en ayant

(1) MM. Lhérault-Salbœuf et Louis Lhérault se sont particulièrement distingués parmi les cultivateurs d'asperges d'Argenteuil.

(2) M. Clémenceau, *Rev. hort.*, 1868, p. 413.

toujours soin de ne pas enfoncer le couteau au point de couper et de blesser le rhizome de la plante. Suivant le goût du consommateur, on coupe l'asperge soit au moment où sa pointe affleure la surface du sol, soit quelques jours plus tard, quand elle a atteint à 10, 15 ou 20 centimètres, et qu'elle est devenue verte dans une bonne partie de sa longueur. A cet état elle a une saveur plus prononcée que celle qui a été cueillie très-jeune, et elle est préférée à cette dernière par beaucoup de consommateurs.

Un légume aussi recherché que l'asperge ne pouvait manquer d'être soumis à la culture forcée, et nos jardiniers maraîchers y excellent. Deux méthodes sont particulièrement suivies pour atteindre ce but.

La première s'applique aux planches d'asperges en pleine terre. C'est ordinairement en novembre que commence l'opération, et elle peut se renouveler de vingt en vingt jours, jusqu'à la fin de février, si on tient à avoir des asperges bonnes à couper pendant toute la durée de l'hiver. Voici, d'après M. Courtois-Gérard, comment on y procède : après avoir placé les coffres à châssis sur les planches qu'on veut forcer, on étend un lit de terreau sur les asperges, puis on enlève des sentiers, jusqu'à $0^{m},50$ de profondeur, la terre qu'on dépose sur les planches, de manière à les recharger de $0^{m},33$, et cela afin d'avoir des asperges beaucoup plus longues, puis on remplace la terre des sentiers par un réchaud de fumier neuf, élevé jusqu'à la hauteur du bord supérieur des coffres, qu'on recouvre de panneaux vitrés. Toutefois, avant de placer ces panneaux, on étend un lit de fumier sur la planche afin d'activer la végétation, mais on l'enlève aussitôt que les asperges commencent à sortir de terre. Quel que soit l'état de la température, on ne donne point d'air à ces asperges, et pendant la nuit ou le mauvais temps on couvre les panneaux de paillassons pour y concentrer la chaleur. On remanie les réchauds tous les dix ou quinze jours, en y ajoutant à chaque fois assez de fumier neuf pour porter la chaleur au minimum de 15 degrés; mais il est avantageux qu'elle dépasse ce chiffre et arrive à 20 ou même à 25°. Si la température est soutenue, on peut commencer la récolte vingt à vingt-cinq jours après le début de l'opération. On coupe alors les asperges tous les deux ou trois jours, jusqu'à ce qu'elles soient épuisées. La récolte finie, on remet graduellement les choses dans leur premier état, c'est-à-dire qu'on enlève les coffres et les réchauds et qu'on recomble les sentiers. Pour ne pas épuiser le plant trop vite, on est dans l'habitude de ne le forcer qu'une fois en deux ans. Les asperges obtenues par ce moyen sont blanches.

La seconde méthode fournit des asperges vertes, et, au lieu de s'adresser aux planches de pleine terre, elle procède sur couche. En octobre, ou plus tard, on prépare une couche de $0^m,60$ à $0^m,80$ d'épaisseur, partie avec du fumier de cheval neuf, partie avec du fumier recuit, auquel on ajoute du fumier de vache, de telle sorte en un mot qu'il s'y produise une chaleur de 20 à 25 degrés. La couche ayant été chargée de quelques centimètres de terreau et couverte de coffres, on y dépose les griffes d'asperges, qu'on a dû tenir toutes préparées d'avance, et au bout de quelques jours on les recouvre d'une faible épaisseur de terreau. Suivant la température extérieure, plus haute ou plus basse, on augmente ou diminue la hauteur des réchauds que l'on a dû élever à l'entour de la couche, et on leur ajoute du fumier neuf si cela devient nécessaire; on couvre d'ailleurs les coffres avec des paillassons pour y conserver la chaleur. Dès que les asperges se montrent, il faut leur donner de l'air pendant le jour, à moins que le temps ne soit trop froid. Au bout de douze à quinze jours la plantation commence à produire, et elle donne pendant environ trois mois, après quoi le plant est épuisé, et n'a plus de valeur.

Un troisième moyen pour forcer les asperges a été imaginé par un habile jardinier de Clichy-la-Garenne, M. Cauconnier, qui l'a fait connaître récemment à la Société impériale d'horticulture. Ce moyen, jusqu'ici très-exceptionnel, consiste à cultiver l'asperge en serres chauffées exclusivement par des tuyaux de thermosiphon, qui circulent sous le plancher en brique des bâches dans lesquelles les griffes sont plantées.

C'est, comme on le voit, une application du principe de la culture géothermique, dont nous avons parlé dans un précédent volume (1). Les serres sont à double vitrage pour que la température s'y conserve plus uniforme. Dans l'intérieur de la serre, les planches que les asperges doivent occuper sont creusées à 1^m de profondeur, et les parois en sont soutenues par des murs en briques. A $0^m,30$ du fond est établi un plancher de larges briques, au-dessous duquel circulent les tuyaux d'un thermosiphon (2). Sur ce plancher est un lit de terre de $0^m,06$ à $0^m,09$ d'épaisseur, sur lequel sont posées, se touchant l'une l'autre, des griffes d'asperges de trois ans. On attend quelques jours avant d'allumer les fourneaux, afin d'habituer graduellement les plantes à la haute température qu'elles sont destinées à endurer ; elle est fort élevée en effet, puisque au-dessous du plancher de briques la température de l'air confiné s'élève à 70 ou même 80 degrés centigrades, chaleur qui est cependant considérablement atténuée par le plancher de briques et par la couche de terre sus-jacente. On commence à cueillir des asperges onze à douze jours après que les fourneaux ont été allumés, et cela se continue pendant deux mois. Chez M. Cauconnier ces cultures forcées commencent en septembre, et se succèdent jusqu'au mois d'avril (3). Sans porter un jugement définitif sur cette méthode nouvelle, on peut dire du moins qu'elle montre le parti qu'on peut tirer de la chaleur du thermosiphon dans la culture potagère. Nous avons dit ailleurs que M. le comte de Lambertye s'en est aussi servi avec avantage, mais avec des appareils assez différents de ceux qui sont employés ici.

Un point important dans la culture de l'asperge, et sur le-

(1) Tom. I, p. 410 et suivantes.

(2) Le thermosiphon employé par M. Cauconnier est construit d'après le système Cerbelaud, qui est d'invention récente. Ce système a été approuvé par la Société impériale d'horticulture.

(3) Douze serres fonctionnent ainsi tout l'hiver dans l'établissement de M. Cauconnier, et, pour les garnir, il lui faut les griffes de plus de 4 hectares de terrain. Il lui arrive parfois de récolter quatre à cinq cents petites bottes d'asperges dans une seule journée. Ajoutons que son système de culture ne répond pas encore tout à fait à ses vues, et qu'il s'occupe sans relâche de le perfectionner.

quel nous ne saurions trop appeler l'attention du lecteur, est le choix des porte-graines. Ordinairement les jardiniers se contentent de récolter les graines indistinctement sur tous les pieds de l'aspergerie, lorsque les baies ont atteint leur maturité, mais ce procédé est vicieux par le défaut de sélection. On ne doit prendre que les graines des plus beaux pieds, de ceux qui donnent les plus grosses asperges, si on tient à avoir du plant de première qualité, et c'est à cette précaution que les aspergeries d'Argenteuil doivent d'être sans rivales. Il ne suffit même pas de marquer d'avance les pieds d'élite dont on veut faire des porte-graines, il faut encore les tenir éloignés des pieds plus médiocres dont on ne songe point à récolter les graines, parce qu'au moment de la floraison l'échange des pollens entre ces plantes en altérerait le produit dans une certaine mesure. En somme, on devrait avoir spécialement, pour la production des graines, des plantes entièrement isolées de l'aspergerie, et sur lesquelles on ne couperait que peu ou point d'asperges, afin de leur laisser toute leur vigueur. En choisissant avec sagacité les plantes porte-graines, on pourrait obtenir des sous-variétés qui se distingueraient par quelque caractère particulier, tels que la grosseur des turions, la précocité, la tardiveté, etc., toutes variations qui ont chacune leurs avantages.

Une seule espèce du genre *Asparagus* a été soumise à la culture, c'est celle dont nous venons de parler; mais il y en a d'autres, restées encore à l'état sauvage, dont on récolte les pousses au printemps, pour les manger à la façon de l'asperge ordinaire. C'est, par exemple, le cas de l'*Asparagus acutifolius*, qui croît communément dans les lieux incultes du midi de la France. Ses pousses grêles, mais très-longues, sont récoltées par les gens des campagnes, et, réunies en bottes, elles sont vendues sur les marchés. Quelques personnes les trouvent plus fines de saveur que celles de l'asperge cultivée. Il est vraisemblable que cette espèce, de même que plusieurs autres, pourrait s'améliorer par la culture.

§ III. — LES CHOUX.

Le chou, par ses usages économiques et par ses nombreuses variétés, tient une des premières places parmi les légumes de nos potagers. Quelques botanistes le croient indigène de nos côtes maritimes (1), et on l'y retrouve encore çà et là à l'état spontané. Cultivé depuis l'antiquité la plus reculée, ainsi qu'en témoignent les écrits des anciens, il a donné naissance à une multitude de races, de sous-races et de variétés, souvent si différentes l'une de l'autre qu'on a peine à les rattacher à une seule et même espèce. Cependant, malgré leurs différences apparentes, la plupart de ces races se croisent les unes avec les autres et dégénèrent rapidement, ce qui oblige à tenir les porte-graines isolés ou à les faire fleurir à des époques différentes.

Les choux se sont accommodés de tous les climats de l'Europe; néanmoins leur origine maritime se trahit encore par la préférence marquée qu'ils ont pour les climats frais et humides de l'Europe occidentale. Les plus beaux choux se récoltent en Angleterre, dans les îles de la Manche, en Normandie, dans le nord de l'Allemagne, dans l'ouest de la France; les régions chaudes et sèches du midi leur conviennent moins, et leur culture y devient plus hivernale que dans le nord. Toutes les races n'ont pas d'ailleurs la même rusticité : les choux frisés du nord, le chou vivace de Daubenton, sont ceux qui résistent le mieux aux rudes hivers du nord de la France ou de l'Allemagne; après eux viennent le chou cavalier de Bretagne et le chou branchu du Poitou; puis le chou de Lannilis et le chou-rave, qui sont souvent détruits par les gelées, même à la latitude de Paris.

Toutes les terres conviennent à la culture des choux, pourvu qu'elles soient fraîches et un peu humides. Il en résulte qu'ils réussissent mieux dans les terres fortes que dans

(1) Le chou ayant des noms dans les langues celtiques, on peut en faire un argument en faveur de son origine européenne. Le fait est qu'on ignore d'où il a été tiré primitivement.

les terres légères, qui se dessèchent trop facilement. Tous aiment les engrais, et ils s'accommodent surtout de ceux qui contiennent des sels alcalins ou du chlorure de sodium, tels que les fumiers d'étable, les boues de ville, les curures de mares et de fossés, les platras et les composts dans lesquels entre le purin de fumier. L'analyse chimique a fait reconnaître aussi que les choux contiennent tous, et dans des proportions diverses suivant les races, du soufre à l'état de combinaison, ce qui explique pourquoi le plâtre ou sulfate de chaux compte au nombre des engrais qu'on peut leur appliquer avec avantage.

Au point de vue des usages domestiques les diverses races de choux se divisent en deux catégories : les *choux fourragers* ou *choux verts*, qui appartiennent à la grande culture et servent principalement à l'alimentation du bétail, et les *choux potagers*, qui sont spécialement du domaine des jardins. Les choux fourragers se distinguent des autres en ce qu'ils ne pomment pas, qu'ils sont de grande taille et ont un feuillage large et abondant. Ils sont surtout employés à la nourriture des vaches, dans l'ouest et le nord de la France.

Parmi ces races fourragères se rangent : le *chou cavalier*, dont les tiges élancées et hautes de deux à quatre mètres, deviennent plus ou moins ligneuses (1); il est commun surtout en Bretagne et en Normandie; le *chou branchu du Poitou*, moins haut que le chou cavalier, d'une verdure plus pâle, se ramifiant dès la base et formant le buisson; c'est une race très-productive en feuilles; le *caulet de Flandre*, assez voisin encore du chou cavalier, mais qui s'en distingue par une taille moins élevée et par la teinte rouge-violâtre de ses feuilles, parcourues de nervures dont la couleur tire sur le pourpre; le *chou vivace de Daubenton*, qui appartient à la même race que le chou branchu du Poitou, avec des rameaux plus grêles, plus allongés, parfois décombants et se marcottant d'eux-mêmes lorsqu'ils touchent le sol; le *chou moellier*, qui sert de nourriture au bétail aussi bien par sa tige fusiforme,

(1) On en fait même des cannes dans l'île de Jersey, où cette curieuse race de choux prend le plus beau développement.

renflée et remplie d'une moelle abondante, que par ses feuilles; le *chou de Lannilis*, moins élevé que le chou moellier, mais ayant comme lui la tige renflée, d'ailleurs plus productif en feuilles; le *chou-rave* ou *Kohlrabi*, que nous avons déjà vu figurer plus haut parmi les plantes potagères, et que sa tige courte et renflée en boule rapproche dans une certaine mesure du chou-moellier; il appartient à la culture fourragère autant qu'au jardinage potager; les *choux frisés du nord*, qui se distinguent très-aisément des autres choux à leurs feuilles allongées, plus ou moins finement découpées, vertes ou rougeâtres suivant les variétés; enfin les *choux prolifiques anglais*, à feuilles ondulées, et qui sont caractérisés par les excroissances foliacées et crépues qui naissent çà et là des nervures de leurs feuilles. Quoique assignées à la culture fourragère, ces diverses races de choux entrent aussi dans l'alimentation du peuple des campagnes, et c'est ce qui nous a amenés à en parler ici.

Fig. 62. — Chou d'York.

Les races de choux vraiment potagères ont un intérêt plus direct pour nous. Elles sont plus nombreuses encore que les races fourragères, et forment plusieurs groupes fort distincts. Parmi elles il y en a qui pomment et d'autres qui ne pomment pas. Chez quelques-unes c'est l'inflorescence elle-même qui est la seule partie utile et recherchée. Les praticiens s'accordent à répartir ces diverses races dans les trois sections suivantes :

1° Les *choux pommés* ou *cabus*, encore si nombreux qu'on pourrait en faire plusieurs sous-sections, mais parmi lesquelles nous nous bornerons à citer : 1° le *chou d'York* ou *pointu d'Angleterre* (fig. 62), à pomme conique, un peu petite, moyennement serrée, à feuilles vert foncé ; c'est une des races les plus précoces ; ses sous-variétés sont le *chou d'York superfin hâtif*, le *nain hâtif* et le *gros chou d'York* ; 2° le *chou cœur de bœuf* (fig. 63), à pomme ovoïde-oblongue, petite, à feuilles vertes, un peu moins hâtif que le chou d'York, avec lequel il a d'ailleurs de l'affinité ; 3° le *bacalan* ou *chou de Saint-Brieuc*, très-analogue au précédent, mais avec la pomme plus déprimée et plus arrondie, à feuilles vert foncé ; il est aussi précoce que le précédent ; 4° le *chou pointu de Winnigstadt*, à pomme conique et très-serrée, à feuilles vertes et très-bas de tige ; il est à la fois précoce et rustique ; 5° le *chou de Poméranie*, dont la pomme est un cône allongé, à feuilles vert tendre, un peu haut de tige et tardif ; 6° le *chou Joannet* ou *Nantais*, à pomme presque ronde, à feuilles glauques et très-bas de tige c'est une des races les plus précoces, mais en même temps des moins rustiques ; 7° le *chou de Saint-De-*

Fig. 63. — Chou cœur de bœuf.

nis ou d'*Aubervilliers* (fig. 64), à grosse pomme ronde, un peu aplatie, ferme et légèrement teinte de rouge au sommet;

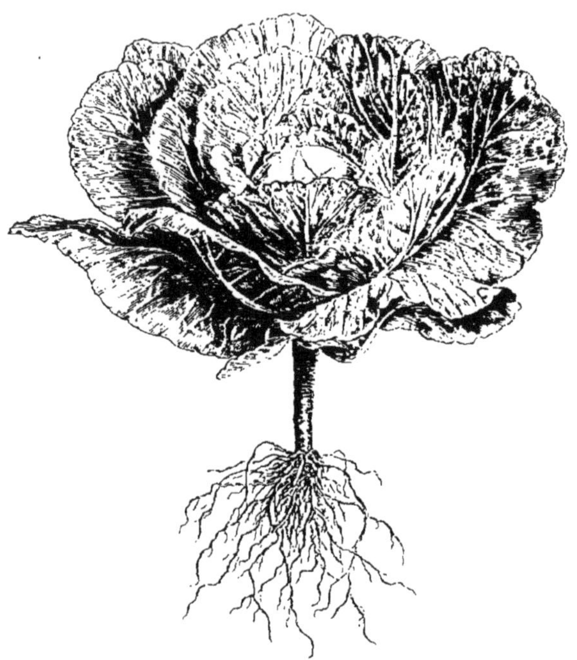

Fig. 64. — Chou de Saint-Denis ou d'Aubervilliers.

excellente variété, qu'on cultive en grand à Aubervilliers; 8° le chou de *Vaugirard*, assez voisin du précédent et comme lui à grosse pomme déprimée, serrée et rougeâtre, mais plus bas de tige; il est tardif et résiste bien à la gelée, ce qui permet de le conserver sur pied jusqu'en mars; 9° le *chou quintal* ou *gros chou d'Alsace*, à pomme très-grosse, ronde, déprimée et très-ferme; ce chou est tardif, mais il est aussi le plus gros des choux pommés; 10° enfin le *chou rouge gros*, à pomme ronde, serrée, d'un rouge violet foncé, et d'une saveur particulière; c'est le plus tardif de tous les choux pommés, et celui qu'on mange le plus ordinairement cru, en salade.

2° La deuxième section comprend les choux à feuilles cloquées et dont la pomme n'est jamais aussi serrée que celle des variétés de la section précédente. Ce sont les *choux de*

Milan proprement dits, subdivisés en variétés assez nombreuses. Citons parmi elles : 1° le *chou de Milan ordinaire* ou *frisé* (fig. 65), à large pomme ronde, d'un vert un peu glauque;

Fig. 65. — Chou de Milan ou frisé.

2° *le chou de Milan des Vertus*, semblable au précédent, mais beaucoup plus gros ; c'est une excellente variété, dont le seul défaut est son imparfaite rusticité sous le climat de Paris ; 3° le *chou de Milan très-hâtif d'Ulm*, qui est petit, mais excellent et très-précoce; 4° le *Milan pancalier de Touraine*, à pomme petite, incomplétement formée, mais à feuillage ample et abondant; quoique un peu tardive cette race est estimée; 5° le *chou de Bruxelles* ou *chou à jets* (fig. 66), qu'au premier abord on pourrait croire très-différent des variétés qui précèdent, mais qui s'y rattache intimement malgré les apparences, et souvent même dégénère en un vrai chou de Milan. Son caractère propre est de produire de 20 à 30 petites pommes, de la grosseur d'une noix, le long de sa tige et au-dessous de la couronne de feuilles par lesquelles celle-ci se termine. On en connaît déjà plusieurs sous-variétés.

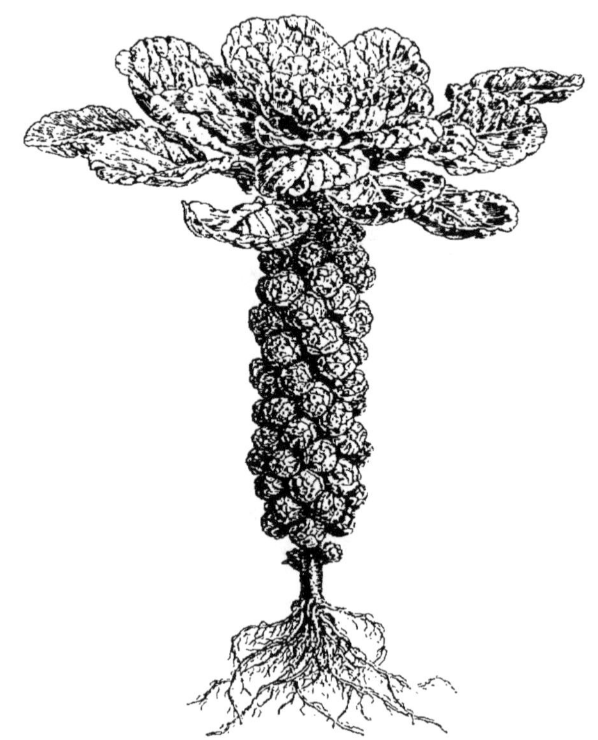

Fig. 66. — Chou de Bruxelles ou à jets.

3° Dans la troisième section se trouvent les choux dont l'inflorescence est la partie comestible. Cette inflorescence, bien avant que les fleurs s'y développent, forme une sorte de large corymbe, entouré par les feuilles, compact, plus ou moins blanc ou coloré, qui finit par se transformer en panicule fleurie si on ne l'enlève point à temps pour le livrer à la consommation. Malgré l'opinion accréditée parmi les botanistes on peut douter que ces choux appartiennent à la même espèce que les autres races ; quelques personnes croient qu'ils ont été apportés d'Orient en Europe au seizième siècle, ou du moins à une époque assez récente.

On en distingue deux races principales, les *choux-fleurs* proprement dits et les *brocolis,* races assez voisines l'une de l'autre et qu'on ne distingue pas toujours aisément. Les choux-fleurs ont les feuilles allongées et lisses, et leurs pommes en corymbes ont une certaine tendance à jaunir; dans le broccoli les feuilles sont plus nombreuses, moins allongées, plus glauques, ondulées, et celles du centre un peu frisées; la pomme dans les bonnes variétés blanches ne se distingue pas de celle du chou-fleur; dans les variétés violettes elle est ordinairement plus petite et le grain (les fleurs) moins serré et moins gros. Les variétés du chou-fleur sont le *gros Salomon* ou *demi-dur* (fig. 67) et le *petit Salomon,* tous deux hâtifs; le

Fig. 67. — Chou-fleur demi-dur ou gros Salomon.

chou-fleur dur de Paris, qui est demi-hâtif; les *choux-fleurs durs d'Angleterre et de Hollande,* qui sont tardifs, et le *chou-fleur noir de Sicile* ou *brocoli violet nain hâtif,* que la couleur violet foncé de sa pomme a fait ranger parmi les brocolis, quoique son feuillage le rattache aux choux-fleurs; c'est une des variétés les plus précoces du groupe. A Paris on ne cultive guère que deux variétés de brocolis, qui sont le *brocoli blanc hâtif* (fig. 68) et le *brocoli violet*, aussi hâtif que le précédent, mais moins estimé.

Fig. 68. — Chou-fleur brocoli blanc hâtif.

La culture des choux varie suivant les races et suivant les lieux. Là où elle est bien entendue on récolte des choux à peu près toute l'année, en jalonnant convenablement les semis de races précoces et de races tardives. C'est ainsi qu'à Paris on voit paraître sur le marché dès le mois d'avril des choux de Milan, qui viennent pour la plupart des cultures de Pontoise; en mai des choux d'York, fournis par les maraîchers de Paris; en juin des choux cœur de bœuf, des choux nantais ou Joannets et des choux de Milan à pied court. Puis surviennent, en se succédant sans interruption, les choux plats d'été, ou choux pommés de Saint-Denis, le Milan des Vertus, le chou quintal, le chou rouge, le chou de Vaugirard et le chou de Bruxelles. En combinant les cultures forcées et les cultures naturelles, les jardiniers fournissent le marché de choux-fleurs et de brocolis pendant toutes les saisons de l'année.

Les semis de choux se font à la volée, sur une planche préparée à cet effet, fumée et terreautée. On donne quelques arrosages suivant le besoin, et on éclaircit le plant s'il y a lieu. Lorsqu'il a trois ou quatre feuilles, on le repique en pépinière d'attente, pour le mettre en place trois semaines ou un mois plus tard. Les choux reprennent avec une grande facilité à la transplantation, qui se fait au plantoir et à racines nues. Il arrive souvent que dans un semis de choux il se trouve des plants dont le cœur est avorté, des *choux borgnes*, comme disent les jardiniers; il faut les rejeter de la plantation, parce qu'ils ne se développent pas, ou du moins se développent mal et ne forment pas de pomme. La distance à mettre entre les plants varie naturellement suivant l'ampleur que prennent les différentes variétés; c'est ainsi, par exemple, que le gros chou d'York, le chou quintal, le bacalan, le Joannet, etc., ne doivent pas être à moins de 0m,60 l'un de l'autre en tous sens, tandis que les petites races, telles que le petit cœur de bœuf, le pain de sucre, le petit chou d'York, etc., peuvent être rapprochées à 0m,40. En ceci, comme dans bien d'autres pratiques du jardinage, c'est l'expérience qui donne la règle. L'époque des semis varie de même suivant les climats et les circonstances, mais il y a des races qui ne peuvent être semées avec profit que dans des saisons déterminées, ainsi que nous allons l'expliquer par ce qui va suivre.

Les choux d'York, qui sont rustiques et généralement précoces, se sèment du 15 au 30 août dans le nord de la France, du 1er au 30 septembre dans le midi. On leur donne les soins indiqués ci-dessus, mais il faut conserver une partie du plant en pépinière, pour remplacer au printemps celui qui tendrait à monter à fleur prématurément, ce qui arrive toujours plus ou moins dans les plantations de choux d'automne. Si le pays est très-froid et la belle saison courte, il vaut mieux semer les choux d'York en mars et avril; on les met alors immédiatement en place au sortir de la planche.

Les gros choux cabus, tels que le chou nantais ou Joannet, le chou de Hollande à pied court, le cabus de Saint-Denis, le chou pointu de Winnigstadt, les choux de Vaugirard et d'Aubervilliers, le chou de Brunswick, et autres analogues, se sèment le plus souvent au printemps dans le nord de la France, quoiqu'on puisse aussi les semer en automne. Au surplus, les semis de choux cabus peuvent être avancés ou retardés suivant que la consommation doit avoir lieu au commencement ou à la fin de l'hiver, car il est bon que les pommes ne se forment pas trop tôt. La distance à mettre entre ces gros choux, au moment de la transplantation, est de $0^{m},60$ à $0^{m},80$, suivant le volume qu'ils doivent acquérir. Les variétés de cette section les plus cultivées à Paris et dans les environs sont les choux rouges de Vaugirard, le chou de Saint-Denis ou blanc de Bonneuil et le chou quintal ou gros chou d'Allemagne.

Les choux de Milan, ou de Savoie, car on leur donne aussi ce nom, ne sont pas cultivés dans les marais de Paris, mais seulement à Aubervilliers et dans quelques autres communes des environs. Les variétés préférées sont le chou de Milan court hâtif, le chou de Milan ordinaire, celui des Vertus et le chou de Bruxelles, dont la culture s'est fort étendue dans ces dernières années.

Ces diverses variétés se sèment habituellement au printemps, en mars, avril et mai, quoiqu'on puisse aussi les semer en automne, particulièrement les variétés hâtives, qui passent assez facilement l'hiver dans le nord de la France, mais elles ont le défaut de monter prématurément à fleur. Aux alentours de Paris on préfère communément le semis de printemps. C'est ainsi que le chou de Milan des Vertus, le plus gros de tout le groupe, se sème en avril, puis successivement jusqu'en juin. Un mois après le semis, le plant se met immédiatement en place, à $0^{m},75$ de distance sur les lignes, qui sont espacées de 0,50. Le Milan ordinaire se sème en février et mars, et se récolte en juin et juillet.

Dans le midi de la France les choux pommés passent aisément l'hiver sans avoir à en souffrir ; dans le nord ils sont fréquemment détruits par les fortes gelées, aussi les cultivateurs des environs de Paris sont-ils dans l'usage de les mettre à l'abri du froid. Vers la fin de novembre, ou en décembre, ils arrachent les choux, et après les avoir laissés quelque temps sur le terrain, la tête en bas et la racine en l'air, ils les mettent en jauge et les recouvrent de fumier, ce qui leur permet d'en vendre tout l'hiver.

Ailleurs le procédé diffère : on plante les choux en jauge le long d'un mur, à l'exposition du nord, et on les couvre de feuilles, ce qui les abrite à la fois contre la gelée et contre les rayons du soleil. D'autres se contentent de les suspendre dans un cellier, la tête en bas. Tous ces moyens sont bons ; toutefois il y a des circonstances où ils deviennent insuffisants, et c'est ce qui donne de la valeur aux choux non pommés, qui remplacent alors avantageusement les choux cabus, tels que les choux verts normands, les choux branchus de Poitou, les choux frisés du nord, etc., tous moins délicats que les variétés potagères, mais encore loin d'être sans valeur. Ajoutons que les choux cabus se prêtent à d'autres moyens de conservation, et que, sans parler de leur conversion en choucroûte (1), on les dessèche au four pour en faire des conserves, comme de presque tous les autres légumes.

Le chou de Bruxelles, ou chou à jets, est, ainsi que nous l'avons dit plus haut, une race particulière, sortie du chou de Milan. Il n'y a guère qu'une cinquantaine d'années qu'il a été introduit en France, et son nom semble indiquer qu'il nous est venu de Belgique. C'est un excellent légume, très-délicat et très-recherché aujourd'hui à Paris. Il en existe deux variétés, le *grand chou de Bruxelles* et le *nain*, dit *chou de Bruxelles perfectionné*. Il est le meilleur des deux, et sa taille ne dépasse pas 0m,50. Les deux variétés se sèment en pépinière vers le 15 avril ; on met en place dans le courant de juin, à 0m,40 ou 0m,50 de distance, plus ou moins

(1) Ce mot vient de l'allemand *Sauerkraut*, littéralement *choux aigris*. La choucroûte du commerce se prépare principalement en Alsace et en Allemagne avec le chou quintal.

du reste suivant l'écartement des lignes. En septembre, quand les tiges ont environ $0^m,30$ de hauteur, on en pince la sommité, sans enlever les feuilles, pour arrêter la végétation et faire refluer la sève sur les bourgeons des aisselles des feuilles, qui alors se développent avec rapidité, et en douze ou quinze jours ont formé quantité de petites pommes bonnes à cueillir. Pour faire durer la récolte, on étête successivement, de quinze jours en quinze jours. Dans les terres humides et grasses cet étêtement n'est pas nécessaire ; la nature agit d'elle-même; dans les sols secs, au contraire, il est fort utile, sinon tout à fait nécessaire, de l'aider par le pincement.

Les choux rouges, ou de Frise, sont très-répandus dans le nord de la France, mais ils sont déjà presque rares à Paris, et tout à fait inconnus dans le midi. A Paris on n'en cultive que deux variétés : le *gros* et le *petit chou rouge*, mais principalement ce dernier, parce qu'il est plus hâtif et d'un rouge plus foncé. On le sème en février ou mars, sur couche ou à bonne exposition, pour le transplanter en place un mois plus tard, à $0^m,50$ environ de distance, en tous sens. Ces choux sont bons à récolter en août, et peuvent se conserver en jauge ou dans un cellier jusqu'au milieu de l'hiver. Le gros chou rouge, ou *rouge de Brunswick*, prend autant d'ampleur que le chou quintal ou le cabus de Saint-Denis, et veut être planté à la même distance sur la ligne. Plusieurs autres variétés de choux rouges sont encore cultivées en Belgique et ailleurs, mais elles sont à peine connues en France. Tous les choux rouges ont une saveur particulière, qui les distingue des autres choux, et qui, nous devons l'ajouter, n'est pas du goût de tout le monde.

Les choux verts non pommés, ou choux d'hiver, quoiqu'ils occupent la dernière place parmi les choux dont on mange les feuilles, ont encore leur prix comme légumes, surtout dans les ménages campagnards, parce qu'ils viennent dans une saison où on manque d'autres légumes verts. Toutefois ils ne sont bons qu'après avoir subi l'action de la gelée. A Paris on n'en cultive guère que deux variétés, ou plutôt deux sous-variétés : le *chou à grosses côtes blond*, et le *chou à grosses côtes frangé*. Le premier, peu élevé sur tige, se distingue à ses grandes feuilles lisses, d'un vert blond, arrondies, à côtes larges, pleines et charnues ; le second en diffère par ses feuilles un peu laciniées sur les bords, ce qui l'a fait nommer par quelques jardiniers de Paris *chou fraise de veau*. Tous deux se sèment dans la première quinzaine de juin et se plantent en juillet et août. Le chou à grosses côtes blond donne son produit en hiver, l'autre au printemps, c'est-à-dire de mars à la fin de mai.

La culture des choux-fleurs et des brocolis diffère assez notablement de celle des autres choux dans le nord de la France, où ces deux races ne sont point rustiques. Les variétés hâtives s'obtiennent à Paris par la culture forcée, et elles donnent leurs produits à la fin d'avril ou dans les premiers jours de mai. En juin les cultures de pleine terre fournissent des choux-fleurs demi-durs, et la production se continue dans les mois suivants et jusqu'en automne. En hiver Paris est approvisionné de choux-fleurs par la Bretagne, où la douceur du climat permet d'élever ce légume en culture ordinaire, jusqu'à une époque très-avancée de l'année. Dans la région méditerranéenne le chou-fleur et le brocoli sont une des principales cultures de l'hiver, et leurs produits se récoltent, plus tôt ou plus tard suivant les lieux, de la fin de janvier à la fin de mars.

A Paris les variétés hâtives de choux-fleurs, telles que le gros Salomon, sont semées à différentes époques, en automne et en hiver, sur couche chaude, et repiquées de même sur couches et sous châssis, en cultures intercalaires, ainsi que nous l'avons expliqué plus haut. Pour les cultures ordinaires et de plein air, on donne la préférence au chou fleur dur et au demi-dur, dont les semis et les repiquages se font à partir d'avril et jusqu'à la fin de l'été. Dans le midi les semis se font principalement en automne, attendu qu'on vise à en obtenir les produits dans le courant de l'hiver. Quelque méthode que l'on suive, la culture des choux-fleurs et des brocolis ne prospère qu'avec beaucoup d'engrais et beaucoup d'eau.

Il semblerait cependant que toutes les races ou variétés ne sont pas aussi exigeantes sous ce rapport les unes que les autres. Il y a quelques années un habile maraîcher parisien, M. Lenormand, annonça à la Société d'horticulture avoir trouvé une race de choux-fleurs capable de se développer sur les plus mauvais terrains, pour ainsi dire sans engrais et sans arrosages. Une commission fut nommée par la Société d'horticulture pour vérifier les faits allégués par M. Lenormand, et son rapport fut entièrement favorable à ce dernier. Des expériences comparatives faites en grand, et répétées par divers horticulteurs (1), ne laissèrent bientôt plus de doute sur la grande rusticité de la race nouvelle, et sur la beauté de ses produits.

Dans ces dernières années une nouvelle race de brocolis a été introduite dans les cultures maraîchères de Paris, c'est le *brocoli sprouting*, qui semble être aux brocolis ordinaires ce que le chou de Bruxelles est au chou de Milan. De même que le chou de Bruxelles, sa tige se couvre de jets ou ramifications dont chacune se termine par une petite pomme, qui se récolte et se mange comme les jets de ce dernier. Ces jets, abandonnés à eux-mêmes, deviennent des rameaux qui produisent d'autres jets; aussi peut-on dire que le brocoli sprouting est une des races de choux les plus fécondes que l'on connaisse. Il est encore peu répandu, mais on peut augurer qu'il deviendra d'ici à quelques années aussi commun dans nos potagers que l'est aujourd'hui le chou de Bruxelles.

Pour toutes les races de choux il importe de choisir les porte-graines et de leur donner des soins, si on ne veut que ces races s'abâtardissent. On choisit pour cela les pieds les plus beaux et les plus francs, que l'on plante à part, en écartant les diverses races les unes des autres, si les individus qui les représentent sont d'âge à fleurir en même temps.

(1) Parmi ces expériences il en est une que l'on doit citer : sur un terrain caillouteux et d'assez mauvaise nature, qu'on laissa sans arrosage, situé dans la rue de Reuilly, à Paris, on planta, côte à côte, les choux-fleurs de l'Alma, le gros Salomon, le gros d'Erfurt et le chou-fleur Lenormand. Celui-ci seul réussit et donna des pommes d'une grosseur peu ordinaire, malgré l'absence totale de soins.

Sous le climat de Paris, et plus au nord, il est prudent de les abriter de la gelée en hiver. La meilleure graine est celle des principales siliques, celles du bas des rameaux et qui étant le mieux développées mûrissent les premières. Si l'on en croit quelques horticulteurs, ce serait le contraire pour le chou de Bruxelles : la graine à préférer, et même la seule qui devrait être récoltée, est celle des ramifications latérales et non celle de la tige elle-même, dont le produit est sujet à dégénérer, c'est-à-dire à reprendre la forme du chou de Milan ordinaire. Les porte-graines de choux-fleurs et de brocolis sont ceux qui demandent le plus de soin, du moins sous le climat de Paris. Les châssis vitrés sont ordinairement nécessaires ici pour abriter les plantes pendant l'hiver. La maturité des graines arrive en août ou septembre, mais on est souvent obligé de récolter les siliques à moitié mûres à cause de la fraîcheur des nuits, sauf à les aider à parfaire leur maturation en les exposant au soleil, sur des toiles, pendant le jour.

Comme beaucoup d'autres légumes, les choux-fleurs et les brocolis peuvent se conserver assez longtemps en hiver, et c'était, il y a une quarantaine d'années, un usage assez répandu parmi les maraîchers de Paris. Cette conservation se faisait dans des celliers à demi enterrés, mais disposés de telle manière qu'on pût à volonté en renouveler l'air et en chasser l'humidité. Vers la fin de novembre, et par une journée sèche, on choisissait, dans un carré de choux-fleurs durs, les mieux fournis et les plus beaux; on les coupait à 12 ou 15 centimètres au-dessous de la pomme, et on ne conservait sur le fragment de tige que les trois ou quatre feuilles les plus rapprochées de la pomme, afin de la garantir des chocs et des meurtrissures auxquels elle pouvait être exposée dans l'opération. Ainsi préparés, les choux-fleurs étaient suspendus, la tête en bas, à l'aide de ficelles, aux solives du cellier, à 28 ou 30 centimètres les uns des autres. Tant qu'il n'y avait ni gelée ni grande pluie, on laissait ouvertes les fenêtres du cellier, mais on les fermait par les temps d'humidité ou de gelée, et même, dans certains cas, on portait dans le cellier quelques terrines de braise pour en sécher l'air et le réchauffer. On avait soin d'ailleurs de visiter, au moins une fois par semaine, tous les choux, pour enlever les feuilles pourries ou porter au marché ceux qui paraissaient ne pouvoir se conserver plus longtemps. Par ces divers moyens on parvenait à conserver des choux-fleurs jusqu'au mois d'avril. Ils étaient alors plus ou moins ramollis, mais en coupant la partie inférieure du moignon de tige qu'ils conservaient, et en la faisant tremper 24 heures dans l'eau, on leur rendait leur fraîcheur première, et, dans le fait, ils étaient presque aussi bons que le jour où on les avait cueillis. Aujourd'hui que les chemins de fer amènent en abondance à Paris les choux-fleurs et les brocolis du midi et de la Bretagne, la conservation du chou-fleur est tombée en désuétude chez les maraîchers, mais on la pratique encore chez les particuliers.

Les choux de toutes races comptent beaucoup d'ennemis. Dans leur jeunesse ils sont exposés à être rongés par les limaces et les escargots, ou criblés de trous par les larves des altises. Plus avancés en âge ils deviennent la proie des chenilles du groupe des piérides (*Pieris brassicæ*, *P. napi*, *P. rapæ*, etc.), et de celui des noctuelles (*Hadena brassicæ*, *Plusia gamma*). Les pucerons, et surtout le *puceron du chou* (*Aphis brassicæ*), qui parfois couvre comme d'un manchon les inflorescences entières, causent aussi bien des dégâts. On pourrait citer encore d'autres insectes, mais qui n'occasionnent comparativement que de faibles dommages aux jardiniers. Ayant déjà indiqué (p. 64 et suivantes) les moyens préconisés contre ces divers animaux, il serait superflu d'y revenir ici (1).

(1) On nous signale un nouveau moyen de destruction de tous ces insectes (altises, pucerons, etc.) qu'on dit très-efficace, et qui vient d'être découvert par M. Cloëz, chimiste attaché au Muséum. Il consiste à mouiller les plantes infestées d'une dissolution étendue de *Quassia amara*, qu'on injecte, à l'aide d'une seringue disposée de manière à pulvériser le liquide. Les larves et les insectes parfaits périssent, dit-on, immédiatement, sans que les plantes souffrent du contact de la dissolution.

§ IV. — CRAMBÉ, CARDES, CARDONS, FENOUIL ET RHUBARBE.

Tous ces légumes se mangeant cuits, nous croyons pouvoir les réunir en un seul groupe, quoiqu'ils se rattachent à autant de familles naturelles différentes.

1° Le **crambé,** nommé aussi **chou marin** (*Crambe maritima*), est une plante indigène de nos plages maritimes; il appartient à la famille des crucifères, comme les choux qu'il rappelle d'assez près par son feuillage, et dont il diffère surtout par la forme de ses silicules, qui sont globuleuses au lieu d'être cylindriques et allongées. Vivace par sa racine, il est annuel par sa tige, qui se dessèche après avoir fructifié et mûri ses graines. Les feuilles sont la partie utile de la plante; on les mange jeunes après les avoir fait blanchir (fig. 69).

Fig. 69. — Feuilles blanchies du crambé.

Les terrains sablonneux, mais abondamment fumés, sont ceux qui conviennent le mieux au crambé. Une plantation bien conduite peut donner des produits pendant quinze ans et plus. On procède à son établissement par le semis des graines, qui se fait en mars, en pleine terre ou en pépinière; mais ce moyen est lent, et, lorsqu'on le peut, il est beaucoup plus expéditif de multiplier le crambé par boutures de racines.

C'est en février que se fait l'opération. Après avoir enlevé de terre de vieilles plantes, on en coupe les racines par tronçons de 0m,06 à 0m,08 de longueur, et on plante ces tronçons dans de petits pots qu'on enfonce dans le terreau d'une couche tiède, et qu'on recouvre de cloches ou de châssis. Lorsque les boutures commencent à produire des pousses, on donne un peu d'air, en soulevant graduellement les couvertures vitrées. Deux ou trois mois plus tard, le plant, devenu déjà fort, est mis en place à 0^m,50 de distance en tous sens, sur une planche bien ameublie et engraissée de fumier à demi consommé. Tous les ans on donne un binage à l'automne, avec une nouvelle fumure, qu'on étend sur la terre entre les plantes.

Dès la seconde année on pourrait commencer à couper des feuilles de crambé, mais il vaut mieux attendre à l'année suivante, pour ne pas fatiguer les plantes et les faire durer plus longtemps. Deux moyens sont en usage pour en faire blanchir les feuilles : ce sont tantôt des cloches en bois ou en terre cuite (fig. 70) dont on recouvre les plantes au milieu de l'hiver, et sous lesquelles leurs pousses s'étiolent ; tantôt c'est un simple buttage avec de la terre ou du terreau, auquel on surajoute une certaine épaisseur de fumier ou de feuilles sèches, dont la chaleur excite la végétation des plantes. Un mois après, plus tôt ou plus tard suivant les lieux et les saisons, les premières feuilles commencent à percer la couverture ; on les coupe au niveau du sol, et sans atteindre tout à fait la base de leurs pétioles, afin de ménager les yeux qui sont à leur aisselle, et qui faute de ce soin ne repousseraient plus. Dans le cas où on s'est servi de cloches opaques pour faire blanchir les feuilles, on les soulève de temps en temps pour juger du degré de développement des feuilles et de l'opportunité de la cueillette. Après la récolte on butte de nouveau les crambés, qui ne tardent pas à donner une seconde pousse de feuilles, souvent aussi abondante que la première. Après la seconde récolte on nivelle les buttes, et on laisse les plantes à leur végétation naturelle. L'hiver suivant on recommence la série des opérations que nous venons de décrire.

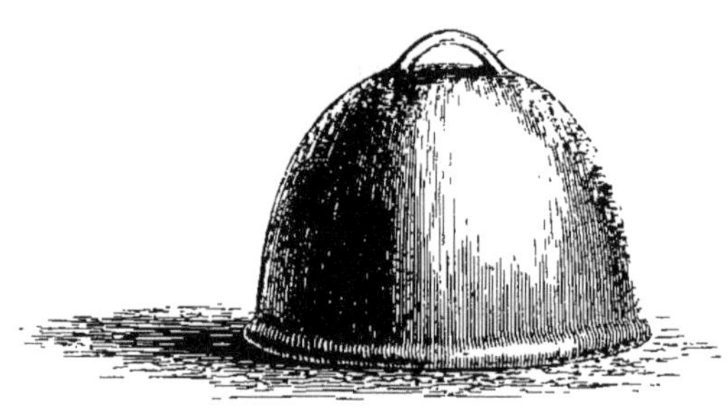

Fig. 70. — Cloche à crambé.

Les pousses de crambé se mangent à la manière des asperges, et, de même que ces dernières, on peut par le forçage les obtenir un mois ou deux avant leur saison naturelle. La manière de forcer est exactement la même que pour les asperges. On couvre les planches de crambés de coffres de bois, entourés de réchauds de fumier; mais ces coffres, au lieu d'être vitrés comme les châssis ordinaires, sont entièrement fermés de planches, qui y interceptent la lumière. On renouvelle les réchauds de temps à autre, et, dans les nuits de gelée, on recouvre le coffre de paillassons. Tous ces procédés, on le comprend sans peine, se modifient suivant les lieux et les climats.

Le crambé est un légume de fantaisie, qu'on cultive assez habituellement en Angleterre, mais qui est peu recherché en France, où il n'est d'ailleurs guère connu qu'à Paris et dans les jardins de quelques riches particuliers.

2° **Poirée à cardes** ou **bette à cardes**. Elle appartient à la même espèce botanique que la betterave (*Beta vulgaris*), mais elle s'en distingue comme variété en ce que ses racines sont beaucoup moins grosses et moins charnues, et que les pétioles de ses feuilles se dilatent considérablement en prenant une forme aplatie. Ce sont ces pétioles ainsi que la côte moyenne de la feuille que l'on mange, ordinairement accommodés à la sauce blanche comme les côtes du cardon, dont il sera question plus loin. On en distingue communément cinq variétés, qui sont la *poirée blanche* (fig. 71), dont le nom indique la couleur des côtes; c'est la plus communément cultivée et la plus estimée; la *poirée blanche frisée*, qui diffère de la précédente en ce que sa feuille, qui est très-blonde, est cloquée presque comme celle des choux de Milan; la *poirée rouge*, à côtes rouge pourpre, à feuilles vertes et cloquées; la *poirée jaune*, dont le pétiole et la côte sont d'un jaune plus ou moins roux, la feuille elle-même tirant un peu sur le roux; enfin, la *poirée blonde*, à feuilles blondes et lisses, et dont la racine, comparativement grosse et charnue, approche déjà de celle de la betterave, qu'on croît être sortie de cette variété. Elle est assez communément cultivée dans les potagers du nord de la France, où ses feuilles sont surtout employées à corriger l'acidité de l'oseille.

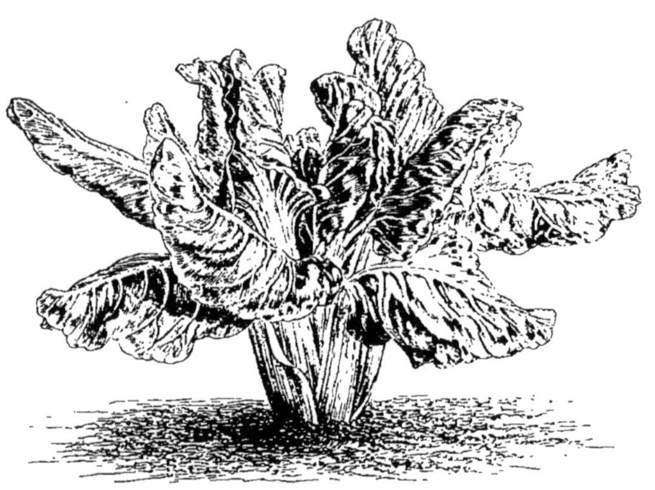

Fig. 71. — Poirée blanche.

La poirée à cardes blanches se sème à Paris en juin, sur pépinière. Lorsque le plant a trois ou quatre feuilles, on le met en place, à $0^{m},40$ de distance en tous sens. On arrose copieusement pendant l'été, pour faire élargir les pétioles et les côtes et les obtenir tendres. A la fin de l'automne et à l'approche des gelées on couvre la planche de litière, qu'on enlève au printemps. C'est vers la fin d'avril et au commencement de mai que commence la récolte des cardes. Cette culture occupant longtemps le terrain, on est dans l'habitude d'entreplanter les cardes dans des planches déjà occupées par d'autres légumes, d'une venue plus prompte et qui laissent le terrain libre aux poirées après leur enlèvement.

La poirée blonde se sème en rayons, d'avril en juillet, sur des planches de $1^{m},33$ de largeur, et sur huit ou dix rangs. Après la levée du semis on éclaircit le plant, de manière à laisser 4 à 5 centimètres d'intervalle d'un pied à l'autre sur la ligne. Six semaines ou deux mois après le semis on peut couper des feuilles, et cette récolte se renouvelle plusieurs fois dans le courant de l'été, lorsqu'on a soin d'arroser les planches autant que cela peut être nécessaire. On obtient même de nouvelles coupes en hiver; mais pour cela il faut couvrir la planche de coffres vitrés, qu'on entoure de réchauds de fumier, sans oublier de donner de l'air aux plantes toutes les fois que le temps n'est pas à la gelée. S'il fait très-froid on couvre les panneaux avec des paillassons pendant la nuit.

Pour obtenir de la graine de poirée, soit de poirée à cardes, soit de poirée blonde, on garde quelques pieds dont on ne cueille point les feuilles et qu'on butte pendant l'hiver, ou qu'on couvre de litière sèche ou de feuilles. On découvre les plantes au printemps, et on récolte les graines au mois de septembre suivant.

3° Le **cardon** (*Cinara Carduncυlus*) est originaire du midi de l'Europe. Il est très-voisin de l'artichaut par tous ses caractères botaniques, et peut-être en est-il la souche; toutefois, il en diffère par une taille plus forte (1^{m},60 à 2^{m} de hauteur), des feuilles beaucoup plus longues, ordinairement très-épineuses, et des capitules plus petits, plus compactes et armés d'épines. Ses fleurs sont d'un beau bleu violacé comme celles de l'artichaut. Les parties utiles de la plante sont les longues et grosses côtes de ses feuilles, qu'on attendrit et fait blanchir par l'empaillage ou le buttage; la racine elle-même, qui est vivace et charnue, est mangée à la manière de celle du scolyme.

On cultive plusieurs variétés de cardons, les unes épineuses, les autres inermes ou presque inermes. Les principales sont : le *cardon de Tours*, variété épineuse, que les jardiniers de Paris préfèrent à toutes les autres à cause de la grosseur de ses côtes, presque toujours pleines ; le *cardon d'Espagne*, variété inerme, à côtes plates ou un peu creuses; elle est plus cultivée dans le midi de la France que dans le nord ; le *cardon plein inerme*, variété presque aussi belle que le cardon de Tours et qui a l'avantage d'être dépourvue de piquants; enfin le *cardon Puvis*, répandu dans la Bresse et aux environs de Lyon : c'est une belle race inerme ou presque inerme, qui se distingue de toutes les précédentes par la largeur de ses côtes. Ses feuilles sont aussi plus larges et en même temps plus courtes que celles des autres cardons, ce qui lui a valu, dans quelques localités, le nom de *cardon à feuilles d'artichaut.*

Le cardon se multiplie de graines, qu'on sème en avril sur couche, ou mieux en place un mois plus tard sous le climat de Paris. Les planches, ayant 1m,33 de large, reçoivent deux lignes de cardons, espacés de 1m entre eux. Lorsqu'on sème en place on met deux à trois graines par poquet, et quelques jours après la levée on éclaircit, en ne laissant qu'un pied par place. La lenteur avec laquelle les cardons croissent dans leur premier âge, et la grande distance qu'il faut laisser entre eux, fait qu'ordinairement on entreplante d'autres légumes dans la planche, pour utiliser le terrain en attendant qu'il soit entièrement couvert par le cardon. Quelques binages, s'il y a lieu, et de copieux arrosages sont les seuls soins que les cardons réclament jusqu'au mois de septembre.

A cette époque ils sont ordinairement assez forts pour être blanchis. On y procède de deux manières, suivant les lieux. La méthode la plus ordinaire consiste à les butter de la même manière que le céleri, en tassant de la terre autour des pieds, dont on ne laisse sortir que l'extrémité des feuilles. Dans les terres fortes et humides le buttage exposant les cardons à pourrir, on le remplace par l'empaillage, tel qu'il se pratique à Paris. Cet empaillage consiste à réunir toutes les feuilles d'une plante en gerbe à l'aide de liens de paille, qu'on serre modérément, après quoi on entoure la plante d'une couverture de litière longue ou de paille, qu'on maintient à l'aide de trois liens. En quinze jours ou trois semaines les côtes sont blanches et doivent être consommées sur le champ, parce qu'elles ne tarderaient pas à pourrir. La plante est alors retirée de terre; on la débarrasse de ses liens et on lui enlève les feuilles extérieures, pour n'en livrer que le cœur (fig. 72) à la consommation. On peut conserver des cardons pendant l'hiver en les arrachant en motte pour les replanter près à près, dans la serre aux légumes, où ils blanchissent d'eux-mêmes sans couverture, mais il faut avoir soin de les visiter souvent et d'enlever toutes les feuilles pourries. Si la serre n'est pas trop humide ou trop obscure, on peut conserver ainsi des cardons jusqu'au mois de mars.

Fig. 72. — Cardon blanchi.

Les pieds de cardons réservés pour porte-graines sont buttés à l'approche des gelées, pour être mis à l'abri du froid. Au printemps on défait les buttes et on donne à la plante les soins nécessaires. La graine est récoltée mûre en août ou septembre. Quoique le cardon soit vivace et qu'il puisse donner de la graine pendant plusieurs années, les jardiniers renouvellent tous les ans leurs porte-graines, dans la persuasion où ils sont qu'ils obtiennent par là du plant plus vigoureux.

4° **Fenouil** (*Fœniculum*). C'est un genre d'ombellifères indigènes du midi de l'Europe, contenant un petit nombre d'espèces, dont deux ou trois ont passé dans la culture potagère. On trouve communément dans le midi de la France le *fenouil commun* (*F. vulgare*), qui est rarement cultivé, parce qu'on lui préfère ordinairement le *fenouil officinal* (*F. officinale*), et surtout le *fenouil d'Italie* ou *fenouil doux* (*F. dulce*) (fig. 73), qui n'est peut-être qu'une variété du précédent. Toutes ces plantes sont vivaces dans la nature, mais on les cultive souvent comme annuelles. Leurs feuilles sont finement découpées et très-aromatiques. Ce sont leurs pétioles que l'on mange après les avoir fait blanchir par le buttage.

Le fenouil se mange ordinairement cuit, en assaisonnements ou à la sauce blanche, mais en Italie on le mange cru, à la poivrade comme les artichauts, ou en salade. Sous ce dernier rapport on peut le comparer au céleri à côtes, quoique le goût en soit très-différent.

Le fenouil se multiplie de graines, semées dès le mois de

février dans le midi de l'Europe, deux ou trois mois plus tard dans le nord, à moins qu'on ne veuille le hâter, et en ce cas on le sème sur couche et sous châssis. Le plant se repique sur une planche préparée et fumée, à $0^m,35$ en tous sens. On bine et on arrose suivant le besoin. Lorsque les pieds de fenouil ont de $0^m,20$ à $0^m,30$ de hauteur on commence à les butter, et cette opération se répète trois à quatre fois avant que les pétioles soient bons à cueillir. Le fenouil est un simple légume d'amateur, et n'est point cultivé dans les jardins maraîchers de Paris.

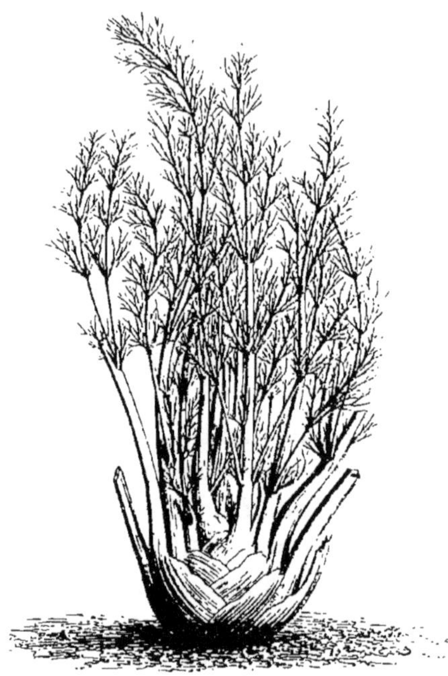

Fig. 73. — Fenouil doux d'Italie.

5° **Rhubarbe** (*Rheum hybridum*). La rhubarbe (fig. 74) des potagers est originaire du Népaul, et son introduction en Europe ne remonte pas à deux siècles. Elle appartient à la famille des polygonées, comme l'oseille, dont elle a toute la rusticité. C'est une énorme plante, dont les volumineux pétioles (fig. 75), tendres, et remplis d'un suc acidule, sont la seule partie employée. Ils servent à peu près exclusivement à faire des confitures et des tartes.

La rhubarbe n'est pas cultivée dans les jardins maraîchers de Paris, mais seulement dans ceux des particuliers, et beaucoup plus en Angleterre qu'en France. La variété préférée est celle qu'on nomme, en Angleterre, *rhubarbe Victoria*. Elle se multiplie de graines, qu'on sème aussitôt qu'elles sont mûres, mais plus rapidement d'éclats du pied, auxquels on conserve au moins un œil. Les terres siliceuses un peu humides sont celles qui lui conviennent le mieux. Du reste, une fois établie sur le

Fig. 74 — Rhubarbe ; plante entière.

sol, les seuls soins qu'elle réclame sont l'enlèvement des vieilles feuilles et un binage au printemps. Il est utile encore, et même, suivant plusieurs praticiens, très-essentiel d'empêcher la rhubarbe de fleurir et de monter à graine, parce que la floraison l'affaiblit, aussi conseillent-ils de supprimer les tiges dès qu'elles se montrent. L'effeuillage la fatigue aussi, mais moins que la floraison, et il ne faut pas le pousser trop loin. Il est mieux de détacher les pétioles en les tirant à soi, par petites secousses, que de les couper avec un couteau, cette manière de procéder ne laissant point de plaies sur la souche. A cause de l'ampleur de la plante les pieds doivent être espacés d'au moins 1^{m} en tous sens. On cultive encore, pour les usages culinaires, la *rhubarbe ondulée* (*R. undulatum*) et la *rhubarbe groseille* (*R. Ribes*), mais elles sont moins estimées que la précédente.

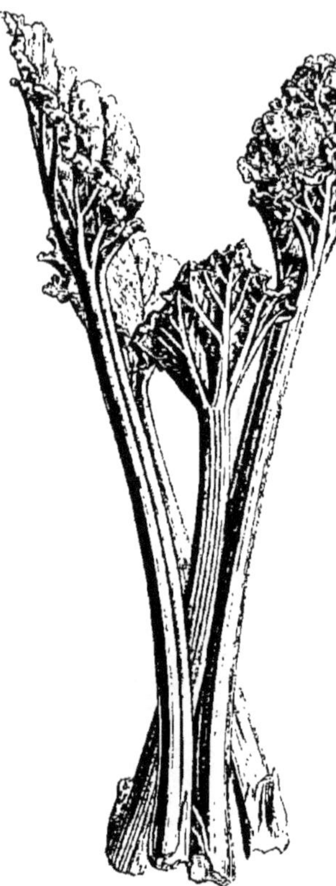

Fig. 75. — Rhubarbe Victoria. Jeunes feuilles détachées avec leurs pétioles.

§ V. — ÉPINARDS, OSEILLE ET AUTRES LÉGUMES FOLIACÉS A MANGER CUITS.

Les légumes que nous rapprochons ici en un même paragraphe forment un groupe assez naturel, qu'on pourrait appeler celui des *légumes verts*, car on ne les fait jamais blanchir. Ce sont leurs feuilles que l'on emploie, et on les mange toujours cuites; c'est ce qui les distingue des légumes du paragraphe suivant, dont les parties foliacées se mangent plus habituellement crues que cuites.

1° Sous la désignation commune d'**épinards** on comprend plusieurs espèces de chénopodées, dont une seule a une importance réelle; c'est l'*épinard commun* (*Spinacia oleracea*) (fig. 76), plante annuelle de l'Asie septentrionale, dont les feuilles, ovales-oblongues, plus ou moins sagittées à la base, varient un peu de forme et de grandeur dans les diverses variétés. Les fleurs sont dioïques, en grappes axillaires sur les pieds mâles, en glomérules sessiles sur les pieds femelles. La graine (ou plutôt le fruit, puisque l'enveloppe carpellaire ne s'en détache pas) est tantôt inerme, tantôt armée de deux, trois ou quatre épines divergentes. Dans la pratique on distingue deux races principales d'épinards, les épinards inermes et ceux dont la graine est épineuse. Ces derniers sont moins cultivés que les autres.

Fig. 76. — Épinard commun.

Trois sous variétés principales d'épinard inerme sont communément cultivées dans les jardins maraîchers de Paris ; ce sont l'*épinard de Hollande à graine ronde*, l'*épinard blond à feuille d'oseille* et l'*épinard à feuille de laitue* ; une quatrième variété, mais à graine épineuse, l'*épinard d'Angleterre*, qui se distingue comme les précédents par l'ampleur de sa feuille, est tout aussi estimé. Ces quatre sous-variétés prennent parfois un développement énorme, et on les considère comme équivalentes pour la qualité.

Dans les jardins maraîchers de Paris on sème l'épinard à graines rondes, ou de Hollande, dans la seconde moitié du mois d'août, sur des planches labourées peu profondément. La graine germe en six à sept jours, et si on ne laisse pas le plant manquer d'eau, très-nécessaire en cette saison, dès la fin de septembre on commence à couper des feuilles pour le marché, et la récolte peut se continuer ainsi, de quinzaine en quinzaine, jusqu'au printemps, sauf quelques interruptions pendant la plus mauvaise partie de l'hiver. L'épinard d'Angleterre, à graine piquante, se sème plus habituellement des premiers jours de février au 15 mai, et il succède à l'épinard de Hollande, qui commence à monter à fleurs au premier printemps. On en fait plusieurs semis successifs pour étager les récoltes, et c'est une précaution nécessaire dans cette période de l'année à cause de la promptitude de l'épinard à monter. Les arrosages deviennent d'autant plus fréquents et copieux que la saison est plus chaude.

Dans les potagers des particuliers, où il n'est plus question de travailler pour le marché, on ne s'astreint pas aux deux variétés précédentes. Celle qu'on recommande plus particulièrement ici est l'épinard à feuilles d'oseille, qui monte à graine un peu moins vite que les autres, mais il n'en faut pas moins faire des semis successifs à quinze jours ou trois semaines d'intervalle, si on veut ne pas manquer de feuilles pour l'approvisionnement du ménage. Les semis se font soit à la volée, soit en rayons, ce qui vaut mieux, les rayons étant espacés à 30 centimètres. Les semis de fin d'été sont moins sujets à monter que ceux de printemps. Dans les pays où l'hiver est doux on peut encore cultiver l'épinard pendant l'hiver, mais cette culture est moins pratiquée dans le midi que dans le nord.

L'épinard étant dioïque, ainsi que nous l'avons dit plus haut, il faut conserver des pieds mâles au milieu des pieds femelles pour obtenir des graines de ces derniers.

L'épinard proprement dit n'est pas la seule chénopodée dont on mange les feuilles; il y en a d'autres encore, mais dont l'usage n'est pas à beaucoup près aussi général. Il nous suffira de les faire connaître en quelques mots. Ces plantes sont :

1° L'**arroche** ou **Bonne-Dame** (*Atriplex hortensis*),

chénopodée annuelle, qu'on croit originaire de Tartarie, mais qui est depuis longtemps cultivée dans les jardins potagers du nord de l'Europe. C'est une forte plante à tige dressée, haute de 1m,50 à 2m, rameuse, portant des feuilles sagittées de la largeur et de la longueur de la main. On en distingue plusieurs variétés, qui ne diffèrent, à proprement parler, que par la couleur de leurs feuilles, telles que l'*arroche verte*, d'un vert intense, l'*arroche blonde*, dont la teinte tire sensiblement sur le jaune, et l'*arroche rouge*, dont la tige et les feuilles sont d'un rouge pourpre plus ou moins foncé. On la dit plus précoce que les deux précédentes, toutefois la variété blonde passe pour la meilleure des trois. D'après quelques personnes, l'arroche est un très-bon légume, qui n'est pas estimé à sa juste valeur. Sa croissance est rapide et elle vient pour ainsi dire sans culture dans tous les terrains, se ressemant d'elle-même là où elle a une fois mûri ses graines. Il est cependant plus sûr d'en faire des semis successifs, de mars en septembre. Un de ses grands mérites est de fournir des feuilles à la consommation pendant les chaleurs de l'été, alors que les épinards ordinaires sont le plus exposés à manquer.

2° L'**ansérine Bon-Henry,** nommée aussi *patte d'oie* et *serron* (*Chenopodium Bonus Henricus*), plante indigène, vivace, à feuilles sagittées, un peu grandes, couvertes sur la face inférieure d'une efflorescence pruineuse sensible au toucher. Ses feuilles se mangent à la manière de celles des épinards, que toutefois elles ne valent pas. La plante est rarement cultivée; on se contente ordinairement d'en cueillir les feuilles dans les lieux où elle vient spontanément. Elle affectionne le pied des murs et les décombres.

3° Le **quinoa** ou **ansérine du Pérou** (*Chenopodium quinoa*), plante annuelle, des hautes montagnes du Pérou, introduite en France il y a une quarantaine d'années, et restée rare dans les jardins, où elle n'est guère plus qu'un objet de curiosité, malgré ce qu'on a dit pour la faire valoir. Par sa taille, son port et toute sa figure, elle ressemble à s'y méprendre à la vulgaire ansérine blanche de nos champs (*Chenopodium album*), dont quelques personnes récoltent aussi les feuilles. Au Pérou le quinoa n'a de valeur que par ses graines, qu'il produit en très-grande abondance, et qui y tiennent presque lieu d'une céréale, puisqu'on en fait des gâteaux, des potages et même une sorte de bière. En France le quinoa ne peut être qu'un succédané de l'épinard, mais ses feuilles sont plus petites et exigent plus de temps pour la cueillette; en outre, elles sont couvertes, comme celles de plusieurs autres chénopodées, d'une efflorescence pulvérulente désagréable au toucher; c'est plus qu'il n'en faut pour faire abandonner une plante qui n'est cependant pas sans quelque valeur.

Un autre genre d'épinards, mais qui appartient à une tout autre famille, celle des ficoïdes ou mésembrianthèmes, est la **tétragone**, connue aussi sous le nom d'**épinard de la Nouvelle-Zélande** (*Tetragonia expansa*) (fig. 77). C'est

Fig. 77. — Tétragone ou épinard de la Nouvelle-Zélande.

une plante annuelle, à tiges traînantes, à feuilles rhomboïdales, charnues et succulentes, qui a été introduite de la Nouvelle-Zélande en Europe vers le commencement du siècle. La tétragone est un bon épinard d'été, qui résiste parfaitement à la sécheresse et même produit d'autant plus de feuilles qu'il fait plus chaud, qualités qui ne l'ont cependant pas empêchée de rester à l'état de légume de fantaisie. Elle a aussi un défaut :

ses graines lèvent souvent mal et inégalement. Le mieux est de laisser la tétragone se ressemer d'elle-même sur place, et de ne pas retourner la planche au printemps. Quantité de pieds lèveront et, si on veut faire une planche nouvelle, on les transplantera en motte, à $0^m,80$ de distance les uns des autres, dans une bonne terre ameublie et située à exposition chaude. On pourrait aussi conserver la graine d'une année à l'autre en la stratifiant dans des pots avec de la terre, mais le ressemis spontané paraît préférable. C'est surtout dans les pays du midi, où le soleil est ardent et la sécheresse de longue durée, que la tétragone paraît appelée à rendre des services, et à ce titre on peut en recommander la culture pour les potagers des particuliers.

C'est dans ce même groupe de légumes foliacés à manger cuits qu'il faut ranger les différentes espèces et variétés d'**oseilles** (*Rumex*), plantes indigènes, vivaces, à sucs plus ou moins acides (1), auxquels s'ajoutent, dans certaines espèces, des principes astringents ou amers. Une de ces plantes est classique dans les jardins potagers : c'est l'*oseille* proprement dite (*Rumex acetosa*), dont la culture a tiré plusieurs variétés assez distinctes l'une de l'autre. Ces variétés sont l'*oseille de Belleville* (fig. 78), qui se distingue par l'ampleur de ses feuilles, mais qui est très-acide, quoiqu'elle le soit moins que l'oseille type, qui croît spontanément dans les prés humides; l'*oseille de Fervent*, qui est aussi une belle race à larges feuilles, d'un vert blond et un peu cloquées; l'*oseille vierge*, moins belle

Fig. 78. — Oseille de Belleville.

(1) Ils doivent cette acidité à l'oxalate de potasse.

que les précédentes, mais qui a l'avantage de donner rarement des graines, quoiqu'elle fleurisse habituellement; elle est particulièrement propre à planter en bordures; l'*oseille vierge à feuilles cloquées*, qui s'en distingue à ce que ses feuilles sont plus larges et très-cloquées; c'est une des plus recommandables pour les jardins privés, parce qu'elle est à la fois productive et peu acide; enfin l'*oseille ronde*, dont les feuilles sont moyennes, un peu courtes et arrondies du bout; son principal mérite est d'être précoce. Outre ces variétés on cultive encore, mais plus rarement, l'*oseille épinard* ou *patience* (*Rumex Patientia*), plante commune dans les prairies du nord, qui se distingue des autres oseilles en ce qu'elle a les feuilles beaucoup plus grandes, faiblement acides et un peu amères. C'est un légume très-précoce et qui demande peu de soins de culture; elle est d'ailleurs plus recherchée en Angleterre et en Allemagne qu'en France. Toutes ces oseilles, et quelques autres que nous omettons, se mangent cuites, soit mélangées aux épinards ordinaires dont elles relèvent le goût un peu fade, soit en assaisonnements. On les multiplie quelquefois de graines semées en automne, mais plus habituellement par éclats du pied. Presque toujours on les plante en bordure le long des planches.

§ VI. — ARTICHAUTS.

L'artichaut (*Cinara scolymus*) (fig. 79) est un des principaux légumes de nos jardins, c'est-à-dire un de ceux qu'on cultive sur la plus grande échelle, et dont les produits s'exportent le plus. Très-voisin du cardon, ainsi que nous l'avons dit plus haut, il est, comme lui, indigène du nord de l'Afrique et du midi de l'Europe, mais il a été si profondément modifié par la culture qu'il serait facile de le croire spécifiquement différent de son type sauvage. Il est d'ailleurs subdivisé en un grand nombre de races ou de variétés, qui diffèrent assez notablement les unes des autres par la taille, le feuillage et la rusticité. Nous n'apprendrons rien à personne en disant que la partie utile de l'artichaut est le capitule floral, dont on mange la base charnue des écailles ainsi que le réceptacle (fond d'artichaut). Quelques personnes mangent aussi les côtes

Fig. 79. — Artichaut.

Fig. 80. — Artichaut de Laon.

des feuilles, cuites et assaisonnées comme celles des cardons, dont elles ont à peu près la saveur.

L'artichaut est cultivé dans toutes les parties de la France, au nord comme au midi, à l'est comme à l'ouest, mais il ne prospère pas également partout, et chaque province a ses races, qu'elle préfère ou qui y viennent mieux que d'autres. Parmi ces races on doit signaler : 1° l'*artichaut gros vert de Laon* (fig. 80), dont les capitules, très-gros, ont les écailles larges, très-charnues à la base, peu serrées les unes contre les autres et divergentes; c'est une des meilleures races, et celle qui est le plus communément cultivée aux alentours de Paris, notamment à Aubervilliers; 2° le *camus de Bretagne* (fig. 81), à capitule moyen, arrondi, un peu déprimé au sommet, à écailles serrées, courtes, vertes et moyennement charnues à la base; c'est la race la plus répandue en Anjou et en Bretagne; on en distingue une sous-variété à capitules plus gros et à écailles plus charnues : l'*artichaut de Niort*, cultivé en grand dans les départements de l'ouest (Deux-Sèvres et Vendée particulièrement) et qui y donne lieu à un commerce d'exportation assez considérable; 3° l'*artichaut vert de Provence,* presque aussi gros que l'artichaut vert de Laon, dont il rappelle aussi un peu la forme, mais à écailles moins charnues et un peu épineuses à leur pointe; 4° l'*artichaut violet,* qui est propre au midi, et qui se distingue à la petitesse relative de ses capitules, de forme ovoïde, et dont les écailles convergentes sont d'une teinte violette prononcée; cet artichaut se mange frit ou cru à la poivrade. A ces quatre principales variétés on pourrait en ajouter plusieurs autres de moindre importance, parmi lesquelles nous nous contenterons de citer l'*artichaut gris*, très-répandu en Roussillon et aux environs de Narbonne, d'où il s'en exporte de grandes quantités dans les autres parties du midi (1).

Fig. 81. — Artichaut camus de Bretagne.

(1) Grâce aux chemins de fer, l'artichaut est aujourd'hui l'objet d'un commerce d'exportation assez considérable. Dès le mois de janvier, on voit paraître sur les marchés de Paris les artichauts d'Alger. Peu après arrivent ceux de Bordeaux et

La culture de l'artichaut varie quelque peu suivant les lieux et les climats. Dans le nord et le centre on est obligé de le couvrir, en hiver, de litière ou de feuilles pour le préserver de la gelée; dans le midi on se contente de le butter, encore ne prend-on pas cette précaution partout. Quel que soit le climat, l'artichaut veut une terre profonde, meuble, bien fumée et qui ne se dessèche pas trop dans les chaleurs de l'été. On le multiplie de deux manières : par semis et par œilletons (fig. 82); mais le semis ne reproduisant pas très-fidèlement les caractères des races, et exigeant d'ailleurs plus de temps que l'œilletonnage pour donner des produits à la consommation, c'est ce dernier procédé qu'on suit presque toujours.

Fig.82. — OEilleton d'artichaut.

A Paris l'œilletonnage se fait au printemps ; ailleurs on le fait en automne, parce qu'on croit obtenir par là des produits plus beaux et plus précoces. On y procède de la manière suivante : après avoir dégarni de terre de vieux pieds d'artichauts avec la bèche, sans les arracher, on éclate les rejetons qui naissent au collet, autant que possible avec un talon ou portion du collet de la souche, et on choisit, parmi ces œilletons, les plus forts ou ceux qui ont été levés avec un

de Montauban, puis ceux de la Bretagne et des environs de Niort. Les cultures de Senlis, Compiègne, Noyon, et autres localités septentrionales, envoient les leurs à Paris en juillet et en août.

meilleur talon. Le terrain qui doit les recevoir ayant été bien préparé et fumé, on y plante immédiatement les œilletons, en lignes, à 0^{m},80 de distance en tous sens, en ayant soin de tasser la terre autour de leur pied, et on donne un arrosage si le temps est sec. Quelques jardiniers préfèrent planter les œilletons en pots, jusqu'à leur reprise, après quoi ils les mettent en place avec la motte qui enveloppe leurs racines. On assure que, traités de cette manière, les artichauts se mettent plus vite à fruit que par la méthode ordinaire. Dans tous les cas, si la plantation a été bien conduite, un bon nombre des artichauts plantés en avril fructifieront dans l'automne de la même année. Les vieux pieds sur lesquels les œilletons ont été pris restent en place, et on leur laisse, suivant leur force, deux ou trois œilletons, qui porteront fruit dans l'année ; on n'en laisse qu'un seul si le pied est faible.

L'artichaut veut être arrosé en toute saison, mais il faut surtout lui donner de l'eau quand les capitules commencent à se montrer. On sarcle et on bine suivant le besoin. Plus tôt la plantation aura été faite au printemps, plus abondante sera la récolte en automne ; si on voulait ne cueillir des artichauts qu'au printemps de l'année suivante, il faudrait planter les œilletons plus tard, soit en juin, juillet et août. On peut même œilletonner en automne ainsi que nous l'avons dit plus haut.

Aussitôt que la récolte des artichauts est faite on coupe au ras de la terre les tiges qui ont fructifié ; on coupe de même les sommités des feuilles les plus longues pour laisser la lumière du soleil réchauffer la terre autour des plantes, puis, vers la fin de novembre, c'est-à-dire avant les fortes gelées, on laboure la terre entre les rangs d'artichauts et on butte leurs pieds pour les garantir du froid. Dans le nord cette couverture de terre ne suffit pas : il faut y ajouter un paillis ou un lit de feuilles sèches, dont on couvre le terrain et qu'on entasse autour des plantes, ne laissant sortir que les extrémités de leurs feuilles. On les découvre et on abat les buttes vers la fin de l'hiver, quand il n'y a plus de grandes gelées à craindre, et quelques jours plus tard, ainsi que nous l'avons expliqué plus haut, on procède à l'œilletonnage. Malgré tous les soins il arrive toujours, dans les hivers exceptionnellement rigoureux, que les artichauts sont détruits par la gelée; aussi les jardiniers prudents rentrent-ils dans la serre aux légumes ou dans un cellier, avant les froids, un certain nombre de pieds d'artichauts, qu'ils y plantent près à près, dans une terre légèrement humide. Avec quelques soins et des aérages donnés à propos, les artichauts y passent aisément l'hiver. On les replante au printemps, et il n'est pas rare de les voir fructifier un mois ou six semaines plus tôt que ceux qui sont restés en place, dans le jardin.

La culture de l'artichaut dans la région méridionale, ou région des oliviers, diffère sous bien des rapports de celle qui est usitée dans le nord. Elle y varie d'ailleurs suivant que le terrain est arrosable ou ne l'est pas. En Provence, dans les terres non arrosables, l'œilletonnage se fait en automne après les premières pluies, car c'est alors seulement que la plante, qui a été desséchée par les chaleurs de l'été, commence à végéter. Les œilletons sont plantés, d'abord en pépinière, dans un terrain défoncé à 0m,40 ou 0m,50 de profondeur. Six semaines ou deux mois après, les jeunes pieds sont mis en place; dans le courant de l'hiver on bine une ou deux fois, et, si le printemps n'est pas trop sec, on récolte des artichauts en mai et juin. Pendant l'été les plantes se dessèchent, puis repoussent en automne. On bine alors fortement, on fume et ou enlève les œilletons qui sont de trop. Au printemps suivant, c'est-à-dire de mars en mai, la plantation donne d'abondants produits, qui se continuent ainsi pendant trois ou quatre ans; mais alors elle est épuisée, et il faut la renouveler.

En terrain arrosé le procédé de culture est à peu près le même, mais on récolte dès la première année. Il y a des jardiniers qui dans ces conditions renouvellent tous les ans leurs plants d'artichauts, et par là peuvent utiliser par d'autres cultures le terrain que les artichauts auraient occupé inutilement pendant l'été. Dans toute la partie chaude de la région des oliviers, en Roussillon et dans la basse Provence, on récolte des artichauts tout l'hiver, c'est-à-dire en décembre, janvier et février, mais il n'y a que l'artichaut violet qui se prête à cette culture. La manière d'y procéder est la suivante : en mai on arrache tous les pieds qui ont fructifié, et on enlève les œilletons, toujours très-nombreux dans cette race, pour les planter en pépinière dans un sol préparé à ce dessein ; on les arrose une ou deux fois, et quand la reprise est assurée on les livre à eux-mêmes, sans plus leur donner d'eau jusqu'en juillet, car il est nécessaire au succès de l'opération que les feuilles jaunissent et se dessèchent. Vers le milieu de juillet on enlève les plantes de terre et on les met en place, sur une bonne terre bien défoncée et fumée; on les arrose copieusement après la plantation, et, à moins qu'il ne survienne des pluies, on renouvelle cet arrosage tous les huit jours. On sarcle et on bine à plusieurs reprises; on répand de la colombine ou d'autres engrais sur le terrain, mais près des racines; on arrose même avec des engrais liquides, en un mot on emploie tous les moyens pour activer la végétation des plantes. Quand ces opérations ont été faites convenablement et à propos, on récolte des artichauts dès le mois de novembre ; si l'on a des froids à craindre on butte les plantes avec de la terre, mais seulement du côté d'où le froid peut venir, laissant l'autre côté jouir des rayons du soleil, et on rabat les feuilles, en forme de chapeau, au-dessus des jeunes fruits, afin qu'ils ne soient pas atteints par la gelée. Il suffit en effet d'une gelée blanche pour détruire toute la récolte, si l'on n'a pas pris les précautions nécessaires. Dans les localités insuffisamment abritées cette culture hivernale de l'artichaut se fait sur des ados ou sur des côtières, au pied d'un mur tourné au midi. Faisons remarquer en passant que l'artichaut violet, auquel cette culture s'applique, ne donne que des produits faibles et incertains dans le nord.

Une plantation d'artichauts ne donne guère de bons produits que pendant trois ans; à quatre ans elle est épuisée, et il faut la recommencer, mais sur un autre point du jardin. L'œilletonnage lui-même, longtemps continué, use les races, et c'est ce qui justifie les semis qui se font de loin en loin pour les régénérer. Il faut observer cependant que les semis d'artichauts sont toujours un peu aléatoires, et qu'il n'y a presque jamais qu'un petit nombre des sujets obtenus par cette voie qui reproduisent la race à peu près franche. Comme compensation il en sort aussi des races et des variétés nouvelles qu'on peut avoir intérêt à propager et à conserver.

§ VII. — LAITUES, CHICORÉES ET SALADES DIVERSES.

Toutes ces plantes tiennent une large place dans le jardinage potager de l'Europe, et on peut dire de tout le monde civilisé, car plusieurs d'entre elles ont été propagées dans la plupart des pays tropicaux où les Européens ont des établissements; néanmoins c'est sous nos climats tempérés qu'elles prospèrent le mieux et que leurs races et variétés sont le plus nombreuses.

Les espèces les plus importantes du groupe des salades appartiennent à la sous-famille des chicoracées (voir tome I, p. 364); ce sont les *laitues* (*Lactuca*) et les *chicorées* (*Cichorium*), auxquelles s'adjoignent quelques autres composées de moindre importance. Comme salades accessoires on compte encore les *mâches* ou *doucettes* (*Valerianella*), le *pourpier* (*Portulaca oleracea*), la *raiponce* (*Campanula rapunculus*), la *roquette* (*Brassica eruca*), le *cresson alénois* (*Lepidium sativum*), le *cresson de fontaine* (*Sisymbrium nasturtium*), et surtout le céleri (*Apium graveolens*), sans compter beaucoup d'autres plantes encore qui sont employées comme garnitures ou condiments des salades. Nous en parlerons dans un article à part.

1° Les **laitues**, d'après tous les auteurs qui ont traité du jardinage potager et d'après tous les praticiens, se subdivisent en deux groupes spécifiques, ou qu'on peut du moins considérer comme spécifiques, faute de renseignements certains sur leur origine : ce sont les *laitues proprement dites* ou *laitues pommées* (*L. sativa*) et les *laitues romaines* ou *chicons* (*L. longa*), qui toutes deux ont donné naissance à une multitude de variétés. Quelques auteurs admettent un troisième groupe, celui des *laitues de Batavia*, ou *laitues croquantes*, qui ne sont, selon nous, qu'une race particulière de laitues pommées, subdivisée elle-même en plusieurs sous-variétés.

Le type primitif des laitues pommées est inconnu, ainsi que la contrée d'où il est originaire; quelques-uns croient cependant que la plante nous est venue de l'Inde. On ne sait pas davantage si les anciens la connaissaient (1). Ce dont on ne peut douter c'est qu'elle ne soit depuis fort longtemps assujettie à la culture, et ce serait là, selon toute vraisemblance, ce qui en a fait sortir un si grand nombre de variétés. La laitue est une plante annuelle, à feuilles plus ou moins obovales ou arrondies, d'abord presque étalées sur le sol, puis de plus en plus rapprochées et redressées à mesure que la plante avance en âge, au point de former une sorte de pomme, qu'on peut comparer à celle des choux cabus, mais jamais aussi serrée. Les feuilles sont lisses ou cloquées, glabres, molles, d'un vert qui varie d'intensité et de nuance suivant les variétés, quelquefois blondes ou rousses, souvent panachées ou marbrées de macules rougeâtres. La pomme n'est pas également formée ni surtout également grosse dans toutes les variétés; il y a même de grandes différences sous ce rapport, car quelques-unes de ces variétés pomment à peine ou même ne pomment pas du tout. Arrivées à une certaine période de leur vie les laitues montent à graine, en poussant une tige feuillue du centre de leur pomme. Leurs fleurs, en petits capitules, sont jaune pâle. Les graines (akènes) sont, suivant les variétés, blanches ou noires, quelquefois d'un jaune roux.

Chaque pays, chaque province même a ses variétés de laitues, et on en trouverait au moins cent chez les marchands grainiers de Paris. La pratique se contente d'un petit nombre, ordinairement choisies de manière à répondre aux climats et aux habitudes locales. Le jardinage maraîcher, à Paris,

(1) Le nom botanique de *Lactuca* signifie proprement *plante laiteuse*, et peut s'appliquer non-seulement à la laitue proprement dite, mais aussi à d'autres espèces (*L. perennis*, *L. virosa*, etc.), qui sont indigènes de l'Europe, et même à beaucoup d'autres chicoracées à sucs laiteux, jadis employées en médecine. Il se peut que le mot *lactuca* ait été appliqué génériquement, par les anciens, à ces diverses espèces. D'après M. Courtois-Gérard les premières graines de laitue auraient été envoyées de Rome en France, au cardinal d'Estrées, par Rabelais, vers 1540 (Courtois-Gérard, *Manuel pratique de culture maraîchère*, 4e édition, p. 227).

n'en utilise guère qu'une dizaine, non comprises les variétés de laitues romaines, mais on en trouve un plus grand nombre dans les potagers des particuliers. Les plus habituellement cultivées en France sont, parmi les variétés à graines noires, que l'on regarde comme plus rustiques que les autres, la *laitue crêpe* ou *petite noire*, la *laitue gotte* ou *gau*, la *laitue dauphine*, la *blonde de Berlin* ou *de Tours*, la *laitue turque* ou *grosse allemande*, la *grosse brune paresseuse* ou *grosse hollandaise*, connue aussi sous le nom de *grise*, la *palatine* ou *petite brune* ou encore *laitue rouge*, et la *chartreuse* ou *grosse rouge*; parmi les variétés à graines blanches, la *brune d'hiver*, la *laitue de la Passion*, la *laitue morine*, la *laitue de Versailles*, la *blonde paresseuse* ou *laitue jaune d'été*, la *laitue Georges* ou *cordon rouge*, la *gotte lente à monter* et la *crêpe blanche*. A ces variétés on peut ajouter la *laitue rousse à graines jaunes*, ou *laitue d'Amérique*, qui se distingue des précédentes à la teinte jaune de sa graine.

Pour les maraîchers de Paris les laitues se classent surtout par catégories de saisons : ils ont des laitues de printemps, d'été et d'hiver. Celles qu'ils préfèrent pour les semis de printemps sont la crêpe petite noire, la laitue Georges et les deux gottes; pour les semis d'été ce sont la palatine et la grosse brune paresseuse ou grise; mais pour les potagers des particuliers on peut recommander encore, pour cette saison, les laitues blondes d'été, de Versailles, de Batavia, la laitue chou de Naples, la laitue de Malte, la grosse brune paresseuse, la palatine ou laitue rousse, la rousse hollandaise et la laitue sanguine ou panachée. La laitue de la passion est la seule variété d'hiver que cultivent les maraîchers, et elle doit ce nom à ce qu'elle est bonne à récolter aux alentours de la semaine sainte. Dans les jardins particuliers on cultive aussi, comme laitues d'hiver, la morine et la brune d'hiver.

Enfin il y a encore une autre catégorie de laitues, qui est de toutes les saisons : c'est celle qui renferme ce qu'on appelle à Paris les *laitues à couper*. Ce ne sont point des variétés particulières, mais simplement des laitues de toutes races qu'on coupe jeunes pour la consommation, c'est-à-dire avant qu'elles aient formé leur pomme. Néanmoins on préfère les variétés hâtives, telles que la laitue Georges, les deux gottes, la crêpe blanche et la crêpe petite noire. Ces laitues se sèment clair et à la volée, entre d'autres légumes, qu'elles ne gênent pas, à cause du peu de temps qu'elles passent sur le terrain. Ces semis se font du commencement du printemps jusqu'au milieu de l'automne. Il y a cependant des laitues qui ne pomment jamais, et par là rentrent plus directement dans le groupe des laitues à couper; ce sont la *laitue chicorée*, à feuilles crêpues, blondes et étalées en rosette; la *laitue chicorée anglaise*, à feuilles seulement ondulées sur leur contour et non crêpues; et la *laitue à feuilles de chêne*, qui se reconnaît aisément à ses feuilles sinuées et lobées comme celles du chêne : ces trois variétés sont très-rustiques et se cultivent souvent comme salades d'hiver.

Ainsi que nous l'avons dit plus haut, les laitues croquantes ou de Batavia ne diffèrent point spécifiquement des variétés précédentes, mais elles s'en distinguent à la grosseur de leurs pommes, qui dans de certaines conditions de culture égalent presque celle d'un chou cabus. Ces salades sont peu estimées à Paris, quoiqu'elles aient leurs qualités, qui sont appréciées ailleurs. Les plus répandues de ce groupe sont la *laitue de Malte*, la *frisée allemande*, la *laitue chou de Naples* (fig. 83),

Fig. 83. — Laitue de Batavia chou de Naples.

la *Batavia blonde* et la *Batavia brune*, dont la *laitue Bossin*, récemment introduite à Paris, n'est qu'une sous-variété. Elle a surtout de l'analogie avec la *laitue de Bellegarde*, autre variété de la laitue de Batavia, très-cultivée en Dauphiné. Toutes ces grosses laitues sont sujettes à pourrir dans les années pluvieuses et dans les fonds très-humides. Elles sont moins fines que les laitues ordinaires, mais d'une culture avantageuse dans les campagnes, où on tient plus à la quantité qu'à la qualité. Elles comptent du reste parmi les meilleures salades à cuire. La laitue chou de Naples se recommande en outre comme salade d'été; elle pomme bien et monte difficilement à graine.

La culture des laitues varie nécessairement suivant les lieux, les climats et les saisons; néanmoins il y a des conditions générales qui conviennent à toutes. Elles sont plus belles et plus développées dans le nord que dans le midi, dans les pays un peu humides que dans les pays secs; elles aiment les terres profondes, meubles, bien engraissées de fumier ou de vieux terreau, et elles veulent être copieusement arrosées en été et dans les temps de sécheresse. Les semis se font à la volée, et le plant se repique lorsqu'il a cinq à six feuilles. S'il s'agit de forcer les laitues, comme on le fait à Paris, on sème sur couche et sous châssis vitrés.

Les laitues d'hiver se sèment dans le nord du mois d'août au mois de septembre; dans le midi, de septembre à novembre, suivant les lieux. Six semaines après le semis, on repique le plant à $0^m,16$ ou $0^m,18$, en ayant soin de bien tasser la terre autour du pied, puis on arrose, on sarcle et on bine suivant le besoin. Lorsque les froids arrivent on couvre la planche de litière sèche ou de paillassons, qu'on enlève dès que le temps se radoucit, pour ne pas exposer les plantes à pourrir sous leurs couvertures.

Les laitues de printemps se sèment à une époque plus avancée. Dans le nord c'est du 1er au 15 octobre; dans le midi en novembre et en décembre, sur des ados ou des côtières abritées du côté par où le froid arrive. Dès qu'elles ont trois à quatre feuilles on les repique, à $0^m,25$ ou $0^m,30$ de distance, sur des planches pareillement abritées, et on les recouvre de cloches. Lorsqu'elles sont reprises, on soulève graduellement les cloches pour leur donner de l'air, mais on les rabat dès que la gelée commence à se faire sentir; si le froid augmente on étend sur les cloches de la litière ou des paillassons, mais il faut les découvrir pour laisser arriver la lumière aux plants lorsque le soleil luit. En février, si le temps est doux, on recommence à soulever les cloches, petit à petit; enfin, dès le milieu de mars, à moins de froids persistants, quand les laitues ont déjà été bien habituées au contact de l'air, on les plante à demeure sur une côtière tournée au midi. Si cette culture hivernale n'était pas possible, on se bornerait à faire les semis à la sortie de l'hiver.

Pour les laitues d'été la culture se simplifie : les semis se font du commencement du printemps au milieu de l'été, soit de mars en juillet dans le nord, et on échelonne ces semis de manière à récolter d'une manière continue. Le plant se repique en pépinière, comme nous l'avons dit ci-dessus, ou se met directement en place lorsqu'il a de quatre à six feuilles. Il va de soi qu'on doit donner à la plantation les arrosages et les autres soins nécessaires. Dans les marais de Paris, où on travaille exclusivement pour le marché, qu'il faut approvisionner de salades tout l'hiver, les laitues se forcent, comme tous les autres légumes, à l'aide de couches, de cloches et de châssis vitrés. La laitue petite noire, la gotte à graine noire et la laitue Georges, sont ici les variétés préférées.

Les **romaines** ou **chicons** se distinguent des laitues proprement dites en ce que leurs feuilles, plus allongées, à côtes plus droites et plus fermes, restent dressées, se rapprochant les unes des autres de manière à figurer dans leur ensemble une sorte de cône renversé. Ces salades *coiffent*, comme disent les jardiniers, en formant une pomme allongée, mais toutes ne le font pas au même degré; aussi celles dont les feuilles restent trop écartées pour que le cœur blanchisse, doivent-elles être liées. On en connaît au moins trente variétés ou sous-variétés, inégales en valeur. Les plus généralement cultivées dans les jardins maraîchers de Paris sont : la *romaine verte maraîchère* (fig. 84), d'un vert foncé, dont la pomme allongée et comme anguleuse par la saillie des côtes des feuilles extérieures n'a pas besoin d'être liée; c'est une variété demi-rustique, hâtive et justement estimée; elle est la seule que les jardiniers de Paris cultivent sous cloches; la *romaine grise maraîchère*, presque semblable à la précédente, mais d'une verdure moins intense et tirant un peu sur le gris au sommet des feuilles; elle peut aussi se passer d'être liée pour blanchir, mais, comme elle est très-sensible au froid, elle est peu cultivée à Paris; la *romaine blonde maraîchère*, de même forme que la verte maraîchère, mais d'un vert blond; elle est de première qualité et comparativement rustique, aussi les jardiniers de Paris l'ont-ils adoptée presque exclusivement pour la culture en pleine terre; la *romaine alphange à graine blanche* et la *romaine alphange à graine noire,* toutes deux remarquables par la grosseur de leur pomme, à feuilles plus ou moins blondes et renversées en dehors, ce qui oblige à les lier pour faire blanchir les feuilles intérieures; l'alphange à graines noires a la pomme un peu moins grosse que l'autre et les feuilles plus blondes, elle est aussi plus rustique, toutes deux d'ailleurs sont estimées; la *romaine blonde de Brunoy*, qui est la plus grosse de toutes les romaines et assez rustique, mais très-inférieure de qualité aux romaines maraîchères et aux alphanges; on en distingue deux sous-variétés, l'une à graines blanches, l'autre à graines noires. A la suite de ces variétés on peut encore citer la *romaine brune anglaise*, la *romaine panachée à graine blanche*, la *romaine rouge d'hiver* et la *romaine verte d'hiver*, variétés locales, peu

Fig. 84. — Romaine verte maraîchère.

cultivées à Paris. Dans le groupe des romaines il y a aussi des variétés qui ne pomment pas; telles sont la *romaine à feuilles de chêne*, qui se distingue de toutes les précédentes par ses feuilles lobées et découpées comme celles de l'arbre dont elle porte le nom, et la *romaine à feuilles d'artichaut*, race curieuse, qui les a plus longues encore, plus profondément découpées et à lobes aigus; cette dernière variété, quoique rustique et préconisée comme une excellente salade, ne se rencontre guère que dans quelques jardins d'amateur. Enfin, on peut encore ranger parmi les romaines la *laitue asperge*, cultivée aux environs de Bordeaux, et qui se mange tout entière cuite, tige et feuilles, à la manière des asperges. Sa tige est remarquablement grosse et charnue.

La culture des laitues romaines ne diffère par rien d'essentiel de celle des laitues ordinaires, et il est inutile que nous entrions dans de nouveaux détails à ce sujet. Faisons seulement remarquer que dans le nord de la France les romaines verte et grise maraîchères sont celles qui conviennent le mieux pour les cultures de printemps; les alphanges et la blonde de Brunoy pour l'été, et pour l'hiver la romaine rouge. Sous les climats plus doux du midi ce choix pourrait être modifié, mais les laitues romaines y sont moins habituellement cultivées que dans le nord.

2° **Chicorées** (*Cichorium*). Toutes les variétés de ce groupe de salades rentrent dans deux espèces botaniques, l'une bisannuelle, originaire de l'Inde, c'est la *chicorée endive* (*C. endivia*), l'autre indigène et vivace, c'est la *chicorée sauvage* ou *chicorée amère* (*C. intybus*). Toutes deux ont les fleurs bleues et la graine non aigrettée. Elles diffèrent l'une de l'autre par la forme de leurs feuilles, plus ou moins finement découpées, frisées et toujours glabres dans l'endive, seulement lobées et sinuées, mais non frisées dans la chicorée sauvage, où elles sont d'ailleurs légèrement pubescentes. Les deux espèces, très-inégales en valeur comme plantes économiques, diffèrent aussi par la rusticité, qui est beaucoup plus grande dans l'espèce indigène que dans l'autre.

L'endive peut être regardée comme la meilleure et la plus

délicate de toutes les salades; aussi est-elle universellement cultivée. Elle a produit une quinzaine de variétés, dont les plus recommandées sont : la *chicorée frisée de Meaux*, à feuilles très-vertes, finement découpées ou frangées sur les bords et frisées; c'est une variété tardive, et tout à fait supérieure comme salade d'hiver; la *chicorée fine d'été* ou *chicorée d'Italie,* presque semblable à la précédente, mais avec les feuilles moins crépues; elle est estimée surtout pour les cultures de première saison; la *chicorée frisée de Picpus*, à feuilles découpées en lobes profonds, mais non frangées, sauf celles du cœur, qui sont en même temps crépues; la *chicorée frisée de Rouen* ou *corne de cerf* (fig. 85), analogue à la chicorée de Meaux par son feuillage très-découpé, mais non crépu, et moins volumineuse que cette dernière; elle se recommande par sa rusticité relative; la *chicorée mousse,* qui semble n'être qu'un diminutif de la chicorée fine de Rouen, et dont les feuilles sont serrées et très-crépues; c'est une jolie variété et très-délicate, mais qui a le défaut d'être sensible au froid et de pourrir facilement; la *chicorée toujours blanche*, dont le principal caractère est la teinte vert jaunâtre de ses feuilles; elle pomme difficilement et est un peu dure en été, mais elle s'attendrit en automne après avoir été enterrée; elle pourrit moins facilement que les autres chicorées et peut être conservée pour l'hiver; enfin, la *scarole, scariole* ou *escarolle* (fig. 86),

Fig. 85. — Chicorée frisée de Rouen ou corne de cerf.

Fig. 86. — Scarole.

race particulière de chicorée à feuilles élargies et comme spatulées à la partie supérieure, ondulées et dentées ou déchiquetées sur leur contour, mais jamais crépues ; cette race comprend plusieurs sous-variétés, parmi lesquelles il convient de citer la *scarole bouclée* ou *endive de Meaux* ou encore *scarole verte,* dont les feuilles se renversent en dedans pour former la pomme, et la *scarole blonde* ou *à feuilles de laitue,* dont les feuilles, d'un vert clair un peu blond, forment moins la pomme que celles de la variété précédente. Elle n'est guère cultivée que comme salade à couper, c'est-à-dire à consommer avant qu'elle ait pris tout son développement.

A Paris et dans les autres grandes villes, au moyen de la culture forcée, on récolte de la chicorée endive en toute saison. Par la culture naturelle, ce n'est guère que dans les parties les plus chaudes du midi qu'on peut en obtenir dans les mois d'hiver. La chicorée aime les terres profondes, plutôt fraîches que sèches, et enrichies de détritus de fumier consommé. Les premiers semis en pleine terre se font en mars et avril à la latitude de Paris; plus au nord, en avril et mai, quelquefois plus tardivement encore. On sème clair et à la volée, on plombe le sol et on y répand une légère couche de terreau pour recouvrir les graines; si le temps n'est pas à la pluie on bassine à la pomme de l'arrosoir. Lorsque le plant a sept à huit feuilles on le repique au plantoir, sur une planche préparée et fumée, en lignes espacées de 0m33, laissant un peu plus de distance entre les pieds. Ordinairement les jardiniers rognent le bout des racines et coupent les feuilles à demi-longueur, ce qui facilite en effet la reprise du plant. On donne de copieux et fréquents arrosages au goulot; dans le midi on inonde le terrain par irrigation. De même que la plupart des légumes herbacés, la chicorée demande à être abondamment arrosée.

Les semis de chicorée se répètent à plusieurs reprises dans le courant de l'année, et à intervalles plus ou moins rapprochés pour répondre aux besoins de la consommation. A Paris ils cessent à la fin du mois d'août, mais dans le midi ils se prolongent, suivant les localités plus ou moins chaudes, en septembre et octobre. Le choix des variétés n'est pas indifférent pour échelonner ces divers semis : les maraîchers parisiens commencent par la chicorée d'été ou fine d'Italie, puis ils continuent par la chicorée de Picpus, la rouennaise, et la chicorée mousse. A partir de juin ils sèment la chicorée de Meaux, ainsi que les scaroles verte et blonde, dont les semis peuvent se répéter encore pendant les deux mois suivants.

Les chicorées et les scaroles, à l'exception de celles qu'on destine à couper, doivent être liées pour que leur cœur blanchisse. Pour faire cette opération on attend que la plante ait atteint tout le volume qu'elle peut acquérir et que le cœur soit bien plein et bien garni de feuilles. On relève alors toutes les feuilles du pied et on les lie en deux endroits, en bas et près du sommet, soit avec un jonc, soit avec de la paille qu'on a préalablement ramollie en la faisant tremper vingt-quatre heures dans l'eau. En quinze ou vingt jours les chicorées ont blanchi et sont bonnes à consommer. Dans beaucoup d'endroits, dans le midi particulièrement, au lieu de lier la chicorée comme nous venons de le dire, on se contente de l'enterrer; on en rapproche les feuilles en une seule touffe, que l'on incline fortement et qu'on recouvre de terre, ne laissant saillir au dehors que les sommités des feuilles extérieures. Ce procédé est expéditif, mais, outre que la chicorée ainsi blanchie est moins propre que celle qui a été liée, il expose les plantes à pourrir quand la terre est trop humide. Si les chicorées ont été liées dans l'arrière-saison et qu'on ait la gelée à craindre, on les couvre de paillassons pendant la nuit; si le froid augmente, on les enlève avec leurs racines et on les rentre dans la serre aux légumes, pour les planter, près à près, dans du sable un peu humide. Il faut les visiter de temps en temps pour enlever les feuilles pourries, et livrer à la consommation celles qui paraissent ne plus pouvoir se conserver longtemps.

Pour la culture forcée les jardiniers de Paris n'emploient guère que la chicorée d'Italie. Les premiers semis se font ordinairement en septembre et octobre, en pleine terre, mais sous cloches. A la quatrième ou cinquième feuille on repique le plant, toujours sous cloches, à raison de 12 à 15 plants par cloche, et aux premiers jours de novembre, quelquefois plus tôt, on le repique, également en pleine terre, mais sous châssis; on a soin de donner de l'air autant que possible, pour éviter la pourriture. Les chicorées traitées de cette manière se récoltent en janvier et février.

Les semis consécutifs se font en janvier, février et mars, mais alors sur couches et sous châssis. La chaleur des couches doit être de 25 à 30 degrés centigrades, car il est essentiel que les graines germent rapidement pour obtenir du plant qui ne monte pas à graine, et les jardiniers estiment qu'il vaut mieux recommencer un semis que de repiquer du plant attardé par l'insuffisance de la chaleur. Lorsque le plant a quatre à cinq feuilles on le repique en pépinière sur la couche, pour le mettre en place quinze jours ou trois semaines plus tard, toujours sous châssis, mais sur une couche un peu moins chaude que la première. On couvre les châssis de paillassons pendant la nuit; on donne de l'air toutes les fois que le temps le permet, on arrose suivant le besoin, et enfin on lie les chicorées comme il a été dit plus haut. Ainsi conduites, les premières chicorées de primeur sont bonnes à récolter à la fin d'avril, et ainsi successivement suivant l'ordre des semis.

Un point important dans la culture de la chicorée est le soin à donner aux porte-graines. Sous le climat de Paris la graine mûrit lentement et très-inégalement; aussi celle qu'on y récolte est-elle un mélange, en proportion très-variable, de bonnes et de mauvaises graines, c'est-à-dire de graines incomplétement formées, qui ne donnent qu'un plant chétif. En la laissant vieillir deux ou trois ans, les mauvaises graines périssent, et les bonnes seules survivent, et c'est cette sorte d'épuration naturelle qui explique pourquoi les jardiniers préfèrent généralement la vieille graine à la nouvelle. Pour obtenir de bons porte-graines on sème des chicorées sur couche, en février; on les repique sur couche, puis on les plante en avril, en pleine terre, à $0^m,40$ ou $0^m,50$ les unes des autres. On peut aussi employer pour porte-graines des chicorées de l'année précédente, que l'on a hivernées sous châssis et que l'on met en pleine terre au printemps. Dans l'un et l'autre cas on supprime, après la plantation, tous les plants faibles ou dégénérés, puis on pince successivement l'extrémité des tiges et des rameaux pour faire refluer la sève sur les graines. Sous le climat du nord il faut laisser les porte-graines sur pied jusqu'à ce qu'ils soient arrivés à une demi-dessiccation; on les enlève alors, et après les avoir fait sécher au soleil on les bat sur un drap pour en détacher les graines. Ces graines se conservent, comme nous l'avons dit ci-dessus, trois ou quatre ans.

La chicorée sauvage, ou chicorée amère, est loin d'avoir l'importance horticole de l'endive, mais, par une sorte de compensation, l'industrie moderne a fait d'une de ses variétés, la *chicorée à grosse racine*, ou *chicorée à café*, une plante commerciale d'une certaine valeur. Nous n'avons pas à nous en occuper ici; il nous suffira de mentionner les variétés que l'horticulture a obtenues du type sauvage et dont elle tire quelques services.

Telle qu'elle croît spontanément, le long des chemins, la chicorée amère est utilisée par quelques personnes, soit comme salade, soit comme herbe médicinale, et à ce dernier point de vue elle est recherchée des herboristes. Introduite dans les jardins, elle y a pris plus d'ampleur et y est devenue plus tendre. Néanmoins, comme elle est toujours très-amère, on l'étiole pour la faire blanchir et en diminuer l'amertume; elle devient alors la salade d'hiver connue à Paris sous le nom de *barbe de capucin*.

A Montreuil-sous-Bois, près Paris, où la culture de la chicorée sauvage est passée à l'état d'industrie, on la sème en pleine terre, au commencement d'avril, et on lui donne les soins, binages, sarclages et arrosages qui caractérisent toute bonne culture. En juin ou juillet on coupe des feuilles, destinées soit à être mangées cuites en guise d'épinards, soit à être vendues aux herboristes. En novembre ou décembre on arrache les racines, non toutes ensemble, mais successivement au fur et mesure des besoins de la consommation; on en casse les feuilles, et on les lie par grosses bottes, en ayant soin de mettre tous les collets des racines bien de niveau. Une couche de fumier de cheval de 0m,35 à 0m,40 d'épaisseur ayant été préparée dans une cave où la gelée ne pénètre pas, et sa chaleur étant descendue à 20° centigrades, on y pose, debout, les bottes de racines de chicorées, par rangs successifs, dont le premier s'appuie sur le mur de la cave. On arrose fréquemment à la pomme de l'arrosoir, jusqu'à ce que les feuilles commencent à repousser; à partir de ce moment on modère les arrosages pour éviter la pourriture. Au bout de quinze à vingt jours les feuilles, devenues très-longues et grêles, d'une teinte blanc jaunâtre, sont bonnes à couper. C'est la barbe de capucin proprement dite (fig. 87), telle qu'elle

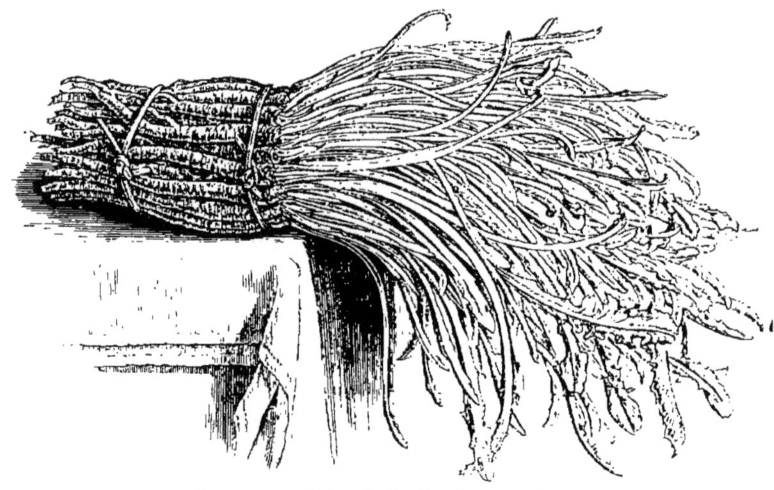

Fig. 87. — Chicorée barbe de capucin.

se vend à Paris. Chez les particuliers, la préparation de la barbe de capucin est beaucoup plus simple : on se contente de planter des botillons de racines dans du sable, le long du mur de la cave. La chicorée y pousse plus lentement que sur une couche de fumier, mais elle y devient tout aussi bonne. Ajoutons que la barbe de capucin trahit toujours plus ou moins son origine par une amertume assez prononcée, et qui la fait rejeter par bien des personnes. Blanchie ou non blanchie, la chicorée sauvage est souvent consommée cuite, soit préparée en épinards, soit associée à la viande dans les ragoûts.

L'amélioration de la chicorée sauvage par la culture a été depuis cinquante ans l'objet des tentatives de beaucoup de jardiniers. Celui qui y a mis le plus de persévérance et a obtenu le plus de succès est feu Jacquin aîné, qui de semis en semis, et par une sélection attentive des porte-graines, est parvenu à obtenir les remarquables variétés qu'il a présentées à la Société d'horticulture de la Seine, sous le nom de *chicorée sauvage améliorée*. Parmi ces variétés on peut citer la *chicorée sauvage panachée*, dont les feuilles sont veinées et marbrées de rouge ; la *chicorée sauvage demi-fine à feuilles jaunes*, dont les feuilles découpées en lobes étroits rappellent par leur forme et leur couleur celles de la chicorée endive toujours blanche ; la *chicorée sauvage demi-fine*, qui ressemble beaucoup à une scarole ; la *demi-blonde*, à feuilles larges, courtes et arrondies ; puis la *chicorée sauvage brune, forme de laitue pommée*, qui devient très-grande, et dont les feuilles, entières et oblongues, pomment presque comme celles d'une laitue ; enfin, la *chicorée sauvage frisée*, la plus intéressante de toutes ces variétés, et qui a été le sujet de longues discussions dans les sociétés d'horticulture, les uns la considérant comme une forme intermédiaire entre l'endive et la chicorée sauvage, les autres voulant y voir un produit hybride de ces deux espèces. Ces derniers semblent avoir raison, si l'on en juge par la variabilité et le peu de constance de ses caractères à chaque génération successive (1). Ajoutons que ces diverses variétés, si curieuses sous

(1) Cette opinion, que la chicorée frisée améliorée est un hybride, a été admise comme la plus probable par une commission d'horticulteurs nommée à cet effet. On a surtout fait valoir le fait qu'à la suite des semis on trouve rarement deux individus tout à fait semblables, quel qu'en soit le nombre. D'après cette commission, la plus grande partie des individus se rapprocheraient de la chicorée rouennaise ou corne de cerf; plusieurs autres rentreraient mieux dans la chicorée de Meaux et la chicorée fine d'Italie, et quelques-uns enfin retourneraient au type simple et pur de la chicorée sauvage. Ce sont bien là en effet les signes d'une origine hybride.

certains rapports, n'ont qu'un très-faible intérêt au point de vue du jardinage potager.

3° **Pissenlit** ou **dent-de-lion** (*Taraxacum dens leonis*). Le pissenlit (fig. 88), plante vulgaire de nos climats, est une

Fig. 88. — Pissenlit ou dent de lion.

autre chicoracée dont les feuilles sont, de temps immémorial, consommées en salade. Peu cultivé, on se borne le plus souvent à le récolter dans les prés, le long des chemins ou sur les vieux murs, qu'il semble préférer à la terre ordinaire. Ses feuilles sont toutes radicales, étalées en rosette, oblongues, tantôt roncinées-dentées, tantôt entières ou presque entières; il ne produit point de tige proprement dite, mais seulement des hampes fistuleuses, qui se terminent par un capitule de fleurs jaunes, auxquelles succèdent des graines aigrettées. Ses feuilles, légèrement amères et sucrées, constituent une excellente salade de printemps, surtout lorsqu'elles ont été blanchies. Le seul reproche qu'on puisse lui adresser est le peu d'ampleur de ses touffes, mais elles deviennent plus fortes lorsqu'il est cultivé et soigné. Les jardiniers maraîchers de Nancy sont peut-être les seuls en France qui cultivent le pissenlit pour le marché. Ils le sèment en avril et mai; le repiquent en lignes en juin ou juillet, et le font blanchir en le recouvrant, en octobre, de $0^m,12$ à $0^m,15$ de terre. Dès que les feuilles commencent à percer cette couche de terre, ils les coupent au collet de la racine et les livrent à la consommation. A cet état, le pissenlit est une salade très-tendre et bien supérieure à la barbe de capucin.

Le comité de culture potagère de Paris a maintes fois recommandé la culture du pissenlit, et plusieurs horticulteurs l'ont essayée, généralement avec succès, quoique les méthodes préconisées diffèrent les unes des autres en quelques points. Au potager de Versailles, où on s'en occupe depuis longtemps, on le sème dès le mois de mars, et on choisit, pour les repiquer, les plants les plus vigoureux, méthode bien préférable à celle qui consiste à lever du plant dans les prés, où il est le plus souvent de qualité inférieure. Vers le 15 décembre on recouvre les plants de 10 à 12 centimètres de vieux terreau, et on commence à couper des feuilles du 15 au 20 février. La récolte se continue ainsi jusqu'en avril, époque où on découvre les plantes en enlevant le terreau. On les laisse reposer jusqu'à la fin de l'automne, puis on recommence l'opération que nous venons de décrire. Ainsi traité, le pissenlit peut durer bien des années, en donnant tous les ans d'abondantes récoltes, parce que les plantes deviennent de plus en plus fortes et vigoureuses. On estime que le pissenlit produit annuellement d'un à deux kilogrammes de feuilles par mètre carré. Il n'est guère douteux que cette plante ne puisse être considérablement améliorée par la culture et par une sélection bien entendue. Il est même à présumer que d'autres chicoracées, indigènes ou exotiques, pourraient, par les mêmes moyens, être converties en légumes d'une certaine utilité.

4° **Céleri** (*Apium graveolens*). Nous avons déjà parlé (p. 129) de la variété de céleri qui est cultivée pour sa racine grosse et charnue; celles dont nous avons à nous occuper maintenant ne fournissent à la consommation que leurs feuilles, limbes et pétioles, qu'on mange crus en salade, ou cuits et apprêtés de diverses manières. Ces variétés peuvent se classer en deux groupes : les *grands céleris* ou *céleris à côtes*, et les *céleris à couper*.

Dans le groupe des grands céleris les variétés les plus ordinairement cultivées en France sont : le *céleri plein blanc* (fig. 89), forte plante, à grosses côtes (pétioles) charnues, ten-

Fig. 89. — Céleri plein blanc.

dres et pleines, prenant par l'étiolement une teinte blanc jaunâtre ; il a une sous-variété, le *céleri blanc court hâtif* ou *dur*, qui est moins élevé, à côtes moins grosses, mais à feuilles plus abondantes et plus serrées autour du cœur, ce qui permet de le butter sans le lier ; le *céleri turc* ou *céleri de Prusse*, très-forte plante, à côtes larges, charnues et pleines ; beaucoup de maraîchers le préfèrent au céleri plein blanc ; le *céleri violet de Tours*, qui est aussi une belle et grande variété, à côtes larges, tendres et cassantes, d'un vert foncé lavé de violet. On peut citer encore le *céleri plein rose*, qui est sujet à dégénérer et à prendre des côtes creuses, ce qui l'a fait abandonner par les maraîchers de Paris, et le *céleri nain frisé,* de qualité médiocre, mais dont les folioles frisées plaisent à quelques amateurs. Comme céleri à couper, on ne cultive à Paris que le *petit céleri* ou *céleri creux*, à côtes étroites et creuses, dont la principale utilité est de fournir des feuilles pour les potages. Il peut donner plusieurs coupes successives.

Les jardiniers de Paris, qui ont intérêt à hâter leurs cultures, sèment le céleri dès le mois de février, sur couche, mais à l'air libre. Dans le courant d'avril ils repiquent le plant en pleine terre, à $0^{m},30$ de distance en tous sens. Dans les jardins des particuliers on sème plus habituellement en mars sur côtière ou sur une planche tournée au midi. La graine doit être peu recouverte. On terreaute le semis, on le piétine et, à moins que le temps ne soit à la pluie, on le bassine à la pomme de l'arrosoir. On fait encore des semis de céleri en avril et mai ; on peut même semer en juin et plus tard dans le midi, mais alors sur des planches abritées contre le soleil. Le céleri aime les terres profondes, fertiles et bien engraissées, mais ce qu'il aime par-dessus tout c'est d'être fréquemment et abondamment arrosé.

Deux méthodes sont en usage pour faire blanchir le céleri. Celle des maraîchers parisiens consiste à l'envelopper entièrement de grande litière; mais ce procédé ne s'applique guère qu'au céleri de première saison, qui blanchi de cette manière est bon à récolter en juillet et août. La méthode ordinaire, et à peu près partout usitée, consiste à enterrer le céleri, après en avoir lié les feuilles avec un lien de paille. On peut l'enterrer sur place, comme on le fait à Meaux et dans quelques autres localités, en accumulant de la terre sur la planche occupée par le céleri, jusqu'à ce que ce dernier soit complétement recouvert : c'est peut-être la meilleure méthode. Dans d'autres endroits on plante le céleri dans des fosses de $0^{m},20$ de profondeur, et au moment de le faire blanchir on rejette dans la fosse la terre qu'on en avait enlevée. Un moyen plus simple et plus généralement adopté consiste à planter le céleri en lignes, et à le butter comme les cardons et les artichauts. Il ne faut guère que quinze jours au céleri pour blanchir, et on doit se hâter de le livrer à la consommation lorsqu'il est à point, sans quoi il ne tarderait pas à pourrir. Dans un jardin privé, auquel on demande peu de légumes à la fois, mais pendant longtemps, on doit échelonner le blanchissement du céleri, de manière à en avoir d'une manière continue pour les besoins du ménage.

Le céleri à couper se sème aux mêmes époques que le céleri à côtes et dans les mêmes conditions. On le repique pour favoriser le drageonnement et en obtenir une plus grande quantité de feuilles, qu'on récolte vertes ou blanchies par le buttage. Comme tous les autres céleris, celui-ci veut être abondamment arrosé.

On choisit pour porte-graines de céleri les plus beaux pieds de chaque variété; on les butte ou on les couvre de litière pendant les gelées. Les graines se récoltent mûres au mois de septembre suivant.

5° **Mâche** ou **doucette** (*Valerianella olitoria*). C'est une plante indigène, commune dans les champs de céréales, où beaucoup de gens en vont faire la récolte en automne. Elle est depuis longtemps introduite dans la culture potagère, et elle s'y est améliorée. On en connaît deux variétés principales : la *mâche commune*, à feuilles allongées en forme de spatule, et la *mâche à feuilles rondes* (fig. 90), qui ne diffère de la précédente que par ses feuilles, plus courtes, plus larges et plus arrondies; c'est la meilleure des deux. La mâche est une bonne salade d'automne et d'hiver, qui se mange tantôt seule, tantôt mêlée au céleri ou à des tranches de betterave.

Fig. 90. — Mâche à feuilles rondes.

La culture en est facile. Elle s'accommode de tous les terrains et de tous les climats, mais elle vient mieux et plus belle dans les sols argileux et moyennement humides, surtout s'ils sont fumés de l'année précédente. On la sème à la volée, du 15 août à la fin d'octobre, à raison de 100 grammes par are. Après le semis on ratisse le terrain pour couvrir les graines; on le piétine et on l'arrose si on le juge nécessaire. Quand les mâches ont de quatre à cinq feuilles, on arrache les mauvaises herbes sans éclaircir le plant. Les premières mâches semées donnent des produits bons à être récoltés en automne et au commencement de l'hiver; les dernières seulement au printemps.

Outre l'espèce indigène on cultive encore, ordinairement mêlée avec elle, la *mâche régence* ou *mâche d'Italie*, ou encore *grosse mâche*, qui s'en distingue à ses feuilles, plus larges et d'un vert plus clair; elle est aussi un peu plus tardive, ce qui permet d'en prolonger la récolte. Du reste sa culture est de tous points celle de l'autre.

Pour obtenir de beaux porte-graines de mâches on réserve un coin de planche d'un semis fait en octobre, et au printemps de l'année suivante on arrache, avant la floraison, tous les pieds à feuilles étroites. La récolte des graines se fait au mois de juin; mais comme les graines mûrissent très-inégalement et qu'à cette époque il en est déjà tombé une certaine quantité, les jardiniers ont l'habitude de balayer légèrement la terre pour ramasser cette graine. On la sépare de la terre à laquelle elle est mêlée en jetant le tout dans un baquet d'eau; la terre va au fond, les graines surnagent, et on les enlève pour les faire sécher à l'ombre.

6° **Pourpier** (*Portulaca oleracea*). C'est une plante annuelle, qu'on croit originaire de l'Inde, mais qui est naturalisée dans beaucoup de lieux, et notamment dans les jardins, où elle se reproduit seule de ses graines. Lorsqu'elle est en pieds isolés elle s'étale sur le sol tout en se ramifiant, mais dans la culture ordinaire, où les pieds sont pressés les uns contre les autres, elle s'élève verticalement. Ses feuilles, obovales-cunéiformes, sont épaisses, charnues et légèrement acidulées. Les tiges elles-mêmes sont succulentes, et on en mange les sommités avec les feuilles, crues en salade ou confites dans le vinaigre; on peut aussi les manger cuites, accommodées de diverses manières. Les fleurs du pourpier sont jaunes et très-petites, et la graine en est très-fine.

A Paris les maraîchers sèment le pourpier en primeur sur

couche, de janvier en mars. Les graines, étant très-fines, ne sont point recouvertes; on se contente de plomber légèrement la terre. Après avoir fait une ou deux coupes d'un premier semis, on en fait ordinairement un second sur la même couche. Pour la culture naturelle les semis de pourpier se font en mai, puis successivement par intervalles de quinze jours à trois semaines, jusqu'au commencement d'août. On répand sur le semis une légère couche de terreau, et on bassine assidûment jusqu'à la levée. La meilleure variété de pourpier est le *doré à larges feuilles*, qu'on préfère avec raison au pourpier vert. Pour l'obtenir bien coloré, les jardiniers le bassinent cinq à six fois par jour, et cela pendant que le soleil luit. Les semis de pleine terre donnent aussi une ou deux coupes. pour obtenir des graines on conserve du plant auquel on ne touche point, et on en récolte les capsules à fur et mesure qu'elles mûrissent.

7° **Cressons.** Plusieurs plantes différentes de genre et de famille portent ce nom, mais nous ne devons considérer comme vrais cressons que celles qui appartiennent à la famille des crucifères. Ainsi restreints, les cressons se rapporteront aux trois espèces suivantes : le *cresson de fontaine*, le *cresson alénois* et la *roquette* ou *cresson de terre*. Jusqu'à un certain point on pourrait ranger le *cochléaria officinal* (*Cochlearia officinalis*) dans le groupe des cressons, mais cette crucifère n'étant guère cultivée que pour ses propriétés médicinales, nous devons l'exclure de la culture potagère.

Fig. 91. — Cresson de fontaine.

Le *cresson de fontaine* ou *cresson d'eau* (fig. 91) (*Sisymbrium nas *turtium*) est une plante indigène, vivace, qui croît dans les ruisseaux et au bord des rivières, toujours le pied dans l'eau. Il abonde dans le nord de la France, et c'est là surtout qu'il a acquis de l'importance comme plante potagère, quoiqu'il ne soit pas sans usages dans les autres pays. On en mange les jeunes pousses avec leurs feuilles, soit cuites, soit crues en salade. Tout le monde en connaît la saveur âcre et piquante, qui rappelle jusqu'à un certain point celle de la moutarde. La plante est d'ailleurs anti-scorbutique à un haut degré ; aussi a-t-elle des emplois médicinaux étendus.

C'est en Allemagne, paraît-il, qu'on a pour la première fois soumis le cresson de fontaine à la culture, mais cette industrie a été introduite en France en 1811, par M. Cardon, qui a établi les premières cressonnières dans la vallée de la Nonnette, entre Senlis et Chantilly. Ses essais furent couronnés de succès, et il eut bientôt de nombreux imitateurs. Il existe aujourd'hui un grand nombre de cressonnières aux alentours de Paris, et quelques-unes au voisinage de plusieurs grandes villes de province. Cette industrie touchant par plus d'un point au jardinage maraîcher, il n'est pas hors de propos d'en dire quelques mots ici, et nous ne pouvons mieux faire que d'emprunter ces détails à la notice qui lui a été consacrée par M. Courtois-Gérard dans son *Manuel pratique de culture maraîchère.*

Le cresson de fontaine est cultivé dans des fosses nommées *cressonnières*, qui sont alimentées par des sources naturelles ou artificielles, et disposées de manière à ce qu'on puisse les submerger et les assécher à volonté. Elles sont parallèles les unes aux autres, larges chacune d'environ 3 mètres, sur $0^m,40$ de profondeur, et séparées par des plates-bandes élevées, qu'on utilise par la culture de divers légumes, tels que choux, artichauts, etc.

Le cresson se multiplie de graines qu'on sème au printemps, ou mieux de boutures faites en août. Avant la plantation on unit le fond des fosses pour que l'eau y ait un écoulement régulier. Le terrain ayant été préparé, on plante des tiges de cresson, par petites pincées, au fond des fosses, à $0^m,12$ ou $0^m,15$ l'une de l'autre. Au bout de peu de temps, ces tiges sont enracinées; on laisse alors arriver 10 à 12 centimètres d'eau dans la fosse, quantité suffisante pour cette culture. La cressonnière une fois établie ne demande plus d'autres soins que ceux qui sont nécessaires pour prévenir les effets de la gelée dans les grands hivers ou éviter l'accès des eaux surabondantes et bourbeuses dans les temps de dégel ou pendant les orages. Les grandes chaleurs nuisent aux cressonnières, et on en diminue les mauvais effets en les garantissant par des haies ou d'autres plantations. Ce qui est plus nuisible encore c'est, en automne, la chute des feuilles d'arbre, qui s'accumulent dans les fosses et étouffent le cresson. Un autre danger peut naître de l'envahissement des plantes aquatiques (lentilles d'eau, beccabongas, etc.), dont il faut avoir soin de purger la cressonnière.

La récolte du cresson se fait au moyen d'une grande planche jetée, comme un pont, en travers de la fosse; on le coupe avec l'ongle ou avec une serpette, et tige par tige, pour ne pas déchausser le plant. Si la saison est favorable on peut, en été, faire toutes les trois semaines une coupe de cresson dans la même fosse; si l'été est froid la reproduction est lente, et il faut quelquefois attendre plus de deux mois pour pouvoir faire une seconde coupe de cresson.

Après chaque récolte on met la fosse à sec, et on étend sur toute la surface une légère couche de fumier de vache bien consommé, puis on refoule le cresson dans toute l'étendue de la fosse, au moyen d'une planche de $1^{m},33$ à $1^{m},65$ de longueur, emmanchée comme un râteau au milieu de sa longueur. Cet instrument, emprunté aux cultivateurs allemands, s'appelle un *schuel*. Deux ouvriers qui en sont armés marchent sur chaque bord de la fosse, refoulent ensemble chaque pied de cresson et font rentrer en terre les racines qui ont été déchaussées pendant la récolte. Une bonne cressonnière peut durer fort longtemps; néanmoins elle épuise le sol, et il faut la renouveler dès qu'elle commence à dépérir. On arrache alors le cresson avec toutes ses racines, on laboure le fond de la fosse, on fume avec du fumier de vache, et on replante comme il a été dit plus haut.

Le *cresson alénois* (*Lepidium sativum*), connu aussi sous le nom de *nasitort*, est une petite plante annuelle qu'on dit originaire de Perse, d'où elle aurait été introduite dans les potagers de l'Europe vers le milieu du seizième siècle. Ses jeunes pousses et ses feuilles se mangent dans les salades, auxquelles elles servent de condiment par leur saveur âcre et piquante, qui rappelle celle de la moutarde (1).

Le cresson alénois se sème, à Paris, sur couche, du mois de janvier au mois de mars; à partir du printemps on le sème en pleine terre, sur planche ou en bordure, mais toujours en lignes. Sa graine germe très-rapidement, et au bout de quelques jours on peut commencer à couper des feuilles. Il faut du reste en faire de nombreux semis successifs si l'on tient à n'en pas manquer, car il monte promptement en graines. On en possède trois variétés : le *cresson alénois doré*, dont la feuille est d'un jaune blond, le *cresson alénois à large feuille* et le *cresson alénois frisé;* ce dernier est le plus généralement cultivé, parce que son feuillage découpé et très-frisé est un ornement pour les salades.

La *roquette*, nommée aussi *cresson vivace*, *cresson des vignes* (*Eruca sativa*), est une crucifère indigène, vivace ou bisannuelle, assez commune dans les lieux secs et le long des chemins. Ses feuilles, froissées entre les doigts, exhalent une odeur forte, particulière, qui plaît à quelques personnes, mais paraît déplaisante à beaucoup d'autres, lorsqu'elles n'y sont pas habituées. Ces feuilles se mangent en salade comme celles du cresson de fontaine, mais plus ordinairement en simple fourniture dans les salades de laitues. La roquette est cultivée dans quelques jardins potagers. On la sème en février et mars, et aussi à la fin d'août et en septembre. Celle de ces derniers semis passe l'hiver et donne des feuilles bonnes à récolter au printemps suivant. De même que le cresson alénois, elle demande fort peu de soins. Nous en dirons autant du *cresson des prés* ou *cardamine* (*Cardamine pratensis*), autre crucifère indi-

(1) C'est ce qui lui a valu le nom de *nasitort* cité plus haut, du latin *nasum tordit*, qui fait allusion aux contractions du visage que son âcreté provoque chez ceux qui en mangent.

gène et vivace, qu'on récolte au premier printemps, dans les prés humides de toute la France. Elle est rarement cultivée. Si on voulait l'essayer dans les jardins on pourrait semer les graines en mai et juin, sur une terre humide ou fréquemment arrosée, mais mieux en automne pour en récolter la feuille au printemps suivant. La cardamine n'est guère qu'un légume de fantaisie ou de curiosité.

Les *faux cressons* ne sont plus des crucifères; néanmoins, par leur saveur âcre, ils peuvent suppléer aux vrais cressons comme fourniture de salade. Dans le nombre on doit citer le *cresson de Para* ou *spilanthe* (*Spilanthes oleracea*), plante herbacée, annuelle, de la famille des composées, originaire de l'Amérique méridionale, d'où elle a été introduite en Europe vers le milieu du siècle dernier. La saveur âcre particulière de ses feuilles, qui déplaît généralement, l'a toujours empêchée d'entrer dans la culture régulière et l'a maintenue à l'état de légume de fantaisie. Il en est autrement des *capucines* ou *cressons d'Inde* (*Tropæolum*), dont les fleurs, jaune orangé ou orangé rouge, font de très-belles garnitures de salades. Leur saveur est à très-peu près celle du cresson alénois. L'espèce la plus communément cultivée pour l'usage que nous venons d'indiquer est la *grande capucine* (*Trop. majus*), plante annuelle originaire du Pérou; mais on en cultive aussi d'autres espèces, notamment la *petite capucine* (*T. minus*) et la *capucine tubéreuse* (*T. tuberosum*). Cette dernière est vivace par ses tubercules presque semblables à des pommes de terre, mais de saveur trop âcre pour être comestibles. Pour plus de détails sur ces diverses plantes nous renverrons à notre tome II, où nous les avons considérées comme plantes ornementales.

§ VIII. — LÉGUMES CONDIMENTS.

Les divers cressons dont nous venons de parler nous conduisent naturellement à cette nouvelle série de plantes potagères ou économiques qui ne servent plus qu'à assaisonner ou aromatiser les mets. Elles sont empruntées à plusieurs familles différentes, et leurs parties utiles sont tantôt les feuilles, tantôt les fleurs, les fruits ou les graines. On pourrait même ranger dans ce groupe les légumes dont on emploie les racines ou les bulbes comme condiments, par exemple l'ail, l'échalotte, la ciboule et autres plantes analogues que nous avons classées parmi les légumes racines. Les premiers en importance sont deux ombellifères, le *persil* et le *cerfeuil*, plantes depuis longtemps introduites dans les potagers, et partout cultivées en Europe.

Le **persil** (*Apium petroselinum*) est originaire du midi de l'Europe, principalement d'Italie et de l'île de Sardaigne. Sous son climat natal il est vivace, mais dans nos potagers on le cultive comme plante annuelle ou bisannuelle. Il se distingue à ses nombreuses feuilles radicales en touffe, d'une verdure vive, glabres, luisantes, bipinnées, à folioles ovales et incisées. Sa tige, haute d'un mètre, striée, rameuse, se termine en plusieurs ombelles de fleurs blanches, auxquelles succèdent des graines ovoïdes, convexes d'un côté et sillonnées par cinq côtes saillantes. Ces graines, ainsi que toute la plante, sont très-aromatiques. Ce sont les feuilles que l'on emploie en assaisonnements, cuites ou crues.

Le persil a donné, par la culture, plusieurs variétés. Outre la forme commune à feuilles planes, on distingue : le *persil frisé*, qui n'en diffère qu'en ce que ses feuilles sont légèrement crépues; le *persil nain très-frisé*, remarquable par sa petite taille et par son feuillage, finement découpé et très-crépu; le *persil de Naples* ou *grand persil*, variété d'un tiers plus élevée que le persil commun, à très-grosses côtes; en Italie on le fait blanchir comme le céleri pour le manger en salade; le *persil de Windsor*, à feuilles larges, un peu cloquées et blanchâtres en dessous; enfin, le *persil à grosse racine*, légume médiocre dont il a été parlé plus haut (p. 135).

De toutes ces variétés celle qu'on cultive le plus généralement est le persil commun. Dans les jardins maraîchers de Paris on en sème dès le mois de février sur côtière au pied d'un mur, et un mois plus tard en plein jardin. Pour n'en pas manquer en hiver, les jardiniers couvrent de châssis des planches de persil disposées à cet effet, et si l'hiver est rigoureux ils entourent les châssis de réchauds de fumier, mais ils en sèment aussi directement sous châssis. Ce dernier semé est ordinairement récolté à la fin de l'hiver, sans autre abri qu'un mur qui le protége contre le vent du nord.

Le persil se sème à toutes les époques de l'année, sauf en hiver, et les semis se font toujours en ligne, ce qui facilite la cueillette des feuilles. Il vient dans toutes les terres engraissées par la culture, surtout lorsqu'elles ont été fumées de l'année précédente. Pour récolter la graine du persil on conserve quelques pieds des semis d'été ou d'automne, en les abritant s'il le faut contre le froid ; ces pieds montent à graine l'année suivante.

Le **cerfeuil** (*Anthriscus* ou *Scandix cerefolium*) est indigène et annuel. Sa tige est de moitié moins haute que celle du persil, dont il se distingue encore à sa graine étroite, allongée, terminée en pointe et de couleur noire. Ses feuilles diffèrent sensiblement aussi de celles du persil, quoique au premier abord on puisse les prendre l'un pour l'autre. Ce qui serait plus fâcheux serait de confondre le cerfeuil avec la petite ciguë (*Æthusa cynapium*), plante très-vénéneuse, et qui est commune dans beaucoup de lieux. Cette confusion a causé plus d'un accident. Les feuilles aromatiques du cerfeuil s'emploient, de même que celle du persil, en garniture de salade, ou comme condiments dans les potages et les ragoûts. On en cultive communément deux variétés : le *cerfeuil commun*, à feuilles lisses, et le *cerfeuil frisé*, qui les a crépues ou frisées. Cette dernière convient mieux que l'autre pour les garnitures de salades, mais elle a le défaut de dégénérer très-promptement si on ne donne pas une grande attention aux porte-graines.

Le cerfeuil s'accommode de tous les climats et de tous les terrains. On le sème à la sortie de l'hiver, sur côtière, à l'abri d'un mur, à la volée ou en lignes, mais plutôt en lignes, parce que les sarclages d'abord, puis la coupe des feuilles, en sont facilités. On donne les arrosages requis par la saison. Ces premiers semis produisent ordinairement des plantes de peu de durée, surtout lorsque l'été est chaud et sec, parce qu'elles montent promptement en graines. Les semis faits à la fin de l'été et en automne ne présentent pas cet inconvénient ; ils donnent des feuilles à l'arrière saison, en hiver et au printemps. C'est dans ces semis d'automne qui ont passé l'hiver qu'il convient surtout de choisir des porte-graines ; à cet effet, on réserve un certain nombre de pieds auxquels on n'enlève pas de feuilles ; ils en deviennent plus forts et donnent de meilleures graines.

Outre le cerfeuil commun on cultive encore dans quelques potagers d'amateurs le *cerfeuil musqué* (*Myrrhis odorata*), plante vivace indigène, à grandes feuilles pubescentes, très-découpées, et d'une forte odeur aromatique. On l'emploie aux mêmes usages que le cerfeuil commun, mais peu de personnes s'accommodent de sa saveur d'anis trop prononcée. On peut en cultiver un pied ou deux dans le potager comme légume de curiosité.

Nous pouvons encore considérer comme un légume de fantaisie le **perce-pierre** (*Crithmum maritimum*), ombellifère vivace de nos côtes maritimes, dont les feuilles charnues se confisent au vinaigre pour servir d'assaisonnement. On le sème en septembre, aussitôt que les graines sont mûres, ou en mars au pied d'un mur. Le semis d'automne est le meilleur. On arrose abondamment pendant l'été, et si le climat est froid on abrite la plante pendant l'hiver sous des paillassons ou de la litière.

Moutardes (*Sinapis*). Ce sont des crucifères annuelles, qu'on peut assimiler aux cressons de même famille, mais qui, en France du moins, appartiennent presque exclusivement à la grande culture. Deux espèces sont indigènes : la *moutarde blanche* (*S. alba*) et la *moutarde noire* (*S. nigra*) ; une troisième est originaire de la Chine, c'est la *moutarde de Pékin* (*S. pekinensis*). Toutes sont des plantes rustiques, dressées, hautes d'un mètre et plus, à fleurs jaunes, auxquelles succèdent des siliques allongées qui contiennent les graines. En Angleterre la moutarde blanche est communément cultivée dans les potagers, parce qu'on en mange les feuilles en salade avec le cresson alénois et la laitue, mais cet usage est peu répandu en France. Sa graine, fort employée aujourd'hui en médecine, entre aussi dans la composition d'une moutarde, moins forte que celle qu'on obtient des graines de la moutarde noire. Cette dernière seule a de l'importance pour la fabrication de ce condiment, dont l'usage est si connu et si universel aujourd'hui. Tout le monde sait que la moutarde est l'objet d'un commerce considérable, et que la ville de Dijon, en Bourgogne, a longtemps passé pour fournir la meilleure. La moutarde de Chine n'est guère qu'un légume de fantaisie, dont on mange les feuilles jeunes en salade, en guise de cresson.

En grande culture toutes les moutardes se sèment à la volée, en lignes si c'est dans le jardin; dans les deux cas, elles ne réclament que les soins les plus vulgaires, suffisamment indiqués par les saisons de l'année et le climat du lieu.

Piments (*Capsicum*). Les piments, plantes annuelles de la famille des solanées, sont originaires de l'Amérique du Sud. A leurs fleurs jaunâtres ou blanc sale, assez analogues à celles des pommes de terre, succèdent des baies de diverses formes, tantôt allongées, tantôt arrondies, plus ou moins vésiculeuses, lisses, d'un vert foncé avant la maturité, puis d'un rouge corail des plus vifs, quelquefois simplement jaunes ou orangées, suivant les espèces et les variétés. Ces baies contiennent un suc vireux, excessivement âcre dans la plupart des variétés, et qui est surtout concentré dans les placentas auxquels les graines sont attachées. C'est à cette âcreté, parfois insupportable, que les piments doivent tout leur valeur culinaire; leurs fruits servent à épicer différents mets, usités surtout dans les pays du midi, ou se confisent au vinaigre comme d'autres légumes qu'il nous reste à faire connaître.

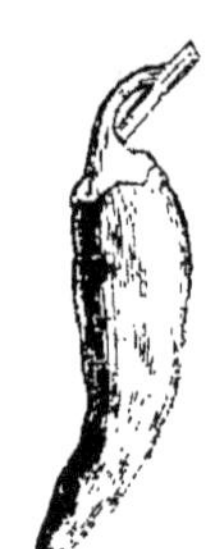
Fig. 92. — Piment long ordinaire.

Parmi les nombreuses races qu'on rattache, à tort ou à raison, au piment commun (*C. annuum*), nous citerons : le *piment long* (fig. 92), dont les fruits pendants, de forme conique-allongée et irrégulière, ont jusqu'à 0m,10 de longueur, et passent au rouge écarlate en mûrissant; c'est la variété la plus répandue dans la culture potagère; le *piment long jaune*, semblable au précédent, mais avec des fruits un peu moindres, et d'une teinte jaune ou orangé pâle; le *piment cerise,* dont plusieurs botanistes font une espèce distincte (*C. cerasiforme*), à fruits sphériques, de la grosseur d'une cerise ordinaire, rouge vif ou jaunes suivant les variétés; le *piment enragé*, qui ne diffère du piment long que par la petitesse relative de ses fruits (4 à 5 centimètres de longueur au maximum), coniques-aigus, rouge corail et d'une âcreté excessive; le *piment doux* ou *gros piment carré* (fig. 93), la variété qui donne les plus gros fruits; ces fruits, de forme irrégulière ou vaguement carrée, très-vésiculeux, pendants, presque aussi larges que longs, ont de 6 à 8 centimètres de longueur; ils deviennent rouge vif en mûrissant, et leur saveur est beaucoup plus douce que celle des autres races, le principe âcre en ayant presque complétement disparu; le *piment du Chili*, dont les fruits moyens (4 à 5 centim. de longueur), coniques, pendants, d'un beau rouge corail, sont moins âcres que ceux d'autres variétés, quoique doués encore d'une saveur forte; enfin le *piment tomate* (fig. 94) (*C. grossum*), qui se distingue de tous les autres par la forme de ses fruits déprimés et irrégulièrement sillonnés de côtes, ce qui leur donne une grande ressemblance avec ceux de la tomate; il en existe deux variétés, l'une *rouge* et l'autre *jaune*, toutes deux de saveur douce.

Fig. 93. — Piment doux ou gros piment carré.

Fig. 94. — Piment tomate.

Partout, en France, on cultive quelques variétés de piments. A Paris elles se réduisent à trois : le piment long commun, le piment du Chili et le gros piment doux. Les maraîchers les sèment en février et mars, sur couche et sous châssis, puis les repiquent en pépinière, toujours sur couche, lorsqu'ils ont quatre à cinq feuilles ; ils les mettent en pleine terre, en mai, à une bonne exposition. Le gros piment doux, qui est plus tardif que les autres, reste toute l'année sur la couche. Dans le midi les piments sont semés un peu plus tard, en mars, avril et mai, suivant les lieux, et cultivés seulement en pleine terre comme les tomates et autres légumes analogues.

Câprier (*Capparis spinosa*). Quoique le câprier soit un arbrisseau, on peut le classer dans la culture potagère autant que dans la culture industrielle. Son produit utile consiste uniquement dans les boutons de ses fleurs, cueillis avant leur épanouissement, pour être confits au vinaigre ; ce sont alors les *câpres* du commerce, si universellement employées en Europe comme condiment.

On ne sait au juste quelle est la patrie première du câprier, mais s'il n'est pas indigène en Orient il y est du moins naturalisé d'ancienne date, et c'est de là qu'il a été introduit dans le midi de l'Europe, mais seulement au voisinage de la Méditerranée, car il ne sort pas de la région de l'olivier proprement dite. Il est assez répandu dans cette partie du midi de la France, où beaucoup de personnes le cultivent pour leur propre usage, mais c'est seulement entre Toulon et Marseille, et principalement dans les communes de Cujes, de Roquevaire et d'Ollioules, que cette culture se fait en grand et devient tout à fait industrielle.

Le câprier vient dans les terrains les plus rocailleux et les plus arides, et il leur donne une valeur que sans lui ils n'auraient pas. Dans beaucoup d'endroits même on utilise les murs en pierre sèche en y plantant sur la face la mieux orientée du côté du soleil, et dans les interstices des pierres, des câpriers, qui y trouvent encore à s'alimenter ; néanmoins l'expérience prouve que l'arbuste est d'autant plus vigoureux et plus productif que le sol est meilleur et plus frais. Il existe, paraît-il, plusieurs espèces de câpriers, une entre autres, qu'on a beaucoup vantée il y a quelques années, le *câprier inerme* (*C. sicula*), qui, s'il a l'avantage de n'être point épineux comme les variétés ordinaires, a le grave défaut d'être plus délicat et moins productif, ce qui l'a fait abandonner. Les races préférées à juste raison, au moins quand on a seulement en vue la question commerciale, sont celles qui donnent les plus gros boutons de fleurs.

Le câprier se multiplie de boutures de tiges, plantées à la fin de l'hiver et autant que possible à l'approche des pluies, qui en favorisent la reprise. Si la pluie ne survient pas il peut devenir nécessaire d'arroser le plant, surtout quand la plantation a été faite dans des endroits naturellement arides. Une câprière en bon état donne déjà des produits à l'âge de deux ans; néanmoins ce n'est qu'à la troisième année qu'ils prennent de l'importance, et ils peuvent se continuer ainsi pendant fort longtemps, mais, pour que la production se soutienne, la caprière doit être recépée tous les ans, sur la souche, opération qui provoque le développement de branches vigoureuses. A cause des épines ou crochets dont les branches sont armées, la cueillette des boutons est un peu difficultueuse, et elle demande une certaine attention, car il importe de saisir le moment où chaque bouton de fleur doit être cueilli pour avoir toute sa valeur commerciale. Un bouton trop gros et près de s'ouvrir n'a plus aucune valeur; pris trop jeune il ne paierait pas le travail de la récolte. Il en résulte que la cueillette s'échelonne sur trois ou quatre mois, c'est-à-dire de la fin de mai à la fin de septembre, revenant à huit jours d'intervalle sur les mêmes plantes. Le triage des boutons se fait au fur et mesure de la cueillette, et ils se classent suivant leur valeur (1). Les boutons qui échappent à la cueillette, ou qu'on laisse à dessein se développer, produisent des fruits charnus, qui se confisent au vinaigre à la manière des cornichons. Leur

(1) En Provence, on donne le nom de *nonpareille* aux boutons du premier jour; ce sont ceux qui ont le plus de valeur; ceux du second jour passent à l'état de *capucine*. Un bouton du quatrième jour ne vaut plus la peine d'être cueilli.

valeur commerciale est très-faible à côté de celle des câpres.

Une autre famille de plantes, celle des labiées, qui est riche en espèces aromatiques et odoriférantes, fournit aussi quelques condiments à l'art culinaire. Il en est plusieurs qui sont habituellement cultivées dans les jardins potagers; ce sont les suivantes :

Le **grand basilic** (*Ocimum basilicum*), plante de l'Inde, considérée comme annuelle sous nos climats, dressée, haute de 0m,30 à 0m,40, très-rameuse, à feuilles ovales-lancéolées, d'une odeur aromatique très-prononcée et agréable, à fleurs blanches en verticilles au sommet des rameaux. A Paris, le basilic se sème en mars ou avril, sur de vieilles couches. Lorsque le plant est à sa cinquième ou sixième feuille, on le repique sur couche, puis, dans le courant de mai, plus tôt ou plus tard, on le relève en motte pour le mettre en pleine terre. On donne de copieux et fréquents arrosages pendant les chaleurs.

Le **petit basilic**, de même origine que le précédent, est moins communément cultivé, mais il est tout aussi aromatique et s'emploie aux mêmes usages. Sa taille n'est guère que la moitié de celle de l'autre. Il se sème à la même époque et demande les mêmes soins de culture.

La **marjolaine** (*Origanum majoranoides*), plante indigène vivace, à tiges un peu ligneuses, hautes de 0m,40 à 0m,50, à feuilles pétiolées, ovales-arrondies, dont l'odeur est fortement aromatique. Ces feuilles, comme celles des deux basilics, s'emploient en assaisonnement dans les ragoûts et quelquefois dans les salades. La plante, une fois établie dans un coin du jardin, ne demande d'autres soins que d'être débarrassée tous les ans des tiges mortes; tout au plus lui donne-t-on quelques arrosages pendant les chaleurs. On la multiplie de drageons, c'est-à dire par division du pied.

La **sauge officinale** ou **grande sauge** (*Salvia officinalis*), indigène du midi de l'Europe et vivace; sa souche devient ligneuse avec les années et émet tous les ans des tiges dressées, qui s'élèvent à 0m,60 ou plus. Ses feuilles elliptiques ou lancéolées, finement réticulées et légèrement pubescentes, servent aux mêmes usages que celles des labiées précédentes, c'est-à-dire à aromatiser les mets. On la multiplie de graines semées au printemps sur côtière tournée au midi, ou plus simplement par le bouturage de ses tiges. Elle vient pour ainsi dire sans culture, si elle est en bon sol et à une exposition chaude.

Sarriettes (*Satureia*). On en distingue deux espèces, toutes deux du midi de l'Europe ; la *sarriette commune* ou *sarriette d'été* (*S. hortensis*), qui est annuelle, et la *sarriette vivace* ou *sarriette d'hiver* (*S. montana*), dont la souche et les tiges ligneuses durent plusieurs années.

La sarriette commune est la plus communément cultivée. A Paris on la sème au printemps, sans lui donner d'autres soins que quelques arrosages en été. Elle se ressème d'elle-même aux endroits où elle a été une fois cultivée. La sarriette vivace n'est pas plus exigeante, si ce n'est tout à fait dans le nord et dans les hivers rigoureux, où elle est exposée à geler. Il convient alors de la couvrir temporairement d'un peu de paille ou de feuilles sèches. Elle a sur la précédente l'avantage de fournir des feuilles en hiver.

Lavande (*Lavandula vera*). Originaire des sols rocailleux du midi de la France, la lavande sert aux mêmes usages que les plantes de même famille dont nous venons de parler. Elle est vivace, à souche ligneuse, à tiges grêles, hautes de $0^{m},40$ à $0^{m},50$. Ses fleurs, verticillées et de couleur bleue, sont rapprochées en épi terminal. Toute la plante est aromatique. Elle vient sans culture dans les jardins, mais à bonne exposition. On la multiplie de graines, et plus ordinairement de pieds qu'on éclate au printemps ou en automne.

Thym. Une autre labiée indigène, d'un usage beaucoup plus général que toutes les autres, est le *thym commun* (*Thymus vulgaris*), fruticule vivace du midi de l'Europe et très-commun dans les lieux arides et incultes du midi de la France. De sa souche ligneuse s'élèvent en touffe de nombreux rameaux, grêles, ornés de feuilles petites et étroites, et terminés par des verticilles de fleurs lilas. Il est puissamment aromatique, et tout le monde connaît l'emploi qu'on fait de ses rameaux pour aromatiser les ragoûts. Le thym se cultive souvent en bordures dans les parterres (voir tome II, p. 486); dans un jardin potager il suffit d'en avoir quelques pieds dans un endroit sec et bien exposé au soleil. On le multiplie très-aisément d'éclats du pied en mars ou avril, suivant les lieux.

Ce que nous venons de dire des usages du thym s'applique aussi au **romarin** (*Rosmarinus officinalis*), arbuste de 1 à 2^m, indigène dans les pays méditerranéens, où il croît dans les lieux les plus secs et les plus exposés au soleil. On le cultive peu dans les jardins du nord, parce qu'il n'y est pas tout à fait rustique, et qu'il exige des couvertures dans les temps de grandes gelées. On le multiplie de boutures de rameaux, plantées au commencement de l'été, dans une terre à la fois chaude et un peu humide. Le romarin, ainsi que nous l'avons dit ailleurs (tome III, p. 109), est aussi un arbuste d'ornement, et jusqu'à un certain point un arbuste industriel, parce que, fleurissant pendant tout l'hiver, ses fleurs sont d'une grande utilité aux abeilles dans une saison où ces insectes trouvent difficilement à s'alimenter.

A la famille des composées ont été empruntées aussi quelques plantes usitées comme condiments. Il en est deux, entre autres, qu'on trouve dans tous les jardins potagers; ce sont l'*estragon* et la *menthe coq* ou *herbe à omelette*.

L'**estragon** (*Artemisia dracunculus*), originaire de l'Europe orientale ou de l'Asie septentrionale, est une plante vivace, à tiges annuelles, haute de $0^m,60$ à 1^m, à feuilles linéaires-lancéolées, glabres et très-aromatiques; ses fleurs sont en petits capitules verdâtres, dont la réunion forme des panicules aux sommets des rameaux. Les feuilles seules sont employées comme condiment dans les ragoûts et servent aussi à aromatiser le vinaigre; il s'en fait une consommation assez considérable à Paris.

L'estragon, devenu stérile dans les jardins, se multiplie par éclats du pied, qu'on plante de la seconde quinzaine de juillet à la fin d'août. On en coupe les tiges à l'entrée de l'hiver, et on en recouvre les touffes d'un peu de terre, qu'on retire au printemps. A Paris les jardiniers en mettent quelques pieds sous châssis, à bonne exposition, pour avoir des feuilles à vendre en hiver, et, au besoin, si le temps devient très-froid, ils entourent les châssis de réchauds de fumier. Hors ce cas, l'estragon, qui est rustique, vient pour ainsi dire sans culture, et dans un jardin privé il suffit d'en avoir une demi-douzaine de pieds.

La **menthe coq** (*Balsamita suaveolens*) est peu usitée aujourd'hui, quoiqu'elle l'ait été beaucoup au dix-septième siècle (1). Elle est originaire des Alpes et tout aussi rustique que l'estragon. Ses feuilles elliptiques, dentées en scie et fortement aromatiques, sont employées dans divers pays comme assaisonnement de salades. On la multiplie par division du pied, au printemps et en été, rarement de graines. Le peu d'emploi qu'on fait de quelques autres composées aromatiques dans la préparation des mets, telles que l'*aurone* (*Artemisia abrotanum*) et la *petite absinthe* (*Artemisia pontica*), nous dispensera d'en parler ici.

Vers, chenilles et **chenillettes.** Les objets désignés sous ces trois noms ne sont, à proprement parler, ni des légumes ni des condiments, mais de simples accessoires des salades, auxquelles on les mêle quelquefois pour causer des surprises innocentes aux convives. Ce sont les gousses de quelques papilionacées que leur apparence fait prendre au premier abord pour les insectes dont on leur a donné le nom. La chenille proprement dite est le fruit du *Scorpiurus vermiculata*, plante du midi de la France; elle est cylindrique, sillonnée, finement mamelonnée et enroulée sur elle-même; cueillie encore verte, elle imite à s'y méprendre une chenille de même couleur. La chenillette (fig. 95), produite par une autre plante de même genre, le *S. muricata*, est plus grêle que la précédente, et ressemble à d'autres espèces de chenilles. Il en est de même de la chenille velue (*S. subvillosa*). Les vers, moins contournés que les chenilles, et toujours lisses, sont le produit de l'*Astragalus hamosus*. Les gousses en spirale ou orbiculées

(1) La Quintinye en faisait blanchir pour la table du Roi. On la mangeait en salade, ainsi que de véritables menthes (*Mentha*). A cette époque les mets épicés étaient de mode.

du *Medicago orbicularis* servent quelquefois aussi aux mêmes usages sous le nom de *limaçons*. Toutes ces plantes, qui sont

Fig. 95. — Chenillette.

annuelles, rustiques et de facile culture, ont trop peu d'intérêt pour que nous nous y arrêtions plus longtemps.

CHAPITRE IV.

LES LÉGUMES-FRUITS.

§ Ier. — CONSIDÉRATIONS GÉNÉRALES.

Les légumes que nous réunissons sous ce titre, si nous les prenons en bloc, caractérisent un jardinage plus méridional que ceux des catégories précédentes; aussi, dans le nord et le centre de la France, la culture de plusieurs d'entre eux se rapproche-t-elle de la culture forcée. Quoique nombreux et variés, ils se divisent en groupes très-naturels, analogues de culture et d'usages. Ces groupes sont les *légumes cucurbitacés*, les *légumes solanes*, les *légumes siliqueux* ou *légumes graines*, et les *champignons*, qui forment un groupe tout à fait à part. Nous ne considérons pas les fraises et les ananas comme des légumes; ce sont de véritables fruits, au même titre que les poires, les pommes et autres produits de nos arbres fruitiers; en conséquence, c'est à la seconde partie de ce volume que nous renvoyons l'histoire horticole de ces deux genres de plantes.

§ II. — LES LÉGUMES CUCURBITACÉS.

Ainsi que leur nom l'indique, tous ces légumes sont tirés de la famille des cucurbitacées (1), et tous d'origine exotique. Ils sont annuels, monoïques, croissent rapidement, exigent beaucoup de chaleur et d'eau, et succombent aux moindres gelées. De là un ensemble de conditions de culture qui sont à peu de

(1) Voir tome Ier, p. 243, ce que nous avons dit de cette famille de plantes.

14

chose près les mêmes pour tous. Les légumes cucurbitacés comprennent les *courges*, le *bénincasa*, les *melons*, les *concombres*, la *pastèque*, et dans plusieurs pays la *gourde commune*. La plupart de ces espèces sont riches en variétés.

Les **courges** (*Cucurbita*), si nous nous en tenons aux espèces économiques, sont au nombre de quatre : ce sont le *potiron* (*C. maxima*), la *melonnée* ou *courge musquée* (*C. moschata*), la *courge pépon* ou *citrouille* (*C. pepo*) et la *courge de Siam* ou *courge à graines noires* (*C. melanosperma*). Étudions séparément ces quatre espèces et leurs variétés (1).

1° Le *potiron* (fig. 96), la seule espèce du genre que l'on cultive dans les jardins maraîchers de Paris, est, selon toute vraisemblance, originaire de l'Inde. Son introduction en Europe ne paraît pas fort ancienne, car il n'en est pas fait mention dans les auteurs latins qui traitent de la culture. Le moyen âge ne le connaissait pas davantage, et il faut arriver au quinzième ou au seizième siècle pour en trouver des indices à peu près certains dans les écrivains de cette époque. On peut supposer avec quelque probabilité qu'il nous est arrivé par l'intermédiaire des Arabes, qui l'ont sans doute propagé de même en Afrique. Aujourd'hui on le trouve dans tous les pays où le climat en rend possible la culture.

Le potiron est une forte plante, toujours herbacée et annuelle, dont les tiges sarmenteuses, longues ordinairement de plusieurs mètres, se traînent sur le sol, auquel elles se fixent par les racines adventives qui naissent de leurs nœuds. Ses larges feuilles sont vaguement cordiformes, à lobes très-

(1) Jusqu'à ces derniers temps une grande confusion régnait dans le groupe des courges cultivées, ce qui s'explique par le nombre considérable de races sorties de chacune de ces espèces, et par la prompte dégénérescence de ces races lorsqu'elles se croisent les unes avec les autres. M. Naudin, qui a fait une étude suivie de ces plantes, a réussi à déterminer les caractères des espèces et de leurs variétés, et il a démontré, contrairement à l'opinion accréditée, que si les races d'une même espèce se croisent facilement entre elles, elles ne se croisent jamais avec celles d'une autre espèce, ce qui fournit encore un caractère pour reconnaître les espèces de courges dans leurs diverses variétés. Quoique les observations de M. Naudin remontent à une douzaine d'années et qu'elles aient reçu une grande publicité dans les journaux horticoles, la plupart des traités de jardinage qui ont été écrits depuis cette époque continuent encore à confondre les unes avec les autres les espèces et les variétés de courges.

obtus et arrondis; elles sont rudes au toucher, ainsi que les pétioles qui les soutiennent, mais leurs poils ne deviennent

Fig. 96. — Potiron; feuilles et fleurs.

jamais spinescents. Leurs fruits, souvent très-gros, sont généralement sphériques ou sphériques-déprimés, rarement oblongs ou cylindriques; leurs pédoncules, plus ou moins crevassés, ne sont jamais anguleux ni cannelés dans le sens de leur longueur. En dehors de ces caractères qui sont exclusivement propres à l'espèce et paraissent fort constants, tout varie dans le potiron : la taille, le port, la grosseur, la figure et la couleur des fruits. La chair varie de même d'épaisseur et de qualité, et les graines, tantôt blanches, tantôt brunes, marginées ou non marginées, offrent parfois de telles différences entre elles, dans la série des variétés, qu'on serait tenté au premier abord, de les attribuer à plusieurs espèces distinctes.

Il serait facile de citer plus de cinquante races ou variétés très-constantes dans l'espèce du potiron ; mais, au point de vue où nous sommes, nous devons nous borner à parler des races maraîchères les plus usuelles. Ces races sont : 1° le *potiron jaune gros* (fig. 97), celui de toutes dont le fruit acquiert

Fig. 97. — Potiron ; fruit.

le plus grand volume; dans les jardins maraîchers de Paris il n'est pas rare d'en voir du poids de 60 à 70 kilogrammes, et dont la circonférence approche de 3 mètres. Ces fruits sont ordinairement déprimés, à côtes larges mais peu marquées, à écorce jaune pâle ou légèrement rosée, et plus ou moins brodée comme celle du melon maraîcher ; la chair est jaune, assez épaisse quoiqu'elle laisse un grand vide dans le centre du fruit, fine, douce et légèrement farineuse; les graines sont blanches et marginées; 2° le *potiron blanc gros*, à fruits presque aussi volumineux que ceux du précédent, mais lisses et d'un blanc de crème à l'extérieur ; la chair est d'un jaune très-pâle et d'une saveur moins prononcée que celle du jaune gros; 3° le *potiron vert gros* ou *potiron gris*, qui se distingue à son fruit moins déprimé que celui du jaune gros, qu'il égale presque en volume, quelquefois presque sphérique ou même saillant en forme de cône obtus du côté de la fleur ; son écorce est d'un vert assez foncé, marbrée par places de vert pâle ou de gris ; la chair en est jaune et épaisse ; cette belle race est cultivée surtout dans l'ouest de la France : elle l'est peu à Paris ; 4° le *potiron d'Espagne*, à fruits de moitié plus petits que ceux du jaune gros, mais déprimés comme eux, à peau vert pâle ; la chair est jaune, sucrée et de très-bonne qualité ; ce potiron se cultive, dans les jardins maraîchers de Paris, concurremment avec le jaune gros ; 5° le *potiron turban* (fig. 98), connu sous les noms de *giraumon* et de *bonnet turc*,

Fig. 98. — Potiron turban.

race singulière par la forme du fruit, qui est déprimé et terminé du côté de la fleur par trois gros mamelons saillants, mais arrondis, entre lesquels se trouve l'ombilic du fruit (1) ; on en connaît des variétés à peau rouge, qui sont les meilleures, et des variétés à peau verte, plus ou moins bigarrées de gris ; dans ces dernières les graines sont quelquefois basanées et dépourvues de margination. A ces variétés principales du potiron il convient d'ajouter le *potiron pain du*

(1) Ces mamelons ne sont autre chose que les trois carpelles qui font saillie en dehors de l'enveloppe commune que forme autour d'eux le réceptacle de la fleur et du fruit. Pour comprendre cette disposition, il faut se rappeler que, chez les cucurbitacées, l'ovaire est *infère*, c'est-à-dire immergé dans ce qu'on appelle le réceptacle de la fleur, et ce réceptacle, ici, n'est autre chose que le pédoncule lui-même, dans lequel l'ovaire est invaginé. Par exception, l'ovaire, dans le potiron turban, n'est invaginé qu'en partie, et le bord du réceptacle dessine un cercle plus ou moins large, ou couronne, autour des parties saillantes de l'ovaire à trois carpelles qui constitue ce fruit.

pauvre, déprimé, de moyenne grosseur, à peau brunâtre, ordinairement endurcie en une sorte de coque demi-ligneuse, à chair jaune, très-farineuse et d'excellente qualité; le *potiron marron*, à fruits plutôt petits que moyens, déprimés, d'un rouge vif à l'extérieur; le *potiron de l'Ohio*, à fruits moyens, ovoïdes, c'est-à-dire renflés vers le pédoncule et un peu prolongés en cône obtus sur le point opposé, à peau jaunâtre, et à chair très-fine; enfin le *potiron de Valparaiso*, dont les fruits sont au-dessous de la moyenne, ovoïdes, d'un blanc de crème à l'extérieur, à chair jaune orangé, très-fine et très-sucrée; ses graines, d'un jaune nankin, le distinguent aisément de toutes les autres variétés de potirons.

Quelle qu'en soit la variété, la culture du potiron est des plus faciles : du fumier, de la chaleur et de l'eau en sont les conditions essentielles. A Paris les jardiniers sèment le potiron jaune gros en mars, sur couche chaude et sous châssis; en avril ils le repiquent sur couche, et en mai ils le plantent à l'air libre, dans des trous larges de 1^m en tous sens, profonds de 0,50 et remplis de fumier, qu'ils recouvrent de 0^m,20 de vieux terreau. Si le temps devient froid et qu'on ait la gelée à craindre, on recouvre les plantes de cloches pendant la nuit. On met communément trois pieds de potiron par trou de 1^m carré de surface; mais, quand on veut obtenir de très-gros fruits, on doit se borner à n'en mettre qu'un. En plantant les pieds de potirons isolément, il faut au moins 1^m d'intervalle entre eux. On donne de copieux et fréquents arrosages pendant l'été.

Les autres particularités de la culture varient suivant les lieux et les habitudes. Là où l'on ne vise pas à obtenir des fruits très-gros, on se contente de donner aux potirons les soins généraux que nous venons d'indiquer; mais à Paris, où les maraîchers se font une sorte de point d'honneur d'avoir des potirons d'une taille extraordinaire et qui leur fassent un certain renom sur le marché, on dirige les plantes sur une seule tige, qu'on marcotte ou couche en terre de loin en loin pour qu'elle y prenne racine et devienne par là plus vigoureuse. Lorsqu'un ovaire a noué et est arrivé à la grosseur du poing, et qu'il paraît bien conformé et vigoureux, on pince la branche qui le porte à deux ou trois yeux au-dessus de lui, et ordinairement on le conserve seul sur le pied; il n'est pas rare alors, quand la plante est abondamment nourrie, qu'il atteigne ou dépasse un poids de 100 kilogrammes. Si l'on tient à ce que ces fruits prennent une forme parfaitement régulière, au lieu de les laisser reposer sur le sol par le flanc, on les place de manière qu'ils soient en quelque sorte assis sur leur pédoncule, le côté de la fleur regardant le ciel. Cette opération doit être faite lorsqu'ils ont au plus la grosseur de la tête, et on doit y procéder avec quelque précaution, et petit à petit, pour ne pas rompre le pédoncule du fruit ou tordre la branche qui le porte. C'est par ce moyen que les jardiniers obtiennent ces potirons de forme presque discoïde et si régulière que l'on voit figurer sur les marchés de nos grandes villes.

Jusque sous le climat de Paris le potiron peut se cultiver en plein champ, et il y donne encore un produit considérable sans autre arrosage que la pluie. A ce propos nous croyons utile de faire connaître la méthode adoptée par un des meilleurs jardiniers maraîchers de Paris, M. Lenormand, pour simplifier cette culture. M. Lenormand sème les potirons en place, dès les premiers jours de mai, puis, au lieu de diriger les plantes sur une seule branche, comme on le fait ordinairement, il conserve avec la tige principale deux branches secondaires, ce qui permet de laisser trois potirons par pied. La tige principale est marcottée une première fois au-dessus de la sixième feuille, et les branches latérales, convenablement espacées, le sont de même. Grâce à cette opération fréquemment répétée, les plantes abondamment pourvues de racines peuvent se passer de tout arrosage, et malgré cela, donner d'abondants produits (1). Sous des climats plus secs que celui du

(1) Une commission nommée par la Société impériale d'horticulture a constaté, dans une visite faite au jardin de M. Lenormand, situé rue de Reuilly, à Paris, que sur un espace de 1000 mètres carrés, contenant 100 pieds de potirons, 238 fruits étaient en pleine maturité et bons à cueillir au moment de sa visite, sans compter ceux qui pouvaient encore mûrir. Quelques-uns de ces fruits avaient 2m50 de circonférence et dépassaient le poids de 100 kilogrammes; un d'eux atteignait même à 118 kilogrammes.

nord et du centre de la France, ce potiron vient mal dans de telles conditions, et son fruit y reste comparativement petit. Nous devons faire observer en passant qu'on n'a pas toujours intérêt à obtenir de très-gros potirons; dans les familles où on tient à faire provision de ces fruits pour l'hiver, il vaut souvent mieux n'avoir que des potirons de petite ou de moyenne taille, dont chacun peut être consommé en un jour ou deux, parce que ce fruit, une fois entamé, pourrit vite, et qu'avec des potirons trop gros pour être consommés dans un bref délai il y aurait trop de chances de perte. Les races qui se conservent le mieux sont aussi celles qu'on doit préférer pour les besoins du ménage, et, à ce titre, le potiron pain du pauvre, à peau épaisse et un peu ligneuse, et qui est en outre d'un volume moyen et d'excellente qualité, est celui que nous recommanderions le plus volontiers pour la provision d'hiver.

Fig. 99. — Courge musquée; feuilles et fleurs.

2° La *courge musquée* ou *melonnée* (fig. 99) est, plus sûrement encore que le potiron, originaire de l'Inde. De même que le potiron, c'est une forte plante sarmenteuse et traînante, s'enracinant comme lui sur les points où les nœuds de ses tiges touchent le sol. On la distingue aisément du potiron à son feuillage d'une verdure habituellement plus foncée, plus doux au toucher et comme velouté lorsqu'il est encore jeune; ce feuillage est aussi plus découpé et à lobes plus aigus, et même, chez quelques variétés, il est divisé en lobes profonds, subdivisés eux-mêmes en lobes plus petits, ce qui lui donne une vague ressemblance avec celui de la pastèque; très-souvent encore il est marbré de blanc, ce qui est un cas rare dans le potiron. Les pétioles des feuilles, surtout des feuilles adultes, sont rudes au toucher, mais les poils ras dont ils sont couverts ne deviennent jamais spinescents. Les fleurs de la melonnée sont de la même grandeur, de la même forme et de la même nuance jaune que celles du potiron, mais le tube du calyce y est presque nul et non cupuliforme comme chez ce dernier, et de plus les lobes ou folioles s'élargissent souvent, à leur extrémité, en un véritable limbe foliacé. La forme typique du fruit est celle d'un cylindre droit ou courbe, ordinairement renflé à sa partie antérieure, c'est-à-dire du côté de la fleur (fig. 100), et c'est là seulement que se trouvent les graines,

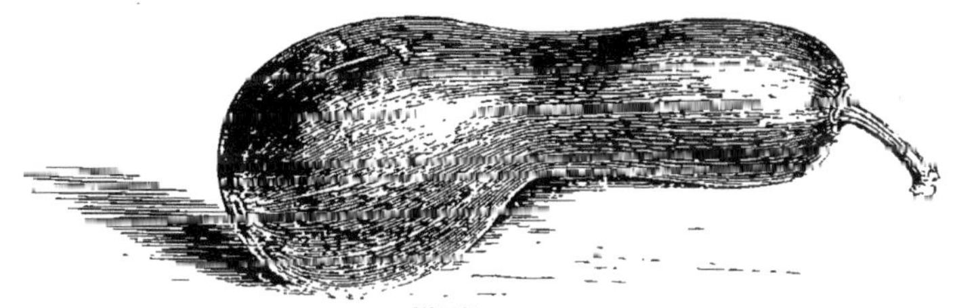

Fig. 100. — Courge musquée; fruit type.

la partie non renflée étant entièrement pleine et compacte; moins allongé, ce fruit devient pyriforme, mais il existe aussi des variétés où il prend la forme sphérique, et même celle d'un disque, quelquefois très-déprimé. Le peau est ordinairement lisse, plus rarement verruqueuse, verte, blanche, jaune ou jaune orangé suivant les races et le degré de maturité, et la chair, toujours un peu filandreuse quoique tendre, est tantôt jaune, tantôt rougeâtre ou même d'un rouge orangé vif. Un des excellents caractères de cette espèce se tire du pédoncule du fruit, qui est toujours pentagonal, à angles mousses, et qui se dilate, à son insertion sur le fruit, en une sorte d'épatement, dont les cinq lobes font suite aux angles du pédoncule. Dans les pays du midi, la courge musquée est considérée comme supérieure au potiron, mais nous devons reconnaître que ses variétés à chair très-rouge ont une saveur de musc prononcée, qui déplaît à ceux qui n'y sont pas habitués; les variétés à chair jaune, au contraire, sont aussi douces que les potirons communs.

Cette espèce aussi est riche en variétés. Pour nous en tenir aux plus communes nous citerons : la *courge muscade de Marseille* (fig. 101), dont les fruits presque sphériques approchent de la grosseur des plus volumineux potirons; sa chair est très-rouge et très-musquée; la *courge pleine de Naples* ou *courge porte-manteau*, dont la forme est celle d'un cylindre à peine renflé vers l'extrémité florale; cette courge, dont la longueur dépasse souvent un mètre, qui est très-pleine et par suite très-pesante eu égard à son volume, se subdivise en plusieurs sous-variétés qui se distinguent par la grosseur du fruit et par sa coloration, verte, blanche, jaune ou marbrée; sa chair est moins colorée et moins musquée que celle de la courge muscade; puis la *courge berbère,* qui semble

Fig. 101. — Courge muscade de Marseille.

n'être qu'un diminutif de la courge porte-manteau, mais qui est plutôt pyriforme que cylindrique ; elle contient aussi plusieurs sous-variétés. Il y a encore d'autres races dans cette espèce, mais moins connues, la plupart à fruits plus petits, tantôt sphériques ou sphériques-déprimés, tantôt oblongs, à peau lisse ou verruqueuse, et qui sont plutôt des légumes de fantaisie que des plantes économiques, dans le sens ordinaire du mot.

La courge musquée est une espèce méridionale, très-répandue dans le midi de l'Europe, le nord de l'Afrique et généralement dans tous les pays chauds, mais à peine connue à Paris, où elle vient plus difficilement que les autres espèces. Les variétés hâtives y mûrissent cependant, mais ce sont celles dont les fruits sont les moins volumineux ; on ne les rencontre guère d'ailleurs que dans quelques jardins d'amateurs. Hors cette plus grande exigence de chaleur, la courge musquée se cultive de la même manière que le potiron commun.

3° La *citrouille* ou *courge pépon* (fig. 102), qu'on croit aussi originaire de l'Asie, et qu'on peut supposer avoir été connue des anciens, quoique aucun texte ne soit formel à cet égard. C'est la plus variable de toutes les espèces du genre et celle qui a le plus contribué à en embrouiller la nomenclature. Elle est cultivée dans presque tous les pays habités de l'ancien et du nouveau monde, mais chaque pays a ses races ou ses variétés particulières.

Comme espèce elle se distingue de ses congénères aux caractères suivants : tiges tantôt allongées et sarmenteuses, plus grimpantes que celles du potiron et de la courge musquée, tantôt courtes et presque dressées, et dans ce cas il arrive souvent que les vrilles disparaissent ou se transforment en organes foliacés ; feuilles à lobes prononcés et plus ou moins aigus, quelquefois profondément découpées, toujours rudes au toucher, uniformément vertes ou marbrées de blanc dans les angles des nervures ; les poils de leurs pétioles et de leurs principales nervures deviennent çà et là spinescents, de telle sorte qu'au toucher seul de ces pétioles ou du dessous des feuilles on pourrait reconnaître l'espèce. Le calyce des fleurs mâles est cupuliforme, un peu resserré au-dessous du limbe et vaguement pentagonal. Un caractère spécifique plus facile à saisir est la forme du pédoncule du fruit, qui est toujours cannelé ou relevé de cinq côtes saillantes dans le sens de sa longueur, mais qui ne s'épate point à son insertion sur le fruit,

Fig. 102. — Courge pépon ou citrouille; feuilles et fleurs.

comme celui de la courge musquée; dans beaucoup de variétés il s'endurcit au point d'être presque ligneux lorsque la maturité est parfaite. Quant au fruit lui-même, il est excessivement variable d'une race à une autre : chez quelques-unes il atteint le volume des plus gros potirons, chez d'autres il ne dépasse pas celui d'une noix; suivant les races encore il est allongé, cylindrique, obovoïde, lisse ou verruqueux, blanc, vert, jaune, orangé, rouge, unicolore ou diversement bariolé, à peau tendre ou durcie en coque ligneuse. La chair est plus filandreuse que celle des autres espèces, moins farineuse et d'une saveur moins prononcée; dans la plupart des petites races, qui ne sont guère que des plantes d'agrément ou de curiosité, elle est sans emplois culinaires.

Fig. 103. — Courge à la moelle.

Il n'y a qu'un petit nombre de variétés de la courge pépon qui soient vraiment potagères; les plus communément cultivées sont : la *courge à la moelle* ou *vegetable marrow* des Anglais (fig. 103), race sarmenteuse, dont les fruits cylindriques ou à cinq côtes presque effacées ne dépassent que rarement 30 centimètres de longueur, sur 10 à 12 d'épaisseur; ils sont lisses, à peau tendre et de couleur jaune, à chair presque blanche, et se mangent ordinairement à moitié grosseur accommodés de diverses manières; la *courge sucrière du Brésil*, à tige sarmenteuse (coureuse, comme disent les jardiniers), dont les fruits ovoïdes sont un peu plus gros que ceux de la variété précédente sans être plus allongés; leur peau est un peu dure, d'un jaune orangé à la maturité, ainsi que la chair, qui est remarquablement sucrée; c'est une excellente variété potagère, exigeant peu de soins de culture et dont les fruits se conservent longtemps sans altération; la *courge des Patagons*, race coureuse comme les deux précédentes, dont elle se distingue aisément à ses fruits cylindriques, plus gros, proportionnellement plus allongés et relevés de cinq grosses côtes saillantes; elle a deux sous-variétés principales, l'une à fruits vert foncé, l'autre à fruits blancs ou jaunâtres ; toutes deux sont de qualité médiocre (fig. 104) ; la *courge d'Italie* ou *coucour-*

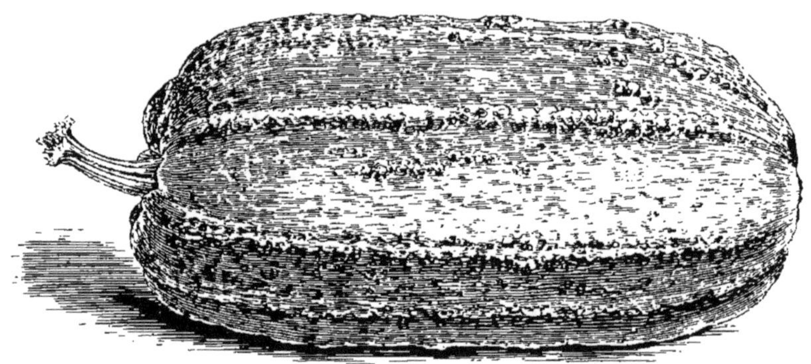

Fig. 104. — Courge des Patagons.

zelle, variété à tige courte et presque dressée, dont les feuilles sont rapprochées en touffe ; ses fruits sont cylindriques, longs de 35 à 40 centimètres, jaunes panachés de vert ; ils se mangent ordinairement avant leur maturité, comme ceux de la courge à la moelle ; la *courge blanche non coureuse*, qui ressemble de tous points à la précédente par la brièveté de sa tige, mais dont les fruits sont un peu plus grands et uniformément blanc jaunâtre ; ils doivent aussi être mangés avant leur maturité ; enfin, le *pâtisson* ou *artichaut de Jérusalem* (fig. 105), la plus singulière de toutes les variétés de la courge pépon ; sa tige, courte, reste dressée, les pétioles de ses feuilles s'allongent plus que dans les autres races, les vrilles disparaissent ou se modifient en feuilles, et les fruits prennent la forme d'un cône plus ou moins allongé ou surbaissé, dont la base se festonne en huit ou dix lobes obtus mais très-saillants ; la peau en est blanche ou jaune, souvent flagellée de vert sur fond blanc,

Fig. 105. — Pâtisson.

quelquefois uniformément jaune orangé, et la chair toujours blanchâtre et tendre. Ces curieux fruits sont un bon légume, qui a en outre le mérite de se conserver longtemps comme provision d'hiver ; toutefois, à cause de leur faible volume, ils n'ont guère été jusqu'ici qu'un légume de fantaisie. La courge pépon a aussi des variétés fourragères, qu'on cultive en certains pays pour la nourriture des bestiaux plus que pour celle des hommes; telle est, en France, la *citrouille de Touraine*, grosse race à peau lisse et à chair aqueuse, qui vient presque sans culture dans nos provinces de l'ouest. D'autres variétés, à chair peu épaisse mais riches en graines, sont de véritables plantes oléifères. Enfin, comme nous le savons déjà (voir tome II, p. 532), la culture ornementale a emprunté à la courge pépon une multitude de petites races remarquables par la bizarrerie des formes ou la belle coloration de leurs fruits. Rappelons que toutes ces races, celles qui sont économiques aussi bien que celles de pur agrément, dégénèrent avec la plus grande facilité lorsqu'elles viennent à se croiser les unes avec les autres.

Les conditions de culture de la courge pépon sont identiquement les mêmes que celles des deux espèces précédentes, mais quoiqu'elle ait des variétés tardives, dont les fruits mûrissent difficilement sous le climat de Paris, elle est, à tout prendre, la plus rustique des trois et celle qui exige le moins de soins.

4° La *courge de Siam* ou *courge à graines noires*, qui est originaire de la Chine méridionale, et qui n'a été introduite en Europe que dans les premières années de notre siècle. C'est une espèce des mieux caractérisées, car elle diffère des précédentes non-seulement par son feuillage, découpé en lobes arrondis, et par ses fleurs, plus petites, mais aussi par ses tiges, vivaces (1), par son fruit, entièrement plein, et par ses graines

(1) Elles sont annuelles dans le nord de la France, où elles gèlent pendant l'hiver; mais dans le midi de l'Europe, à Hyères par exemple, où elles peuvent passer l'hiver sans être atteintes par le froid, elles s'endurcissent, deviennent un peu ligneuses et durent plusieurs années. Dans ces conditions elles prennent un développement demesuré, par exemple 30 à 40 mètres de longueur.

d'un noir foncé. Ce fruit est elliptique-ovoïde, lisse, bariolé et marbré de blanc sur fond vert; la pulpe en est très-blanche et douce, et elle peut se manger cuite, apprêtée à la manière du concombre blanc, à condition qu'on la prenne dans des fruits encores jeunes. A la maturité les fruits s'enveloppent d'une croûte ligneuse, qui en préserve longtemps le contenu de la pourriture, à tel point qu'on peut les conserver intacts pendant plus d'une année. En Europe ces fruits sont un simple objet de curiosité, mais en Chine on les emploie à la nourriture du bétail.

Fig. 106. — Bénincasa.

Le **bénincasa** (fig. 106), plante de l'Asie méridionale (Inde et Cochinchine), tient à la fois de la courge et du concombre. Par ses gros fruits, cylindriques ou plus rarement sphériques, dont la peau se couvre d'une abondante sécrétion cireuse, qui les fait paraître blancs, il rappelle la courge musquée, mais par la chair blanche et juteuse de ces fruits il se rapproche beaucoup du concombre. La plante est annuelle, à tiges traînantes, hérissée de poils rudes et un peu piquants; ses feuilles sont anguleuses et de moyenne grandeur, et ses fleurs largement ouvertes et jaunes. Dans sa jeunesse le fruit est très-velu, mais à mesure qu'il grandit il perd les poils qui le hérissent et devient entièrement glabre. Aux approches de la maturité, ainsi que nous l'avons dit ci-dessus, il se revêt d'une exsudation ou efflorescence circuse très-abondante, qui en change totalement la couleur. Dans les belles variétés le fruit du bénincasa atteint à 60 centimètres de longueur, sur 18 à 20 d'épaisseur (fig. 107), mais il en est d'autres

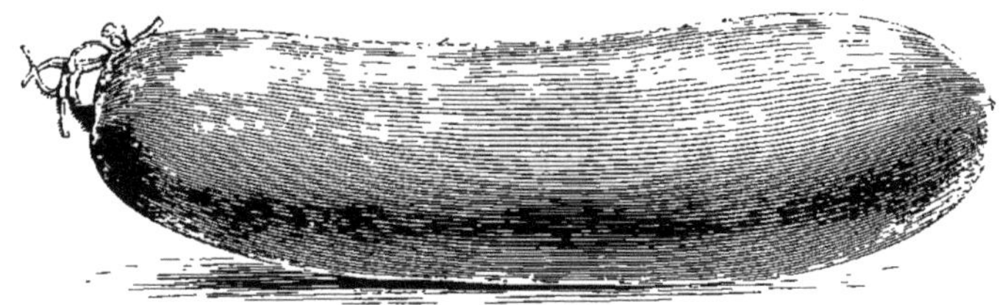

Fig. 107. — Fruit du bénincasa.

où il reste beaucoup plus petit, et d'autres encore où, au lieu de s'allonger, il prend une forme plus ou moins sphérique. Ce fruit se mange cuit, apprêté de différentes manières. Quoique très-estimé dans l'Inde et dans d'autres pays, c'est à peine si on connaît le bénincasa en Europe hors des jardins botaniques. Son tempérament est le même que celui des courges, mais il exige un peu plus de chaleur, et s'il prend jamais faveur en France comme légume usuel, la culture en sera principalement concentrée dans le midi.

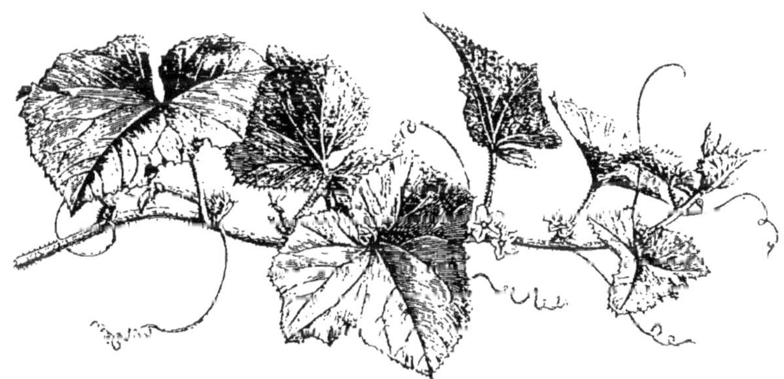

Fig. 108. — Concombre ordinaire.

Le **concombre** (*Cucumis sativus*) est une plante annuelle, probablement originaire de l'Inde, et dont on ignore l'époque d'introduction en Europe, que quelques-uns croient fort ancienne. Ses tiges anguleuses, hérissées de poils un peu spinescents, traînent à terre sans s'y enraciner (fig. 108). Ses fleurs, presque semblables de forme et de grandeur à celles du melon, sont jaunes; les ovaires des fleurs femelles sont oblongs ou fusiformes, et couverts de tubercules terminés chacun par une petite épine, qui ordinairement disparaissent lorsque le fruit est arrivé à maturité. Ce fruit est oblong, cylindrique ou vaguement trigone, blanc, jaune ou vert à la maturité, à chair blanche et cassante, d'une saveur particulière un peu vireuse. Suivant les variétés, il se mange cuit ou cru confit au vinaigre; sous cette dernière forme il porte le nom de *cornichon*.

De même que les autres cucurbitacées depuis longtemps cultivées, le concombre a produit beaucoup de variétés. Les plus généralement usitées en France, ou du moins à Paris, sont le *concombre blanc gros* ou *concombre blanc de Bonneuil*, dont le fruit, d'un blanc légèrement verdâtre, est ovoïde-allongé, long en moyenne de 30 centimètres sur 10 à 12 d'épaisseur; c'est la variété dont les parfumeurs se servent habituellement pour fabriquer la pommade de concombre; le *hâtif de Hollande* (fig. 109), à fruit jaune pâle, de même forme que le précédent, mais d'un tiers moins gros; le *blanc hâtif de Paris*, semblable pour la figure et la taille au hâtif de Hollande, mais blanc verdâtre, ce qui le fait préférer à ce dernier sur le marché; le *concombre blanc long*, pareillement à peau blanche, mais plus menu et plus allongé que le blanc hâtif de Paris; le *concombre jaune gros*, de forme un peu obovoïde, jaune vif à la maturité, et conservant encore quelques tubérosités armées d'aiguillons; le *vert long*, qui est plus cultivé en Angleterre qu'en France, et qui se distingue des précédents par ses fruits très-allongés, souvent courbés, mamelonnés et spinescents (fig. 110), gardant longtemps leur teinte verte, mais tournant au jaune brun lorsqu'ils sont arrivés

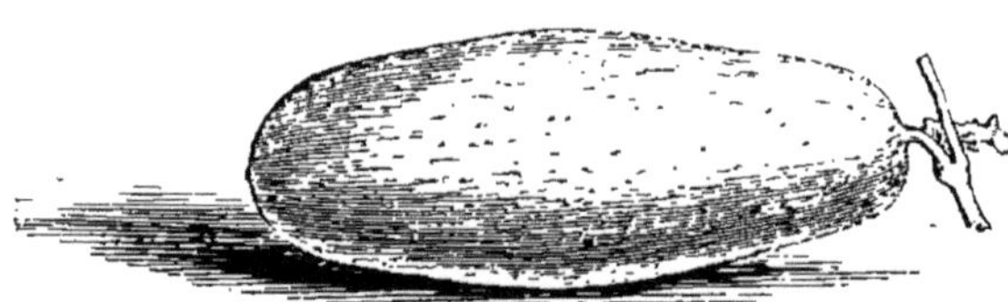
Fig. 109. — Concombre blanc hâtif.

à complète maturité; dans les belles variétés de cette race le fruit atteint jusqu'à 50 centimètres de longueur sur 5 à 6 de diamètre; le *concombre de Russie*, peu cultivé en France,

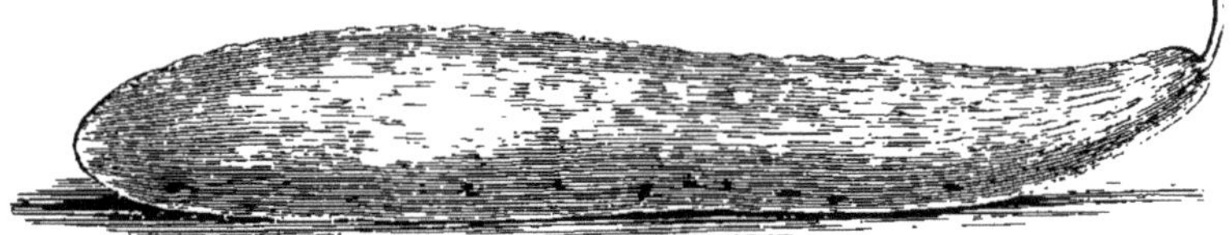

Fig. 110. — Concombre vert long.

à tige peu ou point coureuse, et dont les fruits ovoïdes, lisses et jaune brun à la maturité, ne dépassent guère le volume d'un œuf de poule; c'est plus un légume de curiosité que de véritable utilité; enfin, le *concombre à cornichons*, race moyenne, dont les fruits d'un vert vif dans la jeunesse, mamelonnés et épineux, deviennent jaune terne en mûrissant; habituellement on les cueille peu de jours après la défloraison, c'est-à-dire lorsqu'ils ont de 4 à 6 centimètres de longueur, pour les confire au vinaigre et servir de condiment dans les ragoûts. Tous les autres concombres peuvent d'ailleurs être employés aux mêmes usages.

A Paris on ne force guère que les concombres blanc hâtif et vert long, les autres variétés étant réservées pour la pleine terre. On les sème dans la première quinzaine de février, et à la deuxième ou à la troisième feuille on les repique en pépinière sur une autre couche. Quinze jours plus tard on les transplante en motte et à demeure sur une troisième couche, chargée de 20 centimètres de terreau, à raison de quatre plantes par panneau. On arrose et on couvre les panneaux de paillassons pendant la nuit, on ombre même pendant le jour si cela devient nécessaire pour hâter la reprise, puis on étend un paillis sur la couche. Lorsque les plants ont cinq à six feuilles, on en pince la tige au-dessus de la deuxième ou de la troisième feuille, de manière à obtenir deux branches latérales; celles-ci à leur tour sont rabattues au-dessus de la deuxième feuille, ce qui donne quatre branches principales, auxquelles il n'y a plus de suppressions à faire.

Les jeunes plantes ne tardent pas à fleurir; dès qu'il y a quelques fruits noués, on choisit le plus beau et le mieux fait pour le conserver, et on pince la branche qui le porte à deux yeux au-dessus de lui, quand il est arrivé aux deux tiers de sa grosseur; on agit de même pour un second, puis pour un troisième, et ainsi de suite, de manière à en conserver dix à douze par pied. On pince les branches qui s'allongent trop; on arrose avec modération à la pomme de l'arrosoir si cela devient nécessaire, et on donne de l'air avec précaution quand le temps est assez doux pour ne pas nuire aux plantes, qui sont très-délicates par suite du régime auquel elles ont été soumises. A l'aide de ces soins, et de quelques autres, que nous omettons, on peut récolter des concombres dès la seconde quinzaine d'avril; en jalonnant les semis on pourrait prolonger la récolte jusqu'en juin.

Cultivé simplement en primeur, le concombre se sème dans la première quinzaine d'avril, sur couche chaude et sous cloches ou sous châssis. On donne les soins requis par la saison pour abriter les jeunes plantes contre les irrégularités de la température; on arrose et donne de l'air suivant le besoin. Lorsque les plantes ont cinq à six feuilles on les écime comme il a été dit ci-dessus; on taille de même les deux ou trois branches nées de l'aisselle des feuilles; seulement, on les taille plus long, parce que les plantes sont plus fortes. Les concombres cultivés de cette manière donnent leurs premiers fruits dans la seconde quinzaine de juin.

La culture en pleine terre est plus simple encore, et c'est elle qui est partout le plus généralement suivie. Les semis à Paris se font dans la seconde quinzaine de mai, immédiatement en place ou sur couche. Quinze jours plus tard les plants sont mis en place, sur côtière autant que possible, à $1^{m},33$ de distance les uns des autres et sur une seule ligne. On les couvre de cloches pendant les deux ou trois premiers jours pour assurer la reprise, après quoi, si le temps est chaud, on les livre à eux-mêmes, leur donnant les arrosages nécessaires et les taillant comme il a été dit ci-dessus. La récolte des fruits se fait en août et septembre. Nous n'avons pas besoin d'ajouter que les procédés de la culture maraîchère parisienne ne sont pas d'absolue nécessité, et que, même dans le nord, on peut les modifier pour les approprier aux conditions locales. Dans le midi toute cette culture est considérablement simplifiée ; elle s'y réduit presque aux seuls arrosages.

Le concombre à cornichons se traite à Paris comme les autres variétés de pleine terre. Semé en mai, sur couche et sous châssis, on le transplante en motte vers le commencement de juin. On écime comme il a été dit, et on étend un paillis sur le sol, pour que les branches ne touchent point à la terre ; on les écarte les unes des autres pour leur répartir également l'air et le soleil. Les fruits se cueillent environ huit jours après qu'ils ont noué, et cette récolte se fait tous les deux jours, de la fin de juillet à la fin de septembre.

Concombre arada (*Cucumis anguria*). Cette espèce est originaire d'Amérique, où elle est répandue presque partout entre les tropiques, le plus souvent sauvage, mais quelquefois aussi cultivée dans les jardins. Elle est annuelle, très-sarmenteuse et traînant à terre, à feuilles profondément quinquélobées et à lobes arrondis. Ses fleurs sont jaunes, de moitié ou même des deux tiers plus petites que celles du concombre ordinaire ; ses fruits, portés sur de longs et grêles pédoncules, sont un peu moins gros qu'un œuf de poule, ovoïdes-elliptiques, tuberculeux et armés d'épines, tantôt uniformément jaune pâle ou presque blancs, tantôt flagellés de vert. La chair en est légèrement âpre, mais sans aucune amertume, et elle est de bon goût lorsqu'elle est cuite. Ces fruits doivent être récoltés à moitié grosseur, parce qu'alors ils sont plus tendres et qu'on peut les manger entiers, sans être vidés, les graines n'ayant pas encore l'enveloppe coriace dont elles seront revêtues à la maturité. Le concombre arada, convenablement accommodé, est un mets agréable, bien qu'il ne soit et ne puisse être qu'un légume d'amateur. Ajoutons cependant qu'il est très-fertile, et qu'un seul pied bien cultivé peut donner plusieurs centaines de fruits.

La **gourde** (*Lagenaria vulgaris*) (fig. 111) est bien plus une

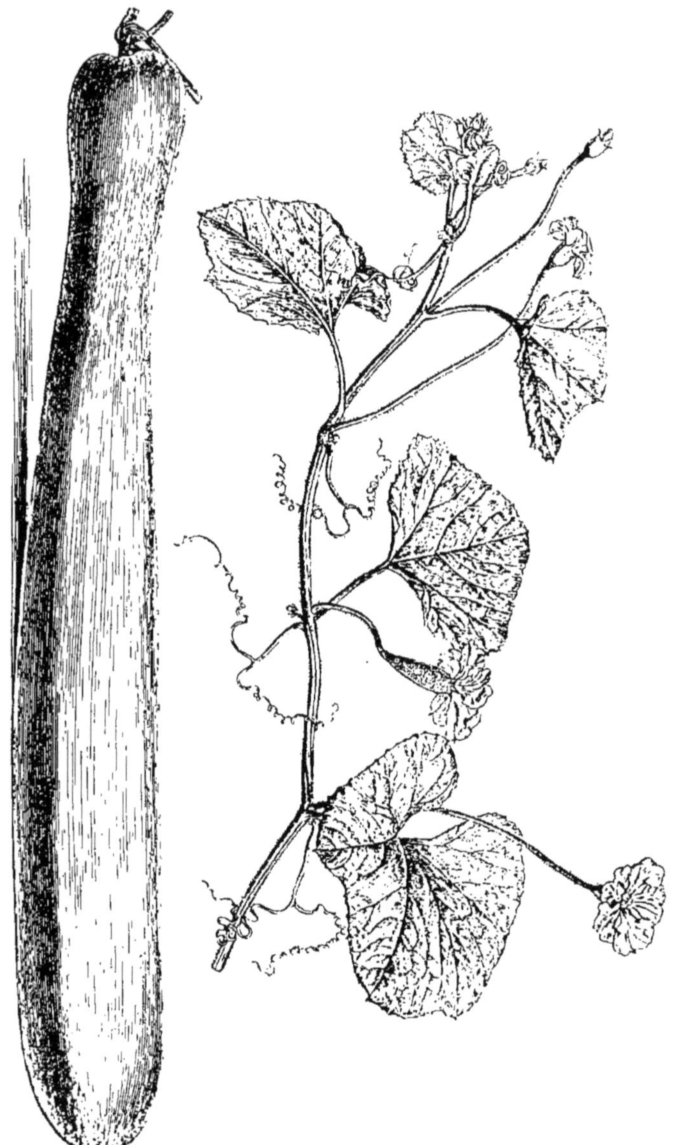

Fig. 111. — Gourde massue.

plante d'ornement qu'un légume; cependant, en divers pays, on en mange certaines variétés à coque tendre, et même, dans le sud-ouest de la France, elle entre, concurremment avec la pastèque, dans la confection de marmelades et de confitures. On sait qu'elle était connue des anciens (1), et que c'est à elle qu'ils appliquaient le nom de *Cucurbita*, passé aujourd'hui à un autre genre ; ils en faisaient du reste le même usage que nous. En dehors de la culture ornementale la gourde a trop peu d'importance pour que nous nous y arrêtions davantage. Sa culture est la même que celle des courges et on peut dire de toutes les cucurbitacées annuelles cultivées dans nos jardins.

Melons (*Cucumis Melo*). De tous les légumes cucurbitacés le plus important est sans contredit le melon. Sa patrie originaire a été longtemps un sujet de discussion entre les botanistes ; mais on ne peut plus douter aujourd'hui qu'il ne nous soit venu de l'Inde, par la Perse et l'Orient, car on l'y trouve abondamment à l'état sauvage. Profondément modifié par une culture très-ancienne et par la diversité des climats sous lesquels il a été transporté, il a produit un nombre extraordinaire de races et de variétés, dont plusieurs sont très-caractérisées et très-stables, quoiqu'elles soient sujettes à dégénérer rapidement lorsqu'on les laisse se croiser les unes avec les autres.

Fig. 112. — Tige de melon.

Considéré dans l'ensemble de ses variétés, le melon est une plante annuelle, à tiges sarmenteuses et traînantes (fig. 112), plus ou moins rudes au toucher, ainsi que les feuilles. Ces der-

(1) Voir tome II, p. 533, ce que nous avons dit de cette plante.

nières varient beaucoup de forme et de grandeur : chez certaines races elles sont réniformes-arrondies, sans lobes distincts; chez d'autres races elles sont quinquélobées et quelquefois profondément découpées, tantôt très-grandes comparativement (15 à 20 centimètres de largeur et de longueur), tantôt très-petites (4 à 5 centimètres en tous sens). Les fruits sont plus variables encore, tant pour la grandeur que pour la figure; on peut dire qu'il y en a de toutes formes, depuis celle d'un cylindre très-allongé et contourné de diverses manières, jusqu'à celle d'une sphère déprimée. Quant aux diversités de volume, elles vont de la taille d'une noix à celle d'un potiron de moyenne grosseur.

On conçoit que nous n'avons pas à énumérer ici toutes les variétés connues du melon, d'autant plus que la majeure partie de ces variétés n'a aucune valeur économique ; les seules qui nous intéressent sont les variétés comestibles, à chair sucrée et fondante, et qui se mangent toujours crues. Nous devons cependant rappeler que les fruits jeunes du melon, et probablement de toutes les races de melons, peuvent se manger cuits, apprêtés à la manière des concombres, du pâtisson ou du bénincasa, et que quelques personnes en font cet usage. Cueillis peu de jours après la floraison ces fruits peuvent aussi être confits au vinaigre, mais sous cette forme ils sont très-inférieurs aux cornichons ordinaires.

Au seul point de vue de la culture potagère nous pouvons ramener à trois groupes principaux les variétés de melons les plus habituellement cultivées en France, mais nous devons dire tout de suite que ces trois groupes ne répondent pas à trois races tranchées, et que la limite qui les sépare est plus ou moins vague et dans tous les cas très-artificielle. Ces groupes seront : les *melons cantaloups*, les *melons brodés* et les *melons à chair blanche ou verte*. Ces derniers peuvent être considérés comme simplement démembrés des deux autres groupes, et réunis par le seul caractère qu'ils aient de commun, la couleur blanche ou verdâtre de leur chair.

Les melons cantaloups (fig. 113) sont caractérisés par leur forme, qui est toujours celle d'une sphère déprimée, par leurs côtes larges et aplaties mais nettement séparées par des sillons profonds et étroits, par l'épaisseur considérable de leur écorce et par leur peau, toujours rugueuse ou même verruqueuse; leur chair est rouge orangé, fondante et très-sucrée. Pour la qualité, on les classe avec raison dans les premiers rangs.

Fig. 113. — Melon cantaloup.

Les variétés de ce premier groupe sont : 1° le *cantaloup Prescott*, qui est peut-être le meilleur de tous; son fruit est volumineux (20 à 30 cent. de diamètre transversal, sur 18 à 20 dans le sens antéro-postérieur) et pèse en moyenne de 3 à 4 kilogrammes; sa peau est verruqueuse, son écorce épaisse et sa chair très-fondante et très-sucrée. On en distingue plusieurs sous-variétés, d'après la couleur de leur peau, telles que le *Prescott fond gris*, qui est une des meilleures et qui, outre sa précocité, a encore l'avantage de devenir très-gros; le *Prescott fond blanc* et le *Prescott argenté*, qui ne diffèrent entre eux et du précédent que par des nuances de coloris; puis le *Prescott couronné* ou *cul-de-singe*, variété qui est aux autres cantaloups ce que le potiron turban est aux potirons ordinaires; cette variété est peu estimée; 2° le *cantaloup petit Prescott hâtif*, de forme presque sphérique, à côtes bien dessinées quoique peu saillantes, presque de moitié plus petit que le Prescott ordinaire, à peau grisâtre, peu verruqueuse ou presque lisse, et relativement peu épaisse; c'est aussi une excellente variété, et qui, prenant moins d'ampleur que celles qui précèdent, est mieux appropriée qu'elles à la culture sous châssis; 3° le *cantaloup noir de Portugal,* qui est un des plus volumineux parmi les cantaloups, mais aussi un des moins bons; il est presque sphérique, à côtes très-saillantes, à peau vert foncé et très-verruqueuse; son écorce est très-épaisse et sa chair comparativement médiocre; 4° le *cantaloup noir de Hollande*, plus gros encore que le précédent (30 à 40 centimètres de diamètre dans les deux sens), à côtes larges, à écorce vert cendré, peu verruqueuse ou presque lisse et très-épaisse; il est à la fois tardif et médiocre, et il s'éloigne déjà des vrais cantaloups pour se rapprocher du groupe des melons brodés; 5° le *cantaloup noir des Carmes*, qui n'est pas non plus un vrai cantaloup, malgré sa forme sphérique déprimée; il est petit (12 à 14 centimètres dans les deux sens), à peau vert noir, lisse ou à peine verruqueuse par places; il est d'ailleurs de bonne qualité et précoce, et comme il est en même temps très-productif c'est un de ceux qu'on préfère pour la culture sous châssis. On réunit encore aux melons de ce groupe, dont ils n'ont qu'une partie des caractères, le *cantaloup orange* et le *cantaloup fin hâtif d'Angleterre*, variétés d'amateurs, dont les fruits sont plus petits encore que ceux du cantaloup noir des Carmes; ils se distinguent du reste par leur productivité et leur précocité.

Fig. 114. — Melon brodé ou maraîcher.

Dans le groupe des melons brodés, à chair orangée ou rouge orangé, nous rangeons : 1° le *melon maraîcher* ou *morin*, ou *tête de more* (fig. 114), qu'on peut regarder comme le type de ce groupe. Sa forme, lorsqu'il est tout à fait pur, est celle d'une sphère presque parfaite, et sa surface, sans côtes prononcées, est entièrement revêtue d'un réseau serré de lignes rugueuses peu saillantes, entre les mailles duquel on distingue la peau jaune verdâtre du fruit; c'est ce qu'on nomme la *broderie*. Sa chair est épaisse, fondante, juteuse, peu sucrée, souvent même tout à fait fade. Quant à la grosseur, le melon maraîcher peut se comparer aux beaux cantaloups Prescott. Ce melon, qui est selon toute vraisemblance un des plus anciennement introduits dans nos potagers, et qui s'est répandu dans toute l'Europe, a fréquemment dégénéré, presque toujours en prenant une forme allongée, elliptique ou obovoïde, sillonnée de côtes et généralement moins brodée que le vrai melon maraîcher ; par compensation, la chair s'est améliorée dans quelques-unes de ces nouvelles variétés. A ce même groupe appartiennent encore : 2° le *melon de Honfleur*, à gros fruits oblongs (40 centim. dans le sens antéro-postérieur, 30 dans le sens transversal), à côtes peu marquées, presque entièrement couverts de broderie ; cette variété, dont la chair est médiocre, n'est remarquable que par le volume de ses fruits et par sa rusticité, qui est telle qu'on la cultive en plein champ et presque sans abris en Normandie ; 3° le *melon de Coulommiers* (fig. 115), très-voisin du melon de Honfleur par la

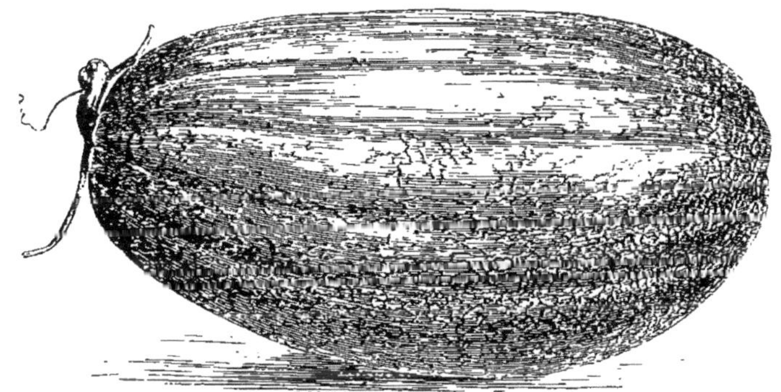

Fig. 115. — Melon de Coulommiers.

grosseur et la figure, mais moins brodé et à côtes plus plates ; sa chair est pareillement assez médiocre ; 4° le *melon jaune de Cavaillon*, que sa forme, presque sphérique, et son volume rapprochent du melon maraîcher ; il a la peau jaune terne, avec de grosses broderies sur le milieu des côtes ; sa chair est rouge, filandreuse, un peu grossière mais sucrée; au total c'est un melon de qualité moyenne et qu'on cultive en grand dans le sud-est de la France, surtout au voisinage d'Avignon, d'où il s'en expédie des quantités considérables à Marseille et dans d'autres villes du midi ; 5° le *sucrin de Tours*, petit melon obovoïde, brodé, à côtes peu marquées, à chair très-colorée et sucrée; on peut le recommander comme melon d'amateur; 6° enfin le *melon d'Arkhangel*, qui nous est venu de Russie il y a quelques années ; son fruit, de moyenne grosseur, à côtes un peu plates et plus ou moins brodées, le rattache au groupe du melon maraîcher, mais il lui est supérieur par la qualité de sa chair ; son principal mérite cependant réside dans sa rusticité (1). Beaucoup d'autres variétés de melons brodés, cultivées en France ou ailleurs, pourraient être ajoutées à cette liste.

Les melons à chair blanche ou blanc verdâtre, ainsi que nous l'avons donné à entendre plus haut, semblent n'être qu'un mode particulier de variation des melons des deux premiers groupes. Ils s'en distinguent cependant, outre la couleur différente de leur chair, au peu d'épaisseur de leur écorce, à leur odeur pénétrante, qui n'est pas celle des melons à chair orangée ou rouge; à leur chair, plus fine, plus fondante, ordinairement plus sucrée et moins musquée. Plusieurs d'entre eux sont des melons de première qualité; il est rare cependant qu'on les voie figurer sur les marchés du nord de la France, où ils sont restés à l'état de melons d'amateurs.

Le plus répandu de ce groupe, et un des meilleurs, est le *melon blanc* proprement dit, ou *ananas à chair verte;* ses fruits sont moyens, de forme obovoïde, à côtes plates et peu marquées, souvent même sans côtes distinctes, à peau lisse, d'un vert gris qui tourne au jaune pâle à la maturité, chargée de

(1) La rusticité et la précocité du melon d'Arkhangel sont prouvées par le fait communiqué à la Société impériale d'horticulture par M. Lecomte Delphin. Cet habile jardinier avait semé, le 20 juin 1862, des melons de cette variété, concurremment avec le Prescott fond blanc, sur une vieille couche. Tous furent également couverts de cloches. Les melons d'Arkhangel donnèrent de très-beaux fruits qui mûrirent en septembre, mais pas un seul de ceux des melons Prescott semés en même temps n'arriva à maturité.

quelques broderies à mailles larges ou incomplètes; la chair est blanche ou blanc verdâtre, presque toute verte près de l'écorce, où elle est encore sucrée. Cette excellente variété de melon a produit plusieurs sous-variétés locales, qu'il y a peu d'intérêt à en séparer; elle est remarquablement productive, et il n'est pas rare qu'elle donne huit à dix fruits par pied; ajoutons cependant que ces fruits sont d'autant moins gros qu'ils sont plus nombreux; 2° le *sucrin à chair blanche*, moins gros et moins brodé encore que le précédent, auquel d'ailleurs il ressemble par le peu d'épaisseur de son écorce et par la couleur et la qualité de sa chair; 3° le *melon muscade des États-Unis*, à fruit oblong, de moyenne grosseur, à peau vert foncé, ayant les mêmes qualités que les deux précédents et productif comme eux; 4° le *melon de Perse* (fig. 116), pyriforme allongé, de moyenne grosseur (26 à 30 centim. de long, sur 10 à 12 d'épaisseur), sans côtes, peu brodé ou seulement parcouru de quelques gerçures dans le sens longitudinal, à peau jaune marbrée de vert foncé; elle est mince, et la chair, blanc-verdâtre, est extrêmement

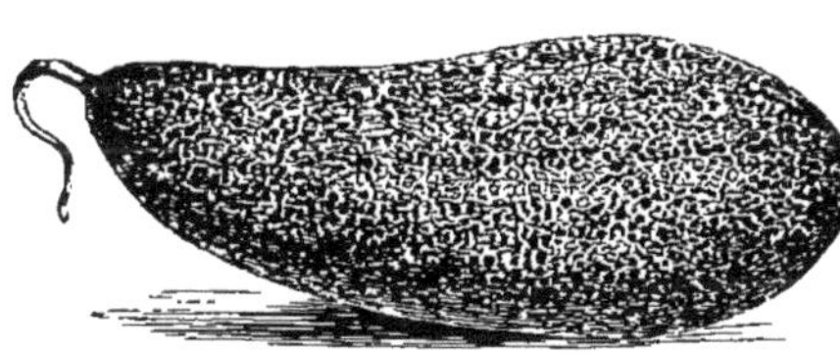

Fig. 116. — Melon de Perse.

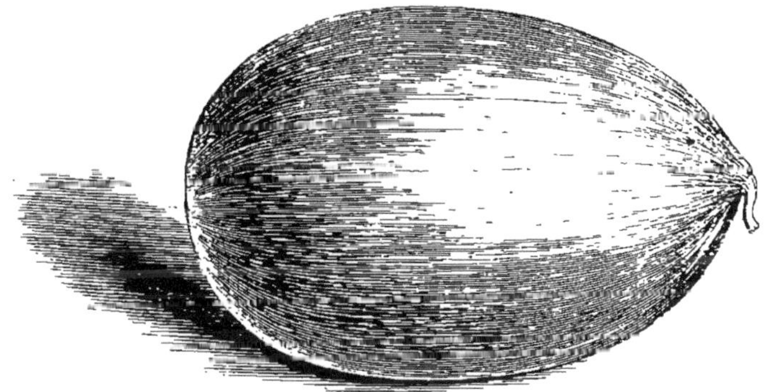

Fig. 117. — Melon d'hiver ou de Candie.

sucrée; il a en outre l'avantage de se conserver longtemps sans perdre sensiblement de ses qualités; 5° le *melon d'hiver* ou *melon de Candie* (fig. 117), le plus volumineux des melons à chair blanche, mais aussi un des moins bons; sa forme est elliptique, plus ou moins allongée, rarement subsphérique; la peau est tantôt lisse, tantôt faiblement réticulée, et la chair épaisse; il varie de grosseur et de couleur, car il y en a dont la peau est d'un vert foncé, et d'autres où elle est blanc de crême ou plus ou moins jaunâtre; la chair est un peu filandreuse, mais très-fondante, moyennemment sucrée, et, par exception, quelquefois amère au point d'être immangeable; cette belle race est propre au midi de l'Europe, où elle se cultive en plein champ, mais elle vient difficilement dans le nord et le centre de la France, où elle est d'ailleurs peu appréciée; elle dégénère par son croisement avec les autres variétés de melons, et alors sa chair tourne au jaune; 6° enfin le *cantaloup à chair verte*, qui est un véritable cantaloup par la forme et la grosseur du fruit, ayant comme les autres cantaloups l'écorce épaisse et la peau chargée de verrucosités; il n'en diffère que par la teinte blanc-verdâtre de sa chair, dont la saveur rappelle celle des autres melons blancs. Suivant quelques amateurs, c'est une des meilleures races connues du melon. Outre les variétés à chair blanche que nous venons de citer, il y en a encore beaucoup d'autres, presque toutes à fruits très-petits, mais qui ne sont que rarement cultivées en France, quoiqu'elles soient assez communes en Angleterre et ailleurs.

Nous pourrions beaucoup grossir cette liste des variétés connues du melon (1), mais ce serait entrer dans des détails étrangers au sujet qui nous occupe ici. Cependant, pour donner au lecteur une idée des variations dont cette cucurbitacée est susceptible, nous citerons encore le *melon serpent*, mal à propos nommé *concombre serpent*, et regardé par la plupart des botanistes comme une espèce distincte (*Cucumis flexuosus*), quoiqu'il soit un vrai melon, par tous ses caractères essentiels.

(1) A ceux qui voudraient prendre une connaissance plus approfondie des races et des variétés qui sont sorties du melon, nous signalerons le mémoire monographique dans lequel M. Naudin a décrit un très-grand nombre de ces variétés. Ce mémoire a été inséré dans les *Annales des sciences naturelles*, 4ᵉ série, année 1859.

Il ne diffère du type de l'espèce que par l'allongement extraordinaire de son fruit, qui, sans dépasser le volume du bras d'un enfant, et souvent même restant au-dessous, peut atteindre à 1^m ou 1,20 de longueur, en se contournant ou se tordant de diverses manières, ce qui lui a valu son nom vulgaire. Sa chair est jaune orangé, odorante comme celle des melons de même couleur, mais très-fade. Par croisement avec d'autres variétés, il dégénère et donne des fruits comparativement raccourcis et fusiformes. Les fruits jeunes du melon serpent sont confits au vinaigre, comme ceux du concombre vert, que toutefois ils ne valent pas.

Fig. 118 et Fig. 119. — Melon Dudaïm.

Une autre race de melon, que nous devons signaler encore quoiqu'elle ne soit pas comestible, est le *melon dudaïm* (fig. 118 et 119), dont l'introduction en Europe paraît assez récente. Par le feuillage et le port le dudaïm ne diffère pas sensiblement des melons ordinaires, mais il s'en distingue au premier coup d'œil par ses fruits, très-petits (5 à 10 centim. de diamètre en tous sens), sphériques ou un peu déprimés, veloutés, très-agréablement marbrés ou bariolés de brun sur fond orangé ou orangé-rouge, lorsqu'ils ont atteint leur maturité, et très-odorants (1). Leur chair blanchâtre est légèrement sucrée, et elle serait mangeable si elle ne laissait dans la bouche un arrière-goût un peu vireux, qu'on retrouve d'ailleurs dans la plupart des melons à demi sauvages du nord de l'Afrique et de l'Égypte. Ce joli fruit sert seulement à orner les desserts.

Le dudaïm dégénère promptement lorsqu'on le cultive au voisinage des autres melons; ses fruits prennent alors de nouvelles figures et de nouveaux coloris, qui ne valent pas ceux qui lui sont naturels; mais s'il dégénère par son croisement

(1) De là le nom de *Meloncito de Olor* (petit melon odorant) que lui donnent les Espagnols, et celui de *melon de senteur*, sous lequel on le connait auss en France. C'est le *Queen Ann's pocket Melon* des Anglais.

avec les autres races, il n'influe pas moins désavantageusement sur celles-ci; aussi doit-on le tenir à distance des melonnières. Le *melon chito*, dont on a beaucoup parlé il y a une vingtaine d'années, semble n'être qu'une sous-variété du dudaïm transporté en Amérique; ses fruits, de la grosseur d'un œuf de poule, ovoïdes-elliptiques, uniformément jaunes ou quelque peu marbrés de brunâtre, ont peu d'odeur; quoique assez fade, leur chair peut encore être mangée. Le melon chito n'est qu'une plante de fantaisie, de même que le dudaïm et le melon serpent. La même remarque s'applique au *melon de Figari* (fig. 120), petite race vraisemblablement originaire d'Afrique, dont les fruits obovoïdes, à peine de la grosseur d'un moyen œuf de poule, lisses et jaunes à la maturité, exhalent une odeur de melon des plus prononcées.

Fig. 120. — Melon de Figari.

Il y a peu de plantes potagères dont la culture ait plus varié que celle du melon, et nous ne sommes pas encore très-éloignés de l'époque où les jardiniers réputés habiles en faisaient un secret. Très-compliquée alors, elle s'est tellement simplifiée aujourd'hui qu'il n'est presque personne qui ne puisse se donner le passe-temps de cultiver des melons en amateur et d'y réussir aussi bien que les jardiniers les plus consommés; il suffit pour cela de leur procurer la chaleur requise par leur tempérament frileux et de leur donner, avec un sol substantiel et bien fumé, les soins que réclame toute plante assujettie à la culture. Nous avons à peine besoin d'ajouter que cette culture, comme toutes les autres, se modifie suivant les lieux, les climats et les habitudes.

A Paris les jardiniers ne cultivent guère, du moins pour le marché, que deux variétés de melons, le cantalonp Prescott fond blanc et le melon brodé maraîcher, et leur culture se répartit en trois saisons, c'est-à-dire en culture forcée, en culture de primeur et en culture naturelle. Les châssis vitrés et les cloches sont indispensables pour la première.

Dans la culture forcée on sème les melons dès les premiers jours de janvier, sur une couche composée par moitiés de fumier neuf et de fumier recuit, qu'on recouvre de 10 centimètres de terreau. Cette couche étant arrivée à la température convenable, c'est-à-dire à 25 ou 28 degrés centigrades, on y sème les graines, soit dans le terreau même de la couche, soit dans des godets qu'on enfonce jusqu'au bord dans le terreau. La couche est recouverte de châssis vitrés qu'on entoure d'un réchaud de fumier, et on en recouvre le verre de paillassons pendant la nuit, pour y maintenir une température constante et toujours assez élevée. Quelques jours après la levée des graines on soulève un peu les panneaux pendant le jour pour donner de l'air aux jeunes plantes, si toutefois la température extérieure le permet. En même temps on prépare une seconde couche, sur laquelle on repique les melons, à 12 centimètres de distance les uns des autres, lorsqu'ils ont développé la première feuille qui suit les cotylédons. Beaucoup de jardiniers repiquent en pots, qu'ils enfoncent dans le terreau de la couche, précaution utile pour faciliter un peu plus tard la mise en place; mais ce qui vaut encore mieux c'est de prendre une poignée de fumier long, qu'on enroule autour d'un pot, pour lui en faire prendre la forme, et, après avoir retiré le pot, de remplir de terreau cette espèce de nid et d'y planter un pied de melon. Dans la transplantation, on enlève ce nid de fumier avec la terre et la plante qu'il contient, et, sans déranger les racines, on le met en terre à la place que la plante doit définitivement occuper. De quelque manière qu'on procède, on tient les châssis fermés et couverts de paillassons pendant trois ou quatre jours, pour faciliter la reprise du plant; plus tard on donne un peu d'air, suivant la température du moment.

La mise en place des melons forcés se fait communément dans le courant de février, plus tôt ou plus tard, suivant l'état d'avancement des plantes, et toujours sur couche chaude et sous châssis. Les couches sont couvertes de 15 centimètres environ de bonne terre, et on met deux plantes par panneau, soit six plantes par châssis. On entoure les châssis de réchauts de fumier, et on en couvre les panneaux de paillassons pendant la nuit, sans négliger d'aérer pendant le jour toutes les fois que la température extérieure est au-dessus de zéro.

Soit avant, soit après la transplantation, mais plutôt avant qu'après, on taille les melons. Lorsque les plantes ont trois à quatre feuilles développées on coupe la tige au-dessus de la deuxième feuille, en ayant soin de ne pas blesser l'œil qui commence à poindre à son aisselle, mais on enlève ceux qui se développent à l'aisselle des cotylédons. Plusieurs jardiniers suppriment même les cotylédons, dans la crainte qu'en pourrissant ils n'entraînent la pourriture de la tige. Peu de jours après, les yeux conservés aux aisselles des deux premières feuilles se développent en branches, qu'on taille de même au-dessus de la troisième ou de la quatrième feuille ; cette suppression détermine la naissance d'un pareil nombre de rameaux, qui eux-mêmes sont écimés au-dessus de leur troisième feuille, sans tenir compte des fleurs mâles ou femelles qu'ils peuvent porter, et cela parce que les plantes ne sont pas encore assez fortes pour donner des fruits de quelque valeur. C'est seulement sur les rameaux qui font suite à cette troisième taille qu'on laisse les fleurs s'ouvrir et les fruits se former. Lorsqu'il y a des fruits noués, c'est-à-dire arrivés à la taille d'une forte noix ou un peu plus, on choisit le mieux fait sur chaque branche pour le conserver ; on coupe la branche à deux feuilles au-dessus de lui, et on supprime tous les autres fruits qui peuvent se trouver sur le même pied. On a soin aussi de le tenir abrité sous les feuilles contre les rayons du soleil, qui le durciraient, et, pour favoriser son développement, on pince toutes les autres branches au-dessus de la deuxième feuille. Quand la plante est vigoureuse on peut lui conserver deux fruits au lieu d'un. Nous n'entrons pas davantage dans ces détails minutieux de la culture forcée du melon, détails qui ne peuvent s'apprendre qu'en voyant les jardiniers à l'œuvre ; nous nous bornons à dire que le but de tous ces soins est de maintenir autour des plantes, sans variation notable, la chaleur nécessaire, d'aérer fréquemment et de surveiller le développement des fruits pour leur faire prendre une belle forme. Il va de soi que l'eau dont on se sert pour arroser ou pour bassiner le feuillage doit être à la même température que l'air intérieur des châssis. Quand cette culture est bien conduite on récolte dans la première quinzaine d'avril les fruits des melons semés en janvier, et un mois plus tard les fruits de ceux qui l'ont été en février (1).

Les melons de simple primeur, ou melons de cloche, exigent moins de soins et un outillage moins compliqué que ceux de culture forcée. A Paris cette culture commence à la fin de mars ou dans les premiers jours d'avril. On peut l'appliquer aux cantaloups Prescott, mais la plupart des jardiniers préfèrent ici le melon maraîcher, plus rustique et beaucoup plus productif. On sème toujours sur couche chaude, sous cloches ou sous châssis, puis on transplante, sur une autre couche préparée à cet effet, à $0^m,66$ de distance, sur une seule ligne, et on recouvre les plants avec des cloches, donnant de l'air toutes les fois que le temps le permet. Ces plantations de melons peuvent se continuer jusqu'au 20 juin, si on tient à échc-

(1) Jusqu'ici la culture forcée du melon s'est faite à l'aide de couches chaudes, mais, d'après M. Courtois-Gérard, auquel nous empruntons cette remarque, il serait plus avantageux d'y employer le thermosiphon, car une des circonstances les plus défavorables à cette culture est l'absence du soleil, beaucoup trop fréquente en janvier et février, sous le climat de Paris. Effectivement, malgré la rigueur de la température en cette saison, on ne peut pas se dispenser de bassiner les melons à cause de la chaleur de la couche, et il arrive, malgré tous les soins, que l'atmosphère du châssis se charge d'humidité et que de nombreuses gouttelettes d'eau se condensent sur toute la surface intérieure des panneaux. Or, si la température extérieure ne permet pas de donner de l'air, cet excès d'humidité occasionne la coulure des fleurs, et c'est ici que l'usage du thermosiphon ferait sentir ses bons effets, attendu que le jardinier pouvant régler ce chauffage à volonté se trouve par là en mesure de donner de l'air toutes les fois qu'il le juge à propos. Par ce procédé les soins seraient les mêmes que dans la méthode usitée seulement, on ferait la couche beaucoup moins forte. Les tuyaux de l'appareil devraient, cela va de soi, circuler au-dessus de la couche.

Une autre question se présente ici : c'est la fécondation des fleurs femelles, ou mailles, par le pollen des fleurs mâles. Dans la culture naturelle ce sont des insectes, la plupart hyménoptères, qui transportent le pollen sur les stigmates ; il n'en saurait être de même dans la culture forcée, qui se fait à une époque de l'année où ces insectes ne voltigent pas; cependant les fruits nouent encore, même sous les châssis fermés. Ce résultat est dû, selon toute vraisemblance, à de très-petits insectes du genre des thrips ; mais n'y aurait-il pas plus de sûreté pour la fécondation si le jardinier prenait la peine de féconder lui-même artificiellement les fleurs femelles du melon ? Nous appelons sur ce point l'attention des jardiniers.

lonner la récolte. La taille et les soins à donner aux plantes sont les mêmes que ceux qui ont été indiqués plus haut.

La culture naturelle des melons, c'est-à-dire en pleine terre, n'est guère pratiquée sous le climat de Paris à cause de ses irrégularités; elle y est possible cependant, mais elle est plus assurée sous des climats meilleurs, et dans le midi notamment on n'en pratique pas d'autre, si ce n'est dans les jardins de quelques particuliers qui tiennent à avoir des melons de primeur. Elle est fort simple : il suffit de semer en avril, sur couche ou à bonne exposition, des melons qu'on met en place dans la première quinzaine de mai, non plus sur une autre couche, mais simplement dans des trous remplis de 0m,25 à 0m,30 de fumier, et qu'on recouvre de bonne terre. Pour que cette culture ait un plein succès, il faut que l'emplacement choisi pour la melonnière n'ait pas produit de melons depuis deux ou trois ans au moins. On taille comme il a été dit ci-dessus et on arrose suivant le besoin. Remarquons cependant que la taille n'est pas indispensable à la fructification du melon en culture naturelle, et que dans beaucoup d'endroits on la néglige. Quant à l'emploi des cloches, il est déterminé par les conditions climatériques du lieu (1); dans les cultures du midi, ainsi que nous l'avons dit plus haut, ces ustensiles ne sont d'aucun usage.

Tout ce que nous avons dit jusqu'ici de la culture du melon est emprunté aux méthodes des maraîchers de Paris, mais les procédés varient de province à province et même d'un jardin à un autre, ce qui montre combien la plante dont il s'agit est accommodante. On varie surtout sur la taille, les uns taillant au-dessus de la deuxième feuille, les autres seulement au-dessus de la quatrième, d'autres enfin ne taillant pas du tout. Ce sur quoi tous s'accordent c'est la nécessité d'une température élevée et uniforme, d'un sol fertile et bien engraissé

(1) A Honfleur, dans la culture naturelle du melon, on n'emploie pas de cloches de verre, mais seulement des cloches en papier huilé ou en étoffe de coton, soutenues par deux ou trois baguettes de bois recourbées pour figurer une cloche. Ces appareils très-légers pouvant être enlevés par le vent, on les assujettit sur la terre au moyen de crochets de bois. Leur emploi n'est d'ailleurs que très-passager; on les enlève dès que le temps est à la chaleur.

de fumier, de la lumière solaire et d'une aération aussi parfaite que possible. Ce qui est essentiel encore c'est de ne laisser à chaque pied de melon que la quantité de fruits qu'il peut nourrir, et nous avons vu ci-dessus que les jardiniers de Paris se contentent d'un seul, ou tout au plus de deux. Il y a cependant des races plus productives, particulièrement celles à chair verte ou blanche, qui peuvent nourrir aisément de quatre à six fruits. Lorsqu'il s'agit de cantaloups, et on pourrait dire de toutes les races à fruits sphériques ou déprimés, un soin à prendre est de tourner l'œil en haut et le pédoncule en bas, comme on le fait pour le potiron, les fruits noués et que l'on veut conserver, afin de les obtenir parfaitement réguliers et sans côté ventral. Ce qu'on ne doit pas négliger non plus c'est de retrancher impitoyablement les fruits mal conformés ou ceux dont le pédoncule est plus grêle et plus allongé que ne le comporte sa variété; tous ces fruits se développeraient mal et emploieraient inutilement les sucs de la plante si on les laissait vivre. C'est une bonne pratique de faire reposer les fruits arrivés à moitié grosseur sur un paillis sec qui les isole de la terre, mais il faut les tenir abrités sous les feuilles contre les rayons directs du soleil, qui leur sont très-nuisibles dans le premier âge.

Les meilleurs melons sont toujours ceux qui mûrissent avant les grandes chaleurs, c'est-à-dire ceux dont la maturation s'est faite petit à petit. Ceux que les grandes chaleurs de l'été surprennent avant qu'ils aient atteint toute leur grosseur sont rarement bons; ils tournent à la maturité avant que le sucre ait eu le temps de se former dans leurs tissus, et c'est vraisemblablement à cette cause que les melons mal cultivés du nord de l'Afrique et de beaucoup de pays de l'Europe méridionale doivent leur insipidité. Ceux qui mûrissent trop tardivement, par exemple en octobre ou novembre, sont aussi dans le même cas, mais par une autre cause : le défaut de chaleur ou sa décroissance, qui s'oppose à la formation du principe sucré aussi bien que de l'arome qu'on aime à trouver dans ces fruits.

Le point précis de la maturité d'un melon, celui où il faut

le consommer, est assez important à reconnaître, parce que en deçà comme au delà de ce point un melon perd beaucoup de sa valeur. Les caractères qui annoncent cette maturité parfaite varient notablement d'une race à une autre. En général, les melons qui approchent de la maturité *se frappent,* c'est-à-dire changent de couleur et tirent plus ou moins sur le jaune, mais ce caractère ne se retrouve pas dans tous ; il y en a qui sont parfaitement mûrs sans que rien dans leur coloris décèle cette maturité. Bien avant d'être frappés beaucoup de melons exhalent déjà, d'une manière sensible, l'odeur aromatique qui leur est particulière. Ce n'est donc point là non plus un caractère distinctif absolu de la maturité; cependant, c'est au moment où cette maturité est complète que cette odeur s'exalte, et les personnes qui s'y sont exercées jugent assez bien à cette odeur si le melon est au point de maturité convenable. Les cantaloups, les melons maraîchers et beaucoup d'autres offrent encore un indice de maturité prochaine dans la solution de continuité qui se dessine autour de la base du pédoncule et qui le sépare de la peau environnante; on dit d'un melon chez lequel ce signe se manifeste qu'il est *cerné,* et dans beaucoup de races cette solution de continuité va jusqu'au point de détacher entièrement le fruit de son pédoncule; mais il est d'autres races où ce phénomène ne se présente jamais. Enfin, et ceci est peut-être l'indice le plus certain de la maturité parfaite, l'ombilic ou la région du fruit qui entoure l'œil (le vestige de la fleur) s'attendrit et fléchit sous la pression du doigt. En combinant toutes ces particularités on arrive, avec un peu d'exercice, à reconnaître sans grande chance d'erreur le point précis où il convient de manger le melon. Il n'est pas nécessaire, toutefois, d'attendre la maturité complète d'un melon pour le cueillir; il suffit qu'il soit frappé, c'est-à-dire qu'il change de teinte. Arrivé à ce point, on peut le cueillir et le déposer dans un lieu frais, où il achève de mûrir sans rien perdre de sa qualité. Il en est autrement des melons cueillis trop tôt, c'est-à-dire encore verts. Tenus dans un endroit chaud ils peuvent bien à la longue prendre l'apparence d'une demi-maturité, mais ils restent toujours plus ou moins insipides. Nos races ordinaires de melons ne sont point susceptibles de se conserver; mais, comme nous l'avons dit plus haut, certaines variétés à chair blanche ou verdâtre peuvent, dans le midi de l'Europe, être gardées jusqu'au cœur de l'hiver, à condition d'être tenues au sec dans les greniers.

Le melon est exposé à diverses maladies et aux attaques de quelques insectes. Dans les années pluvieuses, ou lorsqu'il est trop souvent mouillé, l'épiderme du pied pourrit, et si on n'y remédie promptement la souche entière est bientôt atteinte jusqu'au centre et la plante périt. C'est ce que les jardiniers nomment le *chancre*. Dès le début du mal on doit frictionner la partie malade avec de la cendre imbibée d'urine, et ordinairement ce moyen suffit pour en arrêter les progrès. Une autre maladie, plus difficile à guérir, est la *jaunisse* : c'est un affaiblissement de la plante entière, qui cesse de végéter et tourne insensiblement au jaunâtre, puis dépérit. Elle a pour cause tantôt les fraîcheurs prolongées du printemps ou du commencement de l'été, tantôt l'imperméabilité du sol, qui ne laisse pas un passage assez libre à l'eau des arrosages, tantôt enfin des arrosages trop abondants et donnés mal à propos. Le seul moyen d'y remédier serait d'éviter les causes du mal, ce qui n'est pas toujours au pouvoir du cultivateur.

Les insectes font plus de mal encore. Sans parler des vers blancs et des courtilières qui coupent quelquefois la tige du melon entre deux terres, les jardiniers ont à se mettre en garde contre un petit acarus, qu'ils appellent *la grise*, et qui, se multipliant par milliers à la face inférieure des feuilles du melon, dont il pompe les sucs, l'épuise au point d'en amener presque inévitablement la mort. On ne connaît aucun moyen d'arrêter les ravages de cet insecte, mais on sait que le fumier neuf en favorise la multiplication ; aussi ne doit-on employer pour pailler le sol des couches et des planches à melon que du fumier vieux et usé. Les pucerons causent aussi de grands dégâts dans certaines années; ils s'accumulent sur les feuilles, aussi bien en dessus qu'en dessous, les sucent et les font se recoquiller, ce qui arrête la végétation ou la rend très-languissante. Enfin, on voit aussi des thrips, insectes presque imperceptibles à l'œil nu, se loger dans le cœur des pousses du melon, et les faire jaunir, sans qu'on puisse les en déloger. Dans l'impuissance où nous sommes d'arrêter les dégâts de ces divers animaux, le mieux est de sacrifier les plantes malades et de les enlever de la melonnière; c'est le moyen le plus sûr d'empêcher le mal de s'étendre.

Il importe autant au jardinier qui travaille pour le marché qu'au simple amateur de conserver bien franches les bonnes races de melons ; aussi ne saurait-on trop leur recommander, lorsqu'ils cultivent plusieurs races dans un même jardin, de les tenir très-éloignées les unes des autres, afin de diminuer les chances de croisement. Même avec cette précaution on n'empêche pas toujours les adultérations qui abâtardissent les races. Les graines que vendent les marchands grainiers ont souvent le défaut de n'être pas pures, parce qu'elles sont récoltées au hasard, soit sur des plantes déjà abâtardies, soit sur des plantes qui n'ont pas été isolées de celles d'autres races. En général on ne doit prendre les graines des melons que dans les fruits les plus beaux, les mieux conformés, les meilleurs surtout, et qui réunissent tous les caractères de la race à laquelle ils appartiennent.

La **pastèque** (*Citrullus vulgaris*) (fig. 121) n'est ni une courge ni un melon, quoique la plupart des auteurs qui ont écrit sur le jardinage l'attribuent tantôt à l'un, tantôt à l'autre de ces genres. On la nomme quelquefois, il est vrai, *melon d'eau,* mais ce nom, qui n'est propre qu'à induire en erreur, nous paraît devoir être abandonné.

C'est une plante annuelle (1), à tiges sarmenteuses et traînantes, à feuilles profondément découpées et dont les lobes et les sinus ou angles rentrants sont arrondis; ce feuillage est d'un vert gris et doux au toucher. Les fleurs sont jaunes,

(1) Elle se distingue par là de la coloquinte officinale (*Citrullus Colocynthis*), qui est vivace par sa racine, mais qui appartient au même genre, et ressemble même beaucoup par son feuillage à certaines variétés sauvages de la pastèque.

à peine plus grandes que celles du melon. Les fruits sont pres-

Fig. 121. — Pastèque.

que toujours sphériques ou presque sphériques (fig. 122), rarement ovoïdes ou obovoïdes, très-lisses, sans côtes, tantôt unicolores et d'un vert foncé, tantôt marbrés de gris ou de blanchâtre sur fond vert; ils sont toujours pleins, à chair blanche, jaune, rose ou rouge foncé, très-fondante dans quelques variétés et légèrement sucrée. Les graines, assez semblables de figure à celles des courges, mais plus petites, varient extraordinairement de grandeur et de couleur : suivant les races, elles sont jaunes, roses, rouges, vertes, grises, brunes, noires, tantôt unicolores, tantôt bicolores et marbrées ou piquetées de ces divers coloris. Le plus souvent elles sont dépourvues de margination, mais quelquefois elles sont marginées comme celles des courges. La pastèque est originaire d'Afrique, et on l'y retrouve à l'état sauvage depuis les bords de la Méditerranée jusqu'au pays des Hottentots, se subdivisant, dans cette immense étendue de pays, en une multitude de variétés plus ou moins tranchées, et dont quelques-unes ont la pulpe du fruit amère et peut-être vénéneuse, annonçant par là sa proche parenté avec la coloquinte (*Citrullus colocynthis*), qui est un drastique violent, et qui est pareillement très-répandue sur le continent de l'Afrique.

Fig. 122 — Fruit de la pastèque.

La pastèque est de culture très-ancienne, et on est autorisé à croire que c'est d'elle qu'il est question dans la Bible lorsqu'il est dit que les Hébreux, pressés par la soif dans le désert du Sinaï, regrettaient amèrement les courges et les concombres de l'Égypte (1). On en faisait vraisemblablement alors le même usage qu'aujourd'hui, c'est-à-dire qu'on en mangeait la pulpe déliquescente pour se désaltérer et se rafraîchir; c'est là en effet le principal emploi de la pastèque dans tous les

(1) *In mentem nobis veniunt cucumeres et pepones, porrique et cepe, et allia.* Num. XI, 5.

pays où on la cultive; toutefois, par ses variétés à chair plus ferme, elle sert aussi à la confection de marmelades et de confitures; on peut même la préparer de la même manière que les courges, mais il faut alors la prendre avant sa complète maturité.

De ce que nous venons de dire on doit conclure que la pastèque est surtout un fruit des pays chauds. Très-cultivée dans le midi de l'Europe, où elle vient pour ainsi dire seule en pleins champs, elle exige sous le climat de Paris les mêmes appareils calorifiques et les mêmes soins que le melon, et encore son fruit y devient-il à peine mangeable. On en fait une grande consommation dans toute la région méditerranéenne, en Provence, en Languedoc, en Italie, à Malte et surtout en Espagne, où se rencontrent les plus belles variétés; leurs fruits y arrivent au volume d'une belle citrouille (35 à 40 centimètres de longueur dans le sens antéro-postérieur, et presque autant dans l'autre sens). Les plus estimées et les plus fondantes sont les pastèques à chair rouge.

§ III. — LES LÉGUMES SOLANÉS.

Les légumes de cette section ont une certaine analogie avec ceux de la section précédente, puisque leurs produits sont encore des fruits pulpeux, mais ces fruits ont d'autres propriétés et d'autres emplois culinaires, qui justifient suffisamment leur séparation d'avec les légumes cucurbitacés. Ils se réduisent à deux espèces : la *tomate* et l'*aubergine* ou *melongène*. Le piment ou poivre long appartiendrait aussi à ce groupe s'il ne faisait partie des légumes condiments.

La **tomate** (*Solanum lycopersicum*) est une plante annuelle, importée du Mexique suivant les uns, du Pérou suivant les autres, peut-être des deux pays à la fois, à tige demi-sarmenteuse, dressée ou couchée, dont les feuilles décomposées en folioles irrégulières rappellent un peu celles de la pomme de terre, mais avec une odeur narcotique plus forte et fort différente. Les fleurs sont en grappes extra-axillaires, d'un jaune un peu pâle. Les fruits sont de grosses baies succulentes, très-déprimées, irrégulièrement lobées sur leur contour dans l'espèce type, ovoïdes ou globuleuses dans d'autres variétés. La couleur normale du fruit est un rouge assez vif, mais qui descend à l'orangé et même au jaune dans quelques sous-variétés. Les fruits de la tomate ne se mangent guère que cuits; quelques personnes cependant s'en accommodent à l'état cru, malgré leur saveur, qu'on trouve généralement déplaisante.

Fig. 123. — Tomate rouge grosse hâtive.

Fig. 124. — Tomate commune.

Les variétés potagères de la tomate sont la *rouge grosse hâtive* (fig. 123), celle de toutes qui mûrit le mieux à Paris; ses feuilles recoquillées lui donnent une apparence maladive, mais néanmoins c'est une race vigoureuse et productive; la *tomate commune* (fig. 124), qui y est aussi cultivée, mais qu'on rencontre plus fréquemment dans les potagers du centre et du midi; la *tomate grosse de Bayonne*, qui est peut-être la plus recommandable de tout le genre, par la grosseur et la belle forme des fruits, comme aussi par sa productivité; c'est elle qui est la plus ordinairement cultivée dans le sud-ouest, de Toulouse à Bordeaux, où elle alimente les marchés presque à

Fig. 125. — Tomate à tige droite.

l'exclusion de toutes les autres; on ne peut lui reprocher que d'être tardive, ce qui l'empêche de mûrir ses fruits sous le climat de Paris; la *tomate à tige droite* (fig. 125), simple sous-variété de la tomate commune, dont elle ne diffère que par la brièveté de sa tige, assez ferme pour se soutenir droite sans tuteur; elle est moins productive que la variété type; la *tomate poire de Naples,* dont les fruits pyriformes justifient le nom; ils sont beaucoup plus petits que ceux des variétés communes, mais sous le climat chaud du midi de l'Europe ils peuvent se conserver tout l'hiver; à Paris ce n'est qu'un légume de fantaisie, aussi bien que la *tomate cerise,* dont les baies globuleuses, lisses et rouges, ne sont guère plus grosses que de belles cerises. Cette variété ainsi que la précédente ont des sous-variétés à fruits jaunes. Il y a aussi une *tomate jaune grosse*, semblable, sauf la couleur, à la grosse rouge. Ces variétés ou sous-variétés à fruits jaunes sont moins recherchées que les rouges.

Les tomates appartiennent plus à la culture du midi qu'à celle du nord; néanmoins on les trouve dans tous les potagers de la France, et même dans ceux de l'Angleterre et de la Belgique. Au sud du 45me degré de latitude leur culture est des plus simples : on les sème en avril, sur couche, à une exposition méridionale et assez abritée pour qu'elles ne soient pas atteintes par les dernières gelées du printemps; en mai on les transplante en pleine terre, en planches ou en carrés, à $0^m,50$ de distance les unes des autres, et on se borne à les irriguer comme les autres légumes du jardin, suivant les exigences de la saison. Habituellement on ne prend pas la peine d'en soutenir les tiges par des tuteurs, attendu que la production est toujours assez abondante pour rendre insignifiante la perte des fruits qui pourrissent par leur contact avec le sol humide. Sous le climat de Paris, la tomate exige d'autres soins; on l'y soumet d'ailleurs à la culture forcée et à la culture de primeur, ainsi que nous allons le dire.

La méthode ordinaire chez les maraîchers de Paris consiste à semer les tomates en janvier et en février sur couche chaude et sous châssis. Lorsque le plant a trois ou quatre feuilles au-dessus des cotylédons, on le repique en pépinière, toujours sur couche et sous châssis. Vers la fin de janvier, ou dans les premiers jours de mars, on prépare une couche de $0^m,50$ d'épaisseur, qu'on charge de $0^m,25$ de terreau et on y plante les tomates, à raison de quatre pieds par panneau vitré. D'autres jardiniers entreplantent des tomates dans les haricots de primeur, auxquels elles succèdent quand ceux-ci ont donné leurs fruits. De quelque manière qu'on procède on ne conserve que deux branches sur chaque pied, et on les attache à de petits piquets fichés dans la couche, pour les empêcher de toucher le sol, puis, quand ces branches ont donné une certaine quantité de fleurs ou de jeunes fruits noués, ou en pince l'extrémité pour arrêter la sève, et on supprime de même toutes les ramifications latérales qui tendraient à se développer. De cette manière, on obtient des fruits mûrs dans les premiers jours de mai. La récolte serait plus hâtive d'un mois si on avait semé les tomates en octobre ou aux premiers jours de novembre, comme quelques-uns le font.

Les tomates de simple primeur se sèment en mars, sur couches couvertes de châssis. On repique le plant en pépinière, comme il a été dit ci-dessus, puis, un peu plus tard, on le met en place sur de vieilles couches, en l'abritant sous des cloches, qu'on enlève quand on n'a plus de gelées à craindre. Lorsque les plantes sont un peu fortes on conserve à chacune les trois ou quatre plus belles branches, qu'on attache à un tuteur, et on supprime toutes les autres. Dès que ces branches sont bien garnies de fleurs on en pince l'extrémité, et, à mesure que les fruits commencent à prendre le rouge, on enlève les feuilles autour d'eux pour les laisser jouir des rayons du soleil. Les plus avancés mûrissent dans la première quinzaine de juin. On peut encore semer des tomates en avril, ou repiquer en mai des pieds provenant de semis antérieurs qui n'ont pas été entièrement utilisés. Toutefois, sous le climat du nord, les semis tardifs perdent beaucoup de fruits, que les fraîcheurs de l'automne empêchent de mûrir.

Telle est la méthode de culture généralement suivie à Paris; mais quelques jardiniers la modifient dans les parties accessoires. Il y en a qui pincent la tige au-dessus du premier bouquet de fleurs; celui-ci en profite et noue des fruits qui seront les premiers mûrs; mais en même temps naissent un peu plus bas deux rameaux; on les pince de même dès qu'ils ont chacun un bouquet de fleurs, et ainsi de suite, tant qu'il se développe des rameaux assez vigoureux pour alimenter des fruits. D'autres jardiniers, après le premier pincement, inclinent les deux branches latérales et les fixent, en cordons horizontaux, à des treillis ou à des fils de fer convenablements disposés. Enfin, il y en a qui cultivent la tomate tout à fait en espalier, sur des murs orientés au midi. Toutes ces méthodes sont bonnes lorsqu'elles sont appropriées aux climats et employées à propos; c'est ce dont le jardinier seul peut être juge.

L'**aubergine** ou **melongène** (*Solanum melongena*) est un légume plus méridional encore que la tomate, et qui sous le climat de Paris exige plus de soins. C'est une plante annuelle, originaire de l'Amérique du Sud, à tige demi-ligneuse, dressée, haute de $0^{m},50$ à $0^{m},60$, dont les larges feuilles grisâtres sont armées d'épines sur les nervures; les fleurs ressembleraient exactement à celles des pommes de terre si elles n'étaient un peu plus grandes et d'un violet plus prononcé. Les fruits sont de très-grosses baies, de forme oblongue et d'un beau violet noir dans la forme type; mais il y a des variétés à fruits jaunes et d'autres à fruits blancs, qui ne sont pas communes dans les potagers, ou qui n'y existent que comme légumes de curiosité ou de fantaisie.

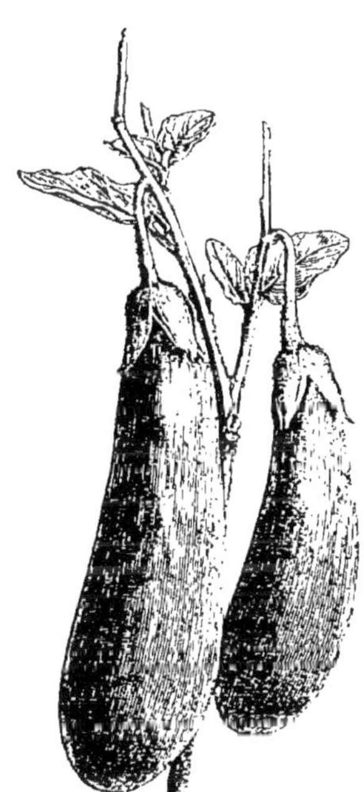

Fig. 126. — Aubergine violette longue.

La pulpe du fruit est un peu sèche et comme cotonneuse, d'une saveur déplaisante à l'état cru, mais très-tendre et d'un goût agréable lorsqu'elle est cuite et convenablement assaisonnée.

Deux variétés potagères ont seules de l'intérêt, ce sont l'*aubergine violette longue* (fig. 126), dont les fruits oblongs, ou obovoïdes-oblongs, ont de 0m,25 à 0m,30 de longueur, sur 0m,07 à 0m,08 d'épaisseur, et la *grosse aubergine violette ronde*, qui a le fruit plus gros et plus court que la précédente. D'autres variétés peuvent encore être citées, mais elles sont peu cultivées en France : telles sont l'*aubergine panachée de la Guadeloupe*, à fruit presque ovoïde, blanc, flagellé de rouge; l'*aubergine ronde de Chine*, à petits fruits sphériques, d'un violet plus ou moins foncé (fig. 127); enfin l'*aubergine jaune*, qui répète presque exactement l'aubergine violette commune, sauf par le coloris de ses fruits, qui sont d'un jaune assez vif.

Fig. 127. — Aubergine ronde de Chine.

Dans le midi de la France l'aubergine se cultive de la même manière et dans les mêmes conditions que la tomate. On la sème en avril, sur couche ou sur côtière à une exposition abritée, et on la repique en pleine terre, à 0m,50 de distance en tous sens, dans le courant de mai ou aux premiers jours de juin. De même qu'à la tomate, il lui faut de copieux arrosages en été. Les fruits mûrissent successivement en août, septembre et octobre.

A Paris les semis d'aubergines se font en janvier et en février, sur une couche dont la température est de 20 à 25 degrés centigrades, et que l'on entoure d'un réchaud de fumier pour en conserver longtemps la chaleur. Quinze jours ou trois semaines après le semis, le plant, qui n'a guère encore que ses deux cotylédons développés, se repique en pépinière sur une nouvelle couche, un peu moins chaude que la précédente. Beaucoup de jardiniers lui font subir un second repiquage quelques jours plus tard, en l'espaçant davantage. On couvre les panneaux vitrés d'un paillasson pendant la nuit, et on donne de l'air aux jeunes plantes toutes les fois que le temps le permet. En mars les aubergines sont mises définitivement en place, mais toujours sur couche, à raison de quatre pieds par panneau. On n'enlève le vitrage que dans le courant de mai, quand la température de l'air est décidément attiédie. Nous ne parlons pas des autres soins que réclament les plantes, tels que l'aérage graduel avant l'enlèvement des panneaux, les arrosages, etc. On doit aussi enlever toutes les ramifications qui partent du collet des plantes, pour ne laisser qu'une seule tige, qu'on pince lorsqu'elle a cinq à six feuilles, et cela pour provoquer le développement de deux branches latérales, qu'on pincera elles-mêmes un peu plus tard. Lorsque la fructification a commencé et qu'on juge la plante assez garnie de jeunes fruits, on supprime tous les nouveaux bourgeons pour faire refluer la séve sur les fruits noués. En procédant de cette manière on peut cueillir des fruits mûrs dès la fin de juin, et continuer la récolte jusqu'à la fin de septembre. On peut aussi semer des aubergines en mars et même en avril sous le climat de Paris, mais c'est toujours sur couche et sous cloches qu'il faut les élever pour en obtenir des fruits mûrs.

§ IV. — LES LÉGUMES SILIQUEUX ET LES LÉGUMES-GRAINES.

Tous ces légumes, dont l'importance est capitale dans la culture potagère, appartiennent à la grande famille naturelle des légumineuses et tous aussi à la tribu des papilionacées. Ce sont les *haricots*, les *dolics*, les *pois*, les *fèves* et les *lentilles*.

1° Les **haricots** (*Phaseolus*), légumes si populaires aujourd'hui et si universellement cultivés, paraissent n'avoir point été connus des anciens, du moins à en juger par ce qui nous reste de leurs écrits, car rien ne prouve que les plantes auxquelles ils donnaient les noms de *phaseolus* et *faselus* soient celles que les botanistes actuels désignent par ces mêmes mots ; il est même très-probable, sinon même tout à fait certain, qu'ils entendaient par là des plantes tout à fait différentes (1). On ignore de quelle contrée et par quelle voie ils sont entrés en Europe. Plusieurs auteurs les supposent originaires de l'Inde, mais M. Alph. Decandolle (*Géogr. botanique*) fait observer que les haricots n'ayant pas de nom sanscrit cette hypothèse peut à peine se soutenir, et son sentiment est en quelque sorte confirmé par le témoignage du botaniste Royle, qui ne les nomme point dans son catalogue des légumes indous. Cependant les haricots, par leur peu d'endurance du froid, s'annoncent comme des plantes tropicales, et s'ils

(1) Ceux qui soutiennent que le haricot a été connu des anciens s'appuient surtout sur deux passages, l'un de Columelle, l'autre de Virgile, où il est question du *faselus*, ou *fascolus*; mais il suffit de se pénétrer du sens de ces passages pour se convaincre que la plante à laquelle ces auteurs font allusion ne saurait être le haricot. Voici la phrase de Columelle : « *Milium et panicum hoc tempore demetitur quo fascolus ad escam seritur; nam ad percipiendum semen ultima parte octobris Kalend. novembris obruitur.* » Ce qui veut dire que le *faseolus* destiné à être mangé vert doit être semé à l'époque où on récolte le millet et le panic, mais que pour en récolter la graine mûre il faut le semer sur la fin d'otobre et aux alentours des Calendes de novembre. Quiconque connait le tempérament frileux des haricots, qui succombent à la moindre gelée, n'admettra certainement pas qu'une plante qu'on doit semer à l'entrée de l'hiver puisse être le haricot.

Virgile dit à son tour (*Georg*. I, 227) :

Si vero viciamque seres vilemque faselum
Nec pelusiacæ curam aspernabere lentis.
Haud obscura cadens mittet tibi signa Bootes,
Incipe et ad medias sementem extende pruinas.

Ici encore c'est le commencement de novembre qui est indiqué comme le temps des semailles du *faselus*, et ces semailles doivent même se continuer jusqu'après les premières gelées. Remarquons en outre l'épithète de *vilem*, que certainement Virgile, si bon connaisseur en fait de plantes agricoles, n'aurait pas appliquée au haricot s'il l'avait connu. Il faut donc voir dans le *fascolus* ou *faselus* des anciens agriculteurs de l'Italie une autre plante que notre haricot. Mais quelle est cette plante? Peut-être, probablement même la féverolle, qui justifie bien la qualification de *vilem*, et qui dans le midi de l'Europe se sème effectivement à l'entrée de l'hiver.

ne viennent pas de l'Inde, ils viennent du moins de pays où les frimas sont inconnus. Entre toutes les suppositions qu'on peut faire sur leur origine, la plus vraisemblable est celle qu'ils proviennent de l'Amérique du sud, et que c'est dans le courant du seizième siècle qu'ils ont été introduits en Europe. Dans tous les cas leur culture doit être ancienne, si on en juge par le nombre considérable de leurs variétés.

Plusieurs botanistes ont essayé de classer ces races ou variétés de haricots, mais, malgré leurs efforts, ils n'ont guère fait que des classifications artificielles, qui concordent mal les unes avec les autres. Linné ne voyait dans tous les haricots cultivés comme plantes potagères que deux espèces, le *haricot ordinaire* (*Phaseolus vulgaris*), à tiges volubiles, et le *haricot nain* (*Ph. nanus*), à tige courte et dressée. Après lui, Pietro Savi a divisé le groupe en huit espèces, la plupart admises par Decandolle, et qui sont : le *haricot ordinaire* (*Ph. vulgaris*), à graines ovales, légèrement comprimées, le *haricot romain* (*Ph. romanus* de Savi, *Ph. compressus* de Decandolle), à graines très-comprimées; le *haricot oblong* (*Ph. oblongus*), dont les graines sont cylindracées et deux fois plus longues que larges; le *haricot savonnier* (*Ph. saponaceus*), à graines blanches, portant des macules sur le côté de l'ombilic; le *haricot renflé* (*Ph. tumidus*), caractérisé par ses graines ovoïdes, renflées même sur le côté ventral; le *haricot à gousse sanguine* (*Ph. hæmatocarpus*), dont les gousses sont bariolées de rouge avant la maturité, et les graines panachées; le *haricot sphérique* (*Ph. sphæricus*), à graines rondes, presque globuleuses; enfin le *haricot anguleux* (*Ph. gonospermus*), dont les graines diversement comprimées les unes par les autres sont irrégulièrement anguleuses.

Plus récemment, en 1860, M. Martens, de Stuttgard, a proposé une nouvelle classification des haricots (1). Il n'admet qu'une seule espèce, mais il la divise en sept sous-espèces, dont plusieurs répondent aux espèces de Pietro Savi. Ces sept sous-espèces sont : 1° le *haricot ordinaire* (*Ph. vulgaris*), qui

(1) *Die Gartenbohnen ihre Verbreitung*, *Kultur*, etc.; Stuttgard, 1860; avec figures coloriées.

renferme cinq groupes de variétés, savoir les haricots unicolores, les haricots zébrés, les haricots ponctués, les haricots panthères et les haricots tricolores; 2° le *haricot comprimé* (*Ph. compressus*), subdivisé de même en haricots unicolores, bicolores et tricolores ; 3° le *haricot anguleux* (*Ph. gonospermus*) ; 4° le *haricot caréné* (*Ph. carinatus*) ; 5° le *haricot oblong* (*Ph. oblongus*), ne comprenant que des variétés naines, toutes remarquables par la beauté de leurs graines et leur coloration souvent rouge et jamais noire ; elles se divisent en trois groupes : les unicolores, les panachés et les dimidiés, c'est-à-dire à grains colorés seulement du côté de l'œil ; 6° le *haricot ovoïde* (*Ph. ellipticus*), nain ou à peine volubile, dont les nombreuses variétés se divisent en unicolores et en panachées; 7° enfin le *haricot sphérique* (*Ph. sphæricus*), presque toujours volubile et jamais tout à fait nain, à grosses graines presque rondes ; ici encore les nombreuses variétés se répartissent en trois groupes, les unicolores, les panachés et les dimidiés.

Fig. 128. — Haricot nain.

Le haricot proprement dit est annuel, à tige tantôt naine redressée (fig. 128), tantôt volubile et grimpante (fig. 129).

et alors variant beaucoup en hauteur, car il y a des variétés demi-naines, demi-volubiles. Ses feuilles sont à trois folioles un peu grandes, ovales-acuminées, plus ou moins rudes au toucher; les fleurs sont en grappes axillaires, souvent géminées, blanches ou roses; les gousses sont longues, mucronées et, suivant les variétés, droites ou courbes, cylindriques ou comprimées par les côtés, unicolores ou flagellées de rouge ou de violet avant la maturité, tapissées à l'intérieur d'une membrane coriace et parcheminée, ou tendres et parenchymateuses dans toute leur épaisseur. Les graines, dont nous venons de voir que la forme et le coloris sont très-variables, portent sur un de leurs côtés un ombilic (vestige du point d'attache) elliptique, c'est-à-dire toujours un peu plus long que large, mais qui n'occupe jamais qu'une faible portion de la surface de la graine. Cette graine est riche en principes nutritifs, qui en font à peu près l'équivalent de la viande, mais elle est, pour quelques personnes, de digestion difficile. Les haricots, d'ailleurs, se consomment de trois manières : *en vert*, avec la gousse, qu'on cueille alors bien avant la maturité; *en grains*, c'est-à-dire sans la gousse qui est rejetée, mais qu'on a cueillie un peu avant la maturité, quand déjà les graines ont atteint presque toute leur grosseur; enfin *en sec*, c'est-à-dire après maturité complète. Il y a des variétés qui ne sont bonnes qu'en vert, d'autres qui valent mieux en grains que de toute autre ma-

Fig. 129. — Haricot à rames.

nière; quelques-unes sont excellentes en sec, quoiqu'elles puissent être aussi mangées en vert ou en grains. Les races *sans parchemin*, c'est-à-dire dont la cosse n'est pas doublée intérieurement d'une membrane coriace, sont naturellement celles qu'on préfère pour manger en vert.

Pour les jardiniers les haricots se classent autrement que ne l'ont fait les botanistes, et au point de vue de la pratique journalière leur classification est incontestablement la meilleure. Elle comprend les quatre classes suivantes : 1° les haricots à rames et à parchemin, 2° les haricots à rames, sans parchemin, ou *mange-tout*, 3° les nains à parchemin, et 4° les nains sans parchemin ou mange-tout. Nous avons à peine besoin de faire remarquer que par *haricots à rames* on entend les variétés volubiles qui ont besoin d'être soutenues par des tuteurs, ou *rames*. C'est cette division que nous allons suivre dans l'énumération des principales races ou variétés de haricots cultivées en France.

Fig. 130. — Haricot sabre à rames.

1° *Haricots à rames et à parchemin*. Ce groupe comprend, entre autres variétés, 1° Le *haricot de Soissons à rames;* à grain blanc, réniforme, long de 25 millimètres en moyenne, large de 10 à 11, farineux et tardif; 2° le *haricot de Liancourt*, qui paraît n'être qu'une variété du précédent, à grains un peu plus gros mais moins farineux; 3° le *haricot sabre à rames* (fig. 130), à grain blanc, réniforme, moins grand et plus aplati que celui du haricot de Soissons, et un peu plus tardif; c'est un des meilleurs à manger en sec.

2° *Haricots à rames sans parchemin*. On y range 1° le *haricot prédomme*, ou *prudhomme*, à cosse longue et droite, charnue, tendre et cassante, à grains presque ovoïdes, d'un blanc grisâtre, long de 9 à 10 millimètres et presque aussi large; il est tardif; 2° le *haricot friolet*, qui paraît n'être qu'une sous-variété du précédent, dont il se distingue par ses cosses un peu moins longues et ses grains un peu moins gros, plus comprimés et plus carrés à leurs extrémités, mais de même couleur; ces deux haricots sont très-répandus et très-estimés à Paris; 3° le *haricot princesse à rames*, à cosses droites, à graines ovoïdes, plus gros que ceux du prédomme, qu'il surpasse en précocité; 4° le *haricot beurre* ou *d'Alger* (fig. 131), à fleurs lilas, à cosse arquée, grosse, charnue, très-tendre, tournant au jaunâtre bien avant la maturité, à grains noirs, un peu gros, luisants, presque ovoïdes; c'est une des meilleures variétés à manger en cosse ou en grains, mais elle est un peu tardive; il en existe une sous-variété à grains blancs, quilui est généralement préférée; 5° le *haricot de Prague*, assez analogue au précédent par la forme de ses gousses et celle de son grain, mais ses gousses sont moins tendres et un peu parcheminées, ses grains plus arrondis, de couleur rose clair, flagellés et marbrés de rouge; il est excellent à manger en sec, et il est moins tardif que le haricot beurre; on en distingue plusieurs sous-variétés, parmi lesquelles nous citerons le *haricot de Prague bicolore* et le *haricot de Prague rouge*, tous deux moins estimés que la variété marbrée, mais plus hâtifs; 6° le *haricot Sophie*, à cosse droite ou à peine arquée, passant au jaune blanchâtre en approchant de la maturité, peu parcheminé, à grains blanc jaunâtre, presque ronds, longs de 11 millimètres sur 10 de large en moyenne, à peau veinée; bonne variété à manger en vert, moins bonne en sec; 7° le *haricot de Villetaneuse*, à cosses longues, peu arquées, panachées de rose et prenant une teinte jaunâtre en approchant de la maturité, à grains un peu grands, anguleux, couleur de café au lait et marbrés de brun; variété un peu tardive, mais très-productive : aussi est-elle communément cultivée aux alentours de Paris.

Fig. 131. — Haricot beurre; cosse et grain.

3° *Haricots nains à parchemin.* Les variétés les plus répandues de cette catégorie sont : 1° le *haricot de Soissons nain*, à cosse moyenne, droite, jaunâtre à la maturité, à grains blancs, réniformes et un peu irréguliers ; variété productive et bonne en sec ; 2° le *haricot flageolet* ou *nain hâtif de Laon*, à cosse un peu longue et légèrement arquée, jaunâtre à la maturité, à grains blancs, allongés et un peu réniformes ; variété très-estimée à Paris pour sa précocité, et qui est également bonne à manger en cosses, en grains et en sec ; elle a produit plusieurs sous-variétés, entre autres le *haricot nain hâtif de Hollande*, qui a toutes les qualités du haricot flageolet et est plus précoce d'une quinzaine de jours ; 3° le *haricot noir de Belgique*, à tige très-basse, à fleurs lilas, à cosses droites et à grains noirs, plutôt petits que moyens ; c'est peut-être le plus précoce des haricots, mais il est médiocre ou mauvais en sec, et comme sa cosse prend en cuisant une teinte violette, qui déplaît généralement, les jardiniers le cultivent peu pour le marché ; 4° le *haricot de Chartres* ou *rouge d'Orléans*, à grain rouge brun, un peu allongé et souvent un peu tronqué aux deux bouts ; très-répandu dans le centre de la France, et passant pour un des meilleurs haricots à manger en sec ; 5° le *haricot riz* (fig. 132), à tige élevée, dont la cosse est presque droite, un peu cylindrique et comme toruleuse par la saillie des grains ; ceux-ci sont ovoïdes, plutôt petits que moyens, d'un blanc jaunâtre et glacé, un peu durs et croquants, d'une saveur particulière qui plaît à quelques personnes ; il est bon en vert et meilleur en grains : c'est une variété très-tardive pour le climat de Paris, et qui a produit plusieurs sous-variétés ; 6° le *haricot suisse rouge*, un peu haut de tige, à fleurs roses ou lilas, à cosse droite et toruleuse, panachée de rose et de rouge à la maturité, à grains oblongs et droits, d'un rouge brique marbré de rouge brun plus foncé ; variété demi-hâtive, rustique

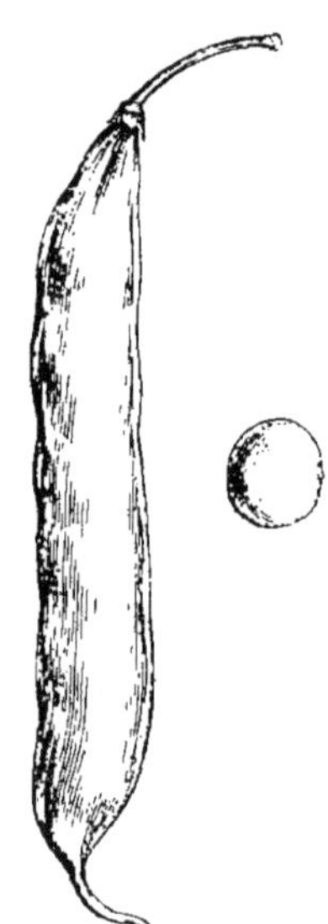

Fig. 132. — Haricot riz.

et productive, bonne en grains et en sec; il a pour sous-variétés le *haricot suisse blanc*, qui lui ressemble sauf la couleur des grains, et le *haricot ventre de biche*, dont les grains sont d'un fauve clair; 8° le *haricot de Bagnolet* ou *haricot suisse gris*, haut de tige, à fleurs violacées, à cosse droite, jaunâtre à la maturité, à grains oblongs, d'un noir violacé marbré de fauve; cette variété, qui est demi-hâtive et des plus productives, est une des meilleures à manger en vert; elle abonde sous cette forme sur les marchés de Paris. On peut citer encore comme se rattachant aux haricots suisses, par la forme du grain, le *haricot plein de la Flèche*, à grains rouge brun et marbrés de fauve. Le *haricot à l'aigle*, ou *haricot à la religieuse*, se distingue de tous les précédents à la longueur de ses grains, sensiblement réniformes, blancs, mais portant près de l'ombilic une macule brune qui affecte quelque peu la forme d'un aigle aux ailes éployées; c'est une variété demi-hâtive, estimée de quelques amateurs.

4° *Haricots nains sans parchemin*. Les variétés en sont moins nombreuses que dans la catégorie qui précède; les plus usuelles sont: 1° le *haricot nain blanc sans parchemin*, haut de tige, à fleurs blanches, à cosses moyennes, arquées, toruleuses par la saillie des grains, jaunâtres à la maturité, à grains blancs et réniformes; variété demi-hâtive, cultivée surtout dans le nord-ouest de la France; 2° le *haricot sabre nain*, haut de tige comme le précédent, à fleurs blanches, à cosses très-longues et très-larges (20 à 25 millimètres), à grains blancs, réniformes, souvent irréguliers, très-grands, à peau fine; variété un peu tardive, bonne à manger en vert et en grains, quoique inférieure sous ce rapport à d'autres variétés de haricots sans parchemin; 3° le *haricot de Prague marbré nain*, à fleurs rosées ou lilas; à cosse moyenne, droite, jaunâtre et panachée de rouge à la maturité; à grains presque ovoïdes, d'un blanc rosé marbré de violet rougeâtre, variété très-productive, demi-tardive, analogue pour les qualités au haricot de Prague marbré à rames; 4° le *haricot Princesse nain*, à grains blancs, constamment ovoïdes, de grandeur moyenne; variété estimée, mais très-tardive; 5° enfin le *haricot jaune du Canada*, à grains presque ronds, d'un jaune nankin, avec un cercle rouge autour de l'ombilic; c'est une variété assez répandue, mais qui n'est bonne qu'en grains; elle est médiocre en vert ou en sec.

Beaucoup d'autres variétés de haricots pourraient être ajoutées à cette liste, qui ne comprend que les plus vulgaires et les plus répandues, mais il serait peu utile pour la pratique de la prolonger davantage. Les personnes désireuses de connaître plus à fond ce sujet, d'ailleurs intéressant, devront recourir aux monographies spéciales, dont nous avons donné plus haut une courte analyse. Elles liront encore avec profit les nombreuses notices qui ont été consacrées aux haricots dans les journaux horticoles, et en particulier dans le journal de la Société impériale d'horticulture.

Outre l'espèce commune du haricot, on cultive encore dans presque toute l'Europe le *haricot d'Espagne* ou *haricot écarlate* (*Phaseolus multiflorus*), espèce américaine, à racine vivace, à tiges volubiles très-développées, dont les belles grappes de fleurs écarlates font l'ornement de nos jardins. Ses cosses, grandes et larges, sont arquées et rugueuses; les grains qu'elles contiennent sont très-gros, réniformes, bariolés de brun ou de pourpre noir sur fond lilas ou rosé. Ils sont comestibles, mais peu farineux et d'un goût moins agréable que celui de la plupart des variétés du haricot vulgaire. Il a du reste varié et donné, entre autres, une race à fleurs blanches et à grains blancs, beaucoup meilleurs que ceux de la variété rouge: aussi la cultive-t-on depuis quelques années comme haricot économique. On trouve encore en Amérique, principalement au Mexique et au Pérou, d'autres espèces de haricots vivaces, la plupart à fleurs rouges et dont le grain est ou peut devenir comestible. C'est à peine s'il est utile de citer, à la suite des précédents, le *haricot de Lima* (*Phaseolus lunatus*), cultivé en grand dans les États-Unis méridionaux, mais simple objet de curiosité dans nos jardins, et sa variété le *haricot de Siéva*, qui lui est très-inférieure en qualité.

Sous nos climats la culture des haricots n'offre aucune difficulté; ils viennent partout en France, mieux cependant dans la région méridionale que dans le nord, les conditions de terrain et d'humidité étant égales. Beaucoup de haricots nains sont d'ailleurs cultivés en grand, à la campagne, par les procédés ordinaires de l'agriculture; et quoiqu'alors ils soient exposés à divers accidents, entre autres à la sécheresse, ils ne laissent pas que de donner des produits encore considérables. Dans les jardins, où ils sont ordinairement mieux soignés, les produits en sont plus avantageux et plus assurés. On doit cependant avoir égard au climat du lieu, et, s'il est froid, choisir de préférence les races hâtives ou demi-hâtives, afin qu'elles aient le temps de mûrir leurs graines avant les premiers froids de l'automne (1). Du reste, à quelque race qu'ils appartiennent, tous les haricots sont également sensibles au froid et périssent aux moindres gelées; la seule différence qu'il y ait entre eux sous ce rapport, c'est que les diverses races ne mettent pas le même temps à parcourir toutes les phases de leur végétation. Les plus hâtives y emploient une centaine de jours sous le climat de Paris; tandis qu'il en faut 160 à 170 aux plus tardives. Ces nombres ne sont que relatifs au climat de Paris, plus au nord ils s'accroîtraient; ils diminueraient au contraire si l'on s'avançait davantage vers le sud. Comme règle générale, on reconnaît que les variétés naines, prises en bloc, sont plus hâtives que les variétés volubiles ou à rames.

Les haricots aiment les bonnes terres siliceuses (2), meubles et un peu humides, surtout lorsqu'elles sont à une exposition chaude; il leur est avantageux que le terrain ait été fumé l'année précédente, sans être pour cela épuisé par la culture qui les a précédés. Tous les engrais leur conviennent;

(1) Dans l'est de la France et en Allemagne les haricots tardifs gèlent souvent en automne avant d'avoir atteint leur maturité. Les races les plus precoces mûrissent encore leurs grains à Christiania et à Helsingfors (Finlande), où la temperature moyenne de l'été est d'environ 15° centigrades, mais ce sont les points les plus septentrionaux où cette culture puisse reussir.

(2) Les haricots viennent pour ainsi dire dans tous les terrains qui ne sont pas trop secs; néanmoins ils préfèrent les sols siliceux aux sols calcaires, et c'est ce qui explique l'extension de leur culture dans certaines localités où le terrain est surtout siliceux, comme à Montlhéry, Linas, Arpajon, au sud de Paris; à Liancourt, Pontoise, etc., à l'ouest; à Soissons, Laon, Noyon, etc., au nord.

il suffit qu'on les approprie à la nature du sol. Dans les terres siliceuses la cendre et la chaux, comme amendements, sont particulièrement favorables.

En culture naturelle les haricots se sèment au printemps, quand on peut espérer que tout danger de gelée est passé, c'est-à-dire en mai à Paris, en avril dans la région méridionale. Le semis se fait en rayons ou en touffes, mais mieux en rayons distants l'un de l'autre de 0m,40 et profonds de 0m,05 ; on y sème les haricots, un à un, à 16 ou 20 centimètres sur la ligne, suivant la force présumée des plantes, et on les couvre de 2 centimètres de terre. Pour le semis en touffe, on fait des creux de 0m,05 à 0m,06 de profondeur, à 0m,40 les uns des autres, disposés en échiquier; on dépose dans chacun d'eux cinq à six haricots, qu'on recouvre de terre comme il vient d'être dit. Quand le plant a cinq ou six feuilles on donne un binage ; dans le midi, il est quelquefois nécessaire d'irriguer le semis pour faciliter la germination, et plus tard les plantes faites pour les préserver des effets de la sécheresse. A la latitude de Paris, on peut faire plusieurs semis successifs de haricots, et même jusqu'au milieu de l'été s'il ne s'agit que de récolter des cosses à manger en vert, mais il ne faut pas semer après le 15 juin, même les variétés les plus hâtives, si on veut récolter des haricots secs. Les haricots à rames étant toujours plus tardifs que les nains doivent être semés dès la première saison. Lorsque leurs tiges, hautes de 0m,30 à 0m,35, commencent à s'élancer, on leur donne des rames ou perches non ramifiées sur lesquelles elles puissent s'enrouler. Dans les parties du midi de la France où les perches de bois ne sont pas communes, on donne pour tuteurs aux haricots des tiges de grand roseau (*Arundo Donax*). Toutefois on y préfère généralement les haricots nains, qui n'exigent point cette dépense et qui résistent beaucoup mieux au vent que les haricots ramés. On cueille les cosses à manger en vert dès qu'elles ont la longueur du doigt, mais pour les haricots à manger en grains on attend le moment où elles approchent de la maturité, et quand les grains qu'elles contiennent soit arrivés à toute leur grosseur.

De même que la plupart des autres légumes, le haricot peut se forcer sur couche chaude et sous châssis, et on en force beaucoup à Paris. Il va de soi qu'on n'applique ce mode de culture qu'aux races naines, qu'un châssis peut abriter. Les maraîchers de Paris préfèrent à tous les autres le haricot nain de Hollande, qui est à la fois hâtif, productif et de bonne qualité. On le sème vers le 15 janvier, sur couche et sous châssis, et aussitôt que le plant a commencé à étaler ses cotylédons on le repique en pépinière, toujours sur couche chaude abritée. Vers la fin du mois on le met en place sur une nouvelle couche préparée à cet effet. Chaque compartiment du châssis (de 1m,33 de largeur) contient quatre rangées de haricots, plantés à 0m,15 de distance les uns des autres. On couvre les châssis de paillassons pendant la nuit, on donne de l'air quand le temps le permet, on bassine même quelque peu si l'air est sec, tout en évitant d'entretenir autour des plantes une trop grande humidité, qui en amènerait la pourriture, etc. Quand cette culture un peu minutieuse est bien conduite, et que la saison est favorable, on commence à récolter des haricots dans la seconde quinzaine de mars, c'est-à-dire environ six semaines après le semis. En laissant grossir une partie des cosses, on peut obtenir des haricots en grains dès la seconde moitié d'avril. Ces cultures de primeur peuvent se renouveler de quinzaine en quinzaine, même jusqu'en avril. A cette dernière époque le plant est repiqué en pleine terre, mais abrité sous des cloches ou sous des châssis, qu'on enlève quand tout danger de gelée a disparu. Dans les jardins privés on ne s'astreint pas au seul haricot nain de Hollande pour la culture de primeur ; on force aussi d'autres variétés, telles que le haricot blanc hâtif de Fitz-James, le noir hâtif de Belgique, le haricot de Prague nain et plusieurs autres encore moins communément employés à cet usage.

2° Les **doliques** (*Dolichos*) sont si voisins des haricots que plusieurs botanistes les ont réunis à ces derniers. Leur principale différence consiste en ce que la carène de la fleur n'y est point contournée en spirale comme chez les vrais haricots ; on pourrait signaler encore d'autres menus caractères distinctifs, mais pour le vulgaire les dolics ne sont que des races particulières de haricots.

Plus encore que ceux-ci, ils appartiennent aux régions méridionales, et ils ne mûrissent leurs graines dans le centre et le nord de la France que dans les années exceptionnellement chaudes : aussi leur culture n'y est-elle point pratiquée. Pour les qualités, les dolics sont très-inférieurs aux bonnes races de haricots.

L'espèce la plus communément cultivée dans le midi de la France est le *dolic mongette* (*D. unguiculatus*), plante demi-naine, à grandes fleurs rose lilacé, réunies au nombre de deux à quatre sur le même pédoncule; les gousses sont étroites, cylindriques, longues de 20 à 25 centimètres, et contiennent un assez grand nombre de petits grains réniformes, tronqués aux extrémités, de couleur blanc sale ou café au lait, avec une macule noire autour de l'ombilic. Ce dolic se mange en vert et plus rarement en sec.

D'autres espèces du genre sont encore cultivées dans les pays plus méridionaux que le midi de la France, telles que le *dolic lablab* (*Dolichos Lablab*, *Lablab vulgare*), et le *dolic asperge* (*D. sesquipedalis*), dont la longue gousse se mange en vert à la manière des asperges; mais ce sont des espèces totalement dépourvues d'intérêt pour nos potagers.

3° Sans avoir l'importance des haricots, le **pois** (*Pisum sativum*) (fig. 133) tient encore une large place dans la culture potagère de l'Europe. C'est une plante herbacée, annuelle, à tige grêle et grimpante, à feuilles composées et terminées par une vrille. Les fleurs sont blanches, du double plus grandes que celles des haricots. Les gousses sont droites ou légèrement arquées suivant les variétés, tantôt parcheminées, tantôt tendres et succulentes dans toute leur épaisseur; elles contiennent de six à huit graines sphériques, d'un blanc sale ou légèrement rosées, plus ou moins sucrées avant la maturité, et riches en légumine lorsqu'elles sont mûres. De même que les haricots, les pois se mangent en vert ou en grains; à l'état sec on ne les emploie guère que pour faire des purées. On ignore de quel pays le pois a été primitivement tiré, mais il y a tout lieu de croire qu'il nous vient de l'Asie occidentale ou de l'Europe méridionale; dans tous les cas sa rusticité, beaucoup plus grande que celle des haricots, annonce une origine relativement septentrionale.

Fig. 10[illegible]. — Pois commun.

Le pois aussi a varié par la culture, mais à un bien moindre degré que le haricot. A en croire les catalogues des marchands grainier, son compterait plus de cent variétés de pois; en réalité le nombre des variétés vraiment distinctes est beaucoup moins grand. Les jardiniers et cultivateurs de Paris, éclairés par une longue pratique, s'en tiennent à sept ou huit variétés, qui répondent amplement à tous les besoins de la consommation. Toutefois, pour ne pas rester incomplets sur ce chapitre, nous en citerons un plus grand nombre, prenant pour guide l'excellent catalogue descriptif des plantes potagères de la Maison Vilmorin-Andrieux (1).

(1) Les pois ayant été cultivés comparativement et soigneusement étudiés dans les jardins d'expériences de la Maison Vilmorin-Andrieux, nous ne pouvons mieux faire que de suivre la classification qu'elle en a donnée.

Les variétés de pois y sont réparties en quatre groupes ou séries relatives au mode de culture et à leurs emplois culinaires; ce sont les *pois à écosser* ou à manger en grains, et les *pois mange-tout* ou *sans parchemin*, deux sections qui se subdivisent en *pois à rames*, et en *pois nains*.

1° *Pois à écosser, à rames*. Nous y trouvons : le *pois Prince-Albert*, d'origine anglaise, le plus précoce de tous les pois et de bonne qualité; quoique classé parmi les pois à rames, il est presque nain et peut se cultiver sous châssis; son grain est petit et jaune verdâtre à la maturité; le *pois empereur hâtif*, plus élevé que le précédent et moins précoce d'une huitaine de jours; son grain est aussi un peu plus gros, jaune verdâtre et souvent un peu ridé à la maturité; le *pois Michaux de Hollande*, haut de près d'un mètre, plus tardif d'une semaine que le pois empereur, mais plus productif; il est plus rustique que lui, peu difficile sur la qualité du terrain et un de ceux qui conviennent le mieux pour la culture ordinaire; le pois *Michaux de Rueil*, variété rustique, s'accommodant de toutes les terres et très-cultivée aux alentours de Paris, quoiqu'elle ne soit pas de première qualité; le *pois Michaux ordinaire*, ou *petit pois de Paris*, haut de tige (1m,20), rustique, très-productif et un des meilleurs du groupe des pois à écosser; il est abondamment cultivé aux environs de Paris, et c'est lui que les jardiniers sèment de préférence en automne vers le 25 novembre, ce qui lui a valu le surnom de *pois de Sainte-Catherine*; le *pois Michaux de Nanterre*, très-voisin des pois Michaux ordinaire et Michaux de Rueil, mais à cosse plus étroite et à grains plus petits; il est moins précoce d'une huitaine de jours que le Michaux ordinaire, mais il semble plus rustique et plus productif; le *pois Dominé*, haut de 1m,25, à grains ronds et réguliers; il est productif et succède immédiatement au pois Michaux de Nanterre; le *pois d'Auvergne* ou *pois serpette*, aussi haut de tige que le précédent et aussi bon que lui, mais plus tardif de dix à douze jours, très-productif et s'accommodant de tous les terrains; il se fait remarquer par la forme très-arquée de ses cosses, qu'on a comparées à la lame d'une serpette; le *pois de Marly*, très-haut de tige (1m,35), beau et productif, mais tardif et exigeant des rames très-hautes; de plus, il ne vient bien que dans les bonnes terres; le *pois de Clamart* ou *carré fin*, à tige élevée (1^m,30), productif, peu difficile sur le terrain et de très-bonne qualité en vert, à grains un peu carrés et ridés; il est très-tardif; le *pois de Clamart hâtif*, qui se distingue du pois de Clamart ordinaire par son grain moins gros et plus rond, et surtout parce qu'il est moins tardif : il le devance en effet d'une dixaine de jours; le *pois carré blanc*, dont la tige monte à 1^m,60, productif mais tardif et demandant de hautes rames : il est d'ailleurs de bonne qualité; le *pois carré vert*, ou *gros pois vert normand*, encore plus élevé que le précédent (2^m), très-beau, vigoureux et le plus productif de toute la série; son grain se mange en vert et surtout en sec, cassé et en purée; il est un peu tardif; le *pois ridé de Knight*, haut de tige (1^m,40), tardif, moyennement productif, à grains carrés ou irrégulièrement arrondis, très-ridés, tendres et très-sucrés en vert; du reste peu exigeant sur la qualité du terrain; le *pois à la moelle de Victoria*, à tiges élevées (1^m,50), un peu tardif mais rustique, à grains carrés, un peu ridés et sucrés; c'est une variété recommandable; le *pois grand vert Mammouth*, d'origine anglaise comme le précédent, de hauteur moyenne, tardif, à grains très-ridés et verdâtres : cette variété se recommande par la beauté de sa cosse, la bonne qualité de son grain et sa rusticité. A la suite de ces variétés on peut citer, pour mémoire seulement, le *pois géant*, le *pois à cosse violette*, le *pois doré* et le *pois turc*, toutes variétés médiocres ou peu rustiques, qui ne sont guère cultivées dans les potagers que par manière d'essai.

2° *Pois à écosser nains.* Ce groupe est peu homogène, et offre de grandes inégalités de taille entre les diverses variétés qu'on y réunit; quelques-unes pourraient prendre rang parmi les variétés à rames, tandis que d'autres s'élèvent à peine à 0^m,20; comme règle générale, ils sont d'autant moins productifs qu'ils restent plus bas. Les principales variétés du groupe sont : le *pois nain très-hâtif à châssis*, haut de 0^m,18, très-précoce, à grains arrondis et d'un jaune brun; il est rustique et convient particulièrement, à cause de sa petite taille, pour la culture sous châssis; le *pois nain hâtif* (fig. 134), du double plus élevé que le précédent et plus tardif de huit jours, à grains jaunes, ronds, un peu petits; c'est une bonne race pour le châssis et la pleine terre, mais pas très-rustique ; le *pois nain ordinaire* ou *nain de Hollande*, un peu haut de tige (0^m,60), assez productif, mais non précoce, sans être tout à fait tardif, peu difficile d'ailleurs sur le terrain; c'est un des meilleurs pois nains, et peut-être le meilleur de tous; le *pois bishop à longue cosse*, d'origine anglaise, moins élevé que le précédent (0^m,48) et plus précoce de 15 à 20 jours, à cosse longue et grosse, et à grains arrondis; c'est un très-beau pois, recommandable d'ailleurs par sa qualité et sa rusticité. Citons encore le *pois très-nain de Bretagne*, le *pois ridé nain*, le *pois nain vert impérial* et le *pois champion d'Écosse*, ces trois derniers très-estimés en Angleterre, mais cultivés seulement par les amateurs en France. Plusieurs autres variétés, mais d'un faible intérêt, pourraient être ajoutées à celles que nous venons de nommer.

Fig. 134. — Pois nain hâtif.

3° *Pois sans parchemin à rames*, ou *mange-tout à rames.* Tous les pois de cette section se font remarquer par la succulence de leur cosse verte et sucrée, qui est en quelque sorte la partie principale de leur fruit. Les meilleures variétés sont : le *pois corne de bélier* ou *crochu à large cosse* (fig. 135), haut de tige (1^m,65), à cosse longue et très-large, peu arquée mais contournée; il est productif, demi-hâtif, rustique et d'excellente qualité; et le *pois sans parchemin à demi-rame*, de hauteur moyenne (1^m,40), productif et demi-hâtif, à cosse moins large et moins longue que celle du précédent. D'autres variétés, qui se distinguent des précédentes par le coloris rouge carmin de leurs fleurs, sont plus curieuses que bonnes; on les cultive d'ailleurs rarement. Telles sont le *pois sans parchemin à fleurs rouges*, le *pois sans parchemin*

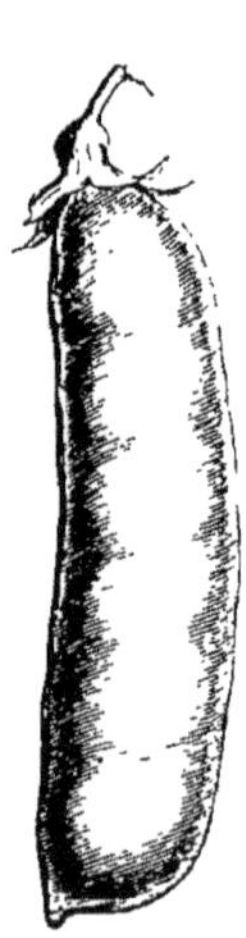

Fig. 135. — Pois sans parchemin ou mange-tout.

géant et le *pois sans parchemin à cosse blanche*. Le *pois sans parchemin à cosse jaune*, dont la cosse avant sa maturité est jaune verdâtre, se recommanderait à plus juste titre s'il était moins délicat et plus productif.

4° *Pois mange-tout nains*. Il n'y en a que deux à citer dans cette section : le *pois sans parchemin nain hâtif de Hollande*, un peu grand pour une variété naine ($0^{m},50$ ou plus de hauteur), à cosse arquée; variété moyennement productive et demi-hâtive, un peu difficile sur le terrain, d'ailleurs de bonne qualité ; et le *pois sans parchemin nain ordinaire*, plus élevé encore que le précédent ($0^{m},75$) et un peu plus tardif, mais réussissant en tout terrain, ce qui lui donne une certaine supériorité sur ce dernier.

Nous devons répéter ici une observation que nous avons déjà faite pour tous les légumes en général, c'est que les qualités attribuées aux diverses races et variétés de pois ne sont pas constantes dans tous les lieux et dans tous les terrains. Telle variété qui est excellente dans un pays ne l'est plus dans un autre, et *vice versa ;* c'est ce qui explique les divergences des jardiniers sur leurs mérites respectifs. Les expériences faites au jardin de la Société d'horticulture de Paris, sur les pois en particulier, prouvent surabondamment ces variations d'une même race. Il résulte de là que c'est à chacun de reconnaître les races qui en tel lieu et sous tel climat donnés rémunèrent le mieux le cultivateur de sa peine et de ses avances. C'est ce qu'ont bien compris les jardiniers et les cultivateurs des environs de Paris, qui se bornent à quatre variétés : le pois Michaux de Hollande, le Michaux de Rueil, le Michaux ordinaire ou petit pois de Paris et le pois de Clamart ou carré fin. Pour la culture de primeur, les maraîchers s'en tiennent au pois Prince Albert, au nain hâtif et au pois Michaux de Hollande, qui est le plus précoce des trois.

La culture des pois en pleine terre est des plus faciles. Au voisinage des grandes villes on en cultive beaucoup en plein champ, et par des procédés déjà très-voisins de ceux de l'agriculture proprement dite. On choisit naturellement les variétés les plus robustes, les plus rustiques et celles qui s'élèvent le moins, parce qu'on ne veut pas toujours prendre peine de les ramer. Enfin, il y a aussi des pois dont on fait simples plantes fourragères; il va de soi qu'ici les plus v goureuses et les plus étoffées, quelle que soit la valeur leurs grains, sont celles que l'on doit préférer.

Les climats tempérés, ceux par exemple où la chale moyenne annuelle est de 11 à 12 degrés centigrades, so ceux qui conviennent le mieux à toutes les variétés de poi Dans le nord de l'Europe, et même dans le nord de la Fran quand les années sont humides et froides, les pois pousse vigoureusement en feuilles et fructifient peu; dans le mi ils souffrent de la sécheresse et de la chaleur, et donnent d produits médiocres : aussi y sont-ils plutôt une culture d'hiv qu'une culture de printemps. La nature des terrains exer aussi son influence sur les pois; les meilleurs sont les terrai siliceux et légers sans être pauvres, et qui n'ont pas produ de pois depuis quatre à cinq ans ou plus. L'oubli de l'alte nance des cultures se fait vite sentir ici; les pois en revena trop fréquemment sur les mêmes sols végètent de plus m en plus mal et dégénèrent rapidement.

A Paris, et dans toute la région qui est intermédiaire ent le nord et le centre de la France, les pois de toutes variét se sèment en février, mars et avril; on peut même semer to les quinze jours jusqu'à la fin de juillet, quand on veut ne r colter qu'en vert. Toutefois, même sous ce climat, déjà u peu froid, on pratique la culture hivernale des pois : c'est ain qu'à Paris les jardiniers sèment des pois Michaux dans la s conde quinzaine de novembre (autour de la Sainte-Catherin ou en décembre sur des côtières inclinées au midi. Apr avoir tracé des rigoles de 12 à 15 centimètres de profondeu ils y sèment des pois, et les recouvrent d'un à deux cent mètres de terreau. Quand les plantes ont 15 à 18 centimètre ils comblent les rigoles, ce qui chausse les plantes un peu ha et contribue à les abriter du froid. Pendant les gelées, on l couvre de litière, qu'on enlève lorsque le temps se radouci Cette culture hivernale demande beaucoup d'attention; il n faut qu'une gelée un peu forte pour détruire tout le semis, on a oublié de le couvrir à temps ou si la côtière n'est pas suffisamment abritée contre le vent du nord. Les semis faits à la fin de l'hiver sont moins exigeants; cependant ils sont encore exposés à souffrir des gelées printanières, quelquefois assez tardives, qui les surprennent en fleurs. Ces semis se font en rayons, toujours un peu profonds, et à la distance de 25 centimètres les uns des autres. Ordinairement on sème cinq ou six graines ensemble, c'est-à-dire par petites touffes espacées de 15 à 20 centimètres; d'autres préfèrent semer les pois un à un, à 6 ou 8 centimètres les uns des autres. Quand ce sont des variétés grimpantes, dès qu'elles ont 15 à 20 centimètres de hauteur, et après un premier binage, on leur donne des rames branchues proportionnées à la taille qu'elles doivent acquérir. Des deux côtés de la planche les rames doivent s'incliner vers le milieu, afin de mieux résister au vent. Autour de Paris, la plupart des cultivateurs pincent l'extrémité des tiges au-dessus de la troisième ou quatrième fleur, afin de hâter la récolte. En cueillant les cosses vertes des pois, il faut éviter de les tirer brusquement à soi, de peur d'arracher ou de casser la plante; on doit les couper sans secousse avec l'ongle du pouce. La cueillette des cosses mûres et sèches demande moins d'attention, mais la récolte doit en être faite le matin, quand elles sont humides de rosée. Cueillies au milieu du jour et à la lumière du soleil, les plus mûres éclateraient dans la main et disperseraient leurs graines à terre. Une fois cueillies, on les fait sécher au soleil sur une toile.

La culture forcée des pois, quoique de plus en plus délaissée par les maraîchers, se continue encore dans beaucoup de jardins privés. Les variétés préférées ici sont le pois Prince Albert et le pois Michaux de Hollande, quoique plusieurs autres puissent s'y prêter également. Cette culture forcée se fait sans couches; il suffit d'avoir une côtière bien abritée et une bonne exposition sur laquelle on pose des coffres vitrés. On sème les pois sous ces coffres dès les premiers jours de novembre. Un peu avant les fortes gelées on entoure les coffres d'un accot de fumier, et on couvre le vitrage de paillassons pendant la nuit, en ayant soin toutefois de donner de l'air lorsque le temps le permet. Les pois ayant atteint de 20 à 25 centimètres de hauteur, on couche leurs tiges vers le haut du coffre, et on les maintient dans cette position en les recouvrant d'un peu de terre. A la floraison on pince toutes les tiges au-dessus de la troisième ou de la quatrième fleur pour hâter la fructification.

Cette culture forcée se modifie suivant les lieux et les climats. Il y a des jardiniers qui, pour mieux mettre les pois à l'abri du froid, établissent les planches dans une fosse de 25 centimètres de profondeur, qu'ils recouvrent de coffres. La terre retirée de la fosse est accumulée autour des parois du coffre et sert d'accot. Les uns sèment en place et à demeure, d'autres, après avoir semé un peu dru sous un coffre, transplantent le plant dès qu'il est sorti de terre. Toutes ces méthodes sont bonnes; l'essentiel est de ne pas laisser le froid saisir les pois, et de leur donner de l'air aussi souvent qu'on le peut. La récolte se fait ordinairement dans la première quinzaine d'avril; nous n'avons pas besoin d'ajouter qu'il s'agit d'une récolte en vert.

Les pois comptent plusieurs ennemis dans la tribu des insectes, mais le seul qui soit vraiment redoutable est un petit coléoptère, la *bruche du pois* (*bruchus pisi*), dont la larve pénètre dans le grain à peine ébauché, c'est-à-dire à l'époque même de la floraison, ou peu après. Cette larve s'y développe, sans empêcher le grain de grossir et sans en attaquer le germe, et c'est sous ses enveloppes qu'elle subit toutes ses transformations, attendant la siccité complète du grain pour en sortir à l'état d'insecte parfait et ailé. Avant sa transformation, la larve adulte s'est préparé une issue en rongeant le parenchyme sur un point de la circonférence du grain, où elle ne laisse qu'une mince pellicule. C'est comme une porte circulaire que l'insecte n'aura qu'à pousser en avant pour la détacher du grain et s'ouvrir un passage. Cette pellicule demi-transparente est de couleur plombée tant que l'insecte est enfermé dessous, et trahit au premier coup d'œil sa présence. On sépare les pois attaqués de la bruche de ceux qui sont restés sains, en les mettant dans l'eau; les pois sains vont au fond, les autres surnagent. Ces derniers ne peuvent pas servir à la consommation, mais comme la plupart ont encore leur germe que l'insecte a respecté, on peut s'en servir pour le semis.

Le **pois chiche, pois cornu,** ou **garvance** (*Cicer arietinum*) appartient à un autre genre botanique que le pois proprement dit. C'est une plante du midi de l'Europe, annuelle, dressée, non grimpante, haute de 0^{m},30 à 0^{m},40, à feuilles ailées avec impaire terminale, à fleurs blanches, solitaires et axillaires, auxquelles succède une gousse courte et renflée, contenant deux graines d'un blanc sale, un peu irrégulières et prolongées en pointe du côté de l'ombilic. Ces graines, plus grosses que celles des pois ordinaires, sont farineuses et se mangent en sec, entières ou en purée. Beaucoup de personnes les préfèrent sous cette forme aux pois secs, dont elles trouvent la saveur trop prononcée. Outre la variété à fleurs blanches il y en a une à fleurs pourpres, et dont le grain tire sur le brun.

Le pois chiche est un légume de second ou de troisième ordre, qui paraît rarement sur les bonnes tables, mais qui est d'une certaine ressource dans les ménages pauvres du midi de l'Europe. On le sème en plein champ, en mars et avril, et on se contente de lui donner un binage, qui, tout en ameublissant la surface du sol, le débarrasse des mauvaises herbes. La récolte se fait en juillet et août. Cette légumineuse a par elle-même trop peu de valeur pour prendre rang dans la vraie culture potagère.

Il n'en est pas de même de la **fève** (*Faba*) (fig. 136), légumineuse herbacée, qu'on croit originaire de l'Asie occidentale, annuelle, à tiges simples et dressées, haute de 0^{m},30 à 1^{m},20 suivant les variétés, à feuilles ailées sans impaire terminale, comprenant deux à quatre paires de folioles un peu grandes, ovales-oblongues, d'un vert glauque. Les fleurs sont en groupes de 2 à 5, aux aisselles des feuilles, presque sessiles, blanches ou violacées, portant deux larges macules noires sur les pétales latéraux (les ailes); à ces fleurs succèdent des gousses qui deviennent noires à la maturité, et qui contiennent deux à trois graines, rarement quatre ou cinq. Ces graines sont grosses, irrégulièrement ovales, aplaties par les côtés, avec un ombilic allongé qui en occupe la partie la plus épaisse; elles se mangent en vert ou en sec.

Fig. 136. — Fève de marais commune.

On cultive une douzaine de variétés de fèves, parmi lesquelles nous citerons : la *grosse fève de marais*, à grosses graines irrégulières et comme bossuées, d'un blanc jaunâtre ; c'est une des meilleures et la plus habituellement cultivée dans les jardins potagers (marais) de Paris (fig. 137); c'est une forte plante, qui s'élève dans les bonnes terres à plus d'un mètre; la

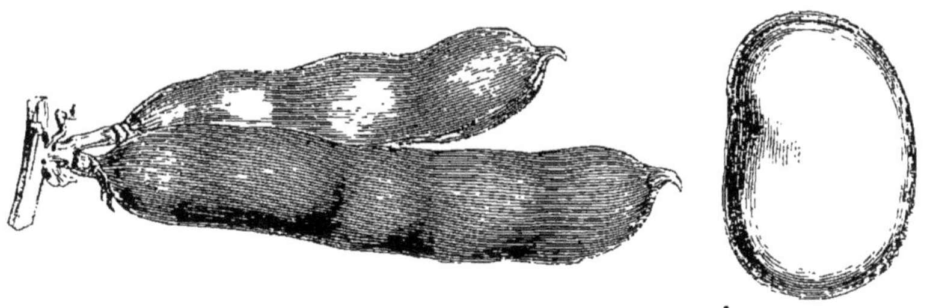

Fig. 137. — Fève de marais.

fève de Windsor, variété anglaise très-répandue sur le continent, aussi haute que la fève de marais, mais plus tardive et un peu plus productive; elle en diffère aussi par ses cosses, un peu plus larges, et ses graines, plus courtes, presque rondes, de couleur jaunâtre; la *fève de Windsor verte,* un peu moins haute que la précédente mais plus hâtive, à graine verdâtre; la *fève à longue cosse,* moins élevée que la fève de marais et à grains moins gros, mais au nombre de trois, quatre et quelquefois cinq par cosse; la *fève julienne,* de $0^{m},90$ à 1^{m} de hauteur, à graines comparativement petites, allongées et comme tronquées à l'extrémité opposée à celle qu'occupe l'ombilic, plus précoce d'une huitaine de jours que la fève de marais commune, dont elle se distingue encore par ses cosses plus étroites et plus nombreuses; elle a une sous-variété à graine verdâtre; la *fève julienne verte,* qui est également bonne et productive; la *fève violette,* variété productive, à graines d'abord violacées, puis rouge brun, quoique ses fleurs soient blanches comme celles de toutes les variétés qui précèdent; la *fève naine hâtive,* haute de $0^{m},40$ à $0^{m},50$, à graines relativement petites, jaunâtres, très-hâtive et productive; la *fève très-naine rouge,* qui est la plus précoce de toutes les variétés, haute au plus de $0^{m},40$, à fleurs blanches et à graines rouge-brun foncé, petites mais allongées et très-épaisses; enfin, la *fève à fleurs pourpres,* plante de $0^{m},80$ à $0^{m},90$, très-productive, à fleurs pourpre plus ou moins foncé et à graines jaune verdâtre, marbrées ou pointillées de noir, ce qui leur donne peu de faveur sur le marché : aussi cette variété est-elle rarement cultivée.

Peu de légumes de deuxième ordre sont aussi généralement cultivés que la fève. Très-commune en hiver dans les jardins du midi de l'Europe, on la retrouve à une époque un peu plus avancée dans ceux de l'Europe moyenne et jusque dans le Nord. A Paris les premières fèves se sèment en janvier, sous châssis vitrés ; un mois plus tard on les repique sur une côtière tournée au midi, en rayons espacés de 35 centimètres et un peu profonds. Lorsqu'elles ont 10 à 12 centimètres de hauteur on bine et on remplit les rayons pour chausser les plantes ; pendant la gelée on les couvre de paillassons ou seulement de litière. A la floraison on pince l'extrémité de la tige pour hâter la croissance du fruit. S'il n'arrive point d'accidents, la récolte en vert, c'est-à-dire des gousses arrivées au quart de leur grosseur, commence aux premiers jours de mai. Les variétés hâtives sont généralement préférées pour cette culture de primeur.

La culture naturelle est plus simple et beaucoup plus générale. Aux environs de Paris les fèves de toutes variétés sont semées à partir de février, et les semis se continuent de quinzaine en quinzaine jusqu'en mai. Les semis se font ordinairement en rayons, ce qui facilite les binages. On pince les extrémités au moment de la floraison, comme nous l'avons indiqué ci-dessus. Dans le midi les semis de fèves se font en novembre et décembre, et on peut cueillir en vert dès la fin de mars, mais plus abondamment en avril.

La fève est peu exigeante, et réussit plus aisément encore dans les terrains maigres que les pois. Ajoutons qu'elle donne un bon fourrage vert, et qu'enfouie au moment de la floraison elle constitue un engrais d'une certaine valeur. Très-rustique, elle redoute peu les rigueurs de l'hiver; mais elle est très-sujette à être attaquée par un puceron noir, qui toutefois ne se montre que rarement sur les fèves cultivées en hiver.

La **lentille** (*Ervum Lens*) (fig. 138) est plutôt une plante agricole qu'une plante de potager; cependant son analogie avec les légumineuses qui précèdent et ses usages dans l'économie domestique nous amènent assez naturellement à en parler ici (1).

Fig. 138. — Lentille commune.

C'est une plante indigène ou réputée telle, annuelle, à tige dressée, haute de $0^m,30$ à $0^m,40$, à feuilles ailées et terminées par une vrille. A ses petites fleurs blanchâtres, réunies deux par deux au sommet de pédoncules axillaires, succèdent des gousses contenant ordinairement deux graines orbiculaires, plus ou moins pleines et dont la couleur varie, suivant les races et le degré de maturité, du blanc sale au fauve brun. Ces graines se mangent toujours en sec. Deux variétés principales de lentilles alimentent le commerce : ce sont la *lentille com-*

(1) La lentille est cultivée depuis les temps les plus anciens ; on l'a trouvée dans les hypogées de l'Égypte, et nous savons par le récit de la Bible qu'elle était déjà fort connue du temps d'Abraham et d'Isaac, puisque Ésaü vendit son droit d'aînesse à Jacob pour un plat de ce légume. Nous avons cité plus haut des vers de Virgile qui attestent qu'elle était de même vulgaire en Italie.

mune ou *grosse lentille blonde,* à graines jaune blond, larges en moyenne de six à sept millimètres, et le *lentillon* ou *petite lentille*, à graines plus brunes, parfois même un peu rougeâtres, larges de quatre à cinq millimètres ; on rapporte comme sous-variété à la petite lentille la *lentille verte du Puy*, dont le grain est un peu plus gros, d'un vert gris et piqueté de noir. Dans quelques localités on utilise, en guise de lentilles, les graines de deux autres légumineuses qui en sont voisines ; l'une est la *lentille à une fleur* (*Ervum monanthos*), plus souvent cultivée comme plante fourragère; l'autre est la *lentille du Canada*, ou *vesce blanche,* que sa graine arrondie éloigne des vraies lentilles; c'est aussi une plante fourragère.

La *gesse domestique*, ou *gesse blanche*, ou encore *pois carré*, *pois gesse*, *lentille d'Espagne*, etc. (*Lathyrus sativus*), dont la gousse est ailée d'un côté, et dont la graine est un peu grosse et comme triangulaire, appartient au même ordre de légumes. C'est une plante de grande culture, plutôt fourragère que potagère ; néanmoins dans quelques pays on en mange les graines en vert comme les petits pois, ou en sec et en purée.

Les lentilles se sèment à la volée, en automne ou au printemps suivant les lieux. Elles aiment les sols calcaires, bien ameublis et qui se ressentent encore d'anciennes fumures. La récolte se fait à la fin de l'été, un peu avant la maturité complète, car il ne faut pas attendre que les gousses s'ouvrent d'elles-mêmes et laissent tomber leur grain. Les plantes, arrachées à la main ou fauchées, sont étendues sur des toiles pour sécher au soleil, et lorsqu'elles sont sèches on les bat au fléau pour en détacher le grain.

§ V. — LES CHAMPIGNONS.

Tout le monde sait que beaucoup d'espèces de champignons sont comestibles, et que quelques-uns fournissent même un mets délicat et recherché; mais comme il y a dans ce groupe de plantes un certain nombre d'espèces très-vénéneuses, la plupart sont tenues en suspicion. Dans l'usage ordinaire on se borne à récolter les truffes, les morilles, l'oronge, la chanterelle, le bolet comestible et surtout l'agaric ou champignon de couches (1). Ce dernier est le seul qui soit soumis à une culture régulière, le seul aussi de son genre dont les règlements de police autorisent la vente sur les marchés de Paris. Les truffes, dont on connaît plusieurs espèces et dont la récolte, dans différentes parties de la France, est devenue une industrie lucrative, rentreraient plutôt dans le domaine de la grande culture que dans celui de la culture potagère, si on pouvait en développer et en régler la production. Les nombreuses tentatives qui ont été faites dans ce sens n'ont eu jusqu'ici qu'un médiocre succès (2).

Fig. 139. — Maniveau de champignon de couche.

Le *champignon de couche* (*Agaricus edulis*) (fig. 139) est indigène en France. On le trouve assez souvent dans les prairies un peu sèches, là où les chevaux ont répandu leurs

(1) Voir dans notre premier volume ce que nous avons dit de ces divers champignons, qu'il importe de connaître, pour ne pas les confondre avec les espèces vénéneuses.

(2) Rappelons, en passant, que la truffe du commerce ne se trouve que dans les terrains calcaires plantés de chênes clairsemés, et que pour les découvrir on emploie des porcs ou des chiens dressés à ce manége, et qui reconnaissent aux émanations de la truffe le point du sol où il faut la chercher. Les bosquets de chênes où elle se produit sont les *truffières naturelles*, et on nomme, dans le midi, *chênes truffiers* les arbres dont la présence est, dit-on, nécessaire à cette production. Dans ces dernières années on a fait beaucoup d'efforts pour créer des truffières artificielles en plantant ou semant des chênes truffiers dans des terrains calcaires. Quelques-uns, dit-on, ont réussi, mais le fait a besoin de confirmation.

urines. Il apparaît quelquefois aussi sur les vieilles couches dans les jardins, sans doute parce que ses germes existaient déjà dans le fumier, car on ne peut pas supposer qu'il s'y forme spontanément. Ainsi que nous l'avons expliqué antérieurement, ce champignon se développe sur un mycélium, sorte de feutre de filaments blanchâtres qui s'entremêlent au fumier et que l'on emploie en guise de semence. La seule espèce vénéneuse avec laquelle on puisse être exposé à le confondre est l'*agaric bulbeux* (*Agaricus bulbosus*), dont il se distingue aisément à l'absence de volva et à la couleur rosée des feuillets qui garnissent le dessous de son chapeau.

Pendant longtemps l'agaric comestible n'a été cultivé que sur les couches, et accessoirement ; mais depuis le commencement de ce siècle il est devenu à Paris l'objet d'une industrie spéciale, celle des jardiniers-champignonnistes, qui ont mis à profit, pour le produire en grand, les vastes et innombrables carrières abandonnées qui existent aujourd'hui aux alentours de cette capitale, car c'est un point à noter, dans la manière de croître de ce champignon, qu'il se développe dans les excavations les plus obscures. Cette industrie est toute locale et constitue une spécialité commerciale, dont nous n'avons pas à nous occuper ici (1), puisque nous n'écrivons pas pour les champignonnistes de profession.

Dans les jardins particuliers le champignon se cultive à l'air libre, et il y est supérieur en qualité à celui des carrières ; mais tandis que dans celles-ci il donne ses produits en toute saison, même en hiver, sa culture n'est assurée à l'air libre que pendant trois mois, du commencement de septembre à la fin de novembre. Il réussirait cependant en été si les orages,

(1) La culture du champignon dans des carrières abandonnées n'est pas toute concentrée au voisinage immédiat de Paris ; elle se retrouve dans plusieurs communes des environs, notamment à Méry-sur Oise, ou on estime a 45 kilomètres la longueur des couches qui y sont consacrées, et à près de 2000 kilogrammes par jour la quantité de champignons produite. On cite encore, comme remarquables par leur étendue et leur bon entretien, les champignonnières souterraines de Loches, dans le département d'Indre-et-Loire. Ceux qui voudraient prendre connaissance des procédés de la culture du champignon de couches dans les carrières de Paris pourront consulter l'ouvrage de MM. Moreau et Daverne, ainsi que e *Manuel pratique* de culture maraichère de M. Courtois-Girard.

fréquents dans le nord en cette saison n'en faisaient souvent périr le mycélium, c'est-à-dire la semence, communément désignée sous le nom de *blanc de champignon*.

Deux choses sont nécessaires pour la culture du champignon de couche : le blanc et le fumier de cheval, d'âne ou de mulet. Le meilleur fumier est celui qui provient des écuries de chevaux de travail, parce qu'il n'est renouvelé sous ces animaux que lorsqu'il est saturé d'urine et qu'il contient beaucoup de crottin. Avant de l'employer on le met en tas pour le laisser fermenter, et au bout d'un mois environ on le remue à la fourche et on le remet en tas, par lits successifs bien tassés et bien foulés sous les pieds, ayant environ 1^{m},33 de largeur et 0^{m},65 d'épaisseur. On a eu soin, en construisant ce nouveau tas, de bien mélanger les pailles, dont on fait rentrer les extrémités dans l'intérieur. Chaque lit de fumier est d'ailleurs arrosé à la pomme de l'arrosoir, pour déterminer une nouvelle fermentation, et cela de telle manière que le fumier soit partout également mouillé. Au bout de huit à dix jours on remanie le tas, qu'on reconstruit comme la première fois, en ayant soin de mettre au centre ce qui se trouvait sur les bords et en dessus. Le but de ces opérations s'explique de lui-même : c'est d'obtenir un fumier à demi décomposé, gras, pas trop humide, très-homogène dans toutes ses parties et n'ayant plus que le degré de chaleur nécessaire au développement du champignon, soit de 15 à 18 degrés centigrades. Huit ou dix jours après le second remaniement dont nous venons de parler, il est au point convenable pour construire ce qu'on appelle les *meules à champignons*.

Ces meules sont des couches, mais d'une autre forme que les couches ordinaires. On leur donne communément 0^{m},60 de largeur à la base, autant en hauteur, et seulement 0^{m},10 de largeur au sommet ; elles représentent par conséquent un billon ou un dos d'âne, ou, si l'on veut encore, une sorte de prisme triangulaire étendu horizontalement, et dont la longueur est indéterminée. En montant la meule on a soin de bien tasser le fumier pour qu'il ne s'affaisse pas sensiblement pendant tout le temps que durera la culture, et on en bat les côtés avec le dos de la pelle pour les égaliser. S'il survenait des pluies abondantes lorsque l'opération est terminée, on couvrirait les meules de paille longue pour les abriter, mais ordinairement on n'emploie cette couverture qu'après le semis du champignon, qui se pratique de la manière suivante :

Huit ou dix jours après que la meule a été montée on s'assure de son degré de chaleur en introduisant un thermomètre dans l'intérieur. Si la température ne dépasse pas 18 degrés on peut procéder à l'opération, mais si elle était plus forte il faudrait attendre qu'elle fût descendue au point convenable. Lorsqu'elle est entre 15 et 18 degrés, on *larde* la meule, en y introduisant, dans des ouvertures faites à la main, de petites galettes de blanc de champignon, de quatre à cinq centimètres de largeur et de longueur, que les maraîchers de Paris nomment des *mises*. Ces galettes, ou mises, ne sont autre chose que des morceaux de fumier entremêlé de mycélium, et qu'on a conservé à ce dessein. On les introduit dans la meule, soit sur une seule rangée, soit sur deux, à 0m,33 environ de distance les unes des autres. Si le blanc est de bonne qualité et le fumier à point, les filaments du mycélium envahissent bientôt toute la meule, et se montrent même à l'extérieur. Huit à dix jours y suffisent ordinairement. On recouvre alors, sur 3 centimètres d'épaisseur, toute la meule d'une couche de terre légère et passée à la claie, qu'on tasse un peu sur les côtés et en dessus avec le dos de la pelle ; c'est ce qu'on appelle à Paris *gobeter une meule*. Dans le cas où le blanc n'aurait pas pris, ce qu'on reconnaît aisément en ouvrant la meule sur quelques points avec la main, on larde de nouveau, à côté des anciennes ouvertures. La meule ayant été gobetée, on la couvre d'une chemise de paille ou de litière longue, de 5 à 6 centimètres d'épaisseur, suffisante pour la mettre à l'abri de la gelée, mais pas assez épaisse pour provoquer une nouvelle fermentation, qui détruirait le mycélium. Si les meules étaient dressées dans des caves ou dans des serres à légumes, comme on le fait assez souvent, cette couverture de paille ne serait point nécessaire.

Lorsque toutes les circonstances ont été favorables, une

meule à champignons bien conduite commence à donner ses produits au bout de six semaines, et elle peut continuer ainsi pendant trois mois ou même plus. Pour cueillir les champignons, on relève la couverture de paille, et on les détache en les faisant tourner sur leur pédoncule, de manière à rompre leur point d'attache sans enlever le mycélium. Le vide qu'ils laissent est rempli avec de la terre de même nature que celle qui a servi à gobeter la meule; on recouvre ensuite avec la litière. Lorsque la meule est épuisée et qu'elle ne donne plus, on la détruit, et le fumier, passé à l'état de terreau, est employé à d'autres usages.

Un point essentiel, dans la culture des champignons, est d'avoir du blanc de bonne qualité. Ordinairement les maraîchers le prennent dans des meules ou parties de meule sur lesquelles ils n'ont fait qu'une seule récolte, car celui des meules épuisées n'a aucune valeur. Le meilleur blanc, toutefois, est celui qu'on a préparé exprès, et sur lequel on n'a rien récolté; aussi lui donne-t-on le nom de *blanc vierge*. On trouve assez souvent du blanc vierge dans le fumier de cheval entassé depuis longtemps, ou même dans les vieilles couches à melons, mais on est plus sûr de l'obtenir par le procédé suivant : dès le mois de juillet on prépare un peu de fumier comme il a été dit ci-dessus; on creuse ensuite une fosse de $0^m,60$ à $0^m,70$ de largeur et de profondeur, à l'exposition du nord, et on dépose dans le fond des morceaux de blanc de bonne qualité, puis on remplit la fosse de fumier de cheval préparé comme il a été dit ci-dessus; on foule ce fumier avec les pieds pour le tasser, et on le recouvre de toute la terre extraite de la fosse. En vingt à trente jours, si le blanc était bon, il a envahi toute la masse du fumier, ce qu'on reconnaît aisément en retirant la terre qui le couvre. Dans ce cas on coupe le fumier par tranches, soit pour le faire servir immédiatement, soit pour le remiser dans un endroit sec, où il peut se conserver fort longtemps.

Le fumier de cheval employé dans la culture du champignon agit tout à la fois par les substances azotées qu'il contient et par la chaleur douce et prolongée qu'il développe en fermentant et en se convertissant en terreau; mais quelques cultivateurs pensent que la chaleur est ici l'élément principal, et que lorsqu'on peut l'obtenir autrement le fumier n'est point nécessaire, à condition cependant qu'on fournisse au blanc les éléments azotés que réclame sa végétation. C'est sur ce principe qu'est fondée la culture du champignon à l'aide des nitrates, principalement du nitrate ou azotate de potasse, préconisé il y a quelques années par M. Labordette (1). Plusieurs jardiniers des environs de Paris ont encore proposé d'autres méthodes, et parmi eux surtout MM. Bazin, de Liancourt, et Belliard, de Fontenay-aux-Roses. Le premier a montré à la Société impériale d'horticulture de très-beaux champignons (quelques-uns du poids de 200 grammes) obtenus sur une couche sourde de fumier frais de lapin, recouverte d'un lit de feuilles à demi décomposées; le second n'a pas eu moins de succès à l'aide d'une simple couche de feuilles de bruyères, couverte d'un peu de terreau, ou même sans aucune couverture. Ces faits, et bien d'autres que nous omettons, donnent à penser que la culture du champignon de couche n'est pas nécessairement liée à la méthode des maraichers parisiens, et qu'elle pourra être pratiquée avec profit dans d'autres conditions que celles qu'on a cru jusqu'ici lui être indispensables (2).

(1) Cette méthode, communiquée à l'Académie des sciences par son auteur (août 1861), se réduit à cultiver le champignon sur un sol exclusivement composé de sulfate de chaux, bien battu, sans addition d'aucun engrais proprement dit, mais dans lequel on introduit une petite quantité de nitrate de potasse en même temps que le blanc du champignon. Les platras résultant des démolitions de Paris, où les mortiers ne contiennent guère que du gypse, y conviennent parfaitement. Suivant M. Labordette, les champignons obtenus par ce moyen deviennent incomparablement plus gros que par la méthode ordinaire; ils arrivent à peser en moyenne jusqu'à 600 grammes, c'est-à-dire environ six fois le poids des champignons élevés sur couche. Malgré les avantages attribués à ce mode de culture, il ne paraît pas que l'on en ait fait usage jusqu'ici.

(2) Quoique le champignon de couche ait été seul soumis à une culture régulière, il en est quelques autres qui pourraient vraisemblablement passer comme lui dans la pratique usuelle du jardinage. Ce serait, par exemple, le cas de l'*Agaric atténué* (*Agaricus attenuatus*), qui croît sur le bois pourri du peuplier. A Naples on récolte des champignons comestibles sur le vieux marc de café, entassé à l'ombre ou dans des caves. Il n'est pas impossible qu'un jour on trouve le moyen de cultiver économiquement les cèpes, les bolets et surtout l'oronge, qu'on dit être le meilleur de tous les champignons.

DEUXIÈME PARTIE

LES FRUITS.

AVANT-PROPOS.

Entre les légumes et les fruits la limite est moins tranchée qu'on ne le croit communément. Nous avons vu, dans les pages qui précèdent, que chez beaucoup de légumes proprement dits (courges, concombres, pois, haricots, etc.) c'est le fruit seul, c'est-à-dire ce qui succède à la fleur, qui est utilisé, et même que chez quelques-uns, le melon par exemple, ce fruit est consommé cru et sans préparation culinaire, aussi bien que celui des arbres fruitiers. Il y a plus : même parmi ces derniers il en est dont le fruit ne se mange guère que cuit ; beaucoup de poires et de pommes sont dans ce cas. Enfin, une autre transition entre les deux branches de l'horticulture d'utilité nous est offerte par le fraisier, considéré par tous les horticulteurs comme un légume, mais que ses analogies ne permettent pas d'éloigner des arbres fruitiers. Comment en effet pourrait-on le séparer du framboisier, qui est déjà presque un arbrisseau, et qu'on a toujours classé parmi les arbres ou arbrisseaux fruitiers ? Enfin, il est encore une autre plante, l'ananas, qui, quoique herbacée, ne saurait être rangée parmi les légumes. Toutefois, à raison de sa nature exotique et des particularités de sa culture, qui en font presque une exception dans le jardinage, nous ne la regarderons pas comme un intermédiaire entre les légumes et les fruits de l'Europe, et nous réserverons pour la fin de cette deuxième partie de notre travail ce que nous aurons à en dire.

La marche que nous avons à suivre dans l'examen des fruits et de leur culture est presque toute tracée par la nature même des choses. Commençant par le fraisier et le framboisier nous passerons aux arbustes ou sous-arbustes à fruits succulents et bacciformes (groseilliers, cassis, etc.), qui nous conduiront d'une part aux arbres fruitiers à noyau (cerisiers, pruniers, pêchers, etc.), d'autre part aux arbres à pepins (pommiers, poiriers, etc.). A leur suite viendra la vigne, presque aussi importante en France, comme arbuste fruitier, que les arbres à noyau et à pepins eux-mêmes, et qui est comme un intermédiaire entre ceux-ci et les arbres fruitiers du midi de l'Europe (figuiers, orangers, citronniers, grenadiers, etc.), que leur tempérament rend plus exigeants encore que la vigne. Enfin nous terminerons cette revue par les arbres à fruits secs, ou plutôt à *fruits-graines* (noyers, noisetiers, etc.), qui sont déjà plus du domaine de l'agriculture que de celui du jardinage proprement dit. Toutefois, avant d'entrer dans ces détails, nous devons dire quelques mots des conditions générales de la culture des fruits et de leurs usages.

CHAPITRE Ier.

LES PETITS FRUITS BACCIFORMES.

§ Ier. — CONSIDÉRATIONS GÉNÉRALES.

Sans atteindre à l'importance des légumes, les fruits n'en tiennent pas moins une large place dans l'alimentation humaine. L'usage des légumes est une nécessité; mais celui des fruits n'est pas un simple luxe ajouté au régime, car, outre leur valeur nutritive, ils exercent une influence considérable et bien connue sur l'hygiène. De là l'extension qu'a prise de nos jours la culture des plantes fruitières, et le grand commerce auquel les fruits donnent lieu.

La plupart des fruits se consomment en nature, c'est-à-dire sans préparation et tels que les fait leur maturité ; mais il en est aussi qui, pour pouvoir être consommés avec avantage, doivent subir des manipulations et des apprêts, en un mot être transformés en produits industriels d'une conservation plus longue et plus facilement transportables pour les besoins du commerce. Tout le monde sait qu'on prépare avec les fruits des tartes, des confitures, des compotes, des gelées, des conserves de tous genres, même des sirops et des liqueurs. Nous ne parlons pas ici de la vigne, dont le fruit sert à faire le vin, puisqu'à ce point de vue elle est exclusivement du ressort de l'agriculture.

La culture des arbres fruitiers est en honneur partout où le climat la rend possible, et à chaque climat correspondent des fruits qui y réussissent mieux que dans tous les autres. Toutefois, il y a des régions privilégiées, où les fruits sont non-seulement plus variés et plus abondants qu'ailleurs, mais où ils acquièrent plus de qualités. Sous ce rapport la supériorité de l'Europe sur toutes les autres parties de la terre n'est point contestée, ce qui tient en grande partie à l'habileté des cultivateurs; mais, en Europe même, par suite de la diversité des climats, on observe de grandes inégalités dans la production fruitière. La région occidentale, plus tempérée et plus humide, y convient mieux que la région orientale, qui est plus sèche et plus soumise aux excès du climat continental; dans le nord la rigueur de l'hiver et l'insuffisance de la chaleur estivale diminuent le nombre des espèces fruitières cultivables à l'air libre; dans le midi la forte chaleur de l'été, et surtout la sécheresse, nuisent à des fruits qu'on obtient meilleurs et à moins de frais sous une latitude plus élevée. Au total, les climats tempérés ou tempérés chauds, compris entre le 40ᵉ et le 52ᵉ degrés de latitude, pourvu qu'ils ne soient pas sujets à de trop longues sécheresses, sont les plus favorables à la culture fruitière, en ce sens du moins que ce sont eux qui produisent la plus grande diversité de fruits et les meilleurs fruits. Il faut reconnaître cependant qu'au nord et au sud de cette zone il y a un petit nombre d'espèces fruitières qui ne viennent pas ou viennent mal dans la région intermédiaire.

La France, tout entière comprise entre les limites que nous venons d'indiquer et, de plus, assise sur l'Océan à l'ouest et sur la Méditerranée au sud, est, manifestement, le pays de l'Europe qui comporte la plus grande diversité dans la production fruitière. On y trouve en effet tous les fruits d'élite hormis la datte, qui est d'ailleurs presque étrangère à l'Europe (1). Sur toute l'étendue de son territoire se récoltent les fruits à noyau et les fruits à pepins les plus variés;

(1) Le seul point de l'Europe où le dattier soit cultivé comme arbre fruitier est la ville d'Elche, près Alicante, en Espagne. Son territoire, par suite d'une exposition toute particulière, présente, pour la culture du dattier, des conditions qu'on ne retrouve point ailleurs dans la péninsule; aussi a-t-il été converti, dès le temps des Maures, en une oasis très analogue à celles du Sahara, et qui contient, d'après des documents qu'on peut regarder comme authentiques, environ soixante mille dattiers. Il est vraisemblable que la culture productive du dattier serait également possible en Sicile, à Malte et dans l'île de Candie.

sauf dans les provinces les plus septentrionales, la vigne donne à l'air libre des raisins de table exquis; dans la région du sud, et sur une vaste étendue du pays, le figuier, l'amandier, le grenadier et l'olivier ne sont pas moins fertiles ni moins estimés que leurs similaires des contrées plus méridionales. Enfin sur quelques points de ses côtes méditerranéennes, la France compte encore parmi ses productions l'orange et le limon, les seuls fruits importants du midi de l'Europe. De cette situation exceptionnelle est résulté que la France est devenue par excellence le pays de l'arboriculture fruitière, et la pourvoyeuse en fruits de presque toutes les contrées qui l'avoisinent.

§ II. — LES FRAISIERS; LEURS VARIÉTÉS ET LEUR CULTURE.

Les fraisiers (*Fragaria*) (1) sont un des genres les plus naturels de la grande famille des rosacées. Leur caractère botanique distinctif consiste en ce que le réceptacle des carpelles, dont l'ensemble constitue le fruit (2), y devient charnu et succulent, les carpelles eux-mêmes restant secs et semblables à des graines, c'est-à-dire passant à l'état d'akènes. Au point de vue de l'horticulture, c'est ce réceptacle lui-même qui est considéré comme le fruit.

Tous les fraisiers sont herbacés et vivaces, et leur tige dépasse peu ou même ne dépasse pas la surface du sol; ce sont presque des plantes acaules, qui émettent une rosette de

(1) L'introduction des fraisiers dans les jardins est toute moderne; du moins aucun document ne fait supposer qu'elle soit antérieure au seizième siècle. Quant aux anciens, on peut dire qu'ils ont à peine remarqué les fraises, car on ne trouve d'indications certaines sur ces fruits que dans un petit nombre de passages de Virgile et de Pline. Pour ce dernier écrivain le mot *fragum* s'appliquait également au fruit de l'arbousier (*Arbutus Unedo*) et à celui du fraisier, mais il les distingue en donnant à l'un des deux l'épithète de *terrestre*, par opposition à l'autre, qui était produit par un arbre. Il n'est pas douteux non plus que ce ne soit bien la fraise que Virgile a eu en vue dans ce vers;

Qui legitis flores et humi nascentia fraga.

(Buc. IIII, vers 93.)

(2) C'est un fruit apocarpe, c'est-à-dire formé d'une certain nombre de carpelles, qui restent distincts, et non point soudés les uns aux autres, comme par exemple ceux des fruits à pepins. On peut revoir tome I, p. 303, ce que nous avons dit de ces sortes de fruits.

feuilles autour de leur pied (1). Chacun sait que ces feuilles sont trifoliolées et dentées sur leur contour, tantôt glabres et luisantes, tantôt mates et plus ou moins velues. De l'aisselle des feuilles naissent les hampes florales, et ordinairement, à côté d'elles des *coulants* ou *filets*, sortes de bourgeons à entre-nœuds très-allongés qui vont s'enraciner à une certaine distance du pied. Les fleurs sont tantôt hermaphrodites, tantôt unisexuées par avortement total ou complet des organes de l'un ou de l'autre sexe.

Espèces et variétés de fraisiers. — Les variétés de fraisiers nées de la culture sont extrêmement nombreuses, et il est devenu assez difficile, pour quelques-unes d'entre elles, d'en reconnaître l'espèce; mais les espèces primitives elles-mêmes se réduisent à sept ou huit.

D'après M. Jacques Gay, qui les a étudiées très-attentivement et qui a publié ses observations dans les *Annales des sciences naturelles* (2), ces espèces doivent être déterminées comme il suit :

1° Le *Fragaria vesca* (fig. 140), l'espèce la plus répan-

Fig. 140. — Fraisier commun (*Fragaria vesca*).

Fruit du fraisier commun.

(1) La tige des fraisiers n'est pas simple, comme on serait tenté de le croire au premier abord; elle est au contraire fort compliquée, car elle se compose d'un certain nombre de rameaux superposés, mais avec tant de précision que leur ensemble paraît ne former qu'un seul et même axe. C'est la structure que les botanistes ont nommée *sympode*. La hampe, ou les hampes florales, quand il y en a plusieurs, ne sont que la terminaison d'un rameau qu'un autre rameau plus jeune supplanté pour continuer le sympode.

(2) 4ᵉ série, tome VIII, p. 185.

due dans le monde et qui est commune à l'Europe, à l'Asie et à l'Amérique. C'est aussi la meilleure des fraises et la plus parfumée, mais ses fruits sont des plus petits. Elle a produit diverses variétés, parmi lesquelles nous nous bornerons à citer le *fraisier des bois* (*F. vesca*) et le *fraisier des quatre saisons* ou *de tous les mois* (*F. semperflorens*), mal à propos nommé *fraisier des Alpes*, puisque c'est une variété née probablement dans les jardins, et que, dans tous les cas, on n'a jamais trouvée à l'état sauvage; cette précieuse race, la seule du genre qui fleurisse et fructifie presque toute l'année, a donné une sous-variété sans coulants, le *fraisier de Gaillon*, dont la culture est presque abandonnée aujourd'hui. Au *F. vesca* se rattachent encore le *fraisier de Montreuil* ou *fraisier fressant*, le *fraisier à une feuille*, plus curieux qu'utile, le *fraisier buisson* ou *sans coulants* (*F. efflagellis*), qui tend aussi à disparaître, et quelques autres variétés encore qui n'ont plus d'importance aujourd'hui.

2° Le *F. elatior*, beaucoup moins cosmopolite que le précédent, quoique répandu dans presque toute l'Europe centrale. Il est ordinairement dioïque par l'avortement de l'un des deux sexes, ce qui fait qu'il est souvent stérile à l'état sauvage; mais il fructifie dans les jardins lorsqu'on cultive ensemble les deux sexes, ou qu'on le tient au voisinage d'autres fraisiers qui peuvent le féconder. C'est de lui que sont sorties les nombreuses variétés connues jadis sous les noms de *capitons* et de *caprons*, et que les Anglais désignent sous le nom de *hautbois*. Les fruits de cette espèce ont une saveur musquée particulière qui les fait reconnaître, et qui n'est pas du goût de tout le monde.

3° Le *F. collina*, qui est commun dans l'Europe centrale et pénètre même assez avant en Asie. Il se distingue nettement des autres fraisiers en ce que ses coulants ne sont habituellement pas des sympodes, et que ses calyces sont appliqués sur le fruit. Les variétés que la culture en a fait naître ont reçu les noms, aujourd'hui à peu près abandonnés, de *breslinges*, de *craquelins* et de *fraisiers étoilés*; il n'y a plus guère que les amateurs qui les aient conservées dans leurs jardins.

4° Le *F. Hagenbachiana,* celui de tous les fraisiers dont l'aire naturelle est la plus circonscrite; on ne l'a en effet trouvé que dans une localité des Alpes de Provence, près de Draguignan, ainsi qu'aux environs de Paris, circonstance qui pouvait déjà faire douter que ce fût une espèce légitime. Plusieurs botanistes le tiennent en effet pour une simple variété du *F. collina,* et M. Gay lui-même, après l'avoir érigé en espèce propre, a fini par le regarder comme un hybride des *F. vesca* et *collina.* Pour Duchesne, célèbre cultivateur de fraisiers, à la fin du dernier siècle, c'était la *fraise majaufe de Provence* ou *fraise de Bargemont*, devenue dès à présent assez rare.

5° Le *F. virginiana*, espèce de l'Amérique septentrionale, introduite en Europe dans la première moitié du dix-septième siècle sous les noms de *fraise écarlate, écarlate de Virginie, fraise du Canada.* Ce fraisier remarquable, soit par variation naturelle, soit par croisement avec d'autres espèces et surtout avec la suivante, a produit de nombreuses variétés, dont il sera question plus loin, p. 338.

Fig. 141. — Fraisier du Chili.

6° Le *F. chiloensis*, ou *fraisier du Chili* (fig. 141), seconde espèce américaine, qui se trouve au Chili et peut-être en Californie, toujours au voisinage de l'océan Pacifique. Il se distingue de tous les autres fraisiers par la grandeur de son feuillage et de ses fleurs, et par la grosseur de ses fruits, dont le volume approche quelquefois de celui d'un moyen œuf de poule. Son introduction en France remonte à l'année 1712. Il est dioïque par avortement, et par suite stérile s'il n'est pas fécondé par d'autres individus de sa propre espèce ou d'espèces différentes. Il vient mal à Paris, où ses fruits n'ont guère que la grosseur des fraises ordinaires, mais il réussit à merveille dans plusieurs communes des alentours de Brest, entre autres à Plougastel, où il est cultivé en grand et donne lieu à une abondante exportation de fruits. Mais si, lorsqu'il est de race pure, il dégénère ou vient mal loin de l'Océan, ses variétés hybrides rachètent amplement ce défaut par leur nombre, leur beauté

Fig. 141. — Fraise du Chili.

Fig. 142. — Fraisier ananas.

ou leur excellence. C'est à lui qu'on rattache aujourd'hui le *fraisier ananas* (*Fragaria ananassa*, *F. grandiflora*) (fig. 142) dont l'origine est inconnue, mais qui en est vraisemblablement une variété, botanique ou horticole.

Fig. 142. — Fraise ananas.

A ces six espèces on peut ajouter le *F. Grayana*, de l'Amérique du Nord, très-voisin du *F. virginica*, auquel il faudra peut-être le réunir un jour; et le *F. lucida*, importé récemment de Californie. Ce dernier, qui se distingue à la petitesse et à la coriacité de son feuillage luisant, est dioïque et presque toujours stérile. Malgré les tentatives d'amélioration dont il a déjà été l'objet, il ne paraît pas avoir d'avenir sérieux dans la culture d'utilité.

Depuis le milieu du seizième siècle jusqu'à nos jours, c'est-à-dire dans un espace de plus de deux cent cinquante ans, beaucoup d'auteurs ont écrit sur le fraisier. Parmi ceux qui l'ont fait avec une véritable utilité on doit citer Olivier de Serres, Claude Mollet, La Quintinye et surtout Duchesne, dont l'*Histoire naturelle des fraisiers*, parue en 1766, peut encore être considérée comme classique. Après eux sont venus Dumont de Coursel, Poiteau et Turpin, qui sont déjà nos contemporains; en Angleterre le botaniste Lindley; puis, en France, le comte Le Lieur. Nous passons sous silence beaucoup d'écrits, les uns parce qu'ils sont sans importance, les autres parce qu'ils ne sont guère que des compilations de travaux antérieurs. De nos jours enfin ont paru de nombreuses observations de Mme Vilmorin (1) sur les variétés du fraisier et sur leur culture, dans les diverses éditions du *Bon Jardinier*, dans les journaux horticoles, les traités de jardinage, etc.; mais le travail le plus important, et sans contredit le plus complet et le meilleur qui ait été publié jusqu'ici, est celui de M. le comte de Lambertye (2), ouvrage qui résume tout ce qui a été dit et écrit sur le fraisier depuis l'origine de sa culture, qui est riche de faits nouveaux, et qui enfin a mis de l'ordre dans le chaos des nouvelles variétés; aussi n'hésitons-nous pas à le proposer aux amateurs et aux spécialistes comme le guide

(1) Voir le *Jardin fruitier du Muséum*.

(2) *Le Fraisier*, vol. in-8°, chez Goin, éditeur, 1864.

le plus sûr qu'ils puissent choisir dans l'étude et la culture du fraisier.

Il serait facile de citer plus de cent variétés de fraisiers, mais il s'en faut de beaucoup que toutes soient également recommandables. Le nombre des bonnes variétés, de celles dont la culture est vraiment profitable, ne dépasse guère une trentaine, si même il y atteint. Après de longues expériences comparatives, M. de Lambertye ayant dressé un catalogue des quarante fraises qui lui ont paru les meilleures, nous ne pouvons mieux faire que de le suivre dans cette énumération, renvoyant d'ailleurs à son livre, ainsi qu'au *Jardin fruitier du Muséum*, ceux des lecteurs auxquels les détails consignés ici ne suffiraient pas.

1° Variétés issues d'espèces européennes.

Fraise des Quatre-saisons (*Fragaria vesca*), excellente, très-fertile, petite, à la fois des plus hâtives et des plus tardives parce qu'elle produit presque toute l'année.

Belle-bordelaise (*F. elatior*), bonne, fertile, demi-hâtive; fruit moyen.

2° Variétés issues d'espèces américaines.

Amiral Dundas, assez bonne, assez fertile; fruit énorme, irrégulier.

Ambrosia, bonne, fertile, d'une belle grosseur, demi-hâtive.

Barne's large white, très-bonne, fertile, grosse, tardive.

Belle de Paris, bonne, très-fertile, très-grosse, tardive.

Bonté de Saint-Julien, bonne, très-fertile, grosse, très-tardive.

British Queen, excellente, grosse, mais peu fertile et très-tardive.

Carolina superba, excellente, grosse et fertile, tardive.

Châlonnaise (la), excellente, très-grosse, assez fertile, tardive.

Constante (la), grosse, conique, de forme régulière, acidulée, parfumée, excellente, demi-hâtive.

Crémont, bonne, grosse et fertile, rustique et hâtive.

Duc de Malakoff, bonne, très-grosse, assez fertile, un peu tardive.

Eleanor, bonne, très-fertile et très-grosse, tardive.

Eliza, bonne, grosse et fertile, demi-hâtive.

Elton, bonne quoique très-acide, grosse et fertile, mais tardive.

Empress Eugenia, bonne, très-grosse, très-fertile, un peu tardive.

Excellente, bonne, très-grosse, très-fertile, demi-hâtive.

Fill-basket, bonne, grosse, très-fertile et rustique, un peu tardive.

Goliath, bonne, vigoureuse et fertile, grosse, demi-hâtive.

Grosse sucrée, excellente, grosse, fertile, rustique, un peu tardive.

Hendrie's Seedling, excellente, grosse, très-fertile, vigoureuse, un peu tardive.

Jucunda, médiocre, mais très-grosse et très-belle, fertile et demi-hâtive.

Keen's-Seedling, excellente, grosse, mais peu fertile, très-hâtive.

Lucas, excellente, grosse, fertile, très-vigoureuse et demi-hâtive.

Lucie, bonne, très-fertile et très-grosse, très-vigoureuse et tardive.

Marguerite, bonne, très-fertile, grosse et très-hâtive.

Marquise de la Tour-Maubourg, excellente, grosse, très-fertile et très-hâtive.

May Queen, bonne, très-fertile, assez grosse, la plus hâtive de toutes les fraises de cette section.

Muscadin, bonne, grosse, très-fertile, vigoureuse et hâtive.

Napoléon III, bonne, très-grosse et très-fertile, très-tardive.

Nec plus ultra, bonne, fertile, grosse et irrégulière, très-hâtive.

Oscar, excellente, fertile, grosse, demi-hâtive.

Princesse Frédérik William, médiocre, assez grosse, fertile et très-hâtive.

Prince of Wales, assez bonne, moyenne, belle, fertile et très-hâtive.

Sir Charles Napier, bonne, très-fertile, belle et assez grosse, tardive.

Sir Harry, excellente, très-fertile, grosse et d'une belle forme, demi-hâtive.

Sultane, excellente, fertile, très-grosse et d'une belle forme, un peu tardive.

Victoria, bonne, grosse et belle, très-fertile, demi-hâtive.

Wonderful, très-bonne, grosse et très-fertile, d'une belle forme, très-tardive.

A la seule inspection de ce tableau on reconnaît que les quarante variétés qui y sont consignées n'ont pas la même valeur, qu'elles ne conviennent pas également pour tous les modes de culture, et qu'il y a lieu de les répartir en catégories. Sur ce point encore M. le comte de Lambertye va nous servir de guide. D'après lui, les variétés issues des espèces américaines qui réunissent tous les mérites, la bonté, la beauté et la fertilité, sont : *Ambrosia, Barne's large white, Belle de Paris, Bonté de Saint-Julien, Carolina superba, la Châlonnaise, la Constante, Crémont, Eleanor, Eliza, Empress Eugenia, Excellente, Fill-basket, Goliath, Grosse-sucrée, Hendrie's seedling, Lucas, Lucie, Marguerite, Marquise de la Tour-Maubourg, Muscadin, Napoléon III, Nec plus ultra, Oscar, Sir Harry, la Sultane, Victoria, Wonderful.*

Parmi les variétés habituellement peu fertiles, M. de Lambertye distingue *British Queen* et *Keen's seedling*; puis, parmi celles qui, sans être excellentes, sont assez bonnes, et dont le fruit est exceptionnellement beau, *Amiral Dundas, Duc de Malakoff* et *Jucunda*.

Se recommandent encore à divers titres que nous allons faire connaître, les variétés : *Quatre saisons*, qui réunit tous les mérites, sauf la grosseur; *Belle bordelaise*, qui a le goût spécial et vineux des caprons; *Elton*, dont l'unique défaut est d'être trop acide et peut-être trop tardive; *May Queen*, qui est, comme nous l'avons dit ci-dessus, la plus hâtive des variétés actuelles; *Prince of Wales*, très-hâtive aussi, quoique moins que la précédente; *Sir Charles Napier*, qui serait irréprochable si elle était plus grosse; *Princesse Frédér.k-William*, presque aussi hâtive que la *May Queen.*

Les variétés qui donnent les plus grosses fraises, toujours d'après le même auteur, sont : *Amiral Dundas, Belle de Paris, la Châlonnaise, Duc de Malakoff, Eleanor, Empress Eugenia, Excellente, Jucunda, Lucia, Marguerite, Sir Harry, la Sultane.*

Enfin, celles qu'on doit préférer pour la culture forcée, quoique presque toutes puissent s'y prêter, sont : *Les Quatre-saisons, Ambrosia, British Queen, La Constante, Crémont, Eleanor, Eliza, Princesse-royale, Grosse-sucrée, Keen's seedling, Marguerite, May Queen, Oscar, Princesse Frédérik William, Sir Charles Napier, Sir Harry, Victoria* (1).

Culture du fraisier. Les différentes races et variétés de fraisiers n'ayant pas toutes la même origine, il est évident qu'elles ne sauraient être non plus assujetties exactement aux mêmes méthodes de culture. D'ailleurs, lorsqu'elles sortent des mêmes souches originelles, elles diffèrent encore plus ou moins de tempérament, les unes étant très-rustiques ou très-vigoureuses, les autres l'étant peu; celles-ci se faisant remarquer par leur précocité, celles-là, au contraire, par leur lenteur à fructifier. D'un autre côté les particularités climatériques des lieux où on les cultive exercent aussi une influence considérable, qui amène nécessairement des modifications proportionnées dans les procédés. On n'a pas de peine, en effet, à comprendre que la culture ne saurait être tout à fait la même pour une même plante, en Angleterre, en Allemagne, dans le nord et dans le midi de la France, toutes contrées qui se distinguent par de notables différences de climats. Il n'y a donc pas lieu de s'étonner si telle méthode de culture jugée bonne en un certain lieu est déclarée défectueuse ailleurs. Ce que nous allons dire de la culture du fraisier s'appliquera principalement au nord et au centre de la France.

A. *Culture naturelle.* Toutes les races et variétés de fraisiers se multiplient de graines ou de plants enracinés qu'on obtient

(1) Pour les descriptions détaillées des variétés citées dans les pages précédentes, nous renvoyons les lecteurs aux ouvrages d'où ces catalogues ont été tirés.

à l'aide des coulants ou filets. Sous ce dernier rapport une seule fait exception : c'est le fraisier de Gaillon, qui n'émettant point de filets ne peut être propagé que de graines ou d'éclats du pied ; mais nous avons vu plus haut que ce fraisier est à peu près abandonné aujourd'hui. La reproduction par graines, à cause de ses résultats incertains, n'est guère usitée qu'en vue d'obtenir des variétés nouvelles, sauf pour le fraisier des Quatre-saisons, qui se conserve assez fidèlement par ce moyen ; pour tous les autres, la multiplication, ou le renouvellement des plants, se fait surtout par les rosettes ou jets enracinés qui naissent des coulants.

Dans le cas où on voudrait recourir aux semis, le premier soin à prendre est de choisir de bons porte-graines. Dans toutes les variétés on donnera la préférence à ceux qui se distinguent par la fécondité, la bonté ou l'excellence du fruit, ou toute autre particularité à laquelle on trouverait de l'intérêt. On choisira encore sur chaque porte-graines les fruits les plus beaux. S'il s'agit en particulier de la fraise des Quatre-saisons c'est au mois d'août, plus qu'à toute autre époque de l'année, qu'il convient de recueillir les graines, parce que c'est alors que ce fruit est dans toute sa perfection. On peut écraser les fruits sur une planchette et recueillir en même temps la pulpe et la graine lorsqu'elles sont sèches ; c'est peut-être la meilleure méthode ; d'autres se contentent de pétrir les fruits dans l'eau, et d'en séparer la graine en décantant ou en passant le tout à travers un tamis.

On varie sur l'époque des semis. Les maraîchers de Paris et des communes environnantes (1) sèment en mars, à exposition septentrionale ou du moins ombragée. D'autres horticulteurs trouvent plus d'avantage à semer en mai, ou plus tard, immédiatement après la récolte des graines, et par con-

(1) Plusieurs villages des environs de Paris cultivent en grand le fraisier. Ces cultures se rencontrent principalement à Belleville, Romainville, Bagnolet, Montreuil, Chatenay, Fontenay-aux-Roses, etc. Les variétés cultivées sont presque exclusivement les fraises Quatre-saisons, Princesse-royale (fig. 143), Marguerite, Elton, Sir Harry et quelques autres, qui ont à peu près complétement dépossédé l'ancienne fraise ananas, dont le marché de Paris était si abondamment pourvu il y a quelques années.

séquent avec des graines de l'année, qui, en général, lèvent mieux et plus vite que les graines conservées de l'année pré-

Fig. 143. — Fraisier Princesse-royale.

cédente. Ce qui domine toute la question ici, c'est le temps que les plants de semis doivent passer en pépinière, où ils doivent acquérir assez de force pour qu'on puisse, à la fin d'octobre, les mettre en place et compter sur leur mise à fruit dans l'année qui suivra. Dans le nord, où l'été est court, il y aura avantage à semer de bonne heure; dans le midi, où le mois d'octobre est encore un mois d'été, le semis pourra, au contraire, être retardé. C'est à chaque cultivateur de juger ce qu'il y aura de mieux à faire, là où il se trouve, pour obtenir des plants suffisamment formés avant l'hiver. On sème à la volée et un peu dru, sur une terre convenablement préparée; on plombe et on donne un léger bassinage.

Fig. 143. — Fraise Princesse-royale.

Un point très-essentiel, dans la culture de toutes les sortes de fraisiers qu'on multiplie de semis, est l'éducation du plant en pépinière. Suivant l'état de la saison le semis lève en vingt ou trente jours, quelquefois plus tardivement si la terre est froide. Lorsque le plant a quatre ou cinq feuilles on le repique, à 12 ou 15 centimètres en tous sens, sur une planche située à bonne exposition, labourée et engraissée de terreau de couche ou de fumier entièrement décomposé, mais jamais de fumier frais, qui est nuisible au fraisier. Quoique ce repiquage se fasse avec une certaine rapidité, on tâche de conserver une petite motte autour des racines, ce qui s'obtient en soulevant le plant avec le plantoir ou tout autre outil. Communément, à Paris, les jardiniers réunissent deux pieds ensemble dans le même trou fait avec le plantoir. Les jeunes fraisiers sont enfoncés jusqu'au collet, et la terre bien tassée autour de leur pied, et on les bassine immédiatement à la pomme de l'arrosoir. Si le soleil est ardent on couvre momentanément la planche avec des paillassons.

Le but du repiquage des fraisiers de semis est de provoquer le développement des racines, et l'expérience prouve qu'effectivement il en est ainsi. De là un second repiquage qui, à Paris, se fait habituellement dans les premiers jours de juillet On lève les plants en motte et on les remet en pleine terre, à $0^{m},15$ de distance les uns des autres, un à un, et non plus deux ensemble comme au premier repiquage. Si, à ce moment, il existait déjà des coulants, ou même des hampes rudimentaires, ce qui arrive quelquefois, on aurait soin de les supprimer avant de replanter le fraisier. On arrose un peu fortement à la pomme, et on se dispense d'ombrer, quel que soit l'état du temps. On renouvellera d'ailleurs l'arrosage aussi souvent qu'il sera nécessaire pour assurer la reprise. Les soins ultérieurs consistent à désherber, à biner la surface de la planche, et surtout à retrancher, jusqu'à leur base, les hampes et les coulants, qui ne tardent pas à se développer. On voit que le but de toutes ces opérations est d'obtenir un plant vigoureux, qui ne s'épuise pas en productions anticipées et qui conserve toute sa force pour fructifier l'année suivante.

Dès le milieu d'octobre, en effet, les pieds de fraisiers ont déjà une telle ampleur qu'ils commencent à se gêner mutuellement. Le temps est alors venu de les replanter pour la troisième fois, c'est-à-dire de les mettre définitivement en place. La nature du terrain et sa préparation sont ici choses importantes. Autant que possible on choisit un terrain à bonne exposition et de bonne qualité; au besoin, on y ajoute quelque amendement qui en rapproche la composition de celle de la terre franche, et surtout on y incorpore des engrais très-consommés, toutes choses qui ont dû être faites quelque temps à l'avance. Si on doit établir des planches sur le terrain, on leur donne 1m,33 de largeur, laissant entre elles des sentiers de 0m,50. Chaque planche étant divisée en cinq rangs, on y plante en motte les fraisiers, à 0m,35 de distance les uns des autres sur la ligne, et on arrose plus ou moins suivant le temps. Beaucoup de jardiniers sont dans l'usage, après la plantation à demeure, de répandre sur la planche, entre les touffes de fraisiers, une légère couche de terreau à demi consommé. La distance à mettre entre les plants, telle que nous venons de l'indiquer, est calculée de manière à ce que les fraisiers étant adultes couvrent de leur feuillage toute la surface du terrain.

Il y a des jardiniers qui n'élèvent que de graines le fraisier des Quatre-saisons; la plupart cependant préfèrent y employer les coulants, et ils ont soin de les prendre sur du plant d'un an, parce que ceux qui proviennent de pieds plus âgés produisent beaucoup moins, et que leurs fruits sont de qualité inférieure. Pour obtenir ces coulants, au lieu de supprimer au printemps tous ceux qui sont émis par les plantes, on en laisse subsister de un à trois, ordinairement deux par pied, choisis parmi les plus beaux, et on les enlève avec leurs racines dans le courant de juillet, pour les mettre en pépinière. Ce qui est mieux, c'est de cultiver à part des pieds *porte-coulants,* dont on supprime toutes les hampes dès leur apparition, afin que la sève se porte exclusivement sur les coulants. On les espace à 0^{m},60 l'un de l'autre, ou même davantage, et on laisse tous les coulants s'enraciner sur le sol. Si on voulait en obtenir du plant à forcer on abrégerait l'opération des empotages successifs en enfonçant dans la planche, sous les rosettes des coulants, des godets remplis de terre, dans lesquels les rosettes enverraient leurs racines; par là le premier empotage se serait fait en quelque sorte tout seul, et le rempotage suivant en serait facilité. Pour la culture ordinaire on se borne à enlever, dans la seconde quinzaine de juin ou aux premiers jours de juillet, les rosettes enracinées dont on a besoin, et on les repique en pépinière. Ceci fait, on supprime tous les coulants qui restent sur les pieds qui les ont fournis, afin qu'ils ne s'épuisent pas en pure perte et qu'on puisse leur faire produire de nouveaux coulants l'année suivante. Après cette seconde récolte les pieds sont considérés comme surannés et impropres à fournir des coulants vigoureux. Ajoutons, enfin, que le plant obtenu par le moyen que nous venons de décrire se traite absolument comme celui qui est venu de graine, c'est-à-dire qu'il subit deux repiquages en pépinière avant sa mise en place, qui se fait dans les mêmes conditions et avec les mêmes soins que nous avons indiqués plus haut.

Sous le climat de Paris c'est, en moyenne, vers le 1er juin que commence la récolte des fraises; dans le midi, suivant les lieux, elle commence un mois ou six semaines plus tôt. S'il s'agit de la fraise des Quatre-saisons cette récolte doit se continuer sans interruption jusqu'aux gelées, mais à partir de la mi-juillet, un peu plus tôt ou un peu plus tard, la production subit un ralentissement sensible, puis elle se relève dans la seconde quinzaine d'août et se soutient jusqu'à la fin de septembre, après quoi elle diminue en quantité et en qualité à mesure que la température s'abaisse et que les nuits deviennent plus longues; elle s'arrête enfin totalement lorsque les gelées commencent à se faire sentir.

La cueillette des fraises, toute simple qu'elle paraisse, demande plus de soin qu'on ne lui en donne communément. Elle devrait toujours être faite le matin, jamais plus tard que huit ou neuf heures. Les fraises cueillies dans le milieu du jour et par le grand soleil perdent une partie de leur arome, et s'altèrent promptement. Il faut d'ailleurs les choisir à point, c'est-à-dire toujours parfaitement mûres et bien colorées; on les enlève avec leur pédoncule, que l'on coupe avec l'ongle du pouce ou autrement, sans ébranler la hampe ni meurtrir les autres fraises qu'elle peut porter. On ne les débarrasse de leurs pédoncules et de leur calyce que lorsqu'on s'apprête à les servir à table.

Il est très-important que les fraises soient propres, c'est-à-dire n'aient pas été souillées par la terre, ainsi qu'il arrive presque inévitablement pendant les fortes pluies, quand on n'a pas pris la précaution de pailler le terrain autour des plantes.

Ce paillis se fait, suivant les cas, avec des feuilles sèches, et plus souvent avec de la litière ou fumier pailleux, qui intercepte tout contact entre le sol et les fruits du fraisier. On lui donne de 3 à 5 centimètres d'épaisseur, un peu plus si l'on se trouve dans un climat sec et chaud, comme le midi de la France. Il a d'ailleurs un autre avantage, et qui est considérable : c'est d'abriter le sol lui-même contre la sécheresse et d'y maintenir en tout temps une humidité très-favorable aux plantes.

Le fraisier des Quatre-saisons ne produit avantageusement que pendant deux ans; la récolte de la troisième année serait trop faible pour payer les frais de culture; aussi rejette-t-on les pieds qui ont donné leurs deux récoltes, pour les remplacer par de plus jeunes. C'est en automne que cette destruction a lieu, dès que la récolte est considérée comme terminée. On peut commencer une nouvelle plantation sur un autre terrain, mais on peut aussi renouveler les planches par moitiés, en supprimant dès après la première récolte, qui est d'ailleurs la meilleure, une moitié des pieds qui ont produit et qu'on remplace par du plant neuf. L'année suivante on retranche l'autre moitié, celle qui a produit deux récoltes, et ainsi de suite alternativement pendant plusieurs années. Il vient cependant un moment où la plantation de fraisiers, ayant trop appauvri le sol, doit être transférée ailleurs.

Les procédés que nous venons de décrire s'appliquent principalement au fraisier des Quatre-saisons ; cependant il y a peu à y changer pour les rendre applicables à tous les autres, et, à vrai dire, les jardiniers parisiens ne suivent guère qu'une même méthode pour tous, quoiqu'elle soit sujette à varier d'un établissement à l'autre. Il y a cependant des particularités propres aux fraisiers américains et dont il faut tenir compte dans la culture. Pour eux la multiplication régulière se fait par les coulants, qui reproduisent toujours la variété à laquelle ils appartiennent, ce que ne feraient pas les graines, du moins avec la même sûreté. S'ils ne produisent chaque année qu'une seule fois, et pendant un temps assez court, en revanche ils durent plus longtemps que le fraisier des Quatre-saisons. L'habitude est de les conserver trois ans; quelques-uns même donneraient encore une récolte passable la quatrième année. Enfin, plusieurs d'entre eux sont moins rustiques que le fraisier des Quatre-saisons, et, pour ce fait, exigent des soins particuliers dans le nord de la France.

A moins de chercher à obtenir des variétés nouvelles, c'est par les coulants qu'on multiplie les fraisiers américains. La plupart des jardiniers les prennent sur des plantes destinées à porter fruit, mais, ainsi que nous l'avons dit plus haut pour le fraisier des Quatre-saisons, on obtient de meilleur plant au moyen de pieds chargés exclusivement de le produire, et auquel on supprime sévèrement toutes les hampes florifères. Du 1er au 15 juin, plus tôt ou plus tard suivant les lieux, on enlève les rosettes plus ou moins enracinées qui sont sorties des coulants, et on les repique, deux à deux, à 12 centimètres en tous sens, soit directement en pépinière si le climat du lieu est chaud, soit sur une vieille couche si la température est encore trop basse à cette époque de l'année, et on couvre de châssis, dont on ombre les vitres en proportion de l'ardeur du soleil. En trois semaines ou un mois, ordinairement, le plant a pris assez de vigueur pour être transplanté en seconde pépinière.

On procède à cette transplantation dans les premiers jours de juillet. Une planche de terrain ayant été préalablement ameublie et amendée de terreau, on y plante les jeunes fraisiers en mottes, à $0^m,25$ de distance, et on arrose à la pomme au fur et à mesure de la plantation. Les soins ultérieurs consistent à tenir la planche propre, à arroser, sans excès, lorsque le besoin s'en fait sentir, et à retrancher tous les coulants. Vers le 15 septembre, enfin, on met les fraisiers définitivement en place, à des distances qui varient, suivant les variétés employées, de $0^m,30$ à 0,60. Il est évident que celles qui donnent les plus fortes touffes doivent être plus espacées que les autres.

Une méthode préférable à celle-ci, et qui est recommandée par M. de Lambertye, consiste à préparer les pieds de fraisiers un an entier avant leur mise en place. Les opérations ici commencent au 15 septembre. Ayant choisi un endroit du jardin situé à une bonne exposition, on y place des coffres et, après avoir recouvert la terre de $0^m,10$ de terreau, on y plante des rosettes de fraisiers à $0^m,10$ de distance en tous sens. On pose les châssis sur les coffres et on brouille ou barbouille les vitres pour atténuer la lumière. En dix à quinze jours les plantes sont reprises; on enlève alors les châssis, à moins que ne surviennent de grandes pluies ou de fortes gelées. A partir du 15 novembre (il s'agit ici du climat de Paris) les châssis sont replacés sur les coffres, mais on ne les tient abaissés que pendant la nuit. Au moment des grands froids on couvre le soir les vitres de paillassons, qu'on enlève dans la matinée. Dans le cas où l'on n'aurait point de châssis la plantation se ferait à l'air libre, au pied d'un mur tourné au midi; mais pendant les grandes gelées le plant serait abrité par une couche de feuilles sèches ou de fumier pailleux.

Dans la seconde quinzaine de mars tous ces plants de fraisiers doivent être repiqués en pépinière, et plus espacés qu'ils ne l'ont été jusque-là. Le terrain ayant été convenablement préparé et amendé ainsi qu'on doit le faire en pareil cas, les fraisiers y sont plantés deux par deux, à des intervalles de $0^{m},20$. On arrose et on donne les soins nécessaires. Au 15 juin, les plantes étant déjà fortes, on les transplante pour la troisième fois, en mottes, et une à une, sur une nouvelle planche qu'elles occuperont jusqu'à leur mise en place définitive, c'est-à-dire jusqu'au 15 septembre. Il va de soi que la distance à laisser entre les plants doit être proportionnée à leur taille. On arrose au moment de la plantation, puis les jours suivants, plus ou moins, selon la marche du temps. On bine, on désherbe, on donne en un mot à la pépinière tous les soins indiqués plus haut, surtout on retranche tous les coulants à mesure qu'ils apparaissent. Enfin, le 15 septembre arrivé, les fraisiers sont, une fois pour toutes, plantés là où ils sont destinés à fructifier, et comme ils doivent fournir trois récoltes de fruits, et par conséquent occuper la place pendant trois ans, la terre est profondément labourée et bien fumée d'engrais à demi consommés. Après la plantation la planche est couverte d'une couche de terreau de 2 à 3 centimètres d'épaisseur.

Les fleurs commencent à se montrer aux premiers jours du printemps. Si on avait à craindre qu'elles ne fussent détruites par les petites gelées de cette saison, ce qui arrive assez souvent sous le climat de Paris, on préviendrait cet accident en couvrant la planche de toiles ou de paillassons à la tombée de la nuit. Cette précaution est d'autant plus utile que chez les fraisiers américains les premières fleurs ouvertes sont toujours celles qui donnent les plus grosses fraises. On a soin aussi de pailler le terrain ainsi que nous l'avons expliqué plus haut. Rappelons, ce qui a déjà été dit, que ces variétés sont précoces ou tardives à divers degrés, et que l'époque des récoltes diffère notablement d'une variété à une autre. Dans une culture bien conduite on assortit les variétés de telle sorte qu'on ait des fruits à cueillir le plus longtemps possible, et d'une manière continue, depuis l'apparition des fraises les plus hâtives jusqu'à celle des plus tardives. Cette saison des fraises est encore un peu prolongée quand on a soin de planter les variétés les plus précoces devant un mur tourné au midi, et les plus tardives à l'exposition du nord.

Quand les fraisiers ont fructifié ils n'ont plus qu'une chose à faire : se reposer et par là reprendre des forces pour fournir une nouvelle carrière l'année d'après. On les y aide par de bons soins d'entretien, qui consistent à arroser suivant l'état de la saison, à tenir la terre propre autour d'eux, à désherber et à retrancher les coulants. A l'entrée de l'hiver on enlève le paillis et on le remplace par une couche de terreau; on a soin aussi de laisser jusqu'au mois de mars les feuilles mortes ou jaunissantes, parce qu'elles seront un abri contre le froid. A la fin de l'hiver on les enlève, on donne un léger binage et on tient la planche nette de mauvaises herbes. La fructification de la deuxième année est plus abondante que celle de la première, parce qu'elle coïncide avec l'époque de la plus grande vigueur du fraisier; elle est plus forte aussi que celle de la troisième. Cette dernière néanmoins est encore satisfaisante; beaucoup de pieds même pourraient encore donner une quatrième récolte, et bien des jardiniers les conservent dans cette vue; mais, comme après la troisième un certain nombre de pieds commencent à se dégarnir et que les fruits diminuent de volume, il y a un avantage marqué à renouveler complétement la plantation. On arrache donc toute la planche dès que la troisième récolte est terminée.

B. *Culture forcée du fraisier.* Le fraisier, comme beaucoup d'autres plantes, est soumis au forçage partout où ses produits de primeur peuvent trouver une rémunération suffisante. Les jardiniers de Paris forcent habituellement le fraisier des Quatre-saisons et un petit nombre de variétés anglaises (Sir Harry, Elisa Myatt, Victoria Trollop, Elton, etc.). Nous avons donné plus haut (page 336), d'après M. de Lambertye, la liste des variétés de race américaine qui sont les plus avantageuses pour ce mode de culture.

Deux procédés sont en usage pour forcer les fraisiers : l'emploi du fumier, comme source de chaleur, avec accompagnement de coffres et de châssis vitrés, et celui du thermosiphon.

Ce dernier appareil, fournissant le meilleur moyen de forçage, tend à remplacer le fumier dans les jardins des maraîchers de Paris, comme dans ceux des particuliers.

Pour forcer avec le fumier, lorsqu'on ne possède pas de thermosiphon, on place, en janvier ou aux premiers jours de février, des coffres avec leurs panneaux sur des planches de fraisiers en pleine terre (1) ; on creuse les sentiers qui entourent les coffres jusqu'à 0m,45 de profondeur, on remplit ces fosses de fumier, d'abord jusqu'au niveau du sol, puis, quelque jours plus tard, c'est-à-dire dans la première quinzaine de février, on achève ces réchauds en les élevant à la hauteur des panneaux des coffres. Pendant la nuit, on couvre les panneaux avec des paillassons; le jour on donne de l'air toutes les fois que le temps le permet, surtout quand le soleil brille. Les fraisiers entrent immédiatement en végétation, et leurs fruits commencent à mûrir dans le courant d'avril. Si, à cette époque, la terre était un peu sèche on donnerait quelques bassinages. S'il s'agit de fraisiers américains on attend, pour enlever les panneaux, que la récolte soit terminée; dans le cas où les fraisiers appartiendraient à la race des Quatre saisons, on les enlèverait, plus tôt ou plus tard, vers la fin d'avril, ce qui n'empêcherait pas les plantes de continuer à fructifier jusqu'aux gelées. Les fraisiers américains ne sont pas non plus épuisés par cette récolte anticipée; on peut en obtenir, au mois d'août, une seconde tout aussi abondante que la première, à condition qu'on les laisse se reposer dans l'intervalle. Pour y parvenir on les prive d'eau pendant quelque temps et jusqu'à ce qu'ils soient presque fanés, ce qui arrête leur végétation; on supprime une bonne partie des feuilles, et surtout les coulants; on brise légèrement le sol, on y répand une couche de terreau, puis enfin on recommence les arrosages, qui doivent être copieux. Sous cette excitation, la végétation reprend avec vigueur; de nouvelles fleurs apparaissent, auxquelles succèdent bientôt des fruits, presque aussi beaux que ceux du printemps.

(1) Courtois-Gérard, *Manuel pratique de culture maraichère.*

Le forçage au thermosiphon est plus compliqué et plus perfectionné que celui qui se fait à l'aide du fumier et des coffres vitrés. Ici, les plants de fraisiers doivent avoir été préparés d'avance. En septembre ou octobre on les relève en motte, et on les plante dans des pots de 15 centimètres de diamètre, préalablement remplis de terre douce passée à la claie. Aussitôt après la plantation on les arrose pour faciliter la reprise, et on les met dans des coffres, de manière à pouvoir les abriter des grandes pluies et des gelées à l'aide de châssis et de paillassons. Comme toujours, on supprime les coulants ainsi que les hampes qui pourraient se présenter.

Dès les premiers jours de janvier on prépare les bâches ou les coffres destinés à recévoir les fraisiers. Des gradins ayant été disposés à une faible distance du verre, les pots de fraisiers y sont placés à côté les uns des autres, suffisamment espacés pour que les plantes ne puissent pas se gêner mutuellement, et de telle manière qu'elles reçoivent le plus de jour possible, puis on fait circuler l'eau chaude dans les tuyaux d'un thermosiphon établi à ce dessein dans la bâche vitrée. Les fraisiers étant originaires de pays tempérés n'ont besoin que d'une faible chaleur; 12 ou 15 degrés centigrades y suffisent, et il y aurait plus d'inconvénients que d'avantages à dépasser ce point. On donne aux plantes les soins nécessaires; on bine la terre des pots, on enlève les feuilles mortes et les coulants, on arrose suivant le besoin et surtout on donne de l'air pendant le jour aussi souvent et aussi longtemps que la température extérieure le permet. Quand l'opération est bien conduite, on récolte des fruits dès les premiers jours de mars. Ajoutons que bien des jardiniers se dispensent d'employer le thermosiphon pour le chauffage exprès des fraisiers, et qu'ils se contentent d'utiliser, dans ce but, les serres à ananas et même les serres à vignes, mais, il faut le reconnaître, avec un succès médiocre. Dans une serre à vigne la lumière, interceptée par le feuillage, est souvent trop faible pour les fraisiers; dans la serre à ananas il y a excès de chaleur humide.

Longtemps on a cru que les fraisiers forcés en pots étaient

usés et bons à jeter au fumier après avoir produit; on sait aujourd'hui qu'aussi bien que ceux qui ont été forcés en pleine terre ils peuvent donner une seconde récolte à la fin de l'été. Il suffit pour cela de les mettre en pleine terre et de les traiter comme il a été dit plus haut.

Pour terminer ce que nous avions à dire du fraisier, il nous reste à ajouter quelques mots au sujet d'une espèce peu cultivée aujourd'hui à Paris, mais qui a néanmoins de l'intérêt pour les amateurs; nous voulons parler des caprons ou fraisiers capronniers (*F. elatior*).

Suivant une expression pittoresque et juste d'un célèbre horticulteur anglais, Mac Ewen (1), les caprons sont aux autres fraisiers ce que les muscats sont aux autres raisins. Ils se distinguent, en effet, par une saveur musquée très-prononcée et par un parfum exquis; aussi sont-ils plus propres à aromatiser les grosses fraises d'origine américaine qu'à être mangés seuls. Tant en France qu'en Angleterre le capronnier a produit des variétés, la plupart abandonnées aujourd'hui, mais dont quelques-unes existent encore. Il suffit de citer parmi ces dernières le *Capron royal*, le *Capron framboise*, le *Capron abricot*, le *Black-hautbois*, et surtout la fraise *Belle-bordelaise*, la meilleure de ces variétés et qui peut suppléer à toutes les autres. Elle se distingue par sa rusticité et sa fertilité; de plus, elle est demi-hâtive et remonte en automne, mais trop tardivement (sous le climat de Paris) pour que tous ses fruits puissent mûrir avant les gelées. C'est une race à recommander, surtout pour nos provinces méridionales, où elle semble devoir être plus franchement bifère (2). Sa multiplication et sa culture étant identiquement celles de la fraise des Quatre-saisons, nous sommes dispensés de répéter ces détails ici.

Nous sommes loin d'avoir épuisé l'intéressant sujet que nous venons de traiter brièvement et un peu superficielle-

(1) Cité d'après le M. le comte de Lambertye.

(2) Suivant quelques cultivateurs de fraisiers la Belle-bordelaise serait un hybride, issu de l'ancien Hautbois (capron) fécondé par la fraise des Quatre-saisons. Si le fait est certain, on pourrait y voir la cause de sa tendance à remonter.

ment, mais le cadre de cet ouvrage ne nous permet pas de lui donner plus d'étendue. A ceux qui voudraient étudier à fond les fraisiers et leur culture, nous ne pouvons que donner le conseil de lire ce qui a été écrit sur ce sujet depuis une trentaine d'années, et surtout le traité si complet et si méthodique, cité plus haut, de M. le comte de Lambertye.

Les fraisiers ont deux ennemis redoutables dans les larves du hanneton et de la grande tipule (*Tipula oleracea*) qu'on ne parvient à détruire qu'en fouillant de bonne heure le matin au pied des plantes malades. Les larves des tipules sont coriaces, d'un gris terreux et entièrement lisses.

§ III. — LE FRAMBOISIER.

Fig. 144. — Framboisier.

Proche parent du fraisier, quoiqu'il appartienne à un autre genre, le **framboisier** (*Rubus idæus*) (fig. 144) vient naturellement à sa suite. Il est vivace par sa racine, comme toutes les rosacées frutescentes, mais ses tiges sont simplement bisannuelles; elles fleurissent et donnent des fruits à leur deuxième année, et périssent pour faire place à d'autres. La fleur du framboisier présente la même structure organique que celle du fraisier; les seules différences essentielles sont dans le fruit, et encore ne sont-elles pas très-profondes. Tandis que dans le fraisier les ovaires, c'est-à-dire les véritables fruits, deviennent des akènes secs et coriaces insérés sur un réceptacle succulent et très-développé, dans le framboisier au contraire ils se changent en de véritables drupes charnues, très-analogues aux cerises et aux prunes, et contenant comme elles un noyau; mais, par compensation, le réceptacle ne se développe qu'autant qu'il le faut pour soutenir ces petites drupes agrégées (fig. 145). On peut dire, avec une suffisante exactitude, que chacune de ces drupes est à un ovaire mûr de fraisier ce qu'une pêche est à une amande couverte de son brou; l'une est un fruit charnu, l'autre un fruit sec. Tout le monde sait que la framboise est sucrée-acidulée et qu'elle répand un parfum fort agréable. Elle se mange assaisonnée de sucre, comme les fraises, et souvent en mélange avec elles.

Le framboisier est originaire du centre et du nord de l'Europe, où il croît assez communément à la lisière ou dans les clairières des bois, surtout dans les endroits un peu humides, et souvent dans les fonds. Soumis à la culture il a donné naissance à d'assez nombreuses variétés, dont quelques-unes sont bifères, par ce fait que les nouvelles tiges fleurissent anormalement dans l'année même qui les a vues naître, sans perdre pour cela la faculté de fleurir l'année suivante. En conséquence on peut classer les variétés de framboisiers en deux groupes principaux : les *ordinaires* et les *remontants*, subdivisés eux-mêmes en variétés à gros fruits et à petits fruits. Des sous-variétés sont constituées par la couleur des baies, qui sont rouges, roses, brunes, orangées, jaunes ou par fois blanchâtres, variables d'ailleurs dans leur forme, tantôt plus arrondie, tantôt plus allongée. En somme, les races ou variétés sont moins tranchées ici que dans le fraisier, ce qui tient indubitablement à ce qu'il n'existe dans nos jardins qu'une seule espèce de framboisier.

(1) Il y a quelques espèces exotiques de framboisiers, mais dont aucune n'a la valeur de l'espèce indigène; aussi n'a-t-on jamais cherché à en faire des plantes économiques. Si on voulait essayer d'améliorer par la culture de nouvelles espèces

La culture du framboisier est des plus simples dans toute la région où il est véritablement indigène, c'est-à-dire le centre

Fig. 145. — Fruits du framboisier.

et le nord de la France; il vient plus difficilement dans le midi, dont il craint la chaleur sèche : aussi y préfère-t-il l'exposition du nord et les endroits un peu ombragés; mais dans les parties montagneuses et un peu élevées de la même région il retrouve à très-peu près les conditions des pays plus

de ce genre, celles qui se présenteraient comme ayant le plus de chance de donner des variétés utiles seraient incontestablement la *ronce commune* (*Rubus fruticosus*), et la *ronce bleue* (*R. cæsius*), cette dernière plus particulièrement appropriée au climat du midi. Il y aurait peut-être aussi quelque intérêt à essayer, mais seulement dans les localités les plus froides du nord de la France, principalement dans les montagnes, la culture du *framboisier de Laponie* (*R. chamæmorus*), dont le fruit, semblable à celui de la framboise commune et de même couleur à la maturité, est parfumé et très-agréable. C'est un fruticule haut à peine de 0m30, à tiges simples et uniflores, ayant un peu le port d'un grand fraisier, mais avec des feuilles seulement quinquélobées et non divisées en folioles distinctes. Il abonde dans la région la plus septentrionale de l'Europe (Norwége, Laponie, Russie du nord, etc.), d'où les fruits sont expédiés, sous forme de conserves, dans les parties centrales et méridionales de la Russie. Ce framboisier se retrouvant encore en Poméranie, on peut supposer que sa culture serait possible dans les localités françaises de climat analogue à celui de cette province prussienne.

septentrionaux. Quoique s'accommodant de presque toutes les natures de sols, il préfère ceux qui sont frais, légers, siliceux ou argilo-siliceux, surtout lorsque l'humus ou terreau végétal y abonde; il finit cependant par les épuiser en quelques années : aussi doit-on en changer la culture de place tous les trois ou quatre ans, ou au moins réparer par des amendements et des engrais l'appauvrissement croissant du terrain; mais c'est un soin qu'on prend rarement en France, où la culture de cet arbuste est généralement négligée.

Le framboisier se multiplie de graines et de drageons. Dans les deux cas on cherche naturellement à se procurer les plus belles races, mais on doit se rappeler que les graines ne reproduisent pas les races avec une parfaite fidélité. Les semis devraient se faire en été ou en automne; plus généralement on attend le mois de mars, et alors on sème au pied d'un mur à l'exposition du midi, soit en planches, soit en terrines, toujours sur une terre bien pulvérisée. On peut, pour hâter la levée, couvrir le semis de cloches ou de châssis, ce qui est subordonné au climat où on opère. Lorsque le plant a $0^{m},12$ à $0^{m},15$ de hauteur on le repique en pépinière à $0^{m},20$ de distance en tous sens, assez tôt, dans tous les cas, pour qu'il ait le temps de produire une bonne quantité de chevelu avant l'hiver. Au printemps suivant on le met en place sur une terre neuve et convenablement préparée, à 1^{m} de distance en tous sens, dans des tranchées de $0^{m},30$ à $0^{m},40$ de profondeur.

La multiplication par drageons donne des résultats plus assurés quant à la conservation des races. C'est en automne que se fait cette plantation, et il va de soi qu'on doit enlever des drageons bien enracinés et choisir les plus vigoureux. Ce qui serait avantageux ici, mais c'est un soin qu'on prend rarement, serait de cultiver à part, et spécialement pour cet usage, des pieds-mères qu'on empêcherait de fleurir par la suppression de tous les boutons de fleurs, afin de faire refluer la sève sur les racines. Comme les races ne sont pas toutes également fortes et vigoureuses, on espace la plantation en conséquence; dans tous les cas les plants doivent être au moins à $0^{m},80$ l'un de l'autre, quand il s'agit des variétés les plus faibles; $1^m,20$ n'est pas de trop pour les plus fortes, car il ne faut pas perdre de vue que le drageonnement finira petit à petit par remplir les intervalles.

La plupart du temps on ne taille pas les framboisiers; on se contente d'enlever chaque année, à l'automne ou au printemps, les vieilles tiges qui ont porté fruit, mais il en est autrement dans une culture soignée. Pour avoir du plant vigoureux, et par suite d'abondantes récoltes, on rabat le plant à $0^m,15$, au mois de mars de la première année; on supprime les boutons à fleurs qui peuvent se montrer, et par là on provoque la naissance de nouveaux drageons. L'année d'après on rabat encore les pousses, mais un peu plus haut que l'année précédente, et quand les drageons de nouvelle pousse sont sortis de terre et ont développé quelques feuilles, on les supprime, à l'exception des deux plus beaux, auxquels on donne des tuteurs pour qu'ils ne soient pas renversés par le vent. Du reste, les méthodes varient considérablement sur ce point suivant les pays. Certains jardiniers ne conservent qu'un seul drageon, d'autres en conservent trois ou quatre. On soutient les tiges avec des tuteurs, un pour chaque tige ou pour plusieurs tiges qu'on rapproche par le sommet en les arquant; d'autres cultivateurs, plus soigneux encore, établissent une sorte de palissage à l'aide de fils de fer soutenus de distance en distance par des piquets. Toutes ces particularités sont du reste relatives à l'importance qu'on attache à la plantation des framboisiers, et il est naturel qu'on leur donne plus d'attention dans les pays du nord que dans le nôtre, où le climat permet la culture d'un bien plus grand nombre d'espèces et de variétés de fruits.

Les soins d'entretien d'une planche ou d'un carré de framboisiers sont à peu près les mêmes que ceux qu'on donne à toutes les cultures d'arbres ou d'arbustes fruitiers. Ils consistent à biner superficiellement le terrain en automne, de manière à ne pas blesser les racines, à désherber, à répandre des engrais et des amendements (fumier consommé, cendres, terreau de feuilles, etc.), à enlever le bois mort, et si l'on est à la fin de l'hiver, à rabattre les sommités des tiges qui s'apprêtent à fleurir pour faire refluer la sève sur les pousses inférieures.

Une plantation de framboisiers en bon sol, bien aménagée et bien amendée, peut durer de quinze à vingt ans; il est rare cependant, en France du moins, que cette limite soit atteinte. Dès qu'elle commence à s'user ce qu'il y a de mieux à faire est de la renouveler, soit de graines, soit de drageons, en la transportant ailleurs.

§ IV. — LES GROSEILLIERS ET LES VINETTIERS.

Nous arrivons ici à de véritables arbustes à tiges ligneuses et vivaces, mais tous buissonnants, c'est-à-dire drageonnant du pied et dont les tiges, toujours assez menues, ne prennent

Fig. 146. — Groseillier à grappes.

jamais la forme d'un arbre proprement dit. Comme arbustes fruitiers, ils sont tout à fait d'ordre secondaire en France, quoiqu'ils aient une certaine importance dans des pays plus septentrionaux.

Les **groseilliers** (*Ribes*) sont indigènes dans le centre et le nord de l'Europe (1). Trois espèces, considérées comme économiques, ont été de longue date soumises à la culture. La plus intéressante est le *groseillier à grappes* (*R. rubrum*) (fig. 146), buisson haut de 1 mètre à 1m,50, non épineux, très-drageonnant, et dont les tiges peu ramifiées s'élèvent droites. Ses fleurs, petites et verdâtres, sont en grappes, généralement abondantes sur les bourgeons latéraux du bois de deux ans et même de trois ans, mais rares sur celui de quatre ans. Le bourgeon terminal de chaque tige ou de chaque rameau est invariablement un bourgeon à bois. Les fruits sont des baies de la grosseur d'un pois (fig. 147), plus grosses ou plus petites suivant les variétés, rouges, roses ou d'un blanc légèrement ambré. La pulpe des groseilles est toujours acide quel que soit le degré de maturité, aussi ne paraissent-elles sur les tables qu'assaisonnées de sucre, le plus souvent même en mélange avec les fraises ou les framboises. Dans plusieurs communes des environs de Paris le groseillier rouge est cultivé en grand, mais bien moins pour fournir des fruits au marché que pour entretenir l'industrie des confiseurs, qui en préparent des conserves, des confitures et même des liqueurs. Les variétés les plus recherchées à Paris sont la *groseille rouge de Hollande*, la plus tardive de toutes, mais dont les grains sont très-gros et les grappes fournies; la *blanche de Hollande*, remarquable par la grosseur de ses grains, qui sont blancs

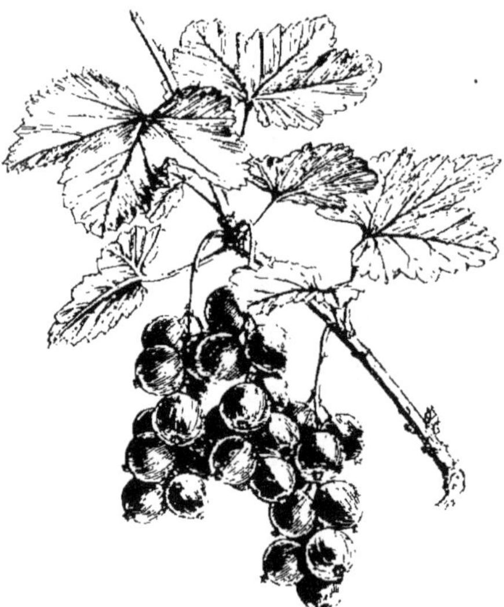

Fig. 147. — Fruits du groseillier a grappes.

(1) Plusieurs espèces du genre sont originaires de l'Asie et de l'Amérique septentrionale, mais, à l'exception du cassis, qui est asiatique, elles n'ont compté jusqu'ici, dans nos jardins, qu'à titre d'arbustes d'ornement ou de fantaisie. C'est le cas, entre autres, des *Ribes sanguineum*, à fleurs pourpres, et *palmatum*, à fleurs jaunes, Tome III, p. 74.

rosés, transparents et de saveur assez douce; la *groseille de Versailles*, comparable aux précédentes pour la grosseur du grain et la beauté de ses grappes longues et fournies (fig. 147), souvent réunies trois à quatre ensemble; le grain est rouge clair. On en possède encore d'autres variétés, mais d'un moindre intérêt.

Le groseillier est rustique et s'accommode de tous les terrains qui ne se dessèchent pas trop dans les ardeurs de l'été, mais il vient mieux et se montre plus productif dans les bonnes terres franches, un peu fumées, que dans les sols plus maigres. En dehors des cultures industrielles, où il est d'ailleurs associé à d'autres plantes (fraisiers, haricots, asperges, etc.), on ne lui donne pour ainsi dire aucune attention; planté dans les plates-bandes du jardin potager ou du jardin fruitier, il bénéficie seulement des soins donnés aux autres arbres, et on ne songe guère à le tailler. Dans les cultures industrielles, au contraire, on lui donne des soins et on le taille conformément à sa manière de végéter. Cette taille, du reste, est assez simple : elle se borne à rabattre les sommités des pousses de la dernière année pour faire refluer la sève sur les bourgeons latéraux. Une tige arrivée à sa quatrième année commençant à végéter faiblement, on la recèpe par le bas, pour provoquer l'émission de nouvelles tiges, qui d'ailleurs naîtraient toutes seules un peu plus tard. La multiplication du groseillier rouge se fait de graines, et plus habituellement de marcottes enracinées qu'on se procure en éclatant les vieux pieds.

Le **groseillier noir** ou **cassis** (*R. nigrum*), originaire des parties les plus septentrionales de l'Europe et de l'Asie, est presque exclu de la culture jardinière, parce que son fruit fortement aromatique et musqué, comme celui de la plupart des groseilliers de l'Amérique du Nord, est à peine mangeable quoiqu'il soit moins acide que la groseille rouge; mais, précisément à cause de cette propriété, il a pris, depuis quelques années, une certaine importance dans l'industrie. On en fabrique une liqueur alcoolique bien connue, et on s'en sert quelquefois pour aromatiser les vins faibles. C'est principalement en Bourgogne, aux environs de Dijon, que s'exerce cette industrie, qui est assez lucrative eu égard à la rusticité de l'arbuste et à son peu d'exigence sur la qualité du terrain. Sa culture et sa multiplication sont identiques à celle du groseillier commun.

Fig. 148. — Groseillier à maquereau.

Le **groseillier épineux** ou **groseillier à maquereaux** (*R. Uva crispa*, *R. grossularia*) (fig. 148) est plus buissonnant encore que les deux qui précèdent, son feuillage est plus petit et ses tiges sont hérissées d'aiguillons durs et très-acérés. Ses baies, tantôt solitaires, tantôt réunies au nombre de deux ou de trois au plus sur un même pédoncule, sont beaucoup plus grosses que celles du groseillier ordinaire, et la forme en est ordinairement un peu plus allongée (fig. 149). Dans le type sauvage, qu'on trouve assez souvent dans les rochers ou les murs des pays granitiques du centre de la France, les baies sont de couleur jaunâtre à la maturité, et, quoique un peu acides, leur pulpe est sucrée et en somme plus agréable que celle du groseillier rouge. En s'emparant de cet arbuste la culture en a fait sortir de nombreuses variétés, les unes à baies lisses, les autres où elles sont hérissées de poils raides, la plupart supérieures au type sauvage par la grosseur du fruit et quelquefois par sa qualité. Dans certaines races perfectionnées le fruit arrive à la grosseur d'une belle prune moyenne ou d'un œuf de pigeon, comme on le voit dans celle dite *grosse ronde*, qui est la plus estimée à Paris, ainsi que dans la variété anglaise *May's Victoria*, qui est tardive et peut-être la moins acide du groupe. A la maturité la couleur de la peau varie du vert clair au jaune pâle ou blanchâtre, au jaune roussâtre, au rose et au violet plus ou moins foncé. Sans être délicats, ces fruits figurent avec quelque avantage dans les desserts.

Fig. 149. — Groseille à maquereau.

Le groseillier épineux est peu cultivé en France, où il est facile de lui substituer, dans les jardins, des arbres de plus de valeur ; il est même à peu près inconnu dans le midi, dont le climat trop sec ne lui convient pas, mais il en est autrement en Angleterre, où sa culture est devenue une branche importante de l'industrie locale. Elle s'y fait sur une assez grande échelle, et nulle part on ne voit de plus nombreuses et de plus belles variétés de cet arbuste. On pourrait presque dire que le groseillier épineux y remplace la vigne, attendu que son fruit, soumis au pressoir, donne une boisson alcoolique, une sorte de vin (*gooseberry wine*) qui est loin d'être sans valeur; néanmoins son principal usage est de servir à confectionner des tartes et autres pâtisseries de ménage très-populaires en ce pays, et auxquelles on l'emploie même avant sa maturité. La culture en est soignée; elle y est d'ailleurs favorisée par le climat frais et humide, mais elle a un ennemi redoutable dans une petite chenille du groupe des phalènes (1), qui se multiplie, dans certaines années, au point de

(1) C'est la halie double-W, ou *Halia Wavaria* des entomologistes. Le groseillier nourrit encore d'autres insectes, mais moins redoutables que le précédent, tels,

ne pas laisser une feuille sur les groseilliers, ce qui annihile la récolte et souvent même compromet la vie des arbustes.

De même que les autres groseilliers celui-ci se multiplie de graines, dont les plants sont élevés en pépinière et mis en place la seconde ou la troisième année; mais on le multiplie davantage encore de drageons enracinés, qui reproduisent fidèlement leur variété. On l'élève soit en arbuste sur une seule tige, soit en buisson avec plusieurs tiges, quelquefois en palmette d'espalier ou de contre-espalier. On le soumet alors à une certaine taille, qui a surtout pour but de retrancher les branches superflues. Le groseillier ne fructifiant bien que dans les terrains un peu frais, il est avantageux de lui donner quelques arrosages dans le courant de l'été.

Les **vinettiers** (*Berberis*, *Mahonia*) ont encore moins d'importance chez nous, comme arbustes fruitiers, que ceux dont nous venons de nous occuper. On en connaît aujourd'hui un grand nombre d'espèces, toutes exotiques hormis une seule, le *vinettier commun* ou *épinette-vinette* (*B. vulgaris*), arbrisseau buissonnant de 2^{m} à 3^{m} de hauteur, très-drageonnant du pied, épineux, à feuilles simples et caduques, produisant aux premiers jours de printemps une immense quantité de fleurs jaunes en grappes pendantes, auxquelles succèdent de petites baies oblongues, d'un rouge assez vif à la maturité et dont la pulpe est acide. Il en existe des variétés à fruits un peu plus gros et plus doux que dans le type sauvage, ou autrement colorés, c'est-à-dire blancs, jaunes, pourpres ou violets; mais la plus intéressante, au point de vue des usages économiques, est une variété sans pepins, qu'on ne cultive guère d'ailleurs qu'en Angleterre. Ces fruits servent à faire des confitures et des conserves; cependant on les confit quelquefois au vinaigre, avant qu'ils soient arrivés à maturité.

Nulle part en France, que nous sachions, le vinettier n'est assujetti à une culture régulière, ce que justifie le peu de valeur de ses fruits; on se contente d'en mettre quelques pieds dans les coins perdus du jardin ou d'en faire des haies,

entre autres, que la tenthrède du groseillier et une espèce particulière de puceron, l'*Aphis Grossulariæ*.

qui sont très-défensives, mais qui présentent le grave inconvénient d'empiéter petit à petit sur le terrain par leur drageonnement. On les accuse en outre d'occasionner la rouille des blés situés dans leur voisinage, en leur communiquant un champignon microscopique dont l'arbuste est souvent atteint (1). Le seul mode de multiplication qu'on puisse conseiller pour cet arbuste est d'en planter des éclats enracinés qu'on enlève du pied des vieilles touffes ; mais c'est tout au plus si on peut recommander la multiplication d'un arbrisseau si peu utile.

Fig. 150. — Mahonia.

Une seconde espèce, originaire de l'Amérique du nord, est le *vinettier d'Amérique* (*Berberis* ou *Mahonia aquifolium*) (fig. 150),

(1) Ce serait un fait analogue à celui du *Gymnosporangium* de la Sabine (*Juniperus Sabina*), qui, transporté sur les poiriers, y fait naître, assure-t-on, l'*Æcidium cancellatum*. Nous ne nous prononçons pas sur ces faits. S'ils sont réels, ils constitueraient chez certains végétaux les phénomènes de génération alternante qu'on observe dans quelques animaux inférieurs ; dans tous les cas ils suffiraient pour faire bannir totalement le vinettier des pays de blé.

très-différent du précédent par son port bas et ramassé, par ses feuilles composées de 7 à 9 grandes folioles ovales, un peu épineuses et persistantes, comme aussi par la forme de ses inflorescences beaucoup plus grandes, dressées et de forme pyramidale. Les fleurs en sont jaunes comme dans l'espèce d'Europe, mais les baies qui leur succèdent sont comparativement grosses, presque rondes, d'un noir bleuâtre, en somme assez semblables à de petits grains de raisins. Elles pourraient sans doute être employées aux mêmes usages que celles du vinettier commun, mais elles paraissent n'avoir encore servi qu'à la fabrication d'une boisson alcoolique assez analogue au vin. La rusticité de l'arbuste, qui le rend capable de s'avancer assez loin vers le nord, et son aptitude à croître dans les terrains les plus maigres, lui donneront peut-être quelque intérêt comme plante vinifère ou alcoolifère dans les parties septentrionales de l'Europe. C'est à ce seul titre que nous en parlons ici.

CHAPITRE II.

LES FRUITS DRUPACÉS OU A NOYAU.

§ Ier. — CONSIDÉRATIONS GÉNÉRALES.

Par les fruits à noyau nous entrons de plain-pied dans la pomiculture proprement dite, et les arbres par lesquels nous allons commencer y occupent une place très-élevée, tant par l'excellence de leurs produits consommés en nature, que par les industries et le commerce qu'ils alimentent sous d'autres formes. Leurs fruits sont toujours charnus ou pulpeux et tous contiennent les mêmes principes, mais en proportions fort diverses, ainsi que l'ont établi les analyses de MM. Fremy et Boussingault. C'est alors le principe dominant qui en caractérise en quelque sorte la saveur ou l'odeur. Le sucre, l'albumine, la gomme, l'amidon, divers acides, des huiles fixes, des essences, la fibre ligneuse, etc., se trouvent toujours ou presque toujours réunis dans leur pulpe plus ou moins aqueuse. Parmi les acides, ceux qui se présentent le plus souvent sont les acides pectique et gallique, ainsi que des sels de potasse à acides végétaux. Nommer le cerisier, le prunier, l'abricotier et le pêcher, c'est déjà faire pressentir l'importance de ce côté du jardinage d'utilité.

Les arbres à noyau, ainsi désignés par opposition aux arbres à pepins, appartiennent comme ceux-ci à la grande famille des rosacées, mais à une autre tribu, celle des *amygdalées*, où le fruit est une drupe sillonnée d'un seul côté et contenant un noyau.

Tous ces arbres, malgré leurs différences spécifiques, ont entre eux de certaines affinités de tempérament; c'est ainsi, par exemple, qu'ils appartiennent plus au climat méridional que les arbres à pepins proprements dits, et qu'ils sont tous plus ou moins sujets à une même maladie, *la gomme*, dont nous parlerons plus loin. Tous aussi contiennent, mais à des degrés différents, dans leurs feuilles, leurs fleurs et surtout les amandes de leurs noyaux, un principe amer et vénéneux (acide cyanhydrique). Enfin ce qu'ils ont encore de commun c'est que leurs fruits ne sont pas de garde comme ceux des arbres à pepins, et qu'ils ne peuvent se conserver qu'après avoir subi certaines préparations. Ces généralités établies, nous passons à l'histoire horticole des diverses espèces du groupe.

§ II. — LES CERISIERS.

De même que tous les autres arbres fruitiers depuis longtemps assujettis à la culture, les cerisiers ont produit un nombre immense de variétés, aussi les auteurs qui se sont adonnés à leur étude, tant botanistes que pomiculteurs, ont-ils le plus souvent différé d'opinion sur l'origine de ces variétés et sur le nombre primitif d'espèces auxquelles elles devaient être rapportées. Aujourd'hui encore, malgré des études plus approfondies, les classificateurs de cerisiers sont loin de s'entendre sur tous les points; le genre lui-même est mis en question : pour les uns, et nous sommes du nombre, les cerisiers constituent un genre botanique distinct, le genre *Cerasus;* pour les autres ils ne sont qu'une section du genre prunier (*Prunus*), avec lequel, il est vrai, ils ont une grande affinité botanique, quoiqu'ils en soient fort différents au point de vue de la culture pratique et de leurs usages.

Pour Linné, les cerisiers à fruits comestibles se réduisaient à deux espèces, le *Prunus avium*, qui est notre merisier commun, et le *P. Cerasus*, qui est notre griottier ou cerisier proprement dit, à fruits plus ou moins acides; mais les auteurs qui vinrent après lui, comme ceux qui l'avaient précédé, jugèrent ce nombre d'espèces insuffisant pour contenir toutes les variétés connues. De Candolle, pour n'en pas citer d'autres, ce qui nous entraînerait trop loin, admet quatre espèces, le *Cerasus avium*, ou merisier, le *C. duracina*, qui correspond à nos bigarreautiers, le *C. Juliana* qui réunit toutes les variétés de guigniers, et le *C. caproniana* (1), qui est le griottier. Outre ces quatre espèces, De Candolle en admettait une cinquième, le *C. semperflorens*, ou cerisier de la Toussaint, qui n'est rien de plus qu'une simple variété, mais une variété remarquable, du griottier, ce que Duhamel, Spach et d'autres encore ont parfaitement reconnu. Nous trouverions bien d'autres divergences d'opinion si nous passions en revue les auteurs allemands et anglais qui se sont occupés du cerisier.

D'où viennent les cerisiers? C'est encore un point sur lequel il y a peu d'accord. Si nous prenions à la lettre le récit de Pline l'Ancien le cerisier aurait été inconnu en Italie avant Lucullus, qui, après sa victoire sur Mithridate, rapporta de Cérasonte (aujourd'hui Zefano), vers l'an 680, les premières cerises que l'on eût encore vues à Rome; mais il est évident que cette assertion n'implique que le cerisier cultivé, et qu'il n'y a rien à en conclure pour d'autres pays que l'Italie. Il semblerait du reste qu'à partir de cette importation les variétés de cerisiers se multiplièrent assez rapidement car, 75 ans après J.-C., Pline le Jeune énumère huit espèces de cerises (2), qui même n'étaient pas toutes confinées en Italie, puisqu'on en trouvait jusque dans la Gaule belgique et ailleurs. Les auteurs modernes et les commentateurs de Pline ont fait de grands efforts pour reconnaître ces races ou variétés, et pour les rattacher à celles que nous connaissons aujourd'hui. Pour nous il est certain que Pline avait déjà su faire la distinction des espèces et variétés de cerises qui existaient de son temps; que ses duracines sont nos bigarreaux, ses lusitaniennes nos cerises de Portugal et de Montmorency, et ses

(1) Ce nom de *Caproniana* serait mieux écrit *Aproniana*, si on tenait, comme quelques-uns le veulent, à le faire venir du nom d'un certain Apronius, gourmet célèbre de Rome, cité par Pline à propos de sa cerise Apronienne. Il resterait à savoir si la cerise mentionnée par Pline est bien de l'espèce du griottier.

(2) Ce sont les *Aproniennes*, les *Céciliennes*, les *Juniennes* ou *Juliennes*, les *Duracines* ou *Pliniennes*, les *Lusitaniennes*, les *Laurines*, les *Lutatiennes* et les *Macédoniques*.

lutatiennes nos guignes. C'est ce qu'avaient d'ailleurs déjà reconnu Ruellius et Charles-Étienne au seizième siècle, puis Duhamel, que des auteurs plus récents ont copié sans le citer.

Toujours est-il que la majorité des botanistes actuels regardent comme indigène en Europe le merisier (*C. avium*), souche indubitable d'un grand nombre de nos variétés de cerisiers, ainsi que nous le verrons plus loin. On le trouve effectivement dans les bois d'une grande partie de l'Europe moyenne, et il est même assez commun en France. Il faut remarquer cependant qu'il n'y existe qu'à l'état d'individus isolés, ne constituant jamais à lui seul des massifs comme les arbres véritablement indigènes. Quelques voyageurs prétendent l'avoir trouvé à l'état sauvage en divers endroits de l'Arménie et de l'Asie Mineure, ce que d'autres ont mis en doute. On peut donc avec quelque vraisemblance le croire seulement naturalisé au moins dans l'occident de l'Europe, mais depuis une époque fort ancienne et probablement antérieure à la période historique. Il peut avoir été importé par les premières immigrations venues de l'Asie, en même temps que diverses autres plantes économiques, mais on peut encore faire une autre supposition, tout aussi probable, celle de son introduction par des oiseaux. On sait en effet que les oiseaux granivores et frugivores ont propagé à toutes les époques beaucoup de végétaux, à l'aide de leurs graines ingérées et rendues intactes, souvent bien loin des lieux où elles avaient pris naissance.

L'étude approfondie que nous avons faite de nos diverses races et variétés de cerisiers nous amène à les considérer comme descendant, par voie de variation, des deux espèces linnéennes, le merisier et le griottier ou cerisier commun; mais nous admettons en même temps que l'une de ces deux espèces premières, avant de se résoudre en variétés presque innombrables, s'est divisée en deux races principales, ce qui porte à trois le nombre des groupes principaux de cerisiers. Toutefois, avant de les faire connaître, ainsi que leurs subdivisions en variétés, nous devons examiner les caractères distinctifs des deux espèces.

Le **merisier** (*C. avium*), indigène ou naturalisé d'ancienne date dans nos bois, est un arbre de deuxième grandeur, dont le port est sensiblement pyramidal, à branches redressées et dont le feuillage est peu touffu. Par suite de la longueur et de la faiblesse des pétioles, les feuilles sont toujours plus ou moins pendantes; les fleurs sont de même longuement pédonculées, et leur corolle est peu ouverte; les fruits sont de petites drupes pendantes, ovoïdes ou en cœur obtus, rouges ou noires suivant la variété, et dont la pulpe est sucrée et douce. L'arbre peut vivre au delà d'un siècle, et on en cite çà et là des individus dont le tronc a jusqu'à 3 mètres de tour.

Fig. 151. — Cerisier.

Le **cerisier commun** ou **griottier** (*C. vulgaris, C. acida*) (fig. 151) se distingue du précédent à sa taille beaucoup moins élevée, à son port comparativement bas, arrondi et jamais pyramidal; à ses branches toujours plus étalées que celles du merisier et parfois pendantes ; à ses feuilles et à ses fleurs mieux soutenues et plus ou moins dressées, les pétioles et les pédoncules étant à la fois plus courts et plus forts; les fleurs y sont aussi plus ouvertes et les fruits plus arrondis. La pulpe de ces derniers est toujours acide à quelque degré, et quelquefois très-acide. Le cerisier commun n'a jamais été trouvé sauvage en Europe, mais il paraît exister encore à cet état en Asie Mineure, où M. Ch. Koch dit l'avoir découvert au milieu des bois. Il est extrêmement probable que les cerises rapportées à Rome par Lucullus appartenaient à cette espèce.

Les caractères essentiels de ces deux espèces de cerisiers se retrouvent dans toutes les races et variétés qui en sont sorties. C'est ainsi, par exemple, que toutes celles qui proviennent du merisier se distinguent par la douceur de la pulpe de leurs fruits, tandis que dans les variétés issues du cerisier commun la pulpe est toujours acide. De là les deux grandes divisions qui, dans la pratique, correspondent à de véritables origines spécifiques : les *cerisiers doux* et les *cerisiers acides*. Nous devons ajouter cependant qu'un très-petit nombre de variétés semblent faire le passage d'un groupe à l'autre.

Ainsi qu'on doit s'y attendre d'après ce que nous avons dit un peu plus haut, il y a de grandes discordances entre les méthodes des auteurs qui ont essayé de classer les variétés de cerisiers. La plus récente est celle de M. Paul de Mortillet (1), que nous ne saurions accepter sans restriction. Pour ce pomologiste le type du merisier ou cerisier doux se divise en deux grandes races, le *guignier* et le *bigarreautier ;* le type du cerisier acide, ou cerisier proprement dit, se diviserait pareillement en deux races assez tranchées, le *cerisier commun* et le *griottier*. On voit que cette division correspond à peu près aux quatre espèces établies par De Candolle ; mais elle est erronée au moins sur un point : la séparation qu'elle établit entre le cerisier commun et le griottier, qui sont un seul et même arbre.

(1) *Les meilleurs fruits*, etc., tome II, *le cerisier*, par M. P. de Mortillet ; grand in-4°, avec de nombreuses figures noires dans le texte. Grenoble, Prudhomme édit 1866.

Voici les caractères distinctifs des trois groupes que nous admettons :

1° Le guignier (*C. avium* et *C. Juliana*) se reconnaît à ses grandes feuilles ovales, allongées, d'un vert pâle, pendantes, doublement dentées, garnies inférieurement de poils très-fins; à ses fleurs réunies plusieurs ensemble en petites ombelles et partant d'un pédoncule commun très-court, portées isolément par des queues plus ou moins longues, toujours infléchies et retombantes, n'ouvrant jamais qu'incomplétement leur corolle, dont les pétales ne se renversent jamais sur le calyce; enfin à ses fruits plus ou moins en forme de cœur ou globuleux, à chair molle ou tendre et à suc doux. C'est au guignier ou merisier que se rattache toute la série des cerises anglaises, à jus noir le plus ordinairement.

2° Le bigarreautier, dans sa feuille et dans sa fleur, répète tous les caractères du guignier. Son fruit est pareillement en forme de cœur ou globuleux, mais la chair en est ferme et croquante, et non plus molle comme dans le guignier.

3° Le cerisier commun, ou griottier, s'élève tantôt verticalement comme les deux races précédentes, sans acquérir toutefois leurs proportions; tantôt il reste bas, touffu et presque buissonneux; on l'en distinguera encore par ses branches fortes, dressées ou étalées; par ses feuilles grandes, épaisses, d'un vert foncé, plus ou moins dressées et non pendantes, moins profondément et plus régulièrement dentées; par ses fleurs moins longuement pédonculées, plus dressées, et à pétales largement étalés, surtout après l'épanouissement; enfin par ses fruits arrondis, dont le suc est toujours acidulé ou acide.

Dans chacun de ces trois groupes on trouve des fruits à peau noire ou rouge noir et à jus colorant, et des fruits de couleur claire et à jus non colorant, différences qui permettront d'établir, ainsi que l'a fait M. P. de Mortillet, des sections d'importance secondaire, telles que : *guignes noires*, *guignes claires*, *bigarreaux noirs*, *bigarreaux clairs*, *cerises communes* ou *griottes noires*, *claires* et *transparentes*. Les variétés les plus communes ou les plus remarquables de ces divers groupes, sont :

1° Guignes noires.

Guigne précoce de mai, guigne noire hâtive, guigne pourpre hâtive, précoce de Tarascon, guigne noire de Buttner, guigne de Fromms, guigne royale, grosse guigne noire luisante, garcine, aigle noir, guigne olive, royale hâtive ou *may Duke, late Duke, cherry Duke* ou *royale tardive, Hollmann's Duke.*

2° Guignes claires.

Guigne rose hâtive, Belle d'Orléans, transparente de Coé, beauté de l'Ohio, guigne tardive de Downer, Flamentine, Belle de Chatenay, guigne jaune.

3° Bigarreaux noirs.

Bigarreau Jaboulais, bigarreau d'Italie, gros bigarreau rouge, bigarreau monstrueux de Mézel, gros bigarreau noir, bigarreau noir tardif, gros bigarreau rond.

4° Bigarreaux clairs.

Bigarreau commun, bigarreau d'Esperen, bigarreau Elton, bigarreau à longue queue, gros bigarreau blanc, bigarreau de mai, bigarreau Napoléon, bigarreau gros cœuret, bigarreau jaune de Buttner, bigarreau jaune de Dochmissen, petit bigarreau hâtif, bigarreau couleur de chair, bigarreau tardif, bigarreau pleureur.

5° Cerises communes ou **griottes noires.**

Nain précoce, cerise guigne, cerise commune, cerise noire de Portugal, cerise ou *griotte de Prusse, cerise tardive d'Avignon, grosse* et *petite morelle, griotte noire du nord, griotte impériale.*

6° Cerises communes ou **griottes claires** ou **transparentes.**

Impératrice Eugénie, Anglaise hâtive, Carnation, Reine-Hortense (1), *Belle de Choisy, grosse cerise transparente, griotte belle*

(1) C'est une des plus belles cerises connues et une des meilleures, aussi a-t-elle reçu beaucoup de noms différents, tels que *belle Audigeoise, belle de Spa, merveille de Hollande, seize à la livre, reine des cerises,* etc. Son origine est tout

de Sceaux (fig. 152), *griotte de Varennes, cerise de Montmorency ordinaire* ou *à courte queue, amarelle double de verre, amarelle très-fertile* ou *griotte mille cerises, gros gobet* ou *Montmorency à gros fruits, cerise portugaise, amarelle à bouquets.* Cette dernière variété est remarquable en ce qu'elle produit plusieurs cerises au sommet d'une seule et même queue, par conséquent venant d'une seule fleur. Elle est d'ailleurs de qualité médiocre.

Ainsi que nous l'avons dit plus haut, il faut rattacher à l'espèce du cerisier acide le *cerisier de la Toussaint* ou *cerisier perpétuel,* que divers auteurs, et parmi eux De Candolle, ont décrite à tort comme une espèce distincte, sous le nom de *Cerasus semperflorens.* C'est un simple arbrisseau, à branches un peu grêles et retombantes, qui se distingue de tous les autres cerisiers en ce que ses bourgeons, au lieu de donner des fleurs au printemps, s'allongent en rameaux feuillus, sur lesquels se montrent graduellement, du commencement de l'été à celui de l'automne, des fleurs, puis des fruits, de telle sorte que la maturité de ces derniers s'échelonne du mois d'août à la chute des feuilles, c'est-à-dire pendant près de quatre mois. Ces fruits sont petits, âpres et acides à la fois, en somme de nulle valeur. La race n'a par elle-même qu'un intérêt de curiosité.

Fig. 152. — Griotte belle de Sceaux.

Ainsi qu'il est

à fait incertaine; beaucoup d'horticulteurs la tiennent, sans ombre de raison, pour un hybride du cerisier doux et du cerisier acide.

facile de le prévoir, la maturité des cerises ne saurait avoir lieu partout en même temps; l'époque en est subordonnée au climat, et, du nord au midi de la France, il y a souvent plus d'un mois de différence entre les époques de maturité d'une même variété. On constate même des avances ou des retards dans un même lieu, suivant les années, c'est-à-dire suivant que les printemps y sont plus chauds ou plus froids. Malgré ces causes de variation, la maturité successive des différentes espèces et variétés de cerises est assez régulière, en ce sens que leurs rapports de précocité ou de tardiveté se maintiennent, ce qui permet de les classer sous ce dernier point de vue.

Dans les parties les plus chaudes du midi, soit, par exemple, dans la région des orangers, la maturité des premières cerises arrive dès la deuxième quinzaine d'avril; deux ou trois semaines plus tard elle commence dans la région de l'olivier, et graduellement marche vers le nord où elle s'établit, plus tôt ou plus tard suivant les localités et les années, dans les derniers jours de mai et au commencement de juin, les diverses variétés s'échelonnant à la suite l'une de l'autre jusque vers le milieu d'août. Passé cette époque, il n'y a plus guère que le cerisier de la Toussaint qui donne des fruits, de très-médiocre qualité et à peu près sans valeur, comme nous l'avons dit ci-dessus. A Paris c'est vers le milieu de mai que se montrent les premiers *bâtonnets* de cerises. Il y a cependant de bonnes cerises précoces; les meilleures sont les variétés anglaises, may-Duke, cherry Duke et Hollmann's Duke, qui participent de la cerise à courte queue et de la guigne, sans avoir l'acidité de l'une ni la fadeur de l'autre.

Au total, si nous nous bornons à considérer une région moyenne de la France, c'est-à-dire qui ne soit ni tout à fait le nord, ni tout à fait le midi, nous trouvons que l'époque des cerises embrasse environ trois mois de durée.

Culture et multiplication des cerisiers. — De tous nos arbres fruitiers à noyau les cerisiers sont les plus rustiques et ceux qui s'avancent le plus loin vers le nord; ce sont aussi ceux dont la culture est la moins compliquée, la plus facile, la plus accessible à tous. Ils s'accommodent de tous les sols et viennent à toutes les expositions, en plaine et en montagne, la seule différence notable qui résulte de ces dernières circonstances étant une avance ou un retard de l'époque de maturité proportionnellement aux différences climatériques des lieux. Cependant les conditions générales les plus favorables aux cerisiers sont les sols de bonne nature, un peu calcaires, profonds, non sujets à se dessécher, et les situations ouvertes et bien exposées au soleil. Dans les sols sans profondeur ou exposés à des sécheresses prolongées, les cerisiers, comme presque tous les arbres, se rabougrissent, végètent mal et donnent peu de fruits.

Deux procédés sont en usage pour la multiplication des cerisiers : le semis des noyaux et la greffe. Ainsi que nous l'avons répété en mainte circonstance les semis de graines de simples variétés ne reproduisent pas ces variétés avec certitude ; le plus ordinairement même il en sort des variétés nouvelles, plus ou moins dissemblables de celles dont elles proviennent, mais qui souvent les égalent et quelquefois les surpassent en qualité. En ce qui concerne particulièrement les cerisiers, il paraît que certaines races ou variétés se reproduisent avec plus de fidélité que d'autres ; ce serait particulièrement celles du cerisier commun, si toutefois les faits cités par les auteurs ont été bien observés.

C'est ainsi, par exemple, que la cerise Reine-Hortense se reproduirait habituellement identique de semis, ce qui, soit dit en passant, est déjà une raison pour qu'on n'en fasse point un hybride. La belle de Chatenay montrerait presque autant de fixité, et, après elles, viendraient la belle de Choisy, l'Anglaise hâtive, la carnation, la royale hâtive, l'Anglaise tardive. Si on voulait procéder à la multiplication par la simple voie du semis, il est évident qu'on devrait choisir les noyaux des plus belles variétés ou de celles qu'on jugerait les plus avantageuses.

Au surplus, les semis peuvent toujours fournir des sujets pour la greffe des variétés déjà acquises, et souvent ils n'ont pas d'autre but. Dans ce cas particulier, cependant, on doit semer, de préférence à toutes les autres variétés, les noyaux du merisier à fruits rouges, qui produisent ordinairement les meilleurs sujets pour la greffe.

Les noyaux destinés à être semés seront enfouis en terre ou mis en stratification aussitôt leur récolte; dans tous les cas on ne doit pas les laisser exposés au contact de l'air sec ni aux rayons du soleil, ces deux causes faisant périr leur germe assez promptement. De quelque manière qu'ils aient été conservés, on les sème soit au commencement de l'hiver, soit sur la fin de cette saison, quand les embryons ont commencé à rompre leurs enveloppes. La distance à laisser entre les jeunes plants est de 5 à 6 centimètres en touts sens. Au mois de novembre on les repique en pépinière, sur une planche préparée à cet effet et convenablement amendée, à $0^m,50$ de distance les uns des autres si on se propose de leur faire subir une nouvelle transplantation un an plus tard, pour activer leur mise à fruit et pouvoir juger par là en un temps comparativement court de leur valeur; à 1^m ou plus si on ne tient pas à précipiter cette première fructification. L'avance que l'on obtient à la suite d'une seconde transplantation est de deux ou trois ans, c'est-à-dire que la première floraison a lieu à la quatrième ou à la cinquième année du semis. On ajoute d'ailleurs aux effets d'une seconde transplantation en pinçant sur la cinquième ou la sixième feuille les bourgeons latéraux qui se développent sur les jeunes arbres. Tout individu reconnu mauvais ou médiocre à sa première fructification est arrêté à 2^m de hauteur; on retranche toutes les branches latérales qui avaient été ménagées jusque-là, et l'arbre devient un sujet propre à recevoir la greffe.

Les sujets destinés à la greffe sont le merisier, surtout les variétés à fruits rouges, comme nous l'avons dit ci-dessus, le cerisier commun et le mahaleb (1) ou bois de Sainte-Lucie

(1) Le mahaleb, quoique très-répandu en France aujourd'hui, n'y est point indigène; il nous est venu d'Orient, il y a trois ou quatre siècles, en passant par Constantinople, de même que quelques autres arbres originaires des mêmes contrées. Son nom de *mahaleb* est arabe; celui de *bois de Sainte-Lucie*, qu'on lui donne encore, lui est venu d'un couvent des Vosges, autour duquel il a été d'abord cultivé et d'où il s'est propagé dans le reste de la France. On a fait et on fait encore

(*Cerasus Mahaleb*). Ce dernier est un arbrisseau de 3 à 5^{m}, dont les fruits, de la grosseur d'un pois, et semblables à de petites merises noires, sont à la fois sucrés et amers. Les sujets qu'il fournit pour la greffe sont principalement destinés à former des arbres à basse tige; il a d'ailleurs l'avantage de prospérer dans les terrains les plus secs, même dans des sols calcaires et rocailleux où les autres cerisiers auraient peine à venir. Les semis des noyaux de mahaleb et l'élevage du plant se font dans les mêmes conditions que ceux des cerisiers ordinaires.

Les greffes les plus usitées pour toutes les races et variétés de cerisiers sont la greffe en écusson et la greffe en fente. Ayant suffisamment expliqué ces deux genres de greffe dans notre tome Ier (p. 521-535), nous n'avons pas à y revenir ici. Ces deux greffes peuvent se faire au printemps et au commencement de l'automne, et c'est au cultivateur expérimenté de choisir entre ces deux modes de greffage et de déterminer à quel moment de l'année ils ont le plus de chance de réussite, eu égard aux variétés greffées et aux climats sous lesquels on opère. Dans le nord on préfère généralement la greffe en écusson à œil poussant, quoique celle à œil dormant y soit aussi pratiquée; dans le midi on greffe plus volontiers en fente. Sur ce point d'ailleurs, comme sur beaucoup d'autres en arboriculture, rien ne peut suppléer à l'enseignement fourni par l'exemple d'un bon praticien. Les sujets de merisier se greffent communément en écusson à la hauteur de 2^{m} à 2^{m},50, à laquelle on a dû les arrêter l'année précédente en les étêtant. Quant aux sujets de mahaleb, qui sont généralement destinés à fournir des arbres à basse tige, de diverses formes (pyramides, vases, palmettes pour espalier, etc.), suivant les goûts de l'arboriculteur, on le greffe à quelques centimètres du sol. L'écussonage à œil dormant est le genre de greffe qui semble le mieux lui convenir.

La greffe en fente ne peut se faire que sur des sujets d'une certaine grosseur, dont la moindre est environ celle du petit

de menus ouvrages avec son bois qui est agréablement parfumé, entre autres des tuyaux de pipes.

doigt, ou, si l'on aime mieux, d'environ un centimètre de diamètre. Avec une grosseur double, un sujet pourrait recevoir deux greffons opposés. Enfin, s'il était beaucoup plus gros on le grefferait en couronne, ce qui est le moyen employé pour restaurer les vieux cerisiers. Remarquons tout de suite que le cerisier étant sujet à la gomme, son greffage en fente exige quelques précautions; l'opération, du reste, a d'autant plus de chance de succès qu'on s'avance davantage vers le midi, c'est-à-dire vers un climat plus sec et plus favorable au tempérament du cerisier. Le greffage en fente s'y fait au printemps et en automne. Pour celui de printemps les greffons seront détachés de l'arbre en hiver, avant toute végétation, et conservés à la cave, fichés en terre ou dans du sable à peu près sec, jusqu'au moment de s'en servir. Pour la greffe d'automne on se bornera à retrancher les feuilles du greffon, en en conservant les pétioles. L'opération est la même pour les deux cas. Lorsqu'elle est achevée on ligature et on couvre le tout d'onguent de St-Fiacre ou de mastic à greffer. Ajoutons qu'on peut facilement aujourd'hui se dispenser du travail que nous venons de décrire en prenant chez un arboriculteur de profession des cerisiers tout greffés; cependant il y a encore un choix à faire dans une collection de jeunes arbres, et il faut une certaine expérience pour discerner les meilleurs.

La culture proprement dite des cerisiers n'a rien qui lui soit particulier. Ces arbres viennent presque partout, hors le cas où le terrain est excessivement mauvais. S'il a peu de profondeur, pas assez du moins pour soutenir des cerisiers de grande arborescence, on y plante des arbres greffés sur mahaleb, qui s'élèvent peu, il est vrai, mais qui y résistent beaucoup mieux et durent plus longtemps que ne le feraient des sujets de merisiers. Dans le Midi l'usage est presque général de planter des cerisiers dans les vignes, où ils ne reçoivent d'autre soin que les façons données à la terre du vignoble. Dans un verger la culture doit être plus soignée; des amendements convenables et, de loin en loin, un peu d'engrais enfoui dans le sol augmentent notablement les produits.

On ne donne aucune taille proprement dite aux cerisiers, si ce n'est à ceux auxquels on applique les formes artificielles dont nous avons parlé plus haut. Un cerisier en espalier est presque aussi assujettissant à conduire qu'un pêcher soumis à la même forme; mais ce n'est là qu'une fantaisie d'amateur, car l'arbre ainsi torturé, si fertile qu'il puisse être, ne paye que rarement ses frais de culture, si même il les paye jamais.

Le cerisier, comme la plupart des autres arbres de nos jardins et de nos champs, est sujet à diverses maladies, dues les unes à des accidents, les autres à des procédés de culture défectueux. Celles qui l'attaquent le plus habituellement sont la gomme, le blanc ou pourriture des racines, les ulcères, les coups de soleil, la carie du tronc et des principales branches. La plus redoutable de ces maladies, et aussi la plus commune, est la gomme, altération de la sève extravasée. Elle naît souvent des meurtrissures de l'écorce, souvent aussi d'amputations trop considérables, quelquefois de la nature du sol qui se trouve être trop glaiseux ou trop humide. Dans ce dernier cas, la première indication est de modifier le sol par le drainage ou par des amendements. Si la gomme est due à d'autres causes, on peut y remédier en enlevant jusqu'au vif les dépôts gommeux et en recouvrant la plaie d'onguent de Saint-Fiacre. Les ulcères ne sont le plus souvent qu'une suite de la mortification des tissus par des dépôts gommeux qu'on n'a point enlevés à temps; s'ils ne sont pas trop étendus on peut leur appliquer le moyen curatif indiqué pour la gomme elle-même, seulement les ablations devront être plus considérables. Les coups de soleil, qui occasionnent aussi de larges mortifications de l'écorce, sont plus faciles à prévenir qu'à guérir; on les évite en barbouillant le tronc des arbres d'un mélange de chaux éteinte et de terre glaise, ou en l'entourant d'une couverture de paille longue maintenue par des liens, qu'on enlève à la fin de l'automne quand le soleil a perdu de sa force. Quant au blanc, ou pourriture des racines, qui est amené par un petit champignon parasite, c'est un mal irrémédiable; lorsqu'on l'a reconnu il n'y a qu'une chose à faire : c'est d'arracher les arbres et de ne point replanter de cerisiers dans le sol contaminé.

Les usages des cerises sont trop connus pour qu'il y ait utilité à les détailler ici. Elles se consomment en nature comme fruits de table, et elles sont d'autant mieux reçues que ce sont les premiers fruits de l'année. Pour juger de l'importance du commerce auquel elles donnent lieu, il suffit de parcourir les marchés de Paris et des autres grandes villes de la fin de mai aux derniers jours du mois d'août; on sera étonné de l'énorme quantité de cerises que ces villes reçoivent journellement. Mais la production est souvent si abondante qu'elle surpasse encore les besoins de la consommation; aussi a-t-on cherché à utiliser ces fruits de plusieurs autres manières. On les dessèche au four; on en fait des compotes, des confitures, des tartes, des marmelades; on en tire du vin en en faisant fermenter le jus comme celui du raisin; enfin, on en extrait par distillation des liqueurs alcooliques bien connues, le ratafia, le marasquin et surtout le kirsch, véritable eau-de-vie de cerises (1). C'est la cerise douce, et surtout la merise des bois, qui est employée à cette fabrication. La préparation des cerises à l'eau-de-vie est une recette de ménage familière à tout le monde, et dont l'eau-de-vie et le sucre sont les principaux ingrédients. La cerise commune, ou acide, y est seule employée, et donne lieu à un commerce considérable d'exportation avec les Amériques.

§ III. — LE PRUNIER.

Plus de trois cents races et variétés de pruniers existent aujourd'hui dans la culture de l'Europe, et, de même que pour

(1) Le kirsch, ou *Kirschen-Wasser* (eau de cerises), se fabrique dans diverses parties de la France, mais surtout en Alsace, en Lorraine, et dans quelques localités du Jura et de la Savoie. Le kirsch de la forêt Noire, dans le duché de Bade, a été longtemps considéré comme le meilleur; mais il est reconnu que celui qu'on fabrique aujourd'hui en France est tout aussi bon. Le marasquin nous vient principalement de Zara, en Dalmatie. Ajoutons que, dans le commerce, ces deux liqueurs sont souvent falsifiées.

les cerisiers, les botanistes et les pomologistes ont essayé de les rattacher à des espèces primitives; mais, malgré leurs efforts, il reste sur ce point beaucoup d'obscurités à éclaircir. Pour quelques-uns, en très-petit nombre il est vrai, presque toutes ces races et variétés descendraient du prunellier com-

Fig. 153. — Prunier Reine-Claude.

mun (*Prunus spinosa*), indigène dans toute l'Europe centrale et méridionale, mais cette opinion est insoutenable si l'on considère les très-grandes différences qu'on observe d'une race à une autre, et la tendance de quelques-unes de ces races à se reproduire identiquement de semis. La plupart des botanistes admettent donc plusieurs espèces primitives, peut-être croisées les unes avec les autres dans le cours des siècles, et ils font surtout intervenir les *P. damascena* (*P. pyramidalis* de DC.), *P. insititia* (*P. syriaca* de Borckhausen), *P. italica, P. cerasifera, P. brigantiaca* et quelques autres d'origine exotique. Ajoutons cependant que, même pour ces types sauvages, tout le monde n'est pas d'accord sur la question de savoir s'ils sont de véritables espèces ou de simples races. Ce qui est certain, c'est que le prunier est cultivé en Europe depuis un temps immémorial. Les Grecs le connaissaient et Virgile en fait mention dans divers passages (1) comme d'un arbre vulgaire; mais ce qui est encore vraisemblable, c'est que pendant le moyen âge les rapports de l'Europe avec l'Orient ont beaucoup accru le nombre des races et des variétés de pruniers.

Il serait superflu de chercher ici à résoudre les difficultés qui ont embarrassé les botanistes; il nous suffira, au point de vue où nous sommes placés, d'indiquer aux lecteurs les principales variétés de prunes, celles du moins qu'il leur importe le plus de connaître. Nous les classerons de la manière suivante :

1° Les **prunes à pruneaux**, cultivées, comme leur nom l'indique, principalement pour être desséchées au four et se manger en pruneaux; ce groupe comprendra pour nous la *quetsche* (fig. 154), grosse prune ovoïde-allongée, de couleur violette, à sarcocarpe déhiscent; la *prune de Sainte-Catherine*, de grosseur moyenne, ovoïde, jaune, sucrée; c'est la plus estimée pour la fabrication des pruneaux et celle qu'on cultive le plus pour cet usage dans la vallée de la Loire, où elle fournit les pruneaux de Tours; la *prune d'Agen* ou *robe de*

(1) *Ille etiam seras in versum distulit ulmos,*
Eduramque pirum et spinos jam pruna ferentes.
Georg. IV, v. 144 et 145.

Addam cerea pruna, honos erit huic quoque pomo.
Eclog. II, v. 53.

Sunt autumnalis cerea pruna Deæ.
Copa, v. 18.

sergent, ou encore *prune d'ente*, excellente aussi pour la confection des pruneaux ; c'est elle qui fournit les pruneaux d'Agen ; elle est de belle grosseur, ovoïde, de couleur violette, à chair jaune ; la *prune de Brignolles*, moyenne, oblongue, d'un jaune pâle, rougeâtre du côté exposé au soleil, à chair sucrée ; c'est avec elle que se font les *pistoles* ou pruneaux de Brignolles ; le *perdrigon violet*, plus petit que la précédente, qui est pareillement préparé comme pruneau en Provence ; la *Royale de Tours*, ou *Damas de Tours*, grosse, presque ronde, violette ou rouge clair, très-belle en un mot, mais moins estimée que les précédentes pour la confection des pruneaux. On se fera une idée de l'importance de la culture de ces diverses sortes de prunes par le fait que la Russie tire annuellement de la France pour plus de six millions de francs de pruneaux d'Agen.

Fig 154.— Prune quetsche.

2° Les **prunes Reine-Claude** (fig. 155), que la plupart des pomologistes considèrent comme les meilleures prunes de table. Nous rangeons dans ce groupe la *Reine-Claude commune*, nommée aussi *verte bonne* et *abricot vert*, à fruit gros, sphérique, vert cendré, plus ou moins rougeâtre du côté du soleil ; on la tient pour la meilleure du groupe ; la *Reine-Claude de Bavay*, plus grosse que la précédente, mais plus tardive d'un mois (maturité en septembre); la *Reine-Claude violette,* semblable à la Reine-Claude commune, sauf le coloris, d'ailleurs presque aussi bonne; la *Reine-Claude d'octobre*, presque semblable à la Reine-Claude commune, mais beaucoup plus

Fig. 155. — Prune Reine-Claude.

tardive; la *Reine-Claude rouge de Van Mons*, à fruit très-gros, moins sphérique que dans les variétés précédentes, d'un rougeâtre plus ou moins intense, mûrissant aux premiers jours d'octobre, bonne sans valoir la Reine-Claude commune. Nous pouvons encore rattacher aux Reine-Claude la *prune de Saint-Martin,* assez semblable à la Reine-Claude violette; elle est bonne mais très-tardive; la *prune de Washington*, gros fruit sphérique, jaune verdâtre, teinté de rouge, à chair verte et excellente; puis les prunes *Reine-Victoria* et *Royale hâtive*, à fruits sphériques, violets ou rougeâtres et de qualité moyenne.

3° Les **perdrigons**, petites prunes ovoïdes, à chair fondante, très-parfumée et très-sucrée; on en distingue deux variétés principales : le *perdrigon blanc* et le *perdrigon rouge.* Ces fruits mûrissent difficilement en plein vent au nord de Paris.

4° Les **mirabelles**, à fruits petits, ronds ou presque ronds, jaunes, plus ou moins piquetés de rouge; les deux variétés classiques du groupe sont la *grosse mirabelle* (fig. 156) ou *drap d'or*, et la *petite mirabelle* qui n'en diffère que par son moindre volume.

Fig 156. — Rameau fleuri de grosse mirabelle.

5° Les **prunes de Monsieur**, à fruits moyens ou gros, ronds ou un peu ovoïdes, d'un beau coloris violacé, moins parfumés et moins sucrés que les Reine-Claude; ce groupe comprend la *prune de Monsieur commune*, très-beau fruit sphérique, assez bon, sans être de première qualité; la *prune de Monsieur hâtive*, d'un violet plus foncé que la variété commune et de même qualité; le *Monsieur à fruit jaune*, de forme ovoïde, jaune pointillé de rougeâtre, meilleur que les deux précédents; la *prune de Monsieur tardive*, violette, moyenne, assez bonne, mûrissant en septembre sous le climat de Paris; enfin, la *prune surpasse-Monsieur*, la plus belle et la meilleure du groupe.

6° Les **prunes de Damas**, caractérisées par la petitesse du fruit et sa forme ovoïde allongée. Les variétés sont le *Damas violet*, à peau violette, à chair acidulée et sucrée; le *Damas musqué de Chypre*, violet foncé, musqué, beaucoup meilleur que le précédent; le *Damas de septembre*, violet foncé comme le Damas musqué de Chypre, mais moins bon. On peut y ajouter le *Damas noir* (fig. 157), subdivisé en *gros* et *petit Damas*, qui est principalement cultivé pour fournir des sujets de greffe à d'autres arbres.

7° Les **grosses prunes ovoïdes** ou **prunes œufs**, groupe artificiel où nous rangeons diverses variétés remarquables par leur grosseur et leur beauté plus que par leur qualité. Nous y trouvons l'*impériale blanche* ou *prune œuf*, à gros fruit ovoïde, jaune, à chair adhérente au noyau, de qualité médiocre; l'*impériale violette*, très-grosse aussi, d'un violet clair, un peu meilleure que la précédente; enfin l'*impériale de Milan*, moins grosse que les deux précédentes, violet foncé ou noire et très-bonne.

Fig. 157. — Prune de Damas noir.

8° D'autres variétés de prunes ne pouvant rentrer que difficilement dans les sept groupes qui précèdent, nous nous bornons à les citer à part; ce sont : la *prune Jefferson*, variété américaine à gros fruit ovoïde, jaune rougeâtre, très-beau et excellent, mûrissant dans la première quinzaine de septembre; la *prune goutte d'or* (*Coe's golden drop* des Anglais), très-beau fruit jaune ponctué de rouge, gros, ovoïde, de première qualité; la *prune drap-d'or d'Esperen*, grosse, ovoïde-elliptique, d'un beau jaune un peu orangé, avec des ponctuations rouges, à noyau allongé, peu ou point adhérent à la chair, mûrissant dans la deuxième quinzaine d'août; la *prune Pond's seedling*, d'origine anglaise, plus grosse que la précédente et une des plus grosses et des plus belles prunes, obovoïde, à peau rouge carmin ou violacée, pointillée de brun vers le sommet, à chair peu fondante, sucrée, un peu adhérente au noyau et de qualité moyenne, mûrissant dans la première quinzaine de septembre; elle est meilleure en pruneaux que crue et fraîche; la *prune Decaisne,* superbe fruit, issu de la prune goutte d'or, de première grosseur, ovoïde-arrondi, d'un vert herbacé finement pointillé de gris, parfois lavé de rose du côté du soleil, à chair fondante, d'un vert jaunâtre, un peu adhérente au noyau, sucrée-acidulée et très-agréable, mûrissant en septembre et octobre; la *prune de Kirk,* fruit arrondi, violet noir, beau et assez bon; la *prune de Montfort,* fruit assez semblable au précédent par la forme et la couleur, mais supérieur en qualité quoique la chair adhère au noyau; la *prune abricotée*, à gros fruit en ovoïde court ou presque arrondi, blanc jaunâtre lavé de rouge, à chair ferme et musquée; enfin, les prunes *diaprée rouge* et *diaprée noire,* fruits assez petits encore, mais recommandables sans être de première qualité. Le *prunier myrobolan*, ou *prunier-cerise*, est plutôt un arbre de fantaisie qu'un véritable arbre fruitier, mais il est utile comme sujet pour recevoir des greffes; il en est de même du *prunier de Saint-Julien* de grosse et de petite race.

Les pruniers se multiplient par le semis des noyaux et par la greffe. Quelques races, principalement les Reine-Claude et les prunes de Damas, se reproduisent à peu près identiquement de semis, ou du moins sans grande variation; d'autres se propagent plus sûrement et mieux des drageons que les arbres poussent de leurs racines; c'est en particulier le cas de la prune d'Agen et du surpasse-Monsieur. Pour les autres on emploie ordinairement la greffe sur sujets obtenus de semis plutôt que fournis par le drageonnement. Les pruniers de Saint-Julien, de Damas et myrobolan sont les races préférées pour cet usage. Les drageons donnent rarement d'aussi beaux arbres que les sujets venus de graine. On met les noyaux en stratification dès l'automne, c'est-à-dire peu de temps après leur récolte; au printemps, quand la germination commence, on les repique en pépinière, et c'est là qu'on les greffe, deux ou trois ans plus tard, ordinairement en écusson à œil dormant, c'est-à-dire à la fin de l'été. Si les sujets sont assez forts, on peut aussi les greffer en fente au printemps. On les met en place un an ou deux après la greffe.

Toutes les races de pruniers sont rustiques en France, sauf dans le nord et le nord-est, où quelques-unes, les perdrigons en particulier, sont exposées à perdre leurs fleurs par les dernières gelées de l'hiver, ce qui oblige à les élever en espalier. Partout ailleurs la culture en plein vent leur suffit, et c'est le moyen d'obtenir des arbres vigoureux et productifs. Le prunier s'accommode de toutes les terres de bonne et de moyenne qualité, et presque de toutes les expositions, quoiqu'il préfère, dans le nord surtout, les expositions chaudes et bien ouvertes aux rayons du soleil. Sa taille peu élevée permet d'ailleurs de l'entremêler aux légumes dans les jardins potagers du midi, où il profite des irrigations nécessaires à ces derniers ; dans le nord il est plus avantageux de le réserver pour les jardins fruitiers proprement dits ou pour les vergers. Dans les pays producteurs de pruneaux on le plante souvent dans les vignes, mais fréquemment aussi il y occupe le sol à lui seul (1), et ses produits varient de qualité suivant la nature du terrain. On a remarqué que sa longévité est beaucoup plus grande dans les terres argileuses ou argilo-calcaires que dans les terres légères et sableuses. Les sols arides et sujets à se dessécher sont ceux qui lui conviennent le moins.

L'époque de maturité des prunes, comme celle de tous les fruits, arrive plus tôt ou plus tard suivant les climats, et suivant les années dans tel ou tel lieu. A Paris la saison des prunes dure communément trois mois. Dans l'ordre de leur maturité elles se classent assez exactement de la manière suivante :

Du 15 au 31 juillet : la prune de Catalogne ou de Saint-Barnabé hâtive, la prune de Monsieur hâtive, le Monsieur à fruit jaune, la royale de Tours.

Dans le courant d'août apparaissent successivement les

(1) Les grandes plantations de pruniers se trouvent principalement dans le département de Lot-et-Garonne et dans la Gironde, sur la rive droite de la Garonne et le long de ses affluents, de Bordeaux à Libourne. Les sites ou les pruneraies donnent leurs meilleurs produits sont en général les pentes sud-est des coteaux. Les villes de Clairac, Montclar et Montpezat sont les principaux centres de cette culture.

prunes de Damas, musquée de Chypre, Damas violet, impériale blanche, impériale violette, de Jefferson, les mirabelles, la prune de Montfort, la prune Ponds'seedling, la Reine-Claude commune, la prune Victoria;

Du 1er au 25 septembre, la prune abricotée, la prune d'Agen, la diaprée rouge, l'impériale de Milan, la prune Coé ou goutte d'or, la prune de Kirke, le Monsieur tardif, les perdrigons blanc et rouge (plus précoces en espalier), la Reine-Claude violette de Van-Mons, la prune Washington :

Des derniers jours de septembre au 15 ou au 20 octobre apparaissent les prunes Reine-Claude de Bavay, Damas de septembre, surpasse-Monsieur, enfin les prunes de Sainte-Catherine et de Saint-Martin, qui sont les plus tardives de toutes. Du nord au sud de la France, les époques de maturité d'une même race de prune peuvent différer de plus d'un mois.

Les prunes ne doivent être cueillies que parfaitement mûres, ou plutôt on doit attendre qu'elles tombent de l'arbre, car elles se détachent d'elles-mêmes au moment de la maturité parfaite. On peut cependant ne pas attendre au dernier moment pour faire la récolte; les prunes qui tombent à la suite d'une faible secousse donnée à l'arbre sont suffisamment mûres pour être consommées immédiatement. On doit prendre des mesures pour qu'elles ne se meurtrissent pas en tombant, surtout lorsqu'elles doivent être expédiées à quelque distance ou portées au marché.

Le prunier est un des arbres fruitiers les plus faciles à cultiver et un de ceux qui demandent le moins de soins. Sauf le cas où on l'applique en espalier sur un mur, on ne le taille pas; tout au plus retranche-t-on les branches mal placées lorsqu'il y en a, et qu'on veut lui former une tête régulière. Dans les jardins méridionaux on est dans l'habitude de l'arroser en été, comme les autres arbres, et de fumer la terre qui en entoure le pied. Quand les arbres sont trop chargés de fruits il est bon d'en enlever une partie, pour que ceux qui restent se développent mieux; d'ailleurs une fructification trop abondante épuise les arbres prématurément; c'est autant de pris sur les récoltes suivantes.

En Angleterre, où l'usage s'est introduit depuis plus d'un demi-siècle de cultiver les arbres fruitiers sous verre (1), le prunier, quoique encore assez rustique sous ce climat, a été assujetti comme les autres arbres à ce mode de culture, qui devient souvent de la culture forcée. C'est du reste un des arbres les plus faciles à forcer, et celui peut-être dont les récoltes manquent le moins. On l'y élève plus habituellement en pots qu'autrement, peut-être pour cette seule raison qu'on peut ainsi le faire figurer dans les desserts d'apparat chargé de ses fruits mûrs. Les variétés préférées pour cette culture sous verre sont les prunes Coé ou goutte d'or, drap-d'or d'Esperen, Reine-Claude verte, de Jefferson, de Kirke, Reine-Claude violette et Washington.

§ IV. — L'ABRICOTIER.

L'**abricotier** (*Prunus armeniaca* Linné ; *Armeniaca vulgaris* Lamarck) (fig. 158) paraît être moins ancien en Europe que le cerisier et le prunier, mais il semble que la Grèce l'a connu avant l'Italie (2), ce qui est conforme à l'idée d'une origine orientale. La plupart des auteurs le font effectivement venir d'Arménie, mais rien ne prouve qu'il y soit ou y ait été indigène. Les voyageurs qui ont parcouru l'Arménie ne l'y ont nulle part trouvé à l'état sauvage. La conjecture la moins aventurée est que l'abricotier nous a été apporté de l'Asie centrale, peut-être des confins de la Chine, en passant par la Perse et l'Arménie. Toujours est-il que cet arbre, qui n'a chez nous qu'une utilité secondaire, est très-commun dans l'Himalaya, principalement dans les vallées du Sutledje, où ses fruits deviennent l'aliment essentiel des habitants, qui les font sécher

(1) Les jardins vitrés destinés aux arbres fruitiers en Angleterre se nomment *Orchard-houses*. Les arbres y sont élevés tantôt en pleine terre, tantôt en caisses ou en pots, suivant leur taille.

(2) Le nom français de l'abricot vient du grec βερίκοκκα, dérivé lui-même du mot *Berkuk*, qui est le nom de la prune en arabe. D'autres veulent que le nom grec soit sorti du mot de basse latinité *præcocia*, qui signifierait *fruit précoce*, parce que l'abricot est plus précoce que d'autres fruits à noyau. Nous nous rangeons à la première opinion, comme étant la plus vraisemblable.

pour les consommer en hiver. L'arbre y rend encore un autre genre de service, celui d'aider à la dessiccation et à la conservation des foins, que les paysans entassent entre les principales branches de sa tête évasée. Chez nous, c'est surtout en Auvergne que l'abricotier est cultivé en grand; on y emploie son fruit à faire des pâtes et des confitures renommées.

Fig. 158. — Abricotier.

On n'en connaît avec certitude qu'une seule espèce; mais elle a donné, dans le cours des siècles, et par l'effet de la culture sous divers climats, un assez grand nombre de variétés, qui diffèrent principalement par la grosseur, la couleur et la qualité du fruit. Dans la plupart de ces variétés le fruit est légèrement duveteux; mais il y en a où il est complétement glabre et lisse. Enfin, quelques auteurs regardent certaines variétés comme issues d'un croisement de l'abricotier avec le prunier ou le pêcher. En somme, nous retrouvons ici les mêmes obscurités que pour les variétés de pruniers.

L'abricotier est un petit arbre de 3 à 4 mètres chez nous, mais devenant beaucoup plus grand et plus gros sous les climats plus chauds du midi de l'Europe et de l'Orient. Ses branches, toujours écartées du tronc ou même presque étalées, lui font une tête élargie dans tous les sens, disposition naturelle qui en rend l'application à l'espalier plus difficile que celle du pêcher. L'abricotier est d'ailleurs plus rustique que le pêcher, et, jusqu'en Belgique, on le cultive avec quelque succès en plein-vent, pourvu qu'il soit à bonne exposition méridionale et abrité contre le vent du nord. L'espalier, il est vrai, avance de quelques jours la maturité du fruit, mais ce dernier est généralement meilleur sur les arbres de plein-vent.

Les variétés d'abricotiers sont beaucoup moins nombreuses que celles de pruniers, ce qui revient à dire qu'elles se conservent mieux de semis que ces dernières. En effet, c'est tout au plus s'il existe dans l'Europe entière cinquante variétés réellement distinctes d'abricotiers, et elles diffèrent moins l'une de l'autre que ne le font les variétés de pruniers ; elles sont cependant assez inégales en qualité pour qu'il y ait un choix à faire entre elles. Les meilleurs sont :

Fig. 159. — Abricot commun.

L'*abricot commun* (fig. 159), race vigoureuse

et productive à fruit gros, parfumé et très-bon, mûrissant à Paris vers la mi-juillet; c'est le plus répandu en France; il y vient à toutes les expositions.

L'*abricot alberge*, race robuste et fertile comme la précédente, mais plus tardive de près d'un mois; ses fruits sont petits, presque sphériques, d'un jaune verdâtre, lavés de rouge du côté du soleil, avec de petites maculatures rouge pourpre, ordinairement un peu saillantes en forme de verrues; la chair est fine, fondante, sucrée-acidulée, en somme fort agréable. On en distingue deux sous-variétés également recommandables : l'*alberge de Tours* et l'*alberge de Montgamet*, qui toutes deux se reproduisent habituellement de noyaux.

L'*abricot d'Alexandrie* ou *gros rouge précoce*, excellente variété à gros fruits, qui mûrit à Paris dès les premiers jours de juillet.

L'*abricot-pêche* ou *abricot de Nancy*, un des meilleurs et des plus parfumés, à gros fruits jaune orangé, à chair fondante, mûrissant en août sous le climat de Paris. Cette belle variété, qui est rustique et souvent reproduite de graine, a donné diverses sous-variétés peu différentes d'elle-même et la plupart tout aussi bonnes. Il existe un autre abricot-pêche, moins coloré et à chair plus pâle, désigné quelquefois sous le nom d'*abricot-pêche blanc*, qui est aussi de première qualité, mais moins rustique que le premier à la latitude de Paris, où on l'élève assez souvent en espalier; son fruit y mûrit dès le commencement d'août.

L'*abricot royal*, à fruit ovoïde, gros ou moyen, orangé, un peu transparent, à chair fondante, parfumée et sucrée, mûrissant à la fin de juillet; cette belle variété réussit mieux à Paris en espalier qu'en plein vent; elle est surtout cultivée dans la Côte-d'Or, où on l'estime à l'égal de l'abricot de Nancy.

L'*abricot musch* ou *abricot de Turquie*, à fruit moyen, jaune foncé, dont la chair est assez transparente pour laisser apercevoir le noyau quand on le regarde devant le jour; il est de première qualité et relativement précoce (maturité du 15 au 30 juillet), mais l'arbre est délicat et ne vient bien qu'à l'espalier.

L'*abricot précoce* ou *abricotin*, à fruit petit (de la grosseur d'une prune Reine-Claude verte, souvent moindre), jaune pâle, à chair un peu fade. C'est une variété inférieure, qui ne se recommande que par sa précocité; il mûrit à Paris dès la fin de juin ou aux premiers jours de juillet, suivant les expositions.

L'*abricot du Clos*, à fruit gros, ovoïde, très-rouge du côté du soleil, jaune orange assez vif sur le point opposé; à chair ferme, sucrée et parfumée; le noyau est un peu gros, mais à amande assez douce; l'arbre est vigoureux et vient à toutes les expositions.

L'*abricot de Hollande* ou *abricot d'Ampuis*, cultivé sur une grande échelle dans le département du Rhône, petit (de la grosseur d'une belle prune de Reine-Claude), arrondi, d'un jaune pâle qui passe au rouge du côté éclairé par le soleil, avec quelques mouchetures rouge vif, à chair fondante, très-sucrée et parfumée; l'amande du noyau est douce et mangeable, et l'arbre vigoureux et productif. On dit qu'il se reproduit identiquement de semence.

Beaucoup d'autres variétés ou sous-variétés pourraient être citées à la suite de celle-ci, mais avec peu d'utilité, parce qu'elles en diffèrent à peine et font double emploi avec elles. Nous ne faisons d'exception que pour l'*abricot noir* ou *abricot du Pape*, que quelques-uns regardent comme une espèce distincte (*Prunus dasycarpa*), et d'autres comme un hybride d'abricotier et de quelque race de prunier à fruit noir. C'est une variété plus curieuse que bonne, qui est rarement cultivée et dont le fruit ne peut guère être utilisé qu'en confitures ou en compotes. Dans ces derniers temps on a fait beaucoup de bruit d'un abricot rapporté de Syrie, à amande douce, et dont on vantait l'excellence de la chair. Il a suffi de quelques années de culture pour le faire ranger parmi les variétés médiocres, ou tout au moins pour le faire classer fort au-dessous de l'abricot de Hollande, dont il a été question ci-dessus. Quoi qu'on en ait dit, un abricot n'aura jamais de valeur que par l'abondance et la qualité de sa chair, et point du tout par celle de son amande.

L'abricotier vient dans toutes les bonnes terres et demande

très-peu de soins quand il est en plein-vent. Dans le midi il est d'usage de l'arroser au printemps et au commencement de l'été, ce qui en fait grossir les fruits; c'est une bonne pratique, mais à laquelle on devrait ajouter celle de le décharger de bonne heure de l'excès de fruits qui nouent dans certaines années. Trop nombreux, les fruits se développent mal, ont peu de goût et fatiguent les arbres quelquefois pour longtemps. Dans le nord et le centre de la France l'abricotier de plein-vent est exposé à perdre ses fleurs par les gelées du printemps, ce qui explique l'utilité de l'espalier, surtout dans la première de ces deux régions, mais on peut, à l'aide de toiles dont on couvre la tête de l'arbre, lorsque la gelée est imminente, diminuer beaucoup le mal qu'elle peut faire. Dans tous les cas l'exposition sud-ouest est celle qui offre le moins de danger sous ce rapport.

L'abricotier se multiplie de noyaux et de greffes. Les noyaux sont stratifiés dès les premiers jours de l'automne, ou même plus tôt; en mars beaucoup ont commencé à germer; on les repique alors en pépinière, et on peut les recouvrir d'une légère couche de feuilles si l'endroit est mal exposé ou si l'on craint des gelées tardives. L'année suivante les jeunes arbres peuvent être mis en place ou simplement repiqués en pépinière, à des distances plus grandes que l'année d'avant, mais, dans les deux cas, on doit avoir soin de couper leur pivot, afin que les racines latérales se développent. On pince successivement sur la tige les pousses latérales, et l'année d'après, quand la tige est arrivée à la hauteur de 1m,50 ou un peu plus, on en supprime l'extrémité, ce qui amène le développement des trois ou quatre branches supérieures, qu'on réserve pour former la charpente de l'arbre. C'est là, ou à bien peu près, toute la taille qu'il convient d'appliquer aux abricotiers de plein-vent; toutefois, lorsqu'ils sont vieux et qu'ils commencent à ne plus donner que de faibles récoltes, on leur rend pour quelque temps encore leur fertilité première, en rabattant toutes leurs branches à bois de l'année précédente à la moitié de leur longueur.

La multiplication par greffe se fait habituellement à écusson à œil dormant, sur sujets d'amandier, de pruniers de Damas noir, de Saint-Julien et autres fortes races, quelquefois sur franc, c'est-à-dire sur des sujets d'abricotier de semis. Quelques jardiniers recommandent plus particulièrement le prunier myrobolan, espèce vigoureuse, qui croît avec rapidité et qui a l'avantage, précieux ici, de reprendre aisément de boutures, et de fournir par là beaucoup de sujets en peu de temps. Hors ce cas on ne doit prendre pour sujets de greffe que des pruniers venus de graine. L'amandier devrait être rejeté, parce qu'il arrive souvent que les greffes d'abricotier s'y soudent mal, se détachent ou restent faibles. Au surplus, pour l'abricotier comme pour tous nos autres arbres à fruit, chaque pays a sa méthode de propagation et de culture, de même qu'il a ses races et ses variétés locales mieux appropriées que d'autres aux conditions de climat et de terrain. De là la presque impossibilité de formuler des règles qui s'appliquent également bien à toutes les circonstances et à tous les besoins.

Beaucoup de propriétaires et de cultivateurs, dans le nord de la France et en Belgique, reprochent à l'abricotier de plein-vent de ne donner que des récoltes incertaines et peu abondantes. Ce reproche est sans doute fondé ; mais ce serait une erreur de croire qu'on peut obvier à cet inconvénient, comme le prétendent certains pépiniéristes belges, en semant des noyaux et en élevant des abricotiers francs de pied. Nous concevons la raison qui les fait parler ainsi ; mais nous tenons à constater, dans l'intérêt du simple amateur, que sous ce climat froid et humide l'abricotier de semis est tout aussi sujet au chancre, à la gomme et à toutes les maladies stérilisantes que celui qu'on obtient par la greffe. Il est d'autant plus important de relever cette erreur qu'elle est partagée par des praticiens d'une certaine autorité, et qu'elle a même été propagée par divers journaux d'horticulture (1). L'abricotier, quoi qu'on

(1) Entre autres par la *Revue horticole*, année 1846, p. 306, où nous voyons M. Pepin, jardinier chef au Muséum d'histoire naturelle, affirmer que les abricotiers francs de pied sont plus vigoureux, plus fertiles et moins maladifs que les arbres greffés.

fasse et qu'on dise, est un arbre du midi, qui ne réussira jamais parfaitement dans le nord.

Une autre question se présente ici, celle de savoir si l'abricotier venu de graine peut donner d'aussi bons fruits que l'arbre mère. Cela arrive assez constamment pour certaines races, l'abricot alberge par exemple, mais le semis est toujours chanceux pour les variétés à gros fruits, dans les semis desquels il se trouve ordinairement un certain nombre de sujets à bois grêle, qui ne prennent que de faibles proportions et ne donneraient que de mauvais fruits si on les conservait; heureusement on peut les reconnaître dès leur seconde année. Ces arbres faibles ne sont d'ailleurs pas inutiles; on les réserve pour recevoir des greffes de variétés meilleures. Un abricotier de semis capable de produire de bons fruits se reconnaît à son bois vigoureux, brun rougeâtre du côté du soleil, vert pâle du côté opposé; à ses bourgeons gros et en forme de cœur; à ses feuilles grandes, lustrées, dentées, pourvues de fortes nervures rougeâtres, et enfin à tout son habitus, qui annonce un arbre robuste, toujours, bien entendu, si l'arbre est dans le climat qui lui convient. L'élevage d'un jeune abricotier de semis consiste simplement à supprimer, en juillet, les petites pousses inutiles, et à raccourcir d'un tiers les jets principaux à la fin de mars. Le point essentiel, sur lequel nous insistons, est un bon choix des noyaux.

L'abricotier se force en serre, comme le pêcher et le prunier, mais c'est une industrie beaucoup moins pratiquée en France qu'en Angleterre. Dans ces conditions sa culture se rapproche beaucoup de celle du pêcher, avec cette différence cependant qu'il lui faut moins de chaleur. Lorsqu'on tient seulement à en assurer la récolte, c'est-à-dire à préserver les fleurs et les jeunes fruits des fâcheux effets des intempéries du printemps, plus fréquentes et plus graves sous le climat de l'Angleterre que sous le nôtre, le mieux est de tenir simplement les arbres abrités sous le verre sans leur donner de chaleur artificielle. Il faut y ajouter beaucoup de lumière et d'air toutes les fois que le temps le permet; mais si on voulait avancer la production du fruit on chaufferait modérément dès les premiers jours de février. Pour cette culture sous abris vitrés les abricotiers sont habituellement élevés en pots. Après la récolte les arbres sont portés en plein air pour y mûrir leur bois et on ne les remet en serre qu'au moment des fortes gelées. Les variétés d'abricotiers les plus ordinairement forcées sous verre sont l'*abricot Moorpark,* très-belle et excellente race anglaise assez semblable à notre abricot-pêche jaune ; l'*Hemskirke,* qui est voisin du Moorpark, mais plus gros et plus hâtif; l'abricot *musch,* le *royal* et assez souvent l'*abricot orange hâtif*, petite variété qui rachète son faible volume par sa précocité et sa grande fertilité.

§ V. — LE PÊCHER.

De même que la poire est le roi des fruits à pepins, la pêche tient pareillement le premier rang parmi les fruits à noyau, aussi le pêcher est-il de la part des arboriculteurs et des pomologistes l'objet de soins que l'on n'accorde au même degré à aucun autre arbre du même groupe. Il n'en est point dont la culture soit aujourd'hui plus perfectionnée et mieux entendue.

Fig. 160. — Pêcher de plein-vent.

Le pêcher (*Amygdalus persica, Persica vulgaris*) (fig. 160) est un petit arbre de 3 à 5^{m} de hauteur, dont le tronc dépasse rarement la grosseur de la jambe, du moins sous nos climats. Ses feuilles sont longuement lancéolées, aiguës, dentées, glabres et d'un vert foncé, portant souvent de deux à quatre glandes sur le pétiole au-dessous du limbe. Ses fleurs sont rouge pourpre (*fleur de pêcher*) et ses fruits, qui sont de grosses drupes succulentes, sont, suivant l'espèce, couverts d'un duvet fin et velouté ou glabres et luisants, ordinairement colorés de pourpre du côté qui a été exposé au soleil. Le noyau est épais, dur, ovoïde, souvent terminé en pointe assez aiguë à son sommet et creusé sur ses deux faces de sillons plus ou moins profonds et sinueux. L'amande qu'il contient est ordinairement très-amère; on pourrait même dire qu'elle est un peu vénéneuse, puisqu'elle est imprégnée d'une assez forte dose d'acide hydrocyanique, comme le sont d'ailleurs les amandes de l'amandier amer, et généralement toutes celles des amygdalées, où se retrouve à quelque degré cette amertume.

On croit communément que le pêcher est originaire de la Perse, d'où il aurait été, au dire de Macrobe, introduit en Grèce par Alexandre le Grand. Cette hypothèse peut se soutenir; mais comme on n'y a point trouvé jusqu'ici le pêcher à l'état sauvage, on peut supposer avec beaucoup plus de probabilité que les anciens Persans l'avaient eux-mêmes reçu d'une contrée plus intérieure de l'Asie, et selon toute vraisemblance de la Chine ou du Japon, pays où les variétés de pêchers sont remarquables et nombreuses. Ce qui est certain, c'est que la culture en est fort ancienne, et c'est là probablement la cause du grand nombre de variétés qui en sont sorties. Son analogie avec l'amandier (*Amygdalus communis*), et surtout l'existence de quelques variétés qui semblent intermédiaires entre les deux, ont amené quelques botanistes à admettre (1), avec le célèbre Knight, que le pêcher pourrait n'être qu'une forme particulière de l'amandier, née spontanément par variation ou produite par la culture. Nous ne partageons point cette idée,

(1) C'est en particulier l'hypothèse à laquelle parait se rattacher M. Karl Koch. M. Carrière admet plus explicitement encore l'identité spécifique de l'amandier et du pêcher, ce dernier, selon lui (voir *Revue horticole*, 1866, p. 214 et 216), provenant directement de l'amandier commun, et indirectement de l'amandier d'Orient, ou de l'une de ses formes, dont est sorti l'amandier commun, en passant par une série de variétés intermédiaires.

à cause des différences réellement grandes qui séparent les deux arbres (1), tout en reconnaissant qu'il est souvent impossible de tracer des limites précises entre ce que l'on appelle une espèce, une race et une variété.

Quoi qu'il en soit, les variétés cultivées de pêchers sont aujourd'hui fort nombreuses, et on en compterait peut-être plus de mille dans la seule Europe; mais il faut reconnaître que beaucoup de ces variétés sont fort légères, et qu'une grande habitude est nécessaire pour les distinguer sûrement les unes des autres. On est parvenu cependant à caractériser d'une manière satisfaisante et à classer, sinon toutes ces variétés, du moins celles qui ont une véritable valeur horticole. Quoique une classification de fruits soit en elle-même assez indifférente dans la pratique, nous donnerons, pour ceux des lecteurs qui s'y intéresseraient, un aperçu de celles qui ont été successivement adoptées depuis Duhamel jusqu'à nos jours.

Duhamel (*Traité des arbres fruitiers*, vol. II, p. 4) répartissait toutes les pêches connues de son temps en quatre classes. La première était celle des *pêches proprement dites*, à peau duveteuse et à chair non adhérente au noyau; la seconde, celle des *pavies*, comprenait les pêches duveteuses à chair adhérente; la troisième, qu'il nomme *pêches violettes*, était caractérisée par la peau lisse des fruits et la chair non adhé-

(1) Les différences les plus saillantes entre le pêcher et l'amandier sont : 1° les proportions relatives des deux arbres, l'amandier devenant incomparablement plus gros que le pêcher; il en existe, en effet, dans diverses parties du midi de la France, dont le tronc a plus de 2 mètres de circonférence, les plus vieux pêchers, dans les mêmes régions, atteignant au plus à $0^m,60$ de tour; 2° la longueur relative et la teinte des feuilles, qui sont en moyenne d'un tiers plus longues et d'une verdure plus foncée dans le pêcher que dans l'amandier; 3° la couleur des fleurs, d'un blanc rosé dans l'amandier, d'un rouge pourpre dans le pêcher où elles ne prennent la teinte rosée qu'exceptionnellement et par décoloration; 4° enfin, la différence de forme des noyaux, qui sont lisses et simplement parsemés de trous dans l'amandier, tandis qu'ils sont profondément sillonnés dans le pêcher, ce qui, selon nous, est suffisant pour classer les deux arbres dans deux genres distincts (*Amygdalus* et *Persica*) comme l'ont fait plusieurs botanistes. Il y a, entre les deux arbres, d'autres différences encore que nous omettons de signaler, par exemple celle du brou de l'amande avec la chair de la pêche, parce qu'on connait quelques variétés d'amandiers, peut-être hybrides, où le brou s'épaissit et devient un peu succulent, sans l'être autant que la chair des pêches, même les plus médiocres.

rente au noyau; enfin la quatrième classe se composait de nos *brugnons* actuels (fig. 161), c'est-à-dire de pêches lisses à noyaux adhérents. Cette classification si simple a longtemps suffi à tous les besoins de la pratique.

Fig. 161. — Brugnon.

Il y a près de cinquante ans, le savant Lindley a entrepris à son tour de classer les pêchers, en s'appuyant sur d'autres caractères qu'avait négligés Duhamel. Celui qui a le plus d'importance à ses yeux est fourni par les feuilles, tantôt doublement dentées ou simplement crénelées, et pourvues ou dépourvues de glandes pétiolaires, dont la forme variable est d'ailleurs usitée comme caractère de premier ordre. La grandeur relative des fleurs vient à la suite dans l'ordre de l'importance, puis la nature de la peau du fruit, duveteuse ou lisse, enfin l'adhérence ou la non-adhérence de la chair au noyau. On voit par là que les caractères qui étaient essentiels pour Duhamel ne sont plus ici que du dernier ordre.

Partant de ce principe, Lindley établit trois grandes classes dans le groupe des pêchers. La première classe se compose des pêchers à feuilles profondément et doublement dentées sans trace de glandes au pétiole; elle se partage en trois divisions, celles des *grandes,* des *moyennes* et des *petites* fleurs, divisions qui se subdivisent en *pêches duveteuses* et en *pêches lisses*, ces deux derniers groupes se répartissant eux-mêmes chacun en deux sections : les pêches *à chair libre* et les pêches *à chair adhérente.*

La deuxième classe comprend les pêches à feuilles crénelées ou simplement dentées et pourvues de glandes globuleuses; la troisième les pêches pareillement à feuilles dentées, mais à glandes réniformes. De même que la première, ces deux classes se subdivisent en grandes fleurs, moyennes fleurs et petites fleurs, puis en pêches duveteuses et en pêches lisses, à chair adhérente ou non adhérente.

Les pomologistes postérieurs à Lindley (1) n'ont rien ajouté d'important à cette classification, dont ils ont conservé le principe, leurs modifications ne portant que sur des appréciations diverses de caractères. C'est ce qu'ont fait, entre autres, le savant pomologiste Poiteau, puis M. Carrière, qui a publié divers travaux sur le pêcher, enfin M. Paul de Mortillet, qui, dans un travail récent (2), intervertit simplement l'ordre dans lequel Lindley avait classé ses caractères distinctifs. Ces modifications, quoique de peu de valeur, offrent cependant l'avantage de mettre en première ligne les caractères les plus apparents et les plus faciles à saisir. Ajoutons que les pêches lisses appartenant probablement à une autre espèce botanique que les pêches duveteuses, le caractère tiré de la peau du fruit acquiert par là une importance de premier ordre.

Races et variétés de pêchers. — Admettant cette légère correction au travail de Lindley, nous dirons donc que les caractères sur lesquels se fonde la classification des pêchers sont, 1° la nature de la peau du fruit, qui est lisse ou couverte de duvet; 2° l'adhérence ou la non-adhérence de la chair au noyau; 3° la grandeur relative des fleurs, divisées en grandes, moyennes ou petites; 4° la présence ou l'absence de glandes pétiolaires, tantôt globuleuses, tantôt réniformes.

1° D'après la nature de la peau nous aurons deux groupes de premier ordre, deux espèces, qui comprennent toutes les pêches connues, savoir : les *pêches à peau duveteuse* (fig. 162 et 163), et les *pêches lisses* (fig. 164).

2° Dans chacune de ces deux espèces il y a, comme nous l'avons déjà dit, des fruits à noyau libre et des fruits dont le

(1) Presque tous les pomologistes, et même de simples arboriculteurs, ont entrepris la classification des pêchers, et chacun d'eux y a introduit ses vues particulières. Pour nous en tenir aux principaux, nous citerons, outre ceux qui ont été nommés ci-dessus : Merlet (*Abrégé des bons fruits*, en 1667), Miller, en 1731 et le Cte Lelieur, dans la première moitié de ce siècle ; enfin Robert Hogg en Angleterre et M. Gabriel Luizet en France, tous deux nos contemporains. La lecture de leurs ouvrages peut être utile pour l'histoire du jardinage, mais elle est totalement superflue au point de vue de la pratique.

(2) *Les meilleurs fruits*, etc., fascicule de la *Pêche*, in-4° de 439 pages, avec figures noires dans le texte, par M. P. de Mortillet, 1865. Grenoble, Prudhomme, Giroud et Cie, éditeurs.

noyau adhère à la chair; de là, subdivision de chacun des deux groupes en deux races : les *pêches à chair adhérente au noyau* et les *pêches à chair non adhérente.*

Fig. 162. — Pêche grosse mignonne.

3° Chacune de ces quatre races se divise à son tour en sections, suivant que les fleurs sont relativement grandes, moyennes ou petites.

4° Enfin, les glandes du pétiole intervenant comme caractère, chacune de ces sections se subdivisera en trois groupes secondaires. Il est tout à fait indifférent qu'on mette ce caractère en dernière ligne, ou qu'on le mette au second rang pour l'importance.

Fig. 163. — Pêche Pavie.

Parmi les caractères sur lesquels se fonde cette classification il en est un qui peut sembler vague et propre à induire en erreur; c'est celui qu'on a tiré de la grandeur relative des fleurs (1) ; aussi n'a-t-il pas été admis par tous les pomologistes, du moins tel que nous l'avons présenté ci-dessus ; mais la difficulté est plus apparente que réelle, et on la surmonte aisément avec un peu d'habitude. M. Carrière a d'ailleurs fait voir que la forme varie quelque peu dans les trois catégories de fleurs, bien qu'on ne puisse pas trop compter sur ce dernier caractère.

Il est évident que dans la pratique on n'a pas besoin de toutes les variétés de pêchers indiquées dans les catalogues des pépiniéristes; on n'en cultive même ordinairement qu'un très-petit nombre, choisies parmi les meilleures ou qui s'accommodent le mieux des conditions locales de sol et de climat. Pour aider l'amateur à faire son choix nous allons indiquer sommairement celles de ces variétés auxquelles il pourra donner la préférence; ce sont, parmi les pêches proprement dites, c'est-à-dire à noyau non adhérent, les pêches : *Reine des Vergers, Galande, Galande pointue, Admirable jaune, Téton de Vénus, Grosse Mignonne ordinaire, Grosse Mignonne hâtive, Belle de Doué, Madeleine blanche, Madeleine rouge, Pêche Sieulle, Bourdine, Pucelle de Malines, Tardive des Mignots, Pêche beurre, Pêche à feuilles de Saule, Nivette, Royal Georges, Chevreuse hâtive, Belle Conquête, Pourprée hâtive, Sanguine admirable, Sanguine grosse admirable, Belle Toulousaine, Pêche de Syrie* ou *Michal*.

Dans ce même groupe on peut encore recommander, quoique moins grosses et moins belles que les précédentes, les pêches *Souvenir de Jean Rey, Barrington, Sanguine de Manosque, Madeleine Dekenhoven, Laporte, Georges IV, Rendatler, Hâtive de Hollande, Mignonne à bec, Pourprée tardive,*

(1) Suivant M. Alexis Lepère (*Journal de la Soc. imp. d'horticulture*, VIII, p. 198), la distinction de la grandeur relative des fleurs de pêchers aurait une application directe dans la culture. Cet habile praticien assure que toutes les variétés à grandes fleurs, telles par exemple que les mignonnes, sont celles dont les fruits mûrissent en premier lieu ; que la plupart de celles dont les fleurs sont moyennes, comme les Chevreuses, mûrissent leurs fruits seulement dans la deuxième saison ; enfin que les pêchers à petites fleurs sont généralement des variétés tardives, mûrissant mal sous le climat de Paris, ou n'y donnant que rarement de bons résultats, parce que leur bois n'a pas le temps de s'aoûter convenablement avant l'hiver.

Petite Madeleine, *Souvenir de Java*, *Pêche d'Ispahan*, *Pêche de Malte*, *Montigny*, *Pêche à fleurs blanches*, *Avant-pêche rouge*, *Avant-pêche blanche*.

Parmi les pêches à noyau adhérent, auxquelles on donne les noms de *Pavies*, *Persèques*, *pêches mâles*, *pêches à chair ferme*, etc., les plus estimées sont : la *pêche abricotée*, la *pêche de Bonneuil*, *Tippecanoë*, *Willermoz*, *Pomponne rouge*, *Pomponne blanche*, *Alberge* ou *Persèque d'Angoumois*, la *pêche jaune* et la *pêche Camus*. On peut y ajouter, quoique d'ordre inférieur, les pêches de *Chang-Haï*, *à fleurs doubles blanches*, *à fleurs doubles rouges*, *à fleurs de camellia*, *à fleurs de rosier*, *à fleurs d'œillet*, *Gain de Montreuil*, *Caroline incomparable*, *Heath clingstone*, enfin les pêchers *nain* (1) et *pleureur*.

Enfin, dans l'espèce des pêches lisses, ou brugnons, qui sont moins estimées en France que les pêches duveteuses (2), on peut recommander, parmi les variétés à chair non adhérente, le *Tawny Hunt's* (à chair jaune), le *brugnon hâtif d'Angervilliers*, la *pêche de Gathoye*, la *pêche Pitmaston à chair jaune*, le *brugnon jaune*, le *brugnon cerise*, l'*Hardwick's seedling*, le *brugnon Stanwick*, la pêche *Elruge*, le *brugnon de Boston* à chair jaune, le *brugnon blanc* et le *brugnon hâtif de Zelhem*. Dans le petit groupe des brugnons à chair adhérente il n'y a à citer que le *Newington ordinaire*, le *Newington hâtif* et le *brugnon musqué*.

Culture du pêcher. — Comme la plupart des autres arbres, c'est par une bonne culture que le pêcher donne de bons fruits. Dans tous les pays vignobles on plante et on sème beaucoup de pêchers dans les vignes, où ils viennent sans culture, presque toujours sans être greffés, et où on ne s'occupe d'eux que pour en récolter les fruits. Ce sont les *pêches de vigne*, fruits souvent mauvais, durs et petits, compre-

(1) On cultivait autrefois (au dix-huitième siècle) des pêchers nains qui, dit-on, ne dépassaient pas la taille d'un beau pied de giroflée, et qui, élevés en pots, donnaient ordinairement de 20 à 25 belles pêches. L'arbuste entier, chargé de ses fruits, servait alors à l'ornement des desserts.

(2) En Angleterre, au contraire, les brugnons, ou *nectarines*, vont au moins de pair avec les pêches duveteuses dans l'estime des amateurs.

nant d'ailleurs un nombre illimité de variétés (1). Il en est autrement dans les jardins, où les variétés sont choisies et où on leur donne les soins nécessaires.

Le pêcher, nous l'avons déjà dit, est un arbre méridional, qui, sans être très-sensible à la gelée sous nos climats, veut cependant être plus ou moins abrité dans nos provinces du nord et du centre. Dans la région la plus méridionale de la France on ne le cultive guère qu'en plein vent; dans le Nord c'est surtout comme arbre d'espalier qu'il acquiert de l'importance. Adossé à un mur qui l'abrite des vents froids au moment de la floraison et qui concentre sur lui les rayons solaires en été, ses fruits y arrivent à toute la perfection désirable, et il est à remarquer que c'est précisément dans le nord, surtout au voisinage de Paris (2), où on l'élève avec le plus d'art, qu'on récolte les plus belles et les meilleures pêches. Nous allons passer en revue les différents procédés de culture qu'on lui applique, procédés qui varient suivant les lieux, les climats et les habitudes.

Multiplication du pêcher. Deux procédés sont ici en usage comme pour tous les arbres fruitiers; ce sont les semis et la greffe. On a essayé quelquefois, et, paraît-il, avec succès, la multiplication par bouturage, mais cette méthode est encore trop peu connue et probablement trop incertaine pour qu'on ait songé à la faire passer dans la pratique.

Les semis de pêchers sont aléatoires comme ceux de la plupart des simples variétés de plantes cultivées. Les arbres qu'on en obtient tendent plus ou moins à reprendre les caractères de l'espèce sauvage, autrement dit à dégénérer, dans le sens horticole du mot; mais cette dégénérescence ne se fait pas

(1) La qualité des pêches de vigne dépend du climat, de la nature du terrain et sans doute aussi de la variété à laquelle appartenaient les noyaux. Dans le Midi on sème beaucoup de pêchers dans les vignes, et cela avec un certain bénéfice, car, ainsi que le fait observer M. de Gasparin (*Cours d'agriculture*, IV, p. 738), ces arbres fructifient souvent dès la seconde année, et donnent abondamment des fruits pendant trois ans, après quoi ils commencent à décliner; mais on n'attend pas leur mort pour les remplacer, à moins que la culture principale n'exige tout le terrain. En somme, quoique leurs fruits soient assez médiocres, ces petits pêchers sont un excellent supplément de cultures plus importantes.

(2) A Montreuil-aux-Pêches, par exemple.

au même degré pour toutes les variétés. De là l'utilité de choisir les noyaux destinés à être semés ; il va de soi qu'on doit préférer ceux des variétés les plus méritantes.

Certains arboriculteurs ont prétendu que les pêchers à glandes réniformes, quelle que soit d'ailleurs la qualité de leurs fruits, sont plus rapprochés du type sauvage que les variétés à glandes globuleuses, et surtout que celles où les glandes sont nulles, et qu'en conséquence les semis de noyaux de ces deux derniers groupes ont plus de chance de contenir de bonnes variétés nouvelles que ceux du premier. Cette allégation, toute gratuite et peut-être intéressée, ne repose sur aucune expérience. Tout ce qu'on peut dire c'est que, sur un nombre un peu considérable de noyaux semés, on a souvent chance d'obtenir quelques arbres de mérite. Les noyaux peuvent être semés en place immédiatement, soit au moment de la maturité, soit un peu plus tard. Si on n'a pas de terrain préparé pour les recevoir, on les met en stratification avant l'hiver, dans des vases remplis de sable humide et remisés dans une cave, un cellier, ou même simplement enfouis en terre au pied d'un mur et recouverts de feuilles sèches. Au printemps de l'année suivante, ces noyaux, qui ont travaillé pendant l'hiver, entrent en germination ; on les plante alors, avec quelque précaution pour ne pas briser les germes, en place ou en pépinière suivant le cas. Un bon nombre des arbres ainsi obtenus donneront du fruit à la quatrième année, quelques-uns même à la troisième. Il sera utile de se rappeler ici que les premiers fruits d'un arbre, et particulièrement ceux d'un pêcher, sont presque toujours médiocres ; qu'ils s'améliorent d'année en année à mesure que l'arbre marche vers l'état adulte, et qu'en conséquence il ne faut pas juger de la valeur d'un arbre sur ce premier aperçu. Trop de hâte à condamner des arbres comme mauvais serait une détermination fâcheuse, sauf le cas où ils seraient d'apparence tout à fait chétive ; le mieux alors serait de les sacrifier, et de réserver leur place à des sujets plus vigoureux.

Dans la plupart des cas, cependant, la multiplication du pêcher se fait par greffes, les cultivateurs aimant mieux être assurés du résultat en s'en tenant aux races ou variétés déjà éprouvées que de courir les aventures du semis. La question est alors de choisir des sujets de greffe, et c'est encore par le semis qu'on se les procure. Quatre espèces d'arbres y sont employées : l'amandier, le prunier, l'abricotier et le pêcher lui-même, qui tous quatre ont leurs avantages et leurs inconvénients. Chez les pépiniéristes on n'y emploie guère que l'amandier et le prunier, et on donne la préférence à l'amandier à fruits doux sur l'amandier à fruits amers, qui fournit cependant des arbres plus vigoureux. Cette question du choix des sujets pour la greffe du pêcher a été fort débattue; elle l'est même encore; mais si on ne se borne pas à considérer ce qui est particulièrement avantageux au voisinage de Paris, et qu'on embrasse l'universalité des climats et des terrains de la France entière, on devra reconnaître que les diverses essences indiquées ci-dessus ont leurs avantages propres, et que chacune d'elles convient mieux que les autres dans telles conditions données. C'est ainsi que, au nord de Paris, de même que dans toutes les localités froides et humides, le prunier fournira les meilleures sujets de greffe pour le pêcher; qu'au sud de Paris, et dans tout le centre, l'amandier conviendra mieux; que dans la zône méridionale ce sera le pêcher lui-même (1). Quant à l'abricotier, il aura son utilité particulière dans les terrains maigres, arides et de peu de profondeur, où aucune des trois autres espèces ne pourrait prospérer, et cela au nord aussi bien qu'au midi. Là où on emploiera le prunier comme sujet, en considération de la latitude et du climat, il va de soi qu'on ne devra greffer sur lui que des variétés de pêches hâtives,

(1) Il serait difficile d'établir une règle sur le choix à faire entre les arbres qui peuvent fournir des sujets de greffe pour le pêcher, mais ce qui est certain c'est que les résultats sont fort différents suivant les lieux. C'est ainsi, par exemple, qu'à Bordeaux, et même dans toute l'étendue du département de la Gironde et dans les départements voisins de Lot-et-Garonne, on voit périr à peu près tous les pêchers greffés sur pruniers et surtout sur amandiers. Les seuls qui y réussissent sont les pêchers greffés sur francs. Au surplus, il arrive sur le marché de Bordeaux, dans la saison des fruits, d'incroyables quantités de pêches récoltées sur des arbres de semis non greffés, et parmi lesquelles il s'en trouve de remarquablement belles.

les seules qui puissent y arriver à maturité (1). Les sujets de prunier eux-mêmes devront avoir été obtenus de semis, l'expérience ayant fait reconnaître que les drageons de cet arbre se prêtent mal à cet usage, et que les sujets qu'on en a tirés sont eux-mêmes très disposés à drageonner, ce qui nuit à leur développement et les épuise.

Les semis d'amandes, de noyaux de prune et de noyaux d'abricot se font de la manière indiquée ci-dessus pour les noyaux de pêche. Les pépiniéristes de Paris sèment presque exclusivement l'amande douce à coque dure, mais beaucoup d'autres pomologistes ne font aucune différence entre cette variété et l'amande amère à coque dure; d'autres regardent cette dernière comme la meilleure, parce qu'elle donne des sujets plus vigoureux. Pour le prunier, c'est habituellement au Damas noir et au Saint-Julien qu'on demande des sujets; quelques-uns y emploient le prunier myrobolan (2); mais cet arbre est déconseillé par d'autres, qui même le déclarent la plus mauvaise race du genre comme sujet de greffe pour le pêcher. Quant à l'abricotier, la variété commune est la meilleure de toutes pour ce genre de service.

Le choix du terrain où l'on se propose d'établir une pépinière d'arbres à noyaux n'est pas indifférent. Celui qu'on doit préférer est un sol léger, s'égouttant facilement et contenant une certaine dose d'humus; on le laboure profondément, et on l'amende si on juge qu'il n'a pas la composition requise. Les noyaux stratifiés et déjà en germination au printemps y sont plantés en lignes à $0^m,40$ de distance l'un de l'autre, et à $0^m,07$ ou $0^m,08$ de profondeur. Les lignes elles-mêmes sont espacées de $0^m,70$ à 1m. Dans le cas de l'amandier, les jeunes plantes germées doivent avoir au moment de la plantation un pivot de 5 à 6 c. de longueur; avant de les mettre en terre on en retran-

(1) Nous avons déjà vu plus haut que suivant M. Lepère c'est dans les variétés à grandes fleurs qu'il faut choisir les variétés hâtives.

(2) Cette espèce est particulièrement recommandée par M. Dufresne comme sujet pour tous les arbres qui se dressent sur sauvageons de prunier. Le myrobolan a d'ailleurs la précieuse faculté de reprendre facilement de bouture, ce qui permet d'en obtenir promptement un grand nombre de sujets. (*Journ. de la Soc. imp.*, V, 599.)

che le tiers ou la moitié, pour l'empêcher de croître en profondeur et obliger les racines latérales à se développer. Cette opération n'est pas nécessaire pour les noyaux germés de pêchers et d'abricotiers. Les sujets de prunier ne pouvant pas être greffés la même année à cause de leur faiblesse, on peut se borner à semer les noyaux à la volée, quoi qu'il soit mieux de le faire en lignes ; à l'automne on relève le plant pour le mettre en pépinière aux distances que nous venons d'indiquer. Les amandiers, les pêchers et quelques abricotiers pourront être greffés l'année même du semis ; les abricotiers moins forts et les pruniers le seront l'année d'après.

La greffe généralement usitée ici est la greffe en écusson à œil dormant. (Voir tome Ier, p. 535 et suivantes). Ordinairement les pépiniéristes coupent les bourgeons destinés à fournir les écussons sur les jeunes greffes de l'année précédente, mais il est beaucoup mieux de les prendre sur des arbres faits, en évitant soigneusement les gourmands, qui donneraient sans doute des pousses vigoureuses, mais dont la fructification serait trop tardive.

L'époque du greffage varie suivant l'espèce des sujets. Sur des sujets de prunier on greffe avantageusement dans le courant de juillet, mais on ne doit pas différer l'opération plus tard que le 15 août, parce que la séve abandonne de bonne heure les sujets de cette espèce. La greffe sur abricotiers viendra immédiatement après, et, en dernier lieu, celle sur amandiers et sur pêchers, qui habituellement se maintiennent bien en séve jusqu'à la mi-septembre. Les greffes en écusson réussissent en effet presque toujours mieux vers le déclin de la séve que lorsqu'elle est dans sa force. En dix ou douze jours les écussons sont ordinairement soudés au sujet, et on sait déjà que la chute spontanée du pétiole qu'on a conservé à l'écusson en indique la reprise. On surveille les greffes pour desserrer à propos les ligatures, afin qu'elles n'occasionnent pas d'étranglements, mais il faut avoir soin aussi de ne pas les enlever trop tôt. Au mois de février on rabattra les sujets à 10 centimètres au-dessus de l'écusson, en laissant au sommet du chicot un œil d'appel pour attirer la séve, et on supprimera les autres. Ce chicot un peu long servira plus tard de tuteur au bourgeon de la greffe, qu'on y attachera avec un lien peu serré, pour l'empêcher d'être cassé par le vent et aussi pour lui faire prendre une direction verticale. Lorsque le bourgeon de la greffe sera bien aoûté, on rabattra le chicot un peu au-dessus du point greffé, soit à un centimètre environ, ou moins encore. Le point délicat, dans la conduite du jeune pêcher, est de ménager les yeux placés au bas de la pousse de la greffe, parce que ce sont eux qui doivent fournir les bases de la charpente de l'arbre. Quoi qu'on fasse, on n'est pas toujours maître d'empêcher leur développement anticipé, qui est souvent provoqué par un accident arrivé à la tige. Beaucoup de praticiens conseillent d'arroser les jeunes arbres, pour exciter leur végétation; d'autres blament cette pratique. Il est évident qu'ici c'est le climat ou le caractère météorologique de l'année qui décident la question. Dans le nord et pendant une saison pluvieuse les arrosages pourraient être plus nuisibles qu'utiles; si la saison était très-sèche, et surtout dans le Midi, l'arrosage pourrait devenir nécessaire pour assurer l'existence du jeune arbre (1).

La greffe en écusson à œil dormant est celle qui pour le pêcher donne les résultats les plus assurés, mais on n'est pas toujours en mesure de l'employer. A son défaut, la greffe en fente à œil dormant, c'est-à-dire exécutée avant l'hiver, peut

(1) Un arbre qu'on a habitué à être arrosé finit par ne plus pouvoir se passer d'arrosage, parce que ses racines ne se sont développées que dans la motte de terre que l'eau a imbibée et que cette motte venant à se dessécher, l'arbre ne trouve plus la dose d'humidité dont il a besoin pour l'alimentation de ses parties aériennes. Si, au contraire, on l'a habitué de bonne heure à se passer d'eau, ses racines s'enfoncent pour chercher l'humidité dans les profondeurs du sol, et cela d'autant plus que le terrain est plus sec. C'est ainsi que, dans la région méditerranéenne, et dans les endroits les plus rocailleux et les plus arides, on voit des arbustes conserver leur fraicheur malgré les ardeurs de l'été et les sécheresses les plus prolongées, parce que leurs racines descendent à plusieurs mètres, dans les moindres fissures du roc, où elles trouvent encore quelque humidité. Mais s'il s'agit d'arbres fruitiers, cette faible humidité ne suffit plus pour assurer les récoltes, aussi est-on dans l'usage de les arroser au moins une fois par mois dans le courant de l'été. C'est particulièrement le cas des orangers en Provence, qui conserveraient très-peu de fruits et les mûriraient mal s'ils étaient entièrement abandonnés à eux-mêmes. On conçoit que dans d'autres parties de la France les arrosages sont moins de rigueur.

y suppléer, mais il faut avoir soin de la garantir de la pluie et même de l'abriter du froid. Le mois d'octobre et le commencement de novembre sont l'époque la plus favorable pour exécuter cette greffe. Elle réussit quelquefois au printemps, mais elle a toujours beaucoup moins de chances que lorsqu'elle est faite avant l'hiver. L' écussonnage à œil poussant vaut mieux, mais alors il faut supprimer immédiatement la tête du sujet à cinq ou six centimètres de l'écusson. A cause de l'abondance de la séve à ce moment de l'année, il est plus avantageux de faire l'incision sur le sujet en T renversé qu'en T droit. Il va de soi que la greffe faite au printemps doit être surveillée et qu'elle réclame les mêmes soins que celle d'automne.

Les arboriculteurs marchands ne peuvent greffer leurs arbres qu'en pépinière, puisqu'ils sont destinés à être vendus; mais le propriétaire, qui a d'autres intérêts, doit autant que possible semer et greffer en place: les arbres en deviennent incomparablement plus vigoureux. C'est un avantage considérable, même sans tenir compte de l'économie du temps et de la main-d'œuvre que demanderait la transplantation et des accidents qu'elle peut occasionner aux jeunes arbres.

Le pêcher est un arbre peu difficile sur la qualité du terrain; à la rigueur il vient presque partout, mais on n'a pas de peine à comprendre qu'il réussit infiniment mieux sur les bonnes terres que sur les mauvaises. Celles qu'il préfère sont les sols calcaréo-siliceux, profonds, conservant en toute saison un peu d'humidité et contenant une bonne proportion d'humus. Dans les terres maigres, sèches et brûlantes il végète mal et laisse tomber la plupart de ses fruits, qui sont insuffisamment alimentés, et ceux qu'il garde restent petits et sont généralement pâteux et amers. Dans les terres fortes et humides il pousse d'abord avec vigueur, mais il donne peu de fruits et des fruits de qualité médiocre; de plus, il y est sujet au chancre. Il résulte de ces considérations que, pour la plantation de pêchers en plein vent, on doit choisir les endroits où le sol paraît le mieux convenir à l'arbre, et qu'au besoin on fait bien d'y ajouter des amendements appropriés. Pour des pêchers à élever en espalier la question est la même, avec cette différence que si le terrain qui est au pied du mur ne convient pas il faut l'enlever sur une profondeur plus ou moins grande, qui peut, suivant les cas, varier de 10 à 60 centimètres, et le remplacer par de la terre meilleure. La plus convenable, quand on peut se la procurer, est une bonne terre de prairie, ou encore une bonne terre franche un peu calcaire. Mais ces changements de terre sont toujours coûteux. Lorsque le terrain destiné à porter des espaliers n'a pas besoin d'être radicalement transformé, il n'en faut pas moins le défoncer pour y planter les arbres. La bande défoncée ne peut pas avoir moins d'un mètre et demi de large, et le défoncement moins de $0^{m},50$. Plus le défoncement sera large et profond, mieux les arbres y viendront et plus abondantes aussi seront les récoltes de fruits. C'est au propriétaire à agir ici suivant ses moyens. Beaucoup se contentent, pour planter leurs espaliers, de creuser des trous dans le terrain, mais quelque larges et profonds qu'ils les fassent, ces trous ne valent jamais un défoncement complet.

La culture du pêcher en plein vent est naturellement la plus simple. Trop souvent, dans nos provinces méridionales, où on compte beaucoup sur le climat, l'arbre, une fois planté, est entièrement livré à lui-même ; tout au plus, de loin en loin, songe-t-on à labourer un peu la surface du sol et à y ajouter un peu de fumier. Avec quelques soins de plus, le pêcher payerait beaucoup mieux les avances du cultivateur ; il produirait davantage et surtout donnerait de meilleurs fruits. Même pour les pêchers de vigne, dont on ne s'occupe pas du tout, on devrait choisir de meilleures variétés que celles qui existent aujourd'hui. Toutefois, l'unique bonne méthode pour la culture du pêcher, tant en plein vent qu'en espalier, est qu'il occupe seul le terrain, et qu'aucun autre arbre ou arbuste, ou même des légumes et des fleurs, ne viennent le lui disputer. Cependant, dans les petits potagers, où l'on tient à récolter quelques pêches, il n'est guère possible de se conformer à cette prescription. Le pêcher de plein vent peut se passer d'être taillé, mais il est mieux d'en régulariser la sève par dès suppressions convenables. C'est ce que nous expliquerons plus loin.

Dans le Nord, ainsi que nous l'avons déjà dit, la culture du pêcher en espalier est la seule importante, bien qu'on y puisse encore récolter des pêches en plein vent, à l'aide des variétés robustes et rustiques, et en choisissant les bonnes expositions. Pour former un espalier, la condition première est de posséder un mur convenablement orienté et d'une hauteur suffisante. A l'exception du nord, du nord-ouest ou du nord-est, toutes les expositions sont bonnes, mais les meilleures sont celles qui regardent le midi, surtout le sud-est. Du reste la topographie du pays, les vents dominants et la latitude elle-même sont autant de conditions particulières qui peuvent modifier du tout au tout la valeur de l'orientation. A Montreuil, où on tient à rendre les murs productifs des deux côtés, ces murs sont construits dans la direction nord-sud, et par conséquent présentent une de leurs faces à l'est, et l'autre à l'ouest. Reconnaissons, enfin, que, dans la plupart des cas, l'amateur n'est pas libre de faire construire des murs dans la meilleure direction possible ; le plus souvent il trouve les murs tout bâtis, et ce qu'il a alors de mieux à faire est de les utiliser tels qu'ils sont.

Cependant, s'il y a possibilité de bâtir des murs tout exprès pour y établir un espalier de pêchers, et si on ne recule pas devant la dépense, on aura toute latitude pour se mettre dans les meilleures conditions. Suivant les ressources du pays, on construira les murs en pierres ou en briques, même en pisé si ce mode de construction est en usage dans la localité. La hauteur à leur donner ne doit pas être inférieure à $2^{m},50$, et il est même beaucoup mieux de la porter à 3 mètres, parce qu'elle peut alors recevoir des pêchers conduits sous toutes les formes, et qu'elle procure un abri plus efficace aux arbres. Les murs devront être crépis à blanc, et, si on se propose de palisser à la loque, comme on le fait à Montreuil, et que le plâtre soit à bon marché, on les fait enduire dans toute leur étendue d'une couche de cette matière, sur 3 à 4 centimètres d'épaisseur, ce qui est suffisant pour maintenir les clous à l'aide desquels les loques de palissage sont fixées au mur. A

Montreuil on ne palisse pas autrement, mais on ne trouve pas partout le plâtre à aussi bon compte que dans cette localité, et s'il est trop cher, on se contente d'appliquer sur le mur un treillage en bois ou en fils de fer, qui, en définitive, rend les mêmes services. Les treillages en bois sont les meilleurs, mais ils sont aussi les plus coûteux ; ils se font à l'aide de traverses et de montants de chêne ou de châtaignier, de 2 à 3 centimètres d'épaisseur et de largeur, soutenus de 2^m en 2^m par des montants plus forts, c'est-à-dire ayant 6 centimètres de largeur sur 4 d'épaisseur. Les traverses sont clouées à 20 centimètres l'une de l'autre, et les montants ordinaires à 15 centimètres. Ce treillage peut être mobile ou scellé à demeure sur le mur, tout en laissant entre lui et ce dernier un intervalle de 4 à 5 centimètres, suffisant pour qu'on puisse y passer facilement les doigts dans l'opération du palissage. Il sera bon de peindre le treillage à trois ou quatre couches pour en prolonger la durée. Pour le treillage en fils de fer on emploie des fils un peu forts, qu'on tend horizontalement sur le mur, de $0^m,50$ en $0^m,50$ de distance, en commençant à $0^m,25$ du sol, de manière à avoir six fils de fer horizontaux sur un mur de 3^m, le plus élevé se trouvant encore à $0^m,25$ du sommet du mur. Ces fils sont maintenus au moyen de pitons plantés dans le mur à 2^m les uns des autres sur la ligne, et percés, au milieu de leur tête, d'un trou par lequel on fait passer le fil de fer. Ils sont solidement fixés à leurs extrémités, dont une est munie d'un roidisseur, pour donner au fil la tension convenable. Les fils horizontaux ayant été placés, on procède à la pose des fils verticaux, sortes de tringles qu'on accroche au fil de fer supérieur et qu'on attache à tous leurs croisements sur les fils horizontaux à l'aide de fils plus fins et recuits. Ces fils verticaux se placent à 20 centimètres les uns des autres. Un coup d'œil jeté sur des treillages d'espalier achèvera de faire comprendre les dispositions que nous venons d'expliquer brièvement. Ce que nous ne devons pas omettre de rappeler, c'est que le mur doit être muni d'un chaperon, dont la saillie doit varier suivant le mode de palissade. Dans le palissage à la loque, où les rameaux de l'arbre sont appliqués sans intermédiaire sur le mur, il suffit que le chaperon s'avance de 16 centimètres; dans le cas de l'emploi d'un treillage, qui écarte l'arbre du mur, la saillie du chaperon ne doit pas être au-dessous de 18 à 20 centimètres.

Palisser un arbre c'est en étendre graduellement toutes les branches sur le mur ou sur le treillage, et par suite lui donner un port entièrement artificiel. L'arbre dès lors est étalé (fig. 166), et, suivant la forme adoptée, il représente un éventail ou une palmette, deux formes déjà anciennes qui ont été modifiées de bien des manières. A une époque plus récente on a inventé d'autres formes, la plupart de fantaisie et généralement moins avantageuses que les premières. Ces différentes formes du pêcher peuvent se classer en deux groupes : les grandes formes et les petites. L'idéal de l'horticulture, et le but que l'on doit viser à atteindre, est de couvrir entièrement les murs par les branches du pêcher, et d'y multiplier les branches fruitières. On y parvient par la taille, ainsi que nous le verrons plus loin.

Parmi les grandes formes du pêcher les plus intéressantes à connaître sont : la *forme en V ouvert*, qui est la plus commode de toutes pour la taille et le palissage des branches, et la plus facile à établir, mais qui a l'inconvénient de laisser vide une grande partie du mur de l'espalier, qu'elle ne peut garnir entièrement ni entre les bras du V, ni au-dessous des membres inférieurs.

La forme *à la Dumoutier* ou en *éventail à la française*, dont les branches mères, divisées en deux groupes au-dessus de la souche, rayonnent en divergeant, les plus extérieures étant presque horizontales, les intérieures se rapprochant de la verticale. Cette forme, dans son ensemble, présente la figure d'un carré long et est très-propre à couvrir le mur d'un espalier. Il est à remarquer qu'aucune des branches de la charpente de l'arbre ne s'y élève verticalement, pas même celles du milieu, qui inclinent légèrement, de chaque côté, en dehors de la verticale, ce qui est une disposition favorable pour empêcher les branches supérieures de s'emporter. Les pêchers ainsi conduits sont susceptibles de prendre de grandes dimensions, telles que 15 à 16 mètres de largeur, sur 3m,50 à 4m de hauteur, quand toutefois le mur est assez élevé pour s'y prêter. En compensation de ces avantages, les pêchers conduits à la Dumoutier exigent pour se former un temps plus long que ceux qui sont conduits autrement, et ils laissent pendant plusieurs années une partie du mur dégarnie. C'est le principal défaut d'une forme d'ailleurs excellente, mais qui ne convient qu'aux terrains les plus fertiles.

La *forme carrée à la Montreuil* (fig. 166), la meilleure de toutes pour bien garnir un mur dont elle ne laisse pas une place vide. Elle est aussi agréable à l'œil que productive, mais elle demande à être continuellement surveillée, attendu que les branches supérieures s'élevant toutes verticalement tendent sans cesse à s'emporter au détriment des branches inférieures. Cette forme déjà ancienne a été notablement améliorée par M. Alexis Lepère.

La *palmette à double tige*, que quelques horticulteurs préfèrent à toutes les autres. Elle s'établit sur deux branches mères principales qui montent verticalement et dont les extrémités sont recourbées en dehors. Les branches secondaires sont dirigées de chaque côté dans une position très-inclinée ou tout à fait horizontale. Cette forme garnit parfaitement un espalier et est plus facile à maîtriser que la précédente. Il y a aussi des palmettes à une seule tige, les unes à branches horizontales, les autres à branches plus ou moins obliques; elles sont peu usitées aujourd'hui.

La *palmette Verrier*, ainsi nommée de son inventeur, M. Verrier, jardinier chef de l'École régionale de la Saussaye, et qui est une importante modification de la palmette à tige simple. Un grave inconvénient de cette dernière consiste en ce que la séve tend à abandonner les branches inférieures pour se porter aux supérieures. M. Verrier a fait disparaître cet inconvénient en redressant en forme de courbe les extrémités des branches horizontales de charpente inférieures, qui finissent par s'élever jusqu'au niveau des branches supérieures. Il en résulte qu'elles prennent une grande force, par suite de l'appel qu'exerce sur la séve leur partie redressée.

La *forme en candélabre*, qui se compose de deux branches mères, naissant l'une vis-à-vis de l'autre à environ 30 centimètres du sol. On les amène graduellement à la position horizontale, puis on les redresse lorsqu'elles ont atteint les limites assignées à l'arbre; elles portent des branches sous-mères verticales de 60 en 60 centimètres.

Parmi les petites formes qu'on applique au pêcher, nous distinguerons :

La *forme en U simple*, sorte de double palmette composée de deux branches mères verticales, écartées l'une de l'autre de $0^m,60$, et garnies, de droite et de gauche, de productions fruitières. Cette forme exige des murs élevés d'au moins 4 mètres.

La *forme en U double*, dans laquelle chacune des deux branches mères du cas précédent donne elle-même naissance à deux branches de charpente, montant verticalement, ce qui constitue une palmette à quatre branches charpentières. Cette forme est généralement avantageuse dans les terrains maigres ou trop secs; de plus, elle est facile à gouverner, parce que toutes les branches suivant la même direction sont soumises aux mêmes courbes, et que l'une n'est pas plus favorisée que l'autre.

Enfin, la *forme oblique simple*, dite aussi *coup de vent*, qui consiste en une seule tige élevée obliquement et faisant avec le sol un angle plus ou moins aigu, suivant la hauteur du mur d'espalier, mais qui ne doit pas avoir moins de 45 degrés. C'est la forme qui permet la plantation la plus rapprochée des arbres (60 à 80 centimètres de l'un à l'autre). Elle est admise comme bonne par beaucoup d'horticulteurs (1), parce qu'elle amène promptement la fructification des arbres, qu'elle couvre bien le mur et qu'elle est facile à conduire; d'autres, au contraire, la repoussent, à cause du peu de longévité des arbres; mais ce peu de longévité tient ici surtout à leur

(1) Entre autres par M. Forest, un de nos plus habiles pomiculteurs parisiens, qui a obtenu une abondante fructification sur des pêchers obliques de 18 mois de plantation, et qui n'avaient reçu aucune espèce de taille. D'autres horticulteurs ont obtenu des résultats analogues, tant en France qu'à l'étranger.

trop grand rapprochement. Pour qu'un pêcher oblique soit dans de bonnes conditions, il doit avoir une longueur de 5 à 6 mètres; l'obliquité sera d'autant plus grande que le mur sera moins haut.

Enfin, dans ces dernières années, un pépiniériste de Montpellier, M. Sahut, a proposé un mode de taille particulier du pêcher, emprunté aux horticulteurs chinois, auquel il a donné le nom de *tabulaire* ou *en table*, et qui consiste à laisser le pêcher se ramifier, mais toujours horizontalement sur un treillage fixé à 0^m,30 ou 0^m,40 au dessus du sol. Cette méthode, dont on a pu voir quelques résultats à l'exposition universelle de 1867, ne semble pas s'être répandue.

Manière de donner à un pêcher la forme d'espalier. Dresser un arbre en espalier est un art qui s'apprend plus par la pratique que par l'enseignement théorique, toujours insuffisant ici; néanmoins, nous allons exposer brièvement les principes sur lesquels il repose.

Pour former un espalier de pêchers on peut planter les arbres déjà tout greffés, ou seulement les sujets de prunier ou d'amandier qui recevront plus tard la greffe. Celle-ci se fait, comme nous l'avons dit plus haut, en écusson. On n'en pose qu'un si l'on se propose de conduire les arbres en palmette simple, c'est-à-dire sur une seule tige; pour toutes les autres formes il en faut deux, un de chaque côté, et on rabat la tige du sujet à 0^m,08 ou 0^m,10 au-dessus, en conservant l'œil d'appel dont il a été déjà question. De ces écussons sortiront les branches mères, qui formeront la partie la plus essentielle de la charpente du pêcher.

Lorsqu'on veut former un pêcher sur deux branches mères, ce qui est le cas le plus ordinaire, soit en V ouvert, soit à la Dumoutier, soit enfin sous la forme carrée, on retranche la seconde année le chicot resté au dessus de la greffe, et on recouvre la plaie de cire à greffer, pour éviter la déperdition de la séve et la maladie de la gomme. Il reste par conséquent les deux branches produites par les écussons, et qui déjà représentent le commencement de la forme qu'on obtiendra plus tard. Il est essentiel, à cette époque, de veiller à ce que ces deux branches restent d'égale force; et si l'une des deux tendait à s'emporter au détriment de l'autre, on en modérerait la végétation en la palissant dans une direction plus inclinée, l'expérience ayant fait voir que cette opération a constamment pour effet de ralentir la marche de la séve.

Il y a des jardiniers qui ne taillent pas les deux premières branches obtenues des écussons et les laissent croître en toute liberté. Cette méthode a ses avantages et ses inconvénients; plus ordinairement cependant on les taille à $0^m,40$ ou $0^m,50$ du point de leur origine, et toujours sur de bons yeux, qu'on choisit, autant que possible, d'égale force et placés de chaque côté de la branche, et non en avant ou en arrière; chacun de ces yeux donnera l'année d'après naissance à une nouvelle pousse, qui continuera la branche charpentière commençante. A partir de ce point on n'aura plus qu'à choisir les mieux placés d'entre les bourgeons qui se développent de tous les yeux pour achever de former l'arbre et couvrir le mur de l'espalier, mais c'est ce qu'on apprend mieux sous la direction d'un maître éclairé que par les livres. D'ailleurs le procédé varie suivant la forme que l'on adopte, et les détails en sont trop multipliés pour pouvoir trouver leur place ici. Nous rappellerons seulement qu'on doit s'attacher à maintenir la plus parfaite égalité entre toutes les parties de l'arbre, et qu'on y arrive en palissant ou en pinçant les pousses trop vigoureuses, comme aussi en dépalissant et en rapprochant de la verticale celles qui paraissent trop faibles. Ces soins s'appliquent à tous les pêchers en espalier, quelle que soit la forme adoptée.

Taille du pêcher en espalier. L'art de la taille est entièrement fondé sur la manière de végéter de chaque espèce d'arbre. Examinons en conséquence comment marche la végétation dans le pêcher.

On distingue dans le pêcher arrivé à l'état adulte deux sortes d'yeux, les *yeux à bois* et les *yeux à fruits* désignés habituellement sous la dénomination de *boutons*. Les yeux à bois en se développant deviennent des *bourgeons*, et ils conservent ce nom tant qu'ils restent à l'état herbacé et qu'ils sont garnis de feuilles; l'année d'après ils passent à l'état de *rameaux*, et plus tard à celui de *branches*. A l'aisselle des feuilles des bourgeons se forment de nouveaux yeux qui l'année suivante se convertiront en boutons, et le jeune rameau qui les porte prend le nom de *branche fruitière* (fig. 164). Chaque branche fruitière se termine ordinairement par un œil à bois, destiné à la continuer plus tard, et on y observe habituellement des yeux ternés, c'est-à-dire se composant de deux boutons de fleurs, entre lesquels se montre un œil à bois si la taille ne vient pas changer cet ordre de choses. Il en est cependant d'une forme particulière, qui, au lieu de se terminer par un œil à bois, présentent à leur extrémité plusieurs boutons à fruit. Ces branches, ordinairement très-courtes (fig. 165), ont reçu des jardiniers le nom de *cochonnets* ou *bouquets de mai*, et sont considérées par eux comme de bonnes productions, car c'est sur elles qu'on récolte les plus beaux et les meilleurs fruits. Il y a encore une troisième espèce de production fruitière; c'est celle qu'on a nommée *branche chiffonne*, rameau débile, garni de fleurs dans toute sa longueur et qui n'offre qu'à son extrémité un œil à bois, trop mal placé d'ailleurs pour pouvoir servir à le continuer. Le produit en est faible et incertain; le plus souvent même il périt. De toutes les productions fruitières la meilleure est incontestablement la branche fruitière proprement dite, parce qu'elle est la plus vigoureuse, qu'elle se renouvelle facilement, et qu'elle donne des produits assurés. Le but du jardinier doit donc être d'obtenir cette branche à l'exclusion de la branche chiffonne. Sur un pêcher en espalier tout

Fig. 164. — Branche fruitière avec des yeux simples et ternés.

Fig. 165. — Cochonnet ou bouquet de mai.

formé et bien dirigé il ne doit y avoir entre les membres de la charpente que des branches à fruits.

Ainsi que nous l'avons donné à entendre, la taille a pour but de faire naître des *branches de remplacement*, pour succéder à celles qui ayant donné leurs fruits n'en produiraient plus, sans que pour cela l'espalier se dégarnisse sur aucun point de sa surface. Ces branches de remplacement sont produites par les yeux situés au talon, c'est-à-dire à la base de la branche à fruits. Dans l'état ordinaire des choses ces yeux inférieurs ne se développent pas ou ne se développent que faiblement, parce que la séve les abandonne pour se porter vers les parties supérieures de la branche; c'est par la taille qu'on oblige la séve à refluer sur les yeux inférieurs de cette branche, et à en amener le développement en bourgeons.

La question est maintenant de savoir sur quel point de la branche doit se faire l'amputation. Il y a des jardiniers qui recommandent de tailler court, d'autres de tailler long. Ils ont également tort ou raison, suivant les cas; comme règle générale, il y a avantage à tailler long les arbres vigoureux et placés dans de bonnes conditions de terrain; lorsque les arbres sont faibles on doit tailler court; la production immédiate en fruits en sera diminuée, mais l'arbre ne risquera pas d'être épuisé, et on s'assurera par là pour l'année suivante un bourgeon de remplacement mieux nourri et plus vigoureux. Il y a cependant des variétés de pêchers qu'on est toujours forcé de tailler long : ce sont celles qui ne donnent leurs boutons à fleur que près de leur extrémité; en taillant court, c'est-à-dire immédiatement au-dessous du premier bouton à fleurs, on se condamnerait à ne récolter aucun fruit. Dans ce cas on supprime, au-dessous des boutons à fleur tous les boutons à bois, hormis celui qui est situé au talon de la branche, et qui doit seul fournir le rameau de remplacement destiné à fructifier l'année suivante. Lorsqu'une branche a donné ses fruits, on la rabat au-dessus de la nouvelle branche de remplacement.

Tels sont les principes les plus généraux de la taille du pêcher; nous ne parlons pas des cas particuliers où cette méthode doit être modifiée; ce sont des cas exceptionnels, qu'on ne peut apprendre que par l'usage. Mais, outre cette taille, qu'on appelle *taille en sec*, ou *taille de printemps*, parce qu'elle s'exécute en hiver ou tout au moins avant le réveil de la végétation, il en existe une autre, qui s'effectue pendant le cours de la végétation et qui consiste dans le pincement des bourgeons; c'est ce qu'on nomme la *taille en vert* ou la *taille d'été*. Elle a pour but d'arrêter les pousses trop actives qui absorberaient la séve de l'arbre aux dépens des productions fruitières, auxquelles elle doit être réservée. Cette taille, qui est pour ainsi dire de tous les jours, n'est guère moins essentielle que l'autre pour maintenir l'équilibre des différentes parties du pêcher et assurer une production régulière, et elle réclame toute l'attention du jardinier. Nous en dirons autant de l'ébourgeonnement (fig. 166) qui a pour but de retrancher les yeux inutiles ou mal placés, comme par exemple ceux qui naissent contre le mur, et dont le développement absorberait de la séve en pure perte.

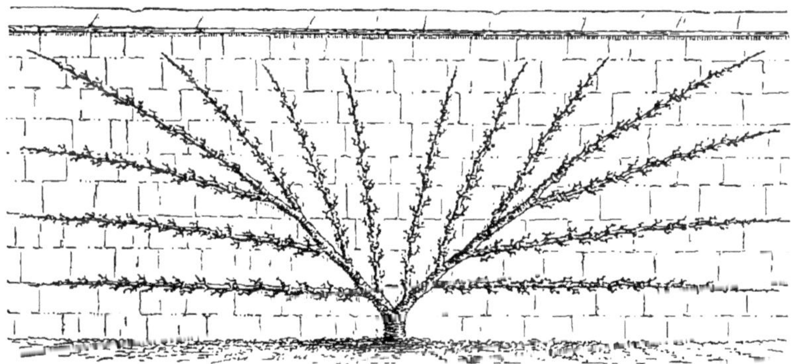

Fig. 166. — Pêcher en espalier de forme carrée, à la Montreuil.

Palissage. Le palissage du pêcher est facile, soit qu'on le fasse sur un treillage disposé comme nous l'avons dit plus haut, soit qu'on fixe directement les rameaux sur le mur à l'aide d'une loque. L'opération se fait à toutes les époques de l'année, au fur et mesure qu'elle devient nécessaire, car il est de règle de ne jamais palisser à la fois toutes les branches du pêcher. Nous savons déjà que le palissage, sous une certaine inclinaison, est un puissant moyen de modérer l'excès de vigueur de certaines branches, et ceci s'applique aux simples bourgeons aussi bien qu'aux branches déjà formées. Il sert encore à soutenir les branches qui, trop chargées de fruits, seraient exposées à se casser. Autant que possible on ne doit jamais, en palissant, croiser les branches les unes sur les autres, comme aussi ne jamais saisir les feuilles dans les liens qui servent à attacher les rameaux. Quand les branches sont faibles, on les dépalisse pour y appeler un nouvel afflux de séve et leur permettre par là de se remettre au niveau de celles qui ont crû avec plus de vigueur.

Le palissage est une opération minutieuse et assujettissante, qui demande beaucoup de temps; aussi quelques jardiniers ont-ils cherché à le remplacer par une opération plus simple et plus expéditive. On a cru y parvenir par le *pincement court* des bourgeons, c'est-à-dire par leur amputation au-dessus de la 2e ou de la 3e feuille, ce qui évidemment dispensait de les fixer au treillage. Ce système, préconisé surtout par M. Grin, horticulteur de Chartres, a été à peu près universellement condamné par les plus habiles praticiens de Paris (1), pour qui le palissage et le pincement long, fait d'ailleurs avec modération et discernement, restent comme la seule méthode recommandée par l'expérience.

(1) Une commission nommée par la Société Impériale d'Horticulture, pour examiner le système du pincement court et réitéré de M. Grin, a reconnu que ce procédé, loin d'économiser le temps, en exigeait plus que le palissage proprement dit, et qu'il avait en outre des inconvénients beaucoup plus graves, entre autres celui d'anéantir le bourgeon normal de remplacement, première pousse de l'année, en lui substituant un bourgeon anticipé, c'est-à-dire une deuxième pousse, qui est toujours d'une faible valeur. Il en résulte que le nœud s'épuise, et que la branche coursonne elle-même disparaît, d'où, pour conséquence, une production faible, des fruits mal nourris et qui mûrissent mal, parce qu'ils sont trop éloignés du mur.

La commission a donc été unanime à déclarer pernicieuse la nouvelle méthode, qui ne paraît pas d'ailleurs être soumise à des règles déterminées, attendu que ses partisans varient notablement dans son application. Quelques-uns la mitigent, sous le nom de *pincement mixte*, en ne rabattant les bourgeons qu'au-dessus de la 5e ou 6e feuille, et alors les résultats en sont moins mauvais. Néanmoins, un arbre soumis à ce mode de taille se déforme toujours plus ou moins; il ne fait ni bois ni racines; il s'affaiblit, et devient plus sujet aux maladies et aux attaques des pucerons, et finit par périr bien avant d'avoir atteint les limites naturelles de l'âge.

Rajeunissement des vieux pêchers. Les pêchers en espalier ne durent guère qu'une vingtaine d'années, quoiqu'on en cite quelques-uns qui dépassent beaucoup cet âge. L'abondante production qu'on leur demande les épuise, et le plus souvent il n'y aurait aucun avantage à chercher à les rajeunir. Le mieux, dans ce cas, est de les remplacer par d'autres qu'on tient tout préparés et qu'on plante à la place même qu'a occupée le vieux pêcher, après, toutefois, avoir complétement renouvelé la terre qu'occupaient ses racines. Quelquefois cependant on parvient à rajeunir ces arbres dans une certaine mesure, quand ils ne sont pas trop épuisés, en les ravalant sur les principales branches de la charpente, où repercent de nouvelles ramifications. L'opération peut se faire aussi sur les pêchers en plein vent, qui ont d'ailleurs une durée beaucoup plus longue que ceux d'espalier.

Culture du pêcher sous verre. C'est surtout en Angleterre que le pêcher, à cause des vicissitudes du climat, est cultivé sous les abris vitrés, ainsi que la vigne, et souvent dans les mêmes serres que cette dernière. L'usage en est peu répandu en France; néanmoins, dans quelques jardins de riches amateurs on emploie ce moyen pour le forcer ou hâter la maturité de ses fruits. On le cultive alors soit en pleine terre, palissé sur un mur ou en forme de plein vent, soit en pots, où on le maintient à l'état nain. Dans les deux cas le sol doit être drainé par une certaine épaisseur de gravier, pour donner une libre issue aux eaux d'arrosage.

Lorsque la végétation commence, la température de l'air ambiant doit être peu élevée; l'expérience a fait reconnaître que la plus convenable est celle de 12 à 13° centigrades pendant le jour, celle de la nuit ne devant pas en dépasser 7 à 8. On donne des bassinages sur les feuilles, le matin ou le soir, mais on les cesse au moment de la floraison, où l'air doit rester sec et se renouveler sans cesse par une bonne ventilation. On reprend les bassinages quand la floraison est achevée et que le fruit est noué. Avant comme après, on laisse pénétrer dans la serre autant de lumière que possible. Quelques jardiniers recommandent, pour mieux assurer la fructification, la fécondation artificielle à l'aide d'un pinceau très-doux, qu'on promène légèrement dans l'intérieur des corolles; d'autres se contentent de donner quelques petites secousses aux arbres pour éparpiller le pollen. Nous n'osons assurer que ces précautions soient bien nécessaires; peut-être cependant ont-elles leur utilité.

Lorsque les fruits noués sont déjà assez gros pour qu'on puisse compter qu'ils tiendront aux arbres, on les éclaircit pour qu'ils deviennent plus beaux et que les arbres n'en soient pas épuisés; toutefois, on ne procède à cette opération que graduellement, en retranchant seulement les fruits les plus faibles ou les plus mal placés; on doit même en laisser un quart ou un cinquième de plus que la quantité nécessaire, parce qu'il en tombera encore un certain nombre à l'époque critique de la formation du noyau. Pendant cette période du développement on arrose un peu copieusement les racines, et chaque jour, si le temps est sec et beau, c'est-à-dire le matin et le soir, on seringue le feuillage. On pince les sommités des branches fruitières, pour faire refluer la sève sur les fruits. Enfin on porte la chaleur de la serre à 18 ou 20° quand le soleil brille; à 15 ou 16 seulement si le temps est couvert.

Lorsque le noyau commence à se former il est utile de diminuer la chaleur de 3 à 4 degrés et d'aérer largement, mais dans tous les cas on doit s'arranger de manière à ce qu'il n'y ait pas de brusques changements de température, sans quoi on verrait tomber la plus grande partie des fruits. Une fois le noyau formé on achève d'éclaircir les fruits, si on juge que l'arbre est trop chargé; on pince les branches latérales, et on accroît graduellement la chaleur. On bassine le feuillage matin et soir et on donne beaucoup d'air pendant le jour; mais, aux premiers symptômes de maturité, on cesse les bassinages, et on tient l'air intérieur de la serre un peu sec. S'il arrivait à ce moment que les arbres eussent besoin d'être arrosés on donnerait l'eau le matin, et pas en grande quantité, afin qu'elle puisse s'évaporer dans la journée. La chaleur doit être modérée si on veut que le fruit acquière toutes ses qualités ; ce qui lui est alors le plus nécessaire, c'est une abondante aération et la lumière du soleil.

En septembre ou octobre, quand les feuilles sont tombées et que le bois est bien aoûté, on peut commencer à tailler. On retranche les branches superflues ou mal placées, et on rabat sur un bon œil de remplacement celles qui ont porté fruit. Tout ce qui précède s'applique aussi bien aux arbres en pots qu'à ceux qui sont en pleine terre. Remarquons cependant que les arbres en pots demandent quelques soins de plus que les autres. Leurs racines n'ayant qu'une faible quantité de terre pour s'alimenter, on y supplée par du fumier bien consommé, dont on entoure le pied des arbres, ou par quelques arrosages à l'engrais liquide très-dilué, donnés une ou deux fois par semaine. Cet engrais n'est autre chose qu'une infusion de guano, de colombine ou de crottins de mouton ; à défaut de ces ingrédients on peut employer le purin ordinaire, mais à dose assez faible pour que l'eau en soit peu colorée. C'est surtout sur les arbres en pots qu'il est nécessaire d'éclaircir les fruits, et la raison en est facile à concevoir. Trop chargés une année, ils ne produiraient rien ou à peu près rien l'année suivante.

Toutes les variétés de pêchers pourraient être cultivées sous verre, mais il y en a qui sont plus avantageuses que d'autres pour ce cas particulier. Celles que l'usage a fait reconnaître comme les meilleures sont, parmi les pêches duveteuses, les pêches Grosse mignonne, Noblesse, Violette hâtive, Bellegarde, Royal-Georges et Tessier, cette dernière particulièrement convenable pour la culture en pots ; parmi les pêches lisses ou brugnons, la pêche Orange de Pitmaston, l'Elruge, la Précoce de Fairchild, la Nouvelle blanche et quelques autres variétés anglaises qui sont peu cultivées sur le continent.

Maladies du pêcher ; insectes nuisibles. — Le pêcher est peut-être de tous les arbres fruitiers celui qui est le plus sujet à être malade, ce qui tient à sa nature exotique, mais il y est d'autant moins exposé qu'il se trouve sous un climat plus méridional. Ses maladies les plus habituelles sont la *gomme*, le *chancre*, le *blanc*, le *rouge*, la *cloque* et la *rouille*.

Les insectes qui lui font le plus de mal sont les pucerons et la *grise*.

La gomme est la maladie la plus fréquente du pêcher; elle lui est d'ailleurs commune avec les autres arbres fruitiers à noyau. Elle provient toujours d'une altération morbide de la séve extravasée, qui, après s'être accumulée sous l'écorce, finit tôt ou tard par se faire jour au dehors, en détruisant une partie plus ou moins considérable de l'écorce et du bois sous-jacent. Quelquefois cependant elle ne réussit pas à percer l'écorce, mais alors elle agit d'une manière encore plus fâcheuse sur la santé de l'arbre. Le meilleur moyen d'en arrêter les effets est de retrancher les branches qui en sont atteintes, ou, si son siége est sur le tronc et qu'il n'ait pas encore produit de grands désordres, d'enlever avec la serpette ou même avec la gouge les parties altérées. Dans les deux cas la plaie est recouverte de cire à greffer, pour la mettre à l'abri de la pluie. La gomme peut être la conséquence des causes les plus variées, telles qu'un sous-sol imperméable à l'eau, un mauvais terrain, une culture négligée ou l'excès des pluies; mais elle provient souvent aussi de chocs et de meurtrissures de l'écorce et du bois. La gomme invétérée est habituellement suivie du chancre, contre lequel il n'y a pas de remède efficace autre que la suppression des parties atteintes, si toutefois ces parties peuvent être enlevées sans occasionner la mort de l'arbre. L'excessive chaleur à laquelle le tronc et les branches des pêchers sont exposés devant un mur d'espalier peut donner lieu à la gomme et au chancre par suite de la mortification des parties exposées aux rayons directs du soleil. On peut prévenir ces accidents en abritant le tronc par une couverture de paille ou par un manchon de toile grossière dont on l'enveloppe au moment des plus fortes chaleurs.

Le blanc, ou *meunier*, est une efflorescence blanche qui se montre d'abord sur les bourgeons, puis sur les feuilles et les fruits. Il est dû à la présence d'un végétal parasite microscopique, très-analogue à l'oïdium de la vigne, et probablement aussi au blanc du rosier. Il a pour effet d'arrêter complétement la végétation de l'arbre, de l'affaiblir graduellement, de le stériliser et d'en entraîner la mort dans un espace de temps plus ou moins long. Lorsqu'un pêcher est attaqué par le blanc on doit se hâter d'y remédier en répandant sur les feuilles de l'arbre et sur le mur de l'espalier de la fleur de soufre, avec les mêmes appareils qu'on emploie pour soufrer la vigne. L'opération doit être faite par un temps calme et où le soleil brille de tout son éclat, attendu que la chaleur est nécessaire pour développer le gaz sulfureux, seule forme sous laquelle le soufre paraisse agir efficacement sur les végétations parasites.

Le rouge est une maladie d'une tout autre nature, et jusqu'ici peu connue. Le pêcher qui en est atteint tourne au rouge vif d'abord, puis au rouge obscur foncé; la végétation s'arrête et l'arbre ne tarde pas à périr, sans qu'on ait pu jusqu'ici empêcher cette terminaison fatale. Tous les pêchers ne sont pas également sujets au rouge; on croit avoir remarqué que les variétés du groupe des Admirables y sont plus sujettes que les autres.

Quant à la cloque, elle est, comme le rouge, une maladie spéciale au pêcher. Elle commence par les feuilles, qui s'épaississent, se boursouflent et se contractent dans tous les sens. De vertes qu'elles étaient elles passent au jaune et au blanc et prennent même parfois des tons violacés. Bientôt elle gagne le bourgeon, qui cesse de s'allonger, se tuméfie et change de couleur. Il n'est pas rare qu'à la cloque viennent se joindre les pucerons, mais, suivant quelques pomiculteurs, elle est indépendante des insectes, et réciproquement. D'autres ont avancé que la cloque était héréditaire et qu'elle se transmettait par les semis et la greffe, ce qu'aucune observation positive ne rend probable. Il est plus vraisemblable que la maladie a pour cause les brusques changements de température du printemps, comme, par exemple, quand des pluies glacées succèdent tout à coup à des journées de soleil ardent. Il en résulte que les pêchers d'espalier, protégés par un mur et son chaperon, y sont moins exposés que les pêchers de plein vent. Le seul remède conseillé est l'ablation des feuilles cloquées.

Il y a encore d'autres maladies auxquelles le pêcher est

exposé, telles que la rouille et la chlorose, mais elles sont moins graves et moins fréquentes que celles dont nous venons de parler. On en préserve ordinairement les arbres par des soins de culture bien entendus, et avec d'autant plus de facilité que le sol est de meilleure nature.

Les insectes hémiptères, pucerons, coccus, kermès et autres gallinsectes, causent parfois de grands dégâts sur les pêchers, et il n'est pas facile de les en préserver. Les pucerons, en suçant le parenchyme des feuilles, les font se recoquiller comme lorsqu'elles sont atteintes par la cloque, et la seule chose qu'on puisse faire contre eux est d'effeuiller les arbres. Les coccus, abrités sous une sorte de carapace et collés aux branches et aux rameaux, où ils échappent facilement à la vue, sont encore plus difficiles à déloger. On a recommandé contre ces insectes, diverses compositions réputées insecticides; les plus efficaces sont les infusions de tabac concentré, et mieux encore, ainsi que l'a démontré récemment M. Cloëz, un mélange de *Quassia amara* et de savon noir, qui fait réellement périr les insectes qu'il touche, mais le difficile est de le faire pénétrer partout où il le faudrait. Des gallinsectes cachés dans les crevasses de l'écorce, ou des pucerons abrités sous les boursouflures des feuilles recoquillées, échappent presque à coup sûr aux lotions ou seringages que l'on peut faire avec ces divers liquides. La poudre de pyrèthre, qui agit surtout par son arôme, rendrait peut-être de bons services dans ce cas particulier.

La présence des pucerons sur un arbre y attire presque inévitablement les fourmis, et ces dernières ne se contentent pas toujours de humer le liquide sucré que sécrètent les pucerons; elles nuisent directement en attaquant, au printemps, l'extrémité des jeunes bourgeons, où elles trouvent une exsudation sucrée, et en automne en entamant les fruits. Il est facile de s'en débarrasser en suspendant de loin en loin, à l'espalier, des fioles à demi remplies d'eau miellée ou sucrée dont ces insectes sont avides, et dans laquelle ils se noient. Les forficules ou perce-oreilles sont plus nuisibles encore pour les fruits; on parvient aisément à les détruire en leur fournissant des gîtes où ils se réfugient après leurs excursions nocturnes. Ainsi que nous l'avons dit dans notre premier volume, les onglons de porcs et autres animaux de boucherie sont les abris qu'ils semblent préférer à tous les autres. On en place quelques-uns à terre le long de l'espalier, l'ouverture tournée du côté du mur. En les visitant matin et soir, et même dans le milieu du jour, on est sûr d'y trouver des forficules endormies. Les guêpes attaquent aussi les pêches au moment de la maturité, mais leurs dégâts sont trop insignifiants pour qu'il y ait lieu de nous y arrêter.

CHAPITRE III.

LES FRUITS A PEPINS.

§ Ier. — CONSIDÉRATIONS GÉNÉRALES.

Sous les climats tempérés du centre de l'Europe, et en partie sous les climats plus rudes du nord, les fruits à pepins, si nous ne considérons que les plus importants, c'est-à-dire les poires et les pommes, tiennent incontestablement le premier rang dans la pomiculture. Les arbres qui les produisent sont sensiblement plus rustiques que les arbres fruitiers à noyau, et leurs fruits exigent moins de chaleur que ceux de ces derniers pour acquérir toutes leurs qualités. Variés presque à l'infini, ils donnent des fruits de table et des fruits à cuire ; ils suppléent même à la vigne en fournissant les boissons alcooliques connues sous les noms de *cidre* et de *poiré*, qui ne sont pas sans analogie avec divers vins blancs. Il en résulte que, par un de leurs côtés, les arbres fruitiers à pepins rentrent dans l'agriculture proprement dite ; mais nous n'avons à les examiner ici que sous leur côté horticole, qui est de beaucoup le plus important des deux.

Au point de vue botanique les arbres fruitiers à pepins représentent le type parfait de la famille des rosacées, dans laquelle ils constituent un groupe à part et nettement tranché, celui des *pomacées*. Par leur corolle, le nombre et la disposition de leurs étamines, ils se rapprochent des arbres à noyau, mais leur ovaire, ordinairement composé de cinq carpelles rapprochées et soudées entre elles, est infère, c'est-à-dire invaginé dans l'extrémité charnue du pédoncule, qui, s'acroissant parallèlement avec lui, finit par constituer la partie la plus essentielle du fruit. Outre ces différences en quelque sorte toutes extérieures, les pomacées se distinguent encore des amygdalées par une plus forte proportion de tannin dans leur sève et par l'absence presque totale de l'acide cyanhydrique, dont on retrouve à peine des vestiges dans leurs graines. Ces dernières sont tantôt enveloppées d'un tégument coriace, mais flexible (poires, pommes, etc.), et alors elles prennent le nom de *pepins*, tantôt protégées par un test ligneux et dur, véritable noyau qui provient, comme celui des amygdalées, de la couche intérieure et endurcie du péricarpe; dans ce dernier cas les graines prennent les noms de *nucules* ou d'*ossicules*.

Le groupe des pomacées contient un grand nombre d'espèces, les unes simplement buissonnantes ou arbustives, les autres arrivant aux proportions d'arbres de troisième grandeur, et toutes originaires de l'hémisphère septentrional, mais disséminées sur l'Europe, l'Asie et l'Amérique du Nord. Toutefois, les espèces fruitières ou économiques y sont peu nombreuses : elles se réduisent aux *pommiers*, aux *poiriers*, aux *cognassiers*, au *cormier* ou *sorbier*, à l'*azerolier*, au *bibassier* et au *néflier*. Nous n'avons pas besoin de dire que les pommiers, les poiriers et les cognassiers sont les seuls pomacées qui aient de l'importance. Nous pouvons ajouter à ces arbres l'aubépine, qui n'est pas un arbre fruitier, mais qui remplit pour quelques variétés de poiriers le même rôle que l'églantier des haies pour les rosiers cultivés, c'est-à-dire celui de sujet de greffes assez souvent employé. Examinons successivement ces différents arbres.

§ II. — LE POMMIER.

Le pommier (*Malus communis*) (fig. 167), arbre indigène de l'Europe, est cultivé depuis les temps les plus anciens, ainsi qu'en font foi les écrivains de l'antiquité, grecs et latins (1);

(1) Tout le monde connait ce vers de Virgile :

Malo me Galatea petit, lasciva puella.

(Buc. III, v. 64.)

toutefois on n'est pas d'accord sur le nombre des espèces primitives, les uns en admettant plusieurs, les autres n'en voulant reconnaître qu'une seule, qui aurait varié dans le cours des siècles. La question est difficile à trancher. Les

Fig. 167. — Pommier.

pomologistes s'accordent à peu près à rapporter toutes les variétés cultivées à deux types principaux : l'un à fruits acidulés-sucrés, le *pommier doucin,* arbre de 4 à 6 mètres ; l'autre moins élevé, à fruits plus ou moins fades, communément désigné sous le nom de *pommier paradis*(1) ; mais ces deux types sont eux-mêmes assez mal déterminés pour qu'on ne s'entende pas toujours sur leurs limites respectives et ils se rencontrent communément entremêlés dans les bois. Malgré la proximité des genres pommier et poirier, leurs fruits diffèrent sensiblement de forme et de composition. Les pommes sont toujours concaves et ombiliquées à la base et autour du pédoncule ; leur chair ne contient jamais de *pierres* comme celle de toutes les variétés de poires ; leur peau est souvent huileuse et très-odorante. On peut supposer que c'est le doucin qui a produit

(1) Personne ne saurait dire aujourd'hui d'où sortent ces deux races de pommiers, qui sont, depuis un temps immémorial, multipliés artificiellement, non

la grande majorité des variétés à cidre, bien que les cultivateurs reconnaissent la nécessité de mêler des pommes douces, et des pommes acides ou amères pour fabriquer de bon cidre.

Races et variétés de pommiers. — Les variétés horticoles de pommiers sont déjà fort nombreuses; on en compterait plusieurs centaines si on voulait en faire le relevé dans les catalogues des pomiculteurs français, anglais, belges, allemands, russes, américains, etc., et ce nombre serait encore considérablement accru si on y ajoutait celles de qualité inférieure qu'on trouve croissant au hasard ou sans culture dans toutes les parties de l'Europe; les variétés à cidre y apporteraient aussi un très-fort contingent. Ainsi qu'on devait s'y attendre, il en est résulté une nomenclature des plus compliquées et des plus embrouillées. On conçoit que notre mission ici n'est pas d'y mettre de l'ordre, et que tout ce que nous avons à faire est de signaler les variétés les plus classiques, celles surtout auxquelles l'expérience a fait reconnaître une véritable valeur. D'après les pomologistes les plus accrédités, ce sont les suivantes :

Pomme d'Api rose (fig. 168), arbre moyen mais vigoureux et très-productif, à fruits très-petits, ordinairement en trochets, lisses, déprimés, rouge-vif ou plus ou moins foncé du côté

point de graines, mais par couchage ou marcottage en cépée, ainsi que nous le dirons plus loin, ce qui a pour résultat de les conserver toujours et partout semblables à eux-mêmes, ce que ne ferait certainement pas le semis des pepins. Quelles que soient leurs origines respectives, ces deux arbres se distinguent assez aisément l'un de l'autre aux caractères suivants :

Doucin : arbre à rameaux courts et gros ; à feuilles largement ovales ou obovales, à peine acuminées au sommet, brusquement rétrécies et arrondies à la base, à pétiole gros et à peine canaliculé. Les pétales sont presque ovales, fortement carénés et portés par un onglet court et assez gros. Les fruits sont déprimés, plus larges que hauts, dépourvus de côtes, d'un vert intense, parsemé çà et là de taches brunâtres ; la chair a une saveur relevée et agréable. Le fruit mûrit en août.

Paradis : arbre à rameaux grêles et étalés ; à feuilles lancéolées-elliptiques, acuminées aux deux bouts, surtout à la base, à pétiole grêle et canaliculé. Les pétales sont allongés, étroits à la base, où ils s'atténuent en un onglet un peu long et caréné. Les fruits sont plus hauts que larges, un peu côtelés, à peau blanche, luisante et comme vernissée, à chair douce et presque fade ; ils mûrissent en juillet. Le pommier paradis fleurit en outre plus abondamment que le doucin, et environ huit jours plus tôt.

du soleil, jaune pâle ailleurs, à chair ferme et croquante, sucrée et acidulée, se conservant jusqu'en avril. On en dis-

Fig. 168. — Pomme d'Api rose.

tingue trois sous-variétés : la *pomme d'Api noire,* dont le coloris rouge se fonce jusqu'au brun ; l'*Api étoilé* (fig. 169), reconnaissable aux cinq côtes saillantes qu'il présente à sa surface et correspondant à chacune des loges, et le *gros Api* ou *Pomme rose*, plus gros que l'Api ordinaire, mais moins bon ; l'arbre en est plus élevé et n'est guère cultivé qu'en haute tige, l'Api rose ordinaire convenant mieux pour basse tige et pour gobelets.

Fig. 169. — Pomme d'Api étoilé.

Baldwin, variété américaine, très-estimée aux États-Unis ; à gros fruit arrondi, lisse, jaune, plus pâle du côté de l'ombre, strié ou flagellé de rouge du côté du soleil, à chair blanche, acidulée-sucrée et excellente ; l'arbre est vigoureux et fertile.

Belle de Doué; à fruits moyens, arrondis, bons et se gardant bien jusqu'en mars ou au commencement d'avril; arbre vigoureux et fertile.

Belle-fleur ou *Double-fleur;* à fruits gros, plus larges à la base qu'au sommet où ils présentent des commencements de côtes analogues à celles des Calvilles; à peau jaune, flagellée de rouge du côté du soleil; meilleurs cuits que crus, se conservant difficilement jusqu'en janvier. Cette variété, quoique moins bonne que beaucoup d'autres, est fréquemment cultivée dans le nord de la France, parce qu'elle est vigoureuse et très-productive.

Fig. 170. — Pomme de Calville blanc.

Calville blanc (fig. 170). Une des meilleures pommes connues; à fruit gros, élargi du bas, fortement côtelé, surtout autour de l'œil, à peau lisse, jaune pâle ou légèrement verdâtre; à chair fine, tendre, presque fondante, sucrée et parfumée. L'arbre est grand, vigoureux et fertile dans les bonnes terres et à bonne exposition, et le fruit se conserve jusqu'à la fin de l'hiver.

Calville d'été ou *Passe-pomme;* fruit petit, conique, côtelé comme le précédent, rouge du côté du soleil, blanc verdâtre sur le point opposé; très-précoce (maturité en août), mais médiocre cru; meilleur cuit ou en compote.

Calville rouge d'automne; fruit moyen, plus large du bas que du haut, rouge foncé, surtout du côté du soleil, à chair un peu rosée, sucrée-acidulée et parfumée; il mûrit en septembre, mais se conserve passablement jusqu'à la fin de l'hiver, souvent cotonneux à son extrême maturité. Arbre de moyenne vigueur et assez productif.

Calville rouge d'hiver; fruit très-gros, à côtes saillantes, comme bosselé autour de l'œil, où il est plus rétréci qu'à la base, d'un rouge foncé ; à chair rosée, fine, ferme et juteuse ; en somme de première qualité, mais ne se conservant guère que jusqu'à la fin de décembre ; l'arbre est peu vigoureux, surtout dans les terres médiocres.

Calville de Saint-Sauveur ; fruit gros, un peu plus long que large, à côtes, vert-clair, jaunâtre à la maturité parfaite, lavé de rose du côté du soleil ; très-bon et se conservant tout l'hiver. L'arbre est de moyenne vigueur et très-fertile.

Pomme de Chataignier ; fruit moyen, plus long que large, d'un rouge vif, très-bon cru et meilleur cuit ; on le cueille en octobre ou novembre, un peu avant sa maturité, qui s'achève au fruitier. L'arbre est vigoureux, fertile et convient surtout pour haute tige.

Fig. 171. — Pomme Court-pendu.

Court-pendu ou *Reinette des Belges* (fig. 171) ; fruits petits ou moyens, à queue très-courte, déprimés avec l'œil profondément enfoncé, à chair ferme, sucrée-acidulée, se conservant tout l'hiver ; il en existe plusieurs sous-variétés, toutes communément cultivées en Belgique ; en France on s'en tient presque exclusivement au *court-pendu royal*, de couleur rouge, qui est un des meilleurs du groupe. L'arbre est de grandeur moyenne et très-fertile ; sa floraison tardive le met à l'abri de la gelée. Les fruits sont de longue garde.

Pomme d'Ève ; fruit de deuxième qualité mais très-gros et très-beau, de forme déprimée, longtemps vert, puis tournant au jaune à la maturité, à chair jaunâtre, tendre et sucrée, se conservant tout l'hiver et même jusqu'en mai.

Fenouillet gris ou *anisé ;* fruit moyen ou petit, déprimé, d'un gris roussâtre, dont la chair tendre, sucrée et juteuse, exhale une odeur faible de fenouil ou d'anis ; très-bon fruit d'hiver. L'arbre est fertile, mais de vigueur moyenne et propre aux basses tiges. On peut rattacher à ce pommier, comme sous-variétés, le *fenouillet jaune doré* ou *drap d'or,* dont le fruit est de même grosseur et de même forme, mais d'une belle couleur jaune; et le *fenouillet rouge* ou *azerolli,* à fruit moyen, gris foncé et rouge brun, à chair plus ferme et plus sucrée que celle du fenouillet gris; ce fruit se conserve jusqu'en mars et au delà. Le *fenouillet de Chine* ressemble aux précédents par la forme et le volume, mais il est gris et vert.

Pomme figue ou *Sans pepins;* fruit petit et médiocre, un peu allongé, vert jaunâtre, à chair un peu acide, mûrissant en septembre et octobre. Variété plus curieuse que bonne, et qui offre ce caractère singulier que les fleurs y sont sans corolle et sans étamines, et par conséquent se développent sans fécondation, ce qui explique pourquoi les fruits ne contiennent point de pepins.

Pomme Joséphine ou *Belle des bois;* très-gros fruit côtelé, un peu plus haut que large, d'un jaune très-clair, à chair tendre, de qualité moyenne, mûrissant en novembre et décembre. L'arbre est vigoureux et fertile, surtout en basse tige. Il a été introduit d'Amérique en France vers 1820 par le comte Lelieur.

Pomme pigeonnet blanc ou *pigeonnet commun;* fruit petit ou moyen, d'un jaune clair, lavé de rouge au soleil, à chair ferme; très-répandu en Normandie, quoique de deuxième qualité, mais l'arbre est vigoureux et très-fertile, et le fruit d'assez bonne garde. Le *pigeonnet rouge* en diffère surtout par sa couleur qui est le rouge foncé; sa chair est un peu plus sucrée, et il se conserve moins longtemps.

Postophe d'hiver; fruits moyens ou gros, jaune vif à la maturité, tachés de roux et colorés de rouge au soleil, à chair ferme, peu juteuse quoique bonne, mûrissant pendant tout l'hiver. La pomme *Postophe d'été*, qui mûrit en août, lui est inférieure en qualité et ne se conserve pas longtemps; son principal mérite est dans sa précocité.

Rambour d'été ou *gros Rambour;* très-gros fruit déprimé, présentant souvent des vestiges de côtes, à peau jaune pâle, rayée de rouge, à chair aigrelette, mûrissant en octobre;

assez bon cru quand il est très-mur, mais toujours meilleur cuit, surtout en compote. Le *Rambour d'hiver* (fig. 172), dont le fruit ressemble au précédent par la forme, le volume et le coloris, lui est inférieur à cause de son acidité plus prononcée ; c'est surtout un fruit à cuire, quoiqu'il soit encore assez bon à maturité parfaite, c'est-à-dire en hiver. Dans les deux variétés les arbres sont vigoureux et fertiles.

Fig. 172. — Pomme Rambour d'hiver.

Reinettes. Plusieurs variétés de pommes portent cette dénomination commune, et elles ont en effet assez d'analogie les unes avec les autres pour qu'on puisse les rapprocher en un même groupe générique; elles n'ont cependant pas toutes la même valeur. Au premier rang on doit mettre :

La *Reinette de Canada* (fig. 173), à fruits très-gros, légèrement déprimés, à côtes effacées ou faiblement bosselés autour de l'œil, d'un jaune pâle, parsemés de taches roussâtres avec une légère teinte rouge ou carminée du côté du soleil, à chair demi-ferme, puis tendre à la maturité parfaite, très-sucrée et excellente. C'est un fruit hors ligne pour la beauté et pour la bonté, se conservant jusqu'en février et mars. L'arbre est vigoureux et très-productif. On peut y rattacher comme sous-variété, la *Reinette grise de Canada*, à

Fig. 173. — Pomme Reinette de Canada.

peau grise et rude au toucher, qui est aussi un excellent fruit d'hiver.

La *Reinette de Caux*, à fruits gros, déprimés, irrégulièrement bosselés, d'un vert tirant sur le jaune, rudes au toucher et grisâtres par places, à chair ferme, acidulée-sucrée, très-agréable, mûrissant aux premiers mois d'hiver et pouvant encore se conserver assez bons jusqu'en mars, quoiqu'ils finissent par devenir cotonneux. L'arbre, vigoureux et des plus fertiles, est très-cultivé en Normandie.

La *Reinette dorée* ou *Jaune tardive*, dont le fruit est seulement de moyenne grosseur, déprimé, assez régulier, d'un gris clair sur fond jaunâtre, à chair ferme, sucrée-acidulée, très-bonne; il mûrit comme le précédent en décembre et janvier. L'arbre, sans être grand, est productif.

La *Reinette franche*, à fruit moyen, assez arrondi et pas sensiblement déprimé, d'un jaune un peu roux, excellent cuit et cru; il a l'avantage d'être lent à mûrir, ce qui permet de le conserver bon jusqu'en avril et mai; l'arbre est de moyenne vigueur et fertile.

La *Reinette de Hollande*, dont le fruit est d'une belle grosseur sans être des plus gros, plus haut que large ou tout à fait arrondi, vert clair passant au jaune pâle, flagellé de quelques mouchetures carminées, très-bon au moment de sa maturité, mais devenant promptement cotonneux passé ce point, aussi se conserve-t-il difficilement jusqu'à la fin de janvier. L'arbre est vigoureux et fertile.

Fig. 174. — Pomme Reinette grise.

A la suite de ces cinq reinettes, nous pouvons encore citer comme de bons fruits : la *Reinette grise* (fig. 174), la *Grise de Granville* la *Reinette étoilée*, la *Reinette d'Angleterre*, la *Reinette, de Bretagne*, la *Reinette de Furnes*, la *Reinette de l'Ohio*, la

Reinette de Cussy, la Reinette grise de Portugal et la *Reinette verte,* toutes cultivées en France, mais moins communément que les précédentes et surtout que la Reinette du Canada. On en trouvera encore d'autres dans les catalogues des horticulteurs, entre autres la *Pomme de glace* ou *Blanche transparente* d'Astrakan.

Le *Ribston Pippin,* variété très-renommée en Angleterre, où on la trouve dans tous les jardins, beaucoup moins commune en France quoiqu'elle y vienne presque aussi bien dans le nord; à fruit moyen ou gros, d'un vert jaunâtre, tirant sur le roux à la maturité, avec des flagellations rouges du côté qui a vu le soleil. C'est un très-bon fruit d'hiver. L'arbre est remarquablement vigoureux et fertile.

La *Pomme royale d'Angleterre,* à fruit gros ou assez gros, plus haut que large, jaune clair rayé de rose du côté du soleil, à chair blanche, ferme, un peu trop acidulée, néanmoins bonne ou assez bonne, mûrissant d'assez bonne heure (de septembre à novembre), et ne se conservant guère au delà du 15 décembre. L'arbre est vigoureux et productif.

Les pomiculteurs allemands font une section particulière de certaines pommes à loges largement ouvertes au centre, à pepins libres à l'époque de la maturité, et qu'ils désignent, à cause du petit bruit qu'ils font à l'intérieur de la pomme, sous le nom de *pommes grelot.*

Il y aurait peu d'utilité à prolonger cette liste, déjà plus que suffisante pour que l'amateur y fasse un choix des meilleures variétés. Quant à ceux qui voudraient faire une collection complète de pommiers, nous les renverrons aux traités spéciaux d'arboriculture fruitière, publiés tant à l'étranger qu'en France, depuis le commencement de ce siècle, entre autres aux ouvrages de MM. Lucas et Oberdieck en Allemagne, Robert Hogg en Angleterre, Downing aux États-Unis, Poiteau, Dubreuil, F. Jamin et André-Leroy en France. Beaucoup de bons renseignements sont encore à prendre dans les traités plus anciens, particulièrement dans ceux de La Quintinye et de Duhamel.

Multiplication et culture du pommier. — Le pommier est surtout un arbre des parties tempérées de l'Europe, s'accommodant beaucoup mieux des climats frais et un peu humides du centre et du nord que de ceux du midi, trop secs et trop chauds. Les contrées où il réussit le mieux sont le nord et le centre de la France, l'Angleterre méridionale, l'Allemagne et les parties occidentales de la Russie. On récolte encore d'assez bonnes pommes en Norwége, mais elles sont plus acides et, dit-on aussi, plus parfumées que celles qui viennent sous des climats plus doux. Le midi de la France, et à plus forte raison l'Espagne, l'Italie et le nord de l'Afrique, conviennent peu au pommier, exception faite des localités montagneuses élevées, où le climat se rapproche déjà de celui du nord; cependant certaines variétés y réussissent encore lorsque le terrain est irrigué.

Quant aux sols, le pommier se montre peu difficile, quoiqu'il refuse de venir dans ceux qui sont exclusivement calcaires ou exclusivement siliceux. Ceux qui lui conviennent le mieux sont les terrains mélangés, où l'argile, le calcaire et la silice se trouvent réunis en proportions qui d'ailleurs peuvent varier considérablement; mais il faut en outre que ces terrains conservent une certaine fraîcheur et que le sous-sol laisse passer l'eau des pluies. Dans les lieux arides le pommier se développe mal et reste chétif, quoiqu'il puisse y donner d'assez bons fruits; dans les bas-fonds humides et glaiseux il pousse avec vigueur et donne beaucoup de feuillage, mais il perd beaucoup de fruits avant leur entier développement, et ceux qui mûrissent ne valent jamais ceux qu'il aurait produits dans des sites mieux aérés et mieux égouttés. Sa floraison, toujours tardive comparativement à celle des autres arbres fruitiers, est peu exposée à souffrir de la gelée, aussi, dans les années ordinaires, est-il généralement productif; en revanche c'est un de nos arbres les plus maltraités par les insectes, et quelques-unes de ses variétés sont très-sujettes au chancre.

Le pommier se multiplie de semis et de greffes. Nous savons déjà combien peu les semis d'arbres fruitiers reproduisent les variétés auxquelles les graines ont été empruntées;

mais il semble que le pommier varie moins, par le semis, que le pêcher, le cerisier et surtout le poirier. Les pepins des bonnes races, telles que les Calvilles et les Reinettes, reproduisent, dit-on, assez fidèlement leur type, plus ou moins dégénéré sans doute quant à la qualité, mais reconnaissable, et il s'y rencontre même assez souvent des sous-variétés dignes d'être conservées. Toutefois, dans la pratique habituelle, on ne sème guère de pepins de pommes que pour en obtenir des sujets de greffe.

Le pommier, en France, est à peu près toujours élevé en plein-vent, mais, suivant les circonstances, on le tient à haute tige, à demi-tige, à basse tige et sous forme naine, en cordons, etc. Suivant qu'on veut l'élever sous l'une ou l'autre de ces formes, on choisit pour sujets les races qui s'y prêtent le mieux, car toutes n'y sont pas également propres. Pour former des arbres de haute tige, on donne la préférence aux sujets francs ou *égrins*, qu'on obtient du semis des pepins de pommes à cidre. Les sujets d'arbres de moindre grandeur sont fournis par le pommier doucin, et les nains par le pommier paradis. Ce dernier, outre qu'il maintient les formes très-basses, a encore l'avantage d'avancer très-notablement la fructification des arbres greffés, aussi s'en sert-on assez souvent pour reconnaître, au bout de peu d'années, les qualités de jeunes pommiers issus des pepins de bonnes races. En général on reconnaît, dit-on, parmi ces derniers, à la largeur du feuillage et à l'absence ou du moins à la rareté des épines, ceux qui ont le plus de chance de donner des fruits de quelque valeur. Les individus épineux ou dont le feuillage est moins développé doivent être réservés pour servir de sujets de greffe.

Les semis de pepins de pommes se font à la fin de l'hiver, sur une terre ameublie, soit à la volée, soit en rayons, et dans ce dernier cas on dépose les pepins un à un dans le rayon à $0^m,12$ ou $0^m,15$ de distance, et on les recouvre de un à deux centimètres de terre. L'essentiel est que la terre ne se dessèche pas, ce que l'on obtient, si le climat est sec, en répandant un peu de litière courte sur le semis. Lorsque le plant commence à lever, on brise légèrement la surface du sol, on désherbe et on éclaircit s'il y a lieu. A la fin de l'automne le plant est ordinairement assez fort pour être repiqué en pépinière, opération qui donne de meilleurs résultats lorsqu'elle est faite avant l'hiver qu'après. La distance à mettre entre les arbustes varie suivant leur force, et surtout suivant le temps qu'ils doivent passer dans la pépinière, de $0^m,30$ à $0^m,60$. On peut retrancher le pivot de la racine, quoiqu'elle ait plus de tendance à tracer qu'à s'enfoncer dans la terre. En pépinière, on continue les sarclages et binages ci-dessus indiqués.

Pour se procurer des sujets de doucin et de paradis, les pépiniéristes n'emploient qu'un seul moyen, à la fois plus expéditif et plus sûr que le semis : c'est le couchage ou marcottage par cépée (1) d'un certain nombre de pieds ou mères, exclusivement réservés à cet effet. Les souches, rabattues au niveau du sol et sans cesse recépées, poussent une multitude de ramifications qu'on couche en terre suivant les procédés indiqués, et qui, enracinées et sevrées, deviennent autant de sujets propres à recevoir la greffe. Les sujets de doucin ne peuvent servir que pour les arbres à tige, mais peu élevés; ceux de paradis exclusivement pour les arbres nains, quelle que soit d'ailleurs la forme qu'on leur donne, soit celle de cordons, soit celle de buissons. Le couchage des pousses sur les pieds mères se fait à la fin du printemps, quand elles sont déjà fortes mais pas encore aoûtées. On les sépare dans le courant de l'hiver suivant en les éclatant sur la tige; celles qui sont faiblement enracinées sont repiquées, les autres sont plantées en pépinières, à $0^m,40$, ou $0^m,50$ en tous sens s'il s'agit de doucins, et rabattues à $0^m,25$ au-dessus du collet; à $0^m,30$ si ce sont des marcottes de paradis, et celles-ci sont rabattues à $0^m,20$.

Tous ces sujets de pommiers, qu'ils soient francs, doucins ou paradis, venus de graines ou de marcottes, sont greffés en écusson dès qu'ils sont de grosseur à recevoir cette greffe. Toutefois la greffe en fente est aussi fort usitée pour former

(1) Voir tome I, page 483.

des arbres à tiges ; on la pose alors à 1^{m},50 ou 2^{m} de hauteur, ce qui donne le double avantage de voir la tête de l'arbre se former plus promptement et l'arbre lui-même se mettre plus tôt à fruits. Par compensation la greffe en écusson, posée à 0^{m},15 ou 0^{m},20 du sol, est plus assurée, et, dans le cas où elle manque, on a encore la ressource de greffer en fente le sujet. Les jeunes arbres ayant un an de greffe peuvent être enlevés de la pépinière pour être mis en place et assujettis aux formes qu'on veut leur faire prendre. Il va de soi qu'on pourrait tout aussi bien greffer des arbres déjà en place, ainsi qu'on le fait quelquefois pour le pêcher.

Les formes sous lesquelles on élève le pommier sont relatives à l'emploi auquel l'arbre est destiné. Pour le verger c'est principalement la forme haute-tige ; pour le jardin fruitier c'est, suivant les circonstances, la forme demi-tige, la pyramide, la palmette, le buisson, le vase ou gobelet, et enfin le cordon. Les pommiers à tige plus ou moins élevée ou en grandes pyramides doivent, ainsi que nous l'avons déjà dit, être greffés sur franc ; pour les petites pyramides et les grands gobelets on emploie les sujets de doucin, et pour les plus petites formes, le buisson et le cordon, les sujets de paradis. Cependant ce choix peut être modifié d'après la nature du terrain, le pommier doucin étant plus exigeant sous ce rapport que le pommier paradis.

Les pommiers haute tige se greffent à 1^{m},50 ou plutôt à 2^{m} au-dessus du sol, et c'est à cette hauteur que leur tête doit se former. S'ils avaient été écussonnés près de terre, il faudrait attendre que la nouvelle tige eût atteint cette hauteur pour l'arrêter et provoquer par l'amputation de sa flèche le développement des branches qui formeront la base de la charpente de l'arbre. Les branches conservées à ce dessein seront au nombre de trois à quatre, suivant la force des sujets. Quant aux branches qui naîtraient plus bas, on supprimera toutes celles qui pourront se trouver à la partie inférieure de la tige ; celles qui seront voisines de la tête commençante seront simplement taillées à leur extrémité, et cela pour appeler la sève dans la partie supérieure de la tige et la renforcer. On les supprimera graduellement, dans les années consécutives, à mesure que l'arbre prendra de la force, mais toujours assez tôt pour que leur ablation ne cause pas de plaies difficiles à cicatriser. Au printemps de l'année qui suivra l'amputation de la flèche, les trois ou quatre branches latérales conservées pour former la tête seront elles-mêmes rabattues à 0^{m},30 de longueur; si elles ne sont pas régulièrement espacées l'une de l'autre, on les fixera à la distance convenable à l'aide de fourchettes qui les tiendront écartées. Dans le cas où l'on voudrait faire prendre à l'arbre la forme de gobelet ou de vase sur tige, on y parviendrait en tenant les nouvelles pousses éloignées du centre à l'aide d'un cerceau sur lequel elles seraient attachées. Du reste, quelle que soit la forme qu'on adopte ici, une fois la tête de l'arbre dessinée, on n'a pour ainsi dire plus besoin de s'en occuper autrement que pour enlever le bois mort ou supprimer les branches mal placées. Ces arbres à haute tige n'ont aucun besoin d'être taillés.

Il en est autrement des pommiers en pyramide et en palmette, et quelque soin qu'on mette à en diriger les branches et à les tailler, on réussit difficilement à leur faire prendre une forme parfaitement régulière. Ces arbres, dont la vigueur est déjà contenue et qui ne sont pas dans leurs conditions naturelles, ont une forte tendance à s'en affranchir en poussant de vigoureuses branches gourmandes, qui, si on les laisse se développer, ne tardent pas à affamer la flèche et les branches latérales. Il en résulte une déformation de l'arbre, qui ne répond plus au but qu'on s'était proposé. On y remédie, tant bien que mal, par la suppression des gourmands, par l'inclinaison ou l'arcure des branches trop fortes, qu'on peut d'ailleurs laisser se bifurquer, en un mot par les divers moyens qu'on possède pour arrêter ou ralentir le cours de la sève; mais ces opérations ont souvent l'inconvénient d'affaiblir l'arbre et d'en abréger la vie. Ajoutons cependant que toutes les variétés de pommier ne sont pas aussi indociles les unes que les autres pour les deux formes dont il vient d'être question. On dresse les pyramides et les palmettes de pommiers par les mêmes moyens que celles de poiriers; nous en donnerons l'explication en parlant de ce dernier arbre.

Les petits vases, les buissons et les cordons, établis sur sujets de paradis, n'offrent en général pas autant de résistance à prendre ces diverses formes. Les buissons s'établissent tantôt sur une seule tige qu'on laisse se ramifier dans tous les sens, ne retranchant que celles des branches qui feraient confusion ou seraient mal placées; tantôt sur trois à quatre tiges secondaires qu'on obtient de la tige première, rabattue à $0^m,15$ ou $0^m,18$ du collet et dont on laisse les bourgeons se développer. Ces buissons, plus ou moins sphériques et réguliers, n'atteignent guère qu'à 1^m de hauteur totale. On est dans l'habitude de les planter en massifs, sur des parcelles de terrain un peu bombées, à 1^m de distance en tous sens, plus ou moins, selon la qualité du terrain. D'autres fois on les dissémine sur les plates-bandes du jardin, où ils nuisent peu aux autres cultures à cause de leur peu d'ampleur. Les petits vases ou entonnoirs (fig. 175) se forment en recépant la tige à $0^m,15$ ou $0^m,20$ au-dessus du sol, comme dans le cas des buissons à plusieurs tiges, et on leur conserve aussi trois ou quatre branches; mais celles-ci, au lieu d'être abandonnées à elles-mêmes, sont taillées à leur tour à $0^m,10$ ou $0^m,12$ de leur base au-dessus de deux yeux vigoureux qui se développent en nouvelles branches, ce qui en donne six à huit pour la charpente de l'arbre. On pourrait encore, l'année suivante, par une nouvelle amputation, doubler le nombre des branches charpentières, qu'il convient cependant de ne pas trop multiplier. On leur fait prendre la direction convenable en les attachant à un cerceau qu'on introduit dans la tête de l'arbre pour les tenir écartées, et qu'on enlève quand les branches sont décidément fixées à la place qu'elles doivent occuper. On pince rigoureusement tous les bourgeons qui, s'allongeant en dehors ou en dedans du vase, tendraient à en altérer la forme et la régularité. Les pommiers en forme de gobelet se façonnent par les mêmes procédés; ils ne diffèrent d'ailleurs des vases ou entonnoirs proprement dits qu'en ce que leurs branches, au lieu de s'allonger obliquement, de manière à faire un cône renversé, s'élèvent verticalement après s'être courbées vers le bas, en tournant leur concavité en dedans.

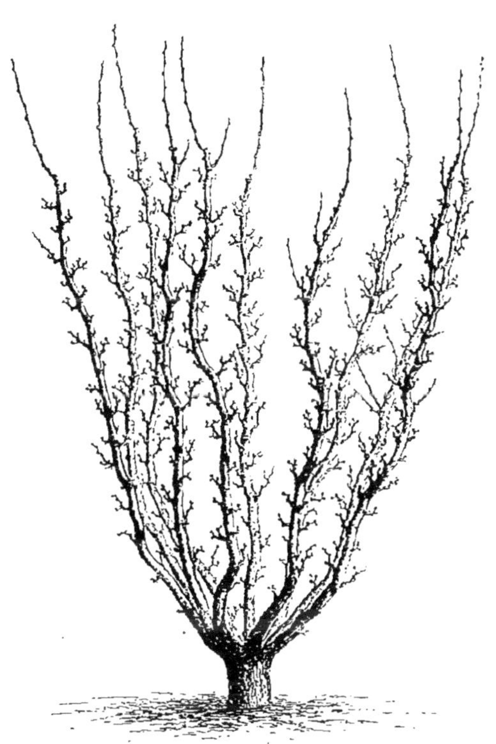

Fig. 175. — Pommier en forme de vase.

Le cordon horizontal est la forme la plus naine sous laquelle le pommier puisse être dirigé; c'est aussi celle qui s'éloigne le plus de sa végétation naturelle. Les cordons sont simples ou doubles, suivant que l'arbuste se réduit à une seule tige qu'on ne laisse point se ramifier, ou qu'il se compose de deux maîtresses branches, égales entre elles et courbées dans deux sens opposés. Pour établir des cordons de pommiers on commence par tendre horizontalement un fort fil de fer galvanisé, le long des plates-bandes ou à l'entour d'un massif de pommiers en buissons; ce fil de fer est soutenu à $0^m,30$ ou à $0^m,35$ du sol, par des piquets de bois ou de fer, et fortement tendu. Ceci fait, on plante, sous le fil de fer, à des distances qui peuvent varier de $1^m,50$ à 2^m (1),

(1) Cette distance entre les pieds de pommiers dirigés en cordons horizontaux, quoiqu'elle soit généralement acceptée, est beaucoup trop faible, d'après M. J.-L. Jamin, dont personne ne saurait méconnaître l'autorité en matière d'arboriculture fruitière. Cet habile pomiculteur, dont les idées sur ce point sont exposées dans un article du *Journal de la Société impériale d'Horticulture* (2e série, tome I, p. 157), donne la préférence au double cordon, parce que le cordon simple n'offre pas assez d'issues à la sève, qui tend sans cesse à développer des pousses au point de courbure, inconvénient beaucoup moins à craindre avec le double cor-

de jeunes pommiers ayant un an de greffe, sains et bien constitués. On les laisse à eux-mêmes jusqu'à l'hiver suivant, et, sur la fin de la saison, on en courbe la tige avec précaution, au niveau du fil de fer, auquel on l'attache avec un lien; toute la partie inférieure de l'arbre reste verticale, la partie supérieure seule est inclinée horizontalement et doit désormais s'allonger dans cette direction. Nous avons à peine besoin de dire que tous les pommiers d'une même ligne doivent être courbés dans le même sens; il en résulte que chacun d'eux finit par atteindre celui qui le suit. Lorsqu'ils en sont arrivés là, on greffe par approche l'extrémité de chaque pommier sur la courbure de la tige de son voisin. Quand la plantation a été faite circulairement autour d'un massif, tous les pommiers finissent par se rencontrer et, greffés l'un à l'autre, ils forment le cercle. Dans le cas où les cordons sont doubles, ils ne peuvent se rencontrer que par les extrémités de leurs tiges, mais on les soude de même l'une à l'autre. S'il arrivait qu'un pommier fût trop faible ou trop peu avancé pour rejoindre son voisin, on comblerait l'intervalle par une *greffe d'allonge*, c'est-à-dire par un rameau qu'on souderait aux deux pommiers pour les réunir artificiellement. Outre l'agrément qui en résulte pour le coup d'œil, ces greffes ont l'avantage de maintenir une certaine égalité de végétation entre tous les arbres, les plus forts communiquant par là une partie de leur vigueur aux plus faibles. C'est souvent sur ces petits cordons qu'on récolte les plus beaux fruits.

don. Il rejette de même pour cette forme les arbres greffés sur franc, parce qu'ils sont trop vigoureux, peu fertiles et très-indociles, et il recommande ceux qui sont greffés sur paradis, plutôt que sur doucin, quoique les arbres greffés sur ce dernier sujet s'accommodent encore assez bien de la forme de cordon horizontal; seulement ils doivent être plus espacés entre eux, c'est-à-dire de 5 à 6^{m} au moins, tandis que 4 à 5^{m} suffisent pour les pommiers greffés sur paradis. On s'est souvent plaint du peu de produits que donnent les pommiers conduits sous cette forme, mais M. J.-L Jamin fait observer avec raison que cela tient uniquement à ce qu'on les a toujours plantés jusqu'ici trop rapprochés les uns des autres, et que lorsqu'ils ont un espace de terre suffisant pour y étendre leurs racines, ils deviennent très-productifs. Il est hors de doute aujourd'hui que la forme en cordons pour le pommier et pour le poirier est très-avantageuse lorsqu'elle est établie dans de bonnes conditions, aussi jouit-elle d'une vogue croissante parmi les amateurs.

Le pommier livré à lui-même, s'il est dans de bonnes conditions de terrain et d'exposition, finit toujours par fleurir et fructifier sans qu'il soit nécessaire de l'y contraindre par la taille (1). Toutefois, comme on veut obtenir promptement du fruit des pommiers de petite taille qu'on élève dans les jardins, on pratique sur eux diverses opérations qui ont pour but de les mettre plus tôt à fruit. On y parvient, ou du moins on croit y parvenir par le pincement successif des bourgeons, le cassement des rameaux encore herbacés, la résection au-dessus de deux à trois yeux des rameaux devenus ligneux, etc. Tous ces procédés employés à propos et dans la juste mesure peuvent être utiles ; mais si on ne peut les apprendre d'un praticien exercé, il vaut mieux s'en abstenir, se contentant, comme nous l'avons dit plus haut, des seules amputations nécessaires pour conserver les formes adoptées.

Maladies du pommier ; insectes et végétaux parasites. — Il n'y a pour le pommier, à proprement parler, qu'une seule maladie grave : c'est le chancre de la tige ou des branches, qui est surtout commun dans les localités froides et humides ; cependant toutes les variétés n'y sont pas également sujettes. Le point de départ du chancre est tantôt la suppression d'une branche trop volumineuse, dont la plaie s'est mal cicatrisée, tantôt une décortication, un choc, une meurtrissure de l'écorce, quelquefois aussi une perturbation apportée dans le cours de la sève par de brusques changements de température. La seule chose qu'il y ait à faire contre le chancre est de l'attaquer avec l'instrument tranchant et d'enlever jusqu'au vif les parties malades, puis de recouvrir la plaie de coaltar ou de cire à greffer. Si l'arbre était vieux et que le chancre eût creusé une profonde excavation dans la tige, on se bornerait à remplir cette excavation de chaux, et à abandonner l'arbre à sa des-

(1) On voit quelquefois des pommiers adultes qui malgré toutes les apparences de la vigueur refusent obstinément de fleurir, soit qu'on les taille, soit qu'on ne les taille pas. Cela tient le plus ordinairement à ce qu'ils sont plantés trop bas. Dans ce cas il suffit d'enlever une partie de la terre qui couvre les racines, ou de les replanter à la profondeur convenable pour les déterminer à fleurir et à fructifier.

tinée. Il peut vivre en cet état pendant bien des années encore, sans cesser de produire.

Le pommier est certainement de tous nos arbres fruitiers celui qui souffre le plus des ravages des insectes, d'ailleurs très-nombreux en espèces. Ce sont d'abord la plupart des chenilles qui hantent les jardins, surtout la *livrée* (*Bombyx neustria*) et le *bombyx disparate* (*Liparis dispar*), qu'il est du reste assez facile d'atteindre. Une autre chenille, plus dangereuse parce qu'on n'a guère de moyens de s'en préserver, est la *pyrale des pommes*, dont la larve pénètre dans le fruit, y creuse des galeries et le fait tomber à différents degrés d'avancement, presque toujours avant qu'il ait atteint sa maturité. Peut-être parviendrait-on à faire périr cette larve dans le fruit en y introduisant, par l'ouverture qu'elle a faite, un peu d'huile, mais ce moyen ne serait encore praticable que sur des arbres de basse tige. On peut aussi ranger parmi les chenilles l'*yponomeute du pommier*, qui en ronge les feuilles, quoique ce soit la larve d'un hyménoptère. Ces larves, se réunissant par familles sous une même enveloppe soyeuse, qui se découvre sans peine, on peut en débarrasser facilement les arbres, lorsqu'ils ne sont pas trop élevés. Mais les plus redoutables ennemis du pommier sont les pucerons, et principalement le *puceron lanigère*.

Son nom lui vient de l'efflorescence blanche, cireuse et cotonneuse qui le couvre, et comme il vit en troupes nombreuses on l'aperçoit de loin, fixé à l'écorce des branches, où ses incessantes piqûres font naître des nodosités. Doué d'une étonnante fécondité, il suffit de quelques semaines pour qu'un arbre sur lequel une femelle a pondu ses œufs en soit littéralement couvert. Les injections de substances âcres, telles que l'eau dans laquelle on a fait dissoudre du savon noir ou de l'huile lourde, ont prise sur les pucerons ordinaires, mais restent ordinairement sans action sur les pucerons lanigères, trop bien protégés par leur épais duvet. L'eau chaude, presque bouillante, appliquée à l'aide d'une éponge fixée à un bâton, est plus efficace, mais il y a danger de désorganiser l'écorce; aussi ne doit-on employer ce moyen qu'avec précaution. Ce qu'on peut faire, sans mettre l'arbre en danger, est d'écraser les insectes avec une brosse rude; mais il est difficile, même par des frictions répétées, de les atteindre tous, et il suffit qu'il en reste un seul pour qu'on voie bientôt renaître le mal. On croit que le puceron lanigère est d'origine exotique, et qu'il a été apporté, on ne sait comment, d'Amérique en Europe vers les premières années de ce siècle.

§ III. — LE POIRIER.

De même que le pommier, le poirier (*Pirus communis*) (fig. 176) est réputé indigène en Europe, où on le trouve à l'état

Fig. 176. — Poirier à cidre, dit Poirier de Crapaud.

sauvage en beaucoup de lieux. On le trouve communément en France le long des bois ou dans les haies, quelquefois de grande taille (12 à 14 mètres), plus souvent réduit à la stature d'un arbre de quatrième grandeur (de 4 à 6 mètres). La forme de sa tête est, suivant les variétés, tantôt diffuse et plus ou moins arrondie, tantôt plus élancée et comme pyramidale. Ses feuilles, un peu longuement pétiolées, sont arrondies, ovales, ovales-arrondies, ovales-oblongues, lancéolées même, dans les diverses races; elles sont de même glabres et luisantes, ou soyeuses et plus ou moins blanchâtres (fig. 177). Les fleurs, toujours en bouquets ou en petites ombelles, sont entièrement blanches à l'intérieur, quelquefois bordées de rose ou de pourpre à l'extérieur et au bord des pétales. Le fruit, ou la poire, a exactement la structure de la pomme, mais avec une forme ordinairement allongée et se rapprochant de celle d'un cône; il y a cependant des variétés de poires arrondies ou déprimées, dont la figure est exactement celle d'une pomme. La saveur des poires est, comme tout le monde le sait, bien différente de celle des pommes; la chair en est toujours granuleuse, souvent fondante, plus ou moins sucrée, peu ou point acide, très-chargée de tannin dans quelques races. Le cidre de poires, ou *poiré*, diffère aussi à beaucoup d'égards du cidre de pommes; il se rapproche davantage du vin blanc, dont il a en partie les qualités et les défauts.

Fig. 177. — Branche de poirier.

La culture du poirier est des plus anciennes. La Bible en fait mention plus de mille ans avant l'ère chrétienne (1); il

(1) On lit en effet dans les Paralipomènes, livre I, chap. XIV, v. 14 et 15 : *Consuluitque rursum David Deum, et dixit ei Deus : Non ascendas post eos,*

était connu en Perse, et même, paraît-il, déjà très-perfectionné par la culture, avant l'époque d'Alexandre le Grand. L'Italie du temps de Virgile possédait des variétés renommées (1), auxquelles l'imagination des pomologistes a voulu rattacher quelques-unes de nos variétés modernes. Une autre preuve de son ancienneté comme arbre cultivé se tirerait, à défaut des documents historiques, de la multitude de variétés ou plutôt de variations individuelles (2) qu'il a produites dans le cours des temps et qu'il produit encore sous nos yeux par le semis de ses pepins. C'est un fait notoire aujourd'hui que les semis de poiriers ne reproduisent jamais identiquement la forme qui a fourni les graines, et que les pepins des meilleurs fruits ne donnent le plus souvent que des arbres sans autre valeur que celle de pouvoir servir de sujets pour la greffe. C'est cependant par le semis que s'obtiennent les bonnes variétés nouvelles, mais le nombre en est toujours fort restreint, et elles ne ressemblent pas à celles dont elles sont issues.

recede ab eis et venies contra illos ex adverso pirorum. — Cumque audieris sonitum gradientis in cacumine pirorum, tunc egredieris ad bellum.

(1) Témoin ce vers si souvent cité par les pomologistes :

. . . . *Nec surculus idem*
« *Crustumiis syriisque piris, gravibusque volemis.* »
(*Georg.*, II, v. 87-88.)

Virgile parle d'ailleurs du poirier dans plusieurs autres passages :

« *Insere nunc Melibœe piros, pone ordine vites !* »
(*Buc.*, I, v. 74.)

« *Insere Daphni piros, carpent tua poma nepotes* »
(*Buc.*, IX, v. 50.)

(2) Faisons observer en passant que l'expression de *variétés* appliquée aux arbres fruitiers cultivés est tout à fait impropre. En botanique on nomme variété toute forme distincte du type spécifique qui se conserve indéfiniment par voie de génération, sauf le cas où le croisement vient en altérer le caractère. Ainsi dans les potirons, les melons, les choux, etc., il y a de véritables variétés, qui se conservent de semis depuis des siècles. Dans les arbres fruitiers, au contraire, il n'y a que des formes *individuelles*, des variations sans consistance, qui ne se perpétuent pas de semis et ne peuvent se conserver que par la greffe. C'est par abus de langage qu'on en fait des variétés, et c'est sur cet abus de langage que roule, en grande partie du moins, la discussion qui s'est élevée entre nos pomologistes modernes sur la question de savoir si les variétés de poiriers dégénèrent ou ne dégénèrent pas en vieillissant.

Les pomologistes et les horticulteurs marchands ont catalogué plus de trois mille variétés de poiriers ; ce nombre, déjà excessif, pourrait s'accroître indéfiniment si on voulait inscrire dans les livres toutes les formes qui naissent annuellement des semis, mais on comprend tout de suite l'inutilité d'un pareil travail. Qu'un amateur collectionneur réunisse deux ou trois cents variétés de poiriers, c'est déjà plus qu'il n'en faut pour satisfaire sa curiosité et lui donner une idée de la variabilité de l'espèce. L'amateur qui ne cultive que pour son utilité ou son agrément doit rester bien au-dessous de ce nombre; douze ou quinze variétés bien choisies doivent lui suffire, trente à quarante seraient un luxe et une superfluité. Toutefois, comme les sols et les climats varient, et que les diverses individualités de poiriers ne viennent pas également bien partout, il est bon qu'il existe un nombre un peu considérable de variétés, afin qu'on puisse choisir celles qui conviennent le mieux dans telles conditions données. En éliminant les fruits médiocres, il peut rester acquis à l'horticulture cent cinquante ou deux cents variétés recommandables, et c'est encore, comme on voit, un très-large choix. Les excellents ouvrages descriptifs qui ont été publiés récemment, et en particulier celui de Duhamel, fourniront sur ce sujet tous les renseignements qu'on pourrait désirer.

Après ce que nous venons de dire de l'excessive variabilité du poirier et du nombre de variétés acquises, il n'y a pas lieu de s'étonner que la synonymie se soit prodigieusement compliquée et qu'une multitude d'erreurs s'y soit introduite. La simplification et la rectification de cette nomenclature a été, dans ces dernières années, le but des travaux des pomologistes les plus expérimentés. Des commissions, parmi lesquelles on compte en première ligne le *Congrès pomologique de Lyon*, ont été spécialement nommées à cet effet, et il faut reconnaître que si elles n'ont pas réussi à éclaircir toutes les obscurités de la synonymie des poires, elles ont du moins fait les efforts les plus louables pour y parvenir. Ce qui augmente encore la difficulté, c'est l'absence de caractères tranchés sur lesquels on puisse établir une classification de ces fruits, en les répartissant par groupes génériques, comme on a pu le faire pour d'autres. Entre deux poires quelconques, les plus différentes de figure, de grosseur, de saveur, de coloris, etc., on trouve toujours une longue série d'intermédiaires, où les caractères propres à chacun des deux fruits se nuancent et se dégradent insensiblement. D'un autre côté, deux fruits qui se ressemblent par la forme, la grosseur ou le coloris, diffèrent souvent du tout au tout par leurs autres caractères. Ce défaut d'uniformité est en contradiction évidente avec les appellations génériques qu'on a introduites dans la nomenclature, telles que celles de *bergamottes*, *beurrés, doyennés,* etc., qui sont encore généralement en usage, mais qu'il est désirable d'oublier, puisqu'elles ne peuvent que maintenir une erreur avouée aujourd'hui par tous les pomologistes. Afin de couper court une fois pour toutes à cet état de choses, nous avons renoncé à l'emploi de ces dénominations autrement que comme dénominations purement individuelles, et c'est sur ce principe que nous avons établi la nomenclature des poires dans notre *Jardin fruitier du Muséum.*

Ainsi que nous l'avons suggéré plus haut, il y a de l'intérêt, mais un intérêt purement scientifique, à collectionner et à étudier toutes les variétés marquantes d'arbres fruitiers; dans la pratique il en est autrement, surtout lorsque l'amateur ne peut donner qu'une médiocre étendue à ses plantations. Ce qui lui importe ici c'est qu'on lui présente un bon choix dans les meilleures variétés, choix assez large cependant pour qu'il puisse y trouver ce qui conviendra le mieux à la nature de son terrain et aux conditions climatologiques sous lesquelles il est placé. Ce choix ayant déjà été fait par nous et publié dans le *Bon jardinier* (édition de 1860), et les variétés se trouvant disposées dans leur ordre de maturité à partir des plus hâtives jusqu'aux plus tardives correspondant aux fruits à cuire, nous n'avons rien de mieux à faire que de le reproduire ici, sous la même forme :

1° Poires de table ou à couteau.

1° *P. Guenette* ou *Sainte-Marguerite verte.* Arbre remarquablement productif. Fruit petit, ovoïde ou arrondi, à pédoncule très-long; peau verte ou rarement d'un vert jaunâtre, même à la maturité; chair cassante, blanche, fine, peu granuleuse, sucrée, peu relevée. On confond souvent cette poire avec la *P. Madeleine citron des Carmes.*

2° *P. Blanquet à longue queue.* Arbre atteignant de grandes dimensions. Fruit petit, à queue longue, arquée ou droite; peau jaune pâle à la maturité, très-lisse; chair demi-cassante, fine, très-juteuse, sucrée-acidulée. On peut ajouter à cette variété les *gros* et *petits blanquets* qui en diffèrent à peine.

3° *P. fleur de guigne.* Arbre de grandes dimensions. Fruits petits ou moyens, pyriformes, à queue longue; peau très-fine, jaune, tachée de rouge carminé; chair blanche, demi-cassante, fine, très-juteuse et plus ou moins parfumée. Très-bon fruit d'été.

4° *P. de Juillet.* Arbre très-fertile, propre à former des plein-vents. Fruit petit, arrondi, à queue grosse, charnue, insérée dans l'axe du fruit; peau jaune, colorée de rouge carminé du côté du soleil; chair demi-fondante, juteuse.

5° *P. Giffart.* Arbre productif, propre à former des plein-vents. Fruits moyens, pyriformes, réguliers, un peu ventrus, à queue arquée, se confondant avec le fruit par une large tache fauve; peau jaune pâle, colorée en rouge très-vif du côté du soleil; chair fine, fondante, sucrée et parfumée. C'est un des plus beaux fruits d'été, mais qui a l'inconvénient de passer très-vite.

6° *P. muscat royal.* Arbre d'assez grande dimension, propre au plein vent. Fruit petit, turbiné, à queue assez grêle et longue; peau un peu rude, grisâtre; chair blanche, demi-fondante, sucrée, musquée.

7° *P. Naquette.* Arbre très-productif. Fruits déprimés, maliformes, à queue courte, olivâtre, insérée dans l'axe du fruit; peau jaune verdâtre, parsemée de gros points et de petites taches fauves squammeuses; chair très-blanche, fondante, fine, juteuse, légèrement et agréablement acidulée. Ce fruit, comme la plupart des variétés qui mûrissent en été, a l'inconvénient de blettir assez vite, mais la finesse de sa chair le rend très-recommandable.

8° *P. Duchesse de Berry.* Fruit en forme de Doyenné, à peau très-lisse, jaune vif, lavée de rouge du côté du soleil, ordinairement tachée de fauve autour du pédoncule; œil fermé; chair fondante, très-fine, parfumée, de première qualité. Fruit très-semblable à la *P. de Doyenné.*

Fig. 178. — Poire d'Angleterre.

9° *P. d'Angleterre* (fig. 178). Arbre très-fertile. Fruit pyriforme, à queue longue, grêle, arquée, se confondant avec le fruit; peau vert olivâtre, un peu rugueuse, tachée de fauve; œil à fleur de fruit; chair fondante, d'une saveur fine et très-agréable.

10° *P. de Madame.* Arbre très productif. Fruits allongés, pyriformes; à queue droite ou oblique, peau très-lisse, verte ou vert jaunâtre à la maturité; œil entouré de protubérances; chair demi-cassante, blanche, d'une saveur agréable et acidulée. Très-bon fruit.

11° *P. de Doyenné.* Arbre extrêmement fertile. Fruits moyens, à queue courte et grosse, légèrement enfoncée dans le fruit; peau lisse, jaune vif, lavée de rouge du côté du soleil, marquée de brun autour du pédoncule; chair très-blanche, fine, beurrée, très-juteuse, sucrée-acidulée, plus ou

26

moins parfumée. Cette variété est délicieuse quand elle est prise à point, mais elle blettit très-vite.

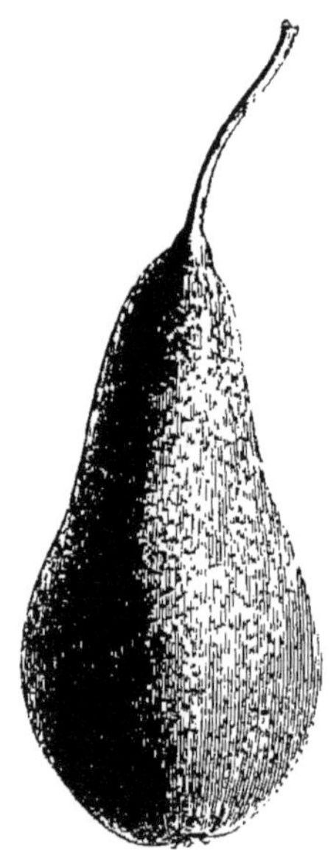

Fig. 179. — Poire d'Épargne.

12° *P. d'Épargne* (fig. 179). Arbre productif, à rameaux très-divariqués. Fruits moyens, allongés, pyriformes, quelquefois un peu amincis aux deux extrémités, à queue très-longue, grêle, arquée, implantée dans l'axe ou sur le côté du fruit; peau vert-olive, parsemée de points et tachée de fauve près de la queue; chair fine, fondante, très-juteuse, sucrée-acidulée, d'une saveur qui rappelle celle de la crassane, mais sans en avoir l'astringence. C'est une de nos meilleures poires d'été, mais elle a le défaut de blettir très-vite.

13° *P. Mouille-Bouche.* Arbre très-productif, propre au plein vent. Fruits moyens, oblongs ou pyriformes-obtus, à queue longue, renflée aux deux extrémités; peau fine, lisse, vert jaunâtre, unicolore ou quelquefois légèrement teintée de rose du côté du soleil; chair remarquablement fondante, blanche, d'une finesse extrême, très-juteuse, sucrée et parfumée. Excellent fruit, qu'il ne faut pas confondre avec la Bergamote d'été; il porte aussi le nom de *Verte-longue.*

14° *P. Williams.* Arbre productif. Fruits gros, oblongs, obtus, quelquefois un peu bosselés et irréguliers, à queue charnue, cylindrique, droite ou oblique, ordinairement insérée au dessous du sommet du fruit, qui offre alors une sorte de petite bosse, quelquefois enfoncée; peau jaune verdâtre ou jaune doré, lavée de rouge du côté du soleil; chair blanche, très-fine et fondante, très-juteuse, sucrée et musquée. Cette poire est un de nos meilleurs et de nos plus beaux fruits d'été, mais elle est très-musquée, et par là déplaît à quelques personnes.

15° *P. Fondante des bois.* Arbre fertile. Fruits en forme de gros Doyenné ou de Bon-Chrétien, obtus aux deux extrémités, à queue courte, légèrement enfoncée; peau jaune, plus ou moins brillamment lavée de rouge du côté du soleil et marquée de taches brunâtres; chair délicate, très-fondante, très-juteuse, parfumée, d'une saveur particulière de bergamote. Excellent et beau fruit, mais qui a le défaut de se détacher facilement de l'arbre.

Fig. 180. — Poire Saint-Michel.

16° *P. Saint-Michel-Archange* (fig. 180). Arbre assez fertile. Fruits ventrus, obtus ou quelquefois pyriformes; à queue arquée, très-faiblement enfoncée dans le fruit ; peau jaune verdâtre, rarement lavée de rouge orangé du côté du soleil, marquée d'une large tache fauve autour de la queue; chair fine, fondante, très-juteuse, sucrée-acidulée, relevée, de première qualité.

Fig. 181. — Poire Bergamote.

17° *P. Bergamote* (fig. 181). Arbre propre à former des plein vents. Fruits moyens, plus ou moins arrondis, queue droite légèrement enfoncée; peau verte, lisse; chair fine, fondante, très-juteuse, sucrée-acidulée, parfumée. Très-bon fruit. On en connaît une variété (fig. 182) à fruits panachés, semblable à la *P. Culotte de Suisse*.

Fig. 182. — Poire Bergamote d'automne.

18° *P. Romaine*. Arbre propre à former des plein-vents. Fruits oblongs, moyens, plus ou moins obtus, à queue droite ou oblique, continue avec le fruit; peau vert olivacé, marquée de taches fauves autour du pédoncule; chair fine, fondante, très-juteuse, sucrée-acidulée, parfumée, très-légèrement musquée, excellente.

19° *P. De Charneu.* Arbre pyramidal. Fruits assez gros ou moyens, pyriformes, à queue un peu longue, droite ou arquée; peau lisse, jaune vif, légèrement lavée de rouge au soleil, marquée de brun autour du pédoncule; chair remarquablement fine, fondante et beurrée, très-juteuse, sucrée, parfumée, excellente.

20° *P. des Urbanistes.* Arbre pyramidal. Fruits assez gros ou moyens, turbinés, obtus, à queue grosse, charnue, un peu enfoncée dans le fruit; peau jaune vif ou jaune orangé et marquée d'une large tache brune autour du pédoncule; chair blanche, très-fine, fondante, sucrée, citronnée. Fruit de première qualité.

21° *P. sans pepins.* Arbre productif. Fruits gros, arrondis, un peu aplatis, fortement déprimés vers l'œil, à queue assez longue, charnue; peau olivâtre, unicolore ou lavée de roux du côté du soleil; chair blanche, fondante, très-fine, d'une saveur sucrée-acidulée, parfumée, excellente. Cette poire, comme son nom l'indique, est presque toujours privée de cœur et de pepins.

22° *P. Milan blanc.* Arbre fertile. Fruits gros, turbinés ou ventrus, à queue courte, droite, légèrement enfoncée dans le fruit, accompagnée de protubérances; peau lisse, d'un jaune blanchâtre, quelquefois teintée légèrement de rose du côté du soleil; chair blanche, beurrée, très-fondante, un peu acidulée, très-agréable. C'est un de nos anciens et bons fruits d'été.

23° *P. longue-verte.* Arbre très-productif, propre à former des plein-vents. Fruit très-allongé, en forme de fuseau, à queue droite, et se confondant avec le fruit; peau toute verte, lisse ou tachée de fauve dans le voisinage de l'œil; chair fine, sucrée, très-juteuse et dont la saveur rappelle celle de quelques variétés de melons. Il est essentiel de ne pas la confondre avec la Verte-longue ou Mouille-bouche.

24° *P. Double-Philippe.* Arbre très-productif. Fruits gros, ventrus, obtus, à queue droite, grosse ou très-grosse; peau jaune vif, quelquefois un peu teintée de rose du côté du soleil; chair blanche, fondante, beurrée, acidulée, très-parfumée, excellente.

25° *P. Sieulle.* Arbre très-fertile. Fruit petit, à queue courte et charnue; peau colorée en rouge plus ou moins foncé, quelquefois de couleur orangée à l'ombre, fortement teintée de brun-rouge du côté opposé; chair blanchâtre, ferme, fine, très-juteuse, sucrée, très-parfumée, d'une saveur particulière. Excellente.

26° *P. Adèle.* Arbre très-productif. Fruit pyriforme, ventru, à queue assez courte, un peu arquée ou droite; peau jaune olivâtre, plus ou moins parsemée de points et de marbrures; chair blanche, assez juteuse, sucrée, parfumée, très-faiblement musquée ou fenouillée.

27° *P. de Montigny.* Arbre très-vigoureux et propre au plein vent. Fruits moyens, obtus, en forme de doyenné, à queue droite, enfoncée dans le fruit; peau lisse, verte, parsemée de petits points fauves; chair très-fine, blanche, fondante ou beurrée, très-juteuse, sucrée, musquée. Très-bon fruit, mais que quelques personnes trouvent trop musqué.

28° *P. Frédérick de Wurtemberg.* Arbre vigoureux et fertile. Fruit moyen, pyriforme, ventru, régulier ou quelquefois courbé; à queue droite ou oblique, jaunâtre, épaissie à son insertion sur le fruit, avec lequel elle se confond; peau très lisse, d'un jaune brillant, lavée de rouge carminé du côté du soleil; chair très-fine, très-fondante, très-juteuse, sucrée, très-parfumée. De première qualité.

29° *P. Nec-plus Meuris.* Arbre vigoureux. Fruits gros, oblongs ou ovoïdes, à queue très-courte; peau jaune verdâtre, parsemée de petits points et de taches brunes; chair blanche, fine, très-succulente, sucrée, parfumée. Très-bon fruit, mais auquel on reproche de se détacher trop facilement de l'arbre.

30° *P. Marie-Louise-Delcourt.* Arbre très-fertile, propre au plein vent. Fruits gros, oblongs, obtus ou pyriformes, à queue assez longue et se confondant avec le fruit; peau jaune verdâtre, parsemée de points et de taches brunes autour de la queue; chair blanche, demi-fondante, juteuse, sucrée-acidulée, parfumée, d'une saveur qui rappelle celle de la poire d'Angleterre; très-bonne.

31° *P. Aurore.* Arbre assez productif. Fruits moyens, pyriformes, à queue un peu charnue et se confondant avec le fruit par une large tache fauve; peau jaune d'ocre lavée d'orange, d'aurore ou de roux, quelquefois de couleur cannelle à la maturité, un peu rugueuse; chair très-fine, ferme, très-juteuse, sucrée, légèrement astringente, parfumée. Fruit de première qualité.

32° *P. Six.* Arbre assez vigoureux, propre à former des plein-vents. Fruits moyens, pyriformes, très-rétrécis du côté de la queue, qui est assez longue et un peu renflée à son insertion sur le fruit, avec lequel elle se confond; peau toute verte à la maturité, lisse, parsemée de quelques petites taches fauves; chair verdâtre, remarquablement fine, fondante, très-juteuse, sucrée, faiblement astringente, parfumée. Excellente poire.

33° *P. de Doyenné roux.* Arbre fertile, propre à former des plein-vents. Fruits moyens, à queue courte et charnue; peau de couleur ferrugineuse ou cannelle, lisse ou un peu gercée; chair très-fondante, sucrée, parfumée, d'une saveur particulière et très-agréable.

34° *P. Grésilier.* Arbre faible, mais très-productif. Fruits moyens, arrondis, en forme de Doyenné, à queue un peu charnue, irrégulière, insérée dans l'axe du fruit; peau d'un vert jaunâtre, plus ou moins parsemée de points et de petites taches grises; chair blanche, légèrement teintée de vert au pourtour, très-juteuse, sucrée, relevée d'une faible odeur de musc. Excellente.

35° *P. de Tongres.* Arbre très-vigoureux et fertile; à fruits très-gros, pyriformes, bosselés, à queue courte, oblique, charnue; peau d'abord bronzée puis de couleur cannelle; chair demi-fondante, blanchâtre, très-juteuse, parfumée, d'une saveur particulière, très-faiblement musquée ou fenouillée. Fruit délicieux.

36° *P. Napoléon*. Arbre peu productif; à fruits moyens, très-variables de figure, pyriformes, ventrus, oblongs, en forme de calebasse étranglée au milieu, obtus, à queue assez courte; peau lisse, jaune-citron, dépourvue de marbrures; chair fine, fondante, juteuse, non musquée, plus ou moins parfumée et presque aussi variable de saveur que la forme du fruit.

37° *P. Bonne d'Ézée*. Arbre peu vigoureux mais assez fertile; à fruits moyens, oblongs, à queue charnue, insérée obliquement sur le fruit et accompagnée d'un bourrelet; peau jaune lavée de rouge, parsemée de petites marbrures brunes; chair fine, très-juteuse, fondante, parfumée et très-agréable. C'est une de nos meilleures poires.

38° *P. Surpasse-Meuris*. Arbre très-fertile; à fruit gros, assez semblable à l'*Amanlis*, ventru, pyriforme, à queue assez courte, droite ou oblique; peau jaune verdâtre à l'ombre, lavée de rouge-brun du côté du soleil, parsemée de points et de marbrures fauves; chair d'un blanc verdâtre, très-juteuse, fondante, remarquablement sucrée, mais seulement peu parfumée, très-bonne néanmoins.

39° *P. Superfin*. Arbre fertile; à fruits gros ou moyens, ovoïdes ou ventrus, déprimés du côté de l'œil, à queue droite ou arquée, accompagnée d'un bourrelet à son insertion sur le fruit; peau très-lisse, jaune d'or lavée de rose, presque complétement dépourvue de marbrures; chair très-fine, fondante, très-juteuse, sucrée, relevée d'une saveur particulière, non musquée. Fruit délicieux.

40° *P. Diel*. Arbre très-fertile; à fruit gros, très variable de forme, oblong ou pyriforme, ventru ou turbiné, très obtus, à queue moyenne ou courte; peau de couleur jaunâtre et plus ou moins masquée sous des marbrures fauves; chair ferme, blanchâtre, très-juteuse, sucrée, légèrement astringente, rappelant un peu la saveur de la crassane. Excellente poire.

41° *P. Louise-Bonne-d'Avranches*. Arbre très-productif, propre au plein vent; à fruits moyens, oblongs et obtus, à queue longue, droite ou arquée; peau jaune lavée de rouge du côté du soleil; chair fine, fondante, très-juteuse, sucrée, un peu acidulée, parfumée.

42° *P. Bonne-Louise*. Arbre très-fertile, propre au plein vent; à fruits petits ou moyens, pyriformes, obtus, à queue assez courte, oblique; peau lisse, jaune verdâtre, parsemée de petits points à l'ombre et de points rouges au soleil, entremêlés de petites taches; chair blanche, fine, très-juteuse, sucrée, parfumée. Variété plus tardive que la précédente et qui se reconnaît à ses fruits moins gros et moins colorés.

43° *P. Marquise*. Arbre très-vigoureux et productif; à fruits pyriformes, obtus, ventrus, quelquefois un peu bosselés, à queue longue, assez grêle, à peine enfoncée dans le fruit; peau jaune verdâtre ou jaune-citron, parsemée de points entremêlés de marbrures fauves; chair blanche, juteuse, fondante, sucrée, parfumée, très-faiblement musquée. Excellent fruit.

Fig. 183. — Poire de Beurré.

44° *P. de Beurré* (fig. 183). Arbre fertile; à fruit arrondi, moyen, à queue grêle, ordinairement placée un peu en dehors de l'axe du fruit; peau de couleur olivâtre ou fauve-olivâtre, un peu rude, parsemée de points reliés les uns aux autres par de très-fins linéaments; chair blanche, fine, fondante, sucrée, très-juteuse et très-parfumée. C'est une de nos meilleures poires de fin d'été. On la connaît en Normandie sous le nom de *P. Isambart*, et il ne faut pas la confondre avec la suivante.

45° *P. d'Amboise*. Arbre assez délicat mais très-fertile; à fruits moyens, ventrus ou turbinés, à queue assez courte et charnue; peau mi-partie jaune verdâtre et rouge très-brillant, marquée de brun autour du pédoncule ; chair très-blanche, très-juteuse, sucrée, mais moins parfumée que celle de la précédente.

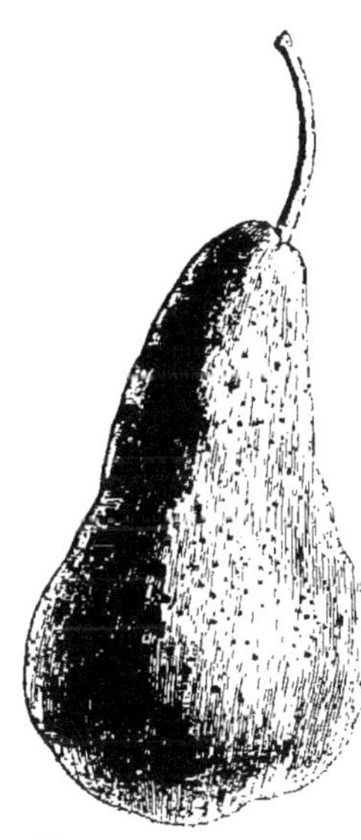
Fig. 184. — Poire Bosc.

46° *P. Bosc* (fig. 184). Arbre peu vigoureux mais productif, même en plein vent ; à fruits pyriformes ou très-allongés, bosselés, à queue droite, oblique et assez longue ; peau d'abord olivâtre-bronzée, puis brun cannelle à la maturité ; chair fine, demi-fondante, parfumée, musquée. Excellente poire.

47° *P. de Janvry.* Arbre très-productif ; à fruits pyriforme, allongés, ventrus, à queue arquée ou droite ; peau mi-partie jaune et rouge, parsemée de nombreux points et de quelques marbrures fauves ; chair demi-cassante, d'un blanc jaunâtre, acidulée et parfumée.

48° *P. Amanlis.* Arbre propre à former des plein-vents ; à fruits gros, ventrus ; peau d'abord d'un vert terne, jaunissant et se colorant de rouge-brun à la maturité ; chair très-fine, fondante, d'une saveur très-agréable.

49° *P. Silvange.* Arbre propre à former des plein-vents, très-productif ; à fruits pyriformes, moyens ; peau vert jaunâtre, lisse ; chair verdâtre, acidulée, parfumée, très-agréable.

50° *P. Duchesse d'Angoulême.* Arbre fertile ; à fruits gros, ventrus, obtus, bosselés, à queue droite ou légèrement oblique, charnue ; peau un peu rude, passant du vert jaune au jaune assez vif et lavée de rouge du côté du soleil, parsemée de gros points et plus ou moins marbrée de brun ; chair ferme ou demi-cassante, très-juteuse, de saveur sucrée-acidulée, citronnée et plus ou moins parfumée. Poire ordinairement très-bonne.

51° *P. Van Mons-Léon-Leclerc.* Arbre délicat, mais productif ; à fruits ovales-oblongs ou allongés, presque cylindriques, à queue oblique, courte, charnue ; peau jaunâtre, presque complétement recouverte de marbrures fauves; chair très-fine, fondante, parfumée, de première qualité.

52° *P. Paternoster.* Arbre assez fertile; à fruits pyriformes ou oblongs-obtus, à queue remarquablement charnue, très-courte, souvent placée en dehors de l'axe du fruit; peau jaune-verdâtre, parsemée de taches et marquée de fauve autour de la queue; chair ferme, sucrée, parfumée, très-juteuse. Très-bon fruit.

53° *P. Goulu-morceau.* Arbre très-fertile; à fruits assez gros, oblongs, ventrus ou en forme de coing, quelquefois un peu bosselés, à queue légèrement arquée, enfoncée; peau lisse, d'un vert jaunâtre passant au jaune à la maturité, lavée de rouge du côté du soleil, sans marbrures, quelquefois d'une teinte uniforme jaunâtre; chair blanche, ferme, très-juteuse, sucrée, parfumée, légèrement acidulée. Fruit exquis, mais quelquefois trop acide.

54° *P. Messire-Jean.* Arbre de petite dimension, fertile; à fruits moyens, arrondis ou turbinés, à queue assez grêle, droite ou arquée; peau rude, de couleur de cuir plus ou moins brun, marquée de taches plus foncées; chair cassante, blanchâtre, très-juteuse, sucrée, parfumée, un peu astringente. C'est une des meilleures poires cassantes, et elle est aussi bonne, ou peut-être meilleure, cuite que crue.

55° *P. Gros-Rousselet.* Arbre de plein vent; à fruit moyen, à queue longue, droite ou arquée; peau rouge-brun sur fond olivâtre, recouverte d'un petit réseau grisâtre; chair cassante, sucrée, parfumée, d'une saveur particulière, mais moins fine que celle du *Petit-Rousselet,* qui offre néanmoins à peu près les mêmes qualités.

56° *P. Bernard,* arbre fertile; à fruits petits ou moyens en forme de pomme; peau lisse, jaune, lavée de rouge orangé au soleil; chair fine, fondante très-juteuse parfumée et rappelant la saveur de la *P. Crassâne,* très-bon fruit, dont le seul défaut est d'être trop petit.

57° *P. Nouveau-Poiteau.* Arbre très-vigoureux; à fruits gros, oblongs, déprimés aux deux extrémités ou ovoïdes, à queue de longueur moyenne, placée dans l'axe du fruit ou un peu en dehors et coudée à son insertion; peau verte, parsemée de gros points et de larges marbrures fauves, rudes et assez semblables à celles de la *poire de Rance*; chair très-fine, verte à la circonférence, remarquablement fondante, juteuse, sucrée-acidulée, et dont la saveur peut se comparer à celle de quelques melons à chair verte. — La poire Nouveau-Poiteau est un de nos meilleurs fruits d'automne, mais elle a le défaut de blettir, sans que rien à l'extérieur annonce cet état de maturité trop avancé. Peut-être aussi est-on en droit de lui reprocher son manque de parfum. Il ne faut pas la confondre avec la *P. Poiteau*.

58° *P. Tougard*. Arbre productif. Fruits allongés, pyriformes ou quelquefois cylindriques, à queue droite ou arquée, charnue et plissée à son insertion; peau d'un vert-pâle terne, parsemée de gros points gercés et plus ou moins complétement recouverte de larges taches fauves, rudes et squammeuses; œil à fleur de fruit; chair de couleur saumonée plus ou moins prononcée, très-juteuse, très-fine, fondante, sucrée, peu parfumée. Cette singulière variété présente les qualités et les défauts de la *P. Nouveau-Poiteau*.

59° *P. Saint-Germain*. Fruit moyen ou gros, oblong, quelquefois légèrement bosselé, à queue insérée obliquement un peu au-dessous du sommet du fruit; peau vert jaunâtre, parsemée de points et de taches fauves; chair blanchâtre, demi-fondante, assez juteuse, parfumée, acidulée, légèrement astringente.

Fig. 185. — Poire Crassane.

60° *P. Crassane* (fig. 185). Arbre très-vigoureux, à rameaux diffus. Fruits moyens, déprimés, à queue longue, arquée, renflée à son insertion sur le fruit; peau un peu rude, vert-jaunâtre terne, parsemée de points et de marbrures fauves; chair d'un blanc jaunâtre, très-juteuse, acidulée, astringente, très-parfumée, d'une saveur particulière. Excellent fruit.

61° *P. de Quessoy.* Arbre très-fertile, propre à former des plein-vents. Fruits moyens ou petits, arrondis, à queue droite ou légèrement arquée; peau jaune, plus ou moins couverte de taches brunes un peu rudes; chair demi-cassante, juteuse, très-parfumée.

62° *P. Colmar.* Arbre productif. Fruits gros, ventrus, à peine rétrécis vers la queue, qui est droite et un peu renflée à son insertion sur le fruit; peau jaune pâle à l'ombre, quelquefois lavée de rose du côté du soleil, ordinairement marquée de taches vertes; chair blanchâtre, ferme, fine, juteuse, sucrée, parfumée, très-bonne.

63° *P. Passe-Colmar.* Arbre assez fertile. Fruits gros, ventrus et obtus, à queue assez courte, insérée dans l'axe du fruit; peau jaune à l'ombre, rouge orangé au soleil, portant une large tache fauve autour de la queue; chair fondante, très-juteuse, sucrée, relevée, un peu citronnée. Poire excellente.

64° *P. Nélis.* Arbre productif, à rameux diffus; à fruits petits, turbinés, obtus, à queue de longueur moyenne; peau olivâtre, plus ou moins recouverte de larges taches brunes et rugueuses; chair ferme, fine, parfumée, légèrement astringente et analogue à celle de la *P. Fortunée.* Très-bon fruit et de longue garde.

65° *P. de Pentecôte.* Arbre assez fertile. Fruits gros, arrondis, ventrus, déprimés aux deux extrémités, à queue très-courte, enfoncée dans le fruit; peau épaisse, d'un jaune verdâtre, teintée de brun et parsemée de gros points fauves; chair demi-fondante, fine, parfumée, très-juteuse. C'est un de nos anciens et meilleurs fruits d'hiver.

66° *P. de Chaumontel.* Arbre productif, propre à former des plein-vents. Fruits moyens ou gros, pyriformes, ventrus, à queue de longueur moyenne, renflée à son insertion sur le fruit; peau brune ou rougeâtre, plus ou moins marquée de fauve et parsemée de points; chair cassante, sucrée-acidulée, parfumée, non musquée. Ce fruit, sans être de première qualité, mérite d'être cultivé à cause de sa longue conservation. Il en est de même du suivant.

67° *P. Royale d'hiver*. Arbre très-fertile. Fruits ventrus, amincis vers la queue, qui est longue et ordinairement arquée; peau verte, passant au jaune plus ou moins vif à la maturité et parsemée de points et de nombreuses taches fauves; chair ferme, non cassante, juteuse, sucrée, acidulée, légèrement parfumée. La *P. Muscat-Lallemand*, qui en est très-voisine, en diffère par l'œil, qui est à fleur de fruit et non enfoncé, mais elle lui ressemble identiquement par la saveur et l'époque de maturité. Ces deux poires sont peut-être meilleures cuites que crues.

68° *P. Bonne de Soulers*. Arbre fertile. Fruits moyens, piriformes, ventrus ou oblongs, à queue longue, arquée, assez grêle; peau vert jaunâtre, parsemée de points et marquée d'une tache fauve autour de la queue; chair fine, fondante, très-agréable.

69° *P. Virgouleuse*. Arbre très-productif, à rameaux étalés et divariqués. Fruits moyens, ovoïdes, arrondis, légèrement déprimés aux deux bouts, à queue grosse, renflée aux extrémités; peau jaune verdâtre, lisse ou un peu rude, parsemée de taches; chair ferme ou demi-fondante, très-juteuse, sucrée-acidulée, parfumée. Très-bonne poire.

70° *P. de Luçon*. Arbre fertile. Fruits gros, ventrus, obtus, à queue très-courte, ordinairement placée en dehors de l'axe du fruit; peau bronzée, couverte de larges taches brunes, lavée de rouge-brun du côté du soleil; chair fine, fondante, très-juteuse, sucrée, légèrement acidulée, très-parfumée et fenouillée. Excellent fruit.

71° *P. Fortunée*. Arbre très-fertile. Fruits moyens, à queue droite, placée dans une cavité entourée de protubérances; peau rude et de couleur olivâtre, chair d'un blanc jaunâtre, ferme ou demi-cassante, parfumée, rappelant la saveur de la Crassane. Fruit excellent et de très-longue garde.

72° *P. d'Arenberg*. Arbre fertile. Fruits gros, ventrus, obtus, turbinés, quelquefois bosselés, à queue courte et oblique, ordinairement insérée au-dessous du sommet du fruit;

peau jaune ou jaune olivâtre, couverte de marbrures fauves, lavée de rouge du côté du soleil; chair fine, fondante, juteuse, très-agréable. Excellent fruit, qui offre une certaine ressemblance avec la P. de Luçon. Il est essentiel de ne pas confondre la P. d'Arenberg avec la P. Goulu-Morceau, qui porte le même nom chez quelques pépiniéristes.

73° *P. de Rance.* Arbre très-productif. Fruits assez gros, obtus, ordinairement en forme de gourde, très-déprimés du côté de l'œil, à queue longue, grêle, droite ou arquée, enfoncée dans l'axe du fruit; peau épaisse, verte, plus ou moins lavée de rouge foncé et parsemée de taches brunes; chair ferme, un peu astringente, sucrée, parfumée, très-bonne.

2° Poires à cuire.

74° *P. Bellissime d'hiver.* Fruit gros, court, à queue droite et grêle, à peau très-colorée en rouge du côté du soleil; chair cassante. Très-bonne poire à cuire.

75° *P. Belle-Alliance* (fig. 186). Fruit gros, court, ventru, à queue courte et placée dans une cavité assez profonde; peau jaune d'un côté et rouge vermillon de l'autre; chair assez fine, ferme et demi-cassante, dont la saveur rappelle un peu celle du Rousselet. Cette poire est meilleure cuite que crue, quoiqu'elle puisse aussi passer pour poire de table.

Fig. 186. — Poire Belle Alliance.

76° *P. de Curé* (fig. 187). Fruit allongé, ordinairement muni d'un bourrelet à l'extrémité du pédoncule; peau très-lisse, jaune pâle, quelquefois lavée de rose du côté du soleil; chair demi-cassante, assez fine, sucrée et peu relevée.

77° *P. de Bon-Chrétien* (fig. 188). Arbre productif. Fruits moyens ou gros, obtus, ordinairement en forme de gourde, très-déprimés du côté de l'œil, à queue longue, grêle, droite ou arquée; peau jaune pâle, ordinairement lavée de rouge du côté du soleil, parsemée de gros points bruns, épaisse; chair cassante, sucrée, peu relevée. Excellent fruit à compotes et de longue garde. Dans le nord l'arbre réussit mieux en espalier qu'en plein vent.

Fig. 187. — Poire de Curé. Fig. 188. — Poire de Bon-Chrétien.

78° *P. de Donville*. Arbre assez productif. Fruits moyens ou gros, oblongs, souvent bosselés, à queue assez longue, robuste, un peu arquée, ordinairement renflée à son insertion sur le fruit; peau vert pâle, passant au jaune à la maturité, lavée de rouge au soleil et marquée de fauve autour du pédoncule; chair blanche, cassante, très-sucrée. Fruit de très-bonne garde, excellent à cuire et surtout en compotes.

Fig. 189. — Poire Belle Angevine.

79° *P. Belle Angevine* (fig. 189).

Arbre vigoureux, assez fertile. Fruits énormes, piriformes, réguliers ou bosselés, à queue de longueur moyenne, droite ou oblique; peau d'abord verte, passant au jaune brillant, lavé de rouge carminé au soleil, plus ou moins parsemée de marbrures brunes; chair cassante, grossière, faiblement sucrée. Ce fruit est presque aussi médiocre cuit que cru, mais comme il est extraordinairement gros et beau de coloris, on le cultive pour en orner les desserts; il est même assez recherché pour cet usage et se paye quelquefois très-cher. A cause de la grosseur de ses fruits, que les secousses du vent abattent facilement, l'arbre doit être cultivé en espalier plutôt qu'en plein vent.

80° *P. Martin sec.* Arbre peu vigoureux, mais très-productif. Fruits petits ou tout au plus moyens, piriformes, à queue longue, généralement arquée; peau fine, sèche, d'un vert jaunâtre, fauve ou comme rouillée du côté de l'ombre, rouge brun du côté du soleil, parsemée de ponctuations grisâtres; chair blanc jaunâtre, grenue, cassante, sucrée et parfumée, assez bonne crue, excellente cuite. C'est une de nos bonnes variétés anciennes de poires.

81° *P. Cotillard* ou *Catillac.* Arbre vigoureux et très-fertile. Fruits gros ou très-gros, ventrus, arrondis, largement déprimés vers l'œil, plus ou moins bosselés, à queue moyenne, insérée obliquement sur le fruit; peau épaisse, rugueuse, d'un vert gris ou blanchâtre du côté de l'ombre, rouge-brun du côté du soleil, tournant au jaune à la maturité; chair blanche, granuleuse, cassante, juteuse, plus astringente que sucrée. Le fruit est de longue garde et bon seulement à cuire. Sa chair prend alors une belle teinte rouge et des qualités qui le font rechercher.

82° *P. des Invalides.* Arbre assez vigoureux, d'une fertilité moyenne. Fruits gros, courtement turbinés, arrondis aux deux extrémités, très-bosselés autour de la queue, qui est courte, implantée au centre d'une cavité assez profonde; peau épaisse, vert clair, parsemée de points fauves et tournant au jaune citron à la maturité, rougeâtre du côté du soleil; chair très-blanche, un peu grossière, demi-cassante, sèche, sucrée-acidulée et légèrement astringente. Fruit très-médiocre cru, très-bon cuit, et de longue garde.

83° *P. Sarrasin*. Arbre de vigueur moyenne, très-fertile. Fruits moyens, piriformes, à queue moyenne ou courte, un peu grosse, arquée, implantée dans l'axe du fruit; peau vert clair, tiquetée de points gris, lavée de rouge-brun du côté du soleil, tournant au jaune rougeâtre en mûrissant; chair blanche, fine, cassante, sucrée et légèrement parfumée. Excellente cuite et en compote.

84° *P. de Livre*. Arbre vigoureux, assez productif. Fruits gros ou très-gros, courtement piriformes ou turbinés, ventrus, à queue moyenne ou courte, insérée dans l'axe du fruit; peau rude, d'un vert prononcé, mais presque entièrement couverte de points et de taches d'un fauve roux; chair blanche, grossière, cassante, âpre et astringente. Ce fruit, remarquable par son volume, n'est pas mangeable cru; même cuit il est encore médiocre.

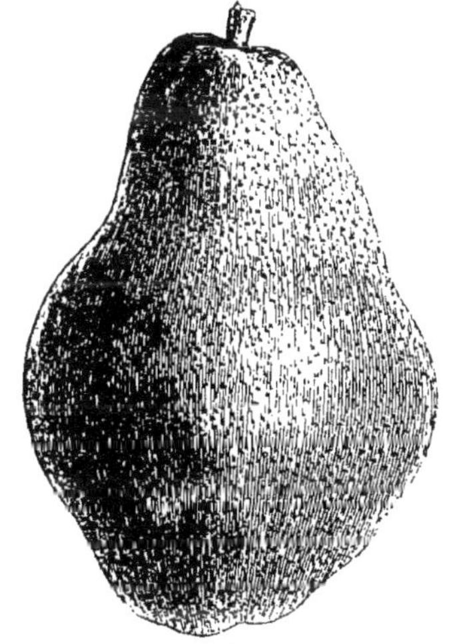

Fig. 190. — Poire d'Auch.

85° *P. Rateau blanc*. Arbre assez vigoureux. Fruits gros, allongés, de forme pyramidale, vert glauque, semés de nombreux points gris, tournant au jaune en mûrissant; chair blanche, sèche, acidulée, assez bonne cuite.

86° *P. d'Auch* (fig. 190). Fruit très-gros, allongé, bosselé, à queue courte et enfoncée; peau jaune vif lavé de rouge orangé au soleil; chair cassante, sucrée et peu parfumée. Cette belle poire n'est bonne qu'à figurer sur les surtouts de nos tables.

Beaucoup d'autres poires, quoique moins recommandables ou moins classiques que celles qui précèdent, pourraient être ajoutées à cette liste; mais nous nous contenterons de désigner nominativement, parmi les variétés à couteau, les poires *Culotte de Suisse, Clairgeau, Esperen, Superfine, Triomphe de*

Jodoigne Gracioli, *Joséphine de Malines*, *d'Alençon*, *Olivier de Serres*, *Beurré Deftenghem*, *Melon*, *Bonne Malinoise*, *Belle d'Esquermes*, *Fin Or de Septembre*, *Hardy*, *Truitée*, *de Tonneau*, *Émile de Rochois*, *Poire d'Œuf*, *Charles d'Autriche*, *Délices d'Angers*, *Sucrée de Mont-Luçon*, *Fondante de Noël*, *Broom-Park*, *Orpheline d'Enghien* et *Nonpareille*; et parmi les poires à cuire ou à sécher les poires *Angélique de Bordeaux*, *Certeau*, *Gilot*, *d'Angleterre d'hiver*, *Jaminette*, *Saint-Gall*, *Saint-Lézin*, *d'Amour* et de *Quarante-onces*.

Le seul classement possible des variétés de poires est celui qui se base sur l'époque de maturité, mais il n'a rien de rigoureux. Les poires d'été proprement dites sont les seules qui mûrissent à peu près régulièrement aux mêmes époques (fin de juin et courant de juillet); les variétés d'automne, sont, suivant les années, tantôt en avance, tantôt en retard, les écarts pouvant être de plus d'un mois; ils sont plus grands encore pour les poires d'hiver. D'un autre côté, les mêmes variétés ne mûrissent pas en même temps partout; on n'a pas de peine à comprendre que la maturité arrive plus vite dans le midi de la France que dans le centre, et à plus forte raison que dans le nord.

Pour le climat de Paris, et on peut dire de tout le nord de la France, la maturité successive des poires se présente à peu près dans l'ordre suivant, en commençant par les plus précoces :

Poires *Guenette*, *Blanquet*, *Giffard*, *Épargne*, *Milan blanc*, *Duchesse de Berry*, *d'Angleterre*, *Bergamote*, *Poire sans pepins*, *Doyenné d'été*, *Williams*, *Romaine*, *Saint-Michel-Archange*, *Fondante des bois*, *de Charneu*, *Gracioli*, *Double-Philippe*, *Montigny*, *Louise-Bonne d'Avranches*, *Superfine*, *Thompson*, *Bosc*, *des Urbanistes*, *Beurré gris*, *Marquise*, *Paternoster*, *Léopold Riche*, *Hardy*, *Sucrée de Montluçon*, *Bronzée*, *Napoléon*, *Diel*, *Nec plus Meuris*, *Aurore*, *Pie IX*, *Crassane*, *Clairgeau*, *Goulu Morceau*. Toutes ces poires sont d'été ou d'automne; les premières de la liste mûrissant en juillet; les dernières en octobre et novembre. Passé ce mois les variétés d'hiver commencent; on peut les classer de la manière suivante : Poires *de Rance, Muscat Lallemand, Colmar, Passe-Colmar, de Pentecôte, Oken, Saint-Germain, Orpheline d'Enghien, Chaumontel, Fortunée.* Toutes les poires à cuire ou à sécher sont aussi des poires d'hiver; nous y rangeons les *poires d'Arenberg, Bon-Chrétien, Martin-sec, Messire-Jean, Cotillard* ou *Catillac, Angélique de Bordeaux, de Livre, Certeau, Gilot, Rousselet, Angleterre d'hiver, Jaminette, du Quessoy, Saint-Gall.*

Dans l'ouest de la France, où le climat est déjà notablement plus doux qu'à Paris, et peut-être plus uniforme d'une année à l'autre, la maturité successive des poires est sensiblement modifiée. Voici d'après M. Liron d'Airolles, pomologiste distingué de Nantes, comment elle pourrait s'établir :

1re Époque. Juillet-août.

Poire Giffard.	*Mouille-Bouche.*
Rousselet d'été.	*Poire pêche.*
Blanquet à longue queue.	

2e Époque. Septembre.

Poire du Quessoy.	*Ananas d'été.*
Favre.	*Ananas de Courtray.*
De Montgeron.	*Duchesse de Berry.*
De Nantes.	*Fondante de Cuernes.*
Rousselet double.	*Verte-longue précoce.*
Alexandrine Bivort.	*Sucrée blanche.*

3e Époque. Octobre.

Poire Lesèble.	*Graslin.*
Espéren.	*Messire Jean.*
Goubault.	*Nouveau Poiteau.*
Quételet.	*Saint-Michel Archange.*
Calebasse Eugène.	*Seckle.*
Ah mon Dieu.	*Soldat laboureur.*
Alexandrine de Rouen.	*Des Deux-Sœurs.*
Amiral Cécile.	*Verte-longue.*
Bonne Louise d'Avranches.	*Verte-longue panachée.*

4e Époque. Fin octobre-novembre.

Poire Dussart.	*Nélis.*
D'Héry.	*Doyenné Goubault.*
Quessoy d'hiver.	*Alexandre Bivort.*

Alexandrine Douillard.	*Du Congrès.*
Comtesse de Chambord.	*Grand soleil.*
Dr Lanthier.	*Zéphirin Louis.*

5e Époque. Décembre-mars.

Poire de Parthenay.	*Joséphine de Malines.*
Bergamote Espéren.	*Saint-Herblain d'hiver.*
Dr Boucier.	*Vauquelin.*
Jaminette.	*Zéphyrin Grégoire.*

Nous répétons que ces classements n'ont rien d'absolu et qu'il ne faut les prendre que dans leur généralité. Nous en dirions volontiers autant de la qualité, qui varie aussi très-sensiblement suivant les lieux, le climat, la nature du terrain, etc. Telle poire qui est excellente sur un point peut n'être que médiocre sur un autre, et réciproquement. Ceci est affaire d'expérience locale.

Culture du poirier. — Sous nos climats le poirier est un arbre rustique, qui s'accommode à peu près partout du plein vent, quoique certaines variétés ne fructifient bien, dans le nord, qu'en espalier. Dans la partie la plus chaude du midi, par exemple dans la région de l'olivier, l'espalier est généralement plus nuisible qu'utile.

Toutes les variétés du poirier n'ont cependant pas le même tempérament. Quoi qu'on en ait dit, cet arbre, plus méridional que le pommier, redoute peu le climat chaud du midi de l'Europe; il y a même des variétés qui n'acquièrent que là toutes leurs qualités. Il craint peut-être davantage le climat du nord, si on en juge par ce fait que dans le nord et le centre de l'Allemagne les poires sont généralement inférieures à celles qu'on récolte en Belgique, quoique celles-ci ne vaillent pas celles des environs de Paris. Elles sont meilleures encore dans le centre et l'ouest de la France, qu'on peut considérer comme les deux régions qui produisent les meilleures poires du monde entier. Pareille remarque a été faite en Angleterre, où les poires valent mieux dans le sud que dans le nord; les plus estimées de ce pays sont celles du sud-ouest et en particulier celles de Jersey. L'Espagne, le Portugal et l'Italie produisent aussi des poires d'un incontestable mérite, quoique la culture de l'arbre y soit fort négligée.

Certaines races de poiriers, lorsqu'elles ne sont pas greffées ou qu'elles sont greffées sur franc, prennent un développement considérable et forment des arbres de troisième et quelquefois de deuxième grandeur. Ces grands poiriers séculaires, entièrement livrés à eux-mêmes, sont souvent d'une prodigieuse fécondité ; on en voit qui donnent, année commune, plusieurs hectolitres de fruits. Il faut remarquer cependant qu'ils deviennent de plus en plus rares en France. Morts de vieillesse, ils ne sont jamais remplacés (1). Aujourd'hui qu'on est pressé de jouir, ce à quoi on vise, quand on plante un arbre, c'est d'en obtenir promptement des fruits ; on tient peu de compte de sa longévité.

Multiplication du poirier. Le poirier se multiplie de semis et de greffes. C'est par le semis qu'on obtient les variétés nouvelles, et surtout les sujets sur lesquels on greffe les variétés déjà existantes. Les bonnes variétés obtenues de semis sont toujours rares, et il n'y a jamais qu'un petit nombre de cultivateurs qui puissent tenter l'expérience, car il arrive assez souvent que sur des centaines d'arbres élevés de graines il n'y en ait pas un seul qui vaille la peine d'être conservé. Nous n'examinerons donc la multiplication du poirier par semis qu'au seul point de vue de la production de sujets pour la greffe. Ce que nous allons en dire s'appliquera de même aux semis de pepins de cognassiers, car cet arbre est fréquemment employé comme sujet de greffes de poiriers, quand ceux-ci sont destinés à ne devenir que de petits arbres. Le cognassier joue le même rôle vis-à-vis du poirier que le pommier paradis vis-à-vis des pommiers qu'on veut maintenir nains.

Les pepins de toutes les variétés cultivées de poiriers peu-

(1) La même remarque peut s'appliquer à d'autres arbres, au noyer, à l'olivier, etc., qui, doués d'une grande longévité, font attendre longtemps leurs produits. La cause principale et peut-être unique de ce fâcheux état de choses est la difficulté de conserver les héritages dans les mêmes familles sous le régime de la loi moderne. Le père de famille est peu encouragé à planter des arbres lents à croître, lorsqu'il peut prévoir, avec une très-grande probabilité, que ses fils ou ses petits-fils n'en cueilleront pas les fruits.

vent fournir des sujets pour la greffe, et on croit que ceux des meilleures donnent une plus forte proportion que les autres de variétés nouvelles d'une certaine valeur. Lorsqu'on ne sème que pour obtenir des sujets de greffe il est superflu de faire un choix dans les pepins; le plus souvent même, quand on opère en grand, comme le font les pépiniéristes, on se contente de prendre les pepins dans les marcs de poires de toutes races qui ont servi à la fabrication du poiré. Ces pepins pourraient être semés immédiatement au sortir du fruit; néanmoins on préfère les stratifier dans des terrines ou des bacs remplis de sable légèrement humecté ou de terre ordinaire, et qu'on abrite dans un cellier. Sur la fin de l'hiver on sème ces pepins à la volée ou en rayons, sur une planche préparée à cet effet, et on les recouvre de 1 à 2 centimètres de terre. Après la levée, la planche est sarclée et désherbée suivant le besoin. Ordinairement il n'est pas nécessaire d'éclaircir le semis, pourvu qu'on ait eu la précaution de ne pas semer trop serré, parce que dès le mois de novembre suivant les jeunes arbres doivent être repiqués en pépinière.

La déplantation se fait à la bèche, en soulevant la terre en motte avec le plant pour ne pas briser les racines, mais avant de le repiquer on rabat d'un coup de serpette le pivot à $0^m,05$ ou $0^m,06$ du collet, plus ou moins suivant son degré de développement. La replantation se fait en lignes, sur une terre préparée et bien amendée, à $0^m,40$ environ en tous sens. Les jeunes arbres recevront dans la pépinière, où ils doivent passer deux ans, les soins nécessaires, c'est-à-dire que la planche sera binée et sarclée trois ou quatre fois par an. Dès la première année de la pépinière, mais mieux à la seconde, on remarquera entre les jeunes arbres des faciès très-différents, tenant au port, à la forme et à la grandeur de la feuille, à la présence ou à l'absence des épines. C'est sur ces apparences que les pépiniéristes se règlent pour juger d'avance des qualités probables d'un arbre qu'on voudra conserver franc de pied, mais ces apparences sont fort trompeuses. Quelques-uns affirment cependant que plus un jeune poirier est épineux, plus il y a de chances qu'il donnera plus tard de bons fruits, quoiqu'il y ait aussi de bonnes variétés parmi ceux qui sont peu ou point épineux. Dans un semis un peu considérable, il se trouve toujours un certain nombre de sujets faibles ou mal venants, qu'il y a avantage à ne point conserver, parce qu'ils ne forment le plus souvent que des arbres débiles et peu productifs. Quand les jeunes arbres filent droit, et c'est le cas du plus grand nombre, on les conserve tels quels ; mais s'ils se ramifiaient à la base, on enlèverait ces pousses superflues, ou même on recéperait l'arbre sur celle de ces pousses qui serait la plus vigoureuse et la plus droite ; c'est elle qui formerait la tige.

Après la deuxième année de pépinière les jeunes poiriers sont généralement en état d'être greffés. Les greffes ici sont l'écusson à œil dormant et la greffe en fente ; la greffe en écusson est la plus usitée des deux, et elle se fait à la fin de l'été, dans le courant d'août et au commencement de septembre. On greffe tantôt en pied, c'est-à-dire presque au niveau du sol, tantôt en tête, à $1^m,50$ ou 2^m de hauteur, suivant que la tige est droite et bien formée ou qu'elle est plus ou moins noueuse et tortue. L'essentiel est d'obtenir de belles tiges, soit qu'elles appartiennent au sujet, soit qu'elles proviennent de la greffe.

Les semis de pepins de cognassier se font dans les mêmes conditions que ceux des pepins de poirier, et c'est par là qu'on obtient les meilleurs sujets, à condition cependant qu'on ait soin de rejeter des pépinières les individus faibles ou mal conformés ; cependant, malgré cet avantage, les semis de cognassiers sont peu usités ; on préfère le bouturage des rameaux ou le marcottage par cépée au moyen de pieds mères réservés à cet usage, parce que le plant ainsi obtenu croit plus rapidement que celui qui provient des semis. Le bouturage se fait en automne et au printemps ; on y emploie des rameaux de $0^m,25$ à $0^m,30$, autant que possible munis d'un talon, c'est-à-dire d'un fragment du bois de la branche dont on les a détachés. Ces boutures, plantées dans un endroit un peu frais, à $0^m,25$ l'une de l'autre, s'y enracinent plus ou moins vite suivant la saison. Au bout d'un an elles sont transplantées en pépinière, et l'année d'après elles peuvent recevoir des greffes de poiriers, qui ici sont presque toujours des écussons à œil dormant. On greffe en pied ou à basse tige, à $0^{m},10$ au plus du sol. C'est surtout pour les poiriers d'espalier et de contre-espalier que le cognassier sert de sujet. Toutes les variétés de poiriers ne réussissent; pas également bien sur cognassier.

Ainsi que nous l'avons dit plus haut, l'aubépine est quelquefois employée comme sujet de greffe pour le poirier, mais il n'y a qu'un petit nombre de variétés qui y réussissent; encore les arbres ainsi obtenus n'ont-ils jamais la même vigueur ni la même durée que ceux qui sont greffés sur cognassier et surtout sur franc. Comme compensation à ces inconvénients, les sujets d'aubépine vivent sur des sols arides où ni le poirier ni le cognassier ne pourraient se soutenir, avantage qui n'est point à mépriser et dont on pourra tirer parti pour la plantation en poiriers des talus de chemins de fer, dont le sol est souvent très-mauvais. C'est aussi par le semis des nucules ou pepins d'aubépine qu'on se procure des sujets; cependant on en trouve quelquefois dans les haies d'assez bien venus pour pouvoir être employés à cet usage. Faisons remarquer que les semis de graines d'aubépine ne germent d'ordinaire qu'à la deuxième année, et que si on ne voulait pas laisser le terrain si longtemps inoccupé on pourrait se contenter de stratifier ces graines pendant 15 à 18 mois, après quoi on les sèmerait avant l'hiver. Les jeunes sujets d'aubépine sont bons à greffer en écusson à leur deuxième année; on pourrait même greffer les plus vigoureux dans la première, mais ce cas n'arrive qu'un peu exceptionnellement et dans les meilleurs sols.

Le choix des sujets pour la greffe des poiriers est relatif aux formes sous lesquelles on se propose d'élever ces arbres, relatif aussi à la nature des terrains et aux emplacements que les arbres doivent occuper. Pour les poiriers de plein vent et de grande taille qu'on veut livrer complétement à eux-mêmes dans le verger ou ailleurs, on ne peut guère employer que des sujets francs ou sauvageons de poiriers. Pour les arbres du jardin fruitier proprement dit, qui doivent être taillés et maintenus sous des formes déterminées et surtout dont on veut hâter la mise à fruit, on donne la préférence au cognassier. Il arrive assez souvent que certaines variétés refusent de reprendre ou ne se soutiennent pas sur cette espèce de sujet; dans ce cas on greffe le cognassier avec les variétés qui s'en accommodent et y deviennent vigoureuses, par exemple avec la poire de curé, la jaminette ou quelque autre, et sur cette greffe bien reprise on surgreffe l'année d'après, ou plus tard, la variété antipathique au cognassier. Cette seconde greffe peut être placée à la base même de la première, au milieu de l'empâtement qu'elle a produit en se soudant au sujet de cognassier. Quant aux sujets d'aubépine, il n'y a qu'un très-petit nombre de variétés de poiriers qui puissent y prospérer directement, tels par exemple que la poire d'Amanlis, le Martin-Sec, la poire Diel, le Rateau gris, la poire d'Hardenpont et quelques autres. Les arbres qu'on en obtient ne sont jamais aussi vigoureux que ceux qu'on élève sur cognassier, mais ils fructifient d'une manière satisfaisante dans les terres les plus ingrates. Le cognassier étant du reste moins antipathique à l'aubépine que ne l'est le poirier, on en profite pour greffer des poiriers sur des cognassiers portés eux-mêmes par des sujets d'aubépine. Cette surgreffe se fait de la même manière que celle dont nous avons parlé tout à l'heure.

Au point de vue de la culture pratique les poiriers peuvent se classer en deux groupes : les poiriers *de grande arborescence*, qui sont quelquefois francs de pied, c'est-à-dire de vrais sauvageons, mais souvent aussi greffés sur franc, et que dans tous les cas on abandonne complétement à eux-mêmes, sans les tailler ni leur donner aucun soin, et les poiriers *de moyenne* ou *de petite arborescence*, plus ou moins taillés et qui sont propres au jardin fruitier. Les poiriers de grande arborescence sont plus lents à se mettre à fruit, mais une fois adultes ils donnent un produit énorme et ils vivent trois ou quatre fois plus longtemps que ceux qui sont assujettis à la taille. Par une sorte de compensation, ces derniers fructifient beaucoup plus tôt, surtout lorsqu'ils sont greffés sur cognassier.

Une fois plantés, les poiriers destinés à la grande arborescence ont à peine besoin qu'on s'occupe d'eux. Tout au plus, dans les deux ou trois premières années, est-il utile de chercher à régulariser leur tête, en supprimant les branches mal placées; d'eux-mêmes ils prennent la forme qui leur est naturelle et qui est assez souvent celle d'une pyramide plus ou moins irrégulière. Il en est autrement des poiriers de moyenne et surtout de petite arborescence, qu'il faut sans cesse surveiller pour les maintenir sous les formes qu'on leur a imposées. C'est par la taille qu'on y parvient et qu'on les force à ne pas dépasser les proportions voulues, tout en les obligeant à donner d'abondants produits.

Les formes artificielles qu'on fait prendre au poirier se réduisent à deux types, qui se subdivisent en variétés : les *formes arrondies*, qui sont faites pour le plein vent, et dont les principales sont la pyramide et le vase; et les formes *aplaties*, qui sont destinées à l'espalier et au contre-espalier. Il y a cependant encore quelques formes secondaires, de peu d'importance et plutôt de fantaisie que d'utilité réelle, telles que la *forme en cordon*, qui se prête presque avec la même facilité à l'espalier et au plein-vent. Passons en revue ces diverses formes.

1° La *pyramide* (fig. 191), ainsi nommée de sa forme, quoiqu'elle ne ressemble pas à la figure géométrique dont elle porte le nom. Elle consiste en une tige simple, verticale, garnie de branches rayonnant autour d'elle et décroissant de longueur de la base au sommet. Ces branches, qui ne doivent point former de bifurcations, sont espacées entre elles assez inégalement, mais dans les pyramides bien faites leur distance ne doit pas être inférieure à $0^m,20$, ni supérieure à $0^m,35$; on peut considérer la distance de $0^m,30$ comme la moyenne normale. Toutes ces branches divergent à partir de la tige en se dirigeant obliquement sous des angles qui varient quelque peu de variété à variété, mais dont on peut fixer l'ouverture moyenne à 30 degrés. Il y a cependant des variétés où les branches divergent beaucoup plus, quelquefois presque à angle droit et même se recourbent en bas, un peu comme celles des arbres pleureurs. Ces variétés ne forment jamais des pyramides aussi régulières que les autres. Dans tous les cas, il convient qu'une pyramide de poirier ne dépasse pas 5 à 6 mètres.

Fig. 191. — Poirier en pyramide.

La tige de la pyramide, non plus que les branches, n'est pas tout d'une venue, comme on pourrait le croire; elle n'est en réalité qu'une superposition de rameaux obtenus par la taille, et il faut un certain art pour y réussir. Les pyramides se commencent sur de jeunes arbres greffés en pied, dont on ampute la tige à $0^m,40$ ou $0^m,50$ du sol, de manière à provoquer le développement de deux ou trois bourgeons latéraux qui deviendront les premières branches de l'arbre, tandis que la tige sera continuée par le bourgeon le plus rapproché de l'amputation. L'année suivante on répète l'opération en ayant soin que les bourgeons latéraux de la nouvelle pousse qu'on veut conserver pour former des branches soient non-seulement convenablement espacés entre eux, mais alternent à peu près avec les branches de l'année précédente, car il est indispensable que l'arbre soit également et régulièrement garni de tous les côtés. Les branches latérales sont elles-mêmes taillées à moitié longueur, et autant que possible sur un œil tourné en dessous, parce que la branche qui en sortira divergera mieux de la tige que ne le ferait celle d'un bourgeon placé en dessus. Ces tailles répétées d'année en année finissent par donner à l'arbre la forme que l'on voulait obtenir. Il serait inutile d'entrer dans de plus grands détails sur ce point, parce qu'en fait de formation d'arbres rien ne peut suppléer à l'enseignement donné, pièces en main, par un jardinier expérimenté.

La forme pyramidale se modifie de deux manières, savoir en *fuseau* par la taille plus courte des branches latérales, ce qui donne lieu à une pyramide beaucoup plus étroite que celle du cas précédent; il y a des variétés qui réussissent mieux sous cette forme étriquée que sous celle de pyramide ordinaire; puis la *forme en chandelle*, qui n'est plus une pyramide, mais une sorte de cylindre étroit, dont les branches latérales ne sont plus guère que des coursons. Il n'y a le plus souvent que les variétés peu vigoureuses qui réussissent bien sous cette forme. On peut citer encore la *pyramide ailée*, dont les branches toutes dirigées sur un certain nombre de rayons du cercle (ordinairement cinq) et au besoin maintenues par un palissage (perches ou fil de fer), dessinent par leur superposition des sortes d'ailes. Cette espèce de pyramide, qui exige de l'art et beaucoup de patience, n'est guère qu'une forme de fantaisie, à laquelle d'ailleurs toutes les variétés de poiriers ne se prêtent pas.

2° Le *vase*, qui diffère essentiellement de la pyramide en ce qu'il n'y a pas de tige centrale dans la tête de l'arbre, mais seulement des branches latérales, au nombre de trois ou quatre, partant à peu près à la même hauteur sur la tige commune et se bifurquant un nombre de fois plus ou moins grand. Le vase se modifie en *entonnoir* quand les branches divergent en s'élevant tout de suite obliquement, de manière à représenter un cône renversé, ou plus exactement une pyramide renversée à trois ou quatre pans ; il devient au contraire un *gobelet*, si les branches avant de s'élever s'étalent un peu en s'écartant l'une de l'autre de manière à former une coupe arrondie. Sous cette seconde forme la végétation est un peu contrariée par la courbure des branches, ce qui est un avantage dans certains cas.

Il y a des vases à haute tige, à demi-tige et à basse tige, et toutes ces formes ont leurs partisans. Pour former le vase, on ampute la tête de l'arbre à la hauteur où l'on veut qu'il se forme, en y conservant trois à quatre bourgeons, pas trop éloignés l'un de l'autre dans le sens de la hauteur, mais placés de manière que les branches qui en sortiront soient à peu près équidistantes entre elles, ou, ce qui revient au même, qu'elles fassent entre elles des angles à peu près égaux. Ces premières branches formeront la couronne de l'arbre. L'année suivante on les rabattra à $0^m,15$ ou $0^m,20$ de leur insertion sur la tige et autant que possible sur un œil placé latéralement. On conservera deux pousses latérales pour continuer ce premier membre, ce qui donnera, l'année d'après, un nombre double de branches. Il est ordinairement nécessaire, surtout dans le cas où on veut former un gobelet, de maintenir ces premières branches dans une position et à un écartement convenable au moyen de cerceaux placés horizontalement et auxquels on les attache. L'année suivante on obtiendra, en rabattant ces branches à $0^m,40$ ou $0^m,45$, de nouvelles bifurcations, c'est-à-dire de 12 à 16 branches, nombre suffisant pour former la tête de l'arbre et qu'il convient de ne pas dépasser.

Les formes aplaties que l'on fait prendre au poirier, le plus souvent pour les appliquer contre un mur d'espalier, ont la plus grande analogie avec celles qu'on donne aux pêchers pour le même objet, si on ne considère que la forme générale, ce qu'on appelle la charpente de l'arbre. Nous y trouvons en effet l'éventail, les palmettes de diverses formes et le cordon.

L'*éventail* est toujours à basse tige, le point de départ des branches charpentières étant à $0^m,20$, $0^m,25$ ou au plus $0^m,30$ du sol, et cela pour économiser la surface du mur; cependant, quand le poirier s'appuie à un mur très-élevé, on peut donner plus de hauteur à la tige. Pour former l'éventail on rabat la tige à la hauteur indiquée; le bourgeon terminal sera chargé de continuer la tige, les deux latéraux donneront les deux premières branches, l'une à droite, l'autre à gauche; l'année suivante ces deux branches seront rabattues à $0^m,30$ ou $0^m,35$, afin d'obtenir une bifurcation, qui portera à quatre le nombre des branches; la pousse du milieu sera également taillée de manière à fournir aussi une bifurcation, tout en conservant un œil, celui qui est immédiatement au-dessous de la section, pour continuer la tige. L'année d'après on le rabattra de manière à avoir une nouvelle bifurcation, sans continuation de la tige proprement dite. Les deux branches situées au-dessous seront rabattues comme les précédentes pour les obliger à se bifurquer. On aura donc en tout huit branches mères bifurquées, ou seize branches charpentières, nombre suffisant pour former la palmette. Ces branches seront étalées sur le mur, de manière à former par leur ensemble presque un demi-cercle; les deux branches inférieures n'étant pas tout à fait horizontales, mais seulement un peu relevées au-dessus de l'horizontale. Les variétés à végétation irrégulière, celles en particulier dont les rameaux ont une tendance à se courber, en un mot les plus rebelles à la forme pyramidale, sont précisément celles qui s'accommodent le mieux de la forme en éventail. Il va de soi qu'elles doivent être greffées sur cognassier.

Dans l'éventail, ainsi que nous venons de le voir, la tige centrale s'évanouit après avoir fourni les branches dont la tête de l'arbre est composée; sous ce rapport elle est l'analogue de la forme en vase, ou, si l'on veut, c'est un vase qui est appliqué et étalé sur un mur. Cette comparaison étant admise nous pourrons dire que la palmette est une pyramide aplatie, car, de même que la pyramide, elle conserve une tige centrale dans toute sa hauteur; seulement, les branches charpentières, beaucoup moins nombreuses que dans la pyramide, sont disposées plus régulièrement. On tend, en effet, à les obtenir, autant du moins que la disposition alterne des bourgeons peut s'y prêter, presque opposées, par paires, ou comme disent les jardiniers, par étages superposés et également espacés. La palmette la plus simple est la *palmette oblique* dont les branches, toujours simples et point bifurquées, s'élèvent obliquement, s'écartant de la tige sous des angles qui peuvent varier de 35 à 50 degrés, mais ces branches, d'un même côté de la tige, doivent rester parallèles entre elles, quel que soit leur degré d'obliquité. La *palmette horizontale* n'en diffère qu'en ce que ses branches charpentières sont palissées horizontalement, et dans ce cas, comme dans le précédent, elles décroissent graduellement de longueur à partir du bas, de manière à représenter par leur ensemble un triangle isocèle, dont la base est un peu plus grande que la hauteur. Le triangle est renversé dans la palmette oblique; sa base est au haut de l'arbre, et son sommet, ou sa pointe, est en bas. On conçoit que, par le fait de leur forme triangulaire, des palmettes horizontales et des palmettes obliques, à peu près de même force, et alternant ensemble, peuvent couvrir la totalité d'un mur, sauf sa partie inférieure jusqu'à la hauteur des premières branches.

Une modification importante de la palmette horizontale est celle qui a reçu le nom de *candélabre*, et qui consiste à redresser les extrémités des branches charpentières pour qu'elles s'élèvent verticalement, ce qui finit par donner à la palmette une forme à peu près carrée. Cette modification a pour effet de conserver la force des branches inférieures, qui, dirigées un peu contre nature dans la palmette horizontale, s'affaiblissent souvent outre mesure au profit des branches supérieures et deviennent stériles. Ce grave inconvénient disparaît avec le redressement des extrémités des branches, qui dès lors appellent énergiquement la sève. D'autres fois les branches charpentières, au lieu d'être dirigées horizontalement, sont simplement arquées par une courbe un peu large, de manière à représenter la forme en U du pêcher; ici les angles disparaissent, et l'arbre n'en est que plus vigoureux. Cette forme comporte un moindre nombre de branches charpentières que les précédentes. On peut encore la réduire à l'état de candélabre *à trois branches verticales* et même de candélabre *à deux branches*. Un pas de plus nous mène au *cordon vertical*, qui ne consiste plus qu'en une seule tige, palissée sur le mur d'espalier, et qui n'a d'autres ramifications que des branches coursonnes. C'est le poirier réduit à sa plus simple expression. Ce cordon unique pourrait être dirigé obliquement, ou même horizontalement en contre-espalier à l'aide d'un treillis; mais le poirier se prête moins que le pommier à cette forme (1), qui n'est, ainsi que beaucoup d'autres dont nous nous abstenons de parler, qu'un simple amusement d'amateur. Toutes ces palmettes et ces cordons se forment d'après les mêmes principes que l'éventail, mais nous répétons ce que nous avons dit plus haut, que la théorie ici est insuffisante et qu'elle doit être aidée de l'enseignement pratique.

La taille annuelle du poirier ne peut non plus être bien comprise qu'à condition d'être expliquée par un jardinier expérimenté, et avec les arbres sous les yeux. Nous allons cependant en exposer les principes d'une manière générale, et pour cela nous jetterons préalablement un coup d'œil sur la manière de végéter du poirier. C'est effectivement sur cette manière de végéter qu'est fondée la taille qu'on lui applique.

(1) Le poirier dirigé sous forme de cordon horizontal donnerait vraisemblablement de meilleurs résultats si on adoptait la méthode déjà indiquée de M. L.-J. Jamin pour le pommier. Ce serait de n'admettre pour forme en cordon que les variétés les plus fertiles, toujours greffées sur cognassier, dirigées en double cordon et non en cordon simple, et espacées l'une de l'autre de 4 à 5^{m}. On pourrait même, et probablement avec avantage, admettre quatre cordons superposés (deux de chaque côté), afin de donner une plus large issue à la sève. Ces arbres nains et bas ont des avantages incontestables, en permettant d'utiliser des espaces de terrain qui sans eux resteraient improductifs. C'est ainsi, par exemple, qu'on peut placer des cordons horizontaux de pommiers et de poiriers entre les arbres d'espalier ordinaires, qui laissent toujours la base du mur inoccupée, sur une hauteur assez grande pour que les arbres en cordons horizontaux y trouvent tout l'espace nécessaire au développement de leurs branches.

Les produits de la végétation du poirier se classent en deux groupes : les *branches à bois* et les *branches à fruits*. Les premières sont celles qui servent à former la charpente de l'arbre ; elles sortent d'yeux coniques et aigus ; les secondes donnent des fleurs et des fruits, et ne s'allongent jamais en branches à bois.

Dans la jeunesse du poirier toutes ou presque toutes les branches sont à bois, mais, à mesure que l'arbre s'avance vers l'âge adulte, leur nombre relatif diminue tandis que celui des productions fruitières s'accroît dans la même proportion ; aussi un poirier livré à tout l'essor de sa végétation n'a-t-il aucun besoin d'être taillé pour fructifier abondamment une fois arrivé au degré de développement convenable. Il n'en est plus tout à fait ainsi lorsque l'arbre est assujetti à une forme déterminée, qui contrarie ses tendances naturelles ; il faut alors que l'art intervienne pour lui conserver cette forme et réprimer les écarts de végétation vers lesquels l'arbre essaye de revenir à sa forme naturelle.

Sur les arbres taillés et contraints on voit souvent se produire une sorte de branche à bois sur laquelle l'arboriculteur doit porter son attention, ce sont celles qu'on désigne sous le nom de *gourmands*. Les gourmands sont des productions très vigoureuses, qui attirent à elles presque toute la sève de l'arbre, au détriment des productions fruitières, et qui, si l'on ne les supprime ou ne les modère par un moyen quelconque, finissent par déformer les arbres en affamant tout ce qui est au-dessous d'eux. On doit donc les retrancher à l'époque de la taille, mais il vaut encore mieux les empêcher de se former, en pinçant dans le cours de l'été, les sommités des pousses qui se développent avec trop de vigueur. Par cette simple opération on prévient le développement du gourmand, et on fait refluer sur les autres parties de l'arbre la sève qu'il aurait absorbée inutilement à son profit. Si, malgré tout, des gourmands s'étaient développés et que, pour une raison ou pour une autre, on ne voulût pas les retrancher, on aurait un moyen d'arrêter leur fougue en greffant sur eux des productions fruitières, ainsi que nous le dirons plus loin. Il y a des cas cependant où les gourmands sont utiles ; c'est, par exemple, lorsqu'il s'agit de remplir un vide dans la tête de l'arbre ou de refaire un membre qui aurait été détruit. Le gourmand, d'ailleurs, finit toujours par se couvrir de branches à fruits.

Les branches à fruits, ou productions fruitières, ont reçu, suivant leur forme et leur point d'origine, les noms de *lambourdes*, de *bourses*, de *dards* et de *brindilles*. C'est sur elles que naissent les boutons à fleurs, et par conséquent à fruits, qui mettent généralement de deux à quatre ans pour se former. Ces boutons, arrivés à leur état de perfection, se reconnaissent à leur forme obtuse et à leur grosseur toujours supérieure à celle des boutons à bois. Ordinairement le bouton à fleurs présente au-dessous de sa base, sur le ramuscule qui lui sert de soutien, un certain nombre de rides transversales, qui sont les cicatrices des feuilles qui l'ont nourri dans les années précédentes. Aux aisselles de ces feuilles se sont formés d'autres boutons, d'abord imperceptibles, mais qui se développent après que le premier a porté fruit, ou du moins fleuri, car ses fleurs peuvent rester stériles. Ces seconds boutons, qui à leur tour deviennent des boutons à fruits, sont les bourses. Les bourses ne naissent donc que sur une branche qui a montré ses premières fleurs ; ce sont des productions *latérales*, relativement à la première qui était terminale. De toutes les productions fruitières du poirier les bourses sont celles qui ont le plus de valeur.

Les lambourdes (fig. 192) sont des branches à fruits qui naissent accidentellement sur des bourses, sans cause connue ou par suite d'une taille qui a pour but de provoquer leur développement ; leur longueur varie, mais elle dépasse rarement $0^m,30$, et plus ordinairement elle reste fort au-dessous ; elles se couvrent de boutons à fruits sur toute leur longueur. Nous sommes obligés de dire ici que tous les jardiniers ne s'accordent pas sur la signification du mot *lambourde* ; les uns lui donnent celle que nous venons d'indiquer ; les autres s'en servent pour désigner l'ensemble des bourses qui succèdent à un premier bouton à fruit; d'autres enfin ne l'appliquent qu'au rameau court qui sert de pédicule à ces boutons. Il serait à désirer que la valeur du mot fût strictement arrêtée.

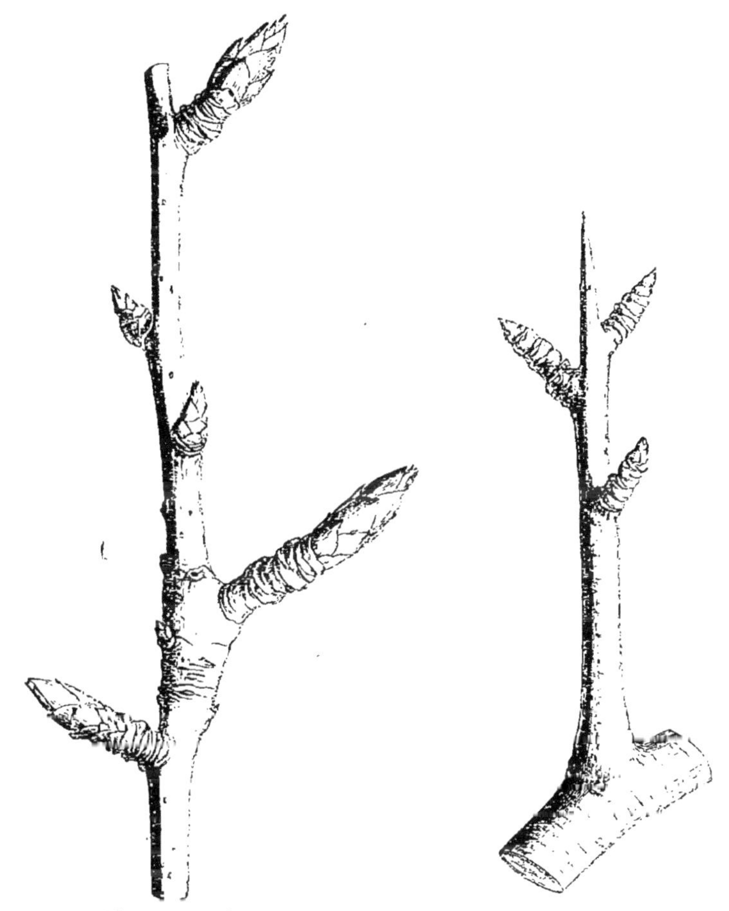

Fig. 192. — Lambourde. Fig. 193. — Dard.

Le dard (fig. 193) est une branche courte, qui dépasse rarement $0^{m},06$ à $0^{m},07$, et qui même le plus souvent s'arrête au tiers ou au quart de cette longueur. Il naît indifféremment sur toutes les branches de l'arbre, et se termine invariablement par un bouton à fruit, qui fleurit au bout d'un an ou deux.

Si ce dard n'est pas *couronné*, c'est-à-dire si son œil terminal n'est pas arrondi et disposé à fleurir dans l'année qui suit celle de sa formation, on le rabat sur ses deux yeux inférieurs, qui alors donnent naissance à de nouvelles branches fruitières plus productives.

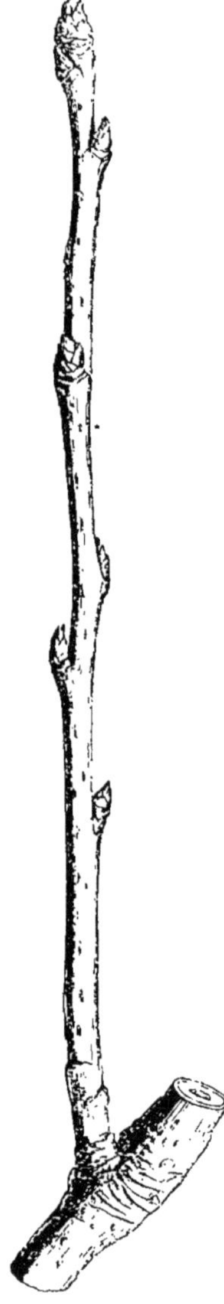
Fig. 194. — Brindille.

Les brindilles (fig. 194) sont des branches allongées, assez semblables à celles auxquelles nous avons appliqué le nom de lambourdes, mais généralement plus grêles et moins garnies d'yeux. Elles en diffèrent en ce qu'au lieu de naître sur les bourses, elles se forment sur des rameaux qui n'ont pas encore fleuri.

Taille du poirier. Ainsi que nous l'avons dit plus haut, un poirier qui n'est assujetti à aucune forme artificielle n'a pas besoin d'être taillé, l'équilibre s'établissant de lui-même entre toutes ses parties, et la fructification étant le résultat naturel et ordinaire de sa végétation. Quand au contraire l'arbre est assujetti à une forme déterminée, la taille de ses branches est nécessaire tant pour lui conserver sa forme que pour forcer les rameaux à se couvrir de productions fruitières.

La taille du poirier porte également sur les rameaux à bois et sur les rameaux à fruits. Les premiers, généralement placés vers les sommités des branches, sont les productions les plus vigoureuses, celles où la sève a le plus de tendance à se porter, et qui, si on ne les arrêtait, se changeraient en gourmands, au détriment des branches inférieures. On les coupe donc au tiers ou au milieu de leur longueur, suivant la vigueur de l'arbre, et par là on oblige les boutons inférieurs à s'ouvrir. Ces boutons donneront naissance soit à des dards, soit à des brindilles, qui devront eux-mêmes être taillés. Les dards, à moins qu'ils ne soient couronnés, se rabattent au-dessus des sous-yeux de leur base, qui, par suite de cette taille, se développent en brindilles. Quant à ces dernières, soit qu'elles aient apparu spontanément, soit qu'elles succèdent à la taille que nous venons d'indiquer, on les rabat à environ moitié de leur longueur sur un bon œil à bois. La plupart des jardiniers en cassent l'extrémité au moment de leur plus grande végétation, en été, afin que perdant une certaine quantité de sève leurs yeux aient plus de chance de se convertir en boutons à fruit, ce qui n'aurait pas toujours lieu si la sève y affluait en trop grande abondance.

Fig. 195. — Bourse.

Les bourses (fig. 195) ne se taillent pas; cependant comme les branches qui les portent depuis un certain nombre d'années, et sur lesquelles elles sont quelquefois en trop grand nombre, finissent par s'épuiser à la suite d'une production de fruits tous les ans répétée, on se trouve quelquefois dans la nécessité de les retrancher en partie ou même en totalité. Le ravalement de ces productions sur les branches qui les portent provoque la naissance de dards et de lambourdes, qui servent à régénérer les branches épuisées.

Tels sont les principes fondamentaux de la taille proprement dite, ou *taille d'hiver*, du poirier; nous n'en avons exposé que les points essentiels, laissant à l'enseignement pratique le soin de compléter ce que nous en avons dit. Mais, outre cette taille d'hiver, il en existe une autre, la *taille d'été*, qui se pratique pendant l'époque de la végétation, et qui consiste dans l'opération connue sous le nom de *pincement*. Elle s'effectue en effet par le pincement des bourgeons ou jeunes branches, encore à l'état herbacé, dont on raccourcit le sommet en le coupant avec l'ongle du pouce, lorsqu'ils ont de $0^m,04$ à $0^m,08$ de longueur. Cette taille ne manque pas d'importance, car c'est par elle qu'on maintient l'équilibre entre les branches de l'arbre et qu'on détermine la sève à refluer sur les boutons inferieurs de ces pousses pour en faire des boutons à fruits. C'est aussi par le pincement, comme nous l'avons dit plus haut, qu'on empêche la formation des branches gourmandes, et qu'on retranche les productions inutiles qui absorberaient de la sève en pure perte, et d'ailleurs entraveraient la circulation de l'air et l'accès de la lumière, dont l'action est si nécessaire à la santé de l'arbre et au perfectionnement de ses fruits. A la taille d'été se rattache le cassement des branches aoûtées, qui a ses avantages particuliers.

A quelle époque de l'année faut-il faire la taille en sec ou taille d'hiver? Les jardiniers sont partagés sur ce point. La plupart des traités d'arboriculture recommandent de faire cette taille sur la fin de l'hiver et aux premiers jours de printemps, et c'est effectivement ce que font encore beaucoup de jardiniers; mais cette pratique est indubitablement vicieuse, attendu qu'elle apporte un trouble très-notable dans la marche de la sève, déjà en mouvement, et qui, refoulée partout en même temps, reflue par toutes les issues en produisant ce que les jardiniers appellent des *branches chiffonnes*, des brindilles et autres mauvaises productions fruitières, qui déparent un arbre et l'épuisent sans presque rien produire ; aussi nos meilleurs pépiniéristes y ont-ils renoncé depuis longtemps. Ils s'accordent aujourd'hui à recommander la taille d'automne, immédiatement après la chute des feuilles; quelques-uns même veulent qu'elle soit faite aussitôt après la récolte des fruits, quand l'arbre est encore en feuilles, parce qu'alors le bois est suffisamment aoûté et la sève arrêtée; mais la plupart d'entre eux admettent en même temps que les branches fruitières doivent être taillées à la fin de l'hiver, c'est-à-dire au réveil de la sève. Cette dernière méthode, qui consiste à tailler en deux temps, n'est en définitive que la combinaison de la taille précoce et de la taille tardive qui ont eu ou ont encore chacune leurs partisans, et c'est à elle que les jardiniers les plus habiles se rallient.

La taille en vert, ou pincement, a été dans ces dernières années l'objet de vives discussions entre les arboriculteurs, discussions justifiées par l'abus excessif qu'on en a fait. Plusieurs ont parlé d'y renoncer, quelques-uns même ont demandé qu'on renonçât à toute espèce de taille pour le poirier, ce qui est manifestement exagéré, quand il s'agit d'arbres de jardin assujettis à des formes artificielles. La taille en vert et le cassement ont une utilité incontestable, mais sur le poirier la première de ces deux opérations ne doit pas être pratiquée trop tôt; le plus souvent même il y aurait avantage à attendre que le rameau fût lignifié, et alors on y pratiquerait le cassement, que plusieurs considèrent comme un moyen infaillible de couvrir le poirier de productions fruitières et assurer la fructification.

Malgré tous les soins, il arrive assez souvent que des poiriers se trouvent dégarnis de productions fruitières sur une partie plus ou moins considérable de leurs branches, car toutes les variétés ne sont pas également fécondes; quelquefois même, par une cause ou par une autre, des arbres adultes et vigoureux sont entièrement ou presque entièrement dépourvus de branches fruitières. On peut y remédier, au moins momentanément, en greffant sur eux des boutons à fruits, munis de leur pédicule, ou mieux encore de petites branches fruitières portant plusieurs boutons, qu'on prend sur des arbres trop chargés de ces sortes de productions. Ces greffes, avons-nous dit dans notre premier volume (p. 542), peuvent se faire de différentes manières : en approche, en fente, en couronne, en placage, en navette et surtout en écusson. Faites au printemps, elles donnent leurs résultats dans l'année même, mais il vaut mieux les faire en automne, à œil dormant, pour fleurir et fructifier l'année suivante. Avec elles on peut utiliser directement les gourmands en les obligeant à produire des fruits, ce qui modère leur vigueur ou même les arrête; on peut de même réunir plusieurs variétés de poiriers sur un même arbre, et il arrive quelquefois que leurs fruits deviennent par là plus volumineux et plus beaux que s'ils avaient été produits par l'arbre auquel ils appartiennent naturellement. Ce procédé rapide pour mettre à fruit des arbres rebelles est incontestablement avantageux (1); cependant il n'en faut pas abuser si on tient à ne pas trop abréger la vie des arbres. C'est qu'en effet une production excessive affaiblit les arbres, quelquefois d'une manière irrémédiable, et lorsqu'ils sont trop chargés, c'est une bonne pratique de retrancher quelques-uns des jeunes fruits ou même quelques-unes des fleurs surabondantes, en choisissant pour faire cette suppression celles qui occupent le centre du corymbe floral, toujours

(1) En voici la preuve : M. Bourgeois, habile cultivateur d'arbres, à Paris, a fait voir à la commission de pomologie de la Société impériale d'horticulture un poirier Nouveau Poiteau en espalier, greffé de branches fruitières appartenant à sept variétés. La commission a compté, sur un mètre carré de l'espalier occupé par cet arbre :

	kil.	
9 fruits du Nouveau Poiteau pesant	2	795
3 fruits du poirier Clairgeau	1	683
7 fruits de Diel	2	560
3 fruits de beurré de Noirchain	0	375
2 fruits de marquise (délices d'Hardenpont)	0	475
6 fruits de Belle Angevine	1	685
5 fruits de bergamotes Espéren	1	170
3 fruits de la duchesse d'Angoulême	1	170
	11	913

En tout 38 fruits pesant ensemble 11 kil., 913. A ce compte, 100 mètres carrés d'espalier auraient produit 3,800 poires et près de 1,200 kilogrammes de fruits.

plus faibles et plus sujettes à laisser tomber leurs fruits que celles de la circonférence.

La floraison du poirier arrive plus tôt ou plus tard, suivant les lieux et les années; à Paris c'est ordinairement dans la première quinzaine d'avril qu'elle est dans toute sa force; dans le midi elle a lieu de trois à cinq semaines plus tôt. Les fleurs peuvent être atteintes par les dernières gelées de l'hiver et du printemps et par là perdre leurs fruits; cependant cet accident n'est pas commun à la latitude de Paris. Beaucoup de fruits noués tombent dans le courant de l'été, à divers degrés de grosseur, ce qui décharge l'arbre d'autant, et n'est ordinairement pas à regretter; un accident plus fâcheux consiste en ce que les fruits conservés par l'arbre sont souvent attaqués par des larves, ou vers, qui y creusent des galeries et les font tomber aux approches de la maturité. Ainsi que nous l'avons dit en commençant ce chapître, les différentes variétés de poires mûrissent à des époques très-diverses; les plus hâtives peuvent déjà se manger dans le courant de juin, mais elles sont toutes fort médiocres; d'autres leur succèdent dans les mois d'été et d'automne; enfin, il en est un nombre considérable qui ne mûrissent qu'au fruitier, où elles se conservent plus ou moins de temps. Quelques-unes sont encore bonnes en avril et mai.

L'époque de la cueillette des poires n'est pas une circonstance indifférente à leur bonne conservation. Une remarque que tout le monde a pu faire c'est que les fruits d'un même arbre grossissent peu depuis le moment de leur formation jusqu'aux approches de la maturité. Leur accroissement en volume est excessivement lent tant que la séve est en pleine activité; ils ne commencent à grossir rapidement que quand son mouvement se ralentit et s'arrête. Alors seulement, le feuillage des arbres étant entièrement développé, les pousses annuelles ayant acquis toute leur longueur et le bois étant aoûté, la séve tourne au profit des fruits, qui grossissent plus alors en quelques semaines qu'ils ne l'ont fait dans les quatre mois précédents. Et ceci n'est pas seulement vrai des fruits du poirier, mais de tous les fruits, quels qu'ils soient; le fait est surtout frappant pour les fruits à noyau, qui ne grossissent rapidement qu'en changeant de couleur; ceux de la vigne sont dans le même cas.

C'est donc une grande erreur que de cueillir en une seule fois toutes les poires et toutes les pommes des arbres d'un jardin ou d'un verger. Il faut se conformer aux indications de la nature, c'est-à-dire récolter d'abord les fruits des branches aoûtées, puis plus tard ceux des autres. Les fruits dont le pédoncule adhère faiblement à la branche et cède facilement sont bons à cueillir. Quand beaucoup de fruits sains, sans piqûres d'insectes, tombent d'eux-mêmes, il est temps d'en récolter la majeure partie, et la récolte doit se faire le matin, par un temps calme et beau. On laisse sur les arbres les fruits arriérés, quelquefois douze ou quinze jours encore. Il est presque superflu de recommander de cueillir avec précaution pour ne pas meurtrir les fruits, ce qui en amènerait la pourriture. Les fruits étant cueillis, on les dépose avec les mêmes précautions sur les planches du fruitier, qui ne doit être ni humide, ni trop sec. On y voit assez souvent des fruits se conserver un an ou plus longtemps encore; ce sont des fruits cueillis avant maturité, c'est-à-dire douze à quinze jours trop tôt; ils ne se gâtent point, mais ils n'ont aucune valeur. Dans le fruitier les fruits qui ont été cueillis à point continuent à se perfectionner, mais il vient un moment au delà duquel ils ne peuvent plus que perdre; c'est le moment qu'il faut saisir pour les livrer à la consommation. Relativement à la cueillette, il y a une seule exception, qui n'est d'ailleurs qu'apparente et qui ne fait que confirmer la règle : certains arbres mûrissent tous leurs fruits à la fois; ce sont les vieux arbres, qui ne poussent plus et qui n'ont plus, pour ainsi dire, qu'un souffle de vie.

La construction d'un bon fruitier est assez dispendieuse; aussi n'en fait-on la dépense que lorsqu'on a de grandes plantations d'arbres. Dans les cas ordinaires on se contente de mettre les fruits au grenier ou à la cave; ce qui vaudrait mieux ce serait de leur consacrer une chambre spéciale, tournée au nord, assez bien close pour que la température en hiver n'y descende pas plus bas que 4 à 5 degrés au-dessus de zéro, mais où elle ne doit pas non plus monter au-dessus de 10 ou 12. Les fruits y sont rangés sur des tablettes fixées aux murs, posés sur leur base et près à près, mais sans se toucher. On les visite de temps en temps, pour enlever ceux qui sont arrivés au point convenable de maturité, et ceux aussi qui commenceraient à se pourrir. Si on avait une très-grande quantité de fruits à conserver, et que la place manquât dans le fruitier pour les recevoir, on pourrait se borner à les déposer dans des caisses en bois de sapin, bien fermées sans l'être hermétiquement; mais il faudrait auparavant faire un triage des fruits pour ne mettre ensemble, dans une même caisse, que ceux qui sont à peu près au même degré d'avancement. Dans diverses parties de l'Allemagne on se contente d'enfermer les fruits dans des tonneaux, mais séparés les uns des autres par des couches de sable fin. Les fruits s'y conservent parfaitement; toutefois il ne faudrait pas en conclure que ce procédé dût réussir partout, les hivers froids et secs de l'Allemagne étant probablement plus favorables à ce genre d'emmagasinage que ne le seraient les hivers doux et humides des pays plus voisins de l'Océan.

Maladies du poirier et insectes nuisibles. — Le poirier est un arbre rustique et vigoureux, qui est par lui-même peu sujet aux maladies. Lorsqu'il souffre c'est presque toujours par suite de quelque vice de la culture, c'est-à-dire d'un sol de mauvaise qualité, ou mal drainé, ou trop peu profond pour ses racines qui tendent toutes plus ou moins à pivoter. Il y a cependant aussi des individus mal constitués, qui jaunissent sans autre cause connue et donnent peu de fruits. Dans ce cas on conseille d'asperger l'arbre d'une dissolution de sulfate de fer, qui en effet rétablit la verdure des feuilles. Des arrosages de la même dissolution sont également recommandés. Nous n'oserions affirmer que cette médication procure une guérison solide et définitive, mais comme, après tout, elle ne peut pas être nuisible, il n'y a aucun inconvénient à en essayer. La proportion de sulfate de fer doit être au maximum de 100 grammes par hectolitre d'eau. Pour l'aspersion des feuilles la quantité relative de ce sel est ordinairement beaucoup moindre.

Le chancre de la tige ou des principales branches est un mal plus grave, parce qu'il entraîne presque irrémissiblement la perte de l'arbre au bout d'un temps qui n'est jamais très-long. S'il était invétéré et déjà considérable lorsqu'on s'en aperçoit, le plus simple serait de remplacer l'arbre malade par un arbre sain, ou tout au moins de le recéper au-dessous du chancre si on pouvait espérer en voir naître une pousse capable de refaire la tige ; mais lorsque les ravages du chancre ne sont pas très-étendus, on peut encore faire vivre l'arbre bien des années en retranchant jusqu'au vif toutes les parties atteintes ; on recouvre la plaie de cire à greffer pour la mettre à l'abri de la pluie et de l'action de l'air.

Ici se présente une question fort controversée entre les pomologistes : celle de la dégénérescence des variétés de poiriers, affirmée par les uns, niée par les autres. Dans les deux camps se trouvent des hommes autorisés, qui tous s'appuient sur des faits contradictoires, et susceptibles d'explications différentes. Suivant quelques-uns aucune variété actuelle de poiriers ne remonterait au delà du quinzième siècle ; presque toutes les variétés dites anciennes n'auraient apparu qu'au seizième et au dix-septième siècle, et déjà parmi elles un certain nombre seraient en pleine décadence, ce qui tiendrait à ce qu'elles ont toujours été propagées par greffe et non par semis. D'autres pomologistes, tout en admettant que diverses variétés ont manifestement perdu de leur vigueur, rattachent cet état de choses en partie à l'abus de la taille ou à une taille mal faite, en partie à l'habitude où l'on est de greffer ces variétés sur cognassier et non sur franc. Suivant eux l'affaiblissement signalé ne tiendrait point au mode de propagation par greffe, mais seulement aux particularités de culture que nous venons de signaler. Enfin les adversaires de l'hypothèse de la dégénérescence des variétés, et c'est à leur avis que nous croyons devoir nous ranger, n'admettent aucun affaiblissement pour la variété ; il n'y a d'affaiblis que les individus cultivés dans de mauvaises conditions de terrain, d'exposition ou de climat; quant à la variété elle-même, elle est aussi vivace aujourd'hui que jamais. Dans tous les cas, si la dégénérescence des variétés était réelle, il faudrait la considérer comme un mal incurable, et la seule chose qu'il y aurait à faire serait de chercher à obtenir par la voie du semis de nouvelles variétés capables de les remplacer. Nous verrons un peu plus loin, en traitant du verger et du jardin fruitier, combien la nature du terrain influe sur les arbres, et combien il est facile de prendre un cas particulier pour une loi générale.

Un mal plus certain que la dégénérescence des variétés est l'invasion des vergers de poiriers par une végétation parasite, la *rouille tuberculeuse*, qui n'est autre chose qu'une sorte de champignon connu des botanistes sous les noms de *Rœstelia cancellata* ou *Æcidium cancellatum*. Cette affection se manifeste d'abord sous la forme de simples taches jaunes sur les feuilles du poirier, taches qui passent insensiblement à l'orangé, s'épaississent et donnent naissance, ordinairement à la face inférieure de la feuille, à des tubercules coniques, qui se percent à leur sommet et donnent issue à une multitude de spores microscopiques, véritables corps reproducteurs du champignon. Quand les poiriers en sont gravement atteints ils s'affaiblissent, cessent de produire des fruits, et finissent ordinairement par périr épuisés. Une opinion, qui date déjà d'une trentaine d'années, et qui a d'abord paru inadmissible, est que la maladie se déclare sur les poiriers lorsqu'ils sont à proximité du genévrier sabine (*Juniperus Sabina*), qui, atteint lui-même par une végétation cryptogamique en apparence fort différente (le *Podisoma* ou *Gymnosporangium* des botanistes), transmettrait son mal au poirier, mais sous la forme d'*Æcidium*. Ce sont, paraît-il, des cultivateurs des environs de Lisieux qui en firent les premiers la remarque, vers 1840, et leur opinion, tour à tour acceptée ou combattue par les pomologistes et les savants, paraît être aujourd'hui définitivement démontrée par les recherches d'un habile cryptogamiste de Copenhague, M. Œrsted, et aussi par des expériences directes faites en beaucoup d'endroits et finalement au Muséum d'histoire naturelle, où on a vu effectivement des poiriers se couvrir de rouille tuberculeuse au voisinage de pieds de sabine plantés tout exprès (1). Cette observation indique ce qu'il y a à faire dans une plantation de poiriers où le mal vient de se déclarer : c'est d'enlever immédiatement toutes les feuilles qui portent la tache jaune caractéristique, avant que cette tache ait produit la fructification du champignon, et en même temps de détruire les pieds de sabine qui pourraient se trouver au voisinage du verger. Si la maladie était déjà invétérée, on aurait encore chance de la faire disparaître en changeant la terre de la superficie du verger, qu'on remplacerait par de la terre neuve, à laquelle on ajouterait une forte dose d'engrais. Dans beaucoup de cas rapportés par les journaux d'horticulture, il a suffi de détruire les sabines plantées dans les jardins pour faire cesser la maladie.

Les insectes occasionnent quelques dégâts dans les plantations de poiriers, quoique à un moindre degré que dans celles de pommiers. Trois ou quatre chenilles, dont les plus communes sont les *Bombyx neustria* et *chrysorrhea*, en dévorent les feuilles ; on peut facilement prévenir leurs ravages en enlevant au printemps les bourses soyeuses très-apparentes sous lesquelles ces chenilles se tiennent abritées dans les premiers jours qui suivent leur éclosion. Si l'on attend trop, les chenilles quittent le nid commun, et se dispersent sur les arbres ; il est alors beaucoup plus difficile de les atteindre. On trouve quelquefois aussi sur les feuilles du poirier des larves assez semblables à de très-petites sangsues noires, qui en rongent le parenchyme ; ce ne sont point des chenilles, mais les larves d'un hyménoptère du groupe des

(1) Ce passage d'un parasite végétal d'une plante sur une autre, avec changement de forme, n'a rien de plus anormal que ce qui a été mis hors de conteste pour certains groupes d'animaux parasites, chez lesquels s'observe ce que l'on a appelé la *génération alternante*, et qui, de même que l'*Æcidium cancellatum*, changent de figure, ou, plus exactement, arrivent à un degré plus avancé de leur développement en émigrant du corps d'un animal supérieur dans celui d'un autre.

tenthrèdes; elles causent peu de dommage. Le kermès et quelques autres insectes du groupe des coccus et des pucerons, qui attaquent principalement les poiriers d'espalier, sont ordinairement plus nuisibles et surtout plus difficiles à détruire, à cause de leur petitesse et du soin qu'ils prennent de se cacher sous les feuilles et derrière le bois des arbres. On s'en débarrasse en nettoyant l'espalier au moment de la taille, en frictionnant l'écorce des branches couvertes de kermès et de coccus à l'aide d'une brosse, et enfin en faisant sur les arbres alors dépourvus de feuilles des aspersions d'eau dans laquelle on a fait dissoudre du savon noir. Rappelons-nous que les arbres dont la végétation est vigoureuse sont beaucoup moins exposés que les autres aux attaques de ces insectes.

Il n'en est malheureusement pas de même des vers qui vivent dans les fruits, et qui se jettent aussi bien sur ceux des arbres vigoureux que sur ceux des arbres faibles. Le plus commun, et en même temps le plus désagréable, est la larve d'une pyrale, chenille nue et blanche ou légèrement rosée, qui creuse ses galeries dans le fruit. Tout le monde sait que les fruits véreux, sans être toujours perdus pour la consommation, ne valent jamais ceux qui sont restés sains. Lorsqu'on n'a qu'un petit nombre d'arbres à soigner, et que ces arbres sont de faible taille, on peut, par une surveillance assidue, arrêter le mal à son début en tuant le ver dans sa galerie encore peu profonde, soit en le perçant avec une aiguille, soit en enlevant un petit fragment du fruit avec le ver, soit en introduisant une gouttelette d'huile dans l'ouverture de la galerie qu'au besoin on agrandit. L'opération étant faite à temps et avec dextérité, le fruit se cicatrise facilement, et c'est à peine s'il reste une trace de la plaie à la maturité. Une bonne précaution consisterait à ramasser sous les arbres tous les fruits véreux, à mesure qu'ils tombent, et à détruire les vers qu'ils contiennent; ce seraient autant d'individus de moins pour la propagation de l'espèce.

§ IV. — LE COGNASSIER, LE NÉFLIER, LE SORBIER, L'AZEROLIER ET LE BIBASSIER.

Les arbres à fruit dont avons à nous occuper dans ce paragraphe ont peu d'importance comparativement à ceux dont nous avons parlé jusqu'ici; néanmoins on leur trouve encore assez de valeur pour qu'on les cultive partout où ils peuvent fructifier. Tous appartiennent au groupe des pomacées; à l'exception de l'azerolier et du bibassier, qui sont propres au midi méditerranéen, on les trouve dans toutes les parties de la France.

Fig. 196. — Cognassier.

Le **cognassier** (*Cydonia vulgaris*) (fig. 196), l'arbre le plus voisin du poirier, est supposé originaire de l'Orient, en comprenant sous cette dénomination l'Asie mineure et l'île de Candie ou de Crète, d'où il a tiré son nom latin (*Malus cy-*

donea) (1). Il est aujourd'hui fort répandu et comme naturalisé dans tout le midi de l'Europe; il vient encore d'une manière satisfaisante dans le centre, jusqu'au 54e degré de latitude, où ses fruits ne mûrissent plus qu'imparfaitement.

On est partagé sur le nombre d'espèces de cognassiers. L'espèce commune est tantôt un simple buisson de 2 mètres environ de hauteur, tantôt un petit arbre de 3 à 4 mètres, à large tête arrondie. Ses feuilles sont largement ovales, plus ou moins bullées et un peu recoquillées; ses fleurs, qui s'ouvrent de la fin de mars à la fin d'avril, sont grandes, assez semblables à des roses sauvages, blanches ou légèrement rosées; le fruit, connu sous le nom de coing, est une grosse mélonide, piriforme ou maliforme, couverte d'un épais duvet blanc, et qui devient jaune à la maturité. Il exhale alors une odeur aromatique fort agréable, qui lui est particulière. Le coing est un très-beau fruit, mais sa chair, toujours dure et âpre, peut à peine être mangée cuite; aussi ne sert-elle guère qu'à faire des compotes et surtout à préparer la gelée de coings, une des meilleures confitures que nous possédions.

Les variétés du cognassier commun sont : le *cognassier mâle* ou *cognassier maliforme,* dont les fruits sont presque ronds et rappellent la figure d'une pomme; il est peu cultivé, si ce n'est pour fournir des sujets de greffe de poirier; le *cognassier femelle* ou *cognassier piriforme,* à fruits plus gros que ceux du cognassier mâle, de forme ovoïde et semblables à certaines poires renflées vers le milieu de leur longueur (la poire

(1) Le fruit du cognassier est cité par Virgile :

> « *Ipse ego cana legam tenera lanugine mala.* »
> (*Bucol.*, II, v. 51.)

On peut supposer que Virgile fait encore allusion aux coings dans ces autres vers :

> « *Quod potui puero sylvestri ex arbore lecta*
> « *Aurea mala decem misi; cras altera mittam.* »

Cependant le savant commentateur Dübner croit qu'il s'agit, dans ce dernier cas, de pommes ordinaires jaunies par la maturité.

de tonneau, par exemple); le *cognassier de Portugal* (fig. 197), plus grand que les deux précédents, à feuilles plus développées et aussi à fruits plus gros, plus ou moins côtelés à

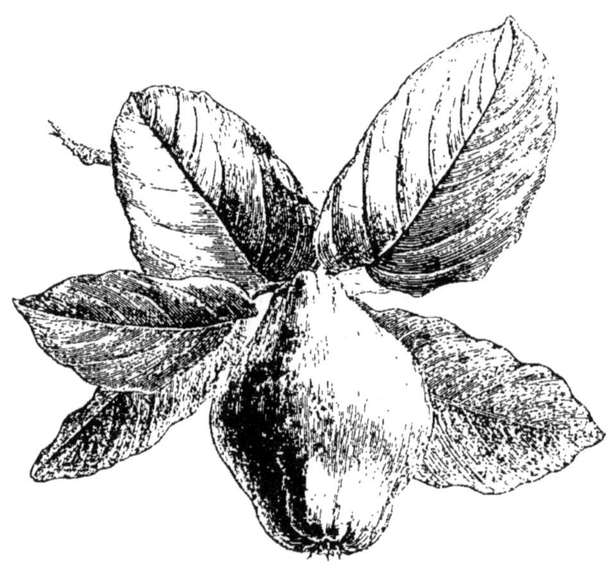

Fig. 197. — Cognassier de Portugal.

la manière d'une pomme de calville; enfin le *cognassier de Chine*, à très-gros fruits oblongs, ombiliqués aux deux extrémités, et qui se reconnaît à ses feuilles coriaces, glabres, bordées de dents aiguës et glanduleuses; mais cette race est peut-être une espèce distincte du cognassier commun. On peut encore rattacher aux cognassiers le *cognassier du Japon* (*Cydonia* ou *Chænomeles japonica*), arbuste buissonnant à fleurs rouge vif, qu'on ne cultive guère en France que comme arbuste d'ornement, mais dont les fruits, très-parfumés à leur maturité, donnent une gelée comparable à celle des coings ordinaires. Toutefois c'est la variété dite *ombiliquée* (*Chænomeles umbilicata*) qui est le plus ordinairement cultivée dans ce but, mais seulement dans le midi de la France, car elle fructifie rarement dans le nord.

La multiplication du cognassier se fait quelquefois de graines, plus ordinairement de boutures ou de marcottes par cépée, ou même de drageons enlevés autour d'un vieux pied; mais ce dernier moyen a l'inconvénient de donner des arbres plus sujets à drageonner que ceux qu'on obtient par marcottage et surtout par semis. Il est rare qu'on le greffe, malgré l'avantage qu'il y aurait quelquefois à le faire. Les jeunes cognassiers sont élevés en pépinière, dans les mêmes conditions et avec les mêmes soins que les poiriers de semis. On peut les mettre en place dès la première année.

Le cognassier vient dans presque tous les terrains, même dans les terrains arides et rocailleux, mais alors il reste le plus souvent à l'état de buisson, aussi s'en sert-on, dans différents endroits du midi, pour faire des haies, conjointement avec d'autres arbústes. Même dans les jardins c'est à peine si on lui donne quelques soins. Le mieux, en effet, est de l'abandonner à lui-même, sans aucune taille et sans chercher à en régulariser les formes par des suppressions de branches. Il manque rarement de fructifier; cependant la fructification est plus abondante si le sol où il croît reçoit de loin en loin un peu d'engrais bien consommé. Les coings se cueillent lorsqu'ils ont atteint toute leur maturité, et on se hâte de les utiliser d'une manière ou d'une autre, parce qu'ils se conservent difficilement et jamais bien longtemps. Ceux qu'on ne veut pas consommer à la maison se vendent aux confiseurs, qui, outre les marmelades et les gelées qu'ils tirent de ces fruits, en font encore des liqueurs qui ne sont point à mépriser.

Le **néflier** (*Mespilus germanica*) (fig. 198) est un arbrisseau indigène, qu'on trouve communément à l'état sauvage aux lisières des bois dans toute l'Europe centrale. Il est épineux dans le premier âge et affecte souvent la forme de grand buisson; néanmoins il devient avec les années un arbre de quatrième grandeur (4 à 5 mètres), à tête élargie et arrondie en dôme. Ses fleurs sont blanches, de la grandeur de celles du poirier. Les fruits qui leur succèdent sont des mélonides courtement piriformes, dont l'œil terminal, entouré par les cinq folioles du calyce, est aussi large que le fruit lui-même. Leur chair, extrêmement acerbe, n'est mangeable que lorsqu'elle est devenue complétement blette, ce qui en est la vraie maturité ; elle est alors brunâtre, pâteuse, aigrelette et un peu sucrée. Le plus grand défaut de ce fruit est de contenir cinq noyaux ou ossicules un peu trop gros eu égard au volume du fruit, et auxquels la chair reste toujours un peu adhérente. On cueille les nèfles en septembre ou octobre, et on les fait mûrir au fruitier sur de la paille; on doit les consommer dès qu'elles sont blettes.

Fig. 198. — Néflier.

On possède plusieurs variétés de néflier, parmi lesquelles il suffit de citer le *néflier commun*, dont le fruit est de la grosseur d'un œuf de pigeon ; le *néflier à gros fruits*, dont les fruits, beaucoup plus larges que hauts et comme déprimés, ont au moins deux fois le volume de ceux du précédent, auxquels, par compensation, ils sont inférieurs en qualité ; enfin le *néflier sans noyaux*, dont le fruit, dépourvu d'ossicules, est moins beau et moins bon que celui de la variété commune.

La nèfle n'est qu'un fruit du dernier ordre et qui n'est guère recherché que des enfants, aussi l'arbre en est-il peu cultivé. Il suffit d'en avoir un ou deux pieds dans un verger;

ils y viennent sans qu'on s'occupe d'eux. Le néflier peut cependant rendre de bons services pour la composition de haies défensives, car il est robuste et se prête bien au ciselage. Même sous cette forme, si toutefois on ne le rabat pas de trop près, il donne encore quelques fruits. On le multiplie de greffe sur sauvageons quand on peut s'en procurer, ou, dans le cas contraire, simplement sur aubépine.

Le **sorbier** ou **cormier** (*Sorbus domestica*) (fig. 199) est un arbre de quatrième grandeur (3 à 5 mètres, rarement plus

Fig. 199. — Cormier.

haut), à tête arrondie, qui diffère de toutes les pomacées précédentes par son feuillage composé de 6 à 8 paires de folioles avec impaire terminale; ces folioles sont ovales-oblongues, dentées sur les bords et presque glabres lorsqu'elles sont tout à fait développées; ses fleurs sont en corymbes, intermédiaires pour la grandeur entre celles du poirier et celles de l'aubépine, et toutes blanches; les fruits sont de véritables poires à cinq loges, un peu moins grosses que des œufs de pigeon, et contenant des pepins analogues à ceux des poires et des pommes.

La chair de ces fruits, qu'on nomme *sorbes* ou *cormes*, est extrêmement acerbe (1), mais elle devient douce et légèrement acidulée par le blettissement, et c'est à cet état seulement qu'elle est mangeable. Comme fruit de table, les sorbes se rangent au même niveau que les nèfles, cependant on pourrait leur trouver une certaine supériorité sur ces dernières par la raison qu'elles sont dépourvues d'ossicules ou noyaux.

On conçoit qu'un arbre fruitier d'une si faible valeur soit peu cultivé, aussi le relègue-t-on le plus souvent dans les coins du verger ou même aux limites des champs et des vignobles, où on ne s'occupe de lui que pour en ramasser les fruits à terre, lorsqu'ils se détachent des branches; quelquefois ils sont déjà blets à ce moment; ceux qui sont encore durs et acerbes sont portés au fruitier, où on les étend sur de la paille pour les laisser mûrir. Avec un peu de sucre, on peut faire de ces fruits blets des marmelades et des compotes passables.

Le sorbier a produit quelques sous-variétés, dont les plus communes sont le *sorbier à fruits gris* et le *sorbier à fruits rougeâtres*. On les multiplie de greffe sur des sujets de sorbier des oiseleurs (*Sorbus aucuparia*) ou sur des sauvageons de l'espèce; mais les arbres se mettent plus vite à fruit lorsqu'on les greffe sur aubépine. De toutes manières cependant l'arbre est lent à fructifier, et c'est encore une des raisons qui en limitent la culture. Le bois du cormier est compacte et résistant, aussi est-il propre à divers usages; on l'emploie surtout à faire des vis de pressoir ou des manches d'outils.

L'**azerolier** (*Cratægus azarolus*), arbrisseau de 2 à 3 mètres, est ou paraît être indigène du midi de la France, et on l'y rencontre assez souvent dans les jardins, autant à titre d'arbre d'agrément qu'à celui d'arbre fruitier. Ses feuilles, trilobées au sommet, ont beaucoup d'analogie avec celles de l'aubépine. Ses fleurs, qui sont blanches ou rosées, en corymbes comme celles de la plupart des pomacées, se montrent dès le milieu de février. Les fruits ressemblent à de très-petites pommes,

(1) Il est fort probable que le nom latin du sorbier dérive directement de l'adjectif *acerbus*.

jaunes ou rougeâtres, qui mûrissent dans les premiers jours de juillet, et dont la chair est sucrée-acidulée. Ce fruit est agréable à manger cru et on en fait des conserves assez estimées; toutefois c'est sa précocité qui en fait le principal mérite. L'azerolier se multiplie de graines et de greffes, soit sur sauvageon, soit sur aubépine. Il ne demande du reste aucun soin particulier.

Le **bibassier** (fig. 200), qu'on nomme quelquefois aussi, mais très-improprement, **néflier du Japon** (*Eriobotrya ja-*

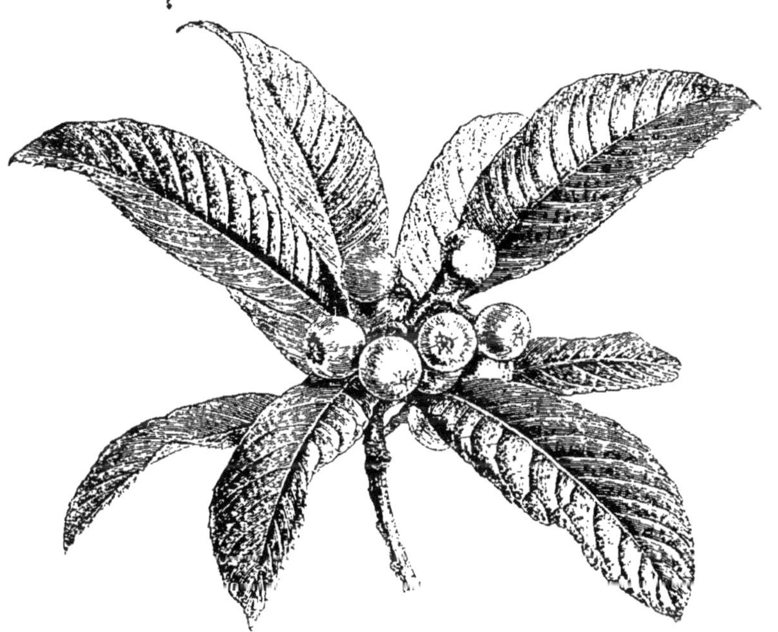

Fig. 200. — Bibassier.

ponica), est un arbre fort différent de ceux qui précèdent. Originaire du Japon et de la Chine orientale (1), son introduction en Europe ne remonte guère plus haut que le commencement de ce siècle, mais il est déjà fort répandu dans les pays intratropicaux et surtout aux Antilles, d'où on en exporte les

(1) Les Chinois le nomment *Lo quat*, nom adopté par les Anglais, qui ont propagé l'arbre dans presque toutes leurs colonies.

fruits en Angleterre. Il est commun aujourd'hui dans la plupart des pays méditerranéens.

Le bibassier, suivant la forme à laquelle on l'assujettit ou que le climat lui permet de prendre, est tantôt un arbre de 5 à 6 mètres, dont la tête très-élargie s'arrondit en parasol, tantôt un grand buisson ramifié dès la base et touffu. Il fructifie également sous ces deux formes. Son feuillage est grand et persistant, de forme ovale-allongée, un peu cotonneux et blanc dans la jeunesse, plus tard presque glabre. Les fleurs, d'un blanc sale et odorantes, sont en courtes panicules ou en thyrses à l'extrémité des rameaux; leur grandeur est à peine celle des fleurs de l'aubépine, et la forme en est sensiblement différente et moins ouverte; contrairement à celles des autres arbres fruitiers de ce groupe, elles s'ouvrent à l'entrée de l'hiver (en octobre et novembre), et c'est pendant cette saison que les fruits grossissent, pour arriver à maturité vers la fin du printemps, c'est-à-dire en mai dans les parties les plus chaudes du midi de l'Europe, en juin et juillet dans celles où la chaleur est moins forte. Ces fruits sont alors de la grosseur d'une prune de Reine-Claude ordinaire, ronds, uniformément jaunes, à chair tendre, sucrée-acidulée et fort agréable. Le centre est occupé par deux ou trois gros pepins bruns qui se compriment mutuellement, ou par un seul qui prend alors une forme arrondie. Comme arbre à fruits, le bibassier ne sort pas de la région de l'olivier. Dans le nord de la France, à Paris par exemple, il passe à l'air libre les hivers doux, et on l'y voit même fleurir quelquefois, mais il y périt toujours dans les hivers un peu rigoureux.

Là où le climat le favorise le bibassier vient pour ainsi dire sans culture, et il pousse d'autant plus vite qu'il y fait plus chaud et que la terre est plus substantielle et mieux irriguée. On le multiplie habituellement de graines, ce qui est le moyen d'obtenir du plant vigoureux, mais lorsqu'on veut en hâter la fructification on le greffe sur cognassier. Ce bel arbrisseau est moins répandu en France qu'il ne mériterait de l'être.

§ V. — LE JARDIN FRUITIER ET LE VERGER.

Ce paragraphe est le complément de ceux qui précèdent. Après avoir fait l'histoire des arbres fruitiers ordinaires, il est naturel de parler des conditions générales de leur culture. Lorsqu'elle se fait sur une échelle restreinte, mais avec tout le perfectionnement des méthodes actuelles, elle appartient au *jardin fruitier* proprement dit ; si elle se fait en grand et que les arbres soient livrés à eux-mêmes, sans autres soins que des labours de la terre et quelques fumures, elle devient ce que l'on appelle un *verger*.

Le **jardin fruitier** est, autant qu'on le peut, situé au voisinage de l'habitation, et, dans beaucoup de cas, il se confond avec le jardin potager ; il est mieux cependant que les arbres et les légumes soient séparés les uns des autres, exception faite cependant pour les jardins du midi de l'Europe où les arbres ayant besoin d'être arrosés profitent des irrigations données aux légumes, qu'ils défendent de leur côté contre les rayons trop ardents du soleil. Un jardin fruitier doit toujours être entouré de clôtures assez élevées et assez défensives pour en mettre les produits à l'abri des maraudeurs. Les meilleures clôtures sont les murs, non-seulement parce qu'ils protégent mieux les plantations, mais aussi et surtout parce qu'ils servent à soutenir les espaliers. Plus ils seront hauts, mieux ils atteindront ce double but. La hauteur de 2 mètres est un minimum au-dessous duquel il ne faudrait jamais descendre ; 3 mètres de hauteur donnent des avantages considérables, qui croîtraient encore si le mur montait un peu plus haut. Toutefois il y a une limite qu'il ne faut point dépasser pour les murs qui présentent leurs faces aux expositions septentrionales (nord, nord-est et nord-ouest), parce qu'ils jetteraient trop d'ombre sur le jardin. Ceux qui peuvent, par leur exposition, recevoir des arbres d'espalier doivent être crépis à blanc et surmontés d'un chaperon. Dans le nord, où les gelées printanières peuvent causer des dommages à la floraison des arbres palissés, on y ajoute des tenons de fer destinés à soutenir des auvents mobiles (toiles, paillassons, planches légères, etc.), qui ajoutent considérablement à l'effet protecteur des chaperons. Le seul inconvénient des murs est leur cherté, mais les murs en simple pisé, qui rendent encore de bons services, sont d'un prix beaucoup moins élevé que les murs de pierre ou de briques. A défaut de murs, on peut se contenter de haies vives ou de fossés pleins d'eau, clôtures suffisantes dans la plupart des cas pour arrêter les maraudeurs et les bestiaux, mais alors il faut renoncer à élever des espaliers. Ajoutons cependant qu'à mesure qu'on s'avance vers le midi l'espalier devient de moins en moins nécessaire pour les arbres; il n'est même plus usité dans la région de l'olivier.

Pour qu'un jardin fruitier donne les produits qu'on doit en attendre, il faut que la terre en soit bonne, sinon de première qualité, du moins supérieure sous ce rapport à ce que l'on appelle un terrain maigre ou seulement médiocre. On n'est pas toujours maître de choisir l'emplacement qui conviendrait le mieux, mais si le sol est pauvre on a la ressource de le transformer par des amendements (voir ce que nous avons dit, tom. I, p. 423); on y apporte les matières végétales les plus propres à y former de l'humus, telles que feuilles d'arbres, brindilles de genêts, d'ajoncs, etc., qui en se décomposant y introduisent des principes de fertilité, tout en le rendant plus meuble; enfin, si l'endroit choisi est dans un fond et que l'eau des pluies y reste stagnante, on l'assainit à l'aide de tuyaux de drainage. C'est à chacun de voir quelles ressources lui offre le pays pour faire ces diverses améliorations.

Le terrain destiné à devenir jardin fruitier doit être parfaitement ameubli par un bon défoncement, qui doit atteindre au moins à un mètre de profondeur. Si le sous-sol était décidément mauvais, il faudrait, pendant l'opération même du défoncement, le mélanger avec une partie de la terre de la superficie, sauf à rendre à celle-ci par des amendements et des fumures ce qu'on lui aurait enlevé. Dans le cas où la terre meuble aurait au maximum $0^{m},50$ d'épaisseur au-dessus du rocher ou du gravier, on ne devrait pas songer à y planter des arbres à haute tige, qui ne tarderaient pas à y périr d'épuisement; une si faible épaisseur de terre pourrait tout au plus soutenir des arbres nains, et peut-être encore vaudrait-il mieux n'y planter que des légumes, réservant pour les arbres les seules parties du jardin où ils pourraient indemniser le propriétaire de ses avances. Si cependant on ne craignait pas la dépense et qu'on eût dans le voisinage une bonne terre de prairie, on pourrait avec elle épaissir de quelques décimètres le sol du jardin; mais ces apports de terre sont ordinairement très-coûteux; en revanche les terres neuves, c'est-à-dire qui n'ont produit que du fourrage pendant un certain nombre d'années, sont les meilleures qu'on puisse donner aux arbres fruitiers.

Il y a des cas aussi où il faut faire l'opération inverse de celle que nous venons d'indiquer, c'est-à-dire enlever de la terre pour la porter ailleurs; c'est quand on établit le jardin fruitier sur un sol très-engraissé de fumier, comme celui des anciens jardins potagers, où la matière minérale disparaît en quelque sorte dans la masse de détritus organiques. Un tel sol est très-défavorable aux arbres, et même à beaucoup de légumes. Les arbres n'y donnent que du bois; les pêchers, pruniers et autres arbres à noyau y deviennent gommeux et chancreux et ne tardent pas à périr; les pommiers et les poiriers y sont de même sujets à diverses maladies. Dans ce cas une seule chose est à faire : c'est d'enlever une bonne moitié (environ 0m,30 d'épaisseur) de ce terrain trop gras et de le remplacer par une égale quantité de terre neuve, celle d'un fond de prairie par exemple, additionnée de chaux, de cendres, de plâtras, de balayures de routes, etc.; mais ici aussi se présente la difficulté souvent insurmontable des frais excessifs. Le mieux serait de choisir un autre emplacement et de convertir le terrain en prairie artificielle pendant quelques années, après y avoir incorporé des engrais minéraux. Il y a cependant une certaine compensation au transport de la terre trop riche du jardin : répandue sur les prairies, elle active notablement la végétation de l'herbe, et en améliore le fond.

Tout étant préparé dans le jardin fruitier pour recevoir les arbres, on n'a plus à s'occuper que de leur plantation. Nous supposons d'ailleurs que, pendant le défoncement du terrain dont il a été question ci-dessus, on a pris note de l'épaisseur de la couche végétale et de sa qualité; s'il n'y avait pas eu de défoncement, le sol ayant été jugé suffisamment meuble, on devrait encore le sonder de place en place pour en reconnaître l'épaisseur et la nature, et juger quels arbres y viendront le mieux. Il faut savoir, en effet, que les arbres à noyau sont moins difficiles sur la qualité du terrain que les arbres à pepins. Ils se contentent d'une terre légère, siliceuse ou calcaire, tandis qu'il faut aux arbres à pepins, aux poiriers surtout, une terre végétale substantielle d'au moins 1^m de profondeur quand ils sont greffés sur franc, et de $0^m,60$ à 1_m, quand ils sont greffés sur cognassier; de plus le sous-sol doit être perméable non-seulement pour égoutter l'eau des pluies, mais aussi parce que beaucoup de racines doivent pouvoir y pénétrer. Pour le poirier les meilleures terres sont les terres argilo-siliceuses ; les plus mauvaises sont les terres très-chargées de calcaire, surtout quand elles reposent sur un sous-sol glaiseux qui s'oppose à la filtration de l'eau. Les terrains trop légers et brûlants sont tout aussi défavorables au poirier, qui ne s'y soutient qu'à grand'peine. On peut y remédier dans une certaine mesure par le moyen qu'emploient en cette circonstance les pépiniéristes de Paris, moyen qui consiste à creuser des trous de 2 à 3 mètres carrés de surface, c'est-à-dire de $1^m,40$ à $1^m,80$ de côté, et de 1^m au moins de profondeur, au fond desquels ils étendent un lit de feuilles sèches, ayant encore de $0^m,25$ à $0^m,30$ d'épaisseur après avoir été bien piétiné, et qu'ils recouvrent de terre pour y asseoir les racines. Lorsque celles-ci ont atteint la couche de feuilles, elles y forment un chevelu très-abondant, et quelques-unes prennent une direction horizontale. On peut atteindre le même but en garnissant le fond des trous de mauvaises planches de sapin ou de bois blanc, qui donnent en définitive le même résultat que les feuilles. Suivant M. L. Jamin, ce serait le meilleur moyen d'empêcher la chlorose et la brûlure, auxquelles les arbres sont fort sujets dans ces sortes de terrains. Si on avait des arbres déjà atteints de l'une ou de l'autre de ces maladies, il faudrait les déplanter avec toutes leurs racines et les replanter ailleurs, en tenant les racines voisines de la surface du sol. On les recouvrirait de bonne terre, qu'on engraisserait au besoin d'un peu de fumier consommé. Il est bon de se rappeler que, dans toute plantation ou transplantation d'arbres fruitiers, on doit conserver le plus de racines possible et qu'il suffit de rafraîchir avec la serpette l'extrémité de celles qui auraient été cassées ou meurtries. C'est surtout quand on transplante des arbres adultes qu'il importe de ménager les racines et les branches. Il est fort utile aussi d'en enduire la tige de bouse de vache, pour en empêcher la dessiccation.

Quelle est l'époque la plus favorable pour faire des plantations d'arbres fruitiers? Les pomiculteurs sont divisés sur ce point, ce qui tient à la diversité des circonstances. En général, dans le nord il est plus avantageux de planter les arbres avant l'hiver, surtout dans les terrains argileux humides et compactes : à cette époque la terre, encore échauffée, est plus friable; dans le midi, au contraire, la plantation à la fin de l'automne ou en hiver vaut généralement mieux; du reste l'essentiel ici est qu'après la plantation il survienne des pluies pour consolider la terre sur les racines et fournir à celles-ci l'humidité nécessaire. Un paillis étendu autour du pied des arbres nouvellement plantés est fort utile partout, pour tempérer l'évaporation de l'eau pendant les hâles du printemps et les ardeurs de l'été

La distribution intérieure d'un jardin fruitier ne saurait être déterminée d'une manière précise, parce qu'elle est sous la dépendance d'une multitude de circonstances locales dont il faut savoir tenir compte, telles que le climat du pays, les vents qui y dominent, la nature du terrain, l'étendue, la figure, l'orientation du jardin, et plus que tout cela les goûts ou les caprices du propriétaire et de son entourage. C'est à chacun de juger ce qu'il y aura de mieux à faire, après avoir pris connaissance de ces diverses conditions et s'être renseigné auprès d'hommes compétents. Tout ce qu'on peut dire ici c'est qu'on doit éviter l'encombrement, afin que les arbres ne s'affament point les uns les autres, sans laisser cependant de places inoccupées. Les murs, si le climat le permet, seront garnis d'espaliers; s'il y a des endroits mieux abrités que d'autres contre le vent, on les réservera pour les arbres à haute tige, poiriers ou pommiers, dont les rafales abattraient les fruits avant leur maturité; les arbres frileux, ou qui demandent beaucoup de soleil, seront de même placés dans les endroits les plus chauds et aux expositions les plus méridionales, etc. Toutes ces prescriptions s'indiquent d'elles-mêmes et il n'est pas nécessaire d'y insister. On peut être plus précis sur la distance à mettre entre les arbres; c'est ainsi qu'on peut fixer, pour les terrains de qualité moyenne, 5 à 6 mètres d'écartement entre les poiriers en palmettes sur espalier; 8 à 10 mètres pour les pêchers dirigés sous forme carrée, éventails ou palmettes; 1^m pour les cordons obliques si le mur est élevé; $0^m,70$ si le mur ne dépassant pas 2 mètres de hauteur, les cordons doivent avoir une grande obliquité. Des cordons de poirier greffé sur cognassier doivent être distancés d'au moins 3 mètres; des cordons de pommier sur paradis de 2 à 3 mètres, et de 4 mètres s'ils sont greffés sur doucin. Pour les belles pyramides de poiriers les distances ne doivent pas être inférieures à 3 ou 4 mètres, tandis qu'il faut 8 à 10 mètres pour des arbres à haute tige et non taillés. Dans bien des localités les arbres en fuseau ou en colonne (en chandelle, comme disent quelques pépiniéristes) conviennent mieux que les pyramides; ils sont plus faciles à établir et tiennent moins de place, aussi leur suffit-il d'un intervalle de 2 mètres. A $1^m,60$ ou $1^m,80$ du mur d'espalier, on peut établir un contre-espalier de poiriers ou de pommiers en palmettes ou en cordons, soutenus par un treillage; les cordons simples pourront n'être qu'à 1^m de distance les uns des autres, les cordons à double tige à $1^m,50$; il va de soi qu'on n'emploie ici que des arbres nains, greffés sur cognassier ou sur paradis. Au surplus, quand il s'agit de planter un jardin fruitier et qu'on est encore novice sur ce point, le mieux que l'on puisse faire est de recourir à l'expérience d'un jardinier de profession.

Le **verger** offre moins de difficulté pour sa plantation et son entretien que le jardin fruitier proprement dit. Il est ordinairement beaucoup plus étendu et ne doit contenir que des arbres à grande arborescence, c'est-à-dire livrés à toute la force de leur végétation. Des clôtures lui sont aussi nécessaires qu'au jardin fruitier, mais comme ordinairement on ne songe point à y mettre des espaliers, les murs sont remplacés par de bonnes haies vives ou par des fossés garnis de ronces. On peut revoir (tom. III, p. 194 et suivantes) ce que nous avons dit de la composition des haies défensives; nous rappelons cependant que, dans la majeure partie de la France, les meilleures haies défensives se font avec l'aubépine et le prunellier. L'épine-vinette fait aussi de bonnes barrières, mais elle a le défaut de trop drageonner du pied, et finalement d'occuper plus de place qu'on ne voulait lui en accorder.

Ce qui est essentiel, pour l'établissement d'un verger, c'est que la terre y soit bonne et profonde. Un fond de prairie argilo-siliceux, dont on retourne le gazon, donne généralement de bons résultats. Dans le cas où le terrain serait trop humide, on y remédierait par un drainage quelconque; il ne faut pas non plus, surtout si le pays est naturellement froid, qu'il soit situé au fond d'une vallée, où les gelées du commencement du printemps peuvent occasionner des dommages sérieux à la floraison; enfin, on doit éviter de même les endroits où le vent souffle avec violence, parce qu'il en résulte, comme nous l'avons dit plus haut, une grande perte de fruits.

Le terrain destiné à la création d'un verger est ordinairement trop étendu pour qu'il soit possible d'y faire un défoncement complet, opération qui serait ici trop dispendieuse, et qui dans la plupart des cas n'est point nécessaire. On se contente d'y creuser des trous, larges et profonds, pour recevoir les arbres, et ces trous sont toujours creusés quelques mois d'avance, pour en aérer la terre et la faire se déliter par l'effet des pluies et des gelées. Ces trous se font en quinconce, à des distances déterminées par l'espèce d'arbres auxquels ils sont destinés, distances qui varient de 6 à 12 mètres. Ordinairement on rapproche les uns des autres, dans un même compartiment, et cela pour la régularité du coup d'œil, les arbres de même espèce, c'est-à-dire les poiriers avec les poiriers, les pommiers avec les pommiers, etc. ; mais cet arrangement n'est pas le meilleur : les arbres viendraient mieux, se gêneraient moins les uns les autres et seraient moins sujets aux attaques des insectes si les espèces y étaient entremêlées. Ce mode de plantation serait toutefois plus difficile que celui qu'on fait d'ordinaire, et beaucoup moins régulier, puisque les arbres de différentes espèces n'arrivent pas à la même taille et n'exigent pas les mêmes espaces de terrain pour se développer. Quelque système que l'on adopte, les trous devront être larges et profonds pour suppléer au défoncement, et d'autant plus profonds que le terrain sera plus sujet à la sécheresse. Il faut avoir soin cependant de ne pas planter les arbres trop bas, ce qui arrive fréquemment, parce qu'on oublie que la terre remuée se tasse et s'affaisse au bout de quelque temps. Au moment de la plantation le collet de l'arbre doit affleurer la surface de la terre. Quand celle-ci s'affaisse, l'arbre descend avec elle et se maintient au même niveau. Si les arbres transplantés sont trop faibles pour résister au vent, on leur donne des tuteurs pendant les deux ou trois premières années.

Tant que les arbres d'un verger sont jeunes et occupent peu de place, on peut utiliser les intervalles qui les séparent par des cultures herbacées, qui doivent cependant laisser un espace libre, d'au moins 1m de diamètre, autour du pied de chacun d'eux. On peut y planter des légumes annuels, tels que choux, salades, pois et lentilles, pommes de terre; etc., qui fatiguent peu le terrain; le mieux cependant serait d'y semer des plantes fourragères, des légumineuses principalement, du trèfle, du sainfoin, des lupins ou toute autre plante analogue, qui seraient fauchées pendant les premières années, puis finalement enfouies comme engrais verts de la 5e à la 6e année, plus tôt ou plus tard, suivant le développement des arbres, qui doivent occuper seuls le terrain lorsqu'ils seront adultes. Ce terrain, cependant, se couvrira toujours d'herbes spontanément, ce qui contribuera à y conserver la fraîcheur, mais ces herbes ne devront point être enlevées; elles seront enfouies toutes les fois qu'on jugera utile de briser la croûte superficielle du sol entre les arbres. Ces labours, répétés de loin en loin, seront utiles, mais à condition qu'ils n'aient pas une grande profondeur, parce que beaucoup de racines poussent leur chevelu jusque près de la surface du sol, et qu'il importe de le ménager. C'est une précaution qu'on oublie trop souvent dans les cultures d'arbres fruitiers. Ce qu'on oublie aussi c'est de fumer la terre, non immédiatement au pied des arbres, mais sur les points où l'on juge, d'après leur taille, que les racines sont parvenues. On y emploie avec avantage tous les fumiers de la ferme pourvu qu'ils soient bien décomposés, les boues de ville, la cendre, la charrée, les vieux platras, et surtout la poudre d'os, dont les effets se font sentir seulement deux ou trois ans plus tard, mais, par compensation, durent fort longtemps et donnent d'excellents résultats. Il est à peine utile de répéter ici que les arbres du verger doivent être choisis parmi les races vigoureuses et rustiques, greffées sur franc, autant que possible.

Jardins vitrés. — C'est seulement pour mémoire que nous en parlons ici, attendu qu'on n'en fait que très-peu d'usage en France, mais ils sont communs en Angleterre, en Belgique et dans le nord de l'Allemagne, où le climat contrarie généralement la culture des arbres fruitiers à l'air libre. Les arbres y sont en pleine terre ou en pots; assez souvent ils y sont soumis à la culture forcée.

Les serres destinées à abriter des arbres fruitiers ont beaucoup varié de forme, mais elles sont toujours basses, tantôt à un seul versant, et alors adossées à un mur, tantôt à deux versants orientés le plus souvent à l'est et à l'ouest, afin que les arbres y reçoivent tous alternativement le soleil. Elles sont plus ou moins chauffées, suivant le degré de forçage qu'on veut appliquer aux arbres, mais elles peuvent aussi ne pas l'être quand les arbres doivent fructifier dans la saison ordinaire. Leur principal effet, dans ce cas, est d'abriter les arbres contre les grands froids de l'hiver et surtout contre les variations de température du printemps, si défavorables à la floraison. Quand les arbres sont cultivés en pots, on les retire ordinairement de la serre après la récolte des fruits, pour les laisser durcir leurs pousses au grand air et arrêter leur végétation. On les met alors au pied d'un mur tourné au midi, et ils y passent l'hiver s'ils appartiennent à des espèces rustiques, puis on les remet en serre sur la fin de février ou au commencement de mars. Si les arbres doivent être forcés, de manière à ce que leurs fruits mûrissent en hiver ou au printemps, on chauffe la serre dès le commencement de décembre, d'abord faiblement, puis de plus en plus pour amener la floraison et le grossissement des fruits. Toute cette culture est compliquée, minutieuse, et ne peut être conduite avec profit que par un homme versé dans la spécialité.

Que les arbres y soient élevés en pleine terre ou en pots, il est indispensable qu'on les choisisse parmi les variétés les moins développées et les plus productives. Les pommiers doivent être greffés exclusivement sur paradis, et les sujets avoir été obtenus par marcottage ou provenir de drageons, jamais de graine, parce que ce dernier moyen donnerait des arbres trop vigoureux et difficiles à maîtriser. La même observation s'applique au poirier, qui doit être greffé sur cognassier. Les cerisiers à fruits doux ne s'accommodent point du régime de la serre, mais on y cultive avec succès le cerisier à fruits acides, greffé sur Sainte-Lucie. Le prunier est un des arbres qui réussissent le mieux en pots, dans la culture forcée, à condition d'être greffé sur des sujets de mirabelle. En Angleterre, où ce genre de jardinage a été très-perfectionné depuis trente ans par M. Thomas Rivers, on cultive sous verre presque tous les arbres à fruits de l'Europe, sauf les plus rustiques, tels que les groseilliers, le néflier, etc., dont les produits ne paieraient pas les frais de culture ; on y voit même réussir quelques arbres fruitiers de la région tropicale, mais ce sont là des tours de force plus curieux qu'utiles et dont nous n'avons pas à nous occuper. Ceux qui voudraient plus de détails sur ce sujet devront consulter les traités spéciaux, dont les meilleurs ont été publiés en Angleterre et en Belgique.

§ VI. — LA VIGNE.

Pour l'importance agricole, la vigne est incontestablement le premier de tous nos arbres fruitiers ; au simple point de vue de l'arboriculture fruitière c'est à peine si elle le cède au poirier et au pommier, car elle donne en abondance des fruits exquis, et ces fruits, qui sont susceptibles d'une assez longue conservation, sont devenus, depuis l'établissement des chemins de fer, l'objet d'un très-grand commerce en France et en d'autres pays. Il y a trente ans la ville de Paris ne consommait guère que les raisins qu'on récoltait dans le pays environnant, sur un périmètre de 50 à 60 kilomètres, à cause de la difficulté des transports ; aujourd'hui, grâce à la locomotion rapide sur les voies ferrées, elle reçoit le raisin des parties les plus éloignées de la France, sans le payer plus cher que celui qui lui arrivait autrefois de pays beaucoup moins éloignés.

Naturalisation de la vigne. — La vigne (*Vitis vinifera*) est cultivée de toute antiquité, ainsi qu'il appert du récit de la Genèse, où nous voyons que Noé, au sortir de l'arche, planta de la vigne et fit du vin, ce qui implique que, même avant le déluge, elle était déjà cultivée. Originaire d'Asie, elle a été de bonne heure introduite en Grèce et en Italie (1), d'où elle a passé dans la Gaule, la Grande-Bretagne et la Germanie. Les Européens modernes l'ont portée de même dans toutes leurs colonies, mais la culture ne s'en est développée que là où elle a trouvé les conditions climatériques

(1) Probablement avec l'immigration iranienne, d'où sont sortis les peuples de cette partie de l'Europe ; mais peut-être aussi a-t-elle été importée de l'Égypte, où l'agriculture était déjà très-perfectionnée à l'époque où la Grèce et l'Italie n'étaient peuplées que de barbares. Au milieu de toutes ces hypothèses une seule chose est certaine, c'est la prodigieuse ancienneté de la culture de la vigne.

convenables. Peu de végétaux se sont autant que la vigne pliés aux diversités de climat, et on peut dire que, sous ce rapport, elle est d'une flexibilité merveilleuse. Sa culture à l'air libre, comme plante vinifère, est pratiquée avec succès en Allemagne jusque sous le 53e degré de latitude ; elle prospère dans toute l'Europe centrale et méridionale, dans le nord de l'Afrique et dans les oasis du Sahara, en Perse, en Arabie, dans le nord de l'Inde, dans toute la moitié méridionale de l'Australie, dans le sud de l'Afrique, et sur la côte du Pérou presque sous l'équateur. Partout ailleurs les essais de culture ont échoué : au nord du 53e degré par le défaut de chaleur ou par la rigueur du froid ; entre les tropiques à cause de la continuité de la chaleur humide, qui ne permettant pas à la vigne de se reposer l'épuise en peu d'années par la continuité de sa végétation. La côte péruvienne est le seul point connu de la zone torride où la vigne réussisse, mais cela tient à l'exceptionnalité du climat qui, d'abord, est beaucoup moins chaud et moins égal que la latitude ne semble l'indiquer (1), ensuite parce qu'il n'y pleut jamais. La vigne n'a pas mieux réussi aux États-Unis, par cette double cause d'un climat excessif en hiver et d'une

(1) Le fait de la culture productive de la vigne sur un point si voisin de l'équateur a certainement lieu de surprendre au premier abord, mais on cesse de s'étonner quand on examine ce que sont là les conditions climatériques, elles-mêmes fort anomales. On sait aujourd'hui, par de bonnes observations météorologiques, qu'à Lima, sous le 12e degré de latitude australe, la moyenne de la température annuelle ne dépasse pas 18 degrés centigrades, c'est-à-dire qu'elle est à très-peu près la même que celle de Cadix, de Malaga, d'Alger, de Palerme, des îles de Candie et de Chypre, etc., pays éminemment vinifères. La chaleur de l'été y est même beaucoup moins forte que dans les localités que nous venons de citer, puisque celle du mois le plus chaud (mars) est seulement de 22 degrés. L'hiver y est naturellement fort doux, et le mois le plus froid (juillet) a encore une température moyenne de 14 degrés, qui est cependant assez différente de celle de l'été pour mettre arrêt à la végétation de la vigne. La cause de cette température relativement si basse (celle des côtes américaines au nord de l'équateur, à la même latitude que Lima, est de 28 à 29°) est due à un grand courant d'eau froide, qui, arrivant des régions polaires australes, longe toute la côte occidentale de l'Amérique du sud. A cette cause de refroidissement il faut ajouter le fait, non moins singulier, que le vent du sud y souffle seul toute l'année, ce qui a pour résultat l'absence totale de la pluie. La végétation n'est entretenue sur cette côte que par l'humidité qui s'élève de la mer et par la précipitation toujours très-forte de la rosée sous un ciel constamment serein.

humidité non moins excessive en été. Les conditions climatériques à l'ouest des Montagnes rocheuses, en Californie par exemple, étant tout autres et assez analogues à celles de l'Europe sud-occidentale, la culture de la vigne a pu s'y établir et, paraît-il, avec de grandes chances d'avenir. Remarquons cependant que si les États-Unis ne peuvent pas cultiver la vigne d'Europe, ils possèdent trois ou quatre espèces de vignes indigènes (*Vitis æstivalis*, *V. cordifolia*, *V. Labrusca*, etc.), déjà améliorées par la culture et qui donnent un vin passable, sans approcher cependant des produits de la vigne proprement dite.

Races et variétés de vignes. — On n'a pas de peine à concevoir qu'une plante cultivée depuis une si haute antiquité et dans des conditions si variées de climats a dû donner un nombre à peu près illimité de races et de variétés. On les compte effectivement par centaines, et elles sont quelquefois si différentes les unes des autres que l'on a mis plus d'une fois en doute qu'elles pussent provenir d'une seule et unique espèce originelle. Elles varient par la taille (1), très-grande chez quelques-unes, peu développée chez d'autres; par le feuillage, plus grand ou plus petit, parfois presque entier, d'autres fois au contraire profondément découpé ou lobé; par les fruits, courts et à grains serrés, ou en grappes lâches et allongées. Toutefois, les différences les plus remarquables portent sur la grosseur des grains, sur leurs formes, leur coloration, la saveur de leurs sucs, etc. Tout le monde sait qu'il y a des raisins d'un vert clair à la maturité, d'autres d'un vert jaunâtre ou tirant sur le roux, puis des raisins de couleur rosée ou rougeâtre, des raisins violacés et violet noir, à suc tantôt incolore, tantôt fortement coloré, fai-

(1) Il existe dans plusieurs parties du midi de la France, notamment dans la Camargue et sur les bords du Rhône, jusqu'au Pont-Saint-Esprit et au delà, des vignes depuis longtemps naturalisées (d'autres les regardent comme sauvages et indigènes), qui s'élèvent jusqu'au sommet des plus grands arbres. Ces vignes donnent tous les ans d'énormes quantités de raisins, mais dont les grains restent petits et sont toujours plus ou moins acerbes, même lorsqu'ils sont arrivés à complète maturité. Ces raisins sont à peine mangeables; cependant, en quelques endroits, les paysans les récoltent pour en faire du vin de qualité très-inférieure.

blement ou fortement sucré, de même qu'il y a des raisins sans arome et d'autres dont l'arome est prononcé, etc. De là le choix fait de tout temps entre les divers cépages pour la production du vin, et, en grande partie, les qualités du vin lui-même, qui sont aussi d'ailleurs sous la dépendance des climats, des sols et des expositions. Telle race de vigne qui donne des produits supérieurs sous le climat de l'Espagne ou du midi de la France, mûrira à peine ses fruits en Bourgogne ou en Champagne, et réciproquement tel cépage de haute valeur dans ces deux dernières provinces perdra à être transporté dans le midi, où il trouvera avec d'autres conditions climatériques un sol chimiquement différent. Il semblerait en effet que chaque cépage est le produit direct et naturel du sol sur lequel il prospère le mieux, tant il est rare que, dépaysé, il conserve les qualités propres qui ont fait sa renommée.

A l'exception d'un petit nombre de variétés de vignes cultivées dont le fruit insipide ou acerbe n'a presque pas de valeur, on pourrait dire que toutes donnent des fruits de table, et, dans le fait, depuis un temps immémorial, les raisins des vignobles de grande culture sont toujours entrés comme tels dans la consommation. Depuis l'établissement des chemins de fer, d'immenses quantités de raisins, qui sans cela auraient été réservés au pressoir, sont transportées sur les marchés des grandes villes, notamment à Paris, pour y être vendus comme fruits de table; mais dans la culture fruitière proprement dite, où les frais sont souvent fort élevés, on a dû naturellement s'attacher aux variétés qui se sont montrées les plus rémunératrices, soit par l'abondance de leur produit, soit par sa beauté ou par son excellence ; aussi n'y a-t-il comparativement qu'un petit nombre de variétés qui soient considérées comme étant exclusivement du domaine de la pomiculture, et ce sont celles-là seulement qui doivent nous occuper ici (1).

(1) Le nombre des livres qui ont été écrits sur la vigne est beaucoup trop considérable pour qu'il nous soit possible d'en donner ici même une liste abrégée. Nous nous contenterons d'indiquer aux amateurs que ce sujet pourrait intéresser, parmi les publications modernes, l'*Ampélographie* du comte Odart et les excellents écrits du docteur Guyot sur les vignobles de la France.

Raisins de table. — Une notable partie de ces variétés horticoles sont surtout cultivées dans le nord de la France, en Angleterre et en Allemagne, dans des serres particulières qu'on nomme des *serres à vignes*, parce qu'à l'air libre leurs fruits ne mûriraient pas ou du moins n'acquerraient pas les qualités requises pour être vendus avec profit. Il y a cependant aussi des vignes de table qui mûrissent parfaitement leurs raisins à l'air libre jusqu'à la latitude de Paris, et même au delà, mais c'est le petit nombre; on les désigne habituellement sous le nom de *vignes de treille*. Les variétés les plus intéressantes pour l'horticulture sont les suivantes :

1° Les *chasselas* (fig. 201), raisins à grappes moyennes ou

Fig. 201. — Chasselas.

grandes, à grains ronds, un peu gros, à jus sucré et à peau tendre; on en distingue plusieurs sous-variétés, dont les principales sont : le *chasselas de Fontainebleau*, d'un jaune verdâtre, tirant un peu sur le roux à la maturité parfaite; c'est peut-être le meilleur raisin de table qui se mange à Paris ; le prix en est assez élevé, et il s'en exporte une quantité considérable à l'étranger; le *chasselas violet*, aussi beau que le précédent, mais beaucoup moins bon ; le *chasselas rose*, excellent raisin, dont le nom indique la couleur, mais qui est presque inconnu à Paris ; le *chasselas de Montauban*, beaucoup moins beau que le chasselas commun, à grains plus petits et plus fermes, mais en même temps plus colorés et plus sucrés; le *chasselas doré* ou *raisin de Champagne*, gros et excellent raisin, à grain jaune d'ambre, mais qui ne mûrit bien qu'aux expositions les plus méridionales sous la latitude de Paris; le *chasselas gros coulard*, remarquable par ses grains très-gros et peu serrés, ronds et blanc verdâtre; c'est un très-beau raisin, mais qui a le grave défaut de couler à la floraison, au point que, dans certaines années, les ceps restent entièrement stériles; enfin le *chasselas musqué*, dont le fruit participe déjà de l'arome caractéristique des raisins du groupe suivant.

2° Les *raisins muscats* (fig. 202), ainsi nommés de leur sa-

Fig. 202. — Raisin muscat.

veur particulière, assez analogue à celle des poires musquées; ce sont en général des raisins très-sucrés, tantôt verts, tantôt jaunes d'ambre, souvent excellents et même les meilleurs de tous, au dire des personnes qui ne craignent pas leur saveur prononcée; ils mûrissent plus difficilement dans le nord que les chasselas; quelques-uns même n'y mûrissent pas du tout; dans le nombre il faut citer le *muscat de Frontignan,* à grosse et longue grappe, dont les grains sont ronds, blancs et cassants et la saveur très-sucrée; sous le climat de Paris il ne mûrit bien qu'à l'espalier, et encore seulement dans les années chaudes; le *muscat nain,* à petits grains noirs, qui est un peu plus hâtif, mais qui exige encore l'espalier et qui est loin de valoir le précédent; le *muscat rouge*, dont le nom indique la couleur et qui est aussi un raisin comparativement médiocre; le *raisin des dames* ou *panse jaune*, rangé par quelques horticulteurs parmi les chasselas, mais qui tient davantage des raisins muscats, à gros grains un peu ovoïdes, d'un jaune légèrement ambré, très-beau et excellent lorsqu'il mûrit bien, ce qui ne lui arrive qu'exceptionnellement à Paris; enfin le *muscat d'Alexandrie* ou *muscat romain*, un des plus musqués du groupe, à grains allongés, vert jaunâtre, de qualité moyenne mais très-beau, ne mûrissant d'ailleurs qu'aux expositions les plus chaudes et seulement en espalier à Paris; il réussit beaucoup mieux dans le midi, et il y est meilleur; c'est une des variétés les plus vigoureuses et une de celles auxquelles convient le mieux la taille longue.

3° Les *raisins précoces,* qui sont le mieux appropriés aux climats du nord et y mûrissent à peu près tous les ans en treille; par compensation ils sont de deuxième ordre pour la qualité et la beauté. Le plus répandu de ce groupe est le *morillon hâtif* ou *madeleine noire,* à petites grappes et à petits grains ronds, violet-noir, moyennement sucrés; il mûrit dès la fin de juillet à Paris; puis le *raisin précoce de Courtiller*, beaucoup plus beau, meilleur et presque aussi précoce que le morillon hâtif, à grappes moyennes, à gros grains ronds, d'un jaune d'ambre, sucrés et un peu musqués; c'est une variété productive et robuste, dont le fruit mûrit à Paris dans la première quinzaine d'août.

On cultive encore avec profit en espalier le *gromier du Cantal,* très-beau raisin à gros grains rougeâtres et ronds, qui mûrit assez bien aux expositions les plus chaudes sous la latitude de Paris; le *verdal* ou *verdot,* qui serait indubitablement un de nos meilleurs raisins de table s'il n'exigeait pas le climat du midi pour acquérir toutes ses qualités; il est rare qu'il mûrisse suffisamment à Paris; le *chasselas panaché,* joli raisin à grains ronds ou un peu allongés, habituellement violet-noir, mais souvent panachés de rougeâtre ou de blanc, ou même entièrement blancs, les grains de ces diverses teintes se trouvant entremêlés sur la même grappe; enfin le *gros ribier du Maroc* ou *marocain noir,* raisin remarquable par la grandeur de sa grappe et la grosseur de ses grains ovoïdes, presque noirs, de qualité moyenne. Ainsi que nous l'avons déjà dit, une multitude d'autres cépages donnent de bons raisins de table partout où le climat en favorise la maturité.

Fig. 203. — Frankenthal ou Raisin noir de Hambourg.

Toutes les variétés que nous venons de décrire sommairement peuvent se cultiver en serres à vignes, néanmoins il y en a auxquelles on donne la préférence sur tous les autres. Les plus recherchés pour cette culture dispendieuse sont le *Frankenthal* (fig. 203) ou *chasselas de Windsor*, variété qu'on dit originaire d'Allemagne, à grandes et belles grappes et à gros grains violet-noir, sucrés et légèrement musqués; c'est le *Black Hamburgh* des Anglais, qui le cultivent en grand dans leurs serres à vignes; le *chasselas de Hollande*, à gros grains d'un vert jaunâtre; le *raisin doré de Stockwood*, à très-grosses grappes, et dont les grains arrondis, jaune pâle, sont de la grosseur d'une petite prune de Reine-Claude; on le regarde comme un métis du Frankenthal et du chasselas de Hollande; le *barbarossa*, raisin d'origine italienne, la *grosse panse*, le *raisin de Calabre*, l'*œillade précoce*, le verdal, le muscat de Frontignan et surtout le chasselas de Fontainebleau. Ce dernier est presque le seul, avec le Frankenthal ou noir de Hambourg, que l'on force en France dans les serres à vignes. En Angleterre on cultive encore d'autres raisins, parmi lesquels il suffira de nommer les *muscats noir* et *gris* de Frontignan, le *muscat royal* (*Royal muscadine*), le *Black Prince*, le *Trentham black*, l'*Escholata superba*, le *Buckland sweetwater*, le *Dutch Hamburgh*, l'*Amber cluster* et le *Fleming Prince*, les uns précoces, les autres tardifs, et qui ont tous leur valeur pour le marché.

Multiplication et culture jardinière de la vigne. — La vigne est incontestablement un des arbrisseaux les plus robustes et un de ceux qui semblent le plus indifférents à la nature du sol. On peut dire qu'elle vient partout, à la seule condition que le climat lui convienne, mais elle n'est pas partout également féconde. Si elle est peu exigeante en fait de culture, elle est aussi un des végétaux les plus faciles à multiplier; tout le monde sait qu'il suffit la plupart du temps d'en planter les sarments pour les voir s'enraciner et donner lieu à de nouveaux arbustes.

Cette propriété de prendre facilement racine est largement mise à profit par les viticulteurs. Presque tous les vignobles sont plantés ou renouvelés par le simple bouturage des sarments aoûtés de l'année précédente. On a cru longtemps que la reprise était plus assurée lorsqu'on conservait à la bouture un talon de vieux bois, c'est-à-dire un fragment de la branche sur laquelle est né le sarment enlevé, et qu'on désigne alors sous le nom de *crossette*, mais il est constaté aujourd'hui que les boutures sans talon reprennent tout aussi bien et donnent en définitive de meilleur plant. La multiplication de la vigne se fait aussi par le marcottage ou couchage, qui donne des branches enracinées. Dans les vignobles le couchage, qui ici prend le nom de *provignage*, est souvent employé pour remplir les vides laissés par des ceps morts ou disparus. La greffe, en fente ou en navette, et le plus souvent enterrée, est encore un moyen de multiplication qui a son utilité dans certains cas particuliers. Enfin, on pourrait encore admettre comme moyen de multiplication le semis des pepins, si le plant qu'on en obtient reproduisait régulièrement les variétés semées et qu'il fallût moins de temps pour en obtenir du fruit; mais comme les résultats du semis se font toujours attendre longtemps sous nos climats, ce moyen de multiplication n'est pratiqué que par quelques amateurs curieux de nouveautés, ou par des horticulteurs de profession qui espèrent trouver par là quelque variété nouvelle propre à entrer dans le commerce.

Il est encore un autre mode de multiplication de la vigne dont on s'est beaucoup occupé dans ces dernières années : c'est la propagation par le semis d'yeux détachés, invention dont on a voulu faire honneur à un vigneron français, M. Hudelot, quoique le procédé soit depuis longtemps connu et pratiqué en Angleterre. Cette manière de multiplier la vigne donne des résultats avantageux, mais dans de certaines conditions seulement, et ne peut guère être considérée que comme un procédé horticole, peu ou point applicable à la culture en grand. Elle consiste à enlever sur des sarments de l'année précédente, bien aoûtés, des tronçons de 1 à 2 centimètres au plus, portant un œil sur leur milieu. Ces fragments, qu'on assimile à des graines, sont plantés en terrines, ou isolément dans des godets de 4 à 5 centimètres d'ouverture, et dans une terre légère dont ils sont à peine recouverts, ou plutôt dont le sommet des yeux affleure la surface. Ces pots ou terrines sont plongés jusqu'au bord dans le terreau d'une couche chaude, recouverte de châssis vitrés, ou dans la tannée d'une serre à multiplication chauffée à 25 degrés. Un point essentiel est d'entretenir la terre toujours un peu humide et la chaleur constante.

Dans ces conditions presque tous ces fragments (au moins 90 sur 100) s'enracinent et développent leur bourgeon, qui donne dans le courant de l'année un sarment de 1m,50 à 2m de longueur. Certaines précautions sont nécessaires pour amener ce résultat : c'est d'abord la continuité de la chaleur, puis une humidité constante, sans être trop forte, dans l'atmosphère de la serre ou du châssis; il faut de plus empoter les jeunes plants, avec leur motte, dans des pots plus grands, c'est-à-dire de 20 à 30 centimètres d'ouverture, lorsqu'ils ont produit cinq à six feuilles, et enfin donner de plus en plus d'air à mesure qu'ils grandissent. Vers le milieu de l'été, ou plus tard quand la sève commence à se ralentir, on porte toutes ces jeunes vignes en pots en plein air, dans un endroit abrité et exposé au soleil, pour qu'elles y mûrissent leur bois, et on les rentre en serre dans le courant de décembre. Soumises à la culture forcée, elles donnent généralement des fruits au printemps suivant, ou seulement en été ou en automne si on les a livrées à leur végétation naturelle.

La conservation d'un tronçon de sarment au-dessous de l'œil n'est pas une condition essentielle à sa reprise ; on a reconnu que des yeux détachés à la manière des écussons s'enracinent presque aussi bien, et quelquefois mieux que des yeux munis d'un tronçon de sarment, bien entendu dans les mêmes conditions de chaleur et d'humidité. De quelque manière qu'on procède, ce moyen de multiplication est rapide et donne d'incontestables facilités pour propager la vigne destinée à la culture artificielle sous verre, mais ses avantages sont fort contestés quand on veut l'appliquer à la vigne qui doit vivre et fructifier à l'air libre. Les jeunes vignes ainsi obtenues ont jusqu'ici assez mal réussi quand on les a mises en pleine terre, mais comme l'expérience n'en a encore été faite que sous le climat de Paris, peu favorable à la vigne, il est évident qu'il n'y a rien à en conclure pour des climats différents. Les semis d'yeux en pleine terre et sans chauffage artificiel y ont moins réussi encore, ce qui peut d'ailleurs s'expliquer par la froidure du sol à l'époque où ces semis ont été faits. Peut-être eussent-ils mieux réussi si le sol avait été couvert de cloches ou de châssis vitrés, et surtout si on eût opéré sous un climat plus méridional. Au surplus, dès qu'il s'agit de la culture en grand, la question perd beaucoup de son importance, vu la facilité de reproduire la vigne par le bouturage ordinaire.

Dans les jardins, et considérée comme arbre fruitier, la vigne est soumise à deux modes de culture : la *culture naturelle,* à l'air libre, et la *culture forcée,* sous des abris vitrés. En culture naturelle la vigne est dirigée sous toutes sortes de formes : en *grande arborescence* sur des arbres qui lui servent de soutien ; en *treilles*, c'est-à-dire en berceaux ou en tonnelles, destinées à donner de l'ombre en été et du fruit en automne ; en *contre-espalier* à une certaine distance des murs, et enfin en *espalier*, et sous forme de *cordons*, lorsqu'elle est appliquée sur des murs. La forme en grande arborescence est spéciale aux pays méridionaux : elle ne réussirait point ailleurs ; celle d'espalier est la seule possible dans les régions septentrionales où la chaleur n'est plus suffisante pour mûrir le raisin ; les treilles proprement dites caractérisent les régions intermédiaires et elles donnent encore de bons résultats à la latitude de Paris, quand on y emploie des variétés de vignes précoces ou qui exigent comparativement peu de chaleur. Faisons observer que c'est par abus de langage qu'on donne communément le nom de *treilles* aux vignes d'espalier.

Sous le climat moyen de la France la culture habituelle de la vigne, dans les jardins, se fait en espalier ou en contre-espalier, devant des murs tournés au midi, au sud-est ou au sud-ouest, jamais en plein nord, sauf le cas où on n'a pas d'autre exposition. Il est facile de comprendre que plus l'exposition est méridionale, mieux elle vaut. Les murs qui soutiennent les cordons de vignes peuvent être ceux des maisons, et alors leur hauteur est généralement plus que suffisante; si ce sont des murs de clôture, il convient que leur hauteur soit de 2^{m},50 à 3^{m}. Cette hauteur pourrait être augmentée, mais l'avantage qu'on en obtiendrait serait plus que compensé par un accroissement de dépense et une plus grande difficulté pour le palissage et la taille. Les murs doivent être munis d'un chaperon à leur partie supérieure et, si le climat est froid et humide, pourvus en outre de crampons de fer pour soutenir des auvents, planches ou toiles, destinés à abriter la vigne, quand ses premières pousses seraient exposées à être atteintes par les gelées du printemps.

Les marcottes enracinées ou les boutures de la vigne se plantent au pied du mur, à des distances proportionnées à l'étendue probable des cordons qui couvriront le mur. Sous ce rapport, il existe de grandes différences entre les cépages; il y a des vignes qui prennent un développement si considérable qu'un seul pied suffirait, avec le temps, pour couvrir 15 à 20 mètres de mur. Ce n'est du reste pas ce qu'on cherche ordinairement à obtenir, parce qu'avec ces vignes énormes le mur est toujours mal garni; il y a un bénéfice réel à n'avoir que des vignes de moyenne étendue, mais plus rapprochées et plus nombreuses, dont les cordons palissés à des hauteurs différentes ne laissent inutile aucune partie de la surface du mur. D'un autre côté, ces vignes moyennes sont plus faciles à gouverner et à régler dans leur production. On donne aux marcottes ou boutures des longueurs de 0^{m},50 à 0^{m},80, et on les plante obliquement, c'est-à-dire inclinées vers le mur, dans une rigole éloignée du pied du mur de 0 ,20 à 0^{m},30. Il est essentiel, si ce sont de simples sarments non encore enracinés, qu'ils aient au moins deux ou trois yeux en terre, et un pareil nombre au-dessus. La profondeur varie entre 0^{m},25 à 0^{m},30. Sous le climat de Paris c'est généralement au mois de mars qu'on procède à cette plantation ; lorsqu'elle est faite dans les conditions convenables il est rare qu'elle ne réussisse pas.

La vigne ainsi plantée au pied d'un mur se forme sur deux branches, ou *cordons,* qu'on dirige horizontalement. Pour arriver à ce résultat on ne conserve que le bourgeon supérieur qui doit servir à former la tige; on l'assujettit sur le mur, dans une direction verticale, soit en le palissant sur le treillage, s'il y en a un, soit en le fixant à des clous avec des liens. Il arrive souvent que cette pousse est assez vigoureuse pour que, dès l'année même, elle atteigne ou dépasse le point où il convient de faire naître les deux cordons. La hauteur à laquelle ces cordons doivent être placés varie d'ailleurs suivant la hauteur des murs. On conçoit qu'on peut établir sur un même mur plusieurs cordons superposés, en plantant des vignes assez rapprochées les unes des autres, et dont les cordons naissent à des hauteurs différentes, calculées d'ailleurs pour qu'ils couvrent convenablement le mur sans se nuire les uns aux autres.

Deux méthodes se présentent ici pour obtenir la naissance des cordons. La première consiste à rabattre le sarment un peu au-dessus du point où les cordons doivent être placés et obtenir ceux-ci au moyen des deux yeux supérieurs, qui se trouvent nécessairement alors à des hauteurs différentes, et c'est à l'époque ordinaire de la taille, c'est-à-dire généralement en mars, que se fait cette suppression. La seconde méthode est préférable, et on y procède de la manière suivante : lorsque le bourgeon terminal de la tige a dépassé d'environ 0m,35 le point où l'on veut établir les cordons, on choisit sur ce bourgeon un œil latéral placé à peu près au niveau de ce point, et qu'on réserve pour donner naissance à l'un des cordons. On incline alors le sommet du bourgeon, sur un angle de 25 à 30 degrés, du côté opposé à cet œil. Il en résulte que la sève contrariée par la courbure de la branche se porte avec plus d'énergie sur l'œil opposé à cette courbure, et détermine aussitôt son développement. Le nouveau bourgeon obtenu de cette manière est maintenu dans une situation verticale, qui en facilite l'allongement, et, si l'opération est bien conduite, dès la fin de l'automne il est à peu près égal en force au bourgeon opposé, qui n'est, comme on l'a compris, que la continuation de la tige contrariée dans son développement. A cet âge, la jeune vigne présente une forme bifurquée. Cette seconde méthode a l'avantage d'avancer d'un an la formation des cordons, et en outre celui de les mettre exactement à la même hauteur.

L'année suivante on donne à la vigne la forme définitive qu'elle doit avoir, en palissant ses deux bras sur le mur, dans une direction horizontale. De chacun des yeux de ces cordons naissent de nouveaux sarments, qui, au printemps de la troisième année, sont taillés sur deux bons yeux situés près de leur base. Les moignons conservés prennent le nom de *coursons,* et c'est des deux yeux qu'on leur a laissés que doivent sortir de nouveaux sarments, qui pourront produire du fruit dès l'année même.

C'est d'après cette méthode que sont conduites les vignes de chasselas si célèbres de Thomery (fig. 204) et de Fontaine-

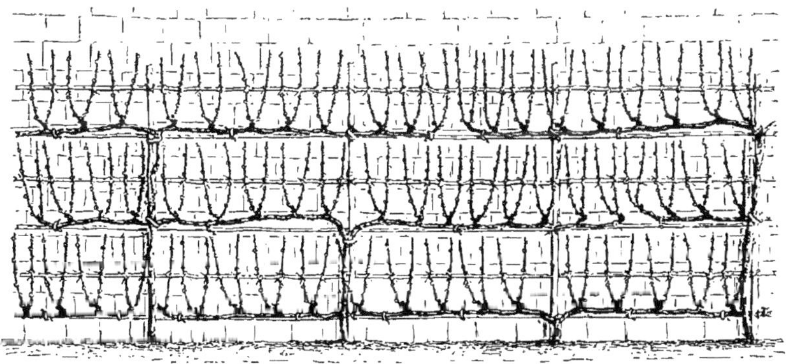

Fig. 204. — Vigne à la Thomery.

bleau, avec cette différence toutefois que les vignes n'y sont pas plantées immédiatement au pied du mur d'espalier, mais à 1m,50 ou 1m,60, puis couchées dans des rigoles jusqu'au pied du mur, où elles se relèvent pour y être palissées. Dans ce long trajet souterrain les sarments poussent une grande quantité de racines, qui sont autant de moyens de renforcement pour la plante. On a contesté l'utilité de cet enfouissement, néanmoins les cultivateurs de chasselas continuent à le pratiquer, et on ne peut guère douter qu'effectivement il ne soit pour quelque chose dans les succès qu'ils obtiennent. Une autre particularité de la culture dans les localités que nous venons de nommer, c'est que la totalité de la surface des murs est occupée par de la vigne, résultat qui s'obtient en échelonnant à des hauteurs différentes plusieurs cordons, appartenant toujours, deux par deux, à autant de pieds différents. Le cordon le plus bas s'établit à environ $0^m,32$ du sol; les autres s'étagent au-dessus de lui à des distances environ doubles de cette mesure, soit de $0^m,60$ à $0^m,65$.

La vigne est peut être de tous nos arbres fruitiers le seul auquel la taille soit absolument nécessaire; un pêcher et un poirier de plein vent peuvent se passer de toute taille, mais il n'en est pas de même de la vigne qui, quelle que soit la forme sous laquelle on la dirige, veut être taillée pour durer et pour produire régulièrement du fruit. Une vigne qu'on négligerait de tailler tournerait à la grande arborescence; elle se couvrirait d'une forêt de sarments, bientôt entrelacés en un fouillis inextricable; en un mot elle pousserait tout en bois, ne donnant que des raisins chétifs et le plus souvent à peine mangeables. Il est de toute nécessité de réprimer cette fougue par une taille raisonnée et fondée sur la manière même dont la vigne végète; elle est du reste des plus faciles. De même que pour le pêcher, la taille a pour objet d'obtenir des branches de remplacement. Cependant la végétation de la vigne diffère essentiellement de celle du pêcher : tandis que dans ce dernier les branches qui doivent porter fruit sont déjà formées depuis l'année précédente, dans la vigne, au contraire, c'est sur les pousses de l'année même que le raisin se forme, de sorte que les boutons, ou *bourres*, qui paraissent au printemps contiennent en germe le bois et le fruit.

Quand la sève est trop abondante le bois seul se développe et le raisin avorte en totalité ou en partie, aussi est-ce là ce qu'on se propose d'éviter en taillant le sarment à un, deux, trois ou quatre yeux au-dessus du point de son origine. De ces yeux sortent au printemps de nouveaux sarments, qui sont à la fois rameaux à bois et rameaux à fruits, et qui doivent mûrir ensemble, car c'est un fait remarquable que cette simultanéité de maturation; là où les sarments ne trouvent pas assez de chaleur pour s'aoûter le raisin ne mûrit pas.

Ainsi, tout le secret de la taille de la vigne se réduit à ces deux points : faire croître et mûrir de bonne heure le bois pour que le raisin arrive à maturité avant la mauvaise saison; puis empêcher que, par excès de force végétative, la sève ne soit détournée du raisin pour se porter exclusivement sur le bois. C'est ce que tout cultivateur de vigne ne doit point perdre de vue.

La taille de la vigne est, comme on le voit, d'une grande simplicité; néanmoins il y a des particularités dont il est utile que l'amateur inexpérimenté soit prévenu. Nous avons dit un peu plus haut que les coursons de la vigne ne sont autre chose que ces talons, successivement accrus, des premiers sarments qui ont été produits par les cordons, et qui ont été amputés au-dessus des deux yeux inférieurs. Ces coursons doivent être espacés de telle manière que la totalité du mur soit couverte par la vigne, sans laisser de vide improductif. Il est facile de les obtenir à des distances telles que, sans se nuire réciproquement et sans surcharger la vigne, ils amènent le résultat que nous venons d'indiquer. Pour cela, on ne conservera pas tous les bourgeons nés sur le cordon, pour les convertir en branches coursonnes; on en retranchera au contraire une partie, s'ils sont trop rapprochés, de manière à les espacer de $0^m,16$ à $0^m,20$ les uns des autres. Cette suppression se fait graduellement, au moyen de pincements réitérés pendant le cours de la végétation, attendant, pour les supprimer totalement et d'une manière définitive, l'époque de la taille, c'est-à-dire le printemps suivant.

Les cordons de la vigne, s'ils étaient livrés à tout l'essor de leur végétation, dépasseraient souvent, dès la première année, le point où il convient de les arrêter. Quelques cultivateurs impatients de former leur espalier de vigne, ou désirant leur voir prendre une grande étendue, laissent pousser ces cordons en liberté jusqu'à ce qu'ils aient atteint la longueur qu'ils jugent à propos de leur donner. Cette pratique est défectueuse en ce que le cordon allongé outre mesure n'a plus la force de nourrir les nombreux bourgeons qui en sortent l'année d'après, et qui doivent servir à constituer les branches coursonnes. Pour bien faire, on ne doit laisser les cordons arriver à la longueur voulue que peu à peu, c'est-à-dire dans un espace de trois ou quatre ans, et cette longueur ne dépassera guère deux mètres de chaque côté de la tige. Beaucoup de bons jardiniers l'arrêtent même au-dessous de cette limite, se contentant de $1^m,50$, et quelquefois moins. En ceci, du reste, il faut prendre en considération la nature de la variété, et laisser les cordons des variétés vigoureuses prendre plus de développement que ceux des variétés faibles.

Sur un espalier ordinaire de vigne, c'est-à-dire dans le cas où le mur ne porte pas plusieurs étages de cordons superposés, on ne s'occupe guère, en général, d'arrêter la longueur des pousses ou sarments de l'année aussi longtemps que dure la période de végétation; on se contente le plus souvent de relever ces pousses et de les fixer au mur pour diminuer l'ombrage que les feuilles projettent sur le raisin. Dans la méthode de Thomery le peu d'intervalle qui s'étend d'un cordon à l'autre ($0^m,60$ à $0^m,65$ environ) ne permet pas de laisser pousser les sarments en liberté, parce que ceux des cordons inférieurs iraient s'entremêler à ceux des cordons placés au-dessus d'eux et donneraient lieu à un entrelacement de bois et de feuilles très-défavorable au développement et à la maturation du raisin; de plus, ils absorberaient en pure perte une grande quantité de sève, qui doit être plus utilement reportée sur les bourgeons inférieurs de ces mêmes sarments, puisque ce sont ces bourgeons inférieurs qui doivent les remplacer l'année suivante. On obvie à tous ces inconvénients à la fois en pinçant ces pousses au-dessus de la huitième ou de la neuvième feuille, ce qui porte la longueur conservée du sarment à 0m,50 ou 0m,60, c'est-à-dire à un peu moins que la largeur de l'espace qui sépare deux cordons parallèles. Dans tout autre mode de conduite de la vigne le pincement est moins rigoureux qu'ici, mais il est toujours utile, puisqu'il a pour effet de donner un surcroît de vigueur aux bourgeons de remplacement, dont la sève tend naturellement à s'éloigner par le fait même de leur situation inférieure.

Avec le temps, et par suite de tailles répétées, les coursons finissent par s'allonger au point de déranger la symétrie primitive de l'espalier et d'y faire naître des vides plus ou moins grands. La nature fournit elle-même le moyen d'y remédier, en faisant naître au talon même des coursons des bourgeons adventifs qui peuvent les remplacer. Pour cela, il suffit de rabattre le vieux courson au-dessus de ce bourgeon adventif, qui devient par là l'origine d'un courson nouveau.

Dans tout ce qui précède nous avons admis que la taille des sarments devait être faite au-dessus du deuxième œil; c'est effectivement ce qui se pratique sur les vignes de chasselas, mais toutes les races de vignes ne comportent pas une taille aussi courte. Dans la pratique il y a ce qu'on appelle la *taille courte*, c'est-à-dire à un ou deux yeux, et la *taille longue,* à quatre, cinq ou même six yeux, suivant les races ou variétés. Il est telle race de vignes, la plupart des muscats entre autres, dont les deux bourgeons inférieurs de chaque sarment ne produisent que du bois, le fruit ne se montrant que sur le troisième ou le quatrième bourgeon. Il est bien clair qu'ici la taille courte comme celle que nous avons vu employer pour la vigne de chasselas aurait pour effet de supprimer toute fructification. En pareil cas on doit tailler long, c'est-à-dire conserver un nombre de bourgeons suffisants pour qu'il s'en trouve parmi eux qui portent fruit; mais ici encore il faut agir avec une certaine prudence, pour ne pas surcharger le cep et l'épuiser par une production exubérante. La juste mesure de la taille à donner à tel ou tel cépage est une connaissance qui s'acquiert par la pratique.

La formation de la vigne en contre-espalier ne diffère pas essentiellement de celle de l'espalier; elle s'établit de la même manière, à l'aide de cordons horizontaux. La principale différence est qu'ici les cordons sont soutenus par des liens à un treillage, ordinairement en fil de fer galvanisé. Toutefois les tiges qui portent les cordons sont en général plus basses que celles des vignes d'espalier. On peut aussi courber ou arquer les sarments, pour faire refluer la sève sur les yeux inférieurs, ce qui n'est pas compatible avec le palissage sur un mur. La taille est d'ailleurs exactement la même que sous cette dernière forme. Dans le cas d'une tonnelle ou d'un berceau, ce sont toujours des cordons qu'il s'agit de faire courir sur un treillis, de manière à le couvrir de feuillage, tout en obtenant du fruit. Les chasselas et les muscats sont les variétés préférées pour cet usage; cependant si l'ombrage à obtenir était le but principal de cette construction, il y aurait avantage à y employer la vigne Isabelle, race ou espèce américaine dont les pampres sont plus larges et plus abondants que ceux des vignes d'Europe. Cette espèce est très-productive et donne en grande abondance de beaux raisins noirs, qui sont encore mangeables malgré leur saveur de cassis prononcée.

La culture de la vigne sous verre est une industrie moderne, qui ne pouvait se développer qu'aux alentours des grandes villes du nord, parce que c'est là seulement qu'elle est rémunératrice. Les *serres à vignes* (*vineries* des Anglais) sont très-communes aujourd'hui en Angleterre, où elles sont devenues en quelque sorte un appendice nécessaire de tout jardin bien tenu. La forme et la disposition de ces édifices a beaucoup varié, mais de tâtonnement en tâtonnement on en est venu à un mode de construction de la plus grande simplicité, et qui a été surtout perfectionné, depuis une trentaine d'années, par le célèbre horticulteur Joseph Paxton. Une serre à vigne, aujourd'hui, se réduit pour ainsi dire à une toiture vitrée, à deux versants, posée sur le sol, sans murs de soutien, car ce qui en tient lieu ici n'est rien de plus qu'une maçonnerie de briques ou de pierres qui dépasse à peine la surface du sol, et n'a en réalité d'autre usage que de donner un point d'appui aux solives qui constituent toute la charpente de l'édifice. Ces solives, inclinées de 45 degrés sur le niveau du terrain, rejoignent par en haut les solives opposées, auxquelles elles sont rivées par l'intermédiaire d'un chevron de faîte qui occupe toute la longueur de la serre. La section de cette dernière représenterait par conséquent un triangle isocèle et rectangle au sommet. La largeur commune de ces serres, au niveau du sol, est ordinairement de 6 à 7 mètres, sur une longueur indéterminée; leur orientation est, autant que possible, nord et sud, afin de présenter un de leurs versants à l'est, l'autre à l'ouest, ce qui fait que tous deux reçoivent alternativement le soleil. Le sol, dans l'intérieur de la construction, n'est pas de plain-pied, mais légèrement creusé au milieu, s'élevant de là par une pente douce jusqu'au pied des vitraux, ce qui donne plus de hauteur aux côtés de la serre. Les pieds de vigne sont plantés immédiatement à côté de la maçonnerie enterrée, par conséquent tout à fait à proximité du vitrail le long duquel les cordons s'élèvent, pour ainsi dire en contact avec le verre, jusqu'à la ligne de faîte. Ces cordons ascendants, on le conçoit sans peine, sont soutenus par un treillage approprié, ou rattachés par un autre moyen aux montants qui portent les vitres, et comme ils sont nécessairement inclinés puisqu'ils suivent la convergence des deux plans de la toiture, ils sont dans la situation la plus favorable pour recevoir les rayons du soleil, qui, sous la latitude de l'Angleterre, arrivent déjà très-obliquement à la surface de la terre.

Dans cette culture artificielle de la vigne les ceps sont plantés tantôt dans l'intérieur de la serre, tantôt au dehors, le long de la maçonnerie; mais, dans ce dernier cas, les souches, au sortir de terre, entrent dans la serre par des ouvertures ménagées tout exprès, et qui sont d'ailleurs fermées de telle sorte que l'air extérieur n'y puisse pénétrer. Chacun de ces deux systèmes a ses avantages : si les ceps plantés à l'intérieur de la serre sont un peu en avance sur les autres par suite de la température plus élevée du sol dans lequel plongent leurs racines, par compensation ces derniers, dont les racines s'étendent librement dans un espace pour ainsi dire sans limite, deviennent plus vigoureux et plus fertiles. Il est d'ailleurs bien plus facile d'accumuler des engrais autour et au-dessus de leurs racines que pour ceux dont le pied est dans l'intérieur de la serre. A part cette différence, tout est identique dans le mode de dressage de ces vignes, qui sont l'objet des plus grands soins. Cette culture est d'ailleurs parfaitement entendue en Angleterre, et, malgré les brumes du climat, on y récolte, soit à l'époque normale, soit à contre-saison, suivant que la vigne a été forcée ou ne l'a pas été, des raisins aussi beaux, plus beaux même que ceux qu'on obtient en France par la culture ordinaire, avec un climat supérieur. Il est juste d'ajouter que ces raisins, de si belle apparence et si prisés comme fruits de dessert, sont plus aqueux et moins sucrés que ceux des mêmes variétés récoltés dans le centre ou le midi de la France. On y remédie dans une certaine mesure en tenant la serre un peu chaude et très-sèche quand l'époque de la maturité est arrivée, et en laissant les grappes sur les ceps jusqu'à ce que la peau du grain commence à se rider. Il n'y a toutefois que certaines variétés auxquelles ce procédé soit profitable.

Les serres à vignes sont encore utilisées pour d'autres cultures fruitières, par exemple pour des figuiers, des pruniers, des abricotiers et des pêchers, presque toujours en pots. La vigne elle-même y est quelquefois cultivée en pots (fig. 205), ce qui permet de faire figurer le cep chargé de fruits sur les tables. La chaleur artificielle qui sert à forcer la vigne agit de même sur ces divers arbres. Il est naturel, en effet, qu'on utilise autant que possible l'espace dans une méthode de culture relativement dispendieuse. En France les serres à vignes ne sont pas nombreuses, et la plupart se trouvent chez les riches propriétaires des environs de Paris. Reconnaissons que ce luxe a peu de raison d'être chez nous, par suite de

Fig. 205. — Vigne forcée en pot.

la facilité avec laquelle nous pouvons, d'une part recevoir les raisins précoces de l'Algérie et du midi de la France, d'autre part conserver jusqu'en avril et mai des raisins tout aussi bons ou meilleurs que ceux de la culture en serre, et, dans tous les cas, beaucoup moins chers. On peut d'ailleurs simplifier cette culture forcée en adaptant des vitraux temporaires le long d'un espalier de vigne, chauffé par un tuyau de thermosiphon. Nous n'insistons pas davantage sur la culture artificielle de la vigne, parce qu'elle ne peut être bien comprise que lorsqu'on a les appareils sous les yeux, et surtout lorsqu'on assiste à la série des opérations sous la conduite d'un cultivateur exercé.

Incision annulaire. — Avant de terminer ce que nous avions à dire de la culture de la vigne nous devons faire connaître un procédé dont on s'est beaucoup occupé autrefois, dans le double but d'empêcher la coulure des fleurs et de hâter la maturité du raisin. Ce procédé, connu sous le nom d'*incision annulaire*, a été inventé en 1776, par un jardinier des environs de Paris, nommé Lambry, que quelques horticulteurs encore vivants aujourd'hui ont connu dans les premières années de ce siècle. Longtemps négligée, et tout au plus considérée comme une fantaisie d'amateur, l'incision annulaire a été remise en vogue dans ces dernières années par divers expérimentateurs, et principalement par M. Bourgeois, auquel vingt-quatre années de pratique en ont démontré l'utilité. Ce que l'inventeur s'était surtout proposé c'était d'arrêter la coulure de certains cépages, la plupart à gros grains, tels que le gros coulard, la grosse perle, le gros maroc, le schiraz et quelques autres, qui, sans exception, coulent plus ou moins, même dans les années les plus favorables. Sur les vignes qui coulent naturellement le bénéfice de l'incision annulaire n'a jamais été que partiel et relatif, mais elle a généralement donné de bons résultats sur celles où la coulure n'est qu'accidentelle, c'est-à-dire amenée par les intempéries du printemps. Un résultat plus certain encore de l'opération est de faire grossir le grain et d'en avancer la maturité de dix à quinze jours, ce qui est souvent un avantage considérable.

L'incision annulaire de la vigne se fait à l'aide d'un instrument nommé *coupe-sève*, ou simplement avec la lame affilée d'une petite serpette ou d'un canif ordinaire. Elle consiste à enlever sur le sarment fructifère, toujours au-dessous de la grappe, un lambeau circulaire ou anneau d'écorce, large de cinq à six millimètres, ou au plus d'un centimètre, et qui met l'aubier à nu. Si l'incision n'enlevait que l'épiderme ses résultats seraient nuls, parce qu'il faut qu'il y ait interruption, au moins momentanée, du cours de la sève dans l'écorce. Si on voulait, par l'incision, prévenir la coulure du grain, il faudrait la faire au moment de la floraison de la grappe; mais si l'on se proposait seulement d'accroître et de hâter le développement de cette dernière, le meilleur moment serait celui où le raisin est défleuri et où les grains commencent à grossir, ce qui arrive habituellement à Paris dans le courant de juillet, un peu plus tôt ou un peu plus tard suivant les années et suivant les variétés de vignes, précoces ou tardives. Tant que le raisin n'a pas acquis tout son développement on peut obtenir quelques succès de l'incision annulaire, pourvu cependant que le sarment soit assez en sève pour que l'anneau d'écorce puisse être enlevé, mais l'effet de l'opération est d'autant moins marqué qu'elle a été faite plus tardivement. Lorsqu'elle a été faite avec soin et au moment convenable, ses résultats se manifestent promptement par la formation d'un bourrelet très-prononcé au pourtour du bord supérieur de l'incision, ce qui annonce que la sève est arrêtée dans sa marche descendante. La grappe placée au-dessus l'attire à elle ; aussi la voit-on grossir rapidement et, en définitive, devenir plus belle et plus colorée, et enfin mûrir d'une à deux semaines avant l'époque ordinaire à la variété. On croit même avoir remarqué que les raisins ainsi obtenus sont de meilleure garde que les autres.

Sur quelque point du sarment qu'on fasse l'incision, pourvu que ce soit toujours au-dessous de la grappe, le résultat est le même; cependant il vaut mieux la faire à une certaine distance de la base du sarment, afin qu'on puisse conserver cette base pour l'année suivante. L'opération ne doit probablement pas non plus être répétée trop souvent sur une même vigne, car il est vraisemblable que la plante finirait par en souffrir; il conviendrait donc de n'inciser que les sarments les plus vigoureux, et de faire des incisions étroites (cinq à six millimètres) pour que les bords de la plaie puissent se ressouder. Au-dessus des grappes l'opération est nuisible, puisqu'elle arrête la sève qui devrait s'y rendre ; par conséquent une grappe qui se trouverait entre deux incisions ne se développerait pas et périrait. En résumé, l'incision annulaire offre d'incontestables avantages : elle donne des raisins plus beaux, mieux nourris et en avance d'une quinzaine de jours sur les autres, mais il est bon d'y ajouter l'éclaircissage ou ciselage des grappes, tel qu'on le pratique à Thomery et à Fontainebleau. Cet éclaircissage se fait à l'aide de ciseaux à branches étroites, et au moment où les grains commencent à grossir. On enlève ainsi les grains mal placés, qui gêneraient le développement des autres ou qui sont plus faibles, grains qui sont en général situés vers l'extrémité de la grappe. Sur les raisins à grains très-serrés la suppression peut aller au quart et même au tiers de la totalité des grains. Dans les serres à vignes, où on tient à obtenir des raisins d'une beauté hors ligne destinés à figurer dans les desserts, on retranche même des grappes entières ; ce sont toujours les dernières venues, c'est-à-dire les plus haut placées sur le sarment.

Cueillette et conservation du raisin. — La cueillette des raisins ne doit se faire que lorsqu'ils ont atteint leur complète maturité; cueillis trop tôt la quantité de sucre qu'ils contiennent ne s'augmente plus et ils restent acides. Ordinairement, sur un espalier de vigne, les raisins du bas mûrissent les premiers et c'est par eux que la cueillette doit commencer. Du reste, la maturation du raisin, sur un même cep, est assez irrégulière, et il est bon de s'y conformer. Tout le monde sait que le raisin acquiert d'autant plus de qualité qu'il reste plus longtemps attaché à la vigne, aussi longtemps du moins qu'il n'y a pas de gelée, et qu'il vaut mieux le cueillir au fur et à mesure des besoins de la consommation; mais comme alors le raisin de treille et d'espalier est fort exposé à être attaqué par les oiseaux, et, dans certains lieux, par les loirs, on l'enferme dans des sachets de papier, ou mieux dans des sachets de crin, qu'on trouve tout préparés chez les marchands d'ustensiles horticoles.

La conservation du raisin est un point important dans la culture de la vigne de table, parce qu'elle permet non-seulement d'en faire durer longtemps la jouissance, mais aussi de l'exporter. A Thomery le raisin destiné à la provision d'hiver n'est cueilli que dans la deuxième quinzaine d'octobre, par un beau temps et autant que possible avec absence de rosée. Si on veut conserver les raisins tels quels, ou, comme on dit, *à râfle sèche*, on se contente de les étaler sur les rayons d'une étagère garnis de feuilles de fougère sèches ou de paille de seigle, pour les isoler du contact du bois. Les raisins ne doivent pas se toucher, et il faut les visiter de temps en temps pour enlever les grains pourris. Le fruitier aux raisins doit être situé aux étages supérieurs de la maison, être très-sec par conséquent, et disposé de telle sorte qu'on puisse en renouveler l'air aisément quand il est vide ; mais on doit le tenir fermé lorsqu'il est garni, et en bien calfeutrer les fenêtres dans les temps froids de l'hiver pour que la gelée n'y pénètre pas. On le chauffe légèrement si le temps devient exceptionnellement froid, et on le ventile dès que l'odeur de moisi commence à se faire sentir. Avec un peu de soin, et si les circonstances ont été favorables, on peut conserver ainsi le raisin pendant deux mois ou plus. Dans le midi on se borne ordinairement à suspendre les grappes à des ficelles dans un grenier.

La conservation du raisin *à râfle fraîche* n'est guère plus compliquée. Elle consiste à couper le sarment auquel les grappes sont suspendues et à en faire tremper l'extrémité inférieure dans de l'eau. S'il reste des feuilles sur le sarment au moment de la cueillette, on les enlève pour diminuer l'évaporation. Les cultivateurs de Thomery, qui ont perfectionné ce moyen de conservation, se servent de petites fioles (des fioles à médecine ordinairement) pouvant contenir 125 grammes d'eau; on les remplit jusqu'au goulot d'eau pure, à laquelle on ajoute une demi-cuillerée de poudre de charbon de bois. Dans chaque fiole on place un sarment chargé de grappes, et les fioles sont suspendues par leur goulot aux échancrures d'étagères construites dans ce but. Il n'est pas nécessaire de boucher les fioles, comme quelques-uns l'ont recommandé, ni même de changer l'eau, mais on doit en ajouter de nouvelle lorsqu'elle a diminué par évaporation. De cette manière les raisins conservent longtemps une apparence de fraîcheur qu'ils ne gardent pas au fruitier ordinaire, et si les conditions de local et de température sont convenables on peut les faire durer jusqu'à la fin d'avril, quelquefois même un peu plus, c'est-à-dire jusqu'au moment où la culture forcée de la vigne commence à donner ses produits.

La vigne est un arbrisseau vigoureux, peu sujet à être malade; néanmoins depuis une vingtaine d'années elle a beaucoup souffert des attaques d'un champignon parasite, l'oïdium, trop connu aujourd'hui pour qu'il soit nécessaire d'en faire une longue description. On sait qu'il consiste en filaments blancs (mycélium) d'une extrême ténuité, qui se développent sur le feuillage et surtout sur les grappes, où il arrête la croissance du grain, dont l'enveloppe finit par se rompre sous la pression des liquides intérieurs. Les raisins oïdiés sont inévitablement perdus. Mais si le mal est très-connu, le remède ne l'est pas moins : c'est la fleur de soufre, ou soufre en poudre, projetée à l'aide d'un soufflet ou d'une houppe sur les parties malades de la vigne. On croit que le soufre n'agit ici qu'à l'état d'acide sulfureux, et que pour subir cette transformation, d'ailleurs lente, il faut un certain degré de chaleur. De là l'idée qu'ont eue quelques jardiniers de Paris de remplacer le soufrage par des fioles ouvertes, à moitié remplies de fleur de soufre, et suspendues aux sarments de manière à ce qu'elles soient exposées en plein soleil; mais ce moyen ne paraît pas jusqu'ici avoir donné de résultats. De quelque manière que le soufrage direct agisse, il est certain que son action est efficace, aussi bien sous le verre d'une serre à vigne qu'en plein air.

Tout récemment (en 1868) un nouvel ennemi de la vigne a fait son apparition sur les vignobles de la Provence et du Languedoc : c'est un insecte de la famille des pucerons, le *Phylloxera vastatrix*, qui offre cette singulière particularité de mœurs qu'il ne s'attaque guère qu'aux racines. Vivant sous terre, il est difficile de l'atteindre, et la vigne elle-même ne manifeste son état de souffrance que lorsque le mal est avancé et parfois irrémédiable. Aucun des moyens jusqu'ici préconisés pour détruire l'insecte n'a eu de résultats certains, et comme ses ravages sont déjà considérables, il inspire de sérieuses inquiétudes aux cultivateurs de vignes. Toutefois, on peut espérer qu'il ne sortira pas de la région du midi où il est encore confiné, peut-être même bornera-t-il ses dégâts aux vignobles proprement dits, dont la culture est nécessairement moins soignée et moins surveillée que celle des vignes de treille et d'espalier.

§ VII. — LE FIGUIER.

Le **figuier** (*Ficus Carica*) (fig. 206), arbre de la famille des morées ou artocarpées, est supposé indigène de l'Orient, ou tout au moins de l'Asie occidentale, mais il a été introduit dès

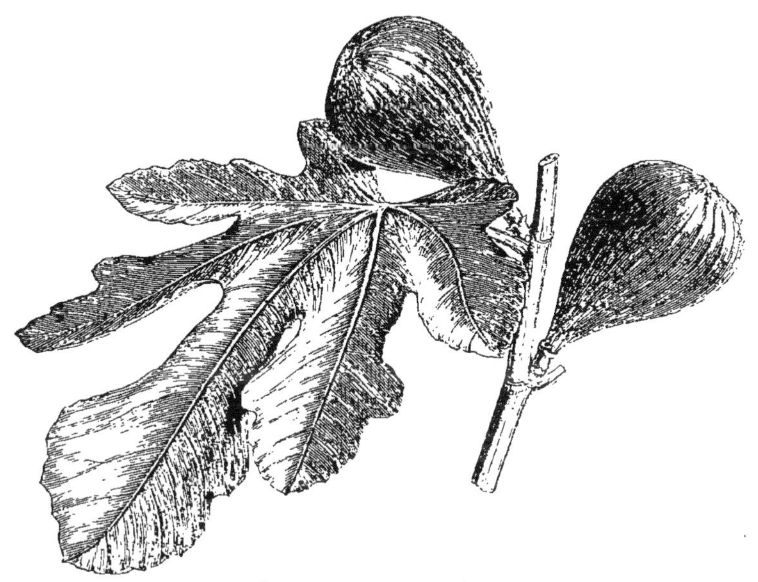

Fig. 206. — Figue violette.

les temps les plus anciens dans le midi de l'Europe et le nord de l'Afrique, où il est aujourd'hui complétement naturalisé. Sa taille varie considérablement suivant les climats et les lieux où il croît, restant tantôt à l'état de buisson, tantôt prenant les proportions d'un arbre de troisième grandeur (10 à 12 mètres), avec une grosseur de tronc proportionnée. Son écorce est lisse et grisâtre; ses pousses sont grosses et remplies d'une moelle abondante; sa feuille est caduque, grande, presque toujours à cinq lobes arrondis, plus rarement à trois lobes ou simplement entières, d'un vert assez vif à la face supérieure, mais scabre et rude au toucher. Ses fruits ne sont autre chose que des inflorescences d'une structure particulière (1), charnues, piriformes, pédonculées, ouvertes au sommet, lisses à l'extérieur, d'abord vertes, puis prenant des teintes diverses en mûrissant. C'est dans l'intérieur de cette inflorescence que se trouvent les fleurs et par suite les organes de la reproduction. Les fleurs sont unisexuées; les mâles au sommet près de l'orifice de la figue, où elles sont abritées par quelques écailles; les femelles un peu plus bas et dans toute la cavité intérieure; toutes sont de la plus grande simplicité. En s'accroissant, la figue devient de plus en plus succulente; elle est tout à fait molle à la maturité, et alors sa chair est plus ou moins sucrée, suivant la variété à laquelle elle appartient et aussi suivant le climat.

Le figuier est essentiellement un arbre du Midi; sa rusticité toutefois est un peu plus grande que celle de l'olivier; aussi sort-il de la région méditerranéenne, dont il s'écarte même beaucoup au voisinage de l'océan, par suite de la douceur des hivers. Abondamment cultivé en Provence, en Languedoc et dans tous nos départements pyrénéens, il devient rare en Dauphiné et dans la vallée du Rhône, où il ne résiste à la rigueur des hivers que dans les sites les mieux abrités; mais on le retrouve cultivé encore sur une grande échelle dans le Bordelais. Passé ce point, il ne vient sûrement que dans les jardins peu éloignés de la côte, qu'il suit jusqu'en Bretagne et dans la presqu'île du Cotentin; on le voit même prospérer dans les comtés sud-ouest de l'Angleterre, le Cornouailles et le Dorsetshire, où il acquiert d'assez fortes proportions; mais dans toutes ces contrées océaniques à hivers doux, la chaleur de l'été est trop faible pour donner à son fruit les qualités qu'il acquiert sous des ciels plus lumineux et plus chauds. Jusqu'à la latitude de Paris et même plus loin vers le nord, on voit encore des figuiers assez vigoureux dans les jardins, à l'abri des murs et à l'exposition du midi, où néanmoins leurs fruits ne mûrissent que dans les années exceptionnellement chaudes. Le point le plus septentrional

(1) Ce sont les *sycones* des botanistes. On peut revoir l'explication que nous en avons donnée dans notre premier volume, p. 60.

où la culture du figuier soit rémunératrice est le coteau d'Argenteuil, près Paris, mais on ne l'y conserve et on n'en obtient des fruits qu'à l'aide de soins particuliers, que nous ferons connaître plus loin.

Un arbre dont la culture remonte aux temps bibliques a nécessairement donné beaucoup de variétés ; on les compterait en effet par centaines si on en voulait faire le relevé, mais pour l'usage ordinaire il suffit d'en avoir un petit nombre convenablement choisies. A ce propos nous devons faire observer que sous les climats méridionaux le figuier est assez souvent bifère, c'est-à-dire qu'après une première production de figues qui mûrissent en juin et juillet, il en fournit une seconde en août, septembre ou octobre. Les figues de la première récolte portent le nom de *figues-fleurs ;* celles de la deuxième le nom de *figues d'automne.* Sur certaines variétés les deux récoltes sont à peu près aussi abondantes l'une que l'autre, mais le plus ordinairement elles sont très-inégales, et alors c'est tantôt la première récolte, tantôt la seconde qui l'emporte sur l'autre. Les figuiers cultivés dans le nord ne donnent habituellement que des figues-fleurs, toujours sur le bois de l'année précédente, celles qui naissent sur les pousses de l'année n'ayant que rarement le temps de mûrir. Ces particularités de la végétation du figuier doivent être prises en considération dans le choix à faire entre les variétés.

Races et variétés de figuiers. — Suivant M. de Gasparin (1), à qui nous devons une bonne étude des figuiers de nos provinces méridionales, les variétés les plus intéressantes pour nos climats se réduisent aux suivantes :

I. — Figues blanches.

1° *Bourjassote blanche*, excellente fraîche et séchée, comme figue de deuxième saison, mais petite ou tout au plus de moyenne grosseur.

2° *Figue napolitaine*, meilleure sèche que fraîche, de deuxième saison, mais donnant aussi quelques figues-fleurs.

(1) *Cours d'agriculture*, t. IV, p. 576.

3° *Verdale*, au-dessus de la moyenne ou grosse, assez bonne fraîche, excellente sèche.

4° *Aubique blanche*, également bonne fraîche et sèche; elle réussit mieux dans les sols un peu humides que d'autres variétés.

5° *Ragusaine*, très-fertile, surtout en deuxième récolte (mi-septembre), et très-bonne.

6° *Figue marseillaise* ou *d'Athènes*, petite, arrondie, très-sucrée et excellente; c'est la variété la plus estimée comme figue sèche; deuxième saison (fin d'août et commencement de septembre).

7° *Blanquette*, variété médiocre, mais plus rustique que les précédentes et la plus cultivée de toutes en dehors de la région des oliviers; de moyenne grosseur et de deuxième saison; presque toujours mangée fraîche.

8° *Coucourelle blanche*, même qualité et même grosseur que la blanquette, un peu moins rustique, de première saison mais un peu tardive (fin juillet); elle n'est tout à fait bonne que dans les terrains secs.

9° *Hospitalière*, de deuxième saison (septembre), bonne fraîche et séchée.

10° *Doucette*, très-bonne fraîche et sèche, même saison que la précédente.

11° *Figue reine*, de qualité moyenne, deuxième saison (mi-septembre et commencement d'octobre).

12° *Tiboulenque*, une des meilleures figues de Provence, tant fraîche que sèche, de deuxième saison (mi-septembre).

13° *Messongue*, meilleure sèche que fraîche; deuxième saison.

14° *Col des Dames* ou *Col de Signorre*, excellente figue, grosse ou au-dessus de la moyenne, très-cultivée en Roussillon, mais mûrissant difficilement à la limite de la région des oliviers; il en existe une variété panachée de jaune sur fond vert.

15° *Figue pédonculée* ou *pécouyude*, de Provence; très-bonne.

16° *Figue espagnole*, très-bonne, mûrissant en septembre.

II. — Figues colorées.

17° *Quasse blanche*, de Provence, très-bonne à sécher, mûrissant fin d'août.

18° *Figue-datte*, excellente fraîche et sèche ; fin d'août.

19° *Poulette*, très-bonne fraîche et sèche ; fin d'août.

20° *Observantine, Cordelière, Figue grise*, donnant de nombreuses figues-fleurs à la fin de juin ; les figues de seconde récolte sont moins estimées.

21° *Mahonnaise*, très-bonne ; mi-septembre.

22° *Trompe-chasseur*, peu de figues-fleurs ; seconde récolte abondante, mûrissant à la mi-septembre, bonne à sécher ; figues vertes à la maturité.

23° *Figue du Saint-Esprit*, bonnes figues-fleurs fin de juin ; celles de seconde saison médiocres.

24° *Figue grise de Grasse*, très-grosse et sujette à couler, médiocre fraîche, mais très-bonne sèche ; maturité fin d'août.

25° *Figue de Jérusalem*, très-bonne variété de Provence, mûrissant fin d'août.

26° *Rose blanche*, très-grosse, mais bonne seulement sèche.

27° *Figue excellente*, bonne fraîche et sèche.

28° *Franche-paillarde*, figues-fleurs nombreuses dès les premiers jours de juillet, bonne.

29° *Bellone*, excellente fraîche et sèche ; quelques figues-fleurs fin juin et commencement de juillet ; la seconde récolte plus abondante fin d'août ; toutes de moyenne grosseur.

30° *Coucourello bruno*, petite et médiocre ; figues-fleurs fin juin ; seconde récolte en août plus abondante ; propre aux terrains secs.

III. — Figues noires.

31° *Bourjassotte noire* (fig. 207), moyenne, très-bonne fraîche ; une seule récolte qui commence en septembre et se prolonge pendant toute la durée d'octobre ; elle veut un terrain gras et frais.

32° *Bernissenque*, moyenne, voisine de la précédente et en-

Fig. 207. — Figue Bourjassote noire.

core plus tardive, bonne et demandant aussi un terrain fertile et un peu frais.

33° *La perruquière,* abondante production de figues-fleurs à la fin de juin ; celles de seconde récolte fin d'août et médiocres.

34° *La sultane,* originaire de Tunis, très-bonne.

35° *La mouissone,* moyenne, violette, excellente fraîche et sèche, donnant en juillet des figues-fleurs moins bonnes que celles de deuxième saison ; sujette à couler dans les terrains très-secs.

A ces trente-cinq variétés on peut ajouter la *Figue de Versailles,* qui n'est pas des meilleures, mais qui est une des variétés les plus rustiques et dont la maturité est relativement précoce. Suivant M. de Gasparin, s'il ne s'agit que d'avoir des figues à consommer fraîches, et qu'on veuille en avoir pendant toute la saison, on plantera les variétés suivantes : l'observantine, qui mûrit dans le midi à la fin de juin ; l'aubique noire, qui lui succède immédiatement ; puis la figue de Versailles et la figue du Saint-Esprit ; le trompe-chasseur, variété intermédiaire entre les figues de la première saison et celles de la seconde ; puis la coucourelle blanche, qui commence la deuxième saison ; enfin quelques bonnes figues d'automne pour compléter cette série. Un seul arbre adulte de chacune de ces variétés suffira amplement pour fournir à la consommation d'un ménage. Si l'on voulait préparer des figues sèches pour la consommation d'hiver, la race à préférer pour le midi de la France serait incontestablement la marseillaise (1) ; après elle ce seraient

(1) D'après M. Payen la figue marseillaise desséchée contient, pour 100 parties de matières azotées, 1,209 parties d'eau ; ainsi il faudrait 1 kilogr. 033 de figues sèches pour équivaloir à 1 kil. de pain, tel qu'on le vend à Paris, et qui dose 1,249 d'azote pour 100. La figue, fraîche ou sèche, est donc très-nourrissante ; aussi emploie-t-on avec succès les rebuts de la récolte pour engraisser les porcs.

les figues grise et mouissone, et, hors de la région de l'olivier, la blanquette, qui est moins bonne, mais plus précoce.

La liste ci-dessus ne donne qu'un choix parmi les variétés de figues cultivées en France, et elle ne tient pas compte de celles qu'on trouverait dans les autres parties du midi de l'Europe, ce qui permettrait de porter à une centaine au moins le nombre des bonnes variétés. Une monographie complète du figuier est encore à faire (1).

Culture et multiplication du figuier. — Le figuier est à la fois un des arbres les plus fertiles et les plus accommodants. On peut dire qu'il vient partout, dès que le climat lui fournit la somme de chaleur qu'il réclame. Dans le midi on le rencontre aussi bien parmi les rochers les plus arides, où il fructifie encore, que dans les terres les plus profondes et les plus grasses, mais dans le premier cas il n'atteint pas aux proportions auxquelles on le voit arriver dans les bonnes terres, surtout lorsqu'elles sont fumées et arrosées. Il résulte de là qu'on le plante à peu près partout, à travers les vignes où il n'est jamais fumé ni arrosé, et dans les jardins potagers, où il bénéficie des engrais et des arrosages donnés aux légumes. Très-peu de propriétaires plantent aujourd'hui des *figueries,* c'est-à-dire des vergers exclusivement composés de figuiers, parce que ces arbres, dont les racines s'étendent fort loin, exigent beaucoup d'espace pour ne pas se nuire réciproquement, et qu'alors l'espace peut être utilisé par d'autres cultures, et aussi parce qu'étant sujets à être atteints d'une sorte de blanc des racines, ils se communiquent promptement le mal lorsqu'ils sont rapprochés. Outre la culture régulière dans les vignes et les jardins, les

(1) Un travail considérable avait été fait sur ce sujet par un agriculteur provençal, M. de Suffren de Salerne, qui avait réuni une vaste collection de figuiers et les avait étudiés avec beaucoup de suite; mais le manuscrit de ce travail, qui contenait les descriptions et les figures de 360 variétés, fut égaré dans les cartons du ministère de l'Intérieur, sous l'administration de M. de Corbière, auquel l'auteur avait eu la malheureuse idée de l'envoyer, espérant en obtenir des fonds pour faire face aux frais d'impression. Il n'est resté de ce travail que quelques extraits abrégés, publiés par M. Lardier et quelques autres personnes dans la *Statistique des Bouches-du-Rhône.*

figuiers rendent encore un bon service dans les cours des habitations, où ils utilisent du terrain qui sans eux resterait inoccupé, et ils y donnent presque toujours d'abondantes récoltes sans demander aucun soin de culture.

Le figuier peut se multiplier de graines, de marcottes enracinées et de boutures. La reproduction par graines n'est jamais pratiquée, si ce n'est par quelques amateurs curieux de variétés nouvelles, tandis que le marcottage et le bouturage le sont habituellement. Un figuier recépé au ras du sol drageonne abondamment du pied, et chacune de ces pousses peut dès la seconde année fournir un jeune arbre; c'est le moyen le plus ordinaire de reproduction; le bouturage de branches aoûtées, plantées en automne, est aussi usité par quelques cultivateurs méridionaux. Ce dernier procédé ne réussirait point ou ne réussirait que rarement dans le nord, faute de chaleur suffisante dans le sol; aussi le marcottage est-il le seul moyen auquel on ait recours, à moins qu'on ne dispose d'une bâche chauffée ou d'une serre à multiplication. Cependant il paraît, d'après un fait observé au jardin du Luxembourg, et communiqué à la Société d'horticulture par M. Rivière (1), jardinier chef de l'établissement, qu'il y a un moyen de tourner la difficulté. Ce moyen consisterait à couper des rameaux de figuier en automne, quand la sève est complétement arrêtée, et à les enfouir en terre à $0^m,40$ ou $0^m,50$ de profondeur, ce qui les met à l'abri de la gelée et de la dessiccation. Au printemps suivant, c'est-à-dire dans les premiers jours de mai sous le climat de Paris, ces rameaux sont retirés de terre et tronçonnés en morceaux de 15 à 20 centimètres de longueur, ayant chacun un œil près de leur extrémité supérieure; les fragments sont ensuite plantés verticalement dans une planche labourée et bien exposée au soleil, et de manière à être entièrement enterrés, c'est-à-dire recouverts de 3 centimètres de terre au-dessus de l'œil terminal, après quoi on donne un léger arrosage. Ces tronçons ne tardent pas alors à s'enraciner; l'œil se développe

(1) *Journal de la Soc. d'horticulture*, tome XI, p. 738.

et donne une pousse qui vers la fin de l'été a près d'un mètre de hauteur, et quelquefois produit des figues qui ont chance d'arriver à une demi-maturité si la chaleur se prolonge assez. M. Rivière fait observer que cette méthode, qui d'ailleurs n'a pas encore passé dans la pratique commune, pourrait être essayée, peut-être avec succès pour la multiplication d'autres arbres jusqu'ici réfractaires au bouturage.

Nous avons dit un peu plus haut que le figuier est cultivé à Argenteuil, près Paris, non par simple curiosité, mais comme arbre fruitier et destiné à donner des récoltes régulières, que le voisinage de la grande ville rend suffisamment rémunératrices ; mais cette culture dans une région si éloignée du vrai climat du figuier ne peut y être productive qu'à l'aide de procédés particuliers. Il est évident que la première prescription ici est de mettre les arbres à l'abri des froids de l'hiver, auxquels ils ne résisteraient pas longtemps. On choisit en conséquence les endroits les mieux exposés d'un coteau faisant face au midi, et on maintient les figuiers à l'état de buissons ou de sous-arbrisseaux, afin de pouvoir les coucher en terre, dans des fosses préparées à ce dessein, avant les premières gelées. Pour faciliter l'opération, les arbres sont plantés un peu obliquement, c'est-à-dire s'inclinant déjà à contre-pente du terrain. Du 1er au 15 novembre, les branches du figuier sont rapprochées en faisceau et couchées dans la fosse, dont la profondeur et la longueur sont calculées sur le volume et la longueur du faisceau des branches qui doivent disparaître entièrement sous la charge de terre dont on les couvre. L'épaisseur de la couverture de terre est de 0m,20 vers le bout des branches, de 0m,10 sur le pied ; mais comme ce dernier ne serait pas suffisamment protégé par cette épaisseur, on y ajoute un lit de feuilles sèches, qu'on recouvre encore de 0m,10 de terre. Il en résulte un petit monticule sur le pied de l'arbre. On peut, comme quelques-uns le font, répartir les branches du figuier en deux faisceaux qu'on couche séparément dans deux fosses divergentes ; il y a même des cultivateurs qui plantent quatre figuiers rapprochés en une seule touffe, et qui les couchent séparément dans autant de fosses formant la croix, mais cet usage tend à tomber en désuétude à cause de ses inconvénients. Le relevage des figuiers se fait des derniers jours de février à la mi-mars, c'est-à-dire après que les grands froids sont passés et avant que le soleil ait pris de la force; mais cette époque n'a rien de rigoureux et elle varie suivant les années. Dans tous les cas il est prudent pour la faire de choisir un temps doux et pluvieux, parce que le bois du figuier, ramolli par son long séjour en terre, est devenu très-sensible à la sécheresse et aux changements brusques de température.

L'enterrement du figuier pour le soustraire à la rigueur du froid est la partie capitale de sa culture à Argenteuil, mais on y ajoute d'autres soins qui contribuent beaucoup encore à son succès. La terre y est richement fumée, et à défaut d'arrosages, qu'on ne saurait donner ici sans excès de dépense, on accumule les eaux pluviales autour du pied de l'arbre au moyen d'un remblai circulaire, élevé du côté déclive du terrain. L'arbre est toujours maintenu fort incliné, circonstance avantageuse qui, en rapprochant les fruits du sol, en hâte la maturation. Enfin, on ajoute à ces divers procédés la taille et le pincement. Ce dernier s'effectue aussitôt que le figuier est relevé de la fosse, et il consiste à supprimer le bourgeon ou œil terminal de l'extrémité de chaque branche, en ayant soin cependant de ne point endommager la petite figue naissante qui se trouve à côté du bourgeon. L'effet de ce pincement est de faire refluer la séve sur les productions fruitières, et on y aide encore par la suppression des boutons à bois situés le long du rameau, à côté des jeunes figues qui commencent à s'y montrer, bien entendu sans toucher à ces dernières. Cette partie de l'opération a reçu des cultivateurs d'Argenteuil le nom d'*ectonnage* (1). Ces petites figues, qui ont commencé à poindre sur la fin de l'été de l'année précédente, sont des figues-fleurs, dont la maturité arrivera de la fin de juin à la fin de juillet. Elles consti-

(1) D'autres écrivent *equetonnage* et *hectonnage*.

tuent la seule récolte sur laquelle on puisse compter à Argenteuil, car il est rare que les figues de deuxième saison y acquièrent une maturité suffisante.

Les variétés de figues cultivées à Argenteuil se bornent à deux : la *figue blanche d'Argenteuil*, que les uns croient être la figue blanquette du midi, d'autres la coucourelle blanche, et la *figue violette d'Argenteuil*, ou *dauphine violette*. Leurs fruits, sans être de première qualité, sont néanmoins assez bons si l'on considère la défectuosité du climat; ce sont d'ailleurs à peu près les seules figues qu'on puisse manger fraîches à Paris, attendu que les figues mûres ne supportant pas les longs voyages et se gâtant très-promptement. Il est tout à fait impossible d'approvisionner la capitale de figues du midi. Aussitôt que les figues ont été récoltées on supprime les branches qui les ont produites, en les coupant au-dessus des deux bourgeons les plus inférieurs, qu'on a dû respecter dans l'opération de l'ectonnage, et qui sont destinés à fournir les branches de remplacement. C'est à cela que se borne le plus souvent la taille de ces figuiers. Nous avons à peine besoin d'ajouter que les figuiers en plein vent du midi ne sont jamais taillés. On se borne simplement à rabattre la tige des jeunes arbres à $1^m,50$ ou 2^m au plus, pour les amener à se ramifier et les empêcher de monter trop haut, ce qui est essentiel pour faciliter la cueillette des fruits. Livrés à eux-mêmes dans les bonnes terres, ils pourraient s'élever à tel point que cette opération en deviendrait difficile et même dangereuse. Ainsi amputé dans ses principales branches, le figuier se forme bientôt une tête large, souvent retombante par les côtés, ce qui met aisément ses fruits à la portée de la main.

Les figuiers drageonnant beaucoup du pied, on doit retrancher tous les rejetons qu'on ne tient pas à conserver pour en faire de nouveaux sujets, parce que le drageonnement fatigue les arbres inutilement. On peut aussi s'en servir pour remplacer un arbre très-vieux et dont la production se ralentit; il suffit alors de le recéper du pied, en conservant le plus beau de ses rejetons. Dans les pays où le figuier n'est pas entièrement rustique il arrive assez souvent, dans les hivers rigoureux, que les arbres périssent jusqu'au niveau du sol. C'est en quelque sorte un recépage naturel, et il est rare que de nouveaux rejetons ne naissent pas en abondance de la souche enterrée. En en conservant un, l'arbre, dont la croissance est fort rapide, se refait en un petit nombre d'années.

Le figuier est fréquemment soumis à la culture forcée, soit dans les serres à vigne, soit dans les autres serres fruitières, et il est alors presque toujours tenu en pots, afin de modérer la fougue de sa croissance. Toutes les variétés pourraient être cultivées de cette manière, mais celles qu'on préfère, en Angleterre du moins, où cette culture est plus suivie que chez nous, sont la *figue de Brunswick*, la *figue noire d'Ischia,* la *violette,* la *blanche de Marseille* et la *perpétuelle de Lee.* Les soins qu'on lui donne dans ces conditions nouvelles consistent en changements de terre, en engrais et en arrosages. Les arbres n'y forment d'ailleurs que de petits buissons, qu'on taille et ébourgeonne sur les mêmes principes qu'à Argenteuil. On y récolte des figues-fleurs et des figues d'automne, suivant les variétés cultivées.

§ VIII. — LE MURIER NOIR, LE CORNOUILLER, LE JUJUBIER ET LE GRENADIER.

Les arbres dont il va être question dans ce paragraphe n'ont comme arbres fruitiers qu'une minime importance; cependant ils sont assez généralement cultivés pour qu'il soit utile d'en parler ici.

Le **mûrier noir** (*Morus nigra*) appartient au même ordre botanique que le figuier, et il est comme lui originaire de l'Asie occidentale, mais, plus rustique que cet arbre; il endure les hivers les plus rigoureux du nord et de l'est de la France; il est même communément cultivé en Belgique et en Allemagne, où ses fruits sont plus recherchés que chez nous.

C'est un arbre de troisième grandeur (8 à 10^{m}), à cime ordinairement arrondie et touffue. Ses feuilles, caduques comme celles du figuier, sont grandes, ovales, parfois trilobées, rudes au toucher et d'une belle verdure foncée. De même que celles du mûrier blanc, elles contiennent un suc laiteux, et peuvent à la rigueur les remplacer pour la nourriture des vers à soie. Les fleurs sont petites et monoïques; les mâles, en chatons globuleux qui tombent après la floraison, se composent d'un périgone ou calyce peu apparent, à quatre lobes, qui recouvrent un pareil nombre d'étamines; les femelles, en chatons plus allongés, sont constituées par un ovaire libre, à deux stigmates, entouré par un périgone accrescent, qui fait partie du fruit. Ce dernier est la *mûre,* fruit agrégé, qui pour la figure et la grosseur peut se comparer à une belle framboise, mais avec une forme plus allongée. A maturité parfaite ce fruit est d'un rouge noir, très-succulent, acidulé-sucré et rafraîchissant; il figure avec une certaine distinction dans les desserts, et il a peut-être plus de valeur qu'on ne lui en attribue généralement. Cueilli avant maturité il est acerbe, et le mieux est d'attendre qu'il se détache spontanément de l'arbre. On lui reproche de manquer totalement de parfum et de teindre en rouge foncé les doigts et les lèvres.

La culture du mûrier noir se réduit à peu près à la plantation, car habituellement on ne lui donne pas d'autres soins. Il ne vient bien, toutefois, que dans les bonnes terres fraîches, profondes et un peu fumées, aussi le plante-t-on le plus souvent dans les cours des fermes, où le sol est toujours plus ou moins engraissé par toutes sortes de déchets, et où d'ailleurs la volaille se régale de ses fruits, dont elle est avide. On le multiplie de semis, mais plus ordinairement de boutures ou de marcottes, rarement de greffes sur le mûrier blanc.

Le **cornouiller** (*Cornus mas*) est indigène du nord et du centre de la France, où on le trouve assez communément aux lisières des bois et dans les taillis. C'est un arbre de 4 à 5^{m}, à tronc noueux et dur et d'une croissance lente. Ses feuilles sont caduques, assez petites, opposées, ovales et presque glabres; elles ne se développent, au printemps, que lorsque la floraison est à peu près terminée. Les fleurs sont dioïques, à 4 lobes, et disposées en petites ombelles, d'un jaune assez vif; les fruits, connus sous le nom de *cornouilles* et *cornioles,* sont de petits drupes de la grosseur et de la forme d'une olive moyenne, rouges ou jaunes, à pulpe molle, acidule et faiblement sucrée, au milieu de laquelle se trouve un noyau. Ces fruits, qui ne sont guère recherchés que des enfants, sont très-acerbes tant qu'ils ne sont pas arrivés à maturité complète. On en distingue plusieurs variétés, parmi lesquelles il suffira de citer : le *cornouiller à gros fruits rouges*, et le *cornouiller à fruits jaunes,* dont les drupes sont un peu plus doux que ceux du précédent.

Un arbre dioïque d'une si faible valeur mérite à peine d'être cultivé, du moins en France, où il est si facile de donner un meilleur emploi au terrain. Au surplus, la culture en est des plus aisées; il vient tout seul, pour peu que le terrain soit calcaire et un peu frais. Il est rare qu'on en sème les noyaux; on se borne, pour le multiplier, à en greffer des rameaux sur le cornouiller sauvage, et il n'y a guère que les pépiniéristes qui fassent cette opération.

Les cornouilles figurent rarement sur les tables; mais on en fait des confitures et des sirops, après en avoir enlevé les noyaux.

A ne considérer que le fruit, le **jujubier** (*Zizyphus vulgaris*) serait proche parent du cornouiller; botaniquement il en est fort éloigné, car il appartient à une famille toute différente, celle des rhamnées. Son pays d'origine est vraisemblablement l'Asie occidentale, mais il est naturalisé dans le midi de l'Europe depuis les temps les plus anciens. Il peut vivre à l'air libre jusque dans le nord de la France, mais il ne donne des fruits que dans la région de l'olivier.

Le jujubier est un arbre de troisième grandeur, qui atteint communément 8 à 10^{m} de hauteur, et dont le tronc arrive à la grosseur du corps d'un homme. Sa tête large et plus ou moins arrondie ne manque pas d'une certaine grâce, à laquelle contribuent encore ses ramuscules florifères retombants et son feuillage lustré. Ses jeunes pousses sont armées de fortes épines, qui disparaissent sur les branches âgées. Les fleurs, très-petites, mais nombreuses, d'un jaune verdâtre, naissent sur des rameaux particuliers, grêles, feuillus, qui tombent en automne après la maturité des fruits. Ces derniers, connus sous le nom de *jujubes*, sont des drupes ovoïdes, de la grosseur d'une forte olive, d'un rouge brun plus ou moins foncé à la maturité, et contenant un noyau de forme oblongue. Cueillie avant d'être tout à fait mûre, mais lorsqu'elle est déjà colorée, la jujube est aigrelette et sucrée, et elle figure à cet état dans les desserts; à maturité complète elle est trop sucrée, mais elle sert alors à d'autres usages : on la vend aux confiseurs, qui en font des pâtes, des tablettes et des sirops bien connus. C'est cet emploi des jujubes qui leur donne leur véritable valeur commerciale.

Le jujubier n'est cultivé industriellement que dans quelques localités du midi de l'Europe, notamment en Provence. Le peu d'extension de cette culture tient uniquement à la lenteur de la croissance de l'arbre, qui ne donne guère de produits rémunérateurs avant sa trentième année, et cela seulement dans les terrains arrosés. Dans les mauvaises terres, ou dans celles qui ne sont point arrosées, le jujubier produit encore quelques fruits, mais alors le terrain peut être plus avantageusement occupé par d'autres arbustes, surtout par de la vigne.

Les noyaux de jujube mettant communément deux ans à germer, les semis sont rarement usités pour la multiplication de l'arbre; le moyen habituel et à peu près exclusif est la plantation des drageons qui pullulent autour des vieux pieds. Lorsque les jeunes sujets ont atteint $1^{m},50$ à 2^{m}, on élague le bas de la tige pour hâter le développement de la tête, qui se forme toute seule, sans avoir besoin d'être taillée. Un hectare de terre peut recevoir en moyenne 400 jujubiers, espacés à 5^{m} l'un de l'autre en tous sens; mais pour économiser le temps et s'indemniser des avances qu'on a faites, on entreplante dans les intervalles d'autres arbres d'un rapport plus prompt, tels que pêchers et pruniers, ou mieux des légumes, dont les racines fatiguent moins la terre. Ces cultures intercalaires disparaissent graduellement, au fur et mesure de la croissance des jujubiers, qui finalement occupent seuls le terrain. Un arbre adulte en plein rapport donne en moyenne

10 kilogrammes de fruits, ce qui, au prix qu'atteint aujourd'hui cette denrée, est un produit considérable et assez largement rémunérateur pour encourager cette culture dans les pays où le climat lui convient.

En dehors de la région des oliviers le jujubier n'est plus qu'un arbre de fantaisie ou d'agrément ; on pourrait néanmoins l'y employer à faire des haies vives, qui auraient toutefois le grave défaut de drageonner et d'empiéter sur le terrain.

Le **grenadier** (*Punica granatum*) (fig. 208) est aussi un arbrisseau propre au midi de l'Europe. On le croit originaire de

Fig. 208. — Grenadier.

Barbarie, mais il est naturalisé au nord de la Méditerranée depuis les temps les plus anciens. Il croît aujourd'hui à l'état sauvage dans quelques-uns de nos départements du Midi, où il est fréquemment employé à la composition des haies vives. Dans le nord, comme nous le savons déjà, ce n'est qu'un arbrisseau d'agrément et de fantaisie, souvent cultivé en caisses, comme l'oranger, avec lequel il partage le privilége d'orner les péristyles des châteaux et les jardins publics.

Dans le midi de l'Europe, où il prend les proportions d'un petit arbre de 3 à 4^{m} de hauteur, à large tête arrondie, c'est un arbre fruitier d'une certaine importance par suite de l'exportation de ses fruits, très-beaux de forme et de coloris, et par là propres surtout à orner les desserts. Sa tige est souvent tortueuse, son écorce lisse et d'un fauve clair, son bois compact, résistant et d'une teinte jaune prononcée ; ses jeunes branches sont armées d'épines, qui ne sont autre chose que des rameaux avortés et durcis, et son feuillage, glabre et luisant, est caduc. Les fleurs du grenadier sont du rouge le plus vif; elles contiennent un grand nombre d'étamines, et au centre un ovaire infère, d'une structure singulière que nous avons déjà fait connaître (1). Cet ovaire devient un fruit maliforme, couronné par les dents du calyce et contenant dans son intérieur un grand nombre de graines entourées d'une pulpe sucrée, qui leur donne une certaine ressemblance avec de petites baies. Ce fruit arrivé à maturité est ordinairement teint de rouge sur les côtés qui ont été exposés au soleil; dans les variétés sauvages il atteint à peine au volume d'une pomme moyenne, et la pulpe en est acide, mais il égale celui d'une grosse reinette dans les belles races cultivées. L'enveloppe de ce fruit est épaisse, coriace, à la fois astringente et amère, et elle a été longtemps employée dans l'ancienne pharmacopée sous le nom de *malicorium*. Aujourd'hui encore on lui attribue quelques propriétés médicinales (2).

Le grenadier prospère dans les mêmes conditions climatériques et les mêmes sols que le jujubier. Planté dans les jardins potagers ou les vergers, il profite des engrais et des arrosages donnés aux autres arbres et aux légumes; mais on ne lui accorde pas d'autres soins. Ses fruits se récoltent mûrs en octobre ou novembre, suivant les lieux et les années, et se consomment surtout en hiver. Ils ne sont pas cependant de très-longue garde, et ils pourrissent aisément dans les locaux humides.

Le grenadier se multiplie de drageons, et quelquefois de semis; on obtient de ces deux manières des sujets de sauvageons sur lesquels on greffe, en écusson ou en fente, les variétés douces et à gros fruits.

(1) Voir tome Ier, p. 313.

(2) Entre autres celle de détruire le ténia, ou ver solitaire; mais la racine, plus astringente, du grenadier lui est ordinairement préférée pour cet usage.

§ IX. — LES ORANGERS ET AUTRES ARBRES DU GROUPE DES HESPÉRIDÉES.

Pour les pays intratropicaux, et même pour ceux des zones tempérées, où l'hiver est à peu près nul, l'oranger tient incontestablement le premier rang parmi les arbres fruitiers cultivés sous ces climats. La beauté et l'excellence de ses fruits, universellement recherchés, leur longue conservation et par suite la facilité de les exporter au loin, donnent à l'arbre une véritable valeur industrielle. A ces avantages il joint celui d'une exubérante fécondité. C'est effectivement un des arbres les plus fertiles et peut-être celui de tous dont les récoltes sont le moins exposées à manquer. D'autres arbres de la famille des hespéridées, quoique n'atteignant pas à l'importance de l'oranger, ont encore un grand intérêt, ainsi que nous le verrons plus loin.

Sans revenir sur ce que nous avons déjà expliqué (1), nous rappellerons que la délimitation des espèces, dans ce groupe d'arbres et d'arbrisseaux, est encore obscure, et que les auteurs qui s'en sont occupés sont loin d'être d'accord sur ce point. La cause en est dans la difficulté de réunir des collections complètes de ces espèces et de leurs variétés, et de les voir fleurir et fructifier sous nos climats, généralement trop froids. Une autre source d'incertitude est le grand nombre de variétés, et probablement d'hybrides, qu'une culture déjà fort ancienne en a fait sortir. Toute l'étude de ces arbres est à reprendre; mais jusqu'à ce qu'elle soit faite nous devons nous en tenir à l'opinion des derniers auteurs qui ont traité la matière. L'ouvrage le plus moderne et en même temps le plus complet est celui de Risso et Poiteau (2), auquel nous emprunterons une partie de ce qui va suivre.

Toutes les hespéridées fruitières appartiennent au genre *Citrus*, à l'exception cependant d'un petit nombre d'espèces

(1) Voir tom. III, p. 29 et suivantes.

(2) *Histoire naturelle des orangers*, par Risso et Poiteau; 1 volume grand in-4°, avec planches coloriées, Paris, 1818.

de l'Inde, de peu d'importance d'ailleurs, qui rentrent dans des genres différents (1). Les plus intéressantes pour nous, du moins au point de vue qui nous occupe, sont l'*oranger proprement dit*, le *bigaradier*, le *mandarinier*, le *limonier*, le *cédratier* et le *poncirier*. A leur suite viennent quelques espèces secondaires, encore peu cultivées ou même à peine connues en Europe, mais qui peuvent un jour ou l'autre acquérir plus de valeur.

L'oranger proprement dit (*Citrus Aurantium*) (fig. 209) est un arbre de troisième grandeur, c'est-à-dire atteignant,

Fig. 209. — Oranger à fruits doux.

dans les pays intratropicaux et dans ceux de climats analogues, une hauteur de 12 à 14 mètres; dans le midi de l'Europe il en dépasse rarement 10, et le plus souvent même il reste inférieur à cette taille; ses formes sont massives, sa tête touffue et plus ou moins arrondie; son feuillage grand, ovale-oblong, d'un

(1) Ce sont, entre autres, le *Glycosmis citrifolia*, le *Triphasia trifoliata*, le *Feronia elephantum*, l'*Ægle marmelos* et le *Cookia punctata*, tous très-inférieurs à l'oranger et au limonier, et trop sensibles au froid pour pouvoir entrer dans les cultures de l'Europe, sinon à titre d'arbres d'agrément et de serre chaude.

vert foncé et luisant, qui même de loin le fait aisément distinguer du limonier, entier ou à peine denticulé, à pétiole ailé; ses fleurs, entièrement blanches, contiennent une vingtaine d'étamines; le fruit est généralement sphérique ou sphérique déprimé, à peau lisse, sur laquelle les glandes d'huile essentielle font des reliefs à peine sensibles. Les loges, au nombre de 8 à 12, contiennent des vésicules d'un jaune orangé pâle, dont le suc, d'abord très-acide, devient doux et sucré à mesure que la maturité se prononce, maturité qui n'est guère parfaite avant le mois de mars, quoique les fruits aient commencé à se colorer dès le milieu ou la fin de novembre.

L'oranger franc, venu de graines ou de marcottes et non greffé, est fréquemment cultivé dans les jardins du midi de l'Europe, et c'est lui qui donne les récoltes les plus considérables. Il n'est pas rare qu'un arbre adulte produise de 2000 à 3000 fruits par an; en revanche, il ne commence à fructifier qu'à douze, quinze ou même vingt ans de plantation, mais il peut vivre des siècles là où il n'a pas à craindre d'être détruit avant le temps par des hivers rigoureux. Cette lenteur à se mettre à fruit fait que, dans la plupart des pays où on se livre à la culture en grand de l'oranger, on greffe l'arbre pour en avancer la fructification et aussi pour en obtenir des fruits plus volumineux, plus beaux et de meilleure vente. Il faut observer cependant que si les fruits de l'oranger franc ne dépassent communément pas la grosseur moyenne ou même restent au-dessous, cela tient surtout à ce que l'arbre laissé à lui-même se charge trop et qu'il ne peut pas alimenter convenablement tous ses fruits. Des arrosages insuffisants pendant l'été sont une autre cause, souvent ajoutée à la première, qui contribue encore à en diminuer le volume. Ce serait donc une bonne pratique d'enlever à l'arbre une partie de ses fleurs ou de ses jeunes fruits noués, pour ne lui laisser que ce qu'il peut nourrir; mais l'oranger non greffé devient souvent si grand que l'opération en serait impossible ou tout au moins fort difficile. Elle est au contraire aisée sur les sujets greffés et taillés, qu'on arrête à la hauteur de $1^{m},50$, 2^{m} ou tout au plus 3^{m}.

Les variétés de l'oranger seraient fort nombreuses si on admettait toutes celles qui sont citées dans les ouvrages des hespéridographes ; mais pour qui y regarde attentivement ce nombre semble devoir beaucoup se réduire, car en réalité ces variétés, réelles ou prétendues, diffèrent beaucoup moins les unes des autres que ne diffèrent entre elles les variétés de poiriers ou de pommiers. Ce ne sont aussi, comme ces dernières, que de simples variations individuelles, incapables de se reproduire par le semis et de constituer des races caractérisées. Quoi qu'il en soit, les cultivateurs d'orangers distinguent :

1° L'*oranger franc*, dont il a été question ci-dessus, et qui est aux autres variétés ce que le sauvageon de poirier est aux poiriers greffés, avec cette différence que ses fruits ont toujours de la qualité, et sont même quelquefois meilleurs que ceux de bien des variétés greffées ; c'est un des arbres les plus rustiques du genre, qui endure 5 ou même 7 degrés de froid sans en être sensiblement affecté ; c'est aussi celui qui arrive à la plus forte taille. Des orangers francs, dont le tronc mesure 1^m, à $1^m,50$ de circonférence ne sont pas rares dans certaines parties du midi de la France. L'*oranger de Majorque* est à peine une sous-variété de l'oranger franc.

2° L'*oranger de Portugal,* désigné aussi sous le nom d'*oranger de Chine,* moins haut que le précédent, dont il est d'ailleurs difficile de le distinguer; ce qui le recommande c'est principalement la grosseur de ses fruits, qui atteignent des prix élevés dans le commerce, mais cette grosseur peut n'être, comme nous l'avons donné à entendre ci-dessus, que le fait de l'éclaircissage ou d'une culture soignée.

3° L'*oranger de Nice*, très-vanté en Provence, et qui se distingue en effet par la grosseur, la beauté et la bonté de ses oranges; l'arbre lui-même a de belles formes et une taille assez élevée, toutes qualités qui tiennent probablement plus à une culture très-soignée qu'à toute autre cause.

4° L'*oranger de Malte*, arbre non moins beau que le précédent, à fruits seulement moyens, d'un jaune foncé un peu rougeâtre à la maturité parfaite ; ce qui le distingue encore mieux est la teinte rouge vineuse que prennent les vésicules de la pulpe; de là le nom d'*oranges sanguines*, qu'on leur donne assez souvent dans le commerce.

Outre ces principales variétés les pépiniéristes du Midi en cultivent beaucoup d'autres, la plupart plus nominales que réelles, et qui n'ont guère qu'un intérêt de curiosité; quelques-unes d'entre elles ne sont même que des monstruosités propagées de greffe, telles, par exemple, que l'*oranger bizarrerie*, dont le fruit est moitié orange et moitié limon, et que les botanistes croient être un hybride du limonier et de l'oranger; l'*oranger à feuilles d'yeuse*, l'*oranger à feuilles crépues*, l'*oranger à fruit cornu*, et quelques autres, dont on trouvera la description dans l'ouvrage déjà cité de Risso et Poiteau. Il est inutile que nous nous y arrêtions, vu leur peu d'utilité comme arbres fruitiers.

Le **bigaradier** (*Citrus Bigaradia*) semble au premier abord ne pas différer spécifiquement de l'oranger. Il en a la taille, le port, le feuillage luisant et d'un vert sombre, les fortes épines et les fleurs blanches; ses fruits ressemblent aussi à des oranges par le volume, la figure et le coloris; on les en distingue néanmoins très-facilement à leur forme plus déprimée ainsi qu'à leur peau moins lisse et comme rugueuse, et dans laquelle les glandes oléifères sont en creux au lieu d'être en relief. La pulpe des bigarades est acide et amère, même lorsque la maturité est parfaite. A ces caractères on peut ajouter que la fleur du bigaradier exhale un parfum plus prononcé et plus agréable encore que celui de la fleur de l'oranger; aussi le cultive-t-on bien plus pour les besoins de la parfumerie que pour ses fruits, qui ne sont pas cependant sans utilité. On en fait des conserves aussi ou plus estimées que celles qu'on obtient des oranges proprement dites, et qui sont l'objet d'un commerce assez important (1).

Le bigaradier est réputé plus rustique encore que l'oran-

(1) D'après une note de M. Martins, insérée dans la *Revue des Deux Mondes*, c'est à Dundee, en Écosse, que s'exerce principalement cette industrie, dont vivent de nombreuses familles. Les bigarades qu'on y emploie sont presque exclusivement tirées du Portugal.

ger franc, et c'est lui qui peuple en majeure partie les orangeries du Nord. De même que l'oranger franc, il peut vivre des siècles, et il arrive, avec l'âge, à des proportions plus considérables que ce dernier lorsqu'il est élevé en caisses (1). Même à Paris ses fleurs ont assez de parfum pour valoir la peine d'être recueillies, et on sait que la liste civile les vend aux enchères pour les usages de la pharmacie et de quelques autres industries. La variété de bigaradier la plus remarquable est le *bigaradier à fruit doux*, dont la pulpe des fruits est simplement fade (2).

Le **bigaradier chinois** (*C. sinensis*) diffère plus du bigaradier proprement dit que celui-ci ne diffère de l'oranger, et il est spécifiquement très-distinct de ces deux derniers. Ce n'est plus un arbre, mais un simple arbrisseau de $1^m,50$ à 2^m au plus, à feuilles petites (quatre à cinq fois moins grandes que celles de l'oranger proprement dit), mais très-rapprochées les unes des autres, ovales, entières, luisantes, d'une verdure foncée, et dont le pétiole est à peine ailé. Ses fleurs,

(1) C'est à l'espèce du bigaradier qu'appartiennent les célèbres orangers des jardins de Versailles. L'un deux, connu sous les noms de *Grand Bourbon*, *Grand Connétable* et *François Ier*, est particulièrement remarquable par son âge et par sa grande taille. La tradition raconte que ce bigaradier provient d'une graine donnée par la reine de Navarre, en 1421, à son jardinier, qui la sema à Pampelune, alors capitale de la Navarre, d'où le jeune arbre passa, quelques années après, dans l'orangerie du château de Chantilly, appartenant au connétable duc de Bourbon ; il y resta jusqu'au règne de François Ier. Le duc de Bourbon s'étant révolté et ayant pris le parti de Charles-Quint, François Ier confisqua ses biens et avec eux le bigaradier, déjà centenaire et unique en France, qui fut transporté de Chantilly à Fontainebleau en 1532. Un siècle et demi plus tard, en 1684, Louis XIV fit venir l'arbre de Fontainebleau à Versailles, où il est resté depuis. Il a donc aujourd'hui quatre siècles et demi d'existence ; mais depuis quelques années il a beaucoup perdu de sa vigueur. Sa hauteur totale, non compris celle de la caisse, est d'environ 6 m. et la circonférence de sa tête de 15 m. Son tronc énorme se divise, presque au sortir du sol, en trois grosses branches, que quelques personnes croient être trois tiges distinctes, soudées entre elles dès le jeune âge. Cette supposition semble fondée, si l'on considère que les graines d'oranger et de bigaradier contiennent habituellement deux ou trois embryons qui germent et se développent ensemble. Aujourd'hui les jardiniers n'en conservent qu'un, mais il est probable que celui qui sema le pepin d'où sortit le *Grand Bourbon* ignorait cette particularité et qu'il laissa la nature agir.

(2) Le plus grand bigaradier de l'orangerie de Versailles, après le *Grand Bourbon*, est le *Grand Louis*, qui appartient à la variété à fruits doux. C'est aussi un arbre fort remarquable.

en petits bouquets, sont très-blanches et contiennent de 25 à 30 étamines. Ses fruits ne dépassent pas ou dépassent à peine le volume d'une prune de Reine-Claude, et ils sont ordinairement rugueux et un peu déprimés, c'est-à-dire aplatis à la base et au sommet. A la maturité leur couleur est le jaune rougeâtre, et leur peau, ou, pour mieux dire, la chair qui entoure les loges, est plus épaisse que celle des bigarades et des oranges. La pulpe des loges est amère et acide; aussi ces fruits ne sont-ils pas mangeables à l'état naturel, mais on en fait d'excellentes conserves. On les cueille alors avant maturité et lorsqu'ils sont encore verts. Les fleurs, très-parfumées, sont employées aux mêmes usages que celles du bigaradier commun.

Ce joli arbuste, fort recherché des collectionneurs, a produit une variété remarquable, le *bigaradier à feuilles de myrte,* qui est presque un nain à côté de lui, ce qui tient peut-être au mode de propagation usité. Il se distingue du type par un feuillage beaucoup plus petit, et qui n'est pas sans quelque ressemblance avec celui de l'arbrisseau dont il porte le nom.

Le **mandarinier** (*C. deliciosa*) (fig. 210) est une quatrième

Fig. 210. — Orange mandarine.

espèce, très-distincte de celles qui précèdent, et qui se reproduit, comme elles, identiquement de semis. Il est originaire de la Chine, et son introduction en Europe ne date encore que de la première moitié de ce siècle. C'est un simple arbrisseau, qui, livré à lui-même, prend tout aussi bien la forme d'un grand buisson que celle d'un arbre. Il est rare qu'il dépasse 4^{m} de hauteur, et souvent même il s'arrête beaucoup au-dessous de cette taille. Ses feuilles sont comparativement petites, ovales-lancéolées, très-entières, d'une verdure moins foncée que celles de l'oranger, à pétiole point ou à peine ailé ; ses fleurs sont blanches, et ses fruits, de la grosseur d'un bel abricot, sont très-sensiblement déprimés, leur diamètre en largeur étant d'environ un quart plus grand que le diamètre en hauteur. La peau de ces fruits, qui sont les *mandarines* du commerce, est un peu rugueuse et d'une teinte orangé-rouge; l'odeur en est plus forte et moins agréable que celle des oranges et des bigarades ordinaires, mais la pulpe en est très-douce et sucrée. Quoique très-petites, comparativement aux oranges, les mandarines sont fort recherchées aujourd'hui et se vendent encore cher, quoiqu'il en arrive déjà d'assez grandes quantités d'Algérie. L'arbre étant, assure-t-on, plus rustique que l'oranger commun, il est vraisemblable que sa culture se développera dans le midi de la France, où les mandarines mûrissent aussi bien qu'en Afrique.

Quelques personnes croient que l'*oranger tangérin*, dont l'introduction en Europe est toute récente, n'est autre chose qu'une variété du mandarinier. Ses fruits, qu'on dit délicieux, ont à peine la grosseur de ceux du mandarinier, et ils affectent assez souvent une figure piriforme.

On doit aussi ranger parmi les espèces à fruits comestibles l'**oranger du Japon** (*C. japonica*), que les Chinois, qui le cultivent en grand, désignent sous le nom de *Kum-Kouat*. Cette espèce est encore très-peu connue en Europe, quoiqu'il en existe quelques individus dans les serres de l'Angleterre, rapportés de Chine depuis une vingtaine d'années par le célèbre collecteur Robert Fortune. C'est un arbrisseau de 1^{m} à 1^{m},50, rarement plus grand, souvent même beaucoup plus bas ($0^m,40$ à $0^m,50$), lorsqu'on le taille de manière à le maintenir nain, ce qui ne l'empêche pas de fructifier abondamment. Ses rameaux sont épineux comme ceux de l'oranger; ses feuilles sont ovales, luisantes, d'un vert foncé, persistantes et à pétiole ailé; ses fleurs, toutes blanches et parfumées, axillaires et ordinairement solitaires, contiennent de 18 à 20 étamines. Le fruit est une baie ronde ou légèrement ovoïde, de la grosseur d'une belle cerise, tout à fait semblable d'ailleurs à une très-petite orange, et mûrissant en décembre et janvier. La pulpe en est alors douce et sucrée, et la peau si fine qu'on ne prend pas la peine de l'enlever. Ces fruits se mangent entiers, sans être pelés, en un mot comme les cerises et les groseilles; mais ce qui en fait principalement la valeur c'est qu'on en confectionne d'excellentes conserves que le commerce transporte aujourd'hui dans toutes les grandes villes de l'Europe et de l'Amérique. A ces divers mérites l'arbuste joint celui de résister beaucoup mieux au froid que les orangers les plus rustiques (1), mais il demande une forte chaleur estivale pour mûrir ses fruits. On ne peut douter que ce bel arbrisseau ne doive parfaitement réussir dans nos provinces méridionales, probablement même en dehors de la région si restreinte de l'oranger. Ce sera tout à la fois un arbre fruitier et un arbre d'agrément.

Limoniers et cédratiers. A la suite des orangers viennent se placer naturellement les limoniers et les cédratiers, qui constituent un groupe très-distinct du précédent, non-seulement par leurs fruits, mais aussi par leur port et leur feuillage. Le *limonier* (*Citrus Limonium*), plus connu sous l'appellation impropre de *citronnier*, paraît avoir précédé l'oranger en Europe; comme lui, d'ailleurs, il est originaire de l'Asie, mais probablement d'une région plus méridionale, car il est beaucoup moins rustique que lui. C'est plutôt un grand arbrisseau qu'un petit arbre. Il est armé de longues et fortes épines qui se conservent longtemps sur le tronc et les branches; ses rameaux sont plus grêles que ceux de l'oranger; ses feuilles

(1) On le cultive surtout à Chang-Haï, où les gelées de 12 à 15 degrés sont assez communes, ce qui ôte toute possibilité d'y élever l'oranger en plein air.

sont oblongues, denticulées sur les bords, d'un vert clair, tirant même un peu sur le jaune, et pourvues d'un pétiole simplement marginé, et non ailé. Ses fleurs sont en bouquets feuillus comme celles de l'oranger, mais elles s'en distinguent de prime-abord à la teinte pourpre clair ou violacée qu'elles revêtent à l'extérieur. Les fruits sont ovoïdes-oblongs, plus ou moins coniques au sommet, à peau chagrinée et souvent rugueuse ou même bosselée, d'une belle couleur jaune et très-agréablement parfumés. La pulpe des loges est verdâtre ou presque incolore et leur suc très-acide. C'est un condiment bien connu et qu'on emploie de diverses manières à l'assaisonnement des mets. La chair blanche qui entoure les loges et la peau elle-même sont utilisées dans la confection de conserves et de boissons qu'elles servent à aromatiser. Les limons sont l'objet d'un très-grand commerce et s'exportent dans toutes les parties de l'Europe; à Paris on leur donne le nom de *citrons*, bien qu'on y ait conservé les mots de *limonade* et de *limonadier*, qui rappellent les usages que l'on fait de ces fruits.

Le limonier a donné un plus grand nombre de variétés, et des variétés plus différentes entre elles, que l'oranger et le bigaradier, et c'est surtout dans les fruits que se manifestent ces différences. C'est ainsi qu'on connaît le *limonier à fruits doux*, dont les fruits à pulpe fade, et non plus acide, ne sont guère employés qu'à faire des conserves ou des confitures; le *limonier bignette*, à gros fruits, presque ronds comme des oranges, côtelés ou sillonnés longitudinalement et cerclés ou couronnés au sommet ; c'est une des races les plus productives du groupe ; aussi est-il fréquemment cultivé dans le midi de l'Europe; le *limonier incomparable*, ainsi nommé de la grosseur et de la beauté de son fruit, qui est ovoïde, et dont la chair est plus épaisse que celle des variétés précédentes; le *limonier à fruits ronds*, dont le fruit est presque exactement sphérique; le *limonier balotin*, qui est peut-être une espèce différente de celle du limonier commun, dont il diffère par une taille beaucoup plus forte, des feuilles plus larges, des épines moins longues, et surtout par ses fruits ronds, lisses, déprimés, très-gros et dépourvus de graines (1). L'arbre est assez commun dans les collections des orangeries de Paris et du nord de l'Europe. Nous citons seulement pour mémoire le *limonier mellarose* et le *limonier petit cédrat*, arbrisseaux de fantaisie, qu'on ne trouve guère aujourd'hui que dans les collections d'amateurs.

Le *cédratier* ou *citronnier vrai* (*C. medica*) (fig. 211) ne paraît

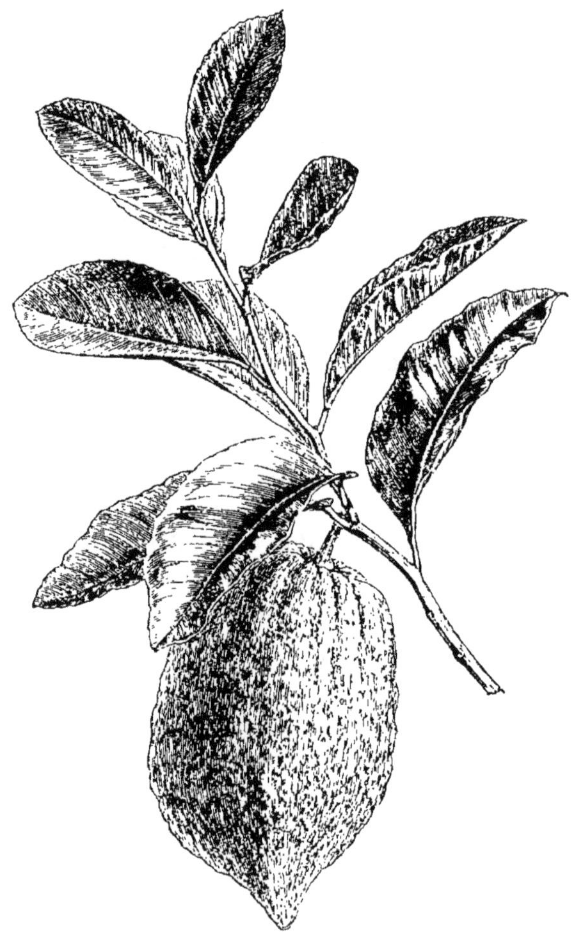

Fig. 211. — Cédratier.

(1) Suivant Risso, auquel nous empruntons ces détails. Si cette absence de graines dans les fruits du limonier balotin est constante, on pourrait conjecturer que c'est une variété hybride, peut-être issue du croisement de l'oranger avec le citron-

pas différer spécifiquement du limonier, car on trouve tous les intermédiaires entre les deux races. Dans la pratique on donne le nom de *cédrats* à des fruits ordinairement plus volumineux que les limons, quoique de même forme générale et de même couleur, mais plus rugueux, souvent même tuberculeux ou bosselés irrégulièrement, et dont la chair est proportionnellement plus épaisse que celle des limons. Les cédratiers, suivant Risso, peuvent se diviser en trois groupes : les *cédratiers proprement dits*, à gros fruits coniques ; les *ponciriers*, dont les fruits sont plus gros et plus tuberculeux que ceux des cédratiers, et les *cédratiers-limoniers*, qui tiennent le milieu entre les précédents, en ce que leurs fruits se rapprochent beaucoup des limons. Tout ce sujet est fort obscur, et nous avons lieu de penser que le célèbre auteur de l'*Histoire des Orangers* a confondu au moins deux espèces sous le nom de cédratier. Reconnaissons aussi qu'il est fort difficile, dans ce chaos de variétés et dans un groupe d'arbres ou l'hybridation peut avoir joué son rôle, de remonter aux types spécifiques et de classer les variétés dans un ordre vraiment naturel. Ce travail ne pourrait être entrepris et mené à bonne fin qu'à l'aide de collections vivantes, dont l'entretien serait probablement fort coûteux.

Les mêmes incertitudes règnent au sujet des **bergamotiers** (*Citrus Bergamia*), arbres assez élevés, qui ont le port et la physionomie des orangers, à rameaux épineux mais plus cassants, à feuilles ovales-oblongues, de moyenne grandeur, d'un vert vif en dessus, mais plus pâles en dessous que celles des orangers, et portées sur de longs pétioles ailés. Les fleurs en sont petites, toutes blanches, éparses ou en bouquets, d'une odeur suave. Le fruit est piriforme, plus rarement arrondi, ordinairement couronné et conservant à son sommet le style qui persiste et s'accroît même quelque peu ; la couleur de la peau est le jaune plus ou moins vif, et elle exhale une odeur *sui generis*, plus agréable que celle des oranges communes ; les loges, au nombre de 10 à 15, sont rem-

nier. Son origine est du reste totalement inconnue, comme l'est celle de la plupart des autres variétés d'hespéridées.

plies d'une pulpe jaune verdâtre, aigrelette et très-aromatique. Les bergamotiers sont surtout des arbres à essences, bien que leurs fruits entrent, comme d'autres, dans la préparation de conserves. Les fleurs et l'écorce des fruits donnent en outre une huile essentielle fort recherchée des confiseurs. On distingue plusieurs variétés ou sous-variétés de bergamotiers, dont quelques-unes sont probablement de simples monstruosités, toujours propagées de greffes. Il nous est impossible de dire si ces arbres constituent une espèce distincte ou s'ils ne sont qu'une race particulière de l'oranger, avec lequel ils ont d'incontestables analogies (1).

Le **pompoléon** ou **chadec**, nommé aussi *pamplemousse* et *pompelmouse* (*Citrus decumana*) (fig. 212), est très-probablement une espèce entièrement distincte de toutes les précédentes; toutefois il a encore quelques rapports avec l'oranger franc et avec le bigaradier par ses pétioles ailés et par la blancheur de ses fleurs. Sa taille est celle de l'oranger (10 à 12^{m}); il est un peu épineux, et ses jeunes pousses sont quelquefois pubescentes, ce qui est un caractère propre à cet arbre. Il diffère des orangers par un feuillage beaucoup plus large et plus coriace, par la grandeur de ses fleurs et mieux encore par celle de ses fruits, qui sont énormes comparativement aux oranges; il n'est pas rare de leur voir atteindre le volume de la tête d'un enfant. Ces fruits sont ordinairement piriformes-déprimés, plus rarement arrondis, d'un jaune très-pâle, à chair épaisse, blanche et spongieuse; la pulpe des loges est verdâtre, aqueuse, d'une saveur douce ou fade; dans quelques variétés elle est rougeâtre ou rouge. Ce beau fruit, qui ne mûrit dans nos orangeries que la deuxième et quelquefois la troisième année, n'est guère qu'un fruit d'apparat, quoiqu'il puisse, comme d'autres, se confire au sucre. Il est juste d'ajouter que l'arbre étant moins rustique que l'oranger, on ne le cultive guère en Europe que comme arbre

(1) L'expérience seule pourrait décider. Le caractère des espèces, surtout parmi les arbres, est de se reproduire à peu près identiques par les semis, et il est vraisemblable que ce moyen, s'il était employé avec persévérance, jetterait quelque lumière sur la nature et l'origine du bergamotier.

de fantaisie ou d'ornement; sous des climats plus chauds il acquiert une valeur économique beaucoup plus grande (1).

Il semble, d'après le témoignage de Risso, que c'est au

Fig. 212. — Oranger pamplemousse.

(1) Le pompoléon est fréquemment cultivé dans les pays intratropicaux, et les colons anglais, qui le nomment *Shaddok*, font le plus grand cas de ses fruits rafraîchissants.

pompoléon qu'il convient de rapporter, à titre de variété, la *lumie poire du Commandeur,* arbre d'orangerie dans le nord, peu ou point cultivé dans le midi de l'Europe. Cet arbre, en effet, rappelle d'assez près le caractère du pompoléon par sa stature, son feuillage et la figure de ses fruits, qui sont cependant un peu moins gros et plus piriformes; il en diffère davantage par ses fleurs, qui sont teintes de pourpre pâle ou de violâtre en dehors, ce qui le rapprocherait du cédratier. Sur cet arbre, comme sur plusieurs autres du groupe, nous faisons toutes nos réserves.

Il y a certainement dans les parties chaudes de l'Asie d'autres espèces ou d'autres races d'hespéridées économiques que celles que nous possédons en Europe, mais elles ne nous sont encore connues que par oui-dire. Il est vraisemblable qu'un jour ou l'autre elles viendront grossir nos collections, et peut-être accroître la confusion qui y règne. Parmi les espèces les plus récemment introduites, et la mieux connue jusqu'ici, nous pouvons citer l'*oranger à trois feuilles* (*Citrus triptera*), arbrisseau de la Chine moyenne, très-épineux, à feuilles caduques, trifoliolées (1), à fleurs blanches, et dont les fruits, de la grosseur d'un petit abricot, sont jaunes et odorants, mais d'une saveur déplaisante pour les Européens. Cet arbrisseau, beaucoup plus rustique qu'aucun de ses congénères connus, passe assez facilement l'hiver à l'air libre dans le centre et même dans le nord de la France, où il gèle cependant quelquefois. Jusqu'ici on ne peut songer qu'à en faire un arbuste d'ornement; peut-être en tirera-t-on parti un jour pour la composition de haies, à la fois ornementales et défensives, usage auquel se prêtera vraisemblablement aussi, mais dans des régions plus méridionales, le *Citrus australis* de la Nouvelle-Zélande, arbrisseau épineux, dont le feuillage petit, coriace et luisant, a quelque ressemblance avec celui du myrte.

(1) Les feuilles des orangers, des limoniers, etc., ne sont simples que par l'avortement, normal du reste, de deux folioles latérales, qui se développent dans d'autres espèces, par exemple dans le *C. triptera*. Il y a même des hespéridées dont les feuilles sont composées de plusieurs paires de folioles (cinq à sept, ou même davantage), ainsi qu'on le voit dans le *Murraya exotica*.

Culture des orangers et autres hespéridées. — La condition essentielle de la culture à l'air libre de tous ces arbres, considérés comme arbres fruitiers, est celle d'un climat chaud ou tempéré-chaud, joint à une certaine moiteur atmosphérique. Si cette première condition manque, on est forcé d'y suppléer par des moyens artificiels, mais ces moyens resteront le propre des jardins d'amateurs et ne passeront jamais dans la pratique commune, faute de pouvoir soutenir la concurrence de la culture ordinaire dans les pays où le climat est mieux approprié à la nature de ces arbres.

Nous avons signalé plus haut (p. 524) l'extrême flexibilité de tempérament de la vigne, qui prospère sous les climats les plus divers, depuis le voisinage de l'équateur, au Pérou, jusqu'au delà du 53e degré de latitude en Europe. L'oranger et quelques-uns de ses congénères n'ont pas une aire climatérique moins étendue. S'ils ne s'élèvent pas aussi loin vers le nord, ils croissent de la manière la plus florissante dans toutes les parties de la zone torride, et jusque sous l'équateur, à la condition qu'ils y trouvent l'humidité suffisante. L'oranger n'est nulle part plus grand et plus beau qu'à la Guyane, aux Antilles, au Brésil, dans l'Inde, en Arabie, en Chine et en Cochinchine; les cultures d'orangers de la Floride et de la Californie sont pareillement renommées. En Europe c'est aux Açores, en Portugal et dans le midi de l'Espagne, au voisinage de l'Océan et de la Méditerranée, que cet arbre acquiert le plus de vigueur et donne ses plus riches produits. En Italie et en France, il dépasse sur quelques points le 43e et même le 44e degré de latitude. Aucun arbre, que nous sachions, la vigne exceptée, n'occupe une surface aussi vaste sur le globe; l'oranger est le seul arbre de la culture européenne qui ne dégénère pas dans les climats intratropicaux (1).

En France la culture de l'oranger à l'air libre, et comme

(1) La vigne elle-même est incultivable entre les tropiques par suite de la moiteur de l'air à toutes les époques de l'année. La côte du Pérou, ainsi que nous l'avons dit ci-dessus, n'est qu'une exception apparente; la vigne y réussit parce qu'il n'y pleut jamais.

arbre de produit, est fort limitée. Elle ne s'écarte pas des côtes de la Méditerranée, et n'est même possible que sur quelques points de ses côtes, où, par suite d'abris naturels, la moyenne température de l'hiver est supérieure à 6 degrés centigrades, celle de l'été s'élevant à 22 ou 23 degrés. En dehors de la bande étroite que nous avons qualifiée de *zone de l'oranger* (1), et où la température moyenne de l'année est, au minimum, de 13 degrés centigrades, l'oranger, ainsi que toutes les autres hespéridées fruitières, ne peut plus être cultivé qu'à l'aide d'abris ; mais le long des Pyrénées, principalement vers leur partie occidentale, ces abris peuvent se réduire à des murs d'espalier et à des paillassons dont on les couvre pendant l'hiver.

Exception faite de ses exigences quant au climat, l'oranger est un arbre dont la culture est des plus faciles. Il vient dans tous les terrains, même dans les plus mauvais, où toutefois il reste à l'état d'arbrisseau. Comme compensation à cette facilité de culture, il demande de copieux arrosages pendant l'été, faute de quoi ses feuilles se recoquillent, sèchent et finissent par tomber. Sa végétation est alors suspendue, et comme elle ne reprend qu'aux pluies de l'automne il en résulte que ses fruits attardés restent petits et ne trouvent plus assez de chaleur pour arriver à maturité parfaite. Dans le midi de l'Europe la floraison de l'oranger arrive, suivant les lieux, en avril ou en mai, et généralement les fruits nouent en très-grande quantité ; souvent même il y en a plus que l'arbre n'en peut nourrir convenablement, et beaucoup de ces fruits mal développés tombent à une période trop avancée de l'année pour que l'arbre en soit soulagé. Il y aurait donc un bénéfice certain à éclaircir ces fruits dès leur jeune âge ; mais il est mieux encore d'éclaircir les fleurs elles-mêmes, parce

(1) Cette zone est figurée sur la carte des climats français dont nous avons donné un aperçu dans un des volumes précédents. Il y a toutefois une localité en France, située en dehors de cette zone, où l'oranger est cultivé entièrement à l'air libre ; c'est le village de Roquebrun, situé à quelques lieues au nord de Béziers, au fond d'une gorge de la Montagne-noire, qui lui forme un abri naturel. On peut lire dans le *Journal de la Société d'horticulture* la note intéressante que M. Duchartre a consacrée à cette localité exceptionnelle et à sa culture d'orangers.

qu'elles ont une valeur vénale quelquefois plus grande que celle des fruits.

La cueillette des oranges se fait à trois époques différentes. La première a lieu dès le milieu ou la fin de novembre; les fruits sont alors encore verts ou commencent à peine à se colorer. On les tient enfermés dans un fruitier parfaitement clos et obscur (1), où ils prennent en quelques jours une teinte jaune pâle, suffisante pour les faire accepter par le commerce; mais le suc de leur pulpe est encore extrêmement acide et ne peut guère servir qu'à remplacer celui des limons (les citrons des Parisiens) dans l'assaisonnement des mets. La seconde cueillette se fait à la fin de décembre et dans le courant de janvier, ce qui est l'époque la plus favorable à la vente. Les oranges ont pris alors leur belle coloration; néanmoins la maturité n'est pas complète, et, quoiqu'elles soient mangeables, elles contiennent encore une trop forte proportion d'acide. La dernière cueillette se fait lorsque la maturité est achevée, c'est-à-dire en mars et avril; à cet état les oranges sont un fruit délicieux, et c'est toujours cette dernière époque que l'on devrait attendre quand on cultive l'oranger pour son propre usage.

Ce que nous venons de dire de l'oranger s'applique aussi au cédratier et au limonier, mais avec moins de rigueur, parce que leurs fruits, quelque temps qu'on les laisse sur l'arbre, restent toujours acides. Le limon, d'ailleurs, n'a que son suc acide à fournir, et c'est la seule chose qu'on lui demande. Quant aux cédrats et aux poncires, qui ne servent qu'à confectionner des conserves, on peut les cueillir bien avant leur maturité; c'est même ce qui se fait ordinairement pour les poncires, parce qu'ils se prêtent mieux à cette préparation quand ils sont encore verts que quand ils ont commencé à se colorer. La même règle s'observe, ainsi que nous l'avons déjà dit, pour les fruits du bigaradier chinois.

La multiplication de l'oranger et des autres arbres de

(1) Ordinairement on y enferme aussi des pommes, parce qu'on attribue à leur arôme la propriété d'activer la coloration des oranges. Nous ne savons jusqu'à quel point cette croyance est fondée.

même famille se fait de diverses manières, c'est-à-dire par semis, par greffes, par marcottes et par boutures. On a même réussi à bouturer de simples feuilles d'oranger, à l'aide de la chaleur artificielle et de l'air confiné sous une cloche; mais ce moyen, qui n'est qu'une simple curiosité horticole, n'a point passé et ne passera certainement jamais dans la pratique. Les pépiniéristes, tant ceux du nord que ceux du midi, sèment beaucoup de graines d'oranger et de limonier pour en obtenir des sujets de greffe. Dans le nord les semis se font en serre à multiplication, sur couche chaude et sous châssis; dans le midi sur une planche de terrain à bonne exposition. Les jeunes orangers sont mis en pots, un à un, lorsqu'ils ont quatre à cinq feuilles, ou repiqués en pépinière à l'air libre s'ils sont dans le climat qui leur convient. Ces opérations varient du reste suivant les lieux et les habitudes. Les graines contenant ordinairement deux à trois embryons qui germent ensemble, les jardiniers coupent au raz du sol, sans les arracher, ceux qui sont les plus faibles et n'en laissent qu'un. On donne les arrosages requis par la saison; plus le jeune plant reçoit de chaleur et de lumière solaire, plus il prend de vigueur. Les semis d'oranger franc sont ceux qui, de toutes manières, donnent les meilleurs résultats. Le cédratier est rarement reproduit de graines, mais on croit que les arbres ainsi obtenus sont plus rustiques, plus vigoureux et plus productifs que les autres.

Un oranger de semis ne fructifie guère avant sa 15e année; de là la nécessité de le greffer pour hâter la production. On procède à l'opération dès qu'il est en état d'y être soumis, c'est-à-dire dès que sa tige est assez grosse pour recevoir la greffe. Lorsqu'elle a le calibre d'une plume à écrire, ce qui arrive à la seconde année du semis, elle peut recevoir un écusson; à la rigueur on pourrait aussi à cette époque la greffer en fente, néanmoins il y a plus de sûreté à attendre encore un an ou deux. Au surplus, toutes les greffes conviennent à l'oranger : la greffe en fente, l'écusson à œil dormant et à œil poussant, la greffe en approche, la greffe Huard, la greffe en placage, etc. La greffe en écusson à œil poussant est la plus usitée; elle se fait en avril, mai et juin, plus tôt ou plus tard suivant les lieux; l'écusson à œil dormant se fait d'août en octobre. Les pépiniéristes génois ont modifié d'une manière avantageuse, pour l'oranger, la greffe en écusson; leur méthode consiste à renverser l'écusson, de manière que l'œil regarde en bas. La branche qui naît de cet écusson se retourne d'elle-même vers le ciel et forme, dit-on, une tête plus arrondie et plus gracieuse (1). Les jardiniers provençaux débitent beaucoup d'orangers greffés en fente à l'âge de quatre ou cinq ans, et il s'en exporte jusque dans le nord, où on les désigne en quelques lieux sous le nom de *bâtons d'oranger*. La greffe avance tellement la floraison de l'arbre, qu'on parvient aisément à faire fructifier de jeunes orangers en pots, âgés de moins de dix-huit mois, et qui ont au plus 0^{m}, 50 de hauteur. L'oranger est si docile, qu'il peut recevoir comme greffons des ramilles portant des fleurs et même de jeunes fruits noués, qui y reprennent parfaitement; mais ces greffes forcées épuisent rapidement le jeune arbuste, qui ne dure guère alors que quatre à cinq ans. En laissant le sujet grossir un peu plus, et en ne prenant pas pour greffon un rameau trop âgé, la vie du jeune arbre peut être considérablement prolongée.

Le bouturage est le mode de multiplication le plus ordinairement employé pour les cédratiers et les ponciriers, mais on peut l'appliquer aussi à l'oranger. C'est en automne et en hiver que se fait l'opération. On prend pour cela des rameaux un peu filés, et surtout ces bourgeons vigoureux, sortes de gourmands nommés *plumets* par les pépiniéristes du midi, qui naissent çà et là sur le tronc ou les branches des arbres, quelquefois sur les racines; on les rabat à 0^{m},50 ou 0^{m},60 de longueur, et on les plante profondément, de manière à ne leur laisser que deux ou trois yeux hors de terre, pour les

(1) Risso, dans l'ouvrage déjà cité, recommande un mode de greffage qui paraîtra au moins singulier à la plupart des lecteurs, c'est la greffe à laquelle il donne le nom d'*écusson composé*. Cette greffe consiste à fendre deux écussons longitudinalement par le milieu de l'œil, et à accoler ensuite deux moitiés d'écussons appartenant à des espèces ou à des variétés différentes. Il ne dit pas ce qui advient de cette greffe.

mieux préserver de la sécheresse. L'endroit où se fait cette plantation doit être abrité contre le froid, et au besoin on la recouvre de paille. Cette méthode est générale en Provence et en Italie, et elle réussit ordinairement. Dans les orangeries du nord le bouturage est naturellement un peu plus compliqué; il se fait dans la serre à multiplication, à l'aide des moyens connus, mais il est rare qu'on y ait recours, vu la facilité d'y élever des plants de semis.

Le marcottage est aussi assez fréquemment employé pour la multiplication des orangers, et il l'est surtout en Espagne. La méthode la plus habituellement suivie ici est le marcottage en l'air, à l'aide de pots remplis de terre, et à travers lesquels on fait passer les plumets ou branches gourmandes de l'oranger. On arrose fréquemment pour provoquer la formation des racines. Ce moyen est lent; mais en employant des pots d'un certain volume, on peut amener à s'enraciner des pousses très-fortes, de $1^m,50$ à 2^m de longueur, qui, détachées du pied mère, sont déjà des arbres presque formés.

Les soins d'entretien à donner aux orangers et à leurs congénères sont ceux de toute bonne culture dans les conditions imposées par le climat. Quoique ces arbres aient une grande vitalité et qu'ils viennent dans tous les sols, il n'en reste pas moins qu'ils sont d'autant plus vigoureux et plus productifs que la terre est meilleure, mieux fumée et mieux arrosée. C'est surtout dans les orangeries du nord qu'il importe de fumer la terre, car c'est un moyen de compenser le déficit de la température. L'arrosage, ainsi que nous l'avons déjà donné à entendre, est plus essentiel encore dans les climats du midi. Suivant les lieux, la nature du terrain et les facilités que l'on peut avoir, on arrose par irrigation ou par submersion, et à des époques plus ou moins rapprochées selon les circonstances, par exemple tous les huit jours en été, si la terre est légère et se dessèche rapidement, tous les quinze jours, si la terre conserve son humidité; on peut même, là où la sécheresse n'est pas grande, n'arroser qu'une fois par mois. De quelque manière qu'on procède, la terre doit être profondément trempée, de manière à ce que toutes les racines et radicelles de l'arbre soient en contact avec l'eau. Il vaudrait mieux ne pas arroser du tout que de donner des arrosages superficiels, dont l'effet serait de favoriser le développement des racines les plus voisines de la surface du sol au détriment des racines plus profondément situées, les seules qui, en définitive, peuvent soutenir la vie de l'arbre pendant les sécheresses prolongées.

La taille de l'oranger, lorsqu'il est cultivé tout à fait à l'air libre et pour ses fruits, se réduit à un simple élagage; encore ce soin est-il souvent négligé, ce qui n'empêche pas l'arbre de donner d'abondantes récoltes. Cet élagage se fait sans règles déterminées et est livré au caprice ou au goût du cultivateur. Enlever les brindilles mortes et couper les branches mal placées et qui nuisent à la régularité de l'arbre, c'est à peu près tout ce qu'il y a à faire. Dans les orangeries du nord, où on vise avant tout à obtenir des formes symétriques et bien garnies de feuillage, on évide un peu l'intérieur de la tête de l'arbre, et on la tond à l'extérieur pour lui donner exactement la forme désirée. L'oranger, qui reperce facilement sur le vieux bois, peut subir sans grand dommage l'amputation de grosses branches; mais il n'en est pas de même des pompoléons et des bergamotiers, qu'on ne peut ravaler sur le bois de trois ans sans leur faire courir le risque de périr. La taille est plus compliquée lorsque les orangers sont cultivés en espalier; il faut alors s'appliquer à garnir le mur sur toute sa surface, et par conséquent choisir entre les branches qui doivent être amputées ou conservées, on attache ces dernières aux murs par les moyens indiqués pour les arbres fruitiers ordinaires. Cette conduite des orangers appliqués sur des murs est affaire de goût et d'expérience.

Les accidents qui peuvent atteindre les orangers et leurs congénères sont principalement ceux qu'amènent les intempéries atmosphériques. Nous savons déjà que le froid n'agit pas partout de la même manière, et que les cédratiers et les limoniers, dont la séve est toujours un peu en mouvement pendant l'hiver, sont ceux qui souffrent le plus du froid. Les bergamotiers et les pompoléons sont plus rustiques, sans l'être autant que l'oranger franc et le bigaradier. En 1709, d'après Risso, presque tous les orangers furent tués par le froid au nord de la Méditerranée; mais, rabattus sur la souche, ils repoussèrent avec vigueur. En 1789 il gela à Nice à 7°,50 centigrades, et cette gelée fit beaucoup moins de tort aux orangers qu'on ne l'avait craint d'abord. Le froid fut plus rigoureux dans l'hiver de 1829-1830; le thermomètre descendit alors à 11° au-dessous de zéro, aussi beaucoup d'orangers, et à plus forte raison les cédratiers, périrent-ils jusqu'à la racine. Ces faits sont en parfaite concordance avec ceux que nous avons observés nous-mêmes, et qui nous font admettre pour l'oranger plus de rusticité qu'on ne lui en attribue ordinairement. La neige est moins à redouter pour eux que les fortes gelées, mais elle peut devenir très-nuisible lorsqu'elle tombe en assez grande quantité pour briser les branches des arbres par son poids. Elle cause de véritables désastres dans les cultures d'orangers, et on peut dire de tous les arbres fruitiers, lorsque la couche tombée sur le sol dépasse 0m,60 d'épaisseur. Les vents violents n'occasionnent d'autre dommage que d'abattre des fruits avant leur maturité.

Les maladies de l'oranger et des autres hespéridées sont encore peu connues, mais il est certain qu'elles sont souvent la conséquence d'une culture mal conduite, de la mauvaise qualité du sol et peut-être aussi d'arrosages exagérés sur des terres où l'eau ne trouve pas son écoulement. Dans les sols trop humides et où l'eau reste stagnante l'oranger devient languissant; ses feuilles jaunissent et il cesse de produire des fruits. On y remédie en diminuant les arrosages et en drainant le terrain. La sécheresse, ainsi que nous l'avons déjà dit, est une autre cause de souffrance pour l'oranger, mais qui ordinairement n'en entraîne pas la mort. Divers pucerons et coccus occasionnent des dommages plus graves aux orangeries, et on leur attribue la maladie nommée *morfée*. Elle consiste en ce que les feuilles se couvrent d'une matière noire, qui en arrête la transpiration et par là amène dans la végétation des troubles qui peuvent à la longue devenir mortels. On y remédie dans une certaine mesure par des lavages à l'eau de chaux sur le tronc et sur les principales branches, et par des seringages sur les feuilles. Toutefois, la maladie la plus redoutable des orangers et à laquelle est due la plus grande mortalité qui ait encore été signalée pour ces arbres est une altération des tissus de la racine, qui pourrit, sans que rien jusqu'ici ait pu empêcher cette terminaison fatale. La maladie a été observée pour la première fois dans l'Inde, vers les premières années de ce siècle ; un peu plus tard elle s'est manifestée aux Açores, puis en Portugal, en Espagne, dans les îles de la Méditerranée, en Algérie et enfin en Provence, où elle a été bien observée par M. Rendu, inspecteur général de l'agriculture. Toutes les localités n'ont pas été également maltraitées, mais il y en a qui ont perdu, avec leurs orangeries, leurs principaux revenus. Il se pourrait que la maladie fût la conséquence d'une végétation parasite inaperçue, qui attaquerait les racines, et qui serait analogue au *Peronospora* de la pomme de terre et à l'oïdium de la vigne, mais c'est ce qu'on ne peut encore que supposer. Le seul moyen de couper court au mal, dans les localités infestées, est de détruire les orangers malades et d'attendre quelques années pour reprendre la culture de l'arbre sur le même terrain.

Il n'y a probablement aucun fruit qui ait, en nature, une plus grande importance commerciale que l'orange. Ce qui s'en exporte des pays producteurs, tant en Europe qu'en Amérique, dépasse peut-être l'exportation de tous les autres fruits réunis. En Angleterre seulement, dans l'année 1860, il a été importé des Açores, du Portugal, d'Espagne et de Sicile pour près de 15 millions de francs d'oranges, et depuis lors ce commerce s'est encore considérablement accru. Les éléments nous manquent pour indiquer, même approximativement, ce qu'en reçoivent les autres pays d'Europe ; mais si l'on tient compte de la consommation qui s'en fait en France, en Allemagne, en Russie et dans les contrées du nord, on peut admettre sans danger d'exagération que le commerce total des oranges en Europe met en mouvement une somme d'au moins 40 millions de francs.

Un arbre à la fois si beau et si productif ne pouvait manquer d'être soumis à la culture artificielle sous verre. En France cette culture s'est peu développée, et il n'y a qu'un bien petit nombre d'amateurs qui élèvent dans leurs serres des orangers dans l'intention d'en récolter les fruits. Il en a été longtemps de même en Angleterre, où on se contentait des fruits apportés par le commerce; mais aujourd'hui, grâce à l'impulsion donnée par M. Rivers à la culture fruitière sous-verre, les orangeries productives ont repris faveur et se multiplient. Dans ces conditions, et avec un chauffage très-modéré, les orangers réussissent mieux encore que les arbres fruitiers ordinaires. Naturellement les petites races sont préférées pour ce genre de culture, et il n'y en a pas, au dire de M. Rivers, qui y conviennent mieux que l'oranger greffé des Açores, le mandarinier et le tangérinier (1).

(1) Nous ne connaissons, en France, que MM. Becquerel, père et fils, membres de l'Institut, qui s'occupent de la culture artificielle des orangers considérés comme arbres fruitiers. Voici, d'après la note qu'ils ont communiquée à la Société d'horticulture (tom. IV, page 301, année 1858), dans quelles conditions ces cultures sont établies.

Leurs serres à orangers sont situées à Châtillon-sur-Loing, dans l'Orléanais. Elles font face au midi et s'appuient, au nord, sur un mur de 2m d'épaisseur et de 10m de hauteur. Elles jouissent par conséquent d'une belle radiation solaire dans tous les mois de l'année. En janvier la température y est maintenue à 10 ou 11 degrés, et cela en vue de faire fleurir les arbres de bonne heure, c'est-à-dire au plus tard dans la première quinzaine de mars. En mars, avril et mai, la température de la serre est, au minimum, de 12°, sans compter ce que la lumière du soleil y ajoute; en juin, juillet et août, la température moyenne est de 19°,5; elle redescend à 12°, en septembre, puis à 10° en octobre et novembre. La totalité annuelle des degrés de température devient par là 3867 degrés, nombre très-voisin de 3900, que la théorie donne comme somme nécessaire de chaleur pour la culture productive de l'oranger.

Soumises à ce régime (nous ne parlons pas des soins de culture ordinaire), toutes les variétés d'oranges mûrissent parfaitement à Châtillon-sur-Loing; elles ont toutes les qualités de parfum et de saveur des oranges du midi de l'Europe. Les cédratiers, limoniers, pompoléons et autres hespéridées fruitières s'accommodent également de ces conditions. Il est à remarquer ici que les orangers ne sortent point de la serre, condition indispensable quand on se propose d'en obtenir des fruits, par la raison qu'ils ne trouveraient plus assez de chaleur à l'air libre pour soutenir leur végétation au degré convenable. On peut se dispenser dès lors de les cultiver en caisses ou en pots, ce qui est un grand embarras de moins, sans compter que les arbres se développent incomparablement mieux et sont plus vigoureux en pleine terre que dans des récipients quelconques. Sans doute la culture de l'oranger sous verre ne saurait lutter avec la culture méridionale à l'air libre, mais elle est encore fort avantageuse pour le propriétaire, qui

§ X. — LES FRUITS SECS OU FRUITS-GRAINES.

Les arbres dont nous avons à traiter ici appartiennent autant ou plus à la grande culture qu'à celle des jardins. Néanmoins ce sont des arbres fruitiers au même titre que tous ceux qui précèdent, et notre travail ne serait pas complet si nous les omettions.

Ces arbres forment un groupe particulier et nettement tranché, en ce que leurs fruits, au lieu d'être pulpeux et de provenir des annexes de la graine, c'est-à-dire de péricarpes ou de parties voisines, sont toujours formés et constitués par la graine elle-même. Ils jouissent, en conséquence, de propriétés tout autres que celles des fruits pulpeux ; les acides n'y existent plus, ou du moins n'y existent qu'en proportions minimes, et ils sont remplacés par le sucre, la fécule, des principes albuminoïdes (azotés par conséquent) et très-fréquemment aussi par des huiles fixes. Il en résulte qu'à parité de poids les fruits-graines sont beaucoup plus nourrissants que les fruits pulpeux et succulents. Sous bien des rapports ils peuvent se comparer aux légumes-graines ; comme ces derniers, en effet, ils sont susceptibles de se conserver assez longtemps ; aussi sont-ils l'objet d'un commerce d'exportation considérable. La production des fruits-graines appartient exclusivement au centre et surtout au midi de l'Europe, aucun arbre de cette catégorie ne donnant des produits assurés au nord du 55e degré de latitude, la plupart même n'atteignant pas cette limite. Ces arbres sont l'*amandier*, le *noisetier* ou *avelinier*, le *noyer*, le *pistachier* et le *châtaignier*, on pourrait à la rigueur y ajouter le *pin pignon*, le *chêne à glands doux* et même le *hêtre*, dont les amandes ont de rares emplois économiques ; mais ces deux arbres ont trop peu d'importance à ce point de vue, et comme leur culture est

est sûr par là d'obtenir des fruits parfaitement mûrs et excellents, ce qu'il ne saurait toujours attendre du commerce. Et puis il est fort probable que l'oranger pourrait de même être cultivé en primeur ou forcé, ce qui accroîtrait incontestablement la valeur commerciale de ses fruits.

toute forestière il n'y a pas lieu de s'en occuper ici. Nous en avons d'ailleurs suffisamment parlé dans un précédent volume (1).

L'**amandier** (*Amygdalus communis*), ainsi que nous l'avons dit plus haut (p. 397), est très-voisin du pêcher; cependant nous le considérons comme appartenant à un genre différent, surtout à cause de la figure de ses noyaux, dont la coque est percée de trous et non plus sillonnée comme celle du noyau de la pêche. C'est un arbre de troisième grandeur (5 à 6 mètres), dont le tronc peut devenir fort gros eu égard à sa taille, mais qui fleurit à l'état de simple arbrisseau et à l'âge de quatre à cinq ans. Lorsqu'il est adulte son écorce devient raboteuse et noircit; il forme alors une tête évasée et irrégulière. Son feuillage lancéolé, d'un vert clair, souvent un peu grisâtre à l'arrière-saison, est un autre caractère qui le différencie du pêcher. Sa floraison, toujours précoce (de janvier aux premiers jours de mars), est souvent atteinte par la gelée, ce qui rend en certains pays les récoltes d'amandes précaires. Suivant M. de Gasparin, à Orange, dans la vallée du Rhône, une récolte sur trois est détruite ou fort diminuée par la gelée; à Montpellier la perte est un peu moins fréquente; elle l'est encore moins à Marseille, et elle devient assez rare dans les parties les mieux abritées de la Provence. Au surplus, les accidents de ce genre dépendent beaucoup des sites et des expositions; les amandiers situés au nord des côteaux ou dans les lieux très-exposés aux vents froids, qui retardent leur floraison, courent souvent moins de risque de perdre leurs fleurs que ceux qui sont à des expositions plus abritées et qu'au premier abord on croirait meilleures. Néanmoins, l'amandier ne prospère que sous le climat du midi; dans le centre de la France, et surtout dans le nord, il pousse vigoureusement en bois et en feuilles, sans donner assez de fruits pour que la culture en soit lucrative.

L'amandier a produit d'assez nombreuses variétés, qui se répartissent, dans la pratique, en deux groupes : les *aman*

(1) Voir tome III, p. 379 et suivantes pour le hêtre, et p. 313 pour le pin pignon.

diers doux et les *amandiers amers.* Comme fruits de table les amandes douces sont seules employées; mais les amandes amères sont utilisées aussi bien que ces dernières en confiserie et en pâtisserie. Les amandiers amers, plus voisins, paraît-il, du type sauvage, sont plus vigoureux que les amandiers doux; ils servent fréquemment de sujets, ainsi que nous l'avons vu plus haut, pour greffer les pêchers et les abricotiers.

Dans la section des amandiers doux se rangent, d'après M. de Gasparin,

1° L'*amandier sauvage*, arbre d'un faible produit à cause de la précocité de sa floraison, qui est souvent atteinte par la gelée; ses amandes sont courtes, très-bombées sur les deux faces et à coque dure; elles mûrissent en août; cette variété est rejetée des cultures soignées.

2° L'*amandier mi-fin* ou *amandier à la Dame,* dont la coque, sans être tout à fait tendre, se casse facilement sous la dent. C'est la variété qu'on préfère dans les parties chaudes du midi, parce que l'arbre est productif et que ses amandes sont recherchées sur le marché, sans l'être autant que celles de la variété suivante.

3° L'*amandier fin* ou *amandier Princesse*, qui donne les amandes de 1re qualité; elles sont longues et plus aplaties que celles du précédent, et la coque en est si tendre qu'elle se casse entre les doigts. Son prix est en général d'un tiers plus élevé que celui des amandes à la Dame.

4° L'*amandier à flots* ou *à trochets*, dont les fruits sont en groupes ou en trochets, et toujours sur les rameaux de trois ans. C'est une des variétés les plus productives, et par suite une des plus habituellement cultivées; la coque de son amande est demi-dure.

5° L'*amandier petite-verte*, dont le fruit n'a rien de remarquable, mais qui a le précieux avantage d'être le plus tardif de tous les amandiers, aussi le préfère-t-on aux autres dans les lieux les plus exposés à la gelée. L'*amandier grosse-verte* ou *coutelone* donne des amandes plus grosses, et, quoique tardif, il fleurit cependant quinze jours avant le précédent.

Dans le groupe des amandiers amers M. de Gasparin ne distingue qu'une seule race : l'*amandier amer* proprement dit, qui est fréquemment cultivé, mais qu'on relègue ordinairement dans les endroits les plus exposés à la maraude.

L'amandier vient dans tous les terrains; il ne donne toutefois de bons produits que dans les terres calcaires sèches et un peu profondes; les sols pierreux ne lui déplaisent pas, quand il peut y enfoncer ses racines (1). Les terrains glaiseux et humides sont ceux qui lui conviennent le moins; il y prend aisément la gomme et y donne peu de fruits.

L'amandier a ceci de particulier qu'il ne peut être greffé avantageusement que sur lui-même. Pour le multiplier on en sème les amandes, soit celles d'amandiers à coque dure, si on ne vise qu'à obtenir des sujets de greffe, soit celles d'amandiers à coque tendre si on veut conserver les arbres francs de pied. On peut semer les amandes en pépinière aussitôt qu'elles sont tombées de l'arbre; plus ordinairement on les garde en stratification jusqu'à la fin de l'hiver; dans tous les cas il faut éviter que les amandes ne restent longtemps au contact de l'air, parce qu'elles perdent assez promptement leur faculté germinative. Les amandes stratifiées entrent en germination vers la fin de l'hiver; on les plante alors dans la pépinière à $0^m,50$ de distance, sans en retrancher le pivot, à moins que les jeunes arbres ne soient destinés à servir de sujets pour la greffe du pêcher ou de l'abricotier. Le plant peut être écussonné en pied dès la première année. Il est à peine nécessaire de dire qu'il s'agit ici de l'écusson à œil dormant. On peut aussi semer en place, immédiatement après la maturité, et c'est même ce qu'il y a de mieux, puisque par là on évite la transplantation, qui fatigue toujours les arbres. Non greffés, les amandiers fructifieront plus tardivement, mais les arbres en deviendront plus vigoureux et dureront bien plus longtemps. Toute la question est de savoir si les

(1) Rien de plus commun dans le midi que de voir des amandiers croître avec une certaine vigueur dans des rocailles arides. Quelquefois même ils poussent sur de vieux murs, où on est étonné qu'ils puissent résister à la sécheresse. Dans de semblables conditions, on conçoit qu'ils produisent peu ou point de fruits.

sujets obtenus de semis reproduiront la variété à laquelle ils auront été empruntés.

Ordinairement on greffe l'amandier sur franc, en pied ou en tête, et c'est incontestablement le sujet qui y convient le mieux; cependant on a quelquefois recommandé de greffer sur prunier, afin de retarder la floraison, dont la précocité est le plus grave défaut de l'amandier. Les avantages de ce genre de greffe sont contestés, d'abord parce qu'on n'en n'obtient que des arbres généralement peu vigoureux, ensuite parce qu'il n'est pas suffisamment démontré que le sujet de prunier retarde assez la floraison et lui fasse éviter la chance de geler au printemps; on peut en essayer. Le plus sûr cependant, au dire des cultivateurs expérimentés, est de planter les amandiers dans les endroits découverts, exposés au vent du nord et un peu froids, pour que leur floraison s'effectue aussi tardivement que possible. Au surplus, ces recommandations sont toutes relatives aux particularités climatériques, et c'est à chacun de juger ce qu'il y a de plus sûr et de mieux à faire dans la localité qu'il habite. Cultivé en grand, c'est-à-dire très-peu soigné, l'amandier n'est soumis à aucune taille; il ne s'en porte que mieux, et c'est une preuve de plus que la taille des arbres n'est pas la condition indispensable de leur mise à fruits. Il est bon cependant de retrancher le bois mort, et même, si l'on tient à la forme, de supprimer les branches mal placées. On peut aussi rajeunir un vieil amandier en rabattant les branches de charpente à $0^{m},50$ ou $0^{m},60$ du tronc, comme on le fait en quelques endroits pour le pêcher de vigne. Cette opération s'exécute au commencement de l'hiver.

L'amandier, quoique proche parent du pêcher, est beaucoup plus robuste. Pour peu que le terrain lui convienne, il est rarement malade. Dans les terres trop humides il est sujet à la gomme et parfois au chancre, maladies qui se traitent de la même manière que sur le pêcher. Il est moins que ce dernier exposé aux attaques des insectes, et cela probablement parce qu'on ne le cultive point en espalier. Les plus nuisibles pour lui sont des chenilles : le *bombyx feuille-morte* (*Lasiocampa*

Pruni), qui n'est pas commun, et la *piéride de l'alizier* (*Pieris Cratægi*), qui vit en troupes dans le premier âge et s'abrite dans des nids communs. Enlever ces nids avant que les jeunes chenilles se soient dispersées sur les arbres est tout ce qu'il y a à faire.

Les amandes se récoltent à leur maturité, en août et septembre, maturité qui est indiquée par la déhiscence du brou. Pour les faire tomber on gaule les arbres avec des baguettes souples et légères, qui, malgré tout le soin qu'on peut mettre à cette opération, causent toujours quelque dommage aux arbres. On récolte aussi les amandes vertes, c'est-à-dire avant maturité, pour les manger en guise de cerneaux, mais alors on les cueille à la main. Les amandes récoltées mûres sont emmagasinées dans un lieu sec, où le brou achève de se détacher du noyau. Lorsqu'elles sont sèches on les met en sacs pour les vendre, soit en coques, soit mondées. Les belles variétés de dessert, à coque tendre, se vendent toujours en coque. Le produit annuel de l'amandier varie nécessairement avec les années, comme aussi avec l'âge de l'arbre. On estime qu'en moyenne un arbre adulte, lorsque l'année est favorable, donne cinq à six kilogrammes d'amandes dépouillées de leur coque. Nous avons lieu de penser que les très-gros amandiers doivent produire davantage dans les bonnes années; mais si l'on tient compte des années à récoltes nulles ou faibles, il s'établit une compensation qui ramène la production moyenne à un chiffre assez peu élevé. Il n'en reste pas moins que la culture de l'amandier dans les pays où le climat lui est favorable est rémunératrice par le fait qu'ils utilisent des terrains qui n'auraient sans eux presque pas de valeur, et que les frais de culture se réduisent à peu de chose et souvent même à rien.

Un autre produit de l'amandier, dont il faut aussi tenir compte, est son bois, qui est dur et assez agréablement coloré en rougeâtre. Ce bois est employé en ébénisterie; mais il sert plus souvent encore à faire des manches d'outils, solides et de longue durée.

2° Le **noisetier** sauvage (*Corylus avellana*) est un arbrisseau du centre et du midi de l'Europe, très-commun en France dans les haies et aux lisières des bois, et, on peut dire, connu de tout le monde. Comme le chêne, le châtaignier et le hêtre, il appartient à la famille des cupulifères. Ses feuilles sont caduques, alternes et distiques, largement ovales; ses fleurs mâles sont en chatons, dont les étamines répandent leur pollen dès la fin de l'hiver. Les fleurs femelles, alors à peine perceptibles, sont enfermées dans des bourgeons écailleux que couronnent des styles d'un rouge pourpre, et l'ovaire ne commence à se développer qu'un mois ou six semaines plus tard, en même temps que le bourgeon dont les écailles lui servent d'enveloppe. Les noisettes, presque toujours en trochets (de deux à six, quelquefois davantage) et sessiles à l'extrémité d'un court rameau, sont enchâssées dans une cupule herbacée, découpée, plus ou moins allongée, qui se dessèche à la maturité du fruit, et dont la noisette se sépare d'elle-même.

Nous ne connaissons, en France du moins, qu'une seule espèce de noisetier, assez variable d'ailleurs, mais qui pourrait différer spécifiquement, par sa cupule tubuleuse, de celle qui produit les belles avelines de Sicile et d'Espagne, fort différentes de nos noisettes indigènes. Le noisetier de France est un arbrisseau drageonnant, de 3 à 4^{m} de hauteur, dont le port varie beaucoup suivant le mode de taille, de recépage ou de culture. Ses noisettes sont courtes et bombées, à coque plus ou moins épaisse et plus ou moins dure; l'amande, de même forme que la coque, est blanche à l'extérieur, lors qu'elle a été dépouillée du feutre roussâtre qui la séparait primitivement de la coque, mais il y a des variétés où elle est rosâtre ou rouge assez vif.

Les catalogues des pépiniéristes énumèrent plus de cinquante variétés issues du noisetier commun; mais plusieurs de ces variétés méritent à peine ce nom, et quelques-unes ne sont que des variétés d'agrément et de fantaisie, comme par exemple le noisetier à feuilles laciniées et le noisetier à feuilles pourpre-noir, recommandés pour l'ornementation des jardins. Les races fruitières de quelque mérite sont beaucoup moins nombreuses ; nous pouvons les réduire aux suivantes :

Le *noisetier franc,* dont la noisette est de moyenne grosseur, un peu oblongue, à coque demi-dure ; on en distingue deux sous-variétés, suivant que la pellicule de l'amande est blanche ou rouge.

L'*avelinier commun,* dont la noisette est courtement ovoïde, presque arrondie et à coque demi-dure ; de même que dans la variété précédente on y trouve des sous-variétés à amande blanche et à amande rouge.

Fig. 213. — Noisetier d'Espagne.

L'*avelinier de Provence*, qui diffère de l'avelinier commun par sa noisette, plus grosse, courte et presque ronde, à coque tendre ou demi-tendre, à amande rose ou rouge clair.

Le *noisetier d'Espagne* (*Corylus tubulosa,* fig. 213), qui appartient peut-être à une autre espèce que les précédents ; sa noisette est plus grosse encore que l'aveline de Provence ; il se subdivise en deux variétés assez tranchées : l'une dont l'amande est courte, arrondie et blanche ; l'autre où elle est allongée et de couleur rouge clair.

Le noisetier sauvage n'est pas cultivé pour ses fruits, qu'on abandonne aux enfants, mais il l'est assez souvent pour les perches longues et souples que le recépage fait naître de sa souche, et qui servent à de nombreux usages. On le plante souvent en haies ou en rideaux le long des allées ou pour masquer des murs. C'est lui qui a donné les variétés ornementales connues sous les noms de *noisetier à feuilles laciniées*, *noisetier à feuilles pourpres*, etc., qui sont en effet remarquables à plus d'un titre. A côté de l'espèce commune, on doit citer le *noisetier de Constantinople* (*Corylus colurna*), originaire d'Orient, qui s'élève à la taille d'un arbre de 3me grandeur, mais dont les amandes sont trop petites pour être de quelque utilité. Il ne serait pas impossible que, soumis à une culture persévérante, et surtout reproduit de semis pendant quelques générations, on en pût faire sortir des variétés plus méritantes sous le rapport du fruit.

Le noisetier, de quelque race qu'il soit, se multiplie de semis, de couchages, de drageons et quelquefois de greffes. Le semis ne donne pas toujours la variété qui a fourni les amandes semées ; le procédé, en outre, est un peu lent : aussi préfère-t-on généralement le couchage ou le marcottage par cépées. Les sujets obtenus de drageons ne valent pas ceux que donne le marcottage ; les arbustes qui en sortent sont moins vigoureux et plus sujets à drageonner, ce qui est une cause d'affaiblissement, aussi les pépiniéristes sont-ils dans l'habitude de les tenir deux ans en pépinière, ce qui n'est pas nécessaire pour les sujets obtenus de cépées. La greffe est peu usitée, mais il y a des cas où elle peut rendre des services ; on n'emploie guère ici que la greffe en fente ou la greffe en flûte à œil dormant

Le noisetier s'accommode de tous les terrains un peu humides, mais il préfère les terres siliceuses aux autres. Ce qu'il craint le plus ce sont les terres sèches et brûlantes. Quoique rustique, il n'est pas rare que ses pousses soient atteintes par les dernières gelées de l'hiver. Une fois planté, il n'a pour ainsi dire plus besoin qu'on s'occupe de lui, si ce n'est pour enlever les drageons qui naissent de sa souche, à moins qu'on ne le cultive spécialement pour en obtenir des perches, encore celles-ci deviennent-elles plus belles lorsqu'on en retranche une partie. Si le noisetier est cultivé pour ses fruits, on le dresse soit en buisson, soit à tige. C'est cette dernière forme seule que nous avons vue employée en Provence pour l'avelinier ; les arbres, plantés à 4^{m} de distance les uns des autres, occupent alors seuls le terrain, qui est labouré et fumé; on en taille la tête pour la régulariser et, au besoin, pour la rajeunir par la suppression des branches vieilles et usées. Dans le nord tantôt on ne taille pas le noisetier, tantôt on réprime avec le croissant les branches des rideaux qui empiètent sur les allées. Le plus sage est d'abandonner le noisetier à sa végétation naturelle, la suppression des drageons étant la seule opération de ce genre qui soit véritablement utile.

On a souvent essayé, dans le nord de la France, de cultiver l'avelinier d'Espagne, et presque toujours sans succès; il y pousse avec vigueur, mais il n'y donne ordinairement que des coques vides; l'amande y reste à l'état rudimentaire, probablement à cause de la chaleur insuffisante de l'été. Il est très-fertile au contraire dans tout le midi de l'Europe, mais à condition qu'on lui donne de copieux arrosages pendant les chaleurs.

Le **noyer** (*Juglans regia*) (fig. 214), de la famille des juglandées, est un arbre de moyenne grandeur, originaire de l'Asie occidentale ou centrale, mais introduit fort anciennement en Europe (1). Il y est suffisamment rustique jusqu'au 53e degré de latitude, du moins dans l'Europe occidentale, mais il est surtout commun en France; c'est dans le centre et le midi qu'il donne les récoltes les meilleures et les plus abondantes.

Le noyer est peu élevé (8 à 10^{m}) relativement à la grosseur que sa tige peut acquérir; sa tête prend d'elle-même une forme arrondie, mais elle n'est jamais très-touffue. Son écorce est grise; ses feuilles caduques, composées de deux ou trois paires de grandes folioles ovales-allongées, avec impaire terminale, d'une odeur forte lorsqu'on les froisse entre les doigts;

(1) Les Latins le connaissaient, et il est probable que c'est à de véritables noix que Virgile fait allusion dans ce vers :

« *Sparge marite nuces; tibi deserit Hesperus Œtam.* »
(Eclog. VIII.)

ses fleurs mâles sont en chatons cylindriques, d'un vert brunâtre, dont les nombreuses étamines répandent leur pollen

Fig. 214. — Noyer.

aux premiers jours du printemps; les femelles, ordinairement rapprochées en trochets (fig. 215), sont enveloppées d'un involucre et d'un calyce soudés, qui s'accroissent après la fécondation et deviennent ce qu'on appelle le *brou* de la noix; elles se composent elles-mêmes d'un ovaire adhérent au tube du calyce et surmonté de deux gros stigmates papilleux. Le fruit, ou *noix*, est une sorte de noyau à deux valves plus ou moins intimement soudées l'une à l'autre, et contenant une amande huileuse de forme symétrique, quoique très-irrégulière, que tout le monde connaît. Outre son fruit, le noyer donne un produit d'une assez grande valeur dans son bois

Fig. 215. — Branche et fruits en trochets de noyer.

compacte, durable et agréablement veiné; aussi est-il recherché des menuisiers et des ébénistes.

Fréquemment reproduit de graines, le noyer a donné naissance à un assez grand nombre de variétés et de sous-variétés, assez différentes les unes des autres au point de vue des profits de la culture. En général celles qui donnent les meilleures récoltes de fruits sont celles dont le bois a le moins de valeur et réciproquement. Dans la culture de l'arbre il est souvent utile de tenir compte de ces différences, suivant le produit principal qu'on se propose d'obtenir.

Les variétés les plus communes du noyer sont :

Le *noyer à coque tendre* ou *noyer mésange*, ou encore *noyer de mars*, dont les noix, à peine de grosseur moyenne, sont allongées, bien remplies par l'amande et à coque si tendre que les mésanges et autres oiseaux les percent facilement; l'amande en est de bonne qualité, aussi, malgré leur petitesse relative, ces noix sont-elles recherchées pour la table. Par compensation le bois de l'arbre est réputé médiocre et sujet à se creuser prématurément.

Le *noyer Chabert*, ainsi nommé de son inventeur, et qui date déjà de plus d'un siècle; sa noix est petite et allongée, et son amande très-huileuse : aussi est-elle plutôt un fruit de pressoir que de dessert. Le noyer Chabert a l'avantage de fleurir tardivement, c'est-à-dire à peu près à la même époque que le noyer de la Saint-Jean, auquel beaucoup de cultivateurs le préfèrent.

Le *noyer Mayet*, aussi ancien que le précédent, et dont la noix, grosse et allongée, est comme élargie du bas et munie de protubérances; c'est un bon fruit de dessert. L'arbre est tardif.

Le *noyer Franquet*, variété un peu moins ancienne que les deux précédentes; sa noix est grosse, très-allongée et très-belle; elle est fort estimée comme fruit de table. Quoique fertile, cet arbre l'est moins que le noyer Mayet, mais il est aussi tardif que lui.

Le *noyer fertile*, propagé par M. Leroy d'Angers en 1830. Comme le précédent, c'est une variété à coque tendre et de grosseur moyenne, qui, assure-t-on, se reproduit de graine et fructifie de bonne heure. Cette variété est encore trop nouvelle pour qu'on soit suffisamment renseigné sur sa valeur.

Le *noyer Barthère*, découvert il y a quelques années par un pépiniériste de Toulouse, dont il porte le nom. C'est une belle variété, fertile et qui donne de grandes noix de forme oblongue, très-analogues à la noix Franquette. A cause de sa nouveauté relative nous faisons à son sujet les mêmes réserves que pour la variété précédente.

Le *noyer tardif* ou *de la Saint-Jean* (*Juglans serotina* des horticulteurs), race fertile, qui a le grand avantage de fleurir un mois plus tard que les autres (en juin), ce qui fait que les fleurs échappent presque toujours aux gelées printanières, souvent funestes à celles des variétés ordinaires. De tous les noyers c'est celui qu'on doit préférer pour le nord de la France, ainsi que pour les pays montagneux et froids.

Le *noyer hâtif*, plus connu peut-être des pépiniéristes sous le nom de *Juglans præparturiens*. Ce qui le distingue de tous les précédents c'est sa précocité, qui est telle qu'il fructifie assez souvent à la troisième année du semis, et habituellement à la quatrième. Ses noix sont grosses, agglomérées en trochets de deux à cinq, et quelquefois plus. Cette prompte fructification est le seul avantage particulier qu'on lui connaisse.

Le *noyer à bijoux*, dont les coques ont deux à trois fois le volume de celles des noix ordinaires, mais ne sont jamais entièrement remplies par l'amande. A proprement parler, ces grosses noix n'ont qu'un intérêt de curiosité, quoique leurs coques servent à faire de menus ouvrages; aussi l'arbre est-il peu demandé aux pépiniéristes.

Après ces variétés principales on peut citer, mais seulement comme variétés de fantaisie, le *noyer à petits fruits* (*J. regia microcarpa*), dont les noix, couvertes de leur brou et tout à fait rondes, n'ont guère que le volume d'une bille d'écolier ; le *noyer panaché* (*J. regia variegata*), chez lequel le brou est panaché de vert et de jaunâtre; le *noyer hétérophylle* ou *à feuilles laciniées* (*J. regia heterophylla*), remarquable par les découpures et les profondes dentelures de ses feuilles; enfin le *noyer à fruits octogones* (*J. regia octogona*), qu'on dit originaire de la Chine ou de la Mongolie, et qui se distingue du noyer ordinaire par la forme de ses noix, relevées de huit côtes obtuses qui lui donnent une figure sensiblement octogonale; il se pourrait qu'il fût spécifiquement différent du noyer commun. Nous ne parlons pas des noyers d'Amérique (*J. cinerea, J. porcina, J. nigra, Carya alba*, etc.), dont les noix, quoique mangeables, sont trop petites ou trop médiocres pour pouvoir entrer en concurrence avec celles du noyer d'Europe. Ce sont pour la plupart de beaux arbres, mais qui n'ont de valeur que par leur bois. Nous en avons parlé dans un volume précédent (1).

Le noyer se plaît dans toutes les bonnes terres, celles surtout où le calcaire se mêle à la silice, mais il redoute l'hu-

(1) Tome III, p. 351.

midité stagnante; aussi n'est-il nulle part plus vigoureux et plus productif que sur les terrains en pente et dans les vallons abrités, conditions qui se trouvent réunies, plus qu'ailleurs peut-être, dans notre ancienne province de Dauphiné, en Savoie et en Suisse. C'est là, en effet, que le noyer est cultivé avec le plus de soin et sur la plus grande échelle.

Le noyer se multiplie de graines, c'est-à-dire par le semis des noix fait avant l'hiver, soit en pépinière, soit en place. On peut aussi les stratifier pour les planter au printemps. La plupart de ses variétés se conservent par cette voie, mais non avec une entière certitude; aussi les semis n'ont-ils assez souvent d'autre but que de fournir des sujets pour la greffe. Le noyer est un arbre très-pivotant, quoique ses racines latérales se développent beaucoup et s'étendent loin du pied, et il devient toujours plus fort quand on lui a conservé son pivot et que le sol est profond; c'est ce qui explique la vigueur plus grande des arbres semés en place, et qui n'ont subi aucune transplantation, que de ceux qui, ayant été élevés en pépinière, ont perdu par accident ou autrement cette partie importante de leur racine. On croit cependant que la suppression du pivot hâte l'époque de la fructification. Elle est hâtée davantage encore par la greffe.

Les arboriculteurs sont peu d'accord sur les avantages de la greffe du noyer et sur la manière de la pratiquer. Quelques-uns conseillent de ne point greffer du tout, parce que, suivant eux, les variétés se reproduisent assez sûrement de semis pour qu'on puisse se passer de l'opération ; d'un autre côté, presque tous les noyers fructifient vers l'âge de cinq à six ans, quelques-uns même beaucoup plus tôt, et lorsqu'ils sont encore dans la pépinière. D'autres arboriculteurs, comptant moins sur la fidélité des races à se reproduire (1), conseillent

(1) Les avis sont partagés sur ce point, ce qui tient probablement à ce que les semis sont influencés par des circonstances dont on ne peut pas se rendre compte. C'est ainsi que la noix de la Saint-Jean tantôt se reproduit identique de semis, tantôt ne se reproduit qu'en partie ou pas du tout. Nous lisons dans la *Revue horticole* (1866) que M. Romain Martin, membre de la Société d'agriculture du Cher, sur trente sujets obtenus de graines de cette variété, n'en trouva qu'un seul qui reproduisit son caractère de tardiveté.

la greffe, tout en reconnaissant qu'elle est accompagnée ici de difficultés qui en rendent la reprise plus incertaine que sur d'autres arbres.

Le noyer se greffe habituellement en flûte ou sifflet (1), quelquefois en approche, et ce sont les deux genres de greffe qui ont jusqu'ici réussi le mieux. Ces greffes se font au printemps, quand les jeunes arbres sont en sève. On peut aussi greffer le noyer en fente et en couronne, mais avec moins de chance de succès que par la greffe en flûte. Ces dernières greffes réussissent cependant fort bien quand le greffon, ayant été coupé quelque temps à l'avance, on attend que le sujet soit en pleine sève pour faire l'opération. Dans les pays où cette manière de greffer est appliquée au noyer, on coupe les greffons pendant l'hiver, et on les conserve à la cave, dans du sable humide, jusqu'au moment d'être employés, c'est-à-dire jusqu'en mai ou juin.

Un habile agriculteur du Cher, M. Romain Martin, qui s'est beaucoup occupé de la culture du noyer, recommande la greffe en fente, comme étant la plus facile à exécuter et donnant, en définitive, si elle est faite dans les conditions convenables, des résultats tout aussi sûrs que la greffe en flûte. Son procédé consiste : 1° à réserver des *arbres mères*, de bonnes races, uniquement destinées à produire des greffons; 2° à greffer en fente très-près de terre, et pour ainsi dire sur racines, et à lier fortement avec du chanvre les parties opérées, puis à les couvrir de mastic; 3° à mettre la greffe à l'abri de la sécheresse jusqu'à la reprise en la couvrant d'une cloche ou en l'abritant dans des tubes ou cornets de papier blanc. Suivant le même agriculteur on décuplerait les récoltes de noix en greffant avec des variétés productives la plupart des noyers de peu de valeur qu'on laisse croître presque partout.

Quant à la greffe en couronne, elle n'est usitée que pour rajeunir de vieux noyers, qu'on rabat sur les principales branches; mais dans ce cas encore on préfère ordinairement gref-

(1) Voir tome Ier, p. 539.

fer en flûte sur les branches qui naissent au pourtour de la section. La greffe en écusson elle-même réussit quelquefois, mais l'écusson est sujet à se détacher avant sa reprise. Le caractère météorologique des lieux et des années, plus ou moins sèches ou humides, influe considérablement sur le succès de ces diverses opérations.

Enfin, la greffe en placage peut aussi être avantageusement appliquée au noyer, ainsi que l'a démontré une expérience de M. Dupuy-Jamain, constatée par une commission de la Société d'horticulture (1). Ces greffes avaient été faites les unes en mars, sur de jeunes noyers en pleine terre, les autres en août, sur des noyers en pots, qui furent mis sous des cloches après l'opération. Toutes ces greffes réussirent; néanmoins, celles qui furent faites en août donnèrent de meilleurs résultats. Nous pourrions citer d'autres faits encore, mais ceux-ci suffisent pour établir que toutes les greffes sont praticables sur le noyer, à condition qu'on empêche les greffons de se dessécher jusqu'à leur parfaite reprise.

Le noyer est un arbre qu'on n'apprécie pas à sa juste valeur. Adulte et en plein rapport, il peut donner annuellement jusqu'à deux hectolitres de noix. On jugera mieux de son importance agricole par ce fait qu'il fournit, d'après Gasparin (2), près de la moitié de l'huile consommée en France, c'est-à-dire plus de trois fois la quantité d'huile qu'on retire de l'olivier et les trois quarts de ce que donnent toutes les plantes oléagineuses ensemble. Ses produits sont cependant un peu aléatoires; sans parler du risque qu'il court de périr dans les hivers très-rigoureux (3), il n'est pas rare que ses fleurs soient atteintes par les dernières gelées du printemps, ce à quoi on obvie en cultivant des variétés tardives qui, il est vrai, donnent, dit-on, des produits moins abondants que les autres et de moindre qualité. Les noix destinées à la table se récoltent à deux époques différentes : d'abord avant

(1) *Journal de la Société d'hortic.*, tome XII (1856), p. 107.

(2) *Cours d'Agriculture*, IV, p. 753 et suivantes.

(3) Presque tous les noyers du centre et de l'est de la France furent tués par le froid en 1709.

maturité, quand l'amande est déjà bien formée, mais encore peu ou point huileuse ; elles portent alors le nom de *cerneaux ;* puis à maturité complète, en septembre, octobre ou novembre suivant les lieux, lorsqu'elles tombent d'elles-mêmes, ou qu'il suffit de gauler légèrement les branches de l'arbre pour les détacher. A cet état de maturité le brou se sépare aisément de la noix. On les épluche et on les rentre dans un local sec, où l'amande achève de convertir en huile le principe spécial qu'elle contient. Si elles sont destinées à la table il ne faut pas trop les laisser vieillir, d'autant plus que leur huile rancit assez facilement dans la coque; si au contraire elles sont destinées au pressoir on attend la formation complète de l'huile, c'est-à-dire à la fin de l'hiver, pendant lequel les veillées sont employées au mondage des noix, opération qui consiste à casser la coque et à en retirer l'amande pour la porter au moulin à huile. Nous n'apprendrons rien à personne en rappelant ici que l'huile de noix fraîche est une des meilleures huiles à manger que nous possédions, et même que bien des personnes la préfèrent à l'huile d'olive, mais elle a l'inconvénient de rancir assez vite, puis de s'épaissir en une sorte de gelée. Elle est, du reste, avec l'huile de lin, la plus siccative de toutes les huiles : aussi s'en sert-on très-habituellement dans la peinture à l'huile. Un hectolitre de noix en coques pèse, d'après Gasparin, de 67 à 68 kilogrammes, et donne environ 30 kilogrammes d'amandes épluchées, qui rendent de 15 à 16 kilogrammes d'huile, d'après les procédés ordinaires d'extraction; mais les tourteaux ne sont pas épuisés et contiennent encore un peu d'huile. Ils sont recherchés pour l'engraissement des porcs, et même la population pauvre des campagnes ne dédaigne pas de s'en nourrir.

Quand le noyer commence à se couronner, c'est-à-dire à perdre par dessiccation les rameaux de sa tête, il faut se hâter de l'abattre, sans quoi le tronc et les grosses branches deviendraient caverneux et perdraient beaucoup de leur prix comme bois d'œuvre. Il y a trente à quarante ans le bois de noyer bien sain valait 200 francs le mètre cube ; ce prix a certainement augmenté depuis, mais il est rare qu'un noyer fournisse un mètre cube de bois de service. Le brou de la noix est quelquefois employé en teinture; ce n'en est pas moins une matière sans valeur.

Le noyer, lorsqu'il vit sur un terrain égoutté, n'est sujet à aucune maladie; il n'est non plus jamais attaqué par les insectes, que repousse l'odeur vireuse du suc de ses feuilles (1). Comme compensation à ces avantages, le noyer est un mauvais voisin pour toutes les autres plantes; rien ne vient sous son ombre, et ses racines traçantes, qui s'étendent loin du pied de l'arbre, épuisent le terrain. De là la nécessité de l'éloigner des jardins, et surtout des arbres fruitiers ordinaires. Sa véritable place est aux endroits reculés de la propriété, et là principalement où la déclivité du sol ne permettrait aucune autre culture aussi avantageuse.

Le **pistachier** (*Pistacia vera*), arbre essentiellement méridional, se place naturellement à côté du noyer, avec lequel il a des affinités par l'organisation et jusqu'à un certain point par les usages de ses fruits. Il est originaire d'Orient, mais naturalisé d'ancienne date dans la région méditerranéenne. C'est un arbre de 4e grandeur, c'est-à-dire atteignant à une hauteur de 4 à 6 mètres, à feuilles caduques, composées de 2 ou 3 paires de grandes folioles, avec impaire terminale, elliptiques, obtuses, d'un vert foncé et un peu coriaces. Il est dioïque, et ses fleurs, tant mâles que femelles, en panicules courtes et ramassées, naissent sur le bois de deux ans. La floraison s'effectue en mars dans le midi, en avril à Paris et plus au nord, où l'arbre n'est d'ailleurs cultivé que comme objet de curiosité, quoique ses fruits puissent y mûrir dans les années chaudes (2). Ces fruits, de l'épaisseur du petit doigt, ovoïdes-allongés, un peu réniformes, lisses, mi-partis de vert jaunâ-

(1) Une décoction de brou de noix et même de feuilles de noyer fait, dit-on, périr les insectes, et c'est un moyen qu'on a fréquemment recommandé pour détruire les pucerons, les chenilles et le ver blanc.

(2) C'est ce dont nous avons été témoins plus d'une fois au Muséum d'histoire naturelle, où nous avons réussi à obtenir par fécondation artificielle, d'un pistachier en espalier, des fruits parfaitement mûrs, dont les amandes semées ont servi à la reproduction de l'arbre.

tre et de rouge à la maturité, peuvent être comparés à de petites noix; ils se composent d'un brou peu épais, qui finit par se dessécher sur le noyau qu'il contient, et dans lequel est enfermée une amande oblongue, dont la saveur rappelle un peu celle de la noisette. Cette amande est surtout employée par les confiseurs pour la confection de dragées, de nougats, de gâteaux et autres friandises.

La culture utile du pistachier n'est jamais sortie du midi, et encore est-elle cantonnée dans un petit nombre de localités, particulièrement en Provence; mais l'arbre étant suffisamment rustique, il est évident que cette culture pourrait s'avancer de quelques degrés de plus vers le nord, à l'aide de l'espalier, si elle pouvait être rémunératrice, ce qui, dans l'état des choses, est fort douteux. Ce qui est essentiel pour qu'elle réussisse, c'est une certaine somme de chaleur estivale (au moins 19 degrés centigrades) nécessaire pour amener la maturité des fruits, et dans la plupart des cas celle du centre de la France, jusqu'au 47ᵉ degré de latitude, suffirait. A part cette condition, le pistachier s'accommode de toutes les terres, même des plus sèches, participant en cela du tempérament de ses congénères, le lentisque et le térébinthe (1). L'arbre étant dioïque, les fleurs femelles ne peuvent donner des fruits qu'à la condition de recevoir le pollen des mâles; aussi, dans toute culture de pistachiers, doit-on entremêler des pieds mâles aux pieds femelles. On obtient le même résultat en greffant çà et là sur les arbres femelles des rameaux mâles en assez grand nombre pour que le pollen très-abondant et pulvérulent de leurs fleurs puisse atteindre toutes les parties de l'arbre.

Ainsi que nous l'avons dit plus haut, le pistachier n'est, dans les jardins du nord, qu'un arbre de curiosité; cependant quelques amateurs ont essayé d'en encourager la culture, entre autres le célèbre abbé Berlèze. Les plus grands pistachiers que nous connaissions à Paris sont ceux du Muséum d'histoire naturelle, les uns en espalier, les autres en plein vent, mais

(1) Voir tome III, p. 178 et 276.

il en existe de tout aussi remarquables dans les jardins des environs de cette capitale (1).

Le **châtaignier** (*Castanea vesca*) (fig. 216), grand arbre indigène du midi et du centre de l'Europe, est proche parent

Fig. 216. — Châtaignier.

des chênes de nos bois, dont il a presque la rusticité. Sa hauteur varie suivant les variétés, et surtout suivant la qualité du terrain sur lequel il croît. De même que le chêne-liége, il ne réussit que sur les terres siliceuses, mais il y devient d'autant

(1) Particulièrement dans celui de M. Passy, à Bezons, près Paris, où se trouvent de très-grands pistachiers en espalier, âgés aujourd'hui d'une soixantaine d'années. Ils fructifient, dit-on, abondamment et régulièrement, depuis qu'on a ajouté un chaperon au sommet du mur sur lequel ils sont palissés.

plus grand et plus vigoureux que ces terres contiennent plus de terreau végétal. Faisons remarquer, en passant, que c'est un des arbres qui contribuent le plus, par l'abondance et la nature fibreuse de leur feuillage, à accroître la couche d'humus sur le sol.

Le châtaignier, considéré comme arbre à fruits, ne donne des produits d'une certaine valeur que dans le midi et le centre de la France. A la latitude de Paris les châtaignes ne mûrissent pas complétement, si ce n'est dans les années chaudes; elles mûrissent moins encore en Angleterre; en Allemagne l'arbre est souvent atteint par le froid. Pour cette raison, la France et le midi de l'Europe resteront toujours les principaux centres de production d'un fruit qui, pour être du deuxième ordre, n'en tient pas moins une place considérable dans la nourriture de diverses populations. Les belles races de châtaignes, plus connues sous le nom de *marrons*, sont d'ailleurs l'objet d'un commerce de quelque importance.

Le châtaignier est de tous les arbres fruitiers de l'Europe celui qu'on a le moins étudié, probablement parce qu'il n'exige pour ainsi dire aucune culture et que ses variétés sont disséminées sur des pays tous plus ou moins éloignés des grandes villes. C'est encore presque un arbre sauvage. Nous ne connaissons guère que Bosc et Bruzeau qui aient donné des catalogues descriptifs des variétés de châtaigniers, et comme leurs travaux sur cet arbre n'ont été contrôlés sérieusement par personne, nous ne pouvons ni en garantir l'exactitude, ni les modifier. Faute de mieux nous nous bornerons à en donner un extrait. Faisons toutefois remarquer dès maintenant qu'il y a des variétés de châtaigniers qui n'ont de valeur que par leur bois, leurs fruits étant trop petits pour valoir la peine d'être ramassés; ce sont toutes des variétés sauvages, dont le plus beau représentant actuel, en France, est peut-être le châtaignier de Médoux, dont nous avons parlé dans un volume précédent (1). Ces châtaigniers sauvages, à petits fruits, deviennent toujours plus grands que les variétés à fruits co-

(1) Tome III, p. 378.

mestibles ; ils vivent plus longtemps et leur bois a aussi plus de valeur.

Qu'il soit sauvage ou cultivé, le châtaignier devient à la longue un très-gros arbre. Tout le monde a entendu parler du colossal châtaignier de l'Etna, en Sicile, dont le tronc, fort délabré par la vétusté, mesure, dit-on, près de 60^{m} de tour (1). En France, où on ne laisse guère les arbres vieillir, on voit quelques châtaigniers, oubliés par la cognée du bûcheron, qui ont 4 à 5^{m} de circonférence à 1^{m} du sol, mais la plupart sont creux et à demi ruinés. Le feuillage du châtaignier est grand, beau et touffu, il est en même temps plus caduc que celui des chênes. De même que chez ces derniers arbres, les fleurs y sont monoïques et en chatons, et comparativement tardives, leur floraison ne s'effectuant pas avant les mois de mai et de juin, aussi bien dans le Midi que dans le Nord, toutefois avec quelques semaines d'intervalle de la première de ces régions à l'autre. Le fruit du châtaignier est un involucre ou cupule sphérique et fermée, hérissée d'épines, dans lequel son contenues les châtaignes, au nombre de deux ou trois, souvent d'une seule, dont le volume est alors plus considérable. La pulpe de la châtaigne est une masse féculente, à laquelle s'ajoute une dose de sucre d'autant plus forte que la maturité est plus parfaite. Cette maturité arrive d'ordinaire en octobre.

Les variétés signalées par Bosc sont : la *châtaigne des bois* ou *châtaigne sauvage*, dont les fruits, d'ailleurs médiocres, sont plutôt petits que moyens, quoiqu'il y en ait parfois d'assez beaux. C'est la variété la plus rustique et celle qui s'avance le plus loin vers le nord. On la trouve assez communément aux alentours de Paris et dans la forêt de Fontainebleau ; elle est plus commune encore en Sologne et sur le massif granitique du Morvan.

La *châtaigne commune*, qui ne diffère de la précédente que par des fruits un peu plus gros, ce qui tient peut-être simplement à ce qu'étant cultivée elle se trouve dans des sols un

(1) C'est le châtaignier *degli cento Cavalli*, ou des *cent chevaux*, parce que sa cime est assez vaste pour couvrir 100 chevaux de son ombre. On n'a aucune donnée certaine sur l'âge de cet arbre, qui est probablement millénaire.

peu meilleurs. La *portalonne* du Midi semble n'en être qu'une sous-variété plus grosse.

La *châtaigne verte du Limousin*, grosse et bonne variété, qui a en outre l'avantage de se garder longtemps.

L'*exalade,* qui est une des meilleures châtaignes, mais non des plus grosses ; l'arbre est peu élevé, à branches étalées, et très-productif.

La *châtaigne de Cars*, tardive, seulement de grosseur moyenne, mais excellente et recherchée.

L'*ousillarde* (ou *osillarde* suivant les lieux), qui est d'une belle grosseur et de bonne qualité; elle appartient presque exclusivement au centre-ouest de la France.

Le *marron de Lyon*, nommé aussi *marron d'Aubray, marron d'Agen*, *marron du Luc*, qui est la plus grosse de toutes les châtaignes, et la plus recherchée pour les tables bien servies. Faisons remarquer que sous ce nom de *marron* on confond vraisemblablement plusieurs variétés différentes. Gasparin ne donne ce nom qu'aux grosses châtaignes dont la pellicule ne pénètre pas dans la pulpe, dont elle se détache facilement par la cuisson, tandis que dans les châtaignes proprement dites elle forme des replis qui s'avancent plus ou moins profondément dans le corps de la châtaigne, d'où on a quelque peine à l'extraire.

Les beaux marrons de Lyon viennent principalement des montagnes des Maures, en Provence; mais on récolte aussi dans le Vivarais et aux alentours de Lyon des châtaignes d'une belle grosseur qui passent assez facilement, dans le commerce, pour de vrais marrons. On n'a pas de peine à comprendre que la ville de Lyon n'est que l'entrepôt de ces fruits, quoiqu'elle leur ait donné son nom.

A ces diverses variétés, dont les caractères ne paraissent pas suffisamment déterminés, Bruzeau ajoute : la *royale blanchère,* grosse, très-hâtive, mais de mauvaise garde ; la *corive*, qui est petite, mais se conserve bien ; la *royale Hélène,* la *grande-épine,* la *ganebellone*, qui est grosse et bonne à sécher; la *caniaude*, plus grosse encore que la précédente et également bonne; la *verte,* l'*angalade* ou le *marron bâtard,* moins bon que le vrai marron, mais plus gros et plus productif; la *couriande* ou *marron sauvage*, qui ne serait, d'après l'auteur; que le marron franc non greffé. Sous le nom de *vrai marron*, Bruzeau désigne le marron de Lyon ou du Luc. On trouve encore dans les Cévennes les châtaignes *bonne branche*, *malespine*, *olivonne*, *paradone*, *pélégrine*, *pialone*, *rabeyrisque*, citées par Gasparin. Nous répétons que toutes ces variétés devraient être réexaminées et mieux définies qu'elles ne l'ont été par les auteurs ci-dessus mentionnés.

Beaucoup de parties de la France produisent des châtaignes, mais les centres de production sont principalement le Limousin, le Vivarais, les Cévennes, les Pyrénées, les montagnes des Maures en Provence et la Corse. Dans les parties élevées de cette île, comme dans le Limousin, la châtaigne constitue la base de l'alimentation des habitants; c'est pour eux comme un pain tout fait; cependant elle contient moins de matière nutritive que le pain de froment (1). Un châtaignier en pleine venue donne annuellement de 50 à 60 kilogrammes de châtaignes, mais les châtaigniers très-beaux et en très-bon sol produisent bien davantage; toutefois il serait difficile de donner des chiffres précis, faute de renseignements. L'arbre d'ailleurs croît lentement, et ce n'est guère qu'à l'âge de quarante ans qu'il commence à donner de pleines récoltes; c'est ce qui explique pourquoi la culture en est si négligée aujourd'hui. On plante, il est vrai, encore beaucoup de châtaigniers dans diverses parties de la France, mais c'est bien plus pour en obtenir des perches, qui, soumises à la fente, fournissent d'excellents cerceaux de barriques, qu'en vue d'en attendre la fructification.

Le châtaignier qu'on ne veut cultiver que pour en obtenir du bois se sème en place, ce qui vaut mieux de toutes maniè-

(1) D'après M. Payen, la châtaigne fraiche contient 48 pour 100 d'eau, et 0,53 pour 100 d'azote. A l'état sec la proportion d'azote s'élève à 0,90 pour 100; il faudrait en conséquence 2 kil. 36 de châtaignes fraiches, et 1 kil. 62 de châtaignes sèches pour faire l'équivalent nutritif de 1 kil. de pain de Paris, où l'azote dose 1,25 pour 100 du poids total. La châtaigne seule serait donc un aliment insuffisant; mais, somme toute, c'est un aliment à bon marché. Le marron est un peu plus substantiel, puisqu'il contient, à l'état sec, 1,17 pour 100 d'azote, et à l'état frais 0,53 pour 100, avec 0,54 de son poids d'eau.

res, mais si on veut en faire un arbre à fruits on doit semer en pépinière, afin de pouvoir greffer les sujets. Les châtaignes se gâtant promptement au contact de l'air, il faut les mettre en stratification, dès avant l'hiver, dans un petit silo creusé en terre et par lits alternants de châtaignes et de feuilles de châtaignier. On recouvre le tout de terre, et les châtaignes se conservent ainsi, sans grand déchet, jusqu'en février et mars. On les retire alors du silo pour les planter, germées ou non, en pépinière, à $0^m,80$ de distance les unes des autres et à $0^m,10$ de profondeur. L'année suivante les jeunes sujets peuvent être greffés en flûte, en avril, et par conséquent à œil poussant; si les jeunes arbres sont assez forts on peut aussi greffer en fente. Dans les deux cas il est bon d'avoir des mères de châtaigniers des diverses variétés que l'on veut reproduire pour y prendre les greffes. Deux ou trois ans plus tard les jeunes arbres peuvent être mis en place; on les plante alors à 15 ou 20^m de distance les uns des autres, suivant la qualité du terrain. Les seuls soins qu'ils demandent ensuite sont les émondages, pour enlever le bois mort ou supprimer les branches mal placées. Quand les châtaigniers sont très-vieux et qu'ils se couronnent, ou même un peu avant, afin de conserver au bois sa qualité, on les coupe par le pied, ce qui fait repousser les drageons de remplacement; on n'en conserve qu'un ou deux, choisis parmi les plus beaux.

Les châtaignes se consomment fraîches et à l'état sec. Sous ce dernier état elles peuvent se conserver fort longtemps. La dessiccation se fait dans des fours ou séchoirs spéciaux; mais cette opération, rentrant entièrement dans le domaine de la grande culture, nous n'avons pas à nous en occuper ici.

§ XI. — LES FRUITS EXOTIQUES. LES PLAQUEMINES, LES GOYAVES, L'UGNI, LA FIGUE D'INDE, LES GRENADILLES, L'ANANAS ET LA BANANE.

Notre travail ne serait pas complet si nous ne disions au moins quelques mots d'un certain nombre de fruits dont la culture n'est encore qu'une exception dans le jardinage européen, mais qui peut prendre plus d'extension dans l'avenir. Ce sont les fruits exotiques, fruits de luxe ou de fantaisie, dont on lit les noms en tête de ce paragraphe. Peut-être un jour faudra-t-il leur en adjoindre d'autres, si les tentatives que font quelques horticulteurs et amateurs anglais pour élever sous verre les arbres fruitiers tropicaux, sont suivies de résultats pratiques. Dans le fait, puisqu'on a rendu rémunératrice la culture de l'ananas, et jusqu'à un certain point celle du bananier, on ne voit pas pourquoi on aurait moins de succès à attendre de celle des anones, du manguier, du li-tchi, du mangoustan et de quelques autres. C'est toute une voie nouvelle qui s'ouvre devant les expérimentateurs.

De tous les fruits dont nous nous proposons de parler ici, les moins exotiques, les mieux appropriés à nos climats, sont les **plaquemines**, fruits des *plaqueminiers* (*Diospyros*) (fig. 217), de la famille des ébénacées, tous arbres de l'Asie orientale et de l'Amérique du Nord, à l'exception du *D. Lotus*, qu'on suppose originaire de l'Asie occidentale, mais qui est depuis des siècles naturalisé sur les bords de la Méditerranée. Son fruit, petit et acerbe, est sans utilité, mais l'arbre lui-même peut servir de sujet pour greffer de meilleures espèces.

Le *plaqueminier de Virginie* (*D. virginiana*), indigène aux États-Unis, depuis la région des lacs jusqu'au voisinage du golfe du Mexique, compte à plus juste titre comme arbre fruitier. C'est un arbre de 8 à 15 mètres, plus haut ou plus bas suivant les lieux et la qualité du terrain, à grand et beau feuillage ovale-oblong, caduc, comme dans toutes les espèces septentrionales du genre. A ses petites fleurs verdâtres succèdent des baies de la grosseur d'une prune de Reine-Claude, rondes, d'un jaune brunâtre lorsqu'elles sont arrivées à maturité, et dont la pulpe molle et pâteuse est assez douce pour être mangée. Ce fruit contient cinq graines nuculiformes, un peu grandes et aplaties sur les côtés. La maturité n'est parfaite que lorsque le fruit est devenu blet, ce qui arrive après les premières gelées de l'automne. L'arbre est rustique dans toute la France, mais ses fruits n'atteignent une maturité suffisante que dans la région méridionale (1).

Quelle que soit la valeur du plaqueminier de Virginie, le

Fig. 217. — Plaqueminier du Japon.

(1) D'après un journal américain, le *Prairie Farmer*, le plaqueminier de Virginie serait extrêmement variable à l'état sauvage. Sans parler des différences que présentent le port des arbres, la taille à laquelle ils s'élèvent, la forme du feuillage, etc., on en observe de très-grandes entre les fruits de divers individus, qui tantôt atteignent à peine le volume d'une cerise moyenne, tantôt arrivent à celui des plus grosses prunes. Suivant les individus encore, le fruit devient mou ou reste dur, même à sa maturité; chez quelques-uns il est très-sucré et très-doux, chez d'autres il est toujours acerbe, etc., de telle sorte que si on voulait sérieusement domestiquer le plaqueminier de Virginie et en faire un arbre fruitier usuel, il y aurait dès l'abord un choix à faire entre les variétés déjà existantes. On trouvera quelques détails de plus sur cet arbre et ses fruits dans la *Revue horticole*, année 1869, p. 279.

plaqueminier du Japon (*D. Kaki*) (fig. 217) lui est supérieur comme arbre fruitier, mais son aire de culture est beaucoup plus restreinte, car il ne paraît pas devoir sortir de la région de l'oranger. Ce n'est guère qu'un arbrisseau de 3 à 4^{m}, du moins en Europe, assez semblable au plaqueminier de Virginie, mais à feuilles pendantes et velues, et à très-petites fleurs. Ses fruits, connus en Provence sous le nom de *figues-caques* (fig. 218), sont de la grosseur d'une belle pomme

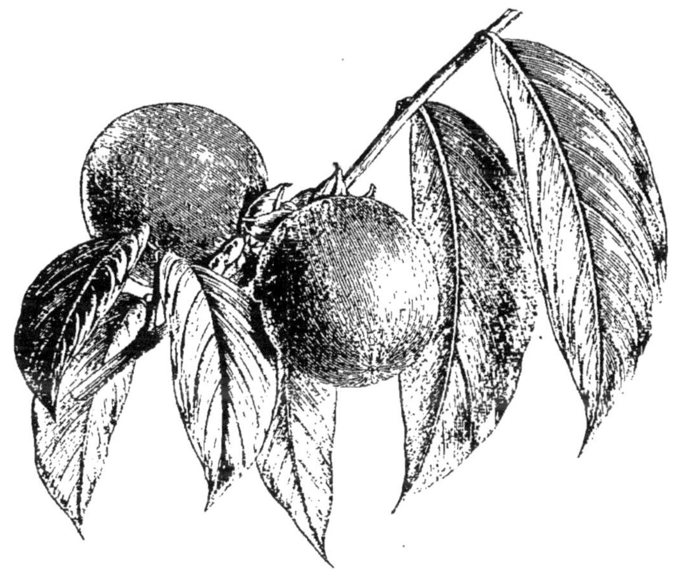

Fig. 218. — Plaquemines du Japon, ou figues-caques.

d'Api, ronds et lisses, du reste de même forme et de même couleur jaune roux que les plaquemines de Virginie. Comme celles-ci, les figues-caques se mangent blettes; la pulpe en est douce et légèrement sucrée. Une troisième espèce, le *plaqueminier de Mongolie* (*D. Schi-Tse*), originaire du nord de la Chine et très-rustique dans le nord de la France, a peut-être plus de chance que les deux précédents de se faire accepter comme arbre fruitier. C'est un simple arbrisseau de 3 à 4^{m}, semblable d'aspect et de port au plaqueminier de Virginie, à feuilles épaisses et luisantes, à grandes fleurs sessiles, auxquelles succèdent des fruits rouge-orangé de la grosseur d'une pêche et dont la chair ressemble à de la marmelade d'abricots. Son introduction est encore trop récente (1) pour qu'on puisse augurer de son avenir dans nos jardins fruitiers.

Fig. 219. — Goyavier de Cattley.

Les **goyaviers** (*Psidium*) sont des myrtacées arbustives, originaires des Antilles et du continent américain. Leur taille peu élevée (3 à 4m) permet de les cultiver dans les serres à fruits, où ils n'exigent pas plus de chaleur que les orangers pour fleurir et fructifier; toutefois ce n'est guère qu'en Angleterre qu'on s'en est occupé jusqu'ici à ce point de vue; encore cette culture y est-elle tout exceptionnelle. Cependant, par leur port, qui rappelle celui du myrte et des eugénias, par leur beau et abondant feuillage, et enfin par leurs fleurs blanches et parfumées, les goyaviers mériteraient d'être introduits, au moins comme arbrisseaux d'ornement, dans les serres consacrées aux arbres fruitiers. Leurs fruits pulpeux, acidulés et sucrés, ne sont d'ailleurs point à mépriser; ils figureraient avantageusement dans les desserts, et on

(1) Nous n'en connaissons encore qu'un seul individu; il est au Muséum d'histoire naturelle, où il a fructifié pour la première fois en 1869. Il a été envoyé de Chine, une dixaine d'années auparavant, par M. Eug. Simon.

pourrait en faire des conserves, ainsi qu'on le fait en Amérique. Leur principal défaut est de contenir un grand nombre de petites graines, qu'on est obligé d'avaler avec la pulpe.

Deux espèces de goyaviers donnent des fruits comestibles; l'un est le *goyavier-poire* (*Ps. piriferum* ou *pomiferum*), dont les fruits, très-aromatiques, sont à peu près piriformes, de la grosseur d'un petit œuf de poule, jaunes-roussâtres à la maturité; l'autre est le *goyavier de Cattley* (*Ps. Cattleyanum*) (fig. 219), assez semblable de taille et de port au précédent, mais dont les fruits atteignent à peine au volume d'une moyenne azerolle et sont plus aigrelets que ceux du goyavier ordinaire. Par compensation, le goyavier de Cattley est plus rustique que ce dernier; il se conserve et fructifie aisément au nord de la Méditerranée sous le climat de l'oranger, et presque tout aussi bien dans les serres froides du nord.

Le goyavier-poire est depuis longtemps introduit dans les jardins de l'Algérie, où on a pu, pendant de longues années, le considérer comme entièrement naturalisé, mais les rigueurs de l'hiver de 1869 ont prouvé qu'on s'était mépris sur son compte, car la plupart des sujets ont été fort maltraités par 2 ou 3 degrés de froid. A plus forte raison est-il exposé à geler au nord de la Méditerranée, où on peut cependant le cultiver avec chance de succès en l'abritant par des murs, et, au besoin, par des couvertures temporaires pendant les plus fortes gelées.

Une troisième myrtacée, qui a été beaucoup vantée comme arbuste fruitier depuis quinze à vingt ans, est le *myrte ugni* (*Eugenia Ugni*), originaire des parties tempérées du Chili. Nous ne sommes pas encore bien renseignés sur la taille qu'il peut acquérir en Europe, non plus que sur son degré de rusticité. Il a fructifié plusieurs fois dans les comtés sud-ouest de l'Angleterre, le Cornouailles et le Dorsetshire, où il arrive aux proportions du groseillier épineux, mais probablement y est-il un peu abrité en hiver. Hors de là il n'est guère cultivé qu'en orangerie ou dans les serres à fruits. Il est douteux qu'il résiste, dans le midi de la France, aux hivers rigoureux et surtout aux sécheresses de l'été.

Grenadilles (*Passiflora*). — Plusieurs espèces de grenadilles, ou passiflores, donnent, entre les tropiques des fruits comestibles, et on les a quelquefois cultivées comme plantes fruitières dans les serres anglaises. Les plus estimées sous ce rapport sont la *grenadille quadrangulaire* (*P. quadrangularis*), des Antilles, et la *grenadille comestible* (*P. edulis*), du Brésil méridional. Toutes deux sont de belles plantes grimpantes, propres à la décoration des serres chaudes et des serres tempérées, où elles sont fréquemment employées à garnir des treillages. La passiflore quadrangulaire, ainsi nommée de la forme de ses sarments, qui sont carrés et presque quadri-ailés, donne des fruits de la grosseur et de la forme d'un petit melon brodé, dont la chair un peu fade se mange additionnée de sucre. Ceux de l'autre espèce n'atteignent guère que la grosseur d'un œuf de poule, mais par la saveur et le parfum ils sont supérieurs aux premiers. D'abord verts, ils passent au rouge marron en mûrissant, et ils exhalent alors une odeur qu'on a comparée à celles de l'ananas et de la fraise. Quelle qu'en soit la qualité, car nous n'en parlons ici que par ouï-dire, ils pourraient du moins servir à orner et à varier les desserts. La plante est à peu près aussi rustique que la passiflore bleue, et elle paraît devoir mûrir suffisamment ses fruits dans les parties les plus chaudes du Midi. On pourra l'y cultiver soit franche de pied, soit greffée sur la passiflore bleue, mais peut-être faudra-t-il en féconder artificiellement les fleurs pour assurer la formation des fruits. De même que toutes les plantes grimpantes, les passiflores ne viennent bien que dans les terres profondes, substantielles et copieusement arrosées pendant les chaleurs de l'été.

Dattier (*Phœnix dactylifera*) (fig. 220). — Sous des climats plus chauds que celui de l'Europe méridionale, plusieurs palmiers sont de véritables arbres fruitiers, et peut-être y aurait-il quelques conquêtes à faire parmi eux pour notre colonie du nord de l'Afrique ou même de l'extrême midi européen. Le plus classique de ces arbres, et de beaucoup le plus important est le dattier, dont les fruits desséchés sont l'objet d'un commerce considérable entre les oasis sahariennes et l'Europe. Les dattes ne mûrissent complétement, ou du moins n'acquièrent toutes leurs qualités, que dans le

Fig. 220. — Palmier-dattier.

Sahara, quoique l'arbre lui-même craigne peu le froid et qu'il endure facilement les hivers de la Provence. On le trouve cependant cultivé comme arbre fruitier, et sur une grande échelle, près de la ville d'Elche, en Espagne, sous la latitude relativement septentrionale de 38 degrés, mais la localité est exceptionnellement abritée, et, par la nature de son terrain comme par son climat, elle rappelle d'assez près les oasis de l'Afrique. C'est le seul point de l'Europe où, jusqu'ici, une espèce de palmier soit devenue une plante agricole. A maintes reprises on a essayé d'obtenir des dattes mangeables en Provence, sans y réussir, quoique le noyau du fruit y mûrisse assez complétement, dans les années chaudes, pour germer et reproduire l'arbre (1).

Plusieurs autres palmiers donnent des fruits comestibles, ou qu'on peut utiliser de diverses manières. C'est le cas, paraît-il, du *cocotier du Chili* (*Jubæa spectabilis* ou *Micrococos chilensis*), du *Palmier Yataï* (*Cocos Yataï*), du *cocotier austral* (*C. australis*), du *cocotier nain* (*Diplothemium maritimum*) et de quelques autres, tous indigènes dans les régions tempérées-chaudes de l'Amérique du Sud et exigeant moins de chaleur que le dattier. La plupart de ces arbres existent aujourd'hui dans le midi de l'Europe et en Algérie, mais les essais de culture en sont encore trop récents pour qu'on puisse en conjecturer les résultats.

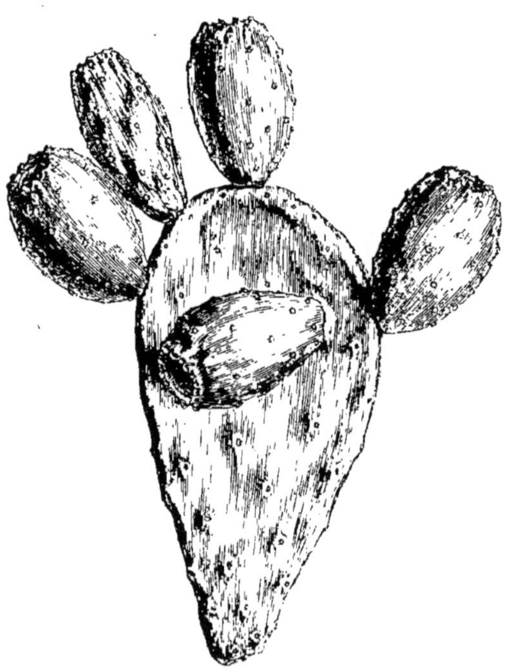

Fig. 221. — Figuier de Barbarie.

Opontia figuier d'Inde. (*Opuntia ficus-indica.*) — Originaire du Mexique, le figuier d'Inde, plus connu peut-être sous le nom de *figuier de Barbarie* (fig. 221), et dési-

(1) On assure cependant qu'il a existé à Nice un dattier, peut-être d'une variété plus précoce que les autres, dont les fruits arrivaient chaque année à ma-

gné aussi quelquefois sous celui de *cactus raquette*, qui s'applique d'ailleurs à plusieurs autres opontias, le figuier d'Inde est aujourd'hui une des plantes américaines les plus complétement naturalisées dans l'ancien continent. Il abonde en Algérie, en Tunisie, au Maroc, en Espagne, en Sicile, en Sardaigne et en Corse; il n'est pas rare non plus sur le littoral français, là où l'oranger croît à l'air libre, quoique il y souffre du froid dans les hivers rigoureux. Partout ses fruits sont employés à la nourriture de l'homme, et dans plusieurs des pays que nous venons de citer il tient presque le premier rang pour l'importance. Nous ne pouvons mieux faire, pour en donner une idée, que de rapporter ici textuellement ce qu'en a dit M. de Gasparin, qui l'a observé en Sicile.

« La manne de la Sicile, dit cet éminent agronome dans son *Cours d'agriculture* (1), c'est le figuier d'Inde. Ceux qui n'ont pas vu l'abondance de sa production et l'usage qu'en font les habitants, de juillet à novembre, auront peine à le croire. Les paysans s'en nourrissent exclusivement pendant quatre à cinq mois, et ils en consomment de vingt-quatre à trente fruits par jour. Presque tous ont un assez grand nombre de cactus pour subvenir à leurs besoins, et dans l'intérieur de l'île les vingt-quatre ou trente fruits ne coûtent qu'un sou de Naples. Personne n'en achète, excepté les étrangers; la table est mise partout et pour tout le monde. La Sicile s'engraisse pendant ces quatre mois, après quoi le jeûne commence. A Catane on a l'industrie de sécher les figues d'Inde et d'en composer des masses compactes qui servent de nourriture en hiver. Conservé frais, ce fruit se paye 2 fr. 50 le cent, et n'est plus d'un usage aussi général.

« En Sicile c'est l'équivalent de la banane dans les pays équinoxiaux, ou de l'arbre à pain dans les îles de l'océan Pacifique. Près des villes la figue d'Inde peut donner un produit en argent assez élevé, eu égard à la faible valeur du terrain et au peu de culture requis. Elle vient dans tous les ter-

turité et étaient réservés pour la table du roi de Piémont. Nous n'oserions garantir le fait.

(1) Tome IV.

rains, même dans les rochers, et ne souffre que dans les sols humides. Sa présence est toujours l'indice du voisinage de villages ou de lieux habités.

« En Afrique, en Corse, en Égypte, en Asie, la figue d'Inde ne tient pas une aussi large place dans l'alimentation qu'en Sicile, et c'est un grand bien, car en Sicile elle a réduit la culture du blé et de la fève, bien plus nourrissants tous deux, ainsi que celle du figuier commun, dont le fruit est incomparablement plus nourrissant. Ce régime peu substantiel (et l'usage exclusif de tous les fruits et de tous les tubercules est dans ce cas) ne peut pas être favorable à la population (1), la bonne hygiène exigeant que l'alimentation soit variée et se compose, dans une proportion d'ailleurs variable, de substances animales et de substances végétales.

« Le cactus figue d'Inde résiste bien aux petites gelées, et il vit suffisamment dans la région de l'oranger, mais, de loin en loin, les hivers rigoureux le maltraitent ou le font disparaître. Son fruit, légèrement sucré ou presque insipide, contient de l'albumine, du mucilage et du sucre incristallisable. Pour le manger on enlève l'écorce avec les poils piquants dont elle est parsemée, et on avale tout, chair et graines. L'usage de ce fruit teint l'urine en rougeâtre, mais cela est sans inconvénient pour la santé ; au contraire on le croit utile dans les maladies des voies urinaires.

« Il y a en Sicile plusieurs variétés remarquables de figues d'Inde. La variété dite *figue noble* est la meilleure ; elle se distingue des autres par son volume et la finesse de sa chair. Les variétés sauvages sont beaucoup plus petites et moins savoureuses.

« La culture du figuier d'Inde se réduit à peu de chose : il suffit de planter les raquettes (les articles détachés des tiges et des branches) à $0^{m},05$ ou $0^{m},06$ de profondeur, dans une terre ameublie. On voit même partout des raquettes tombées à terre s'enraciner à plat et produire un nouveau

(1) L'Irlande, réduite au régime à peu près exclusif de la pomme de terre, peut être citée en exemple. On sait combien la population y a dégénéré par le fait de cette alimentation, insuffisamment réparatrice.

végétal. On accélère la production en plantant de vieux bois portant quelques raquettes. La distance à conserver d'un pied à l'autre est de 1m,50 à 2m. Chaque année on retranche les pousses qui gêneraient le passage entre les rangs ; on supprime de même les raquettes inférieures, que l'on donne aux bestiaux coupées en tranches, ainsi que les fruits de qualité inférieure, qui les engraissent rapidement. »

L'opontia figuier d'Inde n'est ni tout à fait une plante herbacée, ni tout à fait un arbre ; c'est un mélange des deux. Entièrement herbacé dans ses rameaux et ses branches âgées de moins de trois ans, il devient ligneux dans le tronc, qui, d'abord aplati, s'épaissit graduellement avec les années, au point de devenir presque cylindrique. La plante adulte peut dépasser deux mètres de hauteur, et sa figure est toujours fort irrégulière. Chaque année, au printemps, elle se couvre, principalement sur la tranche de ses raquettes, mais souvent aussi sur leurs faces, de grandes fleurs rougeâtres, auxquelles succèdent bientôt des fruits piriformes, excavés au sommet, qui arrivent à la grosseur d'un œuf de poule et prennent, en mûrissant, une teinte rouge obscur sur le côté qui a reçu la lumière du soleil ; la pulpe elle-même est rose, ou parfois jaunâtre. On a soin, pour la manger, de la débarrasser de la peau assez épaisse qui l'entoure, et surtout des nombreux poils aiguillonnés dont cette peau est armée.

Ainsi qu'il a été dit ci-dessus, la culture du figuier d'Inde se réduit à la plantation des raquettes ; il vient dans tous les sols, mais réussit surtout dans ceux qu'on prend la peine d'arroser de loin en loin, sans les tenir trop humides (1).

(1) Le figuier d'Inde proprement dit n'est pas le seul opontia qu'on trouve naturalisé en France. Il y en a plusieurs autres, un surtout avec lequel il serait facile de le confondre, et qu'on pourrait peut-être rattacher à l'espèce de l'*O. inermis*. Il est de moyenne taille, et fait de fortes touffes d'un mètre de hauteur et de largeur, mais sans devenir arborescent. Ses raquettes sont plus aplaties, moins longues et plus larges que celles de l'opontia figuier d'Inde ; elles sont aussi beaucoup plus glauques ; ses fleurs, de même grandeur et de même forme que celles de ce dernier, sont jaune citron et non rougeâtres, et son fruit, de moitié moins gros et d'un violet foncé à l'extérieur et à l'intérieur, est à peine mangeable. La plante n'est guère employée qu'à composer des haies autour des champs.

Bananiers (*Musa*). — Nous n'apprendrions rien à nos lecteurs en leur répétant ici que les bananiers (*M. paradisiaca*, *M. Sapientum* et *M. sinensis*) sont aux premiers rangs des plantes fruitières dans les régions tropicales où, à une chaleur forte et soutenue (de 24 à 28° centigrades), s'ajoute une grande humidité atmosphérique. Le produit d'une plantation de bananiers y dépasse tout ce qu'on pourrait imaginer et reste sans parallèle même avec celui de la pomme de terre et de la betterave sous nos climats (1), mais la banane, comme la plupart des fruits, est par elle-même peu nourrissante et ne suffirait pas seule à l'entretien des forces et de la santé de l'homme. Au nord des tropiques son produit devient de plus en plus faible et précaire à mesure que la latitude s'élève, et on peut considérer le nord de l'Afrique et les points les plus méridionaux de l'Espagne et de la Sicile comme les limites de la culture possible du bananier à l'air libre. Au delà de ces points elle n'est plus qu'artificielle et même tout à fait exceptionnelle. Sous nos climats les bananes obtenues en serre chaude paieraient rarement les frais de leur culture, même dans les cités les plus populeuses et les plus riches, aussi restent-elles un fruit de luxe et une fantaisie d'amateurs, avec d'autant plus de raison d'ailleurs que les communications aujourd'hui rapides avec l'Amérique permettent d'importer les bananes en Europe a de bien moindres frais qu'il n'en faudrait pour les obtenir par la culture artificielle. Cependant, quelques amateurs riches tenant à élever des bananiers dans leurs serres et à en cueillir les fruits, nous croyons utile de dire ici quelques mots de cette culture.

(1) On en jugera par les calculs suivants : dans les parties les plus chaudes de la région équatoriale (température moyenne 27 à 28° centigrades), le produit d'un hectare planté en bananiers est, d'après Humboldt, de 184,000 kilogrammes de fruits. Là où la température est de 26°, suivant M. Boussingault, le produit est de 150,000 kilogrammes. Avec 22° seulement, le produit s'abaisse à 54,000 kilog., ce qui est encore énorme. C'est cette abondante production de bananes qui a donné lieu au proverbe : Personne ne meurt de faim en Amérique. Ajoutons que la banane cueillie verte ne contient encore presque point de sucre, mais beaucoup d'amidon, ce qui permet, après qu'on l'a fait cuire sous la cendre, de la substituer, comme aliment farineux, au pain et à la pomme de terre.

De toutes les espèces de bananiers la plus convenable pour cette petite industrie est le bananier de Chine (*M. sinensis*, *M. Cavendishii*) (fig. 222), parce qu'il est celui qui s'élève le moins et qui se met le plus promptement à fruits. Sa taille, en

Fig. 222. — Bananier de Chine.

effet, ne dépasse guère 1m,30 à 1m,50, quoique son feuillage ait beaucoup d'ampleur. Toutefois, pour obtenir de bons résultats de cette espèce il importe de choisir les variétés les plus productives et les plus hâtives, car ici, comme dans d'autres espèces, il y a de grandes différences d'une variété à l'autre. Le premier soin à prendre sera donc de se procurer des rejets d'une variété déjà éprouvée sous ces deux rapports.

Tous les bananiers demandent à être fortement nourris, et ils ne végètent vigoureusement qu'à cette condition. En

Fig. 223. — Régime de bananier.

conséquence les drageons devront être plantés sur une couche chaude de bon fumier, qui d'abord fournira la chaleur nécessaire à la reprise, puis, plus tard, la nourriture dont le plant aura besoin. Cette couche est établie sous un vitrage élevé en moyenne de 3^{m},33 au-dessus du sommet de la couche, car il faut non-seulement que les plantes aient l'espace nécessaire pour se développer, mais qu'il y ait encore assez de vide au-dessus d'elles pour que l'air y trouve une circulation facile. On charge la couche de 0m,33 de bonne terre de prairie, mélangée, par parties égales, de terreau de feuilles et de terreau de couche, avec addition d'un peu de sable, puis on y plante les jeunes bananiers à environ deux mètres de distance en tous sens. On les arrose d'abord modérément, puis de plus en plus copieusement à mesure qu'ils prennent de la force, et même on finit par ajouter à l'eau d'arrosage une assez forte dose d'engrais liquides. En hiver la température moyenne la plus convenable est de 15° degrés ; en été elle doit arriver à 25 ; on ombre en couvrant le vitrage de toiles ou de paillassons, suivant le besoin, naturellement plus en été qu'en hiver. Dans la saison chaude l'air intérieur de la serre est toujours tenu un peu humide, mais en toute saison il doit circuler librement, sans toutefois amener des abaissements trop sensibles de la température intérieure.

Au bout d'un temps plus ou moins long suivant les variétés choisies (de douze à vingt mois), les bananiers commencent à montrer leurs fleurs. Le spadice, ou régime (fig. 223), sort du milieu de la touffe de feuilles qui couronne la tige, et les fleurs s'épanouissent successivement à partir du bas de l'inflorescence. Les fleurs inférieures nouent leurs fruits, mais non celles du sommet, qui se détachent l'une après l'autre. Dès qu'on s'aperçoit de la chute de ces fleurs, on coupe le spadice au-dessus des derniers fruits noués, ce qui hâte le développement de ceux-ci et fait refluer sur eux beaucoup de sève qui, sans cela, aurait été perdue à alimenter la partie supérieure et inutile du spadice. C'est une pratique excellente, et qui est en usage même dans la culture naturelle du bananier. Dès que les bananes commencent à mûrir, ce qui se reconnaît à ce que celles du bas de l'inflorescence se fendillent, on coupe le régime entier et on le suspend, la tête en bas, dans un endroit obscur. C'est seulement après avoir été séparées de la plante et tenues à l'obscurité que les bananes acquièrent leur belle teinte jaunâtre et leur arôme, qui, tous deux, se développeraient à un moindre degré si elles étaient restées attachées à la plante. La maturité des fruits sur un même régime est d'ailleurs successive; les premières bananes mûres sont celles du bas; la cueillette, en conséquence, se fait successivement, en suivant l'ordre de maturité.

Ananas. — Comme culture de luxe, la culture de l'ananas est autrement importante et autrement rémunératrice que celle du bananier, aussi est-elle communément pratiquée dans toutes les grandes villes de l'Europe. Outre les jardiniers spécialistes, pour qui elle est une source considérable de revenus, beaucoup de riches particuliers élèvent des ananas pour leur propre consommation. Il n'y a pas lieu, par conséquent, de s'étonner si cette culture, jadis réputée très-difficile, est aujourd'hui tout aussi connue et pratiquée avec autant de succès que celle des autres fruits forcés ou de simple primeur.

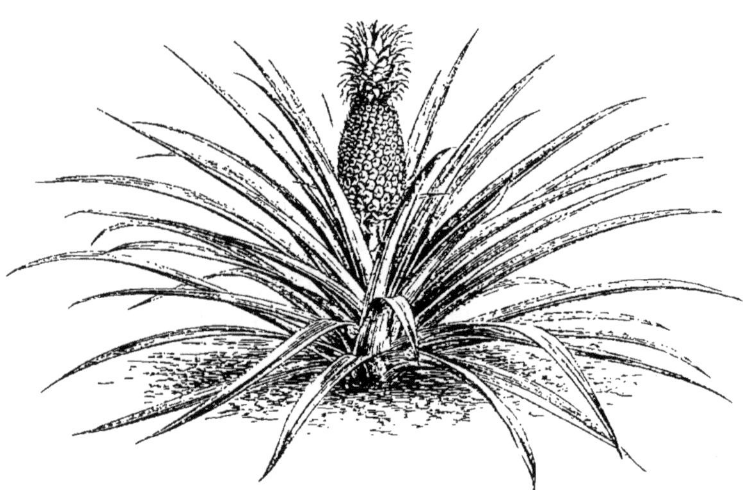

Fig. 224. — Ananas de Cayenne à feuilles lisses.

L'ananas (*Bromelia ananas*, *Ananassa vulgaris*) (fig. 224) est une grande broméliacée des Antilles et de l'Amérique du sud, très-analogue de figure et de port aux *Billbergia*, aux

Æchmea et autres broméliacées ornementales, dont elle a aussi le tempérament. De sa souche naissent de longues feuilles en forme de gouttière, dont les bords sont armés d'aiguillons, et qui se disposent en une sorte de gerbe à demi-étalée, du centre de laquelle naît une hampe courte et robuste, qui soutient l'inflorescence, puis le fruit (fig. 225). Chaque fleur est à l'aisselle d'une courte bractée, qui devient succulente et colorée comme l'ovaire lui-même, et qui fait partie du fruit. Ce dernier n'est en réalité qu'un fruit agrégé, composé d'un nombre plus ou moins grand d'ovaires, soudés ou agglutinés entre eux ainsi qu'avec les bractées charnues qui les séparent, très-analogue, en un mot, avec celui du mûrier. A la partie supérieure de l'inflorescence, les dernières bractées sont dépourvues de fleurs et se développent en feuilles, qui forment une sorte de couronne ou de collerette au-dessus du fruit. L'ananas ne donne que rarement des graines fertiles, aussi sa multiplication se fait-elle presque exclusivement par drageons tirés du pied. La couronne qui surmonte le fruit, détachée tout d'une pièce avec son axe, sert quelquefois aussi à reproduire la plante.

Plusieurs variétés d'ananas sont cultivées en Europe, toutes recommandables à quelque titre, quoique inégales en valeur. Les principales sont : l'*ananas Providence*, dont le fruit un peu sphérique devient très-gros, mais est comparativement médiocre ; l'*ananas Enville*, médiocre comme le précédent, mais très-gros aussi ; l'*ananas de la Martinique*, à fruit conique, petit ou moyen, mais réputé un des meilleurs; l'*ananas de Cayenne*, à fruit gros et allongé, presque égal en qualité à l'ananas de la Martinique, et, par compensation, un peu tardif; il en existe une sous-variété, l'*ananas de Cayenne lisse*, presque ou tout à fait inerme; les *ananas Comte de Paris* et *Duchesse d'Orléans*, beaux et précoces ; enfin l'*ananas de Montserrat*, un des plus gros mais en même temps des plus tardifs.

La culture de l'ananas a été soumise à de longs tâtonnements, et, aujourd'hui encore, les méthodes suivies varient très-notablement suivant les lieux et les idées des jardiniers ; on peut dire que toutes réussissent, ce qui est une

Fig. 225. — Ananas.

nouvelle preuve que cette culture est moins difficile qu'on ne le croyait au siècle dernier. Nous allons exposer ici les plus usitées en France et en Angleterre, les deux pays de l'Europe où se trouvent les plus habiles cultivateurs d'ananas.

M. Gonthier, de Paris, est le praticien qui nous a laissé les renseignements les plus complets sur la culture de l'ananas; voici le résumé de la méthode qu'il a suivie avec succès pendant un grand nombre d'années.

La multiplication de l'ananas se fait, ainsi que nous l'avons dit plus haut, par œilletons et par couronnes, ordinairement en été, c'est-à-dire du mois de mai au mois de septembre. Ces œilletons et ces couronnes se plantent sur une couche formée par moitiés de fumier neuf et de fumier vieux, bien mélangés, et à laquelle on donne de $0^m,40$ à $0^m,50$ d'épaisseur. On la charge de $0^m,25$ de terre de bruyère, on la couvre de coffres vitrés, et dès que la température, d'abord très-élevée, est descendue à environ 35° centigrades, on y plante les œilletons et les couronnes à $0^m,15$ de distance en tous sens. Les œilletons sont ordinairement détachés du pied-mère au moment même de la plantation, quoiqu'ils puissent conserver assez longtemps leur vitalité si on les tient enfermés dans un lieu humide. On enlève quelques feuilles de leur base, on rogne le talon par une coupe nette, et on les plante à 5 ou 6 centimètres de profondeur. On arrose et on met les châssis sur les coffres; on ombre contre le soleil, à l'aide de paillassons qu'on enlève si le ciel est couvert, et cela jusqu'à la reprise, qui arrive en quinze jours ou trois semaines au plus. Quand le plant est suffisamment enraciné on donne de l'air, en soulevant graduellement le châssis; on laisse aussi arriver plus de lumière dans les coffres et on bassine fréquemment, mais avec le soin de ne pas verser l'eau dans le cœur des plantes. Si on craignait que la couche ne se refroidît trop vite, on l'entourerait d'accots et de réchauds suivant le besoin. Il est évident d'ailleurs que la chaleur artificielle doit être subordonnée à la saison et au climat. A Paris les plants d'ananas, dans les conditions que nous venons d'indiquer, peuvent rester sur la couche jusqu'en novembre, mais dès la mi-octobre on doit avoir préparé une nouvelle couche pour les recevoir.

Cette couche peut être composée des mêmes matériaux que la précédente; toutefois la plupart des jardiniers préfèrent la faire avec moitié de fumier vieux, mais non usé, et moitié de feuilles sèches. On la recouvre de tannée, de sciure de bois ou de mousse, suivant les commodités locales, et, dès qu'on est assuré que la chaleur n'y dépassera pas 33 à 35 degrés centigrades, on procède à la transplantation des jeunes ananas.

Cette transplantation se fait en pots de 10 à 15 centimètres de diamètre, c'est-à-dire proportionnés à la force des plants. On enlève ceux-ci de l'ancienne couche, un à un, sans endommager les racines, et, autant qu'on le peut, avec une petite motte; on retranche quelques feuilles de la base, et on plante immédiatement dans les pots, préalablement à demi remplis de terreau de la couche et de terreau de feuilles neuf, mélangés en parties égales. Les pots sont ensuite enfoncés dans la tannée, par rangs de taille, après quoi on pose les châssis et on ombre jusqu'à la reprise. On élève des réchauds de fumier autour des coffres; on les remanie de temps en temps ou on y ajoute du fumier neuf, suivant le cas, le but qu'on doit se proposer étant d'entretenir au-dessous et autour des plantes une chaleur constante de 18 à 22° centigrades. La nuit on couvre les vitraux de paillassons pour empêcher la déperdition de la chaleur.

En décembre, nouvelle couche de $0^{m},65$ d'épaisseur, composée de deux tiers de feuilles et d'un tiers de fumier, bien mélangés et tassés. On la couvre de tannée ou de mousse; on l'entoure de réchauds pour lui conserver sa chaleur, et quand la température en est au point convenable (12 à 18°) on y transporte, par une journée douce, les pots d'ananas. Si la terre de ces pots était sèche on donnerait un bassinage avec de l'eau tiédie, car il est essentiel qu'elle soit toujours un peu humide, mais il importe tout autant de ne pas mouiller le cœur des plantes, surtout en hiver, ce qui les ferait pourrir presque infailliblement. Il va de soi qu'on entretiendra, suivant le besoin, la chaleur de la couche, par des accots et des réchauds plus ou moins souvent remaniés. Si on cultivait un très-grand nombre d'ananas on économiserait beaucoup de chaleur en faisant deux couches adossées l'une à l'autre, et qui se serviraient mutuellement de réchaud. On donne de l'air aux plantes en soulevant les châssis pendant quelques heures du jour, quand le temps est doux, mais on tient les châssis constamment fermés pendant la gelée.

Au mois de mars suivant on construit une quatrième couche de $0^{m},65$ d'épaisseur, composée comme la précédente de feuilles sèches, de fumier neuf et de fumier vieux, capable de conserver une chaleur suffisante pendant tout le printemps et même tout l'été. On y dépose des coffres de $0^{m},90$ de hauteur, pour que les plantes qui vont maintenant grandir rapidement y trouvent l'espace nécessaire. On met les châssis sur les coffres; on charge la couche de $0^{m},25$ de terre de bruyère; on élève les accots qui doivent conserver la chaleur, en un mot on donne à cette couche encore vide les mêmes soins qu'elle réclamerait si elle était garnie de plantes, et enfin, quand la température maximum est descendue à 37° centigrades, on dépote les ananas et on les plante en pleine terre sur la couche, ordinairement à raison de 36 pieds par coffre de 4^{m} de longueur sur $1^{m},10$ de largeur. Pour faire cette plantation on dégarnit de terre le collet de chaque plante, on enlève quelques-unes des feuilles inférieures pour faciliter la sortie des racines nouvelles, et on plante avec la motte, qu'on recouvre de quelques centimètres de terre neuve. Ceci fait, il convient d'étendre un paillis un peu épais sur toute la surface de la couche, entre les plants, sans quoi une notable partie de l'eau des arrosages coulerait en suivant la pente de la couche et se perdrait à terre. Les ananas mis en place, on donne une bonne mouillure avec de l'eau tiédie, et on pose les châssis. Cette plantation se faisant en avril, il est inutile de couvrir les vitraux de paillassons pendant la nuit.

En été les soins généraux consistent à arroser fréquemment

et à donner beaucoup d'air, du moins autant que la température extérieure le permet, ce dont on juge quand on a un peu d'habitude de cette culture, tout en tenant compte des années plus ou moins chaudes et du climat qu'on habite. En somme, l'ananas veut être tenu dans un milieu toujours chaud et humide. Si le plant a été convenablement soigné, il doit avoir pris tout son développement en octobre et être prêt à porter fruit.

A ce moment, il faut préparer une nouvelle couche de $0^m,50$ d'épaisseur, toujours composée de feuilles et de fumier mélangés, et qu'on recouvre de $0^m,25$ de tannée. Les plantes sont alors enlevées, à l'aide d'un outil, de dessus la couche où elles ont passé l'été, mais on y procède avec une grande attention pour conserver toutes les racines, et, après avoir enlevé quelques-unes des feuilles du bas, on les replante dans des pots de $0^m,20$ à $0^m,25$ d'ouverture. Ces pots sont plongés dans la tannée de la nouvelle couche. Les coffres de $0^m,90$ de hauteur sont alors mis en place, et on les couvre de châssis, qu'on tient fermés pendant une quinzaine de jours. On ombre s'il fait du soleil, et on étend des paillassons sur le vitrage pendant la nuit; on n'oublie pas non plus de tenir la terre dans un degré moyen d'humidité. Après la reprise on transporte les pots dans une serre, convenablement chauffée, mais il est mieux de mettre les plantes en pleine terre, sur un plancher chauffé en dessous par des tuyaux de thermosiphon. Au point où elles en sont, elles ne tardent pas à pousser du cœur leur inflorescence et à former leurs fruits, qui mûrissent vers la fin de l'hiver, plus tôt ou plus tard suivant les variétés, et aussi suivant les soins qu'on leur a donnés. Du reste, dans la culture d'amateur, il est toujours avantageux que les ananas mûrissent successivement, et on parvient à les obtenir pour ainsi dire à toutes les époques de l'année en cultivant à la fois des variétés précoces et des variétés tardives, et surtout en étageant de mois en mois la plantation des œilletons et des couronnes. Dans quelque saison que cette multiplication se fasse, les soins à donner sont à peu près les mêmes, et ils se règlent sur le degré de chaleur du moment.

La culture de l'ananas sur couches et sous châssis, telle que nous venons de la décrire, a été longtemps la seule usitée; aujourd'hui on tend à la remplacer par la culture en pleine terre, sous le vitrage de serres spéciales, les *serres à ananas*, dont les bâches sont chauffées au moyen du thermosiphon. Cette méthode est plus simple que l'autre et donne de meilleurs résultats, ce qui ne doit pas surprendre quand on se rappelle combien les plantes deviennent plus vigoureuses en pleine terre qu'en pots. Du reste, les principes généraux sont absolument les mêmes; en serre, comme sous les coffres vitrés, le succès de la culture de l'ananas dépend de la chaleur, de l'humidité, de l'aérage et de l'accès de la lumière réglés en raison du tempérament de la plante.

On ne s'en est pas tenu à ces deux modes de culture et, dans ces derniers temps, divers praticiens expérimentateurs ont encore cherché à la simplifier. Parmi ceux qui semblent y avoir le mieux réussi, nous devons citer M. Lothré, de Hambourg, dont la méthode, publiée dans un journal d'horticulture allemand (1), a été depuis reproduite dans diverses publications françaises, notamment dans le *Journal de la Société d'horticulture* (tome II, p. 313). Son procédé consiste à cultiver l'ananas dans une serre ou dans un simple coffre vitré, disposé de manière à pouvoir, au besoin, être chauffé par-dessous. Sur le plancher de cette serre ou de ce coffre, il dépose un mélange de terre végétale additionnée de 40 pour cent de terreau de couches neuf; cette sorte de couche a $0^m,65$ d'épaisseur, et elle constitue un compost plus meuble que nutritif. La terre des bois étant, suivant M. Lothré, la plus favorable à l'ananas, c'est elle qu'il faut préférer ici. On achève la couche en y ajoutant moitié de son épaisseur de fumier vieux, mais capable de donner encore un peu de chaleur, et on plante immédiatement les ananas dans ce mélange, pour

(1) *Hamburger Garten und Blumenzeitung.*

ne perdre ni temps ni chaleur. Malgré l'usage contraire, M. Lothré conserve à ses plantes toutes les vieilles racines, aussi poussent-elles immédiatement et avec vigueur. Un autre point sur lequel M. Lothré est en désaccord avec la méthode ordinaire, est qu'il laisse attaché à la plante mère son plus fort rejeton, dont il se servira plus tard pour l'œilletonnage. Ce qui, d'après lui, est le plus à craindre dans la plantation des ananas sur couche chaude, c'est la brûlure des racines, qui succombent quand la température de la couche s'élève à 44 degrés. Dans la méthode de M. Lothré, il n'y a ni changements de couches, ni empotages ; les œilletons, une fois mis en place, y restent, s'y développent et y fructifient, ce qui arrive d'autant plus vite qu'ils étaient plus forts et plus vigoureux au moment de la plantation, et c'est ce qui explique pourquoi M. Lothré ne se hâte pas d'enlever l'œilleton unique qu'il destine à perpétuer la plante. En agissant ainsi, il voit habituellement fructifier au printemps des œilletons plantés à l'automne précédent, c'est-à-dire des plantes qui n'ont pas plus de sept à huit mois de culture. D'après cette manière de voir, la lenteur de la mise à fruit des ananas, dans les autres méthodes, tiendrait surtout à ce que les œilletons ont été enlevés trop jeunes et insuffisamment nourris. Ce procédé avait d'ailleurs déjà été recommandé par des horticulteurs anglais, bien que M. Lothré en revendique la première idée. Grâce à sa méthode, assure-t-il, la culture des ananas est si simple et si peu coûteuse, qu'il n'y a pour ainsi dire pas de jardin où on ne puisse s'y livrer avec succès. Dans le cas où on n'aurait pas de serre disponible, une simple couche avec ses coffres peut y suffire. Les plantes retirées de cette couche, en automne, se conservent très-bien jusqu'au printemps suivant, empilées ou suspendues non loin d'un poële. Au printemps on les replante sur la couche.

Il semblerait, si nous en croyons les expériences qui ont été faites un peu plus tard en Angleterre, que la culture de l'ananas peut encore être rendue plus facile que par la méthode que nous venons de décrire. Ce nouveau procédé est dû à M. Ingram, horticulteur renommé et jardinier de S. M. la Reine d'Angleterre. Les résultats auxquels il est arrivé ont dépassé toutes les espérances, et ont été au moins égaux à ceux qu'ont obtenus jusqu'ici les cultivateurs d'ananas les plus habiles, aidés des moyens compliqués et coûteux que nous avons fait connaître un peu plus haut. M. Ingram a surtout cultivé l'ananas de Cayenne à feuilles lisses, un des meilleurs et surtout le plus facile à manier. Il réservait sur les plantes-mères un ou au plus deux œilletons, auxquels il laissait prendre beaucoup de vigueur avant de les séparer du pied, puis, au moment convenable, il les plantait en pleine terre, dans des bâches non chauffées, mais sur une épaisse couche de feuilles. Lorsqu'ils étaient bien enracinés et déjà forts, il les transplantait, pour la dernière fois, dans les bâches où ils devaient fructifier, et dont le fond était occupé par une couche de feuilles surmontée d'un épais billon de terre franche ordinaire. Il ne donnait point d'autre chaleur que celle qui était produite par la couche de feuilles, et cette couche n'avait pas besoin d'être renouvelée pendant toute une année, c'est-à-dire jusqu'à la récolte. Toutefois, à cause des variations du climat de l'Angleterre, on entourait les bâches de tuyaux de thermosiphon, qu'on chauffait modérément dans les temps froids pour maintenir leur température intérieure au degré nécessaire; au besoin même on appliquait le long d'un des côtés de la bâche un réchaud de fumier, mais on n'a eu que rarement recours à ce moyen. Le point capital de la méthode de M. Ingram a consisté à profiter autant qu'on l'a pu de la lumière et de la chaleur solaire, pour favoriser le développement et la maturation des fruits.

En résumé, le succès hors ligne de M. Ingram, et on peut ajouter de plusieurs autres horticulteurs qui ont adopté son procédé, prouve que pour obtenir de beaux et excellents ananas il faut une chaleur de fond très-modérée mais continue, telle, en un mot, que les feuilles d'arbres la produisent, puis de la terre franche, dans laquelle les ananas sont plantés directement et en toute liberté; enfin peu de chaleur artificielle et le plus possible de lumière et de chaleur solaires. Ce simple exposé fait voir combien il y a loin de la méthode de M. Ingram à celles que l'on suit encore communément, et il laisse entrevoir la possibilité de cultiver un jour l'ananas en grand, sous les climats doux du midi de l'Europe, sans autres accessoires que des feuilles et des coffres vitrés, et peut-être plus simplement encore.

FIN DU QUATRIÈME ET DERNIER VOLUME.

TABLE DES MATIÈRES

CONTENUES

DANS LE QUATRIÈME VOLUME.

PREMIÈRE PARTIE.

CHAPITRE Ier.

ÉTABLISSEMENT ET PRINCIPES DE CULTURE DU JARDIN POTAGER.

CHAPITRE II.

LES LÉGUMES RACINES.

CHAPITRE III.

LES LÉGUMES HERBACÉS.

CHAPITRE IV.

LES LÉGUMES-FRUITS.

DEUXIÈME PARTIE.

LES FRUITS.

CHAPITRE I.

LES PETITS FRUITS BACCIFORMES.

CHAPITRE II.

LES FRUITS DRUPACÉS OU A NOYAU.

CHAPITRE III.

LES FRUITS A PEPINS.

TABLE ALPHABÉTIQUE

DES GENRES ET DES ESPÈCES DE PLANTES

DONT IL EST PARLÉ DANS CE VOLUME.

FIN DE LA TABLE.

www.ingramcontent.com/pod-product-compliance
Ingram Content Group UK Ltd.
Pitfield, Milton Keynes, MK11 3LW, UK
UKHW021900260726
13966UKWH00006B/66